U0282917

ARM嵌入式Linux系统开发详解

（第2版）

弓雷 等编著

清华大学出版社

北 京

内 容 简 介

本书是获得了大量读者好评的"Linux 典藏大系"中的《ARM 嵌入式 Linux 系统开发详解》的第 2 版。本书由浅入深，全面、系统地介绍了基于 ARM 体系结构的嵌入式 Linux 系统开发所涉及的方方面面技术，并提供了大量实例供读者实战演练。另外，本书提供了 9 小时多媒体教学视频及书中涉及的实例源程序，便于读者高效、直观地学习。

本书共分 4 篇。第 1 篇介绍了嵌入式系统入门、嵌入式软硬件系统、ARM 处理器、嵌入式 Linux、软件开发环境建立和第一个 Linux 应用程序；第 2 篇介绍了 Linux 应用程序编程基础、开发多进程/线程程序、网络通信应用、串行口通信编程、嵌入式 GUI 程序开发和软件项目管理；第 3 篇介绍 ARM 体系结构及开发实例、深入 Bootloader、解析 Linux 内核、嵌入式 Linux 启动流程、Linux 文件系统、建立交叉编译工具链、命令系统 BusyBox、Linux 内核移植，以及内核和应用程序调试技术；第 4 篇结合 5 个案例介绍了 Linux 设备驱动、网络设备驱动、Flash 设备驱动和 USB 驱动的开发过程，以此提高读者的实战水平。

本书适合广大从事嵌入式 Linux 系统开发的人员、对嵌入式 Linux 系统开发有兴趣的爱好者及大中专院校相关专业的学生阅读。相关培训院校及高校的老师亦可将本书作为教材使用。

图书在版编目（CIP）数据

ARM 嵌入式 Linux 系统开发详解/弓雷等编著. --2 版. --北京：清华大学出版社，2014（2023.6 重印）
（Linux 典藏大系）
ISBN 978-7-302-34052-2

Ⅰ. ①A⋯ Ⅱ. ①弓⋯ Ⅲ. ①Linux 操作系统 Ⅳ. ①TP316.89

中国版本图书馆 CIP 数据核字（2013）第 237631 号

责任编辑： 夏兆彦
封面设计： 欧振旭
责任校对： 胡伟民
责任印制： 丛怀宇

出版发行： 清华大学出版社
网 址：http://www.tup.com.cn, http://www.wqbook.com
地 址：北京清华大学学研大厦 A 座 邮 编：100084
社 总 机：010-83470000 邮 购：010-62786544
投稿与读者服务：010-62776969，c-service@tup.tsinghua.edu.cn
质 量 反 馈：010-62772015，zhiliang@tup.tsinghua.edu.cn

印 装 者： 三河市龙大印装有限公司
经 销： 全国新华书店
开 本： 185mm×260mm **印 张：** 30.5 **字 数：** 765 千字
版 次： 2010 年 1 月第 1 版 2014 年 2 月第 2 版 **印 次：** 2023 年 6 月第 16 次印刷
定 价： 69.00 元

产品编号：050116-01

前　言

随着超大规模集成电路的发展，计算机处理器技术不断提高，计算机芯片的处理能力越来越强，体积越来越小，计算机技术应用到生活的方方面面。与人们日常生活打交道最多的就是嵌入式系统，从目前广泛使用的手机、MP3 播放器到家用电器，嵌入式系统的应用无处不在。嵌入式系统的开发占整个计算机系统开发的比重也越来越高。

嵌入式系统开发与传统的 PC 程序开发不同。嵌入式系统开发涉及软件和硬件的开发，是一个协同工作的统一体。目前，已经有许多的嵌入式系统硬件和操作系统软件，其中应用最广泛的是 ARM 嵌入式处理器和 Linux 系统。

目前，市场上嵌入式开发的书籍大多是针对某个特定领域编写的，专业性和针对性较强，不适合初学者学习。基于这个原因笔者编写了本书。本书是获得了大量读者好评的“Linux 典藏大系”中的《ARM 嵌入式 Linux 系统开发详解》的第 2 版。在第 1 版的基础上，本书进行了全新改版，升级了编程环境，对第 1 版书中的一些疏漏进行了修订，也对书中的一些实例和代码进行了重新表述，使得更加易读。相信读者可以在本书的引领下跨入嵌入式开发的大门。

关于“Linux 典藏大系”

“Linux 典藏大系”是清华大学出版社自 2010 年 1 月以来陆续推出的一个图书系列，截止 2012 年，已经出版了 10 余个品种。该系列图书涵盖了 Linux 技术的方方面面，可以满足各个层次和各个领域的读者学习 Linux 技术的需求。该系列图书自出版以来获得了广大读者的好评，已经成为了 Linux 图书市场上最耀眼的明星品牌之一。其销量在同类图书中也名列前茅，其中一些图书还获得了“51CTO 读书频道”颁发的“最受读者喜爱的原创 IT 技术图书奖”。该系列图书在出版过程中也得到了国内 Linux 领域最知名的技术社区 ChinaUnix（简称 CU）的大力支持和帮助，读者在 CU 社区中就图书的内容与活跃在 CU 社区中的 Linux 技术爱好者进行广泛交流，取得了良好的学习效果。

关于本书第 2 版

本书第 1 版出版后深受读者好评，并被 ChinaUnix 技术社区推荐。但是随着技术的发展，本书第 1 版内容已经无法满足读者的学习需求。应广大读者的要求，我们结合嵌入式技术的最新发展推出了本书的第 2 版。相比第 1 版，第 2 版图书在内容上的变化主要体现在以下几个方面：

（1）Linux 开发环境由 Ubuntu 8.04 升级到 12.04。

（2）更新了 Cygwin、ADS、GCC 等相关软件。

（3）修订了一些专有名词及术语的不一致问题。

（4）删除了部分已经过时的内容，如 Ubuntu 的网络配置等。

（5）给完整的实例代码增加了行序号，方便读者阅读。

（6）纠正了部分函数讲解错误，并修正了部分代码的类型转化等问题。

（7）将一些表达不准确的地方表述得更加准确。

本书特色

1．循序渐进，由浅入深

为了让初学者快速进入嵌入式系统开发领域，本书一开始对嵌入式系统的软件和硬件做了全面的介绍，让读者对嵌入式系统有一个基本的认识。同时，在书中讲解的知识点都配备了完整的实例，读者可以通过实例学习嵌入式系统开发的相关知识。

2．技术全面，内容充实

作者本人从事嵌入式系统开发多年，深入了解嵌入式系统开发的各个方面，在书中讲解了嵌入式 Linux 开发的各个要点，包括 Linux 内核的构成、工作流程、驱动程序开发、文件系统、程序库等知识，使读者全面了解嵌入式 Linux 开发的各个知识点。

3．实例讲解，理解深刻

嵌入式 Linux 开发书籍众多，很多书籍偏重理论。本书所有的实例都经过作者验证，并且有详细的操作过程和实验结果。其次，本书的操作实例有完整的实验环境描述，读者可以通过实例加深对知识点的理解。

4．化整为零，深入剖析

嵌入式系统开发涉及知识面广，技术复杂。本书剥茧抽丝，力求找出开发过程中关键的知识点。从关键点入手，通过简单易懂的例子剖析技术原理，帮助读者掌握复杂的技术。

5．详解典型项目案例开发，提高实战水平

本书详细分析了 DM9000 网卡驱动、NAND Flash 设备驱动和 USB 驱动的实现。通过这三个项目案例，可以提高读者的设备驱动开发水平，从而具备独立进行驱动开发的能力。

6．提供多媒体教学视频和源文件

本书专门提供了 9 小时多媒体教学视频和实例源文件，便于读者高效、直观地学习。这些学习资料需要读者按照封面的提示自行下载。

本书内容体系

第 1 篇　Linux 嵌入式开发基础篇（第 1～6 章）

本篇主要内容包括嵌入式系统入门、嵌入式软硬件系统、ARM 处理器、嵌入式 Linux、软件开发环境建立和第一个 Linux 应用程序。通过本篇的学习，读者可以掌握 Linux 嵌入式开发环境的搭建和 Linux 嵌入式的基础知识。

第2篇　Linux嵌入式开发应用篇（第7～12章）

本篇主要内容包括Linux应用程序编程基础、开发多进程/线程程序、网络通信应用、串行口通信编程、嵌入式GUI程序开发和软件项目管理等内容。通过本篇的学习，读者可以掌握Linux嵌入式的核心技术与应用。

第3篇　Linux系统篇（第13～21章）

本篇主要内容包括ARM体系结构及开发实例、深入Bootloader、解析Linux内核、嵌入式Linux启动流程、Linux文件系统、建立交叉编译工具链、命令系统BusyBox、Linux内核移植，以及内核和应用程序调试技术。通过本篇的学习，读者可以对Linux系统从内核到文件系统再到启动流程有一个非常清楚的了解。

第4篇　Linux嵌入式驱动开发篇（第22～25章）

本篇主要内容包括Linux设备驱动、网络设备驱动程序、Flash设备驱动，以及USB驱动开发等。通过本篇的学习，读者可以掌握Linux嵌入式开发的基本流程及思想。

本书读者对象

- Linux嵌入式开发初学者；
- 需要系统学习Linux嵌入式开发的人员；
- Linux嵌入式从业人员；
- Linux嵌入式开发爱好者；
- 大中专院校的学生；
- 社会培训班的学员。

本书作者

本书由弓雷主笔编写。其他参与编写的人员有吴振华、辛立伟、熊新奇、徐彬、晏景现、杨光磊、杨艳玲、姚志娟、俞晶磊、张建辉、张健、张林、张迎春、张之超、赵红梅、赵永源、仲从浩、周建珍、杨文达。

本书编委会成员有欧振旭、陈杰、陈冠军、项宇峰、张帆、陈刚、程彩红、毛红娟、聂庆亮、王志娟、武文娟、颜盟盟、姚志娟、尹继平、张昆、张薛。

阅读本书时，有疑问可发E-mail到book@wanjuanchina.net或bookservice2008@163.com以获得帮助。也可以在http://www.wanjuanchina.net论坛上留言，会有专人负责答疑。

编著者

目　　录

第 1 篇　Linux 嵌入式开发基础篇

第 2 篇　Linux 嵌入式开发应用篇

第 3 篇　Linux 系统篇

第 4 篇　Linux 嵌入式驱动开发篇

第1篇　Linux嵌入式开发基础篇

第 1 章　嵌入式系统入门

时下嵌入式系统是计算机领域最热门的技术之一。翻开计算机杂志和书籍，经常能见到嵌入式系统的字眼。其实，不仅在书籍杂志上如此，嵌入式系统和每个普通人的生活联系都是很紧密的。本章将从应用角度出发，介绍什么是嵌入式系统，带领读者进入嵌入式系统开发的领域，主要内容包括：

- 嵌入式系统的定义；
- 嵌入式系统的应用领域；
- 嵌入式系统的发展趋势。

1.1　什么是嵌入式系统

嵌入式系统的英文名称是 Embedded System。对于没有接触过的人来说，嵌入式系统这个词可能显得比较深奥，甚至充满了神秘色彩。其实嵌入式系统和普通人的生活联系非常紧密，如日常生活中使用的手机、微波炉、有线电视机顶盒等，都属于嵌入式系统。与通常使用的 PC 相比，嵌入式系统的形式多样、体积小，可以灵活地适应各种设备的需求。因此，可以把嵌入式系统理解为一种为特定设备服务的软件硬件可裁剪的计算机系统。

从嵌入式系统的定义可以看出，一个嵌入式系统具备了体积小、功能专一、软硬件可裁剪等特点。这些特点也能反映出嵌入式系统与传统的 PC 有着不同之处。本书使用常见的 ARM（Advanced RISC Machines）嵌入式系统为例，讲解嵌入式 Linux 系统移植和开发技术。

1.2　嵌入式系统应用领域

从嵌入式系统的特点可以看出，它的应用领域是很广泛的。不仅在家电领域，在其他领域也有很大的需求。本节将介绍一些嵌入式应用的领域。

1.2.1　家用电器和电子类产品

电子类产品里最常见的可能就是手机了。手机是一个典型的嵌入式系统，如图 1-1 所示。

手机的核心是一个嵌入式处理器，负责管理各种外部设备，包括 LCD、键盘、电源、无线信号单元等。在嵌入式微处理器上运行有专门的软件，用户通过软件提供的界面进行操作。

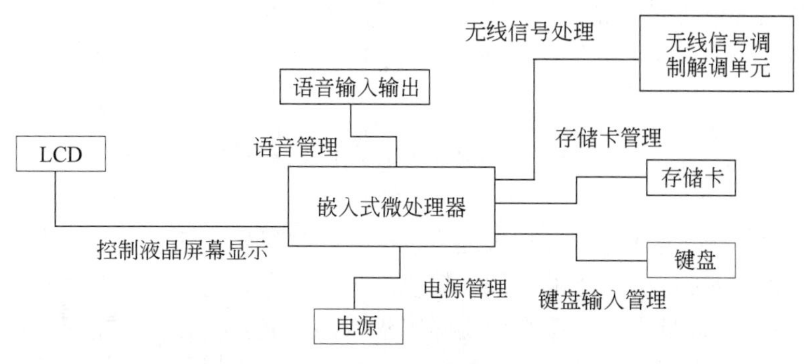

图 1-1　手机管理流程示意图

1.2.2　交通工具

大家最常使用的交通工具就是汽车了，不管是公交车、私家车还是其他的各种专用车辆，都有嵌入式系统的身影，如图 1-2 所示。

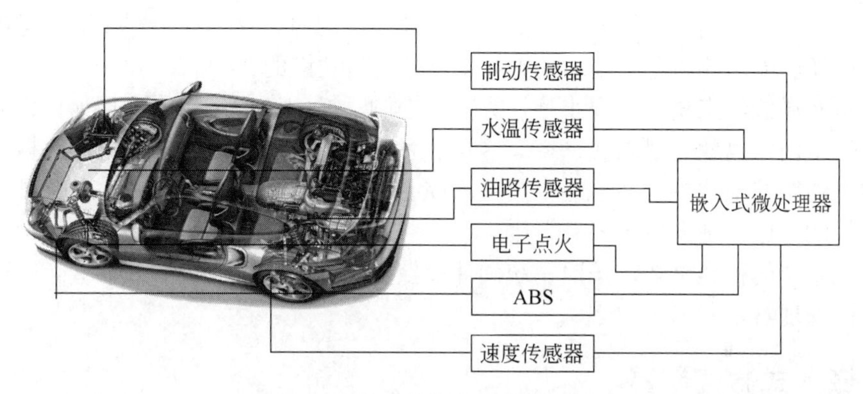

图 1-2　汽车的嵌入式系统控制

嵌入式系统在现代汽车上是不可缺少的。通过各种传感器，嵌入式微处理器能得到汽车各零部件的工作状态，并且即时地做出判断。用户的操作通过嵌入式处理器转换后发送命令给相应的部件。可以说，现代的汽车离开嵌入式系统是很难工作的。

1.2.3　公共电子设施

银行的 ATM 自动取款机是一种常见的公共电子设备。自动取款机也是一个嵌入式系统，其典型结构如图 1-3 所示。

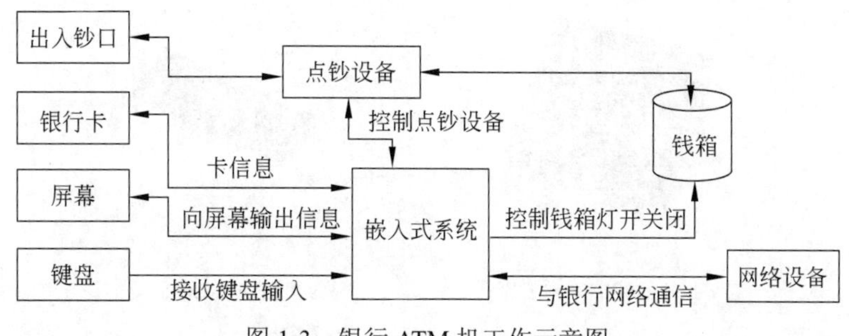

图 1-3　银行 ATM 机工作示意图

ATM 机负责控制点钞设备以及钱箱等，并且从键盘接收用户的输入，通过屏幕向用户输出信息。此外，还需要有网络通信功能，验证用户身份以及更新银行账户信息等。

1.3　嵌入式系统发展

从 1946 年第一台现代电子计算机诞生以来，计算机始终朝着两个方向发展：一个方向是体积大型化、处理能力超强的大型计算机；另一个方向是体积小型化、功能多样化。这两个发展方向没有高低之分，都是由实际需求带动发展。计算机大型化发展出现了很多超级计算机，各国都在研制自己的大型计算机。在计算机小型化的发展道路上，可谓是种类繁多。不仅有个人电脑（PC），还有各种个人数字助理（PDA）。嵌入式系统是计算机系统小型化发展的一个热门分支。

对于银行、电信行业来说需要大型的计算机作为数据运算中心和存储中心。这些行业的业务不仅需要存储大量的客户信息，还需要进行海量的数据运算，对数据运算的处理速度和并发处理能力都有很高的要求。大型计算机就是针对这类业务需求，可以进行复杂的数据计算，并且有很高的运算速度和数据吞吐能力。同时，这些业务很少需要考虑到占用的空间，以及电能消耗问题。处理能力和稳定性是最关键的。

对手机和微波炉来说，需要小型计算机来控制。换句话说，是需要把计算机嵌入到手机和微波炉里面，也就是嵌入式系统。这样的系统不需要严格地响应时间和数据吞吐量，最关键的是能够缩小体积以及功能专门化。控制手机的软硬件系统很难去控制微波炉，反过来也是如此，这就是小型化和专门化。

嵌入式系统的种类繁多，按照系统硬件的核心处理器来说，可以分成嵌入式微控制器和嵌入式微处理器。

1.3.1　嵌入式微控制器

嵌入式微控制器也就是传统意义上的单片机，它可以说是目前嵌入式系统的前身。单片机就是把一个计算机的主要功能集成到了一个芯片上，简单说，一个芯片就是一个计算机。它的特点是体积小、结构简单、便于开发，以及价格经济。

通常一个单片机芯片包含了运算处理单元、ARM、Flash 存储器，以及一些外部接口等。通过外部接口可以输出或者输入信号，控制相应的设备，用户可以把编写好的代码烧写到单片机芯片内部来控制外部设备。单片机常被用在智能仪器、工业测量、办公自动化方面。比如数字电表、公交 IC 刷卡系统、打印机等内部都有单片机存在。如图 1-4 所示是常见的 8051 单片机和 ATMega8 单片机芯片。

扁平封装的8051系列芯片　　直列封装的ATMega8芯片

图 1-4　常见的两种单片机芯片

从图1-4中可以看出，单片机集成了许多功能，但是体积却很小。体积小的特点简化了系统设计的复杂度。

1.3.2　嵌入式微处理器

单片机的发展时间较早，处理能力很低，只能用在一些相对简单的控制领域。嵌入式微处理器是近几年随着大规模集成电路的发展同步发展起来的。与单片机相比，嵌入式微处理器的处理能力更强。目前主流的嵌入式微处理器都是32位的，而单片机多是8位和16位。

嵌入式处理器在一个芯片上集成了复杂的功能，同时一些微处理器还把常见的外部设备控制器也集成到芯片内部。以ARM芯片为例，ARM体系在内部规定了一个32位的总线，厂商可以在总线扩展外部设备控制器。三星的ARM9芯片S3C2440A把常见的串行控制器、RTC控制器、看门狗、I^2C总线控制器，甚至LCD控制器等都集成在了一个芯片内，可以提供强大的处理能力。

由于嵌入式微处理器提供了强大的处理能力，一些厂商以及计算机爱好者在嵌入式微处理器上面开发了操作系统，帮助使用嵌入式系统的人简化开发、提高工作效率，这在单片机上是很难实现的。如图1-5所示是一个常见的嵌入式微处理器结构示意图。

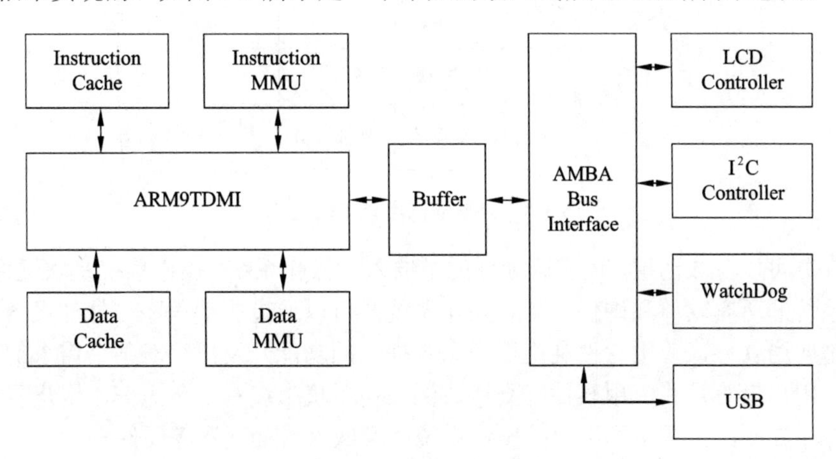

图1-5　ARM嵌入式微处理器结构示意图

从图1-5中可以看出，在一个嵌入式微处理器内部集成了许多外部设备控制器。这种设计方法大大简化了外部电路的设计和调试，同时整个系统的硬件体积也大幅缩小。

1.3.3　未来嵌入式系统发展的方向

随着微电子技术的不断发展以及电子制造工艺的进步，嵌入式系统硬件的体积会不断缩小，系统稳定性也在不断增强，可以把更多的功能集成在一个芯片上。另外，在功耗方面也不断降低，这样使嵌入式设备在自带电源的情况下（如使用电池）会使用更长的时间，而且设备的功能也更强大。

此外，随着网络的普及和IPv6技术的应用，越来越多的嵌入式设备也会加入到网络中。将来家中的微波炉或者洗衣机都可以通过无线接入网络，被其他设备控制。

1.4　典型的嵌入式系统组成

嵌入式系统与传统的 PC 一样，也是一种计算机系统，是由硬件和软件组成的。硬件包括了嵌入式微控制器和微处理器，以及一些外围元器件和外部设备；软件包括嵌入式操作系统和应用软件。

与传统计算机不同的是，嵌入式系统种类繁多。许多的芯片厂商、软件厂商加入其中，导致有多种硬件和软件，甚至解决方案。一般来说，不同的嵌入式系统的软、硬件是很难兼容的，软件必须修改，而硬件必须重新设计才能使用。虽然软、硬件种类繁多，但是不同的嵌入式系统还是有很多相同之处的。如图 1-6 所示是一个典型的嵌入式系统组成示意图。

图 1-6 展示出一个典型的嵌入式系统是由软件和硬件组成的整体。硬件部分可以分成嵌入式处理器和外部设备。处理器是整个系统的核心，负责处理所有的软件程序以及外部设备的信号。外部设备在不同的系统中有不同的选择。比如在汽车上，外部设备主要是传感器，用于采集数据；而在一部手机上，外部设备可以是键盘、液晶屏幕等。

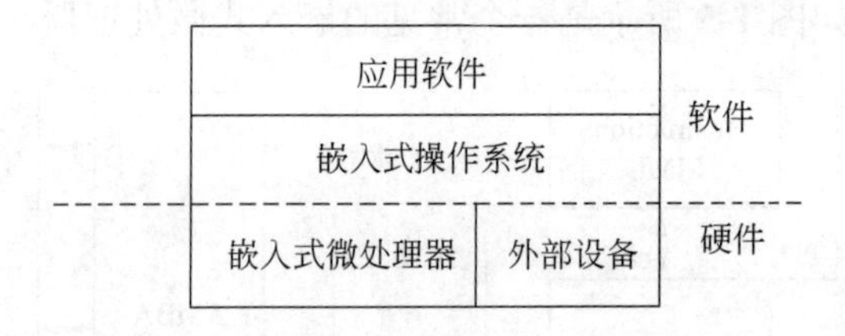

图 1-6　典型的嵌入式系统构成

软件部分可以分成两层，最靠近硬件的是嵌入式操作系统。操作系统是软硬件的接口，负责管理系统的所有软件和硬件资源。操作系统还可以通过驱动程序与外部设备打交道。最上层的是应用软件，应用软件利用操作系统提供的功能开发出针对某个需求的程序，供用户使用。用户最终是和应用软件打交道，例如在手机上编写一条短信，用户看到的是短信编写软件的界面，而看不到里面的操作系统以及嵌入式处理器等硬件。

1.5　小　　结

本章是全书的第 1 章，为读者介绍了嵌入式系统的基本常识、组成结构，通过实例使读者对嵌入式系统有一个初步的认识。本章的知识相对比较笼统，偏重一些概念方面的介绍，读者可以结合实际生活中的理解，加深对嵌入式系统的认识。第 2 章将讲解嵌入式软件和硬件系统的基本知识。

第 2 章　嵌入式软硬件系统

在学习嵌入式开发之前，需要先了解一下嵌入式系统的基本知识。嵌入式系统是由软件和硬件组成的，与传统的 PC 不同，在设计嵌入式系统的时候，通常软件和硬件都需要设计。对于一个嵌入式系统开发来说，无论是硬件开发人员还是软件开发人员，都需要掌握基本的软件和硬件知识。本章的主要目的是通过讲解基本的软、硬件知识，帮助读者建立嵌入式系统概念，主要内容包括：

- 模拟电路和数字电路；
- 基本的数制转换；
- 计算机的工作原理；
- 软件的基础知识；
- 操作系统概要。

2.1　电路基本知识

中学的物理课本里讲过，电路就是电流通过的路径。一个最简单的电路是由电源、负载和导线构成的。复杂的电路还有电阻、电容、晶体管、集成电路等元件。这些元件的功能不同，通过不同的组织方式构成了不同功能的电路。无论什么样的电路，最终的功能都是处理电子信号的。按照电子信号的工作方式可以把电路分成模拟电路和数字电路。

2.1.1　什么是模拟电路

处理模拟信号的电路称做模拟电路。模拟信号的特点是信号是线性变化的，意思是信号变化是连续的。如经常使用的收音机、电视机和电话机都是使用的模拟信号。常见的模拟电路有变压电路、放大电路。评估一个模拟电路常见的参数有放大倍数、信噪比和工作频率等。模拟电路是数字电路的基础，数字电路可以看做模拟电路的一种特殊形式。

2.1.2　什么是数字电路

数字电路，顾名思义是处理数字信号的电路，通常数字电路具有逻辑运算和逻辑处理的功能。与模拟信号不同，数字信号使用电压的高低或者电流的有无表示逻辑上的 1 或 0，因此数字电路可以方便地表示出二进制数。数字电路可以分成脉冲电路和逻辑电路两部分，脉冲电路负责信号变换和测量；逻辑电路负责处理数字逻辑。

与模拟电路不同，数字电路关心的是信号状态的变化。通过数字逻辑可以处理复杂的二进制信息，因此数字电路是计算机的基础。由于数字电路具有电路结构简单、容易加工制造等优点，所以数字电路可以大批量地生产制造，成本也变得低廉。数字电路广泛应用在测量、科学计算、自动控制等领域。

2.1.3 数制转换

计算机是由数字电路构成的，其内部数据的传输和处理都使用二进制方式。日常生活中普遍使用十进制方式表示数字，所以在使用计算机的时候需要用到数制转换。常见的有二进制到十进制的转换，从事嵌入式开发经常会用到十六进制，有的时候还会用到八进制。

二进制的特点是“逢 2 进 1”。如十进制的 0 对应二进制的 0，十进制的 1 对应二进制的 1，十进制的 2 对应二进制的 10，以此类推。从这个推演规律中可以看出，二进制数从右往左每个位数都是 2 的位数次幂。举个例子，二进制数 1010 转换为十进制数：

$$(1010)_2 = (2^3 \times 1) + (2^2 \times 0) + (2^1 \times 1) + (2^0 \times 0) = 8 + 0 + 2 + 0 = (10)_{10}$$

从例子中看出，二进制数转换为十进制数，是把每一位上 2 的位数幂乘以所在位数的数值，然后求和就是十进制数。反过来，十进制数转换为二进制数就简单了。对一个十进制数除以 2，如果能除尽记下余数为 0；如果除不尽，记下余数为 1；接下来看商是否大于 2，如果大于 2 继续除 2，以此类推。最终把得到的余数和商按照除的顺序排列就得到对应的二进制数。读者可以自己计算一下十进制数 10 的二进制数，看能否得到例子中的结果。

在嵌入式开发中，使用二进制数非常繁琐，容易出错，通常是使用十六进制数代替。与十进制数类似，十六进制数是逢 16 进 1 位。十六进制数使用 0～9 和 A～F 共 16 个字符表示，其中 A～F 对应的是十进制的 10～15。

十六进制和二进制之间的转换是很简单的，本书推荐一个快速掌握的方法，如表 2-1 所示，列出了十六进制基本数字对应的二进制数。请读者观察这些数字的对应关系，可以发现，一个十六进制数最多可以使用从 0000～1111 中的 4 位的二进制数表示。记住这个变化规律，在实际使用中，只需要把一个二进制数从低到高每 4 位分成一个段，把每个段的二进制数转换为一个基本的十六进制字符，最后把这些字符组合在一起就是十六进制数。反过来也可以把一个十六进制数转换为二进制数。

表 2-1　十六进制数与二进制数的对应关系

十六进制	二进制	十六进制	二进制	十六进制	二进制
0	0000	6	0110	C	1100
1	0001	7	0111	D	1101
2	0010	8	1000	E	1110
3	0011	9	1001	F	1111
4	0100	A	1010		
5	0101	B	1011		

利用表 2-1 的转换关系，转换二进制数到十六进制数的过程如下：

$$(1001110001101110)_2 = (1001)_2\ (1100)_2\ (0110)_2\ (1110)_2 = (9C6E)_{16} = 0x9C6E$$

提示：通常十六进制前加一个 0x 表示是十六进制数。

八进制数与十六进制数的原理是一样的，只是采用三位二进制数表示一位八进制数。

请读者按照十六进制数与二进制数的转换关系，自己演示一下八进制数和二进制数的转换过程。

2.2　计算机组成原理

现代计算机的构造越来越复杂，功能也日新月异。但是计算机的组成结构从本质来说仍然是相同的。一个计算机系统硬件是由中央处理器、存储系统、总线系统和输入输出系统几个基本部分组成的。本节将从计算机系统结构发展的角度来介绍计算机的组成和工作原理。

2.2.1　计算机体系的发展

计算机是由硬件系统和软件系统两大部分组成的。按照功能又可以划分为指令系统、存储系统、输入输出系统等。计算机体系结构简单地说就是研究计算机各系统和组成部分结构的一门学问。计算机从诞生到现在仅有半个世纪，但是计算机体系结构却有很大的发展，出现了许多的体系结构设计思想和设计方法。从存储结构来说，可以把计算机体系分成冯诺依曼结构和哈佛结构。

冯·诺依曼结构是以数学家 John Von Neumann 的名字命名的，他最早提出了该结构。该结构把计算机分成了运算器、控制器、存储器、输入设备和输出设备 5 个部分。它的工作原理是把让计算机工作的指令（也可理解为程序）存储在存储器内，工作的流程是从存储器取出指令，由运算器运算指令，控制器负责处理输入设备和输出设备。

冯·诺依曼结构奠定了现代计算机的基础，但是其自身也存在许多缺点。最突出的表现是，数据和指令存放在一起，运算器在取指令的时候不能同时取数据，造成工作流程上的延迟，运算效率不高。为了解决这个问题，出现了哈佛结构。

哈佛结构最大的特点就是把指令和数据分开存储。控制器可以先读取指令，然后交给运算器解码，得到数据地址后，控制器读取数据交给运算器；在运算器运算的时候，控制器可以读取下一条指令或者数据。这种把指令和数据分开存储的方式可以获得较高的执行效率。另外，分开存储可以使指令和数据使用不同的数据宽度，方便了芯片的设计。在嵌入式系统中，大多数的处理器都使用哈佛结构，如常见的 ARM 处理器，以及一些单片机等。

2.2.2　中央处理器

中央处理器的英文全称是 Central Process Unit，简称 CPU，是一个计算机系统的核心。CPU 是由运算器、控制器、寄存器和内部总线组成的。在 CPU 之外再加入总线、存储设备、输入输出设备就可以构成一个完整的计算机系统。

CPU 有几个重要的参数，包括工作频率、字长、指令集和缓存。工作频率通常是用户最多听到的参数，一个 CPU 的工作频率包括了主频和外频，以及外部总线频率。主频是 CPU 的实际工作频率，外频是 CPU 工作的基准频率，还有一个是总线的工作频率。一般来说，工作频率越高的 CPU 执行指令的速度就越快，但是也不完全如此。

决定 CPU 处理数据能力的是 CPU 的字长，有的教材也称做位宽，它是 CPU 在一个周期能处理的最大数据宽度。如一个 32 位的 CPU 在一个周期可以处理 32 位数据，而一个 8 位的 CPU 只能处理 8 位的数据。在同等工作频率下，一个 8 位的 CPU 处理数据的能力仅是 32 位 CPU 的四分之一。由此看出，衡量一个 CPU 的处理能力不仅要看工作频率，还要看处理数据的位宽。

CPU 内部是通过执行指令工作的。每种 CPU 都有专门的一组指令，称为指令集。按照指令的执行方式可以把计算机 CPU 指令集分成复杂指令集和精简指令集。复杂指令集（CISC）的特点是使程序中的指令按照顺序执行。其优点是结构简单，便于控制；缺点也很明显，由于指令顺序执行，计算机各部分不能同时工作，执行效率不高。常见的 CISC 指令集 CPU 是 Intel 的 X86 系列。

精简指令集（RISC）改进了复杂指令集的缺点。RISC 的特点是简化了每条指令的复杂度并且减少了总的指令数量。RISC 还发展了一种“超标量和流水线结构”，可以把要执行的指令按照流水线排序，在执行一条指令的时候，把后面要执行的若干条指令都取出来排队，提高了执行效率。嵌入式系统 CPU 大多采用 RISC 指令集，例如 ARM 系列的 CPU。

缓存是 CPU 内部一个重要的器件，主要用来暂时存储指令和数据，是由于 CPU 内部和外部工作的速度不同造成的。一个 CPU 的缓存越大，相对处理指令的能力就越强。

2.2.3　存储系统

计算机在工作中需要从内部存储器中读取指令和数据，并且把计算的结果存入外部存储器。由于材料和价格因素的限制，计算机的存储器件在容量、速度等方面需要匹配。存储系统的作用就是设计一个让各种存储器相互配置达到最优性价比的方案。

计算机的存储系统采用了速度由慢到快，容量由大到小的多层次存储结构，如图 2-1 所示。

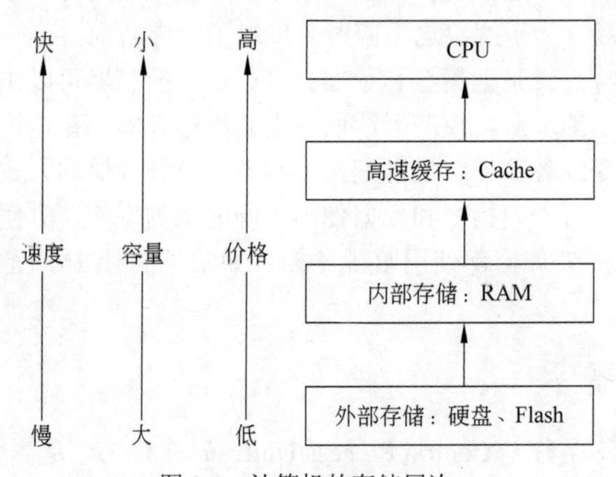

图 2-1　计算机的存储层次

从图 2-1 中可以看出，计算机存储系统从下至上越接近 CPU 速度越快，容量越小，价格也越高。

2.2.4　总线系统

总线是 CPU 连接外部设备的通道。通常包括数据总线（DataBus）、地址总线（AddressBus）和控制总线（ControlBus）。地址总线负责向外部设备发送地址信息；数据总线负责从外部设备读取或者写入信息；控制总线负责发送信号控制外部设备。

计算机的总线系统是由总线和相应的控制器构成的，如嵌入式系统中常见的 I^2C 总线和 SPI 总线，它们的特点是控制简单，成本低廉，本书在后面的章节中将会做具体介绍。其他的还有 PCI 总线，支持复杂的功能和很高的系统吞吐量。

总线的出现规范了 CPU 和外设之间的通信标准，简化了外部器件的设计。使用一些通用的总线可以有效地降低开发成本。

2.2.5　输入输出系统

输入输出系统由外部设备和输入输出控制器组成，是 CPU 与外部通信的系统。CPU 通过总线与输入输出系统相连。由于外部设备的速度差异，CPU 可以使用不同的方式控制外部设备的访问。常见的有轮询方式、中断控制方式和 DMA 方式。

程序中断方式最简单，CPU 通过不断地查询某个外部设备的状态，如果外部设备准备好，就可以向其发送数据或者读取数据。这种方式由于 CPU 不断查询总线，导致指令执行受到影响，效率非常低。

中断方式克服了 CPU 轮询外部设备的缺点。正常情况下，CPU 执行指令，不会主动去检查外部设备的状态。外部设备的数据准备好之后，向 CPU 发起中断信号，CPU 收到中断信号后停止当前的工作，根据中断信号指定的设备号处理相应的设备。这种处理方式既不影响 CPU 的运行，也能保证外部设备的数据得到及时处理，工作效率很高。嵌入式系统通常会设计许多的中断信号控制线，供连接不同的外部设备。

中断系统虽然效率高，但是对于大量数据的传输就力不从心了。例如，从网络接收一个比较大的文件存放到内存。在这个过程中，网络控制器每接收到一个数据包后都会向 CPU 发出一个中断，大量的中断会导致 CPU 忙于处理中断而减小对指令的处理，效率会变得很低。更好的方法是，对于这种大量的数据传输可以不通过 CPU 而直接传送到内存，这种方式叫做直接内存访问（Direct Memory Access），简称 DMA。使用 DMA 方式，外部设备在数据准备好之后只需要向 DMA 控制器发送一个命令，把数据的地址和大小传送过去，由 DMA 控制器负责把数据从外部设备直接存放到内存。DMA 方式对处理大量的数据十分有效，越来越多的嵌入式处理器开始支持它。

2.3　软件基础知识

嵌入式系统的基础是硬件，软件是嵌入式系统的灵魂。离开了软件，一个系统的功能就无法发挥。因此软件设计开发是嵌入式系统开发的一个重要环节。本节将介绍软件的基础知识、开发流程，以及基本的技术。

2.3.1　什么是软件

使用过计算机的读者都使用过各种各样的软件，例如最常见的 Word 文字处理软件，还有上网会使用的浏览器等。严格地说，软件是由程序和文档构成的，程序是一组按照特定结构组织的指令和数据集合。

通常软件可以分成系统软件和应用软件，以及目前兴起的介于二者之间的中间件软件。系统软件是使用计算机提供的基本功能，例如操作系统和数据库系统。它们都不是针对某种特殊需求，而是面向通用的领域。应用软件是针对某种特殊需求设计的，一般来说具有专门的功能。比如 MP3 播放软件就是针对播放音乐设计的。

软件的另一个组成部分是文档。随着软件复杂程度的提高，文档也越来越重要。常见的软件文档有开发文档和用户文档，前者面向开发人员，后者面向最终用户。软件开发人员应该养成编写文档的好习惯。

2.3.2　软件开发流程

软件开发流程是软件在开发过程中需要执行的步骤，经过几十年的发展已形成一套公认的开发流程。大致可以分成 4 个部分：需求分析、概要设计和详细设计、编码和调试、测试和维护，如图 2-2 所示。

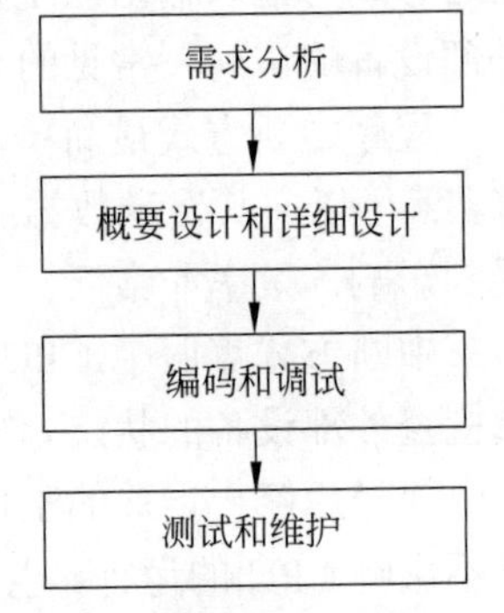

图 2-2　通用软件开发流程

从图 2-2 中可以看出，软件开发的流程是依次完成的。最初是需求分析，主要目的是了解用户的需求，并转化为可供开发使用的文档或者文字描述。需求分析还可以分成需求确认、总体设计、概要设计、详细设计等。该阶段的最终文档可以供编码调试阶段直接使用。

编码调试是最关键的一个环节。该阶段根据需求分析的结果，按照文档的要求在特定的平台和工具环境下完成程序编写和调试的工作。在整个软件开发流程中，编码调试是占用时间最长的，这个过程需要细心和经验丰富的程序员来完成。

编码调试完成后，软件的基本雏形就有了，接下来进入测试阶段。测试的目的是找出软件的问题，或者存在的缺陷（Bug）。软件测试可以分成不同层次，代码级别的有单元测试，高层的有集成测试等。测试手段的好坏直接决定了软件的质量。

软件通过测试后就可以发布了，随之进入维护阶段。维护阶段的主要任务是修正软件里没有发现的错误和漏洞，以及小范围的添加功能。软件维护的目的是保证整个软件的健壮性。

2.3.3　常见的软件开发模型

在软件的发展过程中，经过前人的总结，设计出了几种软件开发模型。软件开发模型制定了软件开发流程中的规范和参考原则，指导开发人员按照特定的步骤工作。但是由于现实的差异性，很少有适用于所有软件的开发模型，有一些经过验证比较有效的模型供开发人员参考。常见的有瀑布开发模型、增量开发模型，以及现在比较热门的统一软件开发模型（UML）。

瀑布模型把软件开发分成需求阶段、规格说明阶段、设计阶段和实现阶段。需求阶段由系统分析师确定整个系统的功能需求，被认可后制定整体的规格并且建立文档。进入设计阶段后，系统分析员按照模块划分整个系统，并且设计每个模块的功能和接口。最后在完成阶段由程序员完成模块的编码调试，组合成完整的软件。瀑布模型使线型结构便于管理，被广泛地应用在软件开发团队中。

增量模型的思想是，通过不断增加软件的功能完成整个系统。该模型首先开发出一个基本的软件框架，然后在上面不断增加新的功能。增加功能是按照一定的步骤和策略完成的，最终的目标是完成所有的需求。增量模型的好处是可以让用户尽早地看到软件产品，可以提出意见促进以后的修改。

统一软件开发模型借鉴了之前的成功经验和失败教训。该模型融入了瀑布模型和增量模型的思想。统一软件开发模型把一个软件项目分成初始阶段、细化阶段、构造阶段和移交阶段。在每个阶段中保留了瀑布模型的工作流程。在整体的流程上采用增量模型的迭代思想，不断演进，最终达到所有需求完成的目标。统一软件开发模型是一个复杂的开发过程，适合大型的软件系统。该模型还制定了过程描述语言 UML，可以帮助开发人员减少开发过程中的错误。

2.3.4　计算机编程语言

计算机内部是通过执行指令完成各种操作的，无论是指令还是数据在计算机内部都使用二进制表示，对于用户的识别和输入都很困难。计算机编程语言就是为解决这个问题设计的。计算机编程语言是一种有规范格式和语法供人类描述计算机指令的字符串集合。举例来说，在计算机内部使用二进制 10100101 表示一个求加法操作，计算机语言可以通过 add 字符串表示这个加法操作，便于人类识别。

计算机语言可以分成机器语言、汇编语言和高级语言。其中机器语言是供计算机本身识别的，为二进制串。汇编语言是对机器语言的抽象，其实质与机器语言是相同的。汇编语言的指令与机器语言是一一对应的。此外，汇编语言还设计了伪指令和宏指令，帮助编程人员提高开发效率。汇编语言是依赖体系结构的，在一种 CPU 上能执行的汇编语言在其他 CPU 上很可能就无法执行了。

虽然汇编语言简化了计算机编程的复杂度，但是仍然需要了解计算机的工作细节。例如，一个加法操作，在汇编语言中需要设置至少两个寄存器，一个存放加数，另一个存放被加数，和可以存放在两个寄存器的任何一个里。这种方法显然是很繁琐的，而且很容易出错，于是开发出了高级语言。

高级语言从程序的功能角度出发，从各种功能中抽象出计算机可以处理的方法提供给用户。用户可以像使用类似自然语言一样书写程序，极大地提高了开发效率。高级语言的一个功能或者说是一个函数可能对应汇编语言的若干条指令。嵌入式系统开发中常见的高级语言有 C 和 C++。

无论是汇编语言还是高级语言都不能被计算机直接执行，需要转换为机器语言，这个过程叫做编译。对于高级语言来说，还有一类解释型的语言，通过特定的解释器可以边解释用户编写的程序内容边输出结果。常见的脚本语言都属于解释语言。

计算机编程语言的出现带动了软件的发展。对于一个嵌入式软件开发人员来说，应该掌握一门基本的开发语言，比如 C 语言。本书的编程实例基本都是基于 C 语言的，以后会进行详细讲解。

2.3.5　数据结构

计算机的本质是处理数据的机器。数据是计算机加工和处理的对象。计算机中的数据有很多种类，如何处理数据就成为了一门学问。数据结构就是关于数据组织和处理的一门学问。数据结构包括数据逻辑结构、物理结构和数据操作 3 方面的内容。

计算机把处理的数据分成多种类型，包括一些基本类型如整型、浮点型等，还有一些结构类型。数据结构中认为数据元素是基本的类型。数据的逻辑结构描述数据元素之间的逻辑关系，是抽象出来的数学模型，与具体的机器无关。

数据的物理结构描述数据元素的存储结构，依赖于具体的计算机实现。例如，一个统计表格是数据元素之间的逻辑结构，但是把表格存放到计算机中需要考虑存储结构，可以按照行的顺序存储，也可以按照列的顺序存储，这就是数据的物理结构。

数据结构还定义了数据元素的操作方法，通常也称做算法。算法可以理解为一种思路。例如，对 10 个无序的数字按照大小排序，可以有冒泡排序、二分排序、插入排序等多种方法。在计算机编程中，一个好的算法可以起到事半功倍的效果。

2.4　操作系统知识

现代计算机的应用软件都是在操作系统下工作的。嵌入式系统早期应用程序是直接运行在 CPU 上，比如单片机。随着嵌入式系统硬件处理能力的提升，应用也越来越复杂，目前主流的嵌入式系统都配备了操作系统，应用软件使用操作系统提供的功能。本节将介绍操作系统的知识。

2.4.1　什么是操作系统

操作系统是一类特殊的系统软件。它管理整个系统的所有硬件和软件，通常是整个计算机系统中最接近硬件的系统软件。操作系统屏蔽了硬件的底层特性，向应用软件提供了一个统一的接口。对于应用软件来说，不需要知道硬件的具体特性，使用操作系统提供的接口即可完成相应的功能。除此之外，操作系统通过特定的算法统筹安排整个计算机系统软硬件资源，使计算机的资源利用率更高，甚至获得比硬件更多的功能。

操作系统是软件领域一个重要的部分。常见的嵌入式操作系统有 μcLinux、vxWorks 等。本书第 4 章将详细讲解嵌入式 Linux 操作系统，以及 Linux 与其他系统之间的对比。

2.4.2　操作系统的发展历史

最早的计算机没有操作系统。在同一时间，用户只能通过打孔机等外部设备把程序输入，计算机按照程序执行。如果程序出现问题，整个机器就会停止工作。后来把常用的程序设计成库装入计算机，以方便用户使用，这可以算是操作系统的雏形。

早期的操作系统多种多样，在大型机领域，几乎每个系列的计算机都有自己的操作系统。这种方式造成很大的资源浪费，同样功能的程序在不同的机器上由于操作系统的不同有可能无法运行。后来，AT&T 公司在小型机上开发成功了 UNIX 操作系统（几乎同时 C 语言也诞生了），并且免费发放，用户可以修改其代码。UNIX 的这种授权方式得到了广泛的应用，并被移植到了各种计算机上，是现代操作系统的开端。UNIX 操作系统的设计思想也是现在许多操作系统参考的基础。

20 世纪 70 年代后期，随着个人计算机的兴起，出现了苹果计算机和 IBM-PC。PC 的普及带动了个人计算机操作系统的发展，先后出现了 DOS 操作系统，Windows 操作系统。

目前 Windows 操作系统已经是个人电脑领域事实上的标准。

1991 年，一个芬兰学生发布了他的操作系统，被命名为 Linux。这个操作系统因为他的开源特性，一经发布就得到了广泛的支持，并且在后来的十余年中发展迅猛。Linux 目前已经被移植到从大型计算机到掌上电脑的各种计算机上，在嵌入式领域更是占据了市场的半壁江山。本书重点讲述嵌入式 Linux 系统开发的相关内容。

2.4.3　操作系统由什么组成

前面提到操作系统管理软件资源和硬件资源。实际上，操作系统是一个庞大的管理程序，从功能上看操作系统包括进程管理、文件管理、设备管理和作业管理几部分。进程管理是一种软件资源的管理，操作系统把每个执行的任务称做进程，根据资源分配情况和一定的调度策略管理系统中的进程。文件管理是操作系统很重要的一部分，例如 Linux 系统内部是把文件作为基本的外部资源单位进行管理的。设备管理控制计算机的所有硬件资源（也包括一些虚拟设备）。作业管理向用户提供了批量执行任务的功能。操作系统的这几部分管理功能都不是独立的，是一个有机结合体。

按照软件的结构划分，操作系统可以分成内核、驱动程序和程序库。内核是操作系统的核心，也是整个系统软件的核心。一般来说，内核从抽象的层面提供最基本的功能，通常代码短小精炼。驱动程序是计算机系统必不可少的一类系统软件，系统和驱动程序打交道而不会直接访问硬件，硬件的具体细节由驱动程序完成，是软硬件的接口。程序库是操作系统向用户提供的程序接口。

2.4.4　几种操作系统的设计思路

操作系统的基本结构都是内核、驱动程序以及程序库。其中最关键的就是内核，是体现一个操作系统设计智慧的地方，也是最能决定系统稳定性和效率的部分。通常内核有简单结构、层次结构、微内核结构和虚拟机结构等。

简单结构比较好理解，内核中各种功能没有严格的界限，混杂在一起。这些系统往往从实验室发展来或者是由于硬件资源限制导致。MS-DOS 操作系统以及早期的 UNIX 系统，在设计的时候由于受到当时硬件资源的限制，都是简单内核结构，这也是后来发展的瓶颈。在嵌入式领域，掌上电脑 Palm OS 5 之前的操作系统，还有其他许多小型的嵌入式操作系统都是这种情况。

层次结构的设计思想是把内核需要提供的功能划分出层次，最底层仅提供抽象出来的最基本的功能，每一层利用下面的一层功能，以此类推，最上面的一层可以提供丰富的功能。这种设计思路结构清晰是操作系统内核的一大进步。

微内核结构是 19 世纪 80 年代产生的内核结构。其设计思想是内核提供最基本最核心的功能，注重把系统的服务功能和基本操作分开。例如，内核只提供中断处理、内存管理等基本功能，网络传输数据之类的功能可以设计成一个系统服务完成。这种设计思路使得内核的设计更加简单，内核可以根据需要启动或者关闭系统服务，极大地提高了整个系统的工作效率。此外，微内核还会设计一个硬件抽象层，对内核屏蔽硬件底层特性，让内核可以专注提供各种功能。使用微内核结构的系统越来越多，常见的 Linux 和 Windows NT 都采用了微内核的设计思想。

2.4.5 操作系统分类

操作系统根据工作特点可以有不同的分类方法，本章介绍几种常见的分类方法。按照用户角度可以分成单用户和多用户操作系统。单用户操作系统仅支持一个用户，特点是系统利用率低，但是便于管理；多用户操作系统支持数个用户，并且同时可以运行多个用户的程序，提高了资源利用率，但是管理难度也相应提高。例如早期的 DOS 就是单用户操作系统，Linux 是一个多用户操作系统。

按照系统对任务的处理相应时间来划分，可以把操作系统分成分时系统和实时系统。分时系统中，不同用户的进程按照一定的策略分别得到 CPU 资源，未能得到资源的用户只能等待。实时系统则不然，任务是按照优先级和响应时间分配的，在一个设定的响应时间内，任务必须得到响应。例如导弹拦截系统，在收到导弹拦截请求后需要在特定的时间内得到响应。实时操作系统常用在军火、航天、电信等领域。分时操作系统应用很广泛，Linux 就是一个性能优越的分时操作系统。

随着网络的发展，现在出现了分布式操作系统。通过把一个网络内的计算机资源共享，一个计算任务可以分散在不同的计算机上进行，最后把结果汇总。分布式操作系统能最大限度地利用现有的资源，得到强大的计算能力，是未来科学计算领域的一个发展趋势。

2.5 小　　结

本章概括介绍了嵌入式开发领域软、硬件的基础知识，包括电路、计算机组成原理、软件的基本知识，以及操作系统。本章的知识点比较广泛，读者只需要了解即可，全书在涉及本章所介绍的内容的地方会详细讲解各知识点。第 3 章将讲解 ARM 处理器。

第 3 章　ARM 处理器

ARM 既是一种嵌入式处理器体系结构的缩写，也是一家公司的名字。目前有数十家公司使用 ARM 体系结构开发自己的芯片，支持的外部设备和功能丰富多样。ARM 体系相比其他的体系具有结构简单、使用入门快等特点。使用 ARM 核心的处理器虽然众多，但是核心都是相同的。因此，掌握了 ARM 的体系结构，在用不同的处理器时，只要是基于 ARM 核心都能很快上手。本章的主要内容包括：

- 微处理器和微控制器的关系；
- ARM 处理器的介绍；
- ARM 体系结构；
- ARM 的功能选型。

3.1　微处理器和微控制器

从世界上第一个晶体管发明到现在的 50 多年间，半导体技术发展突飞猛进。半导体的发展经历了晶体管、集成电路、超大规模集成电路等几代。目前的集成电路制造工艺已经朝 1 微米以下领域发展，为了表示制造工艺的提高，通常把这种集成电路称做“微处理器”。实际上，微处理器并不是因为制造工艺高超而出名的。现代计算机可以把功能复杂的 CPU，以及一些外部器件都集成在一个芯片上，微处理器因此而得名。

微处理器可以根据应用领域大致分成通用微处理器、嵌入式微处理器和微控制器。通用微处理器主要用于高性能计算，如 PC 的 CPU 就是一个通用微处理器；嵌入式微处理器是针对某种特定应用的高能力计算，如 MP3 的解码、移动电话的控制等；微控制器主要用于控制某种设备，通常集成了多种外部设备控制器，处理指令的能力一般不是很强，但是价格低廉，多用在汽车、空调等设备上。

微控制器除了针对专门设备设计以外，还具备微处理器不具备的特点，如很好的环境适应性，可以在特殊的高温或者低温环境工作。这些特点一般的微处理器是不具备的。目前的嵌入式微处理器大多集成了外部设备控制器，功能不断增强，价格也在下降。使用嵌入式微处理器替代微控制器是未来发展的趋势。

3.2　ARM 处理器介绍

ARM 是英文 Advanced RISC Machines 的缩写，中文译为高性能 RISC 机器。从名称可以看出，ARM 是一种基于 RISC 架构的高性能处理器。实际上 ARM 同时也是它的设计公司的名字。与其他的嵌入式芯片不同，ARM 是由 ARM 公司设计的一种体系结构，主要用于出售技术授权，并不生产芯片。其他芯片设计公司可以通过购买 ARM 的授权，设计和生产基于 ARM 体系的芯片。

目前，采用 ARM 体系的微处理器已经遍布在消费电子、工业控制、通信、网络等领域。据统计，基于 ARM 体系结构的嵌入式微处理器占据 RISC 类型处理器 90%以上的市场份额。在全球范围内，使用 ARM 授权生产微处理器芯片的厂商多达数十家。就连众所周知的芯片巨头英特尔公司在通信领域也开发了基于 ARM 体系结构的微处理器，如 StrongARM、IXP428、IXP2400、IXP2800 等。以前手机的控制芯片大多采用 DSP（一种处理数字信号的芯片），现在越来越多的手机芯片厂商使用 ARM 体系结构设计手机处理芯片。本章重点介绍三星公司的 S3C2440A 嵌入式微处理器，就是在 ARM 核的基础上加入了多种外围电路设计的。

3.2.1　ARM 微处理器的应用领域

在前面提到 ARM 已经渗透到许多应用领域。

1. 工业控制

ARM 是一种 32 位微处理器，主要用在高端的工业控制领域。但是随着成本的下降，目前正向低端领域扩展。ARM 的低功耗高性价比对传统的微控制器是一个威胁。

2. 无线通信

无论是电信的核心网，还是普通用户的手机，都有 ARM 处理器的身影。目前已经有 85%以上的无线通信设备采用了 ARM 核的处理器。

3. 网络应用

传统的用户 ADSL 拨号上网设备多采用 DSP，随着 ARM 处理器的处理能力不断提高，已经完全可以胜任实时传输的网络数据处理。

4. 消费电子产品

在许多的数码相机、音乐播放器、数字电视机顶盒中，都大量采用了 ARM 核的处理器。ARM 的低功耗和低成本很适合消费类电子产品。

3.2.2　ARM 的功能特点

ARM 核心的处理器采用 RISC 体系结构，具有以下优点：

- 芯片体积小，功耗低，制造成本低，性能优异。
- 支持 Thumb（16 位）和 ARM（32 位）两种指令集，8 位和 16 位设备兼容性好。
- 由于采用 RISC 架构，在内部大量使用寄存器，执行指令速度快。
- 大部分的指令都是操作寄存器，只有很少指令会访问外部内存。
- 采用多级流水线结构处理速度快。
- 支持多种寻址方式，数据存取方式灵活。
- 指令长度固定，便于编译器操作以及执行指令。

3.3 ARM指令集

指令集指一个微处理器所有指令的集合，每种微处理器都有自己的指令集。在第2章讲过处理器的指令集可以分成CISC（复杂指令集）和RISC（精简指令集）两种，ARM处理器使用RISC（精简指令集）。

精简指令集的最大特点是所有的指令占用相同的存储空间。ARM处理器支持ARM和Thumb两种指令集：ARM指令集工作在32位模式下，指令长度都是32b；Thumb指令集工作在16位模式下，指令长度都是16b。

ARM 指令集按照功能可以分为算术运算指令、逻辑运算指令、分支指令、软件中断指令和程序数据装载指令等。

3.3.1 算术运算指令

算术运算指令用于普通数据计算。常见的指令有ADD、ADC、SUB和SBC。

1. ADD指令

ADD指令用于普通的加法运算。

```
格式：ADD{条件}{S} <dest>, <op_1>, <op_2>
//dest是目的寄存器,op_1和op_2是操作数dest = op_1 + op_2
```

ADD指令把两个操作数op_1和op_2相加，结果存放到目的寄存器dest中。操作数op_1和op_2可以是寄存器或者是一个立即数。举例如下：

```
ADD     R0, R1, R2          ; R0 = R1 + R2
ADD     R0, R1, #256        ; R0 = R1 + 256
ADD     R0, R2, R3,LSL#1    ; R0 = R2 + (R3 << 1)
```

提示：ADD指令可以在有符号或无符号数上进行。

2. ADC指令

ADC指令用于带进位的加法运算。

```
格式：ADC{条件}{S} <dest>, <op_1>, <op_2>
//dest是目的寄存器,op_1和op_2是操作数dest = op_1 + op_2 + carry
```

ADC指令把两个操作数op_1和op_2相加，结果存放到目的寄存器dest中。ADC指令使用一个进位标志位，可以进行大于32位的加法操作。如计算两个32位数的和，结果可以存放到一个64位数中。举例如下：

```
;64位数结果：存放在寄存器R0和R1
;两个32位数：存放在寄存器R2和R3
ADCS    R0,R2,R3      ; 带进位加,结果保存在R0和R1寄存器
```

提示：进位加法请使用S后缀更改进位标志。

3. SUB 指令

SUB 指令用于普通的减法运算。

```
格式：SUB{条件}{S} <dest>, <op_1>, <op_2>
//dest 是目的寄存器,op_1 和 op_2 是操作数 dest = op_1 - op_2
```

SUB 指令使用操作数 op_1 减去操作数 op_2，结果存放到目的寄存器 dest 中。其中，op_1 是一个寄存器，op_2 可以是一个寄存器也可以是一个立即数。举例如下：

```
SUB     R0, R1, R2          ; R0 = R1 - R2
SUB     R0, R1, #256        ; R0 = R1 - 256
SUB     R0, R2, R3,LSL#1    ; R0 = R2 - (R3 << 1)
```

提示：SUB 指令可以在有符号和无符号数上进行。

4. SBC 指令

SBC 指令用于带借位的减法运算。

```
格式：SBC{条件}{S} <dest>, <op_1>, <op_2>
//dest 是目的寄存器,op_1 和 op_2 是操作数 dest = op_1 - op_2 - !carry
```

SBC 指令的作用是两个操作数的减法，结果存放到目的寄存器中。SBC 指令支持借位标志，因此可以支持大于 32 位数的减法操作。

3.3.2　逻辑运算指令

逻辑运算不同于算术运算。逻辑运算按照逻辑代数的运算法则操作数据，得到逻辑结果。

1. AND 指令

AND 指令求两个操作数的逻辑与的结果。

```
格式：AND{条件}{S} <dest>, <op_1>, <op_2>
// dest 是目的寄存器,op_1 和 op_2 是操作数 dest = op_1 AND op_2
```

AND 指令在两个操作数 op_1 和 op_2 之间做逻辑与操作，结果存放到目的寄存器 dest 中。AND 指令常用于屏蔽寄存器中的某一位。op_1 是寄存器，op_2 可以是寄存器或者立即数。举例如下：

```
AND     R0, R0, #3          ; R0 的第 0 和第 1 位保持不变,其他位清零
```

提示：在配置 ARM 的控制寄存器时，经常使用 AND 指令设置某些比特位。

2. EOR 指令

EOR 指令对两个操作数做异或运算。

```
格式：EOR{条件}{S} <dest>, <op_1>, <op_2>
// dest 是目的寄存器,op_1 和 op_2 是操作数 dest = op_1 EOR op_2
```

EOR 指令的作用是对两个操作数 op_1 和 op_2 做逻辑异或操作，结果存放到目的寄存器中，常被用于设置某个特定位反转。EOR 指令中，op_1 是寄存器，op_2 可以是寄存器或者立即数。举例如下：

```
EOR     R0, R0, #3              ; R0 的第 0 和第 1 位被反转
```

3. MOV 指令

MOV 可以在两个操作数之间复制数据。

```
格式：MOV{条件}{S} <dest>, <op 1>
// dest 是目的寄存器,op_1 是操作数 dest = op_1
```

MOV 指令的作用是把另一个寄存器或者立即数复制到目的寄存器中，支持操作数的移位操作。例如：

```
MOV     R0, R0                  ; R0 = R0 相当于没有操作
MOV     R0, R0, LSL#3           ; R0 = R0 * 8 LSL 寄存器左移 3 位,相当于乘 8
```

3.3.3　分支指令

在汇编语言中，代码的跳转都是通过分支指令来完成，ARM 的分支指令比较简单，本节将介绍最基本的分支指令——B 指令。

B 指令可以根据设置的条件跳转到指定的代码地址。

```
格式：B{条件}  <地址>
```

B 指令是分支跳转指令。程序中遇到 B 指令会立即跳转到指定地址，然后继续从新的地址开始运行程序。高级语言（例如 C 语言）的 goto 语句常被翻译成 B 指令。

3.3.4　数据传送指令

数据传送指令用于 CPU 和存储器之间的数据传送，是 ARM 处理器唯一能与外部存储器交换数据的一类指令。

1. 单一数据传送指令

单一数据传送指令用于向内存装载和存储一个字节或者一个字长的数据。

```
格式：
LDR{条件}     Rd, <地址>
STR{条件}     Rd, <地址>
LDR{条件}B    Rd, <地址>
STR{条件}B    Rd, <地址>
```

单一数据传送指令 STR 和 LDR 可以在内存和寄存器之间装载或者存储一个或多个字节的数据，并且提供了灵活的寻址方式。Rd 是要操作的数值，地址可以是基址寄存器 Rbase

和变址寄存器 Rindex 指定的地址。在条件后加入标志 B 代表一次传送 1 字节数据。常见的寻址方式如下：

```
STR    Rd, [Rbase]              ; 存储 Rd 到 Rbase 所包含的有效地址
STR    Rd, [Rbase, Rindex]      ; 存储 Rd 到 Rbase+Rindex 所合成的有效地址
STR    Rd, [Rbase, #index]      ; 存储 Rd 到 Rbase+index 所合成的有效地址。index 是立
                                  即数
```

2. 多数据传送指令

多数据传送指令用于向内存装载和存储多个字节或字的数据。

```
格式：xxM{条件}{类型}  Rn{!}, <寄存器列表>{^}
```

其中，xx 可以是 LD，表示装载，也可以为 ST，表示存储。多数据传送指令用于寄存器和内存之间多个数据的复制。指令包括：

```
LDMED     LDMIB      ; 装载前增加地址,相当于 C 语言的++p
LDMFD     LDMIA      ; 装载后增加地址,相当于 C 语言的 p++
LDMEA     LDMDB      ; 装载前减小值,相当于 C 语言的++*p
LDMFA     LDMDA      ; 装载后减小值,相当于 C 语言的*p++
STMFA     STMIB      ; 存储前增加地址
STMEA     STMIA      ; 存储后增加地址
STMFD     STMDB      ; 存储前增加值
STMED     STMDA      ; 存储后增加值
```

多数据传送指令用在大量数据传送场合，充分利用了 RISC 体系多寄存器的优点。

3.4　ARM 的结构

基于 ARM 的芯片有许多，功能结构也不同，但是最基本的是 ARM 核。无论学习哪种 ARM 类型的处理器，基本的内容都是一样的。本节将介绍 ARM 体系结构，内容相对比较抽象，读者可以在后面的开发过程中结合本节的知识深入体会。

3.4.1　ARM 体系结构的命名方法

ARM 体系结构的命名可以分成两部分，一部分是 ARM 体系版本的命名，另一部分是 ARM 体系版本的处理器命名。ARM 体系到目前一共发布了 11 个系列的版本，每个版本都可以支持不同的指令集和特殊功能。ARM 体系结构的命名格式如图 3-1 所示。

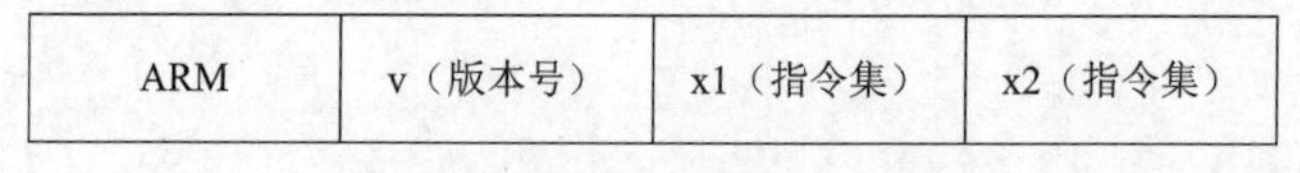

图 3-1　ARM 体系结构命名格式

从图 3-1 中可以看出，ARM 的体系结构命名可以分成 4 部分。ARM 是固定字符；v 代表版本号，目前一共发布了 11 个版本，所以可以取值范围是 1～11；x1 代表支持的指令集；x2 代表不支持的指令集。x1 和 x2 的定义见表 3-1。

表 3-1　ARM 体系结构指令集列表

指令集缩写	含　义	指令集缩写	含　义
T	Thumb 指令集	J	支持 Java 加速器
M	长乘法指令集	SIMD	多媒体功能扩展指令集
E	增强 DSP 指令集		

从表 3-1 中可以看出，在同一个版本的 ARM 体系下，可以支持不同的指令集。例如 ARMv7TxE 含义是 ARM 第 7 版本，支持 Thumb 指令集但是不支持增强 DSP 指令集。

3.4.2　处理器系列划分

在确定了一种 ARM 体系结构后，可以形成一系列处理器。不过，处理器的命名主要是功能上的一些细小差别，基本的核心是相同的。ARM 处理器的命名规则如图 3-2 所示。

ARM	x y z	m

图 3-2　ARM 处理器命名规则

首先是 ARM 代表处理器类型；x 代表处理器系列；y 代表是否有存储管理；z 代表 Cache 类型；m 代表支持的功能，请参考表 3-2。

表 3-2　ARM 处理器功能命名列表

功能缩写	含　义	功能缩写	含　义
T	支持 Thumb 指令集	E	支持增强 DSP 指令
D	支持片上调试	J	支持 Java 程序加速
M	支持快速乘法器	F	支持浮点运算单元
I	支持嵌入式 ICE 调试	-S	综合版本，支持所有功能

例如，ARM7TDMI 表示基于 ARM 内核的第 7 个版本，支持 Thumb 指令集、片上调试、快速乘法器，以及嵌入式 ICE 调试；三星的 S3C2440A 芯片是 ARM920T-S 类型的处理器，表示 ARM 核版本是 9，支持所有的功能。

3.4.3　处理器工作模式

在介绍 ARM 处理器工作模式之前，先了解一下 ARM 微处理器的两种工作状态：Thumb 状态和 ARM 状态。在 3.1 和 3.2 节都提到了 Thumb 指令集，这是一种 16 位的指令集，设计的目的是为了兼容一些 16 位以及 8 位指令宽度的设备，方便用户处理。Thumb 状态就是一种执行 Thumb 指令集的状态，这种状态下指令都是 16 位的，并且是双字节对齐的。还有一种是 ARM 状态，这是最常用的状态。ARM 状态下执行 32 位的 ARM 指令。绝大多数指令都是 ARM 状态下工作的。

ARM 微处理器可以在工作中随时切换状态。切换工作状态不会影响工作模式和寄存器的内容。但是 ARM 体系要求在处理器启动的时候应该处于 ARM 状态。ARM 处理器使用操作寄存器的 0 位表示工作状态，取值是 1 时代表 Thumb 状态，取值是 0 时代表 ARM 状态。可以使用 BX 指令切换状态。当处理器启动的时候操作寄存器取值为 0，保证了默认进入 ARM 状态。

ARM 处理器支持 7 种工作模式，这对一些通用处理器来说确实有点多。不过，通过分析可以发现，ARM 的工作模式大多都是处理外部中断和异常的，只不过是对异常和中断的分类比较详细。7 种工作模式定义见表 3-3。

表 3-3　ARM 处理器的工作模式

工作模式名称	含　义
用户模式（usr）	正常的程序执行状态
快速中断模式（fiq）	高速数据传输和通道处理
外部中断模式（irq）	通用中断处理
管理模式（svc）	操作系统使用（相当于 x86 体系的保护模式）
数据访问终止模式（abt）	虚拟内存和存储保护使用
系统模式（sys）	运行具有特权的操作系统任务
未定义模式（und）	执行了不存在的指令进入该模式

系统软件和外部中断都可以改变 ARM 处理器的工作模式。应用程序运行在用户模式下，此时，一些被保护的资源是不能被用户访问的。除用户模式外，另外 6 种模式都称做特权模式。特权模式的响应代码由操作系统提供，用户是不能直接访问的。ARM 处理器定义了 31 个通用寄存器和 6 个状态寄存器。在不同的工作模式下，分配的寄存器是不同的。

在产生异常的时候，会导致处理器模式切换。如外部中断请求就是一种异常，处理器会进入 irq 模式。ARM 处理器允许同时产生多个异常，处理器会按照优先级来处理。ARM 处理器收到异常后，把当前模式下一条指令的地址存入 LR 寄存器，把 CPSR 寄存器内容复制到 SPSR 寄存器中，然后根据异常类型设置 CPSR 的运行模式，处理器进入对应的异常模式。异常处理结束后，处理器把 LR 寄存器保留的指令地址写回 PC 寄存器，然后复制 SPSR 内容到 CPSR 寄存器。如果异常处理程序设置了中断屏蔽，则需要清除。经过这些步骤，处理器返回异常处理前的工作模式。

3.4.4　存储系统

嵌入式微处理器大多采用一种线性的存储管理模式，ARM 也是如此。这种管理模式的特点是，系统内所有的存储器和外部设备都被安排到一个统一的地址空间内，通过地址映射到不同的设备，在访问某个设备时，只需要访问该设备映射的内存地址即可。线性地址空间便于处理器的管理和用户操作。

在操作超过 8 位的数据时，存在两种不同的访问方法：大字端模式和小字端模式。两种模式数据的表示方法如图 3-3 所示。

从图 3-3 中可以看出，两种模式的区别是读取数据的先后顺序不同。大字端模式第 1 字节数据在高位，小字端正好相反。通常，在网络上传输的数据都采用大字端模式，使用这种方式也称做网络序；此外，把小字端称做主机序。

对于一个 8 位数据来说，不存在大小字端的问题。但是，ARM 的数据宽度是 32 位，一次可以读写 32 位宽的数据大小字端的问题就必须要注意了，否则会造成数据读写错误。ARM 体系本身支持这两种存储方式，用户可以根据需要选择一种。

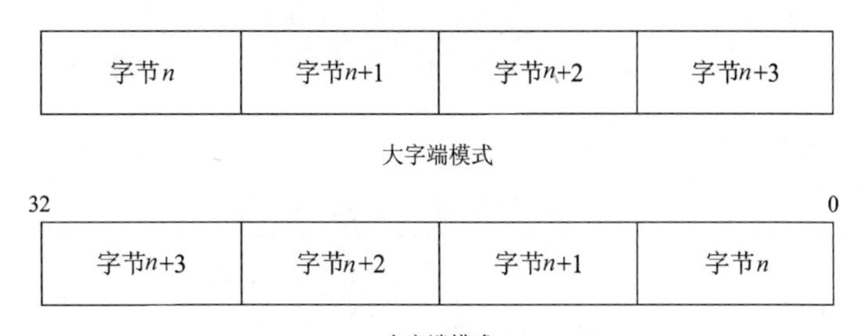

图 3-3　两种不同的数据存储模式

与存储体系有关的另一个概念是 MMU（Memory Manager Unit，内存管理单元）。ARM 使用了线性地址空间，当一个程序访问外部设备时，是通过访问一个内存地址实现的。如何知道用户访问的地址是外部设备还是一块内存，就需要 MMU 做相应的转换。此外，现代计算机都支持虚拟内存，虚拟内存的空间远大于实际内存空间，此时也需要 MMU 做虚拟地址到物理地址之间的映射。在 ARM 体系结构中，使用 CP15 寄存器配置 MMU。在移植操作系统的时候必须配置该寄存器。

ARM 处理器中还有一项 FCSE（Fast Context Switch Extension）快速上下文切换的技术。该技术的特点是通过修改系统中不同进程的虚拟地址，避免了进程切换中物理地址和虚拟地址的映射，提高了进程的切换速度。FCSE 位于 CPU 和 MMU 之间，读者只需了解此技术即可。

3.4.5　寻址方式

寻址就是根据指令中的地址码找出操作数地址的过程，是计算机中很重要的一个部分。对编写程序来说，不同的寻址方式是存取速度和存取空间权衡的一个考虑因素。本节将介绍 7 种常见的 ARM 处理器寻址模式。

1．立即寻址

立即寻址方式中操作数已经写在了指令里面，取出指令时会把操作数也取出来。这是最简单的寻址方式。举例如下：

```
SUBS R0, R0, #1      ; R0 减一写回 R0
MOV R0, #0xff00      ; 给 R0 赋值 0xff00
```

立即寻址使用“#”表示数值。

2．寄存器寻址方式

该寻址方式中，操作数存放在寄存器中，指令直接读取寄存器即得到操作数。举例如下：

```
MOV R1, R2           ; 把 R2 的值赋给 R1
SUB R0, R1, R2       ; 把 R1-R2 的值写入 R0
```

3．寄存器偏移寻址

该寻址方式把寄存器的值移位得到结果。举例如下：

```
MOV R0, R1, LSL #3          ; 把 R1 的值左移 3 位写入 R0,即 R0=R1*8
ANDS R0, R1, R2, LSL #R3    ; 把 R2 的值左移 R3 位,然后与 R1 做与操作,结果写入 R0
```

ARM 支持的移位操作请参考表 3-4。

表 3-4　ARM 处理器支持的移位操作

操作名称	功　能
LSL（Logical Shift Left）逻辑左移	寄存器的二进制位从右往左移动，空出的位补 0
LSR（Logical Shift Right）逻辑右移	寄存器的二进制位从左往右移动，空出的位补 0
ASR（Arithmetic Shift Right）算术右移	移位过程中保持符号位不变，即如果源操作数为正数，则字的高端空出的位补 0，否则补 1
ROR（Rotate Right）循环右移	寄存器的低端移出的位填入字的高端空出的位
RRX（Rotate Right eXtended by 1 place）带扩展的循环右移	操作数右移一位，高端空出的位用原 C 标志值填充

4．寄存器间接寻址

该方式把寄存器的值当做地址，然后从对应的内存中取出数据。举例如下：

```
LDR R0, [R1]            ; 把 R1 的值当做地址,从内存中取出数据存放到 R0
SWP R0, R0, [R1]        ; 把 R1 的值当做地址,从内存中取出数据与 R0 交换
```

寄存器间接寻址方式类似于 C 语言的指针。

5．基址寻址

该方式把寄存器的内容与指定的偏移相加，得到数据地址，然后从内存取得数据。举例如下：

```
LDR R0, [R1, #0xf]      ; 把 R1 的数值与 0xf 相加得到数据地址
STR R0, [R1, #-2]       ; 把 R1 的数值减去 2 得到数据地址
```

基址寻址常用来访问基址附近的存储单元，比如查表、数组操作等。

6．多寄存器寻址

该方式允许一次可以传输多个寄存器的值。举例如下：

```
LDMIA R1!,{R2-R7,R12}
; 把 R1 单元中的数据读出到 R2～R7 和 R12,R1 指定的地址自动加 1
STMIA R0!, {R3-R6,R10}
; 把 R3～R6 和 R10 中的数据保存到 R0 指向的地址,R0 的地址自动加 1
```

7．栈寻址

栈是一个特殊的数据结构，数据采取“先进后出”的方式。栈寻址通过一个栈指针寄存器寻址。举例如下：

```
STMFD SP!, {R0~R7, LR}      ; 把 R0～R7 和 LR 的内容压入堆栈
LDMFD SP!, {R0~R7, LR}      ; 从堆栈中取出数据到 R0～R7 和 LR
```

有关堆栈的更多操作请读者参考 ARM 的指令手册，这里不再赘述。

3.5　ARM 的功能选型

随着嵌入式应用的发展，ARM 芯片的使用也不断增多。但是，由于 ARM 公司的技术授权，许多厂商都在生产基于 ARM 核的芯片，给用户的选择带来一定的困难。本节从 ARM 芯片的结构和功能出发，介绍在 ARM 芯片的选型过程中需要注意的问题，并且在最后给出几种 ARM 芯片介绍。

3.5.1　ARM 的选型原则

基于 ARM 核的处理器众多，功能相差也很大。选型主要从应用角度出发，根据功能的需求、是否有升级要求，以及成本等多方面考虑。下面从技术角度介绍一下 ARM 选型考虑的因素。

1．ARM 核心

不同的 ARM 核心性能差别很大，需要根据使用的操作系统选择 ARM 核心。使用 Windows CE 或者 Linux 之类的操作系统可以减少开发时间，但是至少需要选择 ARM720T 以上并且带有 MMU（内存管理单元）的芯片，ARM920T、ARM922T 等核心的芯片都可以很好地支持 Linux。选择合适的核心对移植和开发工作都有很大帮助。

2．时钟控制器

ARM 芯片的处理能力由时钟速度起决定作用。ARM7 核心每 MHz 处理能力为 0.9MIPS（MIPS=百万条指令/秒），也就是说一个 ARM7 处理器时钟频率每提高 1MHz，在相同时间就能多处理 90 万条指令。ARM9 的处理能力比 ARM7 高，为 1.1MIPS/MHz。常见的 ARM7 处理器时钟频率在 20～133MHz 之间。常见的 ARM9 处理器时钟频率在 100～233MHz 之间。

不同的处理器时钟处理方式也不同，在一个处理器上可以有一个或者多个时钟。使用多个时钟的处理器，处理器核心和外部设备控制器使用不同的时钟源。一般来说，一个处理器的时钟频率越高，处理能力也越强。

3．内部存储器

许多 ARM 芯片都带有内部存储器 FLASH 和 RAM。带有内部存储器的芯片，无论是安装还是调试都很方便，而且减少了外围器件，降低了成本。但是内部存储器受到体积和工艺的限制不能做到很大。如果用户的程序不是很大，并且升级不是很多，可以考虑使用带有内部存储器的芯片。表 3-5 列出了常见的几种 ARM 芯片内部存储器容量。

表 3-5　常见的几种 ARM 芯片内部容量列表

芯 片 型 号	供 应 商	FLASH 容量/B	RAM 容量/B
AT91FR4081	ATMEL	1M	128K
SAA7750	Philips	384K	64K
HMS30C7202	Hynix	192K	无
LC67F500	Snayo	640K	32K

从表 3-5 可以看出，不同的芯片内部存储容量差异很大。在选择一个芯片的时候需要参考该芯片的用户手册或者是硬件描述等文档。

4．中断控制器

标准的 ARM 核仅支持快速中断（FIQ）和标准中断（IRQ）两种中断。芯片厂商在设计的时候，往往为了支持各种外部设备加入自己的中断控制器，方便用户的开发。外部中断控制是选择芯片的一个重要因素，一个设计合理的外部中断控制器可以减轻用户开发的工作量。如有的芯片把所有的 GPIO 口设计为可以作为外部中断输入，并且支持多种中断方式，这种设计就极大地简化了用户外围电路和系统软件的设计。如果外部中断很少，则用户需要采用轮询方式获取外部数据，降低了系统效率。

5．GPIO

GPIO 的数量也是一个重要指标。嵌入式微处理器主要用来处理各种外围设备数据，如果一个芯片支持较多的 GPIO 引脚，无疑对用户的开发和以后扩展都留有很大余地。需要注意的是，有的芯片 GPIO 是和其他功能复用的，在选择时应当注意。

6．实时钟 RTC

RTC 是英文 Real Time Clock 的简称，中文称做实时钟控制器，许多 ARM 芯片都提供了这个功能。使用实时钟可以简化设计，用户可以通过 RTC 控制器的数据寄存器直接得到当前的日期和时间。需要注意的是，有的芯片仅提供一个 32 位数，需要使用软件计算出当前的时间；有的芯片 RTC 直接就提供了年月日时分秒格式的时间，例如本章讲解的 S3C2440A 微处理器。

7．串行控制器

串行通信是嵌入式开发必备的一个功能。用户在开发的时候都需要用到串口，查看调试输出信息，甚至提供给客户的命令行界面也都是通过串口控制的。几乎所有的 ARM 芯片都集成了 UART 控制器，用于支持串口操作。如果需要很高波特率的串口通信，则需要特别注意，目前大多数 ARM 芯片内部集成的 UART 控制器波特率都不超过 25600Bps。

8．WatchDog

目前，几乎所有的 ARM 芯片都提供了看门狗计数器，操作也很简单。用户根据芯片的编程手册直接读写看门狗计数器相关的寄存器即可。

9．电源管理功能

ARM 芯片在电源管理方面设计得非常好，一般的芯片都有省电模式、睡眠模式和关闭模式。用户可以参考芯片的编程手册设计系统软件。

10．DMA 控制器

一些 ARM 芯片集成了 DMA 控制器，可以直接访问硬盘等外部高速数据设备。如果用户设计一个影音播放器或者是机顶盒等，集成 DMA 控制器的芯片可以优先考虑。

11．I^2C 接口

I^2C 是常见的一种芯片间的通信方式，具有结构简单、成本低的特点。目前越来越多的 RAM 芯片都集成了该接口。与外部设备之间小量的数据传输可以考虑使用 I^2C 接口。

12．ADC 和 DAC 控制器

有的 ARM 芯片集成了 ADC 和 DAC 控制器，可以方便地与处理模拟信号的设备互联。开发电子测量仪器，例如电压电流检测，以及温度控制等都会用到 ADC 和 DAC 控制器。

13．LCD 控制器

越来越多的嵌入式设备开始提供友好的界面，使用最多的就是 LCD 屏。如果需要向客户提供一个 LCD 屏界面，选择一个带有 LCD 控制器的芯片可以极大地降低开发成本。例如，S3C2440A 微处理器集成了一个彩色的 LCD 控制器，可以向用户提供更加友好的界面。

14．USB 接口

USB（Universal Serial Bus，通用串行总线）是目前最流行的数据接口。在嵌入式产品中提供一个 USB 接口很大程度上方便了用户的数据传输。许多 ARM 芯片都提供了 USB 控制器，有些芯片甚至同时提供了 USB 主机控制器和 USB 设备控制器，例如 S3C2440A 处理器。

15．I^2S 接口

I^2S 是 Integrate Interface of Sound 的简称，中文意思是集成音频接口。使用该接口可以把解码后的音频数据输出到音频设备上。如果是开发音频类产品，例如 MP3 这个接口是必需的。S3C2440A 微处理器提供了一个 I^2S 接口。

3.5.2　几种常见的 ARM 核处理器选型参考

介绍了 ARM 的功能选型以后，本节将介绍在不同领域里的几种 ARM 核芯片。

1．Intel 的 IXP 处理器

IXP 系列处理器是 Intel 推出的针对网络处理的嵌入式芯片。该芯片基于 ARM 5 内核，并且专门为网络应用设计的微引擎用于网络数据包转发。

中低端的 IXP 芯片有 IXP425、IXP1200 系列，高端有 IXP2400、IXP2800 等系列。低端的 IXP 芯片主要用来设计家庭网关、SOHO 防火墙等，高端 IXP 芯片可以支持 OC48 和 OC192 等电信网络，目前在许多电信设备，例如核心路由器以及 GSM 基站中都有应用。

IXP 系列处理器具有内部部件多、处理能力强的特点，对于从事电信方面设备开发的读者可以深入了解。

2．Philips 的 LPC 处理器

LPX21XX 系列处理器是飞利浦公司推出的基于 ARM7TDMI 内核的微控制器。其特点

是体积小，集成了丰富的外部设备控制器，并且具有很强的处理和控制功能，在测量和工业控制领域有很多应用。

这里介绍一下 LPC2138 微控制器。该芯片集成了 512KB 内部 Flash 存储器和 32KB 的 RAM、2 个 32 位定时器、2 个 10 位 8 路 ADC 控制器、1 个 10 位 DAC 控制器，以及 47 个 GPIO。此外还集成了外部中断控制器、RTC、UART、I^2C、SPI 等多种总线和控制器，还提供了两种电源管理模式。非常适合工业设备中的信号测量和设备控制。

国内使用 LPC 系列芯片开发的相对较少，如果读者感兴趣可以从飞利浦的网站下载 LPC 微控制器的手册，该芯片比较好入门。

3. 三星的 S3C244X 处理器

三星的 S3C244X 系列处理器是基于 ARM920T 内核的嵌入式微处理器。该处理器集成了丰富的外部控制器和多种总线，在消费类电子领域有广泛的应用。

3.6　小　　结

本章介绍了 ARM 处理器相关的知识。包括微处理器和微控制器的概念和差异，介绍了 ARM 的体系结构特点和功能选型，最后给出了几个不同领域 ARM 核的芯片介绍。本章的内容偏重理论，读者需要建立相关名词和术语的概念，在后面章节涉及具体应用的时候会用到。随着实践的增多，读者会不断加深对这些概念的理解。第 4 章将介绍嵌入式 Linux 基本知识。

第 4 章　嵌入式 Linux

Linux 是嵌入式领域应用最广泛的操作系统之一。本书的主题也是嵌入式 Linux 开发，在进入具体开发之前，有必要了解嵌入式 Linux 系统相关的知识。本章将从介绍嵌入式系统开始引入 Linux 的概念，主要内容如下：

- 什么是嵌入式操作系统；
- 常见的嵌入式操作系统对比；
- 嵌入式 Linux 系统入门；
- 常见的嵌入式 Linux 系统。

4.1　常见的嵌入式操作系统

嵌入式操作系统，通俗地说就是为嵌入式系统设计的操作系统，是运行在嵌入式硬件上的一类系统软件。嵌入式系统负责管理系统资源，为用户提供调用接口，方便用户应用程序开发。一般来说，嵌入式操作系统是由启动程序（Bootloader）、核心（Kernel）、根文件系统（Root File System）组成的。通过特殊的烧录工具把编译好的嵌入式系统文件映像烧写到目标板的只读存储器（ROM）或者 Flash 存储器中。

一个嵌入式系统的性能好坏很大程度上决定了整个嵌入式系统的性能。按照实时性能，嵌入式操作系统可以分成实时系统和分时系统。实时系统主要用在控制和通信领域，分时系统主要用在消费类电子产品。本节将介绍几种常见的嵌入式操作系统。

4.1.1　VxWorks

VxWorks 是美国 WindRiver 公司（国内也称做风河公司）开发的高性能实时嵌入式操作系统。其特点是使用了自己开发的 WIND 内核，有着很高的实时性能。该系统支持多种处理器，包括 PowerPC、x86、MIPS、ARM 等，内核具备很好的裁剪能力，支持应用程序动态下载和链接。VxWorks 系统提供了强大的集成开发工具 Tornado，用户可以在主机通过网络连接目标板的 TargetServer 直接调试目标板的程序，就好像在本地调试一样。此外 VxWorks 还具有很好的兼容性，其接口符合 POSIX（可移植操作系统接口）标准，用户可以把其他系统上的应用程序很快移植到 VxWorks 系统，降低了开发难度。

VxWorks 系统内核是由进程管理、存储管理、设备管理、文件管理、网络协议等组成。内核占用很小的存储空间，最小的 WIND 内核可以配置到编译后仅有十几 KB 大小。精炼的内核保证了优异的实时性能。VxWorks 系统被用在美国的火星探测器上，可见其稳定性和实时性确实很高。

国内最早在 1996 年引进 VxWorks 系统，主要应用在通信、国防、工业控制和医疗设备领域。VxWorks 系统是研究嵌入式操作系统的一个很好平台，不过它是一个商业操作系统，开发和使用成本都非常高。

4.1.2 Windows CE

Windows CE 是微软公司为嵌入式产品设计的一种嵌入式操作系统，主要针对需要多线程、多任务而且资源有限的设备。该系统采用模块化设计，开发人员可以定制不同的功能。Windows CE 系统支持丰富的外部硬件设备，包括键盘、鼠标、触摸板、串口、网口、USB、音频设备等。并且该系统有与 Windows 一致的图形界面，可以很好地提高用户体验。

Windows CE 的最大特点就是支持上千个微软 Win32 编程接口（Microsoft Win32 API）。在 Windows 下开发过应用程序的程序员可以很快地熟悉 Windows CE。此外，Windows CE 还支持 PC 上的模拟器，用户可以从模拟器上开发应用，调试完毕后再下载到目标板执行，提高了开发效率。

Windwos CE 系统设计简单灵活，主要应用在各种小型设备，例如掌上电脑、餐厅点餐器等设备上。

4.1.3 PalmOS

Palm 是 3Com 公司开发的一种掌上电脑产品。PalmOS 是为该掌上电脑专门设计的一种 32 位嵌入式操作系统。它在设计的时候就充分地考虑了掌上电脑资源紧张的情况，所以适合内存较小的掌上电脑使用。除此之外，PalmOS 提供了一个开放的操作系统接口，其他厂商和用户可以为其编写应用程序。

PalmOS 最大限度地考虑了节能和硬件资源问题，提供了良好的电源管理功能和合理的内存管理功能。Palm 设备的内存都是可读写的 RAM，所以访问速度非常快。此外 PalmOS 还有很强的同步能力，可以与 PC 同步数据。

4.1.4 Symbian

Symbian OS 中文名称叫做塞班系统，是由诺基亚、索尼爱立信、摩托罗拉等几家移动通信设备制造商联合设计的嵌入式操作系统。塞班系统主要针对手机，设计目标是简单易用。

塞班系统有一个强大的核心，支持对象导向系统和 Sun Java 语言。该系统的应用程序主要使用 C++和 Java 开发，从应用开发角度来说，可以缩短开发周期。塞班系统本身支持多种外部设备，而且为厂商和用户留有丰富的接口并且提供了开发工具。用户可以很快地在塞班系统开发应用程序。

4.2 嵌入式 Linux 操作系统

4.1 节介绍的几种嵌入式操作系统都是商业系统。虽然有良好的性能和开发工具支持，但是对于学习嵌入式开发的人来说，无论从成本和学习难度方面都是不小的挑战。本节将介绍著名的 Linux 操作系统，以及嵌入式领域的应用。

4.2.1　什么是 Linux

许多读者可能都听说过 Linux 操作系统。Linux 系统是一个免费使用的类似 UNIX 的操作系统，最初运行在 x86 体系结构，目前已经被移植到数十种处理器上。Linux 最初由芬兰的一位计算机爱好者 Linus Torvalds 设计开发，经过十余年的发展，现在该系统已经是一个非常庞大、功能完善的操作系统。Linux 系统的开发和维护是由分布在全球各地的数千名程序员完成的，这得益于它的源代码开放特性。

与商业系统相比，Linux 系统在功能上一点都不差，甚至在许多方面要超过一些著名的商业操作系统。Linux 不仅支持丰富的硬件设备、文件系统，更主要的是它提供了完整的源代码和开发工具。对于嵌入式开发来说，使用 Linux 系统可以帮助用户从底层了解嵌入式开发的全过程，以及一个操作系统内部是如何运作的。学习 Linux 系统开发对初学者有很大的帮助。

4.2.2　Linux 与 UNIX 的不同——GPL 版权协议介绍

UNIX 是一种商业系统的名称，也是注册商标，有着严格的商业版权。Linux 系统在界面功能方面与 UNIX 很相似，但是在版权方面有很大不同。Linux 使用了 GNU 的 GPL（GPL Public License，简称 GPL）版权协议，实际上，Linux 系统的发展很大程度上也依赖 GPL 版权协议。GNU 是美国自由软件基金会创建的一个非盈利组织，致力于设计和推广自由软件，它的所有软件都是基于 GPL 版权协议的。

GPL 是自由软件基金会为促进开放源代码软件发展而设计的一种版权协议。GPL 版权协议规定，使用该协议的软件作者必须公开全部源代码，源代码的版权归作者所有。GPL 还规定了使用带有 GPL 版权协议的软件，必须公开源代码且遵守 GPL 版权协议。从 GPL 版权协议可以看出，它是一种递归的定义，凡是采用 GPL 版权协议的软件，按照协议的规定无论如何发展，最终都是开放源代码的。

GPL 版权协议仅是多种软件协议中的一种，实际上，开发源代码的版权协议还有许多。与传统的商业软件不开放源代码相比，采用 GPL 版权协议的开放源代码（简称开源）软件对于用户的影响很大。用户可以自由加入到某个软件的开发中，不断地升级和开发新的软件和功能，极大地促进了软件行业的发展。同时，普通用户也可以读到一些顶尖高手编写的程序，从中学习知识，这也是 GPL 版权协议的一个初衷。

在自由软件基金会的推动下开发出了无数的自由软件，最重要的是 GCC 编译器。自由软件基金会开发的软件全部采用了 GPL 版权协议，因此使用 GCC 这样的编译器开发的程序也是开源的，这种模式推动自由软件迅速发展起来。

由于 Linux 的开发使用了 GNU 的编译器和程序库，所以 Linux 顺理成章地也就是基于 GPL 版权协议的开源软件了。由于 GPL 版权协议的特点，一些厂商不愿意加入到开源软件中来。因为 Linux 下的所有程序都是基于 glibc 库和 GCC 编译器开发的，所以必须是开源的。为此，GNU 为商业软件厂商设计了一种 LGPL 版权协议，意思是受到限制的版权协议，允许不开放源代码。LGPL 版权协议的出现对设备厂商是很有利的，他们可以使用 LGPL 版权协议开发 Linux 系统下的驱动程序却不用担心竞争对手得到设备的详细信息。

4.2.3　Linux 发行版

Linux 系统是开放的，任何人都可以制作自己的系统，因此出现了许多厂商和个人都在发行自己的 Linux 系统。据统计，目前 Linux 的发行版已经超过 300 种，而且还在不断增加。如此多的发行版，对于任何一个人来说都是不可能学全的，本节将介绍几种国内常见的 Linux 发行版供读者参考。

1．Red Hat

当今世界使用数量最多的 Linux 发行版可能就是 Red Hat 公司的 Linux 发行版了。Red Hat 公司发行两个系列的 Linux 发行版。其中，Red Hat Enterprise Linux（RHEL）是企业版本，是一种收费的 Linux 发行版；还有一种 Red Hat Fedora Core 是由自由软件社区维护的免费版本。Red Hat 公司推荐使用 RHEL 版本。

Red Hat 公司出品的 Linux 发行版的特点是用户数量多，因此在遇到问题时有众多的技术支持资源。此外，Red Hat 开发了自己的 RPM 软件包管理器，也是 Linux 系统上使用最多的软件管理器。读者可以通过网络下载或者到软件商店购买 Red Hat 的发行版。

2．Debian

Debian 是自由软件社区使用最多的发行版。Debian 的发行可以算是最遵守 GNU 规范的，它的系统把每个版本都分成 stable（稳定版）、testing（测试版）和 unstable（不稳定版）。其中，unstable 版包含最新的软件包，但是不保证系统是稳定的，适合桌面用户使用；testing 是正在测试的版本，相对 unstable 稳定；stable 是经过测试的稳定版本，适合服务器或者软件开发者使用。

Debian 开发了自己的软件包管理器 dpkg，并且充分利用了网络的优势，软件包可以从网络下载，通过配置 apt 服务可以获取指定的软件包。dpkg 比 rpm 要方便许多，用户不用从网络上查找软件包，然后下载到本地再安装。在 Debian 系统下，配置好 apt-get 设置服务器地址，通过 apt-get 命令就可以得到软件包和依赖的库等。

Debian 使用比较方便，但是相对其他发行版的安装过程比较麻烦，新手往往在安装系统时会遇到许多麻烦。该系统可以从官方网站下载。

3．Ubuntu

Ubuntu 是基于 Debian 的一个 Linux 发行版。Ubuntu 最大的特点就是继承了 Debian 强大的软件包管理，并且安装非常容易。此外 Ubuntu 的更新速度也比 Debian 要快，新的软件包很快就被集成到 Ubuntu 系统中。

通过 Ubuntu 系统，Linux 用户不用繁琐地去找一个软件包，只需要配置好更新服务器地址，通过简单的命令就可以更新到经过验证的最新软件包。此外，Ubuntu 的图形界面在目前主流的 Linux 发行版中也是最完善的，对桌面用户来说，安装和使用都非常容易。

本书主机安装的 Linux 系统都是基于 Ubuntu 发行版，用户可以从官方网站获取最新的版本。第 5 章会有 Ubuntu 的详细介绍。

4.2.4　常见的嵌入式 Linux 系统

在 4.2.3 节讲到的都是安装在 PC 上的 Linux 发行版，本节介绍几种嵌入式领域用到的 Linux 系统。通常这些发行版被统称为“嵌入式 Linux 系统”。

1. RT-Linux 嵌入式系统

RT 是英文 RealTime 的简写，中文意思是实时。RT-Linux 系统强调的是实时处理能力。该系统设计的思想是在 Linux 内核之外设计了一个精巧的内核，把传统的 Linux 作为一个应用程序执行。用户程序也可以和传统的内核并列工作，由新设计的实时内核统一调度，达到了良好的实时性。RT-Linux 的设计思想兼顾了实时调度，又保留了 Linux 内核的强大功能，是一种优秀的嵌入式 Linux 系统。

RT-Linux 系统已经被运用在航天飞机数据采集和科学测量领域。

2. μClinux 嵌入式系统

Linux 内核本身支持 MMU（内存管理单元），对于一些没有 MMU 的处理器，Linux 无法在上面工作。μClinux 是针对这类没有 MMU 的处理器设计的，它去掉了传统 Linux 内核的 MMU 功能，并且移植到了多种平台上。

由于没有 MMU 支持，任务调度的难度加大。μClinux 的设计非常精巧，很好地处理了多任务调度的问题。另外，μClinux 的代码很小，但是保留了 Linux 内核的许多优点。该系统被许多小型的嵌入式系统使用。

4.3　小　　结

本章讲解了嵌入式 Linux 系统的入门知识，以及一些常见的嵌入式操作系统。嵌入式 Linux 系统是新兴的一门技术，还在不断地发展中。目前的嵌入式 Linux 系统种类繁多，但是万变不离其宗。读者在了解这些系统的同时，还是需要从掌握基本的 Linux 系统开始入手。第 5 章将介绍如何搭建嵌入式 Linux 开发环境。

第5章　建立软件开发环境

工欲善其事，必先利其器。在进行嵌入式软件开发工作之前，必须建立一个开发环境。开发环境包括操作系统、编译器、调试器、集成开发环境、各种辅助工具等。嵌入式Linux开发需要在主机上开发目标系统的程序，建立主机开发环境可以在Linux系统下，也可以是Windows系统。在这两种系统上建立开发环境各有利弊，本章将讲解Linux系统和Windows系统如何搭建嵌入式开发环境，主要内容如下：

- 安装独立的Linux发行版；
- 搭建Linux发行版下的开发环境；
- 在Windows系统安装Linux系统模拟环境；
- Linux系统常见命令和工具；
- Windows系统常用工具；
- ADS集成开发环境。

5.1　独立的Linux系统

本节介绍的Linux系统需要单独安装在PC的磁盘分区，读者在操作之前需要做好准备，备份好数据。目前的Linux系统发行版有许多，Ubuntu Linux界面友好，软件安装配置简单，适合初学者学习使用。本书使用Ubuntu Linux 12.04发行版本作为嵌入式Linux开发的主机环境。

5.1.1　安装Ubuntu Linux

在安装之前，需要确认有足够的磁盘空间供安装Ubuntu Linux。在笔者的机器上使用Windows的磁盘管理程序查看硬盘分区，如图5-1所示。

从图5-1可以看出，笔者的机器上还有50GB的未分配磁盘空间，这些磁盘空间足够安装Ubuntu Linux。一般情况下，读者需要准备10GB磁盘空间用于安装Ubuntu Linux，可以保证系统所需要用的组件以及开发工具都被正确安装。安装步骤如下所述。

（1）设置PC从光驱启动，并且放入Ubuntu Linux 12.04的DVD安装光盘。重新启动计算机后，出现Ubuntu12.04语言选择界面，如图5-2所示。

在图5-2所示的语言选择界面，选择语言为简体中文，以后的安装程序和安装完成后的系统都会使用简体中文作为界面语言。

（2）选择好语言后按回车键，出现Ubuntu 12.04安装主菜单，如图5-3所示。

在图5-3所示的Ubuntu 12.04安装主界面中，默认是安装系统，其他的选项还有“试用Ubuntu而不安装”。在试用模式下读者可以在不安装的情况下体验一下Ubuntu系统，本

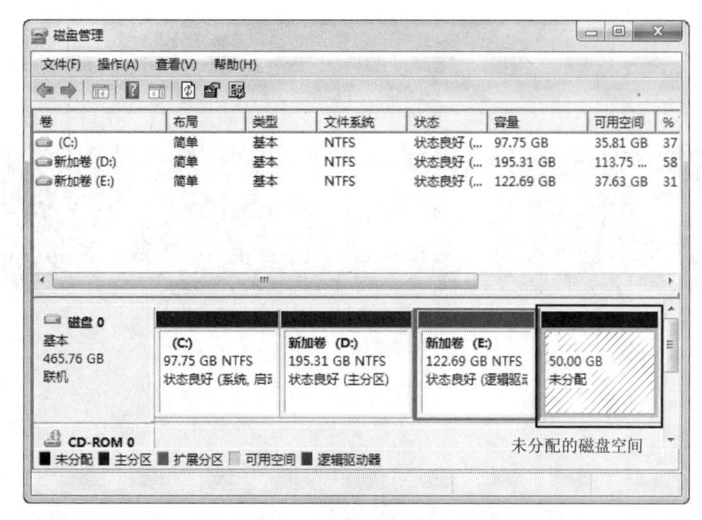

图 5-1　Windows 磁盘管理程序查看磁盘分区

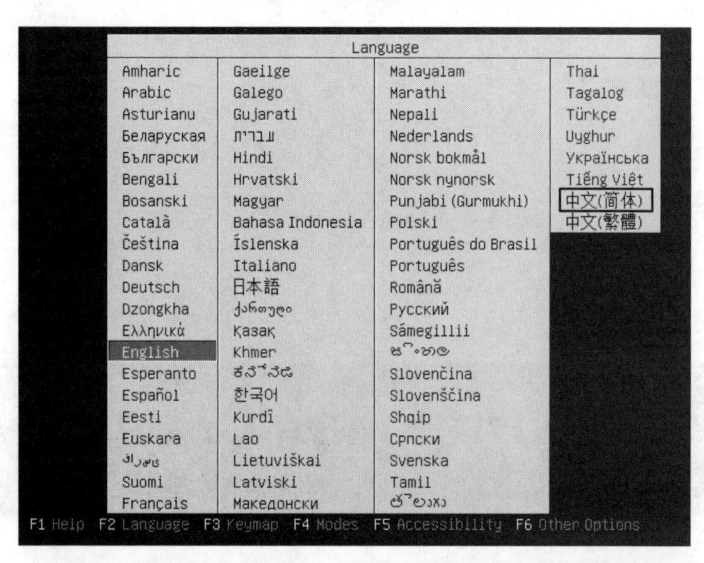

图 5-2　Ubuntu Linux 安装：语言选择界面

图 5-3　Ubuntu Linux 安装主菜单

书选择“安装 Ubuntu”选项。

（3）选择好安装方式后，按回车键，出现加载系统的进度条，稍后会进入“安装”主界面，如图 5-4 所示。

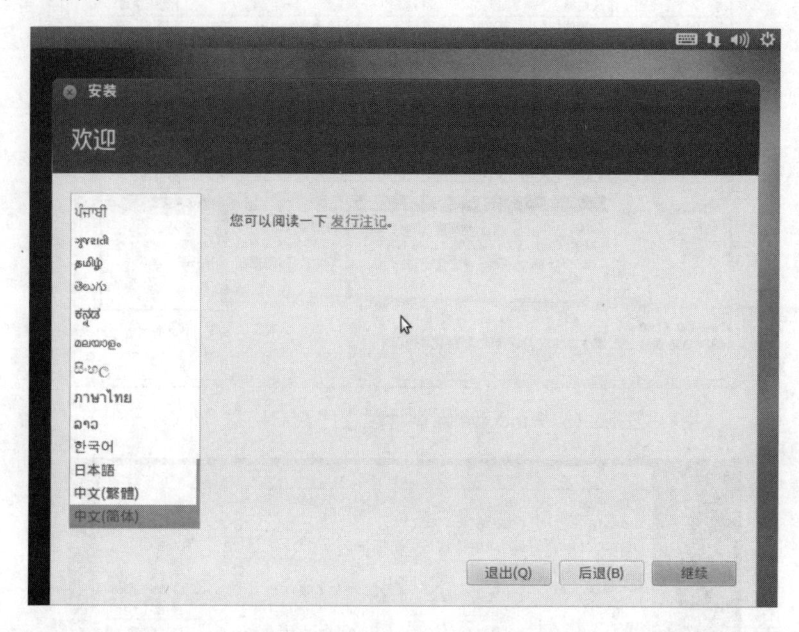

图 5-4　Ubuntu Linux 安装主界面

（4）图 5-4 提示用户已经进入安装程序。单击“继续”按钮，进入准备安装对话框，如图 5-5 所示。

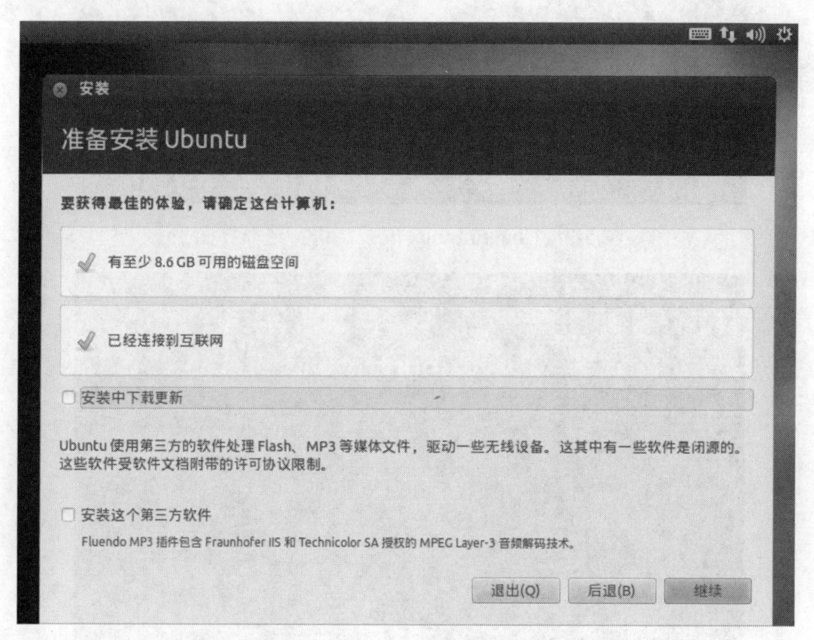

图 5-5　Ubuntu Linux 时区选项

用户可以选择是否在安装中下载更新（需要网络支持），以及是否安装一个第三方软件。读者可以根据实际情况进行选择。

（5）选择好安装项后，单击“继续”按钮，进入“安装类型”对话框，如图 5-6 所示。

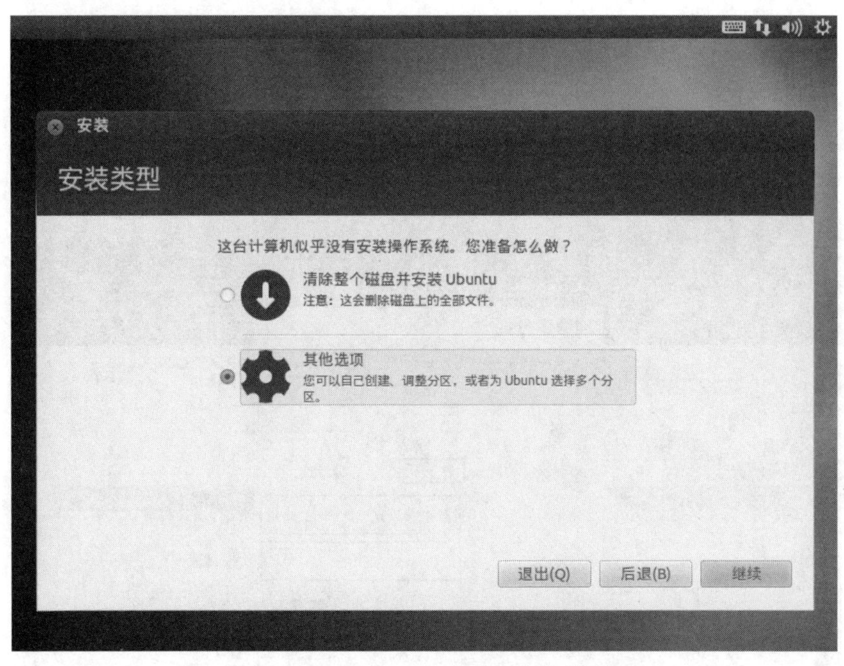

图 5-6　Ubuntu Linux 安装：安装类型 1

Ubuntu Linux 提供了 2 种分区选择方式，图 5-6 所示的硬盘分区对话框中第一种是自动分区方式。本书推荐使用手动方式分区即选择“其他选项”。

（6）选择“其他选项”单选按钮，单击“继续”按钮，进入“安装类型”对话框，如图 5-7 所示。

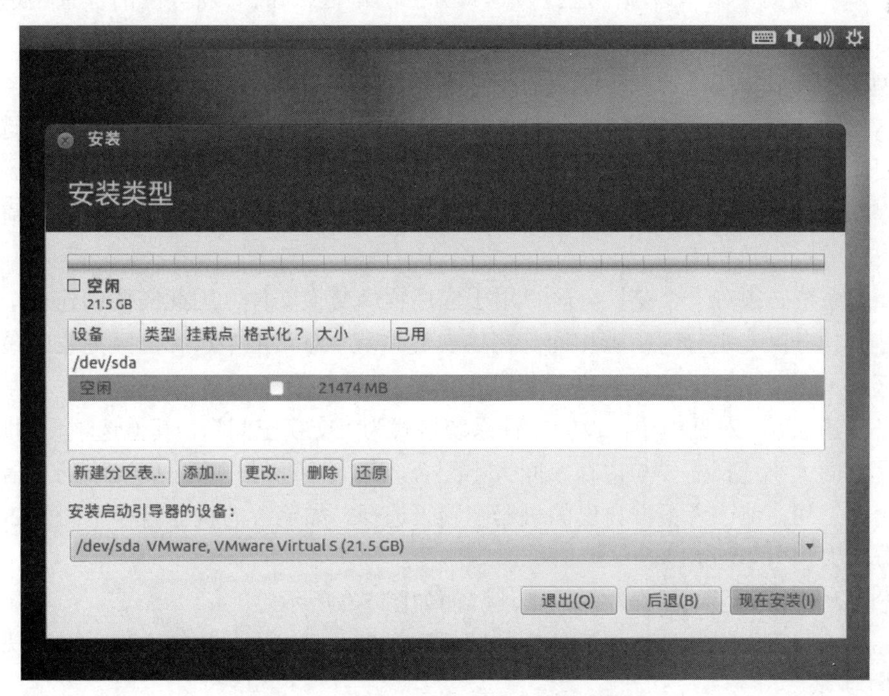

图 5-7　Ubuntu Linux 安装：安装类型 2

在该对话框中，列表的最后一项列出了未使用的磁盘空间，新的 Linux 分区需要从未使用的磁盘空间中创建。

（7）选中列表中未使用的磁盘空间，然后单击“添加”按钮，进入“创建分区”对话框，如图 5-8 所示。

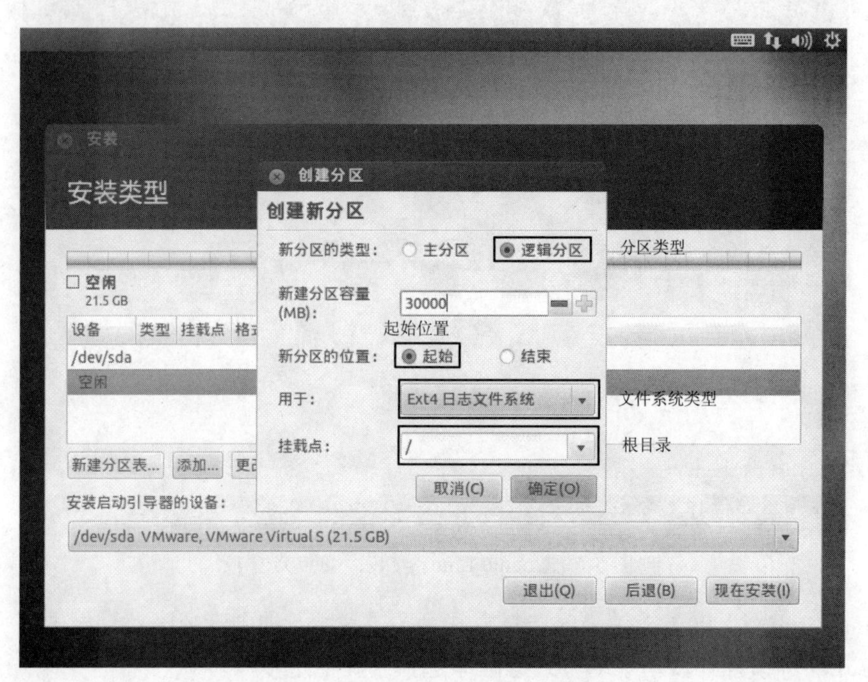

图 5-8　Ubuntu Linux 安装：创建分区

在“新分区的类型”选项中选择“逻辑分区”单选按钮；“新分区的位置”选项中的起始位置表示从剩余空间的开始或者结尾创建分区，本例选择“起始”单选按钮；从文件系统类型下拉列表框中选择“Ext4 日志文件系统”，ext4 是一种常用的 Linux 分区类型（有关 ext4 文件系统的详细内容将在第 17 章中讲解）；最后在“挂载点”下拉列表框中选择“/”，表示根目录。分区的容量请读者根据自身情况选择，建议分区容量不小于 10GB。如笔者使用 17377MB 空间，相当于约 16GB 磁盘空间。新分区参数设置完毕后，单击“确定”按钮，主磁盘分区创建完毕。

Linux 系统必须有一个交换分区，用于应用程序交换文件，因此需要创建一个交换分区。创建交换分区与主分区步骤相同，在“安装类型”对话框中选择分区列表的最后一项空闲分区，单击“添加”按钮创建一个新分区。

在“创建分区”对话框中，设置文件系统格式为“交换空间”，其他选项使用默认值。交换分区空间大小选择需要与内存空间大小配合，最大不超过内存空间大小的 2 倍，最小不小于内存空间，请读者根据自己的机器配置来选择。如笔者的机器内存空间是 2GB，选择交换分区大小为 4096MB。

主分区和交换分区选择好以后，最终界面如图 5-9 所示。

（8）单击“现在安装”按钮开始安装系统到磁盘。同时安装程序会进入时区选择页，如图 5-10 所示。

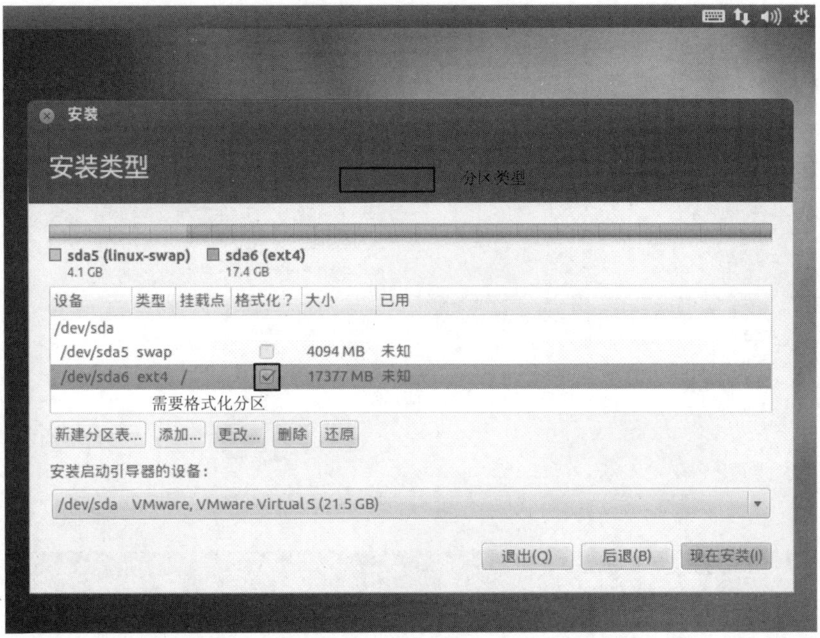

图 5-9　Ubuntu Linux 安装：创建分区结束

图 5-10　Ubuntu Linux 安装：时区选择

用户可以在图 5-10 所示的世界地图上选择所在时区的代表城市，图中标记的每个点代表一个城市。由于在安装步骤最初选择了简体中文语言，默认时区是 GMT+8 时区，默认城市是重庆，所以在本例中无须修改。

（9）时区设置完毕，单击“继续”按钮进入“键盘布局”选择对话框，如图 5-11 所示。

在其中选择 USA 键盘布局选项，因为绝大多数 PC 都是使用 PC-104 标准兼容的键盘，该标准使用英文键盘布局。

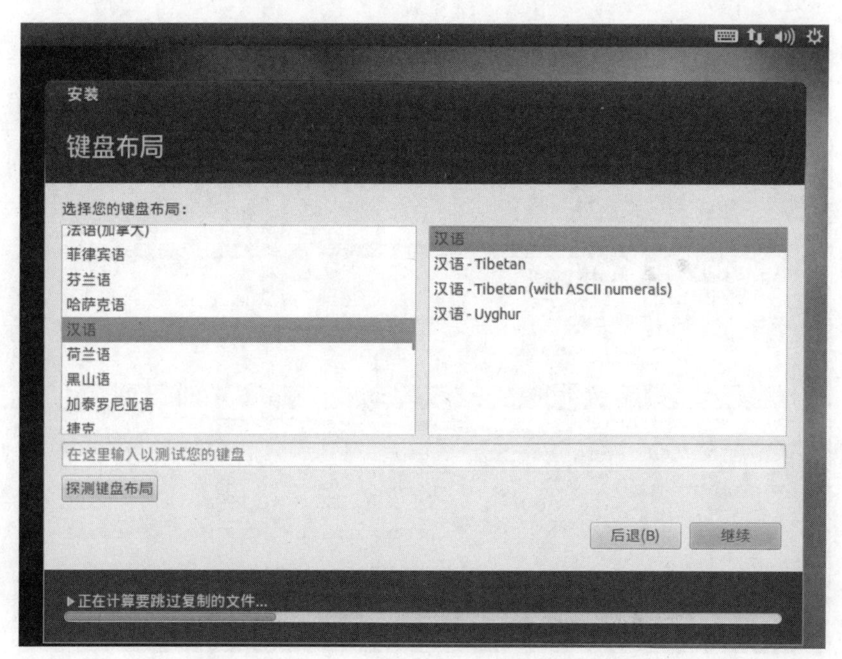

图 5-11　Ubuntu Linux 安装：选择键盘布局

（10）键盘布局设置完毕，单击“继续”按钮进入“您是谁？”对话框，如图 5-12 所示。

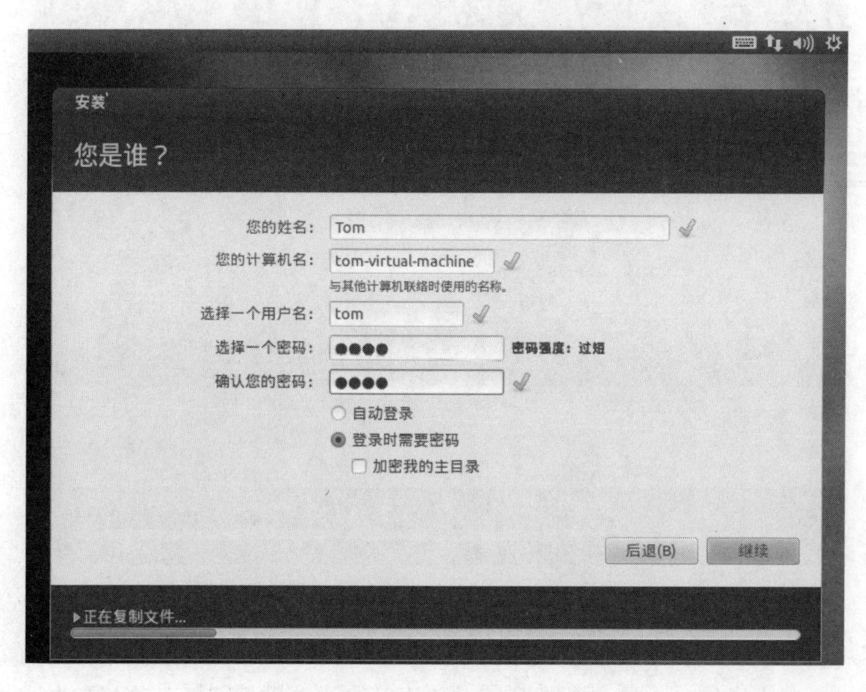

图 5-12　Ubuntu Linux 安装：设置用户名

在其中输入用户名和密码，设置计算机名称，读者可以根据自己的情况设置。

（11）计算机名和用户设置完毕后，单击“继续”按钮进入 Ubuntu 特性展示对话框，如图 5-13 所示。

图 5-13　Ubuntu Linux 安装：特性展示

（12）计算机安装软件包结束后，出现安装完成的提示对话框，如图 5-14 所示。

图 5-14　Ubuntu Linux 安装完成对话框

单击“现在重启”按钮，计算机重新启动。重新启动后，出现多操作系统的选择菜单，如图 5-15 所示。

图 5-15　安装 Ubuntu Linux 后多系统启动菜单

（13）图 5-15 所示的 GRUB 启动菜单默认启动的系统是 Ubuntu Linux，按回车键后启动系统。系统启动完毕后，进入登录对话框，如图 5-16 所示。

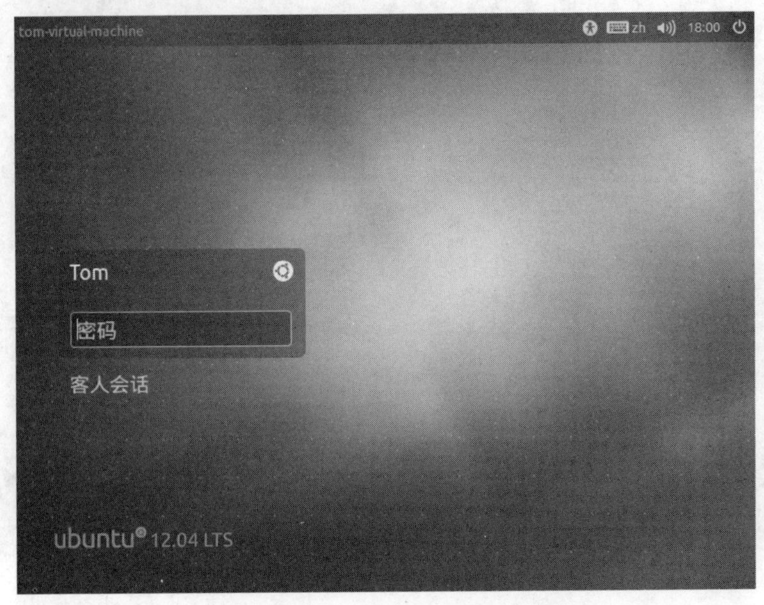

图 5-16　Ubuntu Linux 登录对话框

登录对话框很简单，用户输入在安装步骤设置的用户名和密码即可进入系统。进入系统后的对话框如图 5-17 所示。

图 5-17　Ubuntu Linux 系统桌面

系统桌面的最上方是系统菜单，按照相应程序分类，屏幕最下方是任务栏。至此，Ubuntu Linux 12.04 系统安装完毕。从 5.1.2 节开始将介绍 Ubuntu Linux 的环境设置。

5.1.2 怎样安装、卸载软件

Ubuntu Linux 使用了 apt 管理软件包。apt 是一种给予 Debian 系统 deb 包的管理器，最大的特点就是从网络安装软件包，并且能自动获取每个软件包的依赖关系，安装正确的软件包。

Ubuntu 安装、卸载软件都非常方便，使用 apt-get 命令可以完成软件的管理。具体格式如下：

```
apt-get install <软件包名称>
apt-get uninstall <软件包名称>
```

其中，软件包名称不包括版本，例如安装 ssh 服务器和客户端只需要在终端输入 sudo apt-get install ssh，然后按回车键。系统会搜索本地的软件包数据库，如果没有发现软件包，从源查找，然后给出提示，用户如果需要继续安装，输入 Y，然后按回车键即可开始安装。

卸载软件的过程与安装过程基本相同，这里不再赘述。

5.1.3 怎样配置系统服务

在 Ubuntu 下配置系统服务非常简单，只需一个名为 sysv-rc-conf 的软件包。使用 sudo apt-get install sysv-rc-conf 命令安装软件包。安装完毕后在 shell 终端输入 sudo sysv-rc-conf，出现一个文本界面。其中最左边是系统的服务名称，右边依次是系统运行级别 1～6。每个系统服务在对应的系统级别下都可以选择 X，表示在该级别下启动，去掉 X 表示不启动。

用户根据需要选择以后，输入字母 q 保存退出。

5.1.4 安装主要的开发工具

Ubuntu Linux 把主要的开发工具打包放在一起，安装的时候直接安装一个软件包就可以把基本的开发工具和程序都装到系统内。

（1）安装基本的开发工具。在控制台界面输入 sudo apt-get install build-essential 后按回车键，系统给出提示如下：

```
$ sudo apt-get install build-essential
正在读取软件包列表... 完成
正在分析软件包的依赖关系树
正在读取状态信息... 完成
将会安装下列额外的软件包：
  dpkg-dev fakeroot g++ g++-4.6 libalgorithm-diff-perl
  libalgorithm-diff-xs-perl libalgorithm-merge-perl libdpkg-perl
  libstdc++6-4.6-dev libtimedate-perl
建议安装的软件包：
  debian-keyring     g++-multilib     g++-4.6-multilib     gcc-4.6-doc
libstdc++6-4.6-dbg
  libstdc++6-4.6-doc
下列【新】软件包将被安装：
  build-essential dpkg-dev fakeroot g++ g++-4.6 libalgorithm-diff-perl
  libalgorithm-diff-xs-perl libalgorithm-merge-perl libdpkg-perl
  libstdc++6-4.6-dev libtimedate-perl
升级了 0 个软件包，新安装了 11 个软件包，要卸载 0 个软件包，有 0 个软件包未被升级。
需要下载 9,250 kB 的软件包。
解压缩后会消耗掉 27.4 MB 的额外空间。
```

```
您希望继续执行吗？[Y/n]y
```

系统提示需要安装的软件包列表，以及必须安装的软件包，最后给出提示是否安装。输入 y，按回车键，继续安装过程，等待几分钟后，安装完毕。

（2）检查开发工具是否安装成功。在控制台对话框输入 gcc –version 后按回车键，出现 gcc 版本信息：

```
$ gcc --version
gcc (Ubuntu/Linaro 4.6.3-1ubuntu5) 4.6.3
Copyright © 2011 Free Software Foundation, Inc.
本程序是自由软件；请参看源代码的版权声明。本软件没有任何担保；
包括没有适销性和某一专用目的下的适用性担保。
```

如果控制台输出 gcc 的版本信息，证明 gcc 编译器安装成功。然后在控制台输入 gdb –version 后按回车键，出现 gdb 版本信息：

```
$ gdb --version
GNU gdb (Ubuntu/Linaro 7.4-2012.04-0ubuntu2.1) 7.4-2012.04
Copyright (C) 2012 Free Software Foundation, Inc.
License GPLv3+: GNU GPL version 3 or later <http://gnu.org/licenses/gpl.html>
This is free software: you are free to change and redistribute it.
There is NO WARRANTY, to the extent permitted by law.  Type "show copying"
and "show warranty" for details.
This GDB was configured as "i686-linux-gnu".
For bug reporting instructions, please see:
<http://bugs.launchpad.net/gdb-linaro/>.
```

如果输出 gdb 的版本信息，证明 gdb 调试器已经安装成功。GNU 的命令行程序几乎都有一个--version 参数，使用这个参数可以输出程序的版本信息，以后安装的程序也可以使用这个办法检查是否安装成功。

提示：读者安装的软件版本可能与本书列出的略有差异，这是因为 Ubuntu 在不定期地更新软件版本，尤其是一些比较大的或者重要的软件。

5.1.5　安装其他的开发工具和文档

主要开发工具安装完毕后，仅能保证编译和调试程序。对于大部分开源软件来说，还需要 autoconf、automake 等工具。其他工具的安装命令如下：

```
sudo apt-get install autoconf automake          // 生成工程 Makefile 的工具
sudo apt-get install flex bison                 // 词法扫描分析工具
sudo apt-get install manpages-dev               // C 语言函数用户手册
sudo apt-get install binutils-doc cpp-doc gcc-doc glibc-doc stl-manual
                                                // 其他程序的用户手册
```

以上程序的安装过程与安装主要的开发工具的过程相同，这里不再赘述。

5.2　运行在 Windows 上的 Linux 系统

对于多数没有使用过 Linux 系统的读者来说，初次使用 Linux 开发会遇到许多问题。初学者可以通过首先在 Windows 系统下使用类似 Linux 的模拟环境熟悉一下。此外，在

Linux 模拟环境下可以完成大多数的 Linux 系统操作。Windows 下的 Linux 模拟环境有许多，其中应用最广泛的是 Cygwin 系统。

5.2.1　什么是 Cygwin

Cygwin 是 Cygnus 公司开发的运行在 Windows 平台的 Linux 系统模拟环境，该软件是自由软件。Cygwin 对学习 Linux 使用，以及 Windows 和 Linux 系统之间应用程序的移植都有很大帮助。在嵌入式开发领域，Cygwin 已被越来越多的开发人员使用。

Cygwin 的设计思想十分巧妙。与其他工具不同的是，Cygwin 没有逐个把 Linux 下的工具移植到 Windows 系统，而是在 Windows 系统上设计了一个 Linux 系统调用中间层。Linux 系统调用中间层的作用是在 Windows 系统模拟 Linux 的系统调用，之后只需要把 Linux 下的工具在 Windows 系统下重新编译，做一些较小的修改即可移植到 Windows 系统。

Cygwin 几乎移植了 Linux 系统常用的所有开发工具到 Windows 系统，使用户感觉就好像在 Linux 系统下工作，为用户在 Windows 下开发 Linux 程序提供了保障。

5.2.2　如何安装 Cygwin

Cygwin 的安装比较简单。其安装程序需要从其官方网址 http://www.cygwin.com/下载（文件名为 setup.exe）。Cygwin 支持网络在线安装和从本地安装两种模式，由于 Cygwin 的服务器在国外，建议国内用户下载 Cygwin 的本地安装包从本地安装。如图 5-18 所示是安装包解压缩后的文件结构。其中，setup.ini 是安装程序的配置文件，release 目录存放的是软件包。

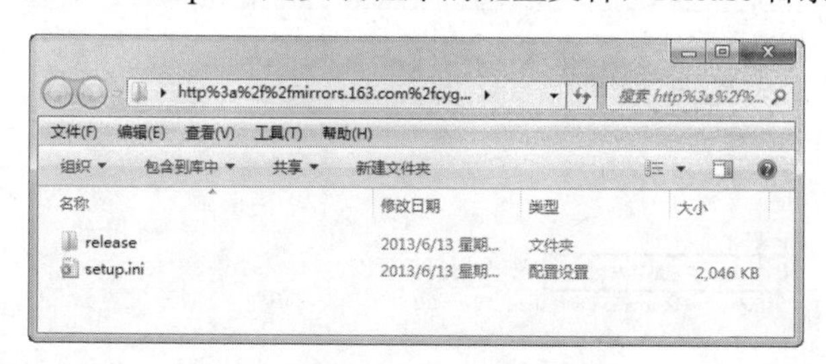

图 5-18　Cygwin 安装文件

（1）双击 setup.exe 文件，启动 Cygwin 安装对话框，如图 5-19 所示，提示用户开始安装 Cygwin。图中标出了安装程序的版本。

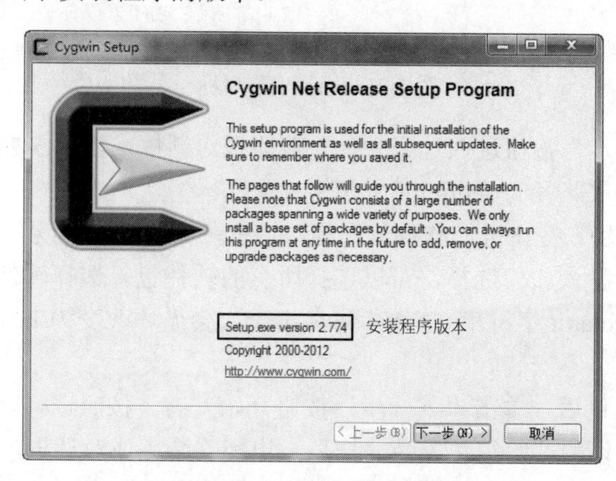

图 5-19　Cygwin 安装对话框

（2）单击“下一步”按钮进入选择安装源对话框，如图 5-20 所示。

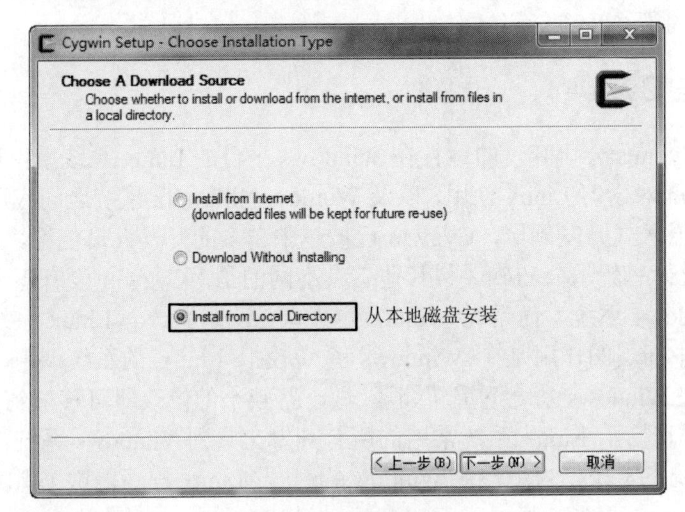

图 5-20　选择安装源

在其中选择 Install from Local Directory 单选按钮，表示从本地磁盘安装。

（3）单击“下一步”按钮，进入安装目标选择对话框，如图 5-21 所示。默认的安装目录是 C:\cygwin，用户可以自行选择其他目录，本书使用默认目录。其他的选项均使用默认。

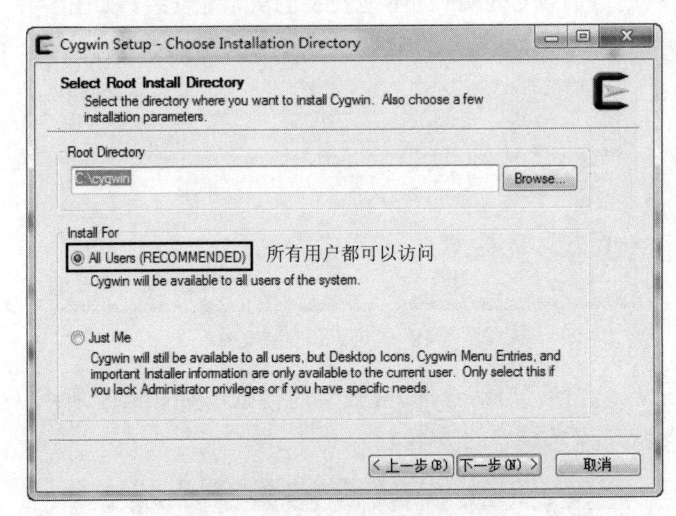

图 5-21　选择安装目标

（4）单击“下一步”按钮进入选择软件包源路径对话框，如图 5-22 所示。

选择软件包的存放路径为 setup.ini 所在的目录。

（5）单击“下一步”按钮进入软件包选择对话框，如图 5-23 所示。软件包可以使用默认的选项，如果不熟悉该如何选择，可以选择所有的软件包。选择软件包的方法是，单击软件包名称后面的 Default 字符串。字符串每单击一次会循环改变为 Install、Skip、Uninstall，分别表示安装、跳过、不安装。

（6）选择好软件包后，单击“下一步”按钮开始安装。按照选择软件包的多少，安装时间长短也会不同，请耐心等待。安装完毕后，出现安装完成对话框，如图 5-24 所示。

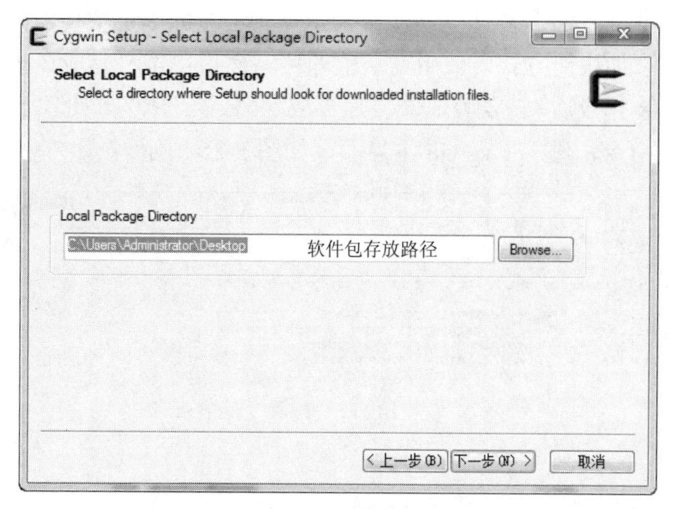

图 5-22　选择软件包路径

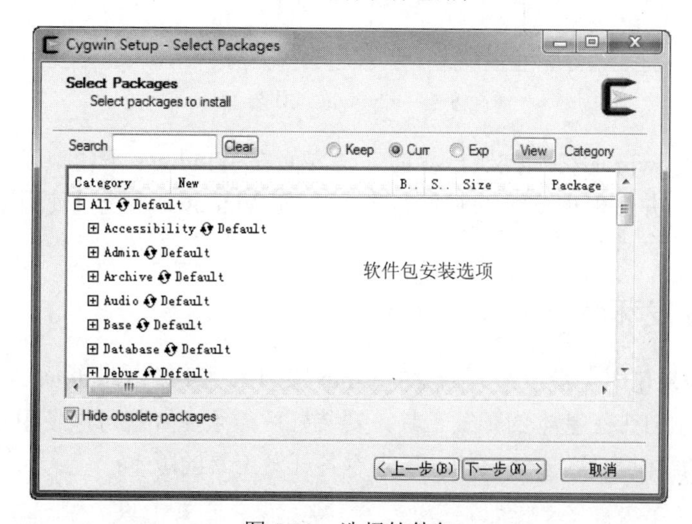

图 5-23　选择软件包

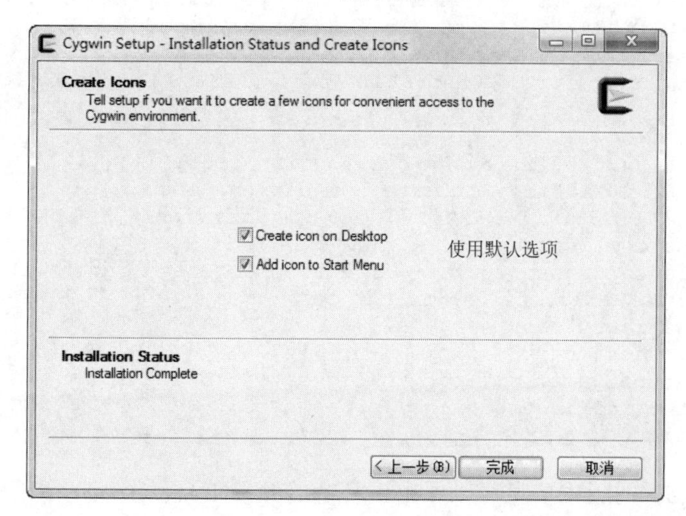

图 5-24　Cygwin 安装完成

安装完成对话框中有两个复选框，一个表示是否向桌面添加快捷方式，另一个表示是否向“开始”按钮添加快捷方式，使用默认值即可。然后单击“完成”按钮完成安装。

（7）Cygwin 安装完成后，需要验证安装是否成功。依次选择“开始”|“所有程序”|Cygwin | Cygwin bash shell 命令，进入 Cygwin 主界面，如图 5-25 所示。

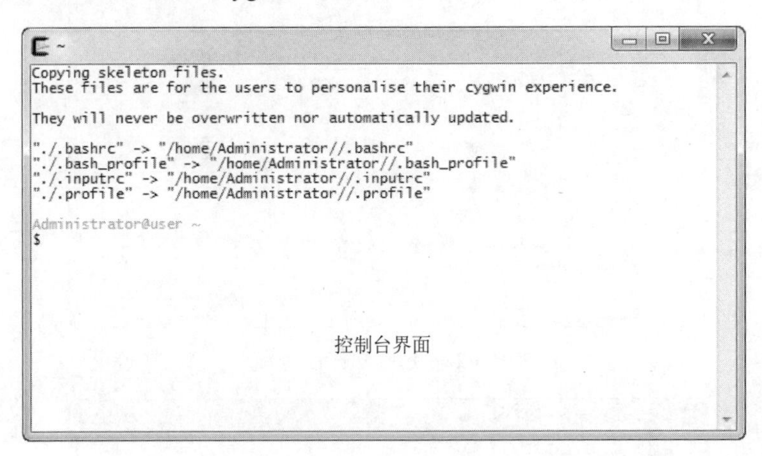

图 5-25　Cygwin 工作界面

图 5-25 是 Cygwin 的终端控制台界面。该界面在 Windows 下模拟了 Linux 终端控制台的大部分操作，并且根据安装的软件包，可以在 Windows 系统下使用 Linux 的软件和命令。

5.2.3　安装开发环境

Cygwin 在安装包中自带了绝大多数的 Linux 软件和工具在 Windows 系统的移植版本。默认的软件包选项自带了基本的开发工具，安装好后无须配置就可以使用 GNU 的开发环境。为了验证开发环境是否安装成功，可查看各开发工具的版本：

```
$ gcc --version
gcc (GCC) 3.4.4 (cygming special, gdc 0.12, using dmd 0.125)
Copyright (C) 2004 Free Software Foundation, Inc.
This is free software; see the source for copying conditions.  There is NO
warranty; not even for MERCHANTABILITY or FITNESS FOR A PARTICULAR PURPOSE.

$ gdb --version
GNU gdb (GDB) 7.6.50.20130508-cvs (cygwin-special)
Copyright (C) 2013 Free Software Foundation, Inc.
License GPLv3+: GNU GPL version 3 or later
<http://gnu.org/licenses/gpl.html>
This is free software: you are free to change and redistribute it.
There is NO WARRANTY, to the extent permitted by law.  Type "show copying"
and "show warranty" for details.
This GDB was configured as "i686-cygwin".
Type "show configuration" for configuration details.
For bug reporting instructions, please see:
<http://www.gnu.org/software/gdb/bugs/>.
```

从 gcc 和 gdb 的版本信息可以看出，基本的开发工具已经能正常工作，用户可以在 Cygwin 环境下开发 Linux 系统的应用程序。

5.3　Linux 常用工具

目前大多数的 Linux 发行版都提供了图形对话框作为默认对话框，但是，命令行工具在 Linux 下仍然很重要。Linux 工具的特点是一个程序包含的功能尽量专一，不同的程序通过文件、管道等进程间数据共享的方法可以组合使用，达到处理复杂功能的目的。学习使用 Linux 系统，命令行工具是基础。GNU 的命令行工具都有相同的特点，初学者从一些基本的工具入手，比较容易学习。

5.3.1　Linux shell 和常用命令

使用过 DOS 系统和 Windows 终端控制台的人对命令行界面都有一定的了解。与这些系统不同，Linux 的命令行是通过一种叫做 shell 的程序提供的。shell 程序负责接受用户的输入，解析用户输入的命令和参数，调用相应的程序，并给出结果和出错提示。Linux 支持多种 shell 程序，早期的 shell 程序功能比较单一，现在主流的 Linux 发行版使用 bash 作为默认的 shell。bash 支持功能强大的脚本、命令行历史记录、终端彩色输出等功能。shell 是 Linux 的外壳，用户通过 shell 使用系统提供的功能。

在 Linux 系统中，仅有内核还是不够的，需要应用程序支持才能发挥内核提供的功能。无论是 Linux 发行版还是嵌入式 Linux 开发版的系统，都提供了常见的一些命令，见表 5-1。

表 5-1　Linux 常用命令列表

命令	作　用	常用参数	参 数 作 用
ls	列出指定目录的列表，包括文件和子目录。默认是当前目录	-l	以列表方式查看
		-a	显示隐含文件和目录
		-h	以便于阅读的方式查看文件的大小
ln	建立连接	-s	软连接
		-f	连接是一个目录
df	查看磁盘空间	-h	以便于人阅读的方式查看文件的大小
du	查看指定目录占用的空间。默认是当前目录	-h	以便于人阅读的方式查看文件的大小
pwd	显示当前工作目录的绝对路径		
chmod	修改文件或目录的读写权限	-R	递归调用
chgrp	修改文件或目录的用户组	-R	递归调用
chown	修改文件或目录的所有者	-R	递归调用
date	查看日期		
cat	输出文件内容到屏幕		
echo	回显一个字符串或者环境变量到屏幕		
uname	查看机器名称		
ps	查看进程状态	-e	查看系统所有进程
kill	向指定进程发送信号	-9	强制杀死进程

Linux 是一个支持多用户的系统，自身有严格的权限机制。在 Linux 系统中，可以有多个用户，每个用户都属于一个用户组。系统只有一个用户 root 称为超级用户，其拥有至高无上的权利，可以修改系统的任何文件，访问所有的资源。除超级用户 root 外，其他用户都是普通用户，普通用户访问的资源是受到限制的，与系统配置有关的文件和命令普通用户几乎都无法运行。表 5-1 是普通用户常见的命令，超级用户也可以运行。表 5-2 列出了超级用户 root 可以运行的常见命令。

表 5-2　Linux 超级用户的常用命令列表

命　令	作　　用	命　令	作　　用
ifconfig	查看和配置网卡	lsmod	内核模块列表
fdisk	磁盘分区工具	modprobe	内核模块管理工具
mkfs	磁盘格式化	reboot	重启机器
insmod	加载内核模块	halt	停机

所有 GNU 提供的命令都有一些共同的特点。比如，命令只有在出错的时候才会报错，否则只输出正常的结果；所有的命令都有 help 参数，用户可以通过该参数查看命令的使用方法。本书涉及的命令在使用时会结合上下文给出使用方法，请读者阅读的时候要注意。

5.3.2　文本编辑工具 vi

Linux 系统的文本编辑工具有许多，其中使用最广泛的就是 vi 编辑器了。vi 编辑器的功能十分强大，并且体积非常小，适合安装在嵌入式系统使用。vi 虽然功能强大，但是对于初学者来说，掌握比较困难，初学者往往被 vi 奇怪的操作弄得失去学习的信心。本书有关 vi 的使用仅涉及基本操作，目的是帮助初学者学习 vi 的基本操作。更高级的 vi 操作可以参考 vi 的帮助文档。

vi 编辑器支持编辑模式、浏览模式、插入模式和可视模式 4 种模式。其中，插入模式包括了插入文本和替换文本两种模式。当启动 vi 的时候，默认进入浏览模式。浏览模式只能查看和删除文档内容，但是不能修改；编辑模式用户可以修改文档内容，与普通的文本编辑器相同；覆盖模式下用户输入的内容会覆盖光标所在位置的文本；可视模式提供了一种选择文本的方法，可以使用键盘完成鼠标选择文本的功能。

在学习 vi 的具体操作之前，首先弄清楚 vi 的模式切换，请参考图 5-26 所示的 vi 编辑模式切换图。

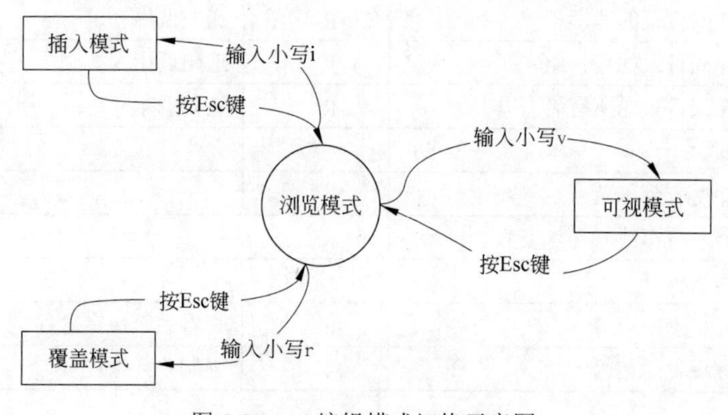

图 5-26　vi 编辑模式切换示意图

从图 5-26 中可以看出，vi 各模式的切换都是通过浏览模式中转的。换句话说，从任何一个模式切换到其他模式，都需要先切换到浏览模式。观察图中发现，任何模式下通过按 Esc 键可以切换到浏览模式。在浏览模式下，切换到插入模式输入小写的 i，表示英文的 insert（插入）意思；切换到覆盖模式输入小写 r，表示英文的 replace（覆盖）意思；切换到虚拟模式输入小写的 v，表示英文的 visual（可视的）意思。

弄清楚 vi 的模式切换后，给出一个具体的操作。在命令行下输入 vi test，然后按回车键，出现 vi 的界面。对话框最下方是一行提示：

```
"test" [新文件]
```

其中，test 是刚才输入的文件名，“[新文件]”说明文件是新建的。此时 vi 处于浏览模式，在键盘上按一些键，屏幕没有任何反映。输入小写 i，vi 进入插入模式，屏幕最下方一行给出提示“-- 插入 --”，表示已经进入插入模式，在键盘上输入一些字母会被显示到屏幕上。在插入模式下可以在屏幕上进行编辑。现在切换到覆盖模式，按键盘 Esc 键，把光标移动到刚才输入的文本最前方，然后输入小写 r 进入覆盖模式。在覆盖模式下输入一些文字，可以看到刚才输入的文字被覆盖。最后，切换到可视模式，按键盘 Esc 键，然后把光标移动到文本的最前方，输入小写字母 v，屏幕下方提示“-- 可视 --”表示进入可视模式。

在可视模式下，用户发现不能像插入模式那样移动光标，这是 vi 一个特殊的地方。在可视模式和浏览模式下，vi 使用 h、j、k、l 这 4 个小写字母分别代表光标的左、上、下、右 4 个功能键。

提示： vi 移动光标的功能对初学者来说比较难以适应，请多加练习，习惯以后会发现这个功能非常方便。

退出 vi 需要切换到浏览模式下。按 Esc 键，输入“:q!”然后按回车键，退出 vi 编辑器。“:”的含义是切换到 vi 的命令行，vi 通过命令行可以提供许多复杂的功能。q 表示 quit（退出）的意思，!表示不保存文件。

vi 在浏览模式下通过输入“:”字符可以打开 vi 的命令行，该命令行提供了丰富的功能。常见的有 w 表示保存文件，q 表示退出，e 表示编辑文件，在以后的章节涉及 vi 的操作中将会具体讲解。

5.3.3　搜索工具 find 和 grep

find 和 grep 是 Linux 系统最常用的两个搜索工具。这两个工具不同之处是 find 用于查找文件，grep 用于查找文件内容。

grep 支持正则表达式（一种描述字符串特征的语法），通过在一个或多个文件中搜索字符串，符合的内容被送到屏幕显示。grep 工具不会修改文件内容。grep 通过返回值表示搜索状态，如果搜索成功返回 0，如果失败返回 1，如果搜索的文件不存在则返回 2。因此，grep 可以用于 shell 脚本。

在学习 grep 之前，首先学习一下正则表达式的语法。grep 支持的正则表达式语法见表 5-3。

表 5-3　正则表达式语法

正则表达式符号	含　义
^	指定从一行的开头匹配。如：^grep 指定匹配开头包含 grep 字符串的行
$	指定从一行的结尾匹配。如：grep$指定匹配结尾包含 grep 字符串的行
*	匹配任意个数的字符。如：*grep 匹配任意字符开头以 grep 结尾的字符串
[]	匹配指定范围内的字符。如：[Gg]rep 匹配字符串 Grep 和 grep
[^]	匹配指定范围以外的字符。如：[^ab]def 匹配不是 a 和 b 开头，结尾是 def 的字符串
\(..\)	标记匹配字符。如：\(hello\)标记字符串 hello 为 1
x\{m\}	字符 x 重复 m 次。如：a\{10\}把字符 a 重复 10 次
x\{m,n\}	字符 x 至少重复 m~n 次
\w	匹配字数为 w 次的字符串。如：\5 匹配长度是 5 次的字符串

在 Linux 的 Shell 中输入 grep，然后按回车键，显示 grep 的使用方法：

```
$ grep
用法：grep [选项]... PATTERN [FILE]...
```

其中，PATTERN 是正则表达式语句，FILE 是文件名，“选项”是 grep 的命令行参数，见表 5-4。

表 5-4　grep 工具命令行参数

参　数	含　义
-?	显示匹配行的上下各?行，?代表行数
-b，--byte-offset	打印匹配行所在的块号码
-c,--count	只打印匹配的行数，不显示匹配内容
-f File，--file=File	从文件中提取模板
-h，--no-filename	搜索多个文件时，不显示匹配文件名前缀
-i，--ignore-case	忽略英文字母大小写
-q，--quiet	不显示任何信息
-l，--files-with-matches	打印匹配模板的文件清单
-L，--files-without-match	打印不匹配模板的文件清单
-n，--line-number	输出匹配行的行号
-s，--silent	不显示错误信息
-v，--revert-match	只显示不匹配的行
-w，--word-regexp	如果被\<和\>引用，就把表达式作为一个单词搜索
-V，--version	显示软件版本信息
--help	打印帮助信息

使用好 grep 工具关键在于正则表达式，这里给出几个 grep 使用的例子：

显示 main.c 文件中以#开头的行：

```
$ grep '^#' main.c
#include <stdio.h>
```

显示 fs 子目录下包含 5 个字符长度的字符串所在的行：

```
$ grep -Rn '\{5\}' fs/*
匹配到二进制文件 fs/nls/nls_cp949.ko
匹配到二进制文件 fs/nls/nls_cp949.o
```

显示 mm 子目录下包含 Kmalloc 或者 kmalloc 的行以及行号：

```
$ grep -Rn '[Kk]malloc' mm/
匹配到二进制文件 mm/swapfile.o
mm/util.c:14:   void *ret = ____kmalloc(size, flags);
mm/util.c:25: * @gfp: the GFP mask used in the kmalloc() call when allocating
memory
mm/util.c:36:   buf = ____kmalloc(len, gfp);
mm/util.c:62:   p = kmalloc(length, GFP_KERNEL);
```

find 工具用来查找指定文件。在 Linux 系统中有成千上万个文件、其中有系统自带的文件、用户自己的文件，还有网络文件系统的文件等。如果忘记一个文件的存放位置，在系统中查找是一件费时的事情。使用 find 工具可以很方便地找出指定的文件。

在 Linux 系统下，文件的命名是没有固定格式的，仅从文件名上无法推断出文件类型。因此，需要指定文件的其他属性帮助用户查找文件，find 工具可以支持复杂的文件查找条件。

在 Linux 的 shell 下输入 find –help，然后按回车键，会得到 find 工具的帮助信息：

```
$ find --help
用法: find [-H] [-L] [-P] [-Olevel] [-D help|tree|search|stat|rates|opt|exec]
[path...] [expression]

默认路径为当前目录;默认表达式为 -print
表达式可能由下列成份组成：操作符、选项、测试表达式以及动作：

操作符 (优先级递减;未做任何指定时默认使用 -and):
      ( EXPR )   ! EXPR   -not EXPR   EXPR1 -a EXPR2   EXPR1 -and EXPR2
      EXPR1 -o EXPR2   EXPR1 -or EXPR2   EXPR1 , EXPR2

位置选项 (总是真): -daystart -follow -regextype

普通选项 (总是真,在其它表达式前指定):
      -depth --help -maxdepth LEVELS -mindepth LEVELS -mount -noleaf
      --version -xdev -ignore_readdir_race -noignore_readdir_race

测试(N 可以是 +N 或-N 或 N):-amin N -anewer FILE -atime N -cmin
      -cnewer 文件 -ctime N -empty -false -fstype 类型 -gid N -group 名称
      -ilname 匹配模式 -iname 匹配模式 -inum N -ipath 匹配模式 -iregex 匹配模式
      -links N -lname 匹配模式 -mmin N -mtime N -name 匹配模式 -newer 文件
      -nouser -nogroup -path 匹配模式 -perm [+-]访问模式 -regex 匹配模式
      -readable -writable -executable
      -wholename PATTERN -size N[bcwkMG] -true -type [bcdpflsD] -uid N
      -used N -user NAME -xtype [bcdpfls]

动作: -delete -print0 -printf FORMAT -fprintf FILE FORMAT -print
      -fprint0 FILE -fprint FILE -ls -fls FILE -prune -quit
      -exec COMMAND ; -exec COMMAND {} + -ok COMMAND ;
      -execdir COMMAND ; -execdir COMMAND {} + -okdir COMMAND ;
```

```
通过 findutils 错误报告页 http://savannah.gnu.org/ 报告错误及跟踪修定过程。如果
您无法浏览网页,请发电子邮件至 <bug-findutils@gnu.org>。
```

从帮助信息可以看出，find 工具支持表达式，可以通过文件大小、日期等属性设置查找条件。下面通过几个实例帮助读者学习 find 使用方法。

查找系统中 apache 的配置文件存放位置：

```
$ sudo find / -name 'apache2.conf'
/etc/apache2/apache2.conf
```

其中，“/” 代表从根目录开始查找整个文件系统，-name 参数指定被查找的文件名。输入命令后，很快会得到结果。如果读者的机器上没有输出结果，表示没有安装 apache 服务器。

find 是一个所有用户都能使用的命令，但是普通用户在使用的时候常会出现权限不够的提示，原因是一些文件只有 root 用户可以访问，例如上面的例子，如果不以 root 身份运行会提示好多权限不够的信息，可以通过错误重定向把 find 输出的错误屏蔽掉。

```
$ find / -name 'apache2.conf' 2>/dev/null
/etc/apache2/apache2.conf
```

其中，2 是标准错误输出的文件句柄号，/dev/null 是一个特殊的设备，类似于天体中的黑洞，凡是输入到这个设备的数据都会被吃掉，不会输出到任何地方。

除了指定文件名查找外，对于不知道文件名的查找，可以指定文件大小或者时间。例如：

```
$ sudo find / -size 10000c
/usr/bin/xcursorgen
```

指定查找大小是 10000 字节的文件。还可以使用模糊的方法查找，例如：

```
$ sudo find / -size +10000000c
/var/cache/apt/srcpkgcache.bin
/var/cache/apt/pkgcache.bin
/var/cache/apt/archives/smbclient_2%3a3.6.3-2ubuntu2.6_i386.deb
/var/cache/apt/archives/firefox_21.0+build2-0ubuntu0.12.04.3_i386.deb
/var/cache/apt/archives/linux-headers-3.5.0-32_3.5.0-32.53~precise1_all
.deb
/var/cache/apt/archives/libreoffice-core_1%3a3.5.7-0ubuntu4_i386.deb
/var/cache/apt/archives/linux-headers-3.2.0-45_3.2.0-45.70_all.deb
/var/cache/apt/archives/libreoffice-common_1%3a3.5.7-0ubuntu4_all.deb
/var/cache/apt/archives/thunderbird_17.0.6+build1-0ubuntu0.12.04.1_i386
.deb
/var/cache/apt/archives/openjdk-6-jre-headless_6b27-1.12.5-0ubuntu0.12.
04.1_i386.deb
/var/cache/apt/archives/linux-image-3.5.0-32-generic_3.5.0-32.53~precis
e1_i386.deb
/var/cache/apt/archives/linux-firmware_1.79.4_all.deb
/var/cache/cups/ppds.dat
/var/lib/anthy/mkworddic/anthy.wdic
/var/lib/anthy/anthy.dic
```

使用+表示大于某个文件大小，本例中查找大于 10MB 的文件。此外，还可以通过文件时间查找，下面是几种根据时间查找文件的方法：

```
$ sudo find / -amin -15      # 查找最近 15 分钟访问过的文件
$ sudo find / -atime -2      # 查找最近 48 小时访问过的文件
$ sudo find / -empty         # 查找空文件或者文件夹
$ sudo find / -mmin -10      # 查找最近 10 分钟里修改过的文件
$ sudo find / -mtime -1      # 查找最近 24 小时里修改过的文件
```

还可以通过文件所有者查找：

```
$ sudo find / -group root  # 查找属于 root 用户组的文件
$ sudo find / -nouser      # 查找无效用户的文件
$ sudo find / -user test1  # 查找属于 test1 用户的文件
```

以上列举的都是经常使用的查找方法，find 还有其他许多查找设置，读者可以在实践过程中不断摸索。

5.3.4 FTP 工具

FTP 是标准的互联网文件传输协议，被广泛地应用于网络文件传输，是不同机器间文件传输简单有效的方法。FTP 协议允许传输二进制和文本文件。在许多系统上都提供了 FTP 客户端软件，用来从 FTP 服务器下载或者上传文件。本节将介绍的 FTP 客户端工具可以在 Linux 系统和 Windows 系统上使用，是一种简单易用的文件传输手段。

连接到一个 FTP 服务器需要合法权限的用户名和密码，一般来说，在 Linux 系统上，合法的登录用户就是 FTP 用户。

FTP 命令的格式为“ftp 主机名 [端口号]”，端口号是可选的，默认的端口号是 21。连接到一个服务器：

```
$ ftp 192.168.2.106
Connected to 192.168.2.106.
220 Serv-U FTP Server v5.0 for WinSock ready...
Name (192.168.2.106:tom): sys              # 输入用户名
331 User name okay, need password.
Password:                                  # 输入密码
230 User logged in, proceed.               # 提示登录成功
Remote system type is UNIX.
Using binary mode to transfer files.
ftp>
```

在本例中，连接到 Windows 系统，地址是 192.168.2.106。登录服务器后，首先提示输入用户名，然后是密码，验证通过后进入 FTP 的命令行提示符。

登录到 FTP 服务器后，就可以开始文件传输操作了。FTP 提供了一组帮助用户传输文件的命令，常见的命令请参考表 5-5。

表 5-5 FTP 工具常用命令

命令名称	含 义
dir	列出服务器的目录
cd	改变服务器上的目录
lcd	改变本地目录
ascii	使用文本方式传输文件
binary	使用二进制方式传输文件

续表

命令名称	含　义
bye	退出 FTP 工具
hash	显示文件传输进度
get	从服务器下载文件
put	上传文件到服务器
!	切换到 shell 对话框，在 shell 中使用 exit 命令可以退回 FTP 对话框

本节给出一个实例，从 ftp://oss.sig.com/www/projects/kdb/download/v4.4/上下载一个内核代码的补丁文件到当前目录。

```
$ ftp oss.sgi.com
Connected to oss.sgi.com.
220-Welcome to Pure-FTPd.
220-You are user number 1 of 10 allowed.
220-IPv6 connections are also welcome on this server.
220 You will be disconnected after 15 minutes of inactivity.
Name (oss.sgi.com:tom): anonymous          # 使用匿名用户登录
331 Any password will work
Password:
230 Any password will work
Remote system type is UNIX.
Using binary mode to transfer files.
ftp> cd www                                # 进入 www 目录
250 OK. Current directory is /www
ftp> cd projects                           # 进入 projects 目录
250 OK. Current directory is /projects
ftp> cd kdb                                # 进入 kdb 目录
250 OK. Current directory is /projects/kdb
ftp> cd download                           # 进入 download 目录
250 OK. Current directory is /projects/kdb/download
ftp> cd v4.4                               # 进入 v4.4 目录
250 OK. Current directory is /projects/kdb/download/v4.4
ftp> binary                                # 设置使用二进制方式
200 TYPE is now 8-bit binary
ftp> hash                                  # 打开文件下载进度提示
Hash mark printing on (1024 bytes/hash mark).
ftp> get kdb-v4.4-2.6.9-rc4-common-1.bz2   # 下载文件
local:   kdb-v4.4-2.6.9-rc4-common-1.bz2   remote:   kdb-v4.4-2.6.9-rc4-
common-1.bz2
200 PORT command successful
150-Connecting to port 36176
150 94.3 kbytes to download
######################################################################
######################
226-File successfully transferred
226 0.012 seconds (measured here), 7.53 Mbytes per second
96514 bytes received in 1.69 secs (55.9 kB/s)
ftp> bye                                   # 退出 ftp 工具
221-Goodbye. You uploaded 0 and downloaded 95 kbytes.
221 Logout.
tom@tom-virtual-machine:~$ ls
examples.desktop                  公共的  视频  文档  音乐
kdb-v4.4-2.6.9-rc4-common-1.bz2  模板    图片  下载  桌面
```

从 shell 的文件列表可以看出，新下载的文件已经存放到当前目录。

🔔**提示**：需要注意的是，FTP 工具不能和 shell 一样一次进入多级目录。

5.3.5　串口工具 minicom

串口是嵌入式开发使用最多的通信方式。Linux 系统提供了一个串口工具 minicom，可以完成复杂的串口通信工作。本节介绍 minicom 的使用。

首先是安装 minicom，在 Ubuntu Linux 系统 shell 下输入“sudo apt-get install minicom”，按回车键后即可安装 minicom 软件。软件安装好后，第一次使用之前需要配置 minicom。

（1）在 shell 中输入 sudo minicom –s，出现 minicom 配置界面，如图 5-27 所示。minicom 配置菜单在屏幕中央，每个菜单项都包括了一组配置。

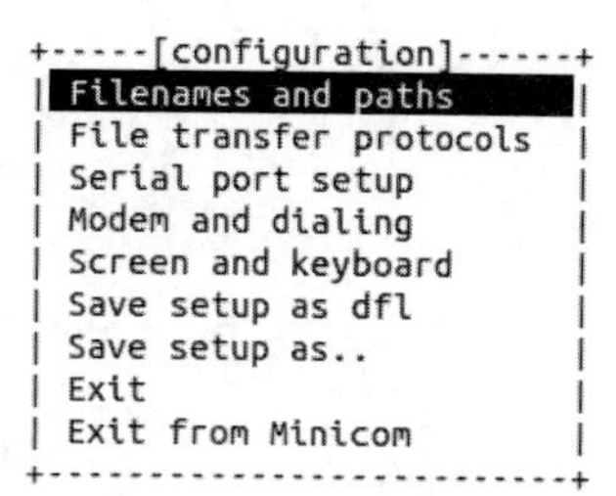

图 5-27　minicom 配置界面

（2）用光标键移动高亮条到 Serial Port setup 菜单项，按回车键后进入串口参数配置界面，如图 5-28 所示。

```
+-----------------------------------------------------------------------+
| A -    Serial Device      : /dev/tty0                                  |
| B - Lockfile Location     : /var/lock                                  |
| C -   Callin Program      :                                            |
| D -  Callout Program      :                                            |
| E -    Bps/Par/Bits       : 115200 5N1                                 |
| F - Hardware Flow Control : Yes                                        |
| G - Software Flow Control : No                                         |
|                                                                        |
|    Change which setting?                                               |
+-----------------------------------------------------------------------+
        | Screen and keyboard      |
        | Save setup as dfl        |
        | Save setup as..          |
        | Exit                     |
        | Exit from Minicom        |
        +--------------------------+
```

图 5-28　minicom 配置端口界面

串口配置界面列出了串口的配置，每个配置前都有一个英文字母，代表进入配置项的快捷键。首先配置端口，输入小写字母 a，光标移动到了/dev/tty8 字符串最后，并且进入到编辑模式。以笔者机器为例，修改为/dev/tty0，代表连接到系统的第一个串口。

（3）设置好串口设备后按回车键，保存参数并且回到提示界面。输入小写字母 e，进入串口参数配置界面，如图 5-29 所示。

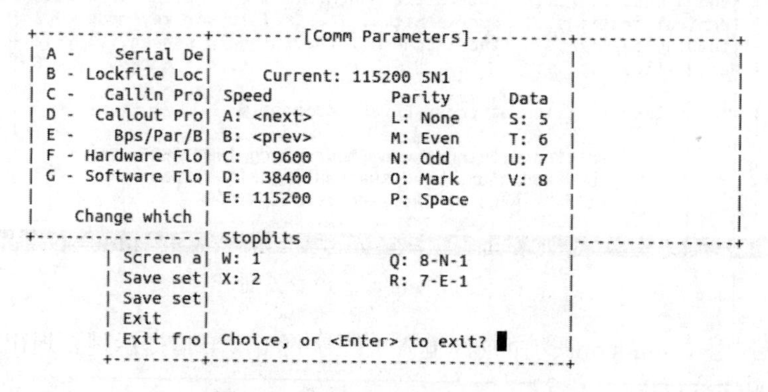

图 5-29　minicom 配置串口参数

串口参数界面可以配置串口波特率、数据位、停止位等信息。一般只需要配置波特率，如在笔者机器上需要配置波特率是 38400，输入小写字母 d，屏幕上方 current 字符串后的波特率改变为 38400。

（4）设置好波特率后按回车键，保存退出，回到串口配置界面，如图 5-30 所示。

```
+-----------------------------------------------------------------------+
| A -    Serial Device      : /dev/tty0                                  |
| B - Lockfile Location     : /var/lock                                  |
| C -   Callin Program      :                                            |
| D -  Callout Program      :                                            |
| E -    Bps/Par/Bits       : 38400 5N1                                  |
| F - Hardware Flow Control : Yes                                        |
| G - Software Flow Control : No                                         |
|                                                                        |
|    Change which setting?                                               |
+-----------------------------------------------------------------------+
        | Screen and keyboard      |
        | Save setup as dfl        |
        | Save setup as..          |
        | Exit                     |
        | Exit from Minicom        |
        +--------------------------+
```

图 5-30　minicom 配置端口结束

请看图 5-30 所示的配置，串口被设置为 tty0，波特率是 38400，其他配置使用默认设置。如果保存配置，直接按回车键退出。选择 Save setup as dfl 选项后按回车键，配置信息被保存为默认配置文件，下次启动的时候会自动加载。

保存默认配置后，选择 Exit 选项后按回车键，退出配置界面，minicom 自动进入终端界面。在终端界面会自动连接到串口，如果串口没有连接任何设备，屏幕右下角的状态提示为 Offline。

（5）退出 minicom，使用 Ctrl+a 键，然后输入字母 z，出现 minicom 的命令菜单，如图 5-31 所示。

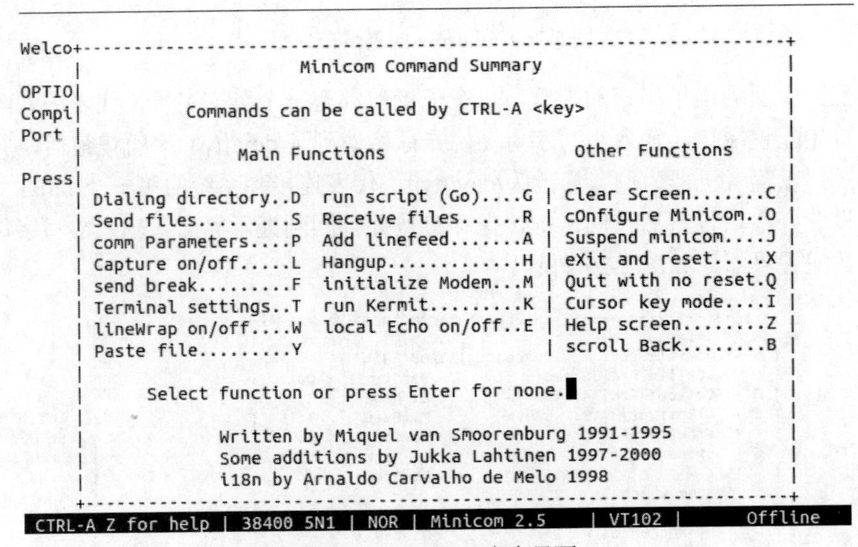

图 5-31　minicom 命令界面

命令菜单列出了 minicom 的命令，输入大写字母 q，屏幕提示是否退出，选择 Yes 选项按回车键退出 minicom。

5.4　Windows 常用工具

嵌入式开发的开发环境和运行环境往往不是同一台机器。作为开发环境，Windows 下通常运行一些客户端和代码管理工具、文档管理工具等。本节将介绍 Windows 下常用的两个工具。

5.4.1　代码编辑管理工具 Source Insight

Source Insight 是一个功能强大的代码管理工具。该工具可以轻松管理代码庞大的工程，提供了丰富的编辑功能，支持函数、变量的类型定义查看、跳转等。Source Insight 对 C 语言代码支持最好，本节将介绍 Source Insight 的安装和使用。

1. 设置 Source Insight 工程

Source Insight 使用工程管理代码文件。在使用 Source Insight 之前，需要建立 Source Insight 工程。本节首先介绍如何安装 Source Insight，然后讲解建立 Source Insight 工程的步骤。

（1）Source Insight 的安装比较简单。找到安装文件 Si3572Setup.exe，双击后启动安装程序，按照步骤单击“下一步”按钮即可完成安装。

（2）安装完毕后，选择“开始” | “所有程序” | Source Insight 3 | Source Insignt 3.5 命令启动软件，进入主界面，如图 5-32 所示。

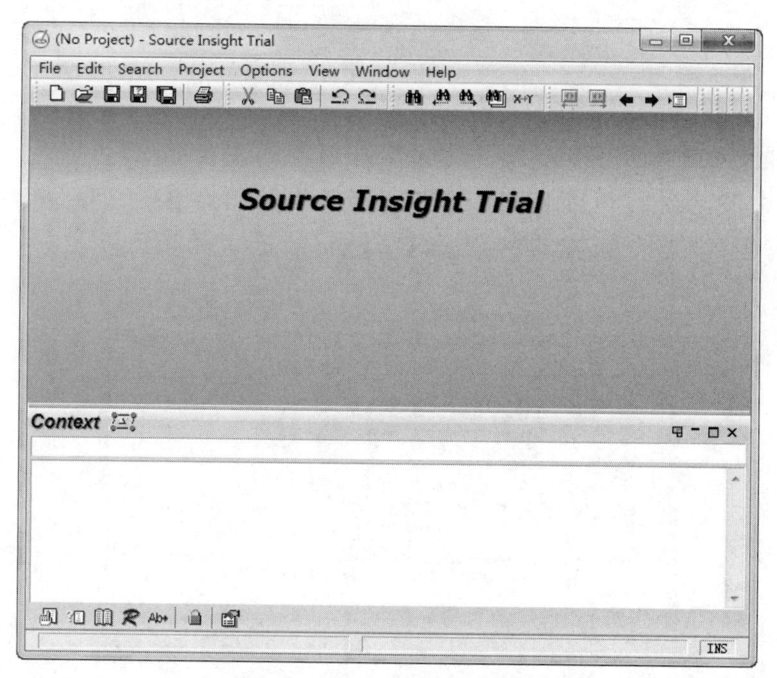

图 5-32　Source Insight 主界面

Source Insight 主界面可以分成 4 个功能区域：菜单栏、工具栏、上下文窗口和关联窗口。其中，菜单栏是软件所有功能按照相关类别组合成菜单形式；工具栏存放了常用的功能；上下文窗口是当用户打开一个代码文件后，单击代码里的变量或者函数会显示出变量或者函数的定义和内容；关联窗口可以显示出光标所在位置的函数被哪些函数调用。从界面可以看出，Source Insight 功能很多，但是组织得非常有条理。

（3）Source Insight 启动后，选择 Project | New Project 命令出现新建工程窗口，如图 5-33 所示。

图 5-33　Source Insight 创建新工程界面

在工程窗口中需要输入工程名称，工程路径使用默认的即可。本节以 Linux 内核代码 2.6.18 版本为例，在工程名称文本框中输入 linux-2.6.18。

（4）单击 OK 按钮，出现建立工程提示对话框，如图 5-34 所示。

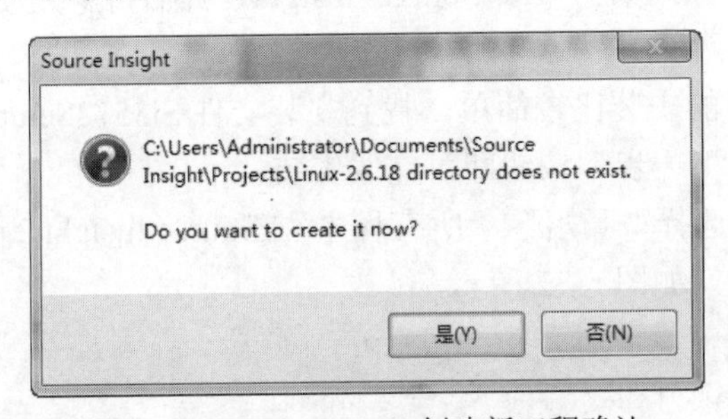

图 5-34　Source Insight 创建新工程确认

该对话框提示是否创建新工程，并且给出提示工程的存放路径。

（5）单击“是（Y）”按钮，出现工程设置对话框，如图 5-35 所示。

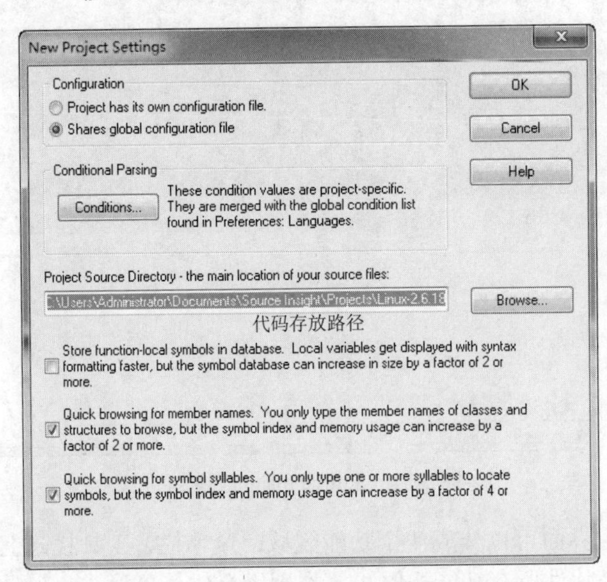

图 5-35　Source Insight 工程设置对话框

工程设置对话框主要包括工程的模式、存放路径等信息。

（6）在工程设置对话框中输入代码的存放路径，然后单击 OK 按钮，出现添加删除代码对话框，如图 5-36 所示。

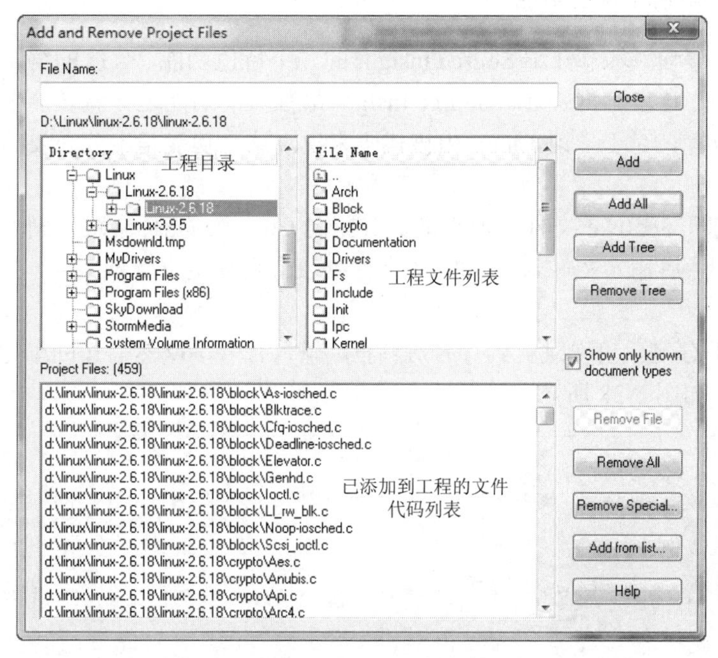

图 5-36 Source Insight 添加代码到工程

添加删除代码对话框有三个文件列表框：工程目录、工程文件列表和添加到工程代码列表。在工程列表中，高亮选择条默认会停留在设定的工程代码目录。

（7）添加所有代码到工程，单击 Add Tree 按钮，出现是否添加的提示，单击“是”按钮后添加所有的文件到工程。添加完毕后，会在工程文件列表中列出已经添加的文件。单击 Close 按钮退出添加代码对话框。此时建立工程完毕，在主对话框右侧文件列表中会列出工程包含的文件。

在进行代码编辑和阅读之前，建议对工程的代码做一下同步，尤其对于文件较多的工程更需要同步。同步的作用是生成整个工程代码中所有函数和变量的交叉引用关系，同步之后在查看函数和变量的定义时候速度会很快。

（8）选择 Project | Synchronize Files 命令，出现图 5-37 所示代码同步设置对话框。

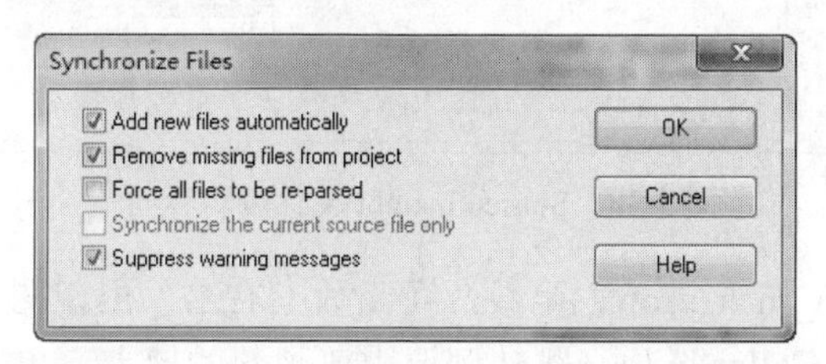

图 5-37 Source Insight 工程同步代码设置

在代码同步对话框中，有 5 个选项，意思分别是自动添加新文件、从工程中删除不存在的文件、强制所有文件被重新解析、仅同步当前代码文件和忽略错误信息。在本例中，使用默认设置即可。

（9）单击 OK 按钮开始同步。由于 Linux 内核代码比较大，同步需要几分钟时间，请读者耐心等待。

2．Source Insight 特色功能

工程设置完毕后，本节介绍 Source Insight 的几个特色功能，传统的编辑功能与普通的文本编辑器相同，这里不再赘述。Source Insight 最强大的功能之一就是能根据函数名找到调用该函数的位置，对于学习 Linux 内核代码来说，这个功能是十分必要的。下面介绍具体操作步骤。

（1）首先打开 3c509.c 文件，使用键盘快捷键 Ctrl+O，光标会跳转到屏幕右侧工程代码列表位置处，然后输入文件名 3c509.c，文件列表会自动定位到该文件，按回车键，打开文件。

（2）按 Ctrl+G 键，出现跳转到行号对话框，输入行号 269 然后按回车键，光标跳转到代码第 269 行，如图 5-38 所示。

图 5-38　Source Insight 文件编辑界面

第 269 行有一个 el3_mca_probe()函数，在函数上右击，出现图 5-39 所示的快捷菜单。

（3）选择 Jump To Caller 选项，跳转到调用该函数的地方。单击后代码跳转到当前文件的第 244 行，并且整行代码都被高亮显示，如图 5-40 所示。

在本例中，跳转到了该函数的定义位置，读者可以试验一下其他函数是如何跳转到被调用位置的。

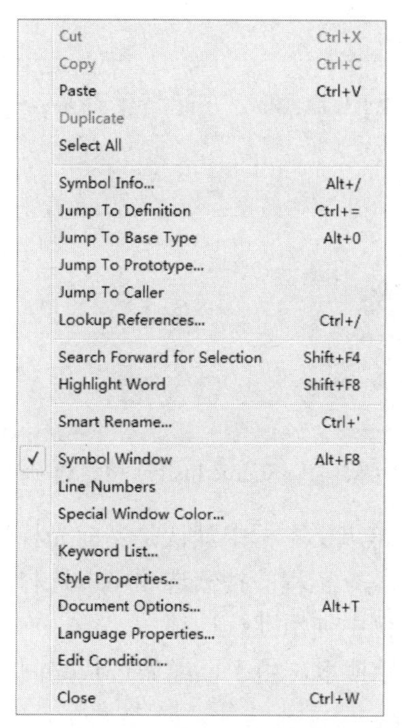

图 5-39　Source Insight 调用函数上下文菜单

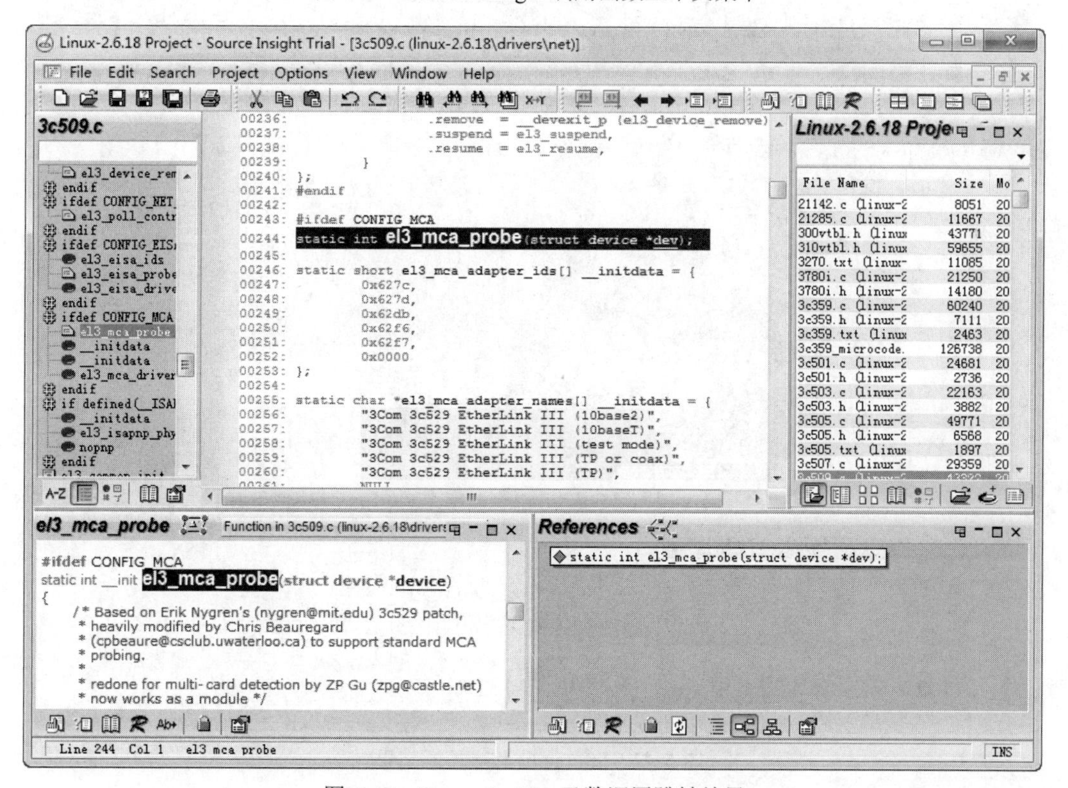

图 5-40　Source Insight 函数调用跳转结果

Source Insight 的搜索功能也非常强大，接下来学习一下搜索功能。

（4）在跳转结果的第 244 行，单击 el3_mca_probe()函数，然后单击工具栏的 R 按钮，出现如图 5-41 所示的搜索设置对话框。

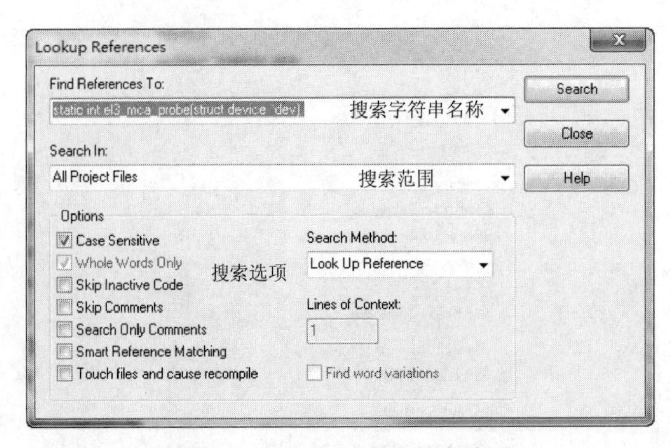

图 5-41　Source Insight 搜索选项

在搜索对话框中，搜索字符串文本框中默认是当前光标处的函数或者变量名称，省去了用户输入；搜索范围默认是整个工程；搜索选项可以选择大小写敏感、全字匹配、跳过无效代码、跳过注释等。在本例中使用默认选项。

（5）单击 Search 按钮开始搜索，由于已经做过代码同步，很快会得到搜索结果，如图 5-42 所示。

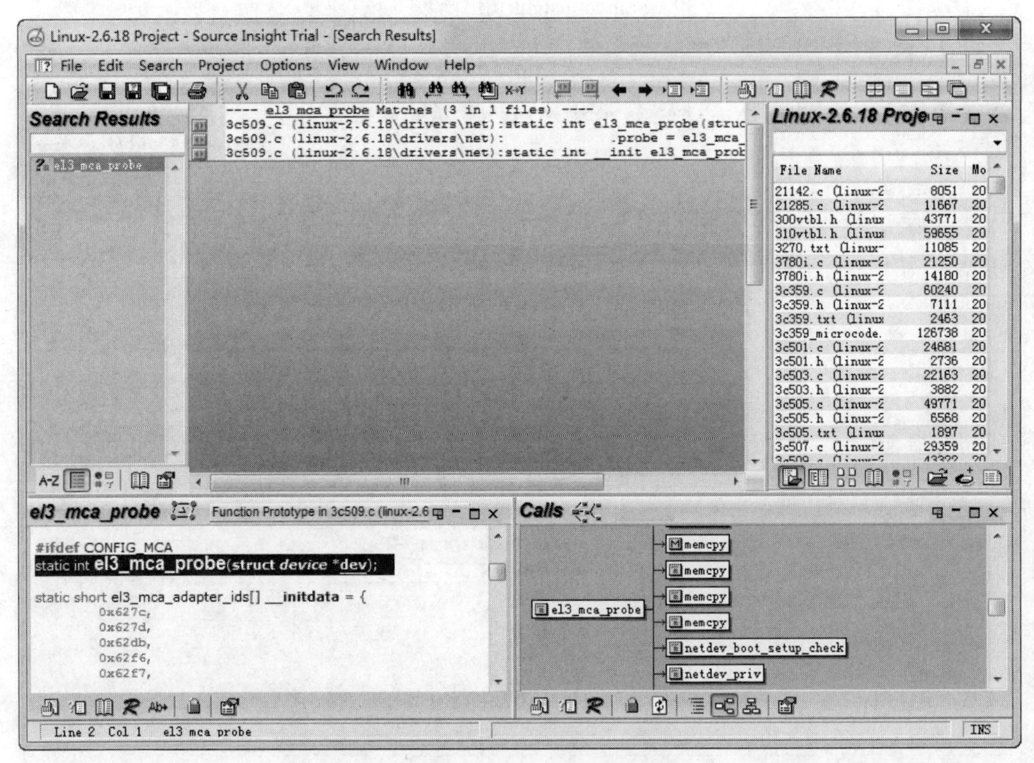

图 5-42　Source Insight 搜索结果

搜索结果列出了所有包含 el3_mca_probe 关键字的文件所在的行。每个结果前面有一个按钮，单击该按钮可以定位到代码所在的文件。

Source Insight 还有其他许多功能，如支持对话框更换、设置代码关键字的字体颜色等，读者可以自行研究。

5.4.2　串口工具 XShell

在 5.3.5 节介绍了 Linux 下的串口工具 minicom，本节将介绍一个 Windows 下比较好用的串口工具 XShell。实际上，XShell 不仅支持串口连接，还可以连接 Telnet 服务器、SSH 服务器等。

（1）XShell 的安装比较简单，这里不再赘述，单击安装文件后按照提示单击“下一步”按钮即可完成安装。安装完毕后，依次选择“开始”|“所有程序”| Xshell | Xshell 命令打开 XShell 软件的主界面，如图 5-43 所示。主界面显示了 XShell 软件的版本信息，并且给出一个终端对话框，用户可以在这里输入 XShell 支持的命令。

图 5-43　XShell 主界面

（2）连接到一个串口需要新建连接，依次选择“文件|新建”命令出现新建连接属性对话框，如图 5-44 所示。

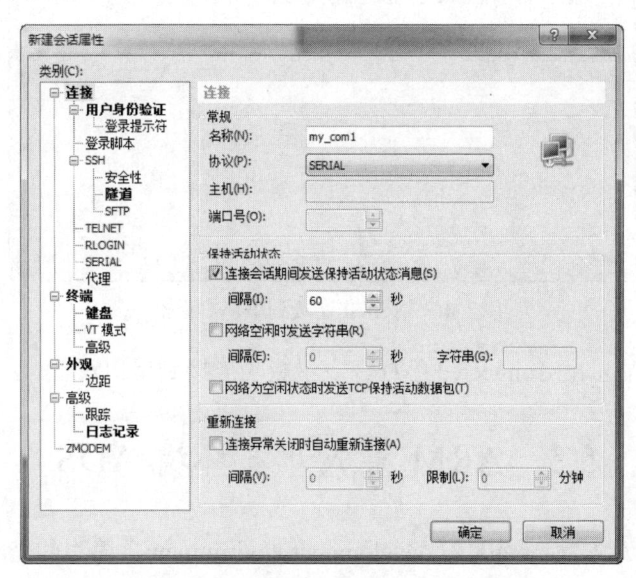

图 5-44　XShell 新建连接属性对话框

（3）在新建会话属性对话框的“名称”文本框中输入连接名称“my_com1”，在“协议”下拉列表框中选择 SERIAL，用“主机”和“端口号”不需要输入。单击“确定”按钮，进入连接列表对话框，如图 5-45 所示。

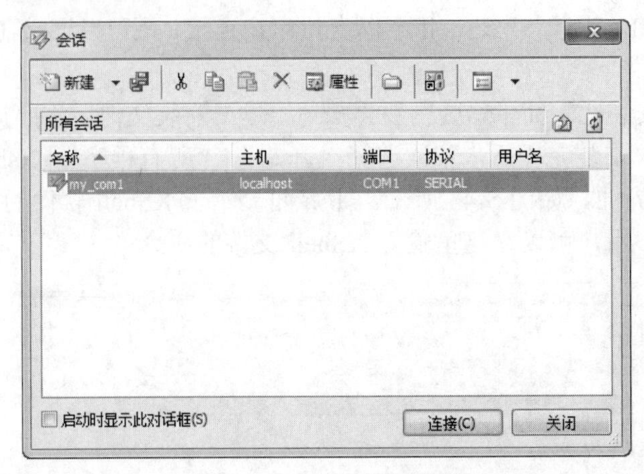

图 5-45　XShell 连接列表

提示： 连接的名称不能是 Com1、Com2 之类的名称，会与 Windows 系统的串口设备名称重名。

（4）在连接列表中，选择条默认停留在新建立的连接上。单击“连接”按钮，连接到串口 1，如图 5-46 所示。

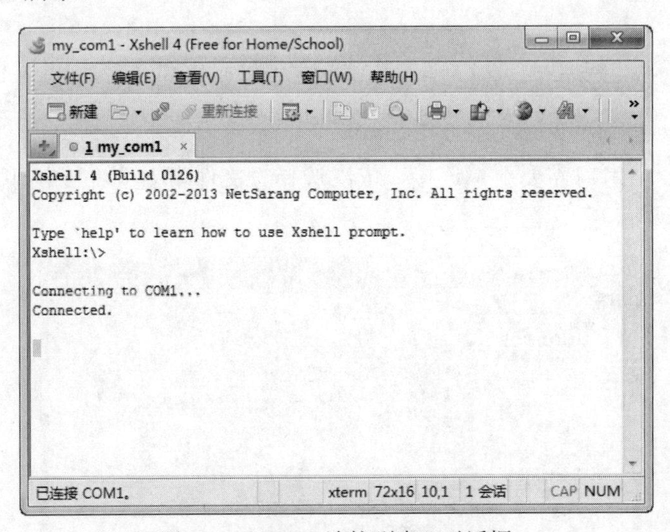

图 5-46　XShell 连接到串口对话框

在终端界面中显示出 Connected 字样，表示成功连接到串口设备。

5.5　ARM 集成开发环境 ADS

集成开发环境英文为 Integrated development environment，简写的是 IDE。在没有 IDE 之前，开发软件过程中的编辑、编译、调试需要不同的工具操作，不仅效率低而且容易出错。IDE 的作用是把编辑、编译和调试等工具集成在一起，并且向用户提供一个图形对话框的开发环境。ARM 开发有标准的开发环境 ARM Development Studio，简称 ADS。

5.5.1　ADS 集成开发环境介绍

ADS 是 ARM 公司推出的 ARM 集成开发工具，目前最新版本是 5，可以在 Windows 和 Linux 系统下安装（本书演示在 Windows 下安装）。ADS 包括程序库、命令行开发工具、图形对话框、调试工具和代码编辑器等。本节将介绍 ADS 自带的命令行工具。

1．C 语言编译器 armcc

该编译器支持 ANSI C 标准，可以编译并生成 32 位 ARM 指令。armcc 的基本语法如如下：

```
armcc [options] <file1> [file2] [file2] …
```

可以一次编译多个文件，常见的参数如下所述。

- -c：只编译不连接。
- -D：定义预编译宏。
- -E：仅对代码做预处理。
- -O：代码优化选项，共有 3 个优化级别，0 表示不优化；1 表示控制代码优化；2 表示最大可能的优化。
- -I：指定头文件目录。
- -S：编译后生成汇编文件。

2．C++语言编译器 armcpp

该编译器支持 ISO C++和 EC++标准的代码，可以编译并生成 32 位 ARM 指令。armcpp 的使用语法与 armcc 基本相同。

此外，ADS 还提供了 Thumb 模式下的 tcc 编译器和 tcpp 编译器，可以把 C 或者 C++语言代码编译成 16 位 Thumb 指令。ADS 还提供了 armlink 连接器，可以把一个或多个目标文件连接在一起生成目标映像文件。armsd 是一个调试器，可以进行源码级的调试。

学习命令行工具主要目的是熟悉 ADS 开发环境，为编译程序出错的处理做准备。在实际使用中，ADS 集成环境会调用相应的编译和调试工具。

5.5.2　配置 ADS 调试环境

在使用 ADS 之前，需要安装 ADS 开发环境。ADS 是一个商业软件，需要支付版权费用才可以使用，没有购买版权的用户会受到功能限制。

（1）双击 ADS 的安装文件 setup.exe，出现 ADS 安装提示对话框，如图 5-47 所示。

（2）该对话框提示开始安装 ADS，单击 Next 按钮进入安装协议对话框，然后单击 Next 按钮进入安装路径选择对话框，如图 5-48 所示。

读者可以单击 Browse…按钮选择安装的路径，本例使用默认路径。

（3）单击 Next 按钮进入准备安装对话框，如图 5-49 所示。

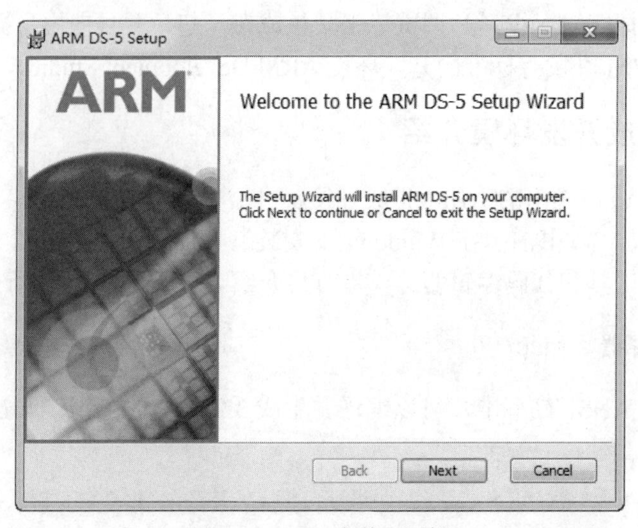

图 5-47　ADS 安装对话框

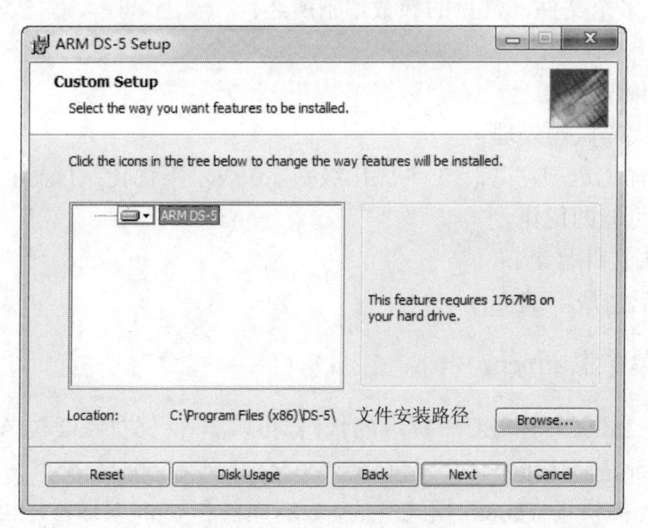

图 5-48　ADS 安装路径设置

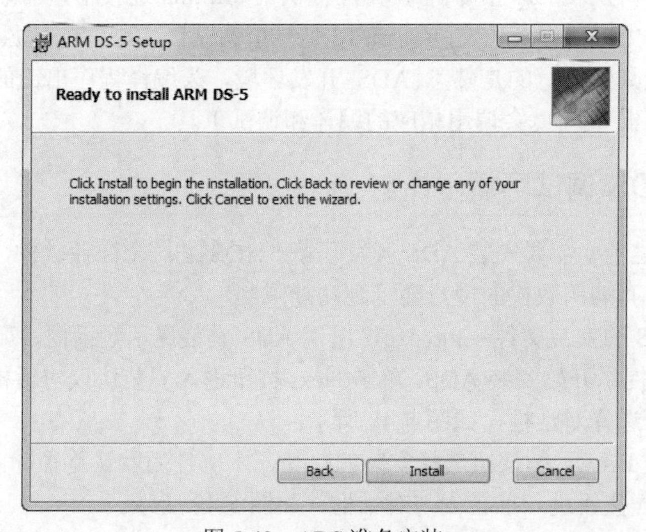

图 5-49　ADS 准备安装

（4）单击 Install 按钮开始安装，如图 5-50 所示。

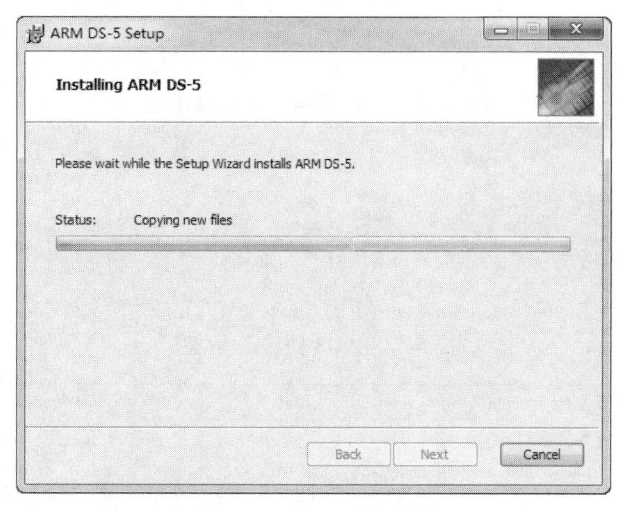

图 5-50　ADS 正在安装

（5）在经过数分钟的安装过程后，出现如图 5-51 所示的安装完成界面，然后单击 Finish 按钮完成 ADS 的安装。

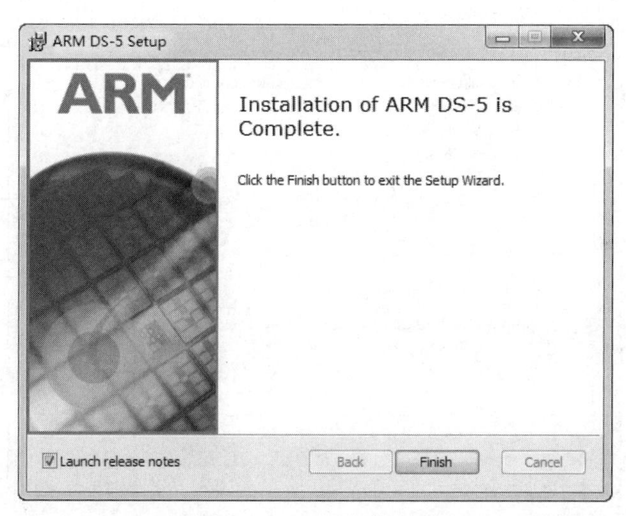

图 5-51　ADS 安装完成

5.5.3　建立自己的工程

本节介绍如何在 ADS 环境下建立自己的工程并且编译生成目标文件。

（1）选择“开始”|“所有程序”| ARM DS-5 | Eclipse for DS-5 命令，进入 ADS 的主界面。在主界面中选择 File | New 命令，进入 ADS 新建对话框，如图 5-52 所示。新建对话框有多个标签，分别可以建立工程、文件和目标文件等不同类型的对象。

（2）这里选择 C Project 选项来建立一个 C 语言项目，如图 5-53 所示。在 Project Name 文本框中输入工程名称“test_project”，在 Location 文本框中输入工程的存放路径，然后单击 Finish 按钮，工程创建完毕，进入工程管理窗口，如图 5-54 所示。

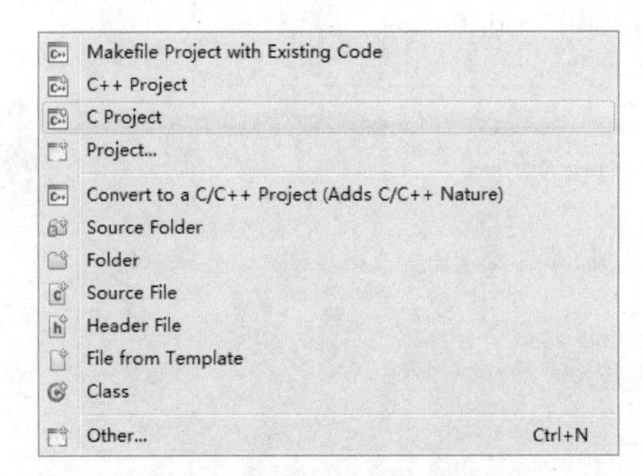

图 5-52　ADS 创建工程选项

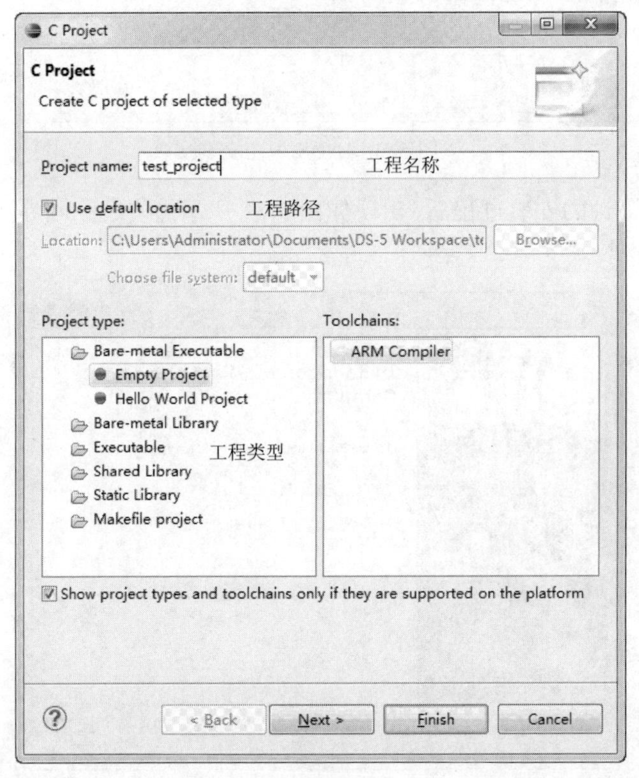

图 5-53　ADS 创建文件窗口

工程管理窗口提供了工程文件列表，可以列出工程包含的文件名称以及相关信息。新创建的工程没有文件，所以列表是空白的。

（3）选择主菜单 File | New | Source File 命令，弹出 ADS 新建文件对话框。在 Source file 文本框中，输入新建的文件名 main.c，单击 Finish 按钮，文件被自动添加到工程中并打开。

（4）为了演示如何编译工程，在打开的编辑框中输入如图 5-55 所示的代码，然后选择 File | Save 命令保存文件。

提示：在第 6 章将会详细讲解本例中这段适合入门学习的代码。

（5）选择主菜单的 Project | Build Project 命令开始编译工程，编译结束后出现编译结果窗口，如图 5-56 所示。

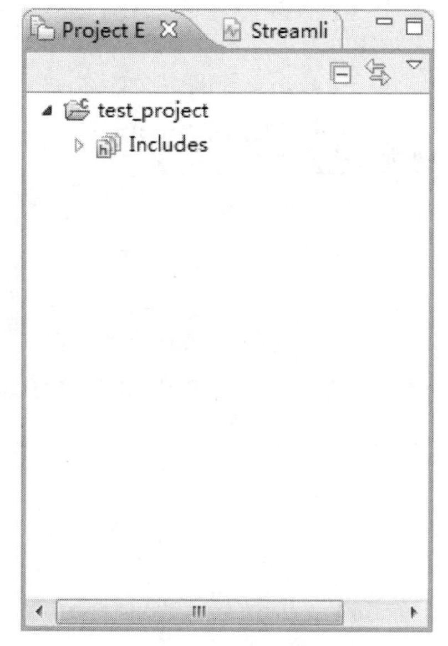

图 5-54　ADS 工程管理

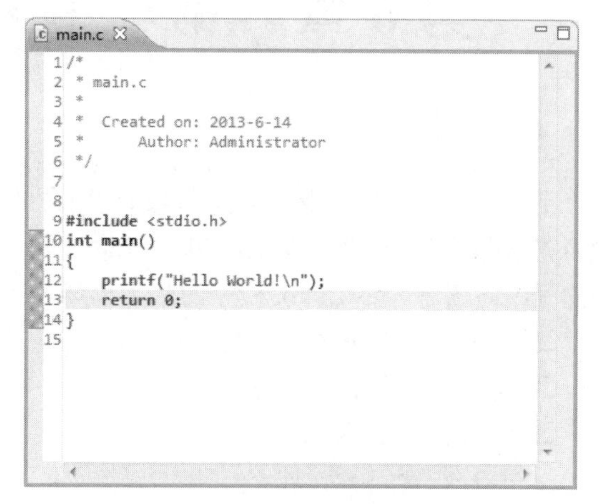

图 5-55　ADS 编写源代码

```
Console
CDT Build Console [test_project]

    Code (inc. data)   RO Data    RW Data    ZI Data      Debug   Library Name

    4980        228         12         16        348       3676   c_4.1

  ----------------------------------------------------------------------
    4980        228         12         16        348       3676   Library Totals

  ----------------------------------------------------------------------

==============================================================================

    Code (inc. data)   RO Data    RW Data    ZI Data      Debug   编译结果信息

    5016        244         28         16        348       3495   Grand Totals
    5016        244         28         16        348       3495   ELF Image Totals
    5016        244         28         16          0          0   ROM Totals

==============================================================================

  Total RO  Size (Code + RO Data)                 5044 (   4.93kB)
  Total RW  Size (RW Data + ZI Data)               364 (   0.36kB)
  Total ROM Size (Code + RO Data + RW Data)       5060 (   4.94kB)

==============================================================================
```

图 5-56　ADS 工程编译结果输出

编译结果列出了代码和数据占用的空间、生成目标文件的信息等。

5.6　小　　结

本章讲解了嵌入式 Linux 开发环境，包括系统环境、开发工具、辅助工具等。开发工具是嵌入式开发所不可缺少的，每种工具都有自己的用途和范围，读者应该多实践，掌握常见开发工具的使用方法。从第 6 章开始将介绍基本的程序开发知识。

第 6 章　第一个 Linux 应用程序

学习嵌入式程序开发首先要从最简单的程序开始。一个最基本的 Linux 应用程序可以涵盖编程的所有基本知识，通过编写 Linux 可以快速入门程序开发。本章的目的是通过实际的程序向读者介绍 Linux 程序的基本框架和工作流程。主要内容如下：

- 编写一个最基本的应用程序；
- 分析程序的执行过程；
- 程序生成过程；
- 程序编译过程管理。

6.1　向世界问好——Hello,World!

很多编程书籍都以输出一行“Hello,World!”向初学者展示如何编写程序。这个程序很简单，却展示了 C 程序的基本要素：语法格式、引用头文件、调用库函数等。本节将展示程序的编辑、编译和执行的相关知识。

6.1.1　用 vi 编辑源代码文件

在 5.3.2 节介绍了 vi 编辑器的用法，现在使用 vi 编辑器编写第一个源代码文件。具体操作过程如下所述。

1．创建源代码文件 hello_test.c

在 Linux 控制台界面下，输入 vi hello_test.c，出现如图 6-1 所示界面。

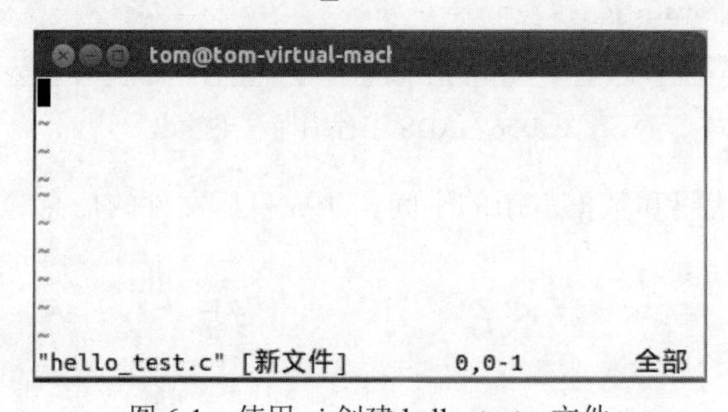

图 6-1　使用 vi 创建 hello_test.c 文件

2．编写源代码

从图 6.1 中可以看出，在屏幕的左下角出现“"hello_test.c" [新文件]”字样，表示创建的文件名是 hello_test.c，文件是新文件。然后在键盘上输入小写字母 i，屏幕的左下角显示“--插入--”，表示现在已进入编辑插入模式，此时可以输入源代码。源代码如实例 6-1 所示。

实例 6-1　HelloWorld.c 源代码

```
#include <stdio.h>
int main(void)
{
    printf("Hello,World!\n");  /* 打印字符串 Hello,World!到屏幕 */
    return 0;
}
```

3．保存退出

输入实例 6-1 所示的源代码后，就可以保存退出了。在当前状态下，按 Esc 键，输入:字符，然后输入“wq”，按 Enter 键，保存文件并且退出 vi。

6.1.2　用 gcc 编译程序

编辑好源文件 hello_test.c 文件后，需要把它编译成可执行文件才可以在 Linux 下运行。在控制台模式当前目录下，输入以下命令完成编译：

```
gcc hello_test.c
```

gcc 编译器会将源代码文件编译连接成 Linux 可以执行的二进制文件。如果没有错误的话，会返回到控制台界面，并且没有任何提示，表示程序已经编译成功了。如下面的结果表示已经编译成功：

```
tom@tom-virtual-machine:~/dev_test$ gcc hello_test.c
tom@tom-virtual-machine:~/dev_test$
```

这时候，可以使用 ls 命令查看当前的目录下是否有一个名为 a.out 的文件。例如下面的结果：

```
tom@tom-virtual-machine:~/dev_test$ ls
a.out  hello_test.c
```

6.1.3　执行程序

到目前为止，第一个程序已经编译好了，下面就该执行程序了。在大多数的 Linux 系统上，都是通过一个名为 PATH 的环境变量来管理系统可执行程序的路径的，但是不幸的是，这个变量里并没有包含当前路径的“./”，所以需要按照下面的方式执行程序：

```
./a.out
```

执行 a.out 程序后，输出结果如下：

```
tom@tom-virtual-machine:~/dev_test$ ./a.out
Hello,World!
```

6.2 节将展示程序是如何输出这个结果的。

6.2　程序背后做了什么

前面讲了程序如何编辑和编译，并且展示了程序的输出结果。可能有人会问程序是如何输出在屏幕上的。带着这个问题，这一节将从程序加载和执行的过程，分析 Linux 应用程序是如何在计算机上运行的。实例 6-1 所示的基本程序涵盖了执行 Linux 应用程序所有的细节。

6.2.1　程序执行的过程

一个 Linux 程序的加载和执行过程如图 6-2 所示。

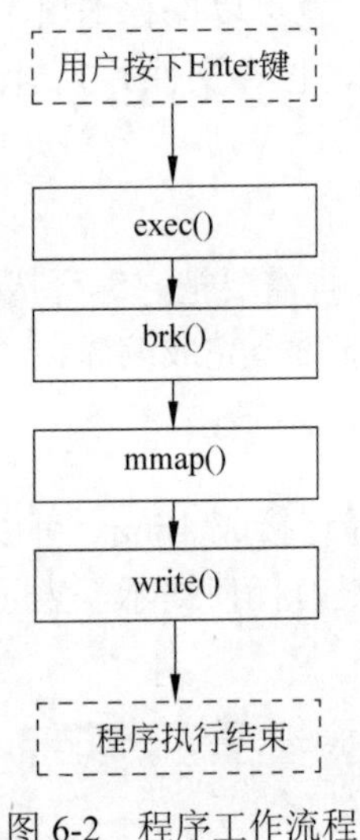

图 6-2　程序工作流程

用户从控制台输入将要执行的程序文件名后，shell 会使用 exec 系统调用执行程序。exec 是一个系统调用，与以下 6 种函数对应：

```
int execl(const char *path, const char *arg, ...);
int execlp(const char *file, const char *arg, ...);
int execle(const char *path, const char *arg, ..., char *const envp[]);
int execv(const char *path, char *const argv[]);
int execvp(const char *file, char *const argv[]);
int execve(const char *path, char *const argv[], char *const envp[]);
```

看起来这些函数比较复杂，但是实际上只有 execve()函数是真正的系统调用，其他都是从 execve()函数演化来的。execve()函数是一个系统调用，其作用是执行指定的可执行文件，用可执行文件的内容取代调用 execve()函数进程的内容。从宏观上看，新的可执行文件覆盖了当前正在运行的程序，最终结果是创建了新的进程。

提示： execve()函数使用的可执行文件，既可以是二进制文件，也可以是合法的 Linux 脚本文件。

exec 系统调用的执行过程：首先，exec 会使用 brk()函数设置当前进程的数据段；然后打开预先编译时指定好的共享库的文件，并且把共享库加载到内存中；因为程序在编译的时候，默认是使用共享库方式的，只有加载了共享库到内存，才能保证程序执行的正确性；最后一步，也是最关键的一步——执行程序，按照编写的代码执行，就看到例子输出的“Hello,World!”。

6.2.2　窥视程序执行中的秘密

上面的程序执行过程比较难理解，这里推荐使用 strace 工具分析这个程序的执行流程。再执行 a.out 的那个目录，输入以下命令：

```
tom@tom-virtual-machine:~/dev_test$ strace ./a.out
```

按回车键后会打印出程序使用系统调用的结果。由于输出信息比较多，下面分析一下关键步骤：

（1）使用 exec 系列系统调用执行可执行文件。这里使用 execve()函数，这是一个系统调用，实际上，绝大多数 Linux 程序都是使用这个系统调用执行的。

```
execve("./a.out", ["./a.out"], [/* 51 vars */]) = 0
```

（2）使用 brk()函数设置创建进程的数据段。brk()函数系统调用很重要，该系统调用创建存放程序内容的内存区域。

```
brk(0)                                  = 0x8ca1000
```

（3）打开共享库文件，并且加载到内存。

```
open("/etc/ld.so.cache", O_RDONLY|O_CLOEXEC) = 3   //打开连接共享文件
fstat64(3, {st_mode=S_IFREG|0644, st_size=68130, ...}) = 0
mmap2(NULL, 68130, PROT_READ, MAP_PRIVATE, 3, 0) = 0xb7737000
close(3)                                = 0
access("/etc/ld.so.nohwcap", F_OK)      = -1 ENOENT (No such file or
directory)
open("/lib/i386-linux-gnu/libc.so.6", O_RDONLY|O_CLOEXEC) = 3
                                                 //打开 glibc 共享库文件
read(3,
"\177ELF\1\1\1\0\0\0\0\0\0\0\0\0\3\0\3\0\1\0\0\0000\226\1\0004\0\0\0"..
., 512) = 512
fstat64(3, {st_mode=S_IFREG|0755, st_size=1730024, ...}) = 0
mmap2(NULL, 1739484, PROT_READ|PROT_EXEC, MAP_PRIVATE|MAP_DENYWRITE, 3, 0)
= 0xb758e000
mmap2(0xb7731000,            12288,              PROT_READ|PROT_WRITE,
MAP_PRIVATE|MAP_FIXED|MAP_DENYWRITE, 3, 0x1a3) = 0xb7731000
mmap2(0xb7734000,            10972,              PROT_READ|PROT_WRITE,
MAP_PRIVATE|MAP_FIXED|MAP_ANONYMOUS, -1, 0) = 0xb7734000
                                                 // 映射共享库文件到内存
close(3)                                = 0
mmap2(NULL, 4096, PROT_READ|PROT_WRITE, MAP_PRIVATE|MAP_ANONYMOUS, -1, 0)
= 0xb758d000
```

（4）调用 write()函数系统调用，输出字符串到屏幕。write()是共享库的一个函数，也是一个系统调用，printf()函数最终调用的就是 write()函数系统调用。

```
write(1, "Hello,World!\n", 13Hello,World!)        = 13
exit_group(0)                           = ?
```

到这里，已经看到了程序执行的全过程，理解程序的执行流程，是以后学习和理解多进程和多线程程序开发的基础。

6.2.3　动态库的作用

Linux 系统有两种程序库，一种被称做静态库（static library），在程序链接的时候，把库函数的目标代码和程序连接在一起；还有一种就是前面提到的动态库（shared library），从英文字面翻译，动态库可以翻译为共享库。

动态库是 Linux 系统最广泛的一种程序使用方式，它的工作原理是相同功能的代码可以被多个程序共同使用。在程序加载的时候，内核会检查程序使用到的动态库是否已经加载到内存，如果没有加载到内存，则从系统库路径搜索并且加载相关的动态库；如果动态库已经被加载到内存，程序可以直接使用而无须加载。

从动态库的工作原理可以看出，任何一个动态库仅会被系统加载一次。使用程序动态库还有一个好处，就是可以减小应用程序占用的空间和加载时间。下面对静态库和动态库的使用做一个比较。

首先看一下使用静态方式编译 hello_world.c。

```
gcc -static hello_test.c
```

查看 a.out 文件大小：

```
tom@tom-virtual-machine:~/dev_test$ ls -l -h a.out
-rwxrwxr-x 1 tom tom 734K  6月 13 21:47 a.out
```

再来看一下使用动态方式（默认）编译 hello_world.c。

```
gcc hello_test.c
```

查看 a.out 文件大小：

```
tom@tom-virtual-machine:~/dev_test$ ls -l -h a.out
-rwxrwxr-x 1 tom tom 7.0K  6月 13 21:49 a.out
```

使用静态编译的 a.out 文件大小是 734KB，而使用动态方式编译的 a.out 文件大小仅 7KB，两个文件大小相差约 100 倍！动态库的优势显现出来了，执行同样的程序，使用静态库编译的程序比使用动态库编译的程序要多占用很多内存。

几百 KB 的内存，对于一个主流配置的 PC 来说不算什么，但是对于嵌入式系统紧张的内存空间来说，动态程序库的优势就非常明显。使用动态程序库可以节约嵌入式系统宝贵的内存空间。

有兴趣的读者不妨看一下使用静态库编译的程序是怎么执行的，使用 strace 命令查看静态编译的 a.out 文件，观察一下与动态库编译的程序有什么不同。

6.3　程序如何来的——编译的全部过程

在 6.1.2 节，通过命令行输入 gcc hello_test.c 就可以编译出一个可执行文件 a.out。在使用 gcc 编译 C 语言源代码文件的时候，gcc 隐含进行了两个过程：编译和连接。所以确切地说，应该是编译连接 C 语言源代码文件，本节将讲解这个过程。

6.3.1　编译源代码

编译器是把人书写的高级语言代码翻译成目标程序的语言处理程序，编译用的程序（例如 GCC）也可以称为编译系统。

一个编译系统把一个源程序翻译成目标程序的工作过程分为 5 个阶段：词法分析、语法分析、中间代码生成、代码优化和目标代码生成。其中主要阶段是词法分析和语法分析，也可以称为源代码分析，分析过程中发现有语法错误，就给出提示信息。

1．词法分析

词法分析的目的是处理源代码中的单词。词法分析程序按照从左到右的顺序依次扫描源代码，生成单词对应的符号，把字符描述的程序转换为符号描述的中间程序。词法分析程序也称做词法扫描器。词法分析过程可以用手工构造和自动生成两种方法。手工构造可以使用状态图，自动生成的构造方法通常使用确定步骤的程序状态机。

2．语法分析

语法分析程序使用词法分析程序的结果作为输入。语法分析的功能是分析单词符号是否符合语法要求，如表达式、赋值、循环等是否构成语法要求。此外，语法分析程序还按照语法规则分析检查程序的语句是否符合合理正确的逻辑结构。

语法分析方法有自上而下分析和自下而上分析两种方法。自上而下分析方法从文法开始的符号向下推导，逐步分析。自下而上分析方法利用堆栈的原理，把词法符号按顺序入栈，然后分析语法是否符合要求。

3．中间代码生成

中间代码也称做中间语言，是一种介于源代码与目标代码之间的表示方式。使用中间程序可以完整地表达源代码的意思，同时又使编译程序在逻辑结构上简单明确。中间语言是供编译器使用的，常见的表示形式有逆波兰几号、四元式、三元式和树等。

4．代码优化

代码优化的目标是生成有效的目标代码。代码优化通过对中间代码的分析，进行等价变换，达到减小存储空间和缩短运行时间的目的。程序优化并不改变源代码程序的功能。代码优化还可以对目标代码进行优化，与中间代码优化相比，对目标代码优化依赖计算机类型，但是优化的效果相对较好。

提示：GCC 编译器可以对代码进行指定的级别优化，使用参数-O<优化级别>对编译的代码进行优化。

5．目标代码生成

编译程序的最后一项任务是生成目标代码。目标代码生成器把中间代码变换成目标代码，通常有以下 3 种变换形式：

- 立即执行的机器语言代码。这种方式对应静态连接方式，程序中所有地址都重定位，执行效率最高，但是占用的存储空间最大。
- 待装配的机器语言模块。该方式不连接系统共享的程序库，在需要使用的时候会由系统加载共享程序库。
- 汇编语言代码。该方式经过汇编程序汇编后，直接生成可以在操作系统上运行的目标代码。

生成目标代码需要考虑 3 个影响生成速度的问题：一是采用什么方法生成比较短小的目标代码；二是如何在目标代码中多使用寄存器，减少目标代码访问外部存储单元的次数；三是如何根据不同平台计算机指令特性进行优化，提高程序运行效率。以下是仅编译 hello_test.c 源代码，生成目标文件：

```
gcc -c hello_test.c
```

查看当前目录：

```
tom@tom-virtual-machine:~/dev_test$ ls
a.out  hello_test.c  hello_test.o
```

在目录下生成一个 hello_test.o 的文件，这个文件就是编译生成的目标文件，它不能直接执行，需要经过连接生成可以被操作系统识别的文件才可以运行。

6.3.2　连接目标文件到指定的库

源代码经过编译以后，需要连接才可以在 Linux 系统下运行，连接的作用是把代码中调用的系统函数和对应的系统库建立关系，设置程序启动时候的内存、环境变量等，以及程序退出的状态、释放占用的资源等操作，这些背后的工作对用户都是隐含的。gcc 在连接用户目标文件的时候会根据用户代码使用不同的函数连接对应的动态或者静态库（根据连接选项，默认是动态库），同时，还会对所有的目标文件连接固定的预编译好的系统目标文件，这几个预编译好的目标文件用来完成程序初始化、结束时的环境设置等。例如，连接 hello_test.o 生成 hello 应用程序：

```
tom@tom-virtual-machine:~/dev_test$  ld  --eh-frame-hdr  -m  elf_i386
--hash-style=gnu -dynamic-linker /lib/ld-linux.so.2 -o hello -z relro
/usr/lib/gcc/i686-linux-gnu/4.6/../../../i386-linux-gnu/crt1.o
/usr/lib/gcc/i686-linux-gnu/4.6/../../../i386-linux-gnu/crti.o
/usr/lib/gcc/i686-linux-gnu/4.6/crtbegin.o
-L/usr/lib/gcc/i686-linux-gnu/4.6
-L/usr/lib/gcc/i686-linux-gnu/4.6/../../../i386-linux-gnu
-L/usr/lib/gcc/i686-linux-gnu/4.6/../../../../lib  -L/lib/i386-linux-gnu
-L/lib/../lib        -L/usr/lib/i386-linux-gnu        -L/usr/lib/../lib
-L/usr/lib/gcc/i686-linux-gnu/4.6/../../.. hello_test.o -lgcc --as-needed
-lgcc_s  --no-as-needed  -lc  -lgcc  --as-needed  -lgcc_s  --no-as-needed
/usr/lib/gcc/i686-linux-gnu/4.6/crtend.o
/usr/lib/gcc/i686-linux-gnu/4.6/../../../i386-linux-gnu/crtn.o
```

程序没有报错，表示连接成功。查看当前目录：

```
tom@tom-virtual-machine:~/dev_test$ ls
a.out  hello  hello_test.c  hello_test.o
```

执行程序 hello：

```
tom@tom-virtual-machine:~/dev_test$ ./hello
Hello,World!
```

程序正确执行，输出了期望的结果，与 6.1.3 节的结果一致。

注意：本例的使用环境是 Ubuntu Linux 12.04 gcc 4.6.3，读者的 Linux 发行版或者开发环境不同可能连接会报错，因为不同的 gcc 版本以及 linux 发行版本库的存放路径不同，读者可以使用 gcc -print-search-dirs 命令输出 gcc 的库文件搜索路径，替换本例的路径即可，例如笔者机器的输出结果如下：

```
tom@tom-virtual-machine:~/dev_test$ gcc -print-search-dirs
安装：/usr/lib/gcc/i686-linux-gnu/4.6/
程序：=/usr/lib/gcc/i686-linux-gnu/4.6/:/usr/lib/gcc/i686-linux-gnu/4.6/:
/usr/lib/gcc/i686-linux-gnu/:/usr/lib/gcc/i686-linux-gnu/4.6/:/usr/lib/
gcc/i686-linux-gnu/:/usr/lib/gcc/i686-linux-gnu/4.6/../../../../i686-li
nux-gnu/bin/i686-linux-gnu/4.6/:/usr/lib/gcc/i686-linux-gnu/4.6/../../.
./../i686-linux-gnu/bin/i386-linux-gnu/:/usr/lib/gcc/i686-linux-gnu/4.6
/../../../../i686-linux-gnu/bin/
库   ：   =/usr/lib/gcc/i686-linux-gnu/4.6/:/usr/lib/gcc/i686-linux-gnu/
4.6/../../../../i686-linux-gnu/lib/i686-linux-gnu/4.6/:/usr/lib/gcc/i68
6-linux-gnu/4.6/../../../../i686-linux-gnu/lib/i386-linux-gnu/:/usr/lib
/gcc/i686-linux-gnu/4.6/../../../../i686-linux-gnu/lib/../lib/:/usr/lib
/gcc/i686-linux-gnu/4.6/../../../i686-linux-gnu/4.6/:/usr/lib/gcc/i686-
linux-gnu/4.6/../../../i386-linux-gnu/:/usr/lib/gcc/i686-linux-gnu/4.6/
../../../../lib/:/lib/i686-linux-gnu/4.6/:/lib/i386-linux-gnu/:/lib/../
lib/:/usr/lib/i686-linux-gnu/4.6/:/usr/lib/i386-linux-gnu/:/usr/lib/../
lib/:/usr/lib/gcc/i686-linux-gnu/4.6/../../../../i686-linux-gnu/lib/:/u
sr/lib/gcc/i686-linux-gnu/4.6/../../../:/lib/:/usr/lib/
```

其中，“库”后面的路径就是 gcc 搜索库文件的路径。

6.4　更简单的办法——用 Makefile 管理工程

6.1.2 节讲述了可以使用如下的方法编译一个连接动态库的程序：

```
gcc hello_test.c
```

以及使用如下的方法编译一个静态程序：

```
gcc -static hello_test.c
```

以上的两种办法有一个缺点，每次编译程序的时候需要输入完整的命令和编译的文件名以及参数，这对于一个简单功能的小程序可以接受。但是，开发一个软件项目，不可能把所有的代码放在一个文件内，会分成若干个文件，每次的编译，连接会有不少的输入，操作繁琐，容易出错。本节将介绍最常用的工程文件管理方法 GNU Makefile。

6.4.1　什么是 Makefile

Makefile 是一个文本文件，是 GNU make 程序在执行的时候默认读取的配置文件。Makefile 有强大的功能，它记录了文件之间的依赖关系，通过比对目标文件和依赖文件的时间戳，决定是否需要执行相应的命令；同时，Makefile 还可以定义变量，接收用户传递的参数变量，通过这些元素的相互配合，省去了繁杂的编译命令，不仅节省时间，也减小了出错的概率。

6.4.2　它是如何工作的

Makfile 的工作原理是通过比对目标文件和依赖文件的时间戳，执行对应的命令。Makfile 的语法结构如下：

```
(目标文件)：(依赖文件 1)(依赖文件 2)(依赖文件…)
      (命令 1)
      (命令 2)
         ⋮
      (命令 n)
```

Makefile 的语法可以理解为依赖关系的组合，在同一个 Makefile 可以有若干个依赖关系，并且依赖关系之间可以相互嵌套。目标文件是最终生成的文件，可以是文件名，或者是一个 Makefile 变量，在一个依赖关系里面，目标文件只能是一个文件；依赖文件可以是一个文件名，或者是 Makefile 变量，在同一个依赖关系里面，依赖文件可以是多个，也可以没有依赖文件，表示依赖关系需要指定才可以执行；命令是符合依赖关系时执行的 shell 命令或者 Makefile 内置的功能，最少需要一条命令，可以有多条命令。

请注意依赖关系的书写格式，目标文件开头的一行可以顶头写，命令的前面要使用制表符分隔，只有这样 make 程序在执行 Makefile 文件时才能读懂依赖关系的格式。

6.4.3　如何使用 Makefile

仍然以编译 hello_test.c 文件为例，下面的步骤使用 Makefile 编译和管理 hello_test.c。

（1）创建 Makefile 文件。在 hello_test.c 所在的目录输入 vi Makefile。

（2）输入 Makefile 的内容。在 vi 插入模式下，输入下面的内容：

```
hello_test : hello_test.c
    gcc -o hello_test hello_test.c
clean :
    rm -fr hello_test *.o *.core
```

（3）使用 make 管理程序。

保存文件，退出 vi 编辑器，在当前目录下输入 make，屏幕输出“gcc -o hello_test hello_test.c”，之后回到命令提示符，表示编译已经通过。查看当前目录，已经生成了一个名为 hello_test 的可执行文件（在 Linux 控制台下显示为绿色）。

在当前目录下输入 make clean，再次查看目录，发现 hello_test 文件已经不存在了，说明 make 执行了 Makefile 文件里的 clean 规则。前面提到，在 Makefile 文件里，如果没有写出依赖文件的依赖关系，需要用户指定才能执行，本例通过 make 的参数指定执行 clean 依赖关系。

6.4.4　好的源代码管理习惯

在一个软件项目中，往往会将不同功能的代码放在不同的文件中，这时候，一个好的代码管理方法就显得很重要，凌乱的代码分布不仅对调试带来很多麻烦，对以后的升级和维护都是一个不小的挑战。这里给出几个代码管理的建议。

1．把不同功能的代码放在不同的文件中，并且把必要的函数放在对应的头文件中

建议把源文件里供其他软件模块使用的函数放在头文件中，把仅供本模块使用的函数和定义等放在源文件中，不必单独列出。这样做的好处是可以避免其他调用该模块代码的人容易理解，只需要看头文件的函数和定义，以及必要的注释就可以正确地使用功能模块了。

例如，有两个软件模块 module1 和 module2，module1 调用 module2，module2 调用了函数 a(),b(),c()，此时，仅需把 module2 的函数声明写在头文件就可以，而 a(),b(),c()这 3 个函数仅写在 module2 同一个源文件就行，不必单独写在 module2 的头文件中。

2．对软件模块划分层次

软件模块之间按照功能，都会有一定的层次关系，最好按照软件模块的层次关系，为每个软件模块建立目录，形成一个有次序的软件目录结构，并且在每个目录下都建立一个 Makefile 文件，管理本模块的代码文件，这样做看起来比较繁杂，目录较多，但是好处是显而易见的，提高了软件模块之间的相互独立性，对开发调试和维护升级都有好处。

例如，一个软件需要提供一个支持第三方插件的功能，可以在代码目录里增加一个 plugin 目录，在 plugin 目录下为每一个插件建立目录，这样从目录上就可以看出代码的功能，不仅方便管理，也有利于调试。

6.5　小　　结

本章从一个简单的应用程序入手，介绍了开发一个 Linux 应用程序的流程。通过实例分析了编译和连接的原理，并且剖析了程序执行的过程。最后讲述了 Makefile 管理工程文件如何管理软件代码。请读者多实践，只有不断地实践才能对这部分的知识深入理解。第 7 章将讲解 Linux 应用程序开发的基础知识。

第 2 篇　Linux 嵌入式开发应用篇

第 7 章　Linux 应用程序编程基础

Linux 系统的应用程序是为了完成某项或者某些特定任务的计算机程序，应用程序和文档组成了软件。应用程序都是在操作系统基础上运行的，Linux 应用程序运行在用户模式，可以通过 shell 或者图形界面与用户交互。应用程序运行在独立的进程中，拥有自己独立的地址空间，通俗地说，从一个应用程序来看，它自己拥有计算机的资源，并不知道其他应用程序的存在。本章将讲解 Linux 应用程序开发的重要概念，主要内容如下：

- C 内存管理；
- ANSI C 文件读写操作；
- POSIX 文件读写操作。

7.1　内存管理和使用

内存管理是计算机编程的一个重要部分，也是令许多程序员头疼的一个部分。在目前的嵌入式系统中，资源仍然是有限的。在程序设计的时候，内存管理十分重要。C 程序的内存管理灵活，接口简单，这也是初学者容易出错的根源，读者在学习本节内容的时候应注重多实践。本节首先讲解 Linux 程序的基本结构，之后介绍 C 程序的内存管理函数，最后给出 C 程序内存管理的实例。

7.1.1　堆和栈的区别

在讲解堆和栈的区别之前，先来看一个例子。在第 6 章编写的 hello_world 小程序目录下，输入 size hello，得到结果如下：

```
tom@tom-virtual-machine:~/dev_test$ size hello
   text    data     bss     dec     hex filename
   1096     256       8    1360     550 hello
```

size 操作 hello 程序后输出两行结果，第一行几个字段是对程序内存区域的描述，第二行是程序各区域使用情况。各字段的解释如表 7-1 所示。

表 7-1　应用程序主要分段解释

text	代码区静态数据	dec	十进制总和
data	全局初始化数据区	hex	十六进制总和
bss	未初始化数据区	filename	文件名

如图 7-1 所示是程序在静态时和运行时的分段示意图。从图中可以看出，堆和栈只有在程序运行时才存在。

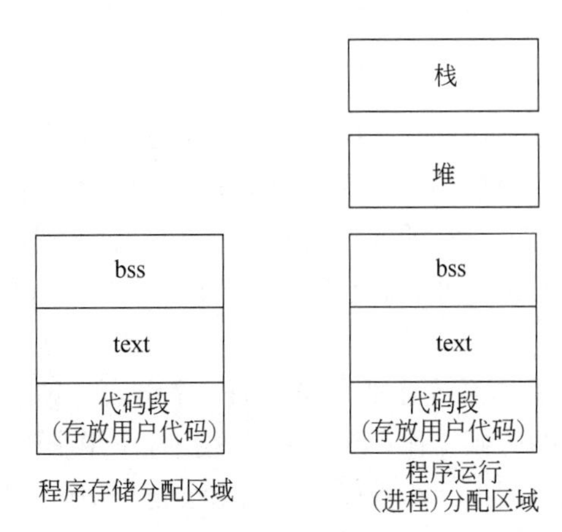

图 7.1　C 程序存储示意图

一个计算机应用程序在内存中可以分成两个部分：存放代码的代码段和存放数据的数据段。代码段存放用户编写的代码；数据段可以分成堆和栈。

在 Linux 系统下，数据段又增加了全局初始化数据区（initialized data segment/data segment），包含程序中明确被初始化的全局变量、静态变量（包括全局和局部静态变量），以及常量（例如字符串）。例如下面的声明会放在全局初始化数据区：

```
int max_size = 2048;                    // 定义在所有函数之外
static int buff_size = 1024;            // 定义在任何地方
```

max_size 是一个全局静态变量，如果定义在某个函数内，称做局部静态变量；buff_size 在定义的前面有一个 static 修饰符，表示此变量仅能在当前文件中使用。

未初始化数据区（uninitialized data segment），也称做 BSS 区，存放全局未初始化变量。在 Linux 系统中，BSS 存放的数据在开始执行之前被内核初始化为 0 或者空指针（NULL）。例如声明：

```
int max_size;
int *p_buffer;
```

max_size 和 p_buffer 编译后放在了 BSS 区，分别被内核初始化成 0 和 NULL（空指针）。

1. 栈

栈（stack）是一个由编译器分配释放的区域，用来存放函数的参数、局部变量等。操作方式类似于数据结构教材里的栈。当调用函数时，被调用函数的参数和返回值被存储到当前程序的栈区，之后被调用函数再为自身的自动变量和临时变量在栈区上分配空间。当函数调用返回时，在栈区内的参数返回值、自动变量和临时变量等会被释放。这就是为什么 C 语言函数参数如果不是指针的话，被修改的参数结果用户无法得到的原因。

函数的调用和栈的使用方式保证了不同函数内部定义相同名字的变量不会混淆。栈的管理方式是 FILO（First In Last Out），称做先进后出，学过数据结构的读者知道，栈内的数据是在一个方向管理的，先到达的数据最后被读出来，生活中就有这样的例子，比如火车的站，就是车头先进入，但是出来的时候却是车尾先出来，车头最后出来。

2．堆

堆（heap）一般位于 bss 段和栈之间，用来动态分配内存。这段区域由程序员管理，程序员利用操作系统提供的分配和释放函数使用堆区的内存。如果程序员在堆上分配了一段内存，却没有释放，在目前主流的操作系统上，退出时会被操作系统释放。但是这并不是一个好的习惯，因为堆区的空间不是无限的，过多地分配会导致堆内存溢出、程序异常，甚至崩溃。

堆的管理与栈不同，操作系统在堆空间维护一个链表（请参考数据结构相关定义），每次程序员从堆分配内存的时候操作系统会从堆区扫描未用空间，当一个空间的大小符合申请空间的时候，就把此空间返回给程序员，同时会把申请的空间加入链表；当程序员释放一个空间的时候，操作系统会从堆的链表中删除指定的节点，并且把释放的空间放回未用空间。

链表的操作方式会带来一个麻烦的问题，当程序员频繁申请释放一个容量小的内存区域，会造成堆空间被分割成若干个小块，如果这时候再申请一个大容量的空间，有可能会由于没有足够空间的内存块，导致内存分配失败。在编写应用程序的时候，应当注意控制好内存大小的分配和释放，同时应该检查每次申请内存的结果，是否已经正确分配内存，否则会导致 memory leak 的致命错误。

程序的内存分成若干区域基于以下考虑：

- 程序运行的时候多数是按照顺序运行的，虽然有跳转和循环，数据需要多次访问，开辟单独的数据空间方便数据访问和分类。
- 临时数据放在栈区，生命周期短。
- 全局数据和静态数据在整个程序执行过程中都可能需要访问，因此单独存储管理。
- 用户需要自行分配的内存安排在堆区，便于用户管理内存，以及操作系统监控。

一个 C 程序运行时的内存分配情况如下：

```
//test.c
int g_var_a =0;                          // 存放在全局已初始化数据区
char g_var_b;                            // 存放在 BSS 区(未初始化全局变量)

int main()
{
    int var_a;                           // 存放在栈区
    char var_str[] = "string1";          // 存放在栈区
    char *p_str1, *p_str2;               // 存放在栈区
    char *p_str3 = "string2";            // 存放在已初始化数据区,ptr_str3 存放在栈区
    static int var_b = 100;              // 全局静态数据,存放在已初始化区

    p_str1 = (char*)malloc(1024);        // 从堆区分配 1024B 内存
    p_str2 = (char*)malloc(2048);        // 从堆区分配 2048B 内存
    free(p_str1);
    free(p_str2);

    return 0;
}
```

7.1.2　内存管理函数 malloc()和 free()

C 程序有两个主要的内存管理函数：malloc()函数负责分配内存；free()函数释放 malloc()分配的内存。这两个函数都是 C 标准库 stdlib.h 头文件定义的，Linux 系统函数原型如下：

```
void *malloc(size_t size);
void free(void *ptr);
```

malloc()函数有一个 size_t 类型的参数 size，表示需要分配 size 字节大小的内存，返回值是一个 void 类型的指向分配好内存的首地址，如果分配失败，返回 NULL。void*表示无类型指针，在使用的时候可以转换为任意类型的指针。通常的用法如下：

```
int *p_mem = (int*)malloc(1024);
// 分配 1024 字节的内存,并转换为 int*类型赋值给 p_mem
```

注意：malloc()函数返回的是分配内存的首地址，由于指针的值是可以改变的，所以在使用的时候不要改变这个指针的值，比如 p_mem++这样的用法，可能会在释放内存的时候出错。

free()函数有一个 void*类型的 ptr 参数，ptr 是 malloc()函数分配内存的指针，调用 free()函数要保证 ptr 不是 NULL，也就是说 ptr 是一个有效的内存地址。free()函数没有返回值，通常的用法如下：

```
free(p_mem);     // 释放 p_mem 指向的内存地址
```

注意：函数 malloc()和 free()是配合使用的，通常在逻辑上应该保证分配的内存必须释放，否则可能导致内存被耗尽的错误。另外，了解 C++的读者应该知道，C++使用 new/delete 操作符分配释放内存，请读者切记，C++的内存分配释放函数不能和 C 的内存分配释放函数混在一起用。比如 C++使用 new 分配的内存只能用 delete 操作符释放，切不可使用 free()函数释放，否则可能带来不可预知的错误。

7.1.3　实用的内存分配函数 calloc()和 realloc()

在 C 程序开发项目中，还有两个实用的内存分配函数：calloc()函数用来分配一块新内存；realloc()函数用来改变一块已经分配的内存大小。这两个函数都是在 C 标准库的 stdlib.h 头文件中定义的。

1．calloc()函数

calloc()函数用于向应用程序分配内存，定义如下：

```
void *calloc(size_t nmemb, size_t size);
```

参数 nmemb 表示要分配元素的个数，size 表示每个元素的大小，分配的内存空间大小是 nmemb*size；返回值是 void*类型的指针，指向分配好的内存首地址。

malloc()函数和 calloc()函数的主要区别是，malloc()函数分配内存空间后不能初始化内存空间，calloc()函数在分配空间后会初始化新分配的内存空间。malloc()函数分配的内存空间可能原来没有使用过，内存的值可能全为 0；如果 malloc()函数分配的内存曾经被使用过，则内存的值可能不全为 0。换句话说，malloc()函数分配的内存可能被使用过，因此在使用 malloc()函数分配内存后，为了保证内存数据的有效性，需要把分配的内存区域重新置 0。

- 用法 1：calloc()函数的通常用法如下：

```
int *p_mem = (int*)calloc(1024, sizeof(int));
// 分配 1024*sizeof(int)字节大小的内存,并清空为 0
```

- 用法 2：与 calloc()函数等价的 malloc()函数分配内存方法如下：

```
int *p_mem = (int*)malloc(1024*sizeof(int));
// 分配 1024*sizeof(int)字节大小的内存
memset(p_mem, 0, 1024*sizeof(int));     // 分配成功的内存清空为 0
```

用法 1 中使用 calloc()函数初始化内存会根据所分配内存空间每一位都初始化为 0。也就是说，如果是为字符类型或整数类型的元素分配内存，那么这些元素将保证会被初始化为 0；如果分配的内存元素是指针类型，则元素的内容会被初始化为空指针；如果是为实型数据分配内存，则内存数值会被初始化为浮点型的 0。从 calloc()函数的分配策略可以看出，calloc()函数可以按照分配内存的类型初始化数据。

用法 2 使用 memset()函数填充的值为全 0，不能确保生成有用的空指针值或浮点 0 值（有兴趣的读者可以参考 NULL 常量和浮点数类型的定义）。

提示：free()函数可以安全地释放 calloc()函数分配的内存。

2．realloc()函数

realloc()函数用于重新分配正在使用的一块内存大小，定义如下：

```
void *realloc(void *ptr, size_t size);
```

realloc()函数可以调整 ptr 指定的内存空间大小。调整内存可以扩大内存空间，也可以缩小内存空间。需要注意的是，如果缩小内存空间，被缩小的内存空间数据会丢失。

realloc()函数重新分配内存的用法如下：

```
int *p_mem = (int*)malloc(1024);    // 分配 1024 字节大小内存
p_mem = (int*)realloc(2048);        // 重新分配 2048 字节大小内存
```

注意：realloc()函数调整后的内存空间起始地址有可能与原来的不同，因此在代码中，需要使用 realloc()函数的返回值。

7.1.4　内存管理编程实例

本节给出一个内存管理编程实例。该实例代码展示了 malloc()函数、calloc()函数分配内存空间写入字符串，之后使用 realloc()函数重新分配内存空间，最后释放动态分配的内存。程序在分配的内存空间内写入字符串，通过打印字符串到屏幕展示内存分配的结果。

实例 7-1　在 C 程序内存管理函数

```
01  // 代码：c_memory_test.c
02  #include <stdio.h>
03  #include <stdlib.h>
04  #include <string.h>
05  int main()
06  {
07      char *p_str1, *p_str2;            // 定义两个 char*指针
08
09      /* 使用 malloc()函数分配内存 */
10      p_str1 = (char*)malloc(32);
11      if (NULL==p_str1) {               // 检查内存分配是否成功
12          printf("Alloc p_str1 memory ERROR!\n");
13          return -1;
14      }
15
16      /* 使用 calloc()函数分配内存 */
17      p_str2 = (char*)calloc(32, sizeof(char));
18      if (NULL==p_str2) {               // 检查内存是否分配成功
19          printf("Alloc p_str2 memory ERROR!\n");
20          free(p_str1);                 // 注意,这里需要释放 p_str1 占用的内存
21          return -1;
22      }
23
24      strcpy(p_str1,"This is a simple sentence.");// p_str1 写入一个字符串
25      strcpy(p_str2, p_str1);           // p_str2 写入与 p_str1 相同的字符串
26
27      /* 打印 p_str1 的结果 */
28      printf("p_str1 by malloc():\n");
29      printf("p_str1 address: 0x%.8x\n", p_str1);    // p_str1 的内存地址
30      printf("p_str1: %s(%d chars)\n", p_str1, strlen(p_str1));
31      // p_str1 的内容
32
33      /* 打印 p_str2 的结果 */
34      printf("p_str2 by calloc():\n");
35      printf("p_str2 address: 0x%.8x\n", p_str2);    // p_str2 的内存地址
36      printf("p_str2: %s(%d chars)\n", p_str2, strlen(p_str2));
37      // p_str2 的内容
38
39      /* 为 p_str1 重新分配内存(减小) */
40      p_str1 = (char*)realloc(p_str1, 16);
41      if (NULL==p_str1) {               // 检查内存分配结果
42          printf("Realloc p_str1 memory ERROR!\n");
43          free(p_str2);                 // 注意,需要释放 p_str2 占用的内存
44          return -1;
45      }
46      p_str1[15] = '\0';                // 写字符串结束符
47
48      /* 为 p_str2 重新分配内存(增大) */
49      p_str2 = (char*)realloc(p_str2, 128);
50      if (NULL==p_str2) {               // 检查内存分配结果
51          printf("Realloc p_str2 memory ERROR!\n");
52          free(p_str1);                 // 注意,需要释放 p_str1 占用的内存
53          return -1;
54      }
55      strcat(p_str2, "The second sentence in extra memory after
realloced!");
```

```
56
57      /* 打印 p_str1 的结果 */
58      printf("p_str1 after realloced\n");
59      printf("p_str1 address: 0x%.8x\n", p_str1);    // p_str1 的内存地址
60      printf("p_str1: %s(%d chars)\n", p_str1, strlen(p_str1));
                                                   // p_str1 的内容
61
62      /* 打印 p_str2 的结果 */
63      printf("p_str2 after realloced:\n");
64      printf("p_str2 address: 0x%.8x\n", p_str2);    // p_str2 的内存地址
65      printf("p_str2: %s(%d chars)\n", p_str2, strlen(p_str2));
66                                                 // p_str2 的内容
67
68      /* 注意,最后要释放占用的内存 */
69      free(p_str1);                              // 释放 p_str1 占用的内存
70      free(p_str2);                              // 释放 p_str2 占用的内存
71
72      return 0;
73  }
```

实例 7-1 中的行号不是代码的一部分，仅为说明程序使用。第 7 行定义了两个字符串指针 p_str1 和 p_str2，这是程序的主角，后面都要使用它们。

- 第 9～14 行使用 malloc()函数为 p_str1 分配一块 32B 大小的内存，在分配内存之后，检查 p_str1 是否为 NULL。如果 p_str1 值为 NULL，表示分配内存失败，程序报错退出。
- 第 16～22 行使用 calloc()函数为 p_str2 分配一块 32B 大小的内存，分配之后同 p_str1 一样做内存是否分配成功的检查。需要注意的是第 20 行，如果 p_str2 分配失败，在退出程序之前需要把 p_str1 的内存释放，因为此时 p_str1 已经分配成功，是一块有效的内存。请读者注意，程序的第 41 行和第 50 行也是相同的问题。
- 第 24～25 行，在字符串 p_str1 和 p_str2 写入相同的一串字符。
- 第 28～30 行和第 34～36 行，分别打印字符串 p_str1 和 p_str2 在内存的首地址，以及字符串的内容（包括字符串的字符数）。
- 第 40～45 行使用 realloc()函数为 p_str1 重新分配 16B 的内存，也就是说减小 p_str1 占用的内存空间。第 46 行是在分配内存成功以后，在字符串的结尾写入一个'\0'结束符，表示字符串结束。字符串结束符是字符串函数操作的依据。
- 第 49～54 行使用 realloc()函数为 p_str2 重新分配 128B 内存，也就是说扩大 p_str2 占用的内存空间。第 55 行在重新分配内存成功后，给 p_str2 字符串后加入一段新的字符串，用来展示内存空间被扩充。
- 第 58～60 行和第 63～65 行打印重新分配内存后 p_str1 和 p_str2 的内存地址和字符串内容。
- 第 69～70 行释放 p_str1 和 p_str2 占用的内存空间。

实例 7-1 程序编译后的运行结果：

```
p_str1 by malloc():
p_str1 address: 0x09179008
p_str1: This is a simple sentence.(26 chars)
p_str2 by calloc():
p_str2 address: 0x09179030
p_str2: This is a simple sentence.(26 chars)
```

```
p_str1 after realloced
p_str1 address: 0x09179008
p_str1: This is a simpl(15 chars)
p_str2 after realloced:
p_str2 address: 0x09179030
p_str2: This is a simple sentence.The second sentence in extra memory after
realloced!(78 chars)
```

从实例 7-1 的程序运行结果可以看出，p_str1 重新分配内存后，占用的内存变小；p_str2 重新分配内存后，占用容量变大，可以存放更多的数据。此外，p_str1 和 p_str2 重新分配内存以后，内存的起始地址没有改变，这不能说明 realloc()函数不改变内存的起始地址，仍然需要把新的地址赋值给对应的字符串指针。

7.2　ANSI C 文件管理

本节重点讲解 ANSI C 文件库。包括文件指针的概念；文件和流之间的关系；文本和二进制文件；文件的基本操作。ANSI 的 C 标准文件库封装了文件的系统调用，为了提高效率还加入了文件缓冲机制，提供记录的方式读写文件，并且具有良好的可移植性和健壮性，是 Linux C 语言最基本的文件编程。

7.2.1　文件指针和流

文件是可以永久存储的、有特定顺序的一个有序、有名称的字节组成的集合。在 Linux 系统中，通常能见到的目录、设备文件和管道等，都属于文件，但是具有不同的特性。本节描述的 ANSI 文件只能用于普通文件操作。

ANSI 文件操作提供了一个重要的结构——文件指针 FILE。文件的打开、读写和关闭，以及其他访问都要通过文件指针完成。FILE 结构通常作为 FILE*的方式使用，因此称做文件指针，这个结构在 stdio.h 头文件的定义如下：

```
typedef struct {
    int level;                      // 缓冲区填充的级别
    unsigned flags;                 // 文件状态标志
    char fd;                        // 文件描述符
    unsigned char hold;
    int bsize;                      // 缓冲区大小
    unsigned char _FAR *buffer;     // 数据传输缓冲区
    unsigned char _FAR *curp;       // 当前有效指针
    unsigned istemp;
    short token;                    // 供有效性检查使用
} FILE;
```

文件结构的定义用来记录打开文件的句柄、缓冲等信息，这些信息供以后文件操作函数使用，一般情况下用户不必关心。

当打开一个文件时，返回一个 FILE 文件指针，供以后的文件操作使用。在 ANSI 文件标准库中，文件的操作都是围绕流（stream）进行的，流是一个抽象的概念。在程序开发中，常用来描述物质从一处向另一处的流动，如从磁盘读取数据到内存或者把程序的结果输出到外部设备等，都可以形象地描述为“流”。请读者注意，请勿将标准文件库描述的流的概念和 SystemV 的 Streams I/O 混淆。

操作系统屏蔽了操作文件的 I/O 和物理细节，当打开一个文件以后，就把文件和流绑定在一起了，对用户而言，操作文件只需要操作流，也就是文件的数据流就可以了。

7.2.2　存储方式

ANSI C 规定了两种文件的存储方式：文本方式和二进制方式。文本文件也称做 ASCII 文件，每个字节存储一个 ASCII 码字符，文本文件存储量大，便于对字符操作，但是操作速度慢；二进制文件将数据按照内存中的存储形式存放，二进制文件的存储量小，存取速度快，适合存放中间结果。

在 Linux 系统上，文件的存放都是按照二进制方式存储的，用户在打开的时候，根据用户指定的打开方式进行存取。

7.2.3　标准输入、标准输出和标准错误

Linux 系统为每个进程定义了标准输入、标准输出和标准错误 3 个文件流，也称做 I/O 数据流。系统预定义的 3 个文件流有固定的名称，因此无须创建便可以直接使用。stdin 是标准输入，默认是从键盘读取数据；stdout 是标准输出，默认向屏幕输出数据；stderr 是标准错误，默认是向屏幕输出数据。

3 个 I/O 数据流定义在 stdio.h 头文件里，程序在使用前需要引用相关头文件。C 标准库函数 printf()默认使用 stdout 输出数据，用户也可以通过重新设置标准 I/O，把程序的输入输出结果定向到其他设备。

7.2.4　缓冲

标准文件 I/O 库提供了缓冲机制，目的是为了减少外部设备的读写次数。同时，使用缓冲也能提高应用程序的读写性能。标准文件 I/O 提供了 3 种类型的缓冲：

- 全缓冲。使用这种方式，在一个 I/O 缓冲被填满后，系统函数 I/O 函数才会执行实际的操作。全缓冲方式通常应用在磁盘文件操作，只有当缓冲写满以后才会把缓冲内的数据写入磁盘文件。
- 行缓冲。行缓冲顾名思义是以行为单位操作文件缓冲区。使用行缓冲方式，系统 I/O 函数在遇到换行符的时候会执行 I/O 操作。一般在操作终端（如标准输入和标准输出）时常使用行缓冲。
- 不带缓冲。标准 I/O 库不缓存任何的字符。如果使用不带缓冲的流，相当于直接把数据通过系统调用 write 写入到设备上（后面会介绍 write 系统调用）。如标准错误输出 stderr 就是不带缓冲的。

ANSI 文件 I/O 库在 stdio.h 头文件中为用户提供了如下两个设置缓冲的函数接口：

```
void setbuf(FILE *fp, char *buf);
int setvbuf(FILE *fp char *buf, int mode, size_t size);
```

setbuff()函数可以打开或者关闭一个 I/O 流使用的缓冲。fp 参数传入一个 I/O 流的文件指针，buf 参数指向一个 BUFSIZ（在 stdio.h 头文件定义）大小的缓冲，在设置 buf 参数后标准库会为 I/O 流设置一个全缓冲。如果关闭一个缓冲，设置 buf 参数为 NULL 即可。例如：

```
#include <stdio.h>
char *buf = (char*)malloc(BUFSIZ);        // 分配 BUFSIZ 大小的 buf
setbuf(stdout, buf);                      // 设置 stdout 为全缓冲
printf("Set STDOUT full buffer OK!\n");
setbuf(stdout, NULL);                     // 设置 stdout 为不带缓冲
printf("Set STDOUT no buffer OK!\n");
```

注意：在设置一个文件的缓冲时，需要先打开文件才可以设置。

setvbuf()函数依靠 mode 参数实现为 I/O 流设置指定类型的缓冲，mode 参数如下所述。

- _IOFBF：全缓冲；
- _IOLBF：行缓冲；
- _IONBF：不带缓冲。

其中，如果为流指定不带缓冲，setvbuf()函数会忽略 buf 和 size 参数，从这里可以看出，setvbuf()函数可以设置任意大小（从理论上说）的缓冲，buf 参数指定了缓冲在内存的起始地址，size 参数指定了缓冲的字节大小。例如：

```
#include <stdio.h>
#define USER_BUFF_SIZE  1024
setvbuf(stdout, buf, _IOFBF, USER_BUFF_SIZE);
// 为 stdout 设置一个 1024 大小的全缓冲
printf("set STDOUT to user custom buffer size OK!\n");
setvbuf(stdout, NULL, _IOLBF, USER_BUFF_SIZE);
// 让库来决定 stdout 列缓冲的大小
printf("make lib set buf OK!\n");
```

注意：如果 setvbuf()函数的 buf 参数为空，mode 参数在仍然设置全缓冲或行缓冲的时候，库会自动为 fp 参数指的流设置一个适当长度的缓冲。

7.2.5　打开、关闭文件

ANSI C 文件库定义了打开文件函数 fopen()和关闭文件函数 fclose()，定义如下：

```
FILE *fopen(const char *path, const char *mode);
int fclose(FILE * stream);
```

打开关闭文件函数定义在 stdio.h 头文件中，fopen()函数用来打开一个文件，path 参数指定文件路径，mode 参数指定打开文件的方式，请参考表 7-2。

表 7-2　fopen()函数 mode 参数值说明

mode 参数	说　明
r 或 rb	为读打开文件
w 或 wb	为写打开文件，并把文件长度置为 0（清空文件）
a 或 ab	在文件结尾添加打开
r+或 r+b 或 rb+	为读和写打开
w+或 w+b 或 wb+	为写打开文件，并把文件长度置为 0（清空文件）
a+或 a+b 或 ab+	在文件结尾读写打开

初学者可能会对 mode 参数不理解，mode 参数把文件打开方式分为读、写、读写 3 种方式。可以对打开的文件指定只读、只写或者可读写。另外 mode 参数中的“+”也有作用，表示在打开文件的最后添加数据，这种方式不会破坏已经存在的文件内容，读者学习文件指针以后就会理解“+”的作用。

注意：由于 Linux 对文件的存储方式不做区分，mode 参数中的 b 也就是二进制读写方式，在 Linux 系统不起作用。

当打开一个文件成功以后，fopen()函数会返回一个 FILE 类型的文件指针，这个指针很关键，以后所有的文件操作都要使用。如果文件打开失败，会返回 NULL，这个可作为用户判断文件打开是否成功的标志。

就像使用完动态分配的内存要释放掉一样，在操作完文件之后，需要使用 fclose()函数关闭文件。fclose()函数的参数只有一个指向 FILE 类型结构的文件指针。当关闭文件成功以后返回 0，如果关闭文件失败返回一个预定义常量 EOF，并且会设置错误代码到系统库的 errno 全局变量。

注意：文件操作结束后，关闭文件不仅仅是一个好的习惯。更重要的是，文件流可能会带有缓冲，只有成功关闭文件以后才能确保缓冲的数据被正确写入文件，否则可能造成文件数据丢失。

7.2.6 读写文件

一旦成功打开一个文件后，就可以进行文件操作了，ANSI C 文件库提供了 3 种不同类型的文件读写函数：

- 每次一个字符的 I/O。一次读写一个字符，如果是带有缓冲的流，由标准 I/O 函数处理缓冲。
- 每次一行的 I/O。每次读写一行数据，换行符\n 标识一行的结束。
- 成块数据的 I/O。每次读写指定大小的数据，可以指定数据块的大小，以及数据块的数量。这种方式常用在读写二进制文件里的一个结构。

1. 每次一个字符的文件读写函数

下面 3 个函数可以一次读一个字符，函数定义如下：

```
int getc(FILE *stream);
int fgetc(FILE *stream);
int getchar(void);
```

getc()函数和 fgetc()函数的作用是相同的，参数 stream 指向一个文件流指针，返回从文件读取的一个字符，如果读取失败或者读到文件结尾，返回预定义的常量 EOF。

fgetc()函数是标准库中定义的一个函数，getc()函数通常被定义成一个宏，二者在运行的效率上是不一样的，getc()函数的运行效率要比 fget()函数高。

getchar()函数没有参数，此函数的作用是从标准输入 stdin 读取一个字符，作用相当于 fgetc(stdin)。

和读函数相对应的，输出一个字符到文件流也有 3 个函数，定义如下：

```
int putc(int c, FILE *stream);
int fputc(int c, FILE *stream);
int putchar(int c);
```

和文件读取函数类似，putc()函数和 fputc()函数有相同的功能。参数 c 是要输出的字符，参数 stream 是文件流指针。返回值与 fgetc()函数相同。

同样地，putc()函数常被定义成一个宏，可以提高程序执行速度。putchar()函数是写入一个字符到标准输出 stdout，作用相当于 fputc(c, stdout)。

注意：一次一个字符的文件读取函数，当读取错误和读到文件结尾的时候都会返回 EOF，给用户区分文件读取错误造成不便，本节最后将讲解一种判断文件是否读取到结尾的方法。

2．每次一行的文件读写函数

每次读取一行的文件 I/O 函数，定义如下：

```
char *fgets(char *s, int size, FILE *stream);
char *gets(char *s);
```

这两个函数都指定了读入的缓冲，gets()函数从标准输入读取一行字符，fgets()函数从 stream 参数指定的文件流读入。fgets()函数需要通过参数 size 指定读入缓冲 s 的字符个数，一行数据是以换行符标识的，如果读入的一行数据字符数小于 size，则返回一个完整的行；如果一行字符数大于 size，最多读取 size–1 个字符到缓冲 s。在读取一行字符结束后，会在最后写入一个字符串结束符 null。

注意：不建议使用 gets()函数。因为 gets()函数不能指定缓冲大小，这样的操作是很危险的，会造成缓冲区溢出，给一些别有用心的人或者程序开了后门。常见的蠕虫病毒就是利用缓冲区溢出的漏洞侵入系统的。

每次写入一行的文件 I/O 函数，定义如下：

```
int fputs(const char *s, FILE *stream);
int puts(const char *s);
```

fputs()函数把一个以 null 结束符结尾的字符串 s 写入到指定的流 stream 中，终止符 null 不写入，终止符 null 之前是否有换行符都会被写入文件流。

puts()函数把一个以 null 结束的字符串写入到标准输出 stdout，结束符 null 不写入 stdout。和 fputs()函数不同的是，puts()函数会在写入的字符串之后写入一个换行符。puts()函数虽然不像 gets()函数一样不安全，但是也应避免使用，以免在字符串后加入一个新的换行符。

3．成块数据的文件读写函数

在前面介绍的一次操作一个字符和操作一行的文件函数，通常用于文本文件的处理。如果是操作二进制数据，使用 fputs()或者 fgets()函数需要多次循环，不仅麻烦，更困难的是，fputs()或者 fgets()函数遇到 null 结束符就会停止，在二进制文件经常会出现 null 结束符，给操作带来很多不便。这时就需要使用成块数据的读写函数，定义如下：

```
size_t fread(void *ptr, size_t size, size_t nmemb, FILE *stream);
size_t fwrite(const void *ptr, size_t size, size_t nmemb, FILE *stream);
```

fread()函数的作用是从文件读出指定大小和个数的数据块，fwrite()函数是把指定大小和个数的数据块写入文件，它们的参数如下：

```
ptr                        // 内存中存放数据块的地址
size                       // 数据块大小
nmemb                      // 数据块数量
函数的返回值                // 如果读或写成功,返回读写数据块的个数
```

成块数据读写函数对初学者来说比较难理解，下面通过一个例子来了解。

```
01  // 从文件读写成块数据
02  #include <stdio.h>
03  int main()
04  {
05      int buf[1024] = {0};
06      int p;
07      FILE *fp = fopen("./blk_file.dat", "rb+");
08      if (NULL=fp)
09          return -1;
10      fwrite(buf, sizeof(int), 1024, fp);
11      // 把 1024 个数据块写入文件流 fp,每个数据块占 4B
12
13      /* 修改 buf 的数据,供读取后比较 */
14      for (i=0;i<16;i++)
15          buf[i] = -1;
16
17      p = &buf[0];          // 设置指针 p 指向 buf,供从文件读取数据使用
18      fread(p, sizeof(int), 1024, fp);
19                            // 从文件读取 1024 个数据块到 buf,每个数据块 4B
20
21      /* 打印从文件读取的二进制数据 */
22      for (i=0;i<1024;i++)
23          printf("buf[%d] = %d\n", i, buf[i]);
24
25      fclose(fp);           // 最后别忘了关闭文件
26
27      return 0;
28  }
```

程序的输出结果显示从文件读取的二进制数据全部为 0，与写入的数据相同。fread()函数和 fwrite()函数可以很好地处理二进制数据。

7.2.7　文件流定位

在读写文件的时候每个文件流都会维护一个文件流指针，表示当前文件流的读写位

置，在打开文件的时候文件流指针位于文件的最开头（使用 a 方式打开的文件，文件流指针位于文件最后），当读写文件流的时候，读写文件流的函数会不断改变文件流当前位置。当用户在写入一些数据后，如果需要读取之前写入的数据，或者需要修改指定文件位置的数据，就需要用到文件流定位功能。为此，ANSI 文件 I/O 库提供了文件流定位函数，定义如下：

```
int fseek(FILE *stream, long offset, int whence);
long ftell(FILE *stream);
void rewind(FILE *stream);
```

fseek()函数定位参数 stream 代表的文件流定位到指定位置。参数 offset 是位置的偏移，以字节为单位；参数 whence 指定如何解释 offset。whence 有 3 个取值：SEEK_CUR 表示从当前文件位置计算 offset；SEEK_END 表示从文件结尾计算 offset；SEEK_SET 表示从文件起始计算 offset。从参数 whence 的取值可以看出参数 offset 取值可以为正数或者负数，正数表示向后计算，负数表示向前计算。

ftell()函数返回参数 stream 指定的文件流当前读写指针的位置，如果函数出错返回–1。rewind()函数把参数 stream 指定的文件流读写指针设置到最开始位置。

7.2.8　ANSI C 文件编程实例

最后，给出一个文件编程实例。打开一个文件，向文件写入 3 个字符串，然后重新定位文件流读写指针到文件起始位置，从文件读取刚写入的 3 个字符串到另一个缓冲，并且打印读出来的字符串。

实例 7-2　文件操作实例

```
01  #include <stdio.h>
02
03  int main()
04  {
05          FILE *fp = NULL;                    // 定义文件指针
06          char *buf[3] = {                    // 定义 3 个字符串,供写入文件使用
07                  "This is first line!\n",
08                  "Second Line!\n",
09                  "OK, the last line!\n"};
10          char tmp_buf[3][64], *p;            // 定义字符串缓存,供读取文件使用
11          int i;
12
13          fp = fopen("chap7_demo.dat", "rb+");
14          // 使用读写方式打开文件,并且把文件长度置为 0
15          if (NULL==fp) {
16                  printf("error to open file!\n");
17                  return -1;
18          }
19
20          // 把 3 个字符串写入文件
21          for (i=0;i<3;i++)
22                  fputs(buf[i], fp);
23
24          fseek(fp, 0, SEEK_SET);     // 把文件指针设置到文件开头,相当于 rewind(fp)
25
26          // 从文件读取 3 个字符串到缓存
27          for (i=0;i<3;i++) {
```

```
28              p = tmp_buf[i];
29              fgets(p, 64, fp);
30              printf("%s", p);     // 打印刚读取出来的字符串到屏幕
31          }
32
33          fclose(fp);                  // 别忘记关闭文件
34
35          return 0;
36  }
```

实例 7-2 的程序演示了 fputs()函数和 fgets()函数向文件写入字符串，从文件读取字符串到内存，同时应用了 fseek()函数定位文件流指针，程序的输出结果如下：

```
This is first line!
Second Line!
OK, the last line!
```

7.3　POSIX 文件 I/O 编程

POSIX 是可移植操作系统接口（Portable Operating System Interface）的简写。最初由 IEEE（Institute of Electrical and Electronics Engineers）开发，目的是为了提高 UNIX 环境下的应用程序的可移植性。实际上 POSIX 并不局限于 UNIX，只要符合此标准的操作系统的系统调用是一致的，例如 Linux 和 Microsoft Windows NT。POSIX 是一组操作系统调用的规范，本节将介绍其中的文件 I/O 编程规范。

7.3.1　底层的文件 I/O 操作

和 ANSI 文件操作函数不同的是，POSIX 文件操作的函数基本上和计算机设备驱动的底层操作（例如 read、write 等）是一一对应的。读者可以把 POSIX 文件操作理解为对设备驱动操作的封装。由此也可以看出，POSIX 文件操作是不带数据缓冲的。

7.3.2　文件描述符

POSIX 文件操作也使用文件描述符来标识一个文件。与 ANSI 文件描述符不同的是，POSIX 文件描述符是 int 类型的一个整数值。POSIX 文件描述符仅是一个索引值，代表内核打开文件记录表的记录索引。在一个系统中，文件打开关闭比较频繁，因此同一个 POSIX 文件描述符的值在不同时间可能代表不同的文件。

任何打开的文件都将被分配一个唯一标识该打开文件的文件描述符，为一个大于等于 0 的整数。需要注意的是，对于一个进程来说，打开文件的数量不是任意大小的。POISX 没有规定一个进程可以打开文件的最大数目，不同的系统有不同的规定，例如 Linux 系统默认一个进程最多可以打开 1024 个文件，用户可以在 console 模式下通过 ulimit –n 命令查看系统允许进程打开文件的数量。

在 7.2 节提到系统启动后默认打开的文件流有标准输入设备（stdin）、标准输出设备（stdout）和标准错误输出设备（stderr）、其文件描述符分别为 0、1、2。以后打开的文件描述符分配依次增加，使用 fileno()函数可以返回一个流对应的文件描述符。

7.3.3　创建/打开/关闭文件

POSIX 使用 open()函数打开一个文件，使用 creat()函数创建一个新文件，这两个函数在手册里常常放在一起介绍，因为 open()函数在指定一定参数的情况下，会隐含调用 creat()函数创建文件。open()函数和 creat()函数，定义如下：

```
#include <sys/types.h>
#include <sys/stat.h>
#include <fcntl.h>
int open(const char *pathname, int flags);
int open(const char *pathname, int flags, mode_t mode)
int creat(const char *pathname, mode_t mode);
```

定义里引用的 3 个头文件是 POSIX 标准的头文件，sys/types.h 包含基本系统数据类型；sys/stat.h 包含文件状态；fcntl.h 包含文件控制定义。

1．open()函数

open()函数使用 pathname 指定路径的文件名打开文件，并且返回一个文件描述符，供 read()函数和 write()函数等文件函数使用。open()函数返回的文件描述符在整个系统是独一无二的，不会和系统运行中的其他任何程序共享或冲突。flags 参数指定了打开文件的方式，可以使用 C 语言的“或”操作符指定多个参数。flags 参数的含义可以参考表 7-3。

表 7-3　open()函数的 flags 参数值及意义

参　　数	参 数 解 释
O_RDONLY	只读方式打开
O_WRONLY	只写方式打开
O_RDWR	读写方式打开
O_CREAT	如果文件不存在则创建新文件。使用此选项时，需要指定 mode 参数
O_EXCL	如果同时指定 O_CREAT 属性，而且文件存在，open()函数返回错误。用这个办法可以测试文件是否存在，如果文件不存在则创建新文件，这个操作是原子的，不会被其他程序打断
O_NOCTTY	如果 pathname 指向一个终端设备，则不会把此设备终端分配作为当前进程的控制终端
O_TRUNC	如果 pathname 指向的文件存在，而且作为只读或者只写成功打开，则把文件长度截断为 0
O_APPEND	每次写文件都把数据加到文件结尾
O_NONBLOCK 或 O_NDELAY	对文件的操作使用非阻塞方式。此方式对 FIFO，特殊块设备文件，或者特殊字符设备文件有效
O_SYNC	使每次写到文件的数据都等到物理 I/O 操作完成。这个参数对于严格要求数据存储正确的场合十分有用
O_NOFOLLOW	如果 pathname 是一个符号链接，则打开文件失败。这是 FreeBSD 的扩充，Linux 从内核 2.1.126 版本以后支持这个功能。glibc2.0.100 以后的版本包含了这个参数定义
O_DIRECTORY	如果 pathname 不是目录，则打开失败。这个参数是 Linux 特有的，在内核 2.1.126 版本后加入，为了避免在调用 FIFO 或者磁带设备时的“拒绝服务”问题
O_LARGEFILE	大文件支持，允许打开使用 31 位数都不能表示长度的大文件

注意：flags 参数的 O_DIRECTORY 和 O_LARGEFILE 是 Linux 特有的，在其他系统编程时需要留意。文件在打开以后，可以使用 fcntl()函数修改 flags 代表的参数。

open()函数有两种不同的定义形式，区别在于第二种多了一个 mode 参数，在 flag 参数指定 O_CREAT 参数时，mode 参数用于设置文件的权限。在嵌入式开发中，一般使用默认权限，如果有特殊要求的，需要关注一下。mode 参数的含义可以参考表 7-4。

表 7-4　open()函数的 mode 参数值及意义

参 数 值	对应系统的数字表示	参 数 解 释
S_IRWXU	00700	允许文件的所有人读、写和执行文件
S_IRUSR (S_IREAD)	00400	允许文件的所有人读文件
S_IWUSR (S_IWRITE)	00200	允许文件的所有人写文件
S_IXUSR (S_IEXEC)	00100	允许文件的所有人执行文件
S_IRWXG	00070	允许文件所在的分组读、写和执行文件
S_IRGRP	00040	允许文件所在的分组读文件
S_IWGRP	00020	允许文件所在的分组写文件
S_IXGRP	00010	允许文件所在的分组执行文件
S_IRWXO	00007	允许其他用户读、写和执行文件
S_IROTH	00004	允许其他用户读文件
S_IWOTH	00002	允许其他用户写文件
S_IXOTH	00001	允许其他用户执行文件

在创建新文件时，参数 mode 指明了文件的权限，但是通常会被 umask 修改，所以实际创建文件的权限应该是 mode&(~umask)。请注意，mode 仅在创建新文件时有效。

open()函数调用失败时会返回–1，并且设置预定义的全局变量 errno。表 7-5 是 open()函数的出错代码及意义。

表 7-5　open()函数的出错代码及意义

出 错 代 码	解　释
EEXIST	使用了参数 O_CREAT 和 O_EXCL，但是 pathname 指定的文件已存在
EISDIR	pathname 指定的是一个目录，却进行写操作
EACCES	访问请求不允许（权限不够）。出错原因有两种，在 pathname 中有一个目录没有设置可执行权限，导致无法搜索；或者文件不存在并且对上层目录不运行写操作
ENAMETOOLONG	pathname 指定的文件名太长。文件名长度已经通过 NAME_MAX 定义
ENOENT	pathname 指定的目录不存在，或者指向一个空的符号链接
ENOTDIR	pathname 指定的不是一个子目录
ENXIO	使用 O_NONBLOCK|O_WRONLY 打开文件，文件没有打开或者打开一个设备专用文件，但是相应的设备不存在
EROFS	文件是一个只读文件，但是进行了写操作
ETXTBSY	文件是一个正在执行的可执行文件，但是进行了写操作
EFAULT	pathname 指定的文件在一个不能访问的地址空间
ELOOP	在分解 pathname 时，遇到太多的符号链接，或者指定了 O_NOFOLLOW 参数，却打开一个符号链接

续表

出 错 代 码	解　　释
ENOSPC	没有足够空间创建文件
ENOMEM	内存空间不足
EMFILE	程序打开的文件数目已达到最大值
ENFILE	系统打开的总文件数已经达到了极限

注意：创建一个新文件后，文件的 atime（上次访问时间）、ctime（创建时间）、mtime（修改时间）都被修改为当前时间，文件上层目录的 atime 和 ctime 也同时被修改。另外，如果文件是打开时使用了 O_TRUNC 参数，则它的 ctime 和 mtime 也被设置为当前时间。

2．creat()函数

creat()函数的作用是创建新文件，相当于设置 open()函数的 flags 参数为 O_CREAT|O_WRONLY|O_TRUNC。设置 creat()函数的原因是早期的 UNIX 系统 open()函数的 flags 参数只能是 O_RDONLY，O_WRONLY 和 O_RDWR，因此 open()函数无法打开一个不存在的文件，所以设计了一个 creat()函数用来创建一个不存在的文件。现在的 open()函数可以指定多种参数，根据需要创建文件，所以不再使用 creat()函数创建文件了。

3．close()函数

close()函数定义形式如下：

```
#include <unistd.h>
int close(int fd);
```

close()函数使用比较简单，作用是关闭一个 fd 参数指定的文件描述符，也就是关闭文件。当关闭文件成功时返回 0。如果有错误发生返回–1。如表 7-6 所示为 close()函数的出错代码及意义。

表 7-6　close()函数的出错代码及意义

出错代码	解　　释
EBADF	参数 fd 指定的不是一个有效的文件描述符
EINTR	函数调用被信号中断
EIO	有 I/O 错误发生

通常情况下，关闭文件的返回值是不需要检查的，除非发生严重的程序错误，或者系统使用了 write-behind 技术，即数据还没有被写入文件，write()函数就已经返回成功。但是在一些可移动存储介质或者使用了 NFS（网络文件系统）保存文件时，建议做关闭文件的检查，以防止文件写入错误，这点对于嵌入式设备来说可能更加重要。

7.3.4　读写文件内容

POSIX 文件操作使用 read()函数和 write()函数对文件读写，和 ANSI 文件操作的 fread()

函数和 fwrite()函数不同，read()函数和 write()函数是不带缓冲的，并且不支持记录方式。write()函数的定义如下：

```
#include <unistd.h>
ssize_t write(int fd, const void *buf, size_t count);
```

write()函数向参数 fd 代表的文件描述符引用的文件写数据。参数 buf 是写入数据的缓冲开始地址，参数 count 表示要写入多少字节的数据。当写入文件成功时，write()函数返回 0，如果写入失败，返回–1，并且设置 errno 为出错代码。表 7-7 展示了 write()函数的出错代码及意义。

表 7-7　write()函数的出错代码及意义

出错代码	解　释
EBADF	fd 不是一个合法的文件描述符或者没有以写方式打开文件
EINVAL	fd 所指向的文件不可写
EFAULT	buf 不在用户可访问地址空间内
EPIPE	fd 连接到一个管道，或者套接字的读方向一端已关闭。此时写进程将接收到 SIGPIPE 信号，并且此信号被捕获、阻塞或忽略
EAGAIN	使用 O_NONBLOCK 参数指定了非阻塞方式输入输出，但是读写操作被阻塞
EINTR	在调用写操作以前被信号中断
ENOSPC	fd 指向的文件所在的设备无可用空间
EIO	I/O 错误

注意：如果参数 count 为 0，对于写入普通文件无任何影响，但是对于特殊文件将产生不可预料的后果。

read()函数的定义如下：

```
#include <unistd.h>
ssize_t read(int fd, void *buf, size_t count);
```

read()函数从参数 fd 代表的文件描述符文件读取数据。参数 buf 和 count 与 write()函数代表的意义相同。如果读取成功，read()函数返回读取到数据的字节数，当返回值小于指定的字节数时并不意味着错误，这可能是因为当前可读取的字节数小于指定的字节数（比如已经到达文件结尾，或者正在从管道或者终端读取数据，或者 read()函数被信号中断）。如果读取失败，返回–1，并且设置 errno。如表 7-8 所示为 read()函数的出错代码及意义。

表 7-8　read()函数的出错代码及意义

出错代码	解　释
EINTR	在调用读操作以前被信号中断
EAGAIN	使用 O_NONBLOCK 标志指定了非阻塞方式输入输出，但是目前没有数据可读
EIO	输入输出错误。可能是正处于后台进程组进程试图读取其控制终端，但读操作无效，或者被信号 SIGTTIN 所阻塞，或者其进程组是孤儿进程组。也可能执行的是读磁盘或者磁带机这样的底层输入输出错误
EISDIR	fd 指向一个目录

续表

出错代码	解　释
EBADF	fd 不是一个合法的文件描述符，或者不是为读操作而打开
EINVAL	fd 所连接的对象不可读
EFAULT	buf 超出用户可访问的地址空间 也可能发生其他错误，具体情况和 fd 所连接的对象有关。POSIX 允许 read()函数在读取了一定量的数据后被信号所中断，并返回–1（且 errno 被设置为 EINTR）或者返回已读取的数据量

注意：使用 read()函数时，如果参数 count 值大于预定义的 SSIZE_MAX，会产生不可预料的后果。另外，当使用了 write()函数后使用 read()函数读取数据，读到的应该是更新后的数据，但是并不是所有的文件系统都是 POSIX 兼容的。

7.3.5　文件内容定位

每当打开一个文件的时候，都会有一个与文件相关联的读写位置偏移量，相当于一个文件指针。文件偏移量是一个非负整数，表示相对于文件开头的偏移。通常情况下，文件的读写操作都是从当前文件偏移量开始，读写之后使文件偏移量增加读写的字节数。打开文件时，如果不指定 O_APPEND 方式，文件偏移量默认是从 0 开始。

POSIX 文件操作提供了 lseek()函数用于设置文件偏移量，函数定义如下：

```
#include <sys/types.h>
#include <unistd.h>
off_t lseek(int fildes, off_t offset, int whence);
```

lseek()函数使用参数 whence 指定的方式，按照参数 offset 指定的偏移设置参数 fildes，指定文件的偏移量。参数 whence 有 3 种设置方式，参考表 7-9。

表 7-9　lseek()函数的 whence 参数取值及解释

参数值	解　释
SEEK_SET	从文件开始处设置文件偏移量
SEEK_CUR	从当前文件偏移量设置
SEEK_END	从文件结尾处设置文件偏移量

SEEK_CUR 参数是很有用的参数，下面的方式可以得到文件当前偏移量：

```
off_t curr_pos;
curr_pos = lseek(fd, 0, SEEK_CUR);  // fd 是文件描述符,假设文件已正确打开
```

这种方法也可以用来确定被操作的文件是否可以设置文件偏移量。例如，对于一个 FIFO 或者一个管道，lseek()函数会返回–1，并且将 errno 设置为 EPIPE。

7.3.6　修改已打开文件的属性

fcntl()函数提供了获取或者改变已打开文件性质的功能，函数定义如下：

```
#include <unistd.h>
```

```
#include <fcntl.h>
int fcntl(int fd, int cmd);
int fcntl(int fd, int cmd, long arg);
int fcntl(int fd, int cmd, struct flock *lock);
```

最常用的是第一种定义方式，其他两种方式涉及文件锁的操作，本书不做描述。fcntl 函数有 5 种功能：

- 复制一个现有的描述符（cmd=F_DUPFD）；
- 获得/设置文件描述符标记（cmd=F_GETFD 或 F_SETFD）；
- 获得/设置文件状态标记（cmd=F_GETFL 或 F_SETFL）；
- 获得/设置异步 I/O 所有权（cmd=F_GETOWN 或 F_SETOWN）；
- 获得/设置记录锁（cmd=F_GETLK,F_SETLK 或 F_SETLKW）。

在 POSIX 文件编程实例中会描述如何使用 fcntl()函数。

7.3.7　POSIX 文件编程实例

最后给出一个 POSIX 操作文件的例子，如实例 7-3 所示，完成文件的创建、读写等操作。

实例 7-3　POSIX 文件操作实例

```
01  /* 注意 POSIX 操作文件函数使用不同的头文件 */
02  #include <sys/types.h>
01  #include <sys/stat.h>
02  #include <unistd.h>
03  #include <fcntl.h>
04  #include <string.h>
05  #include <stdio.h>
06  #include <errno.h>
07
08
09  extern int errno;
10
11  int main()
12  {
13      int fd,file_mode;                       // 注意,文件描述符是整型值
14      char buf[64] = "this is a posix file!(line1)\n";
15      off_t curr_pos;
16
17      fd = open("./posix.data", O_CREAT|O_RDWR|O_EXCL, S_IRWXU);
18      //打开一个不存在的文件,并创建文件,权限是用户可读写执行
19      if (-1==fd) {                           // 检查文件打开是否成功
20          switch (errno) {
21              case EEXIST:                    // 文件已存在
22                  printf("File exist!\n");
23                  break;
24              default:                        // 其他错误
25                  printf("open file fail!\n");
26                  break;
27          }
28          return 0;
29      }
30
31      write(fd, buf, strlen(buf));            // 把字符串写入文件
32
```

```
33      curr_pos = lseek(fd, 0, SEEK_CUR); // 取得当前文件偏移量位置
34      printf("File Point at: %d\n", (int)curr_pos);
35
36      lseek(fd, 0, SEEK_SET);                // 把文件偏移量移动到文件开头
37
38      strcpy(buf, "File Pointer Moved!\n");
39      write(fd, buf, strlen(buf));           // 把新的数据写入文件
40
41      file_mode = fcntl(fd, F_GETFL);        // 获取文件状态标记
42      if (-1!=file_mode) {
43          switch (file_mode&O_ACCMODE) { // 检查文件状态
44              case O_RDONLY:
45                  printf("file mode is READ ONLY\n");
46                  break;
47              case O_WRONLY:
48                  printf("file mode is WRITE ONLY\n");
49                  break;
50              case O_RDWR:
51                  printf("file mode is READ & WRITE\n");
52                  break;
53          }
54      }
55
56      close(fd);
57
58      return 0;
59
60  }
```

编译程序后，运行程序两次，第一次得到的输出结果如下：

```
File Point at: 29
file mode is READ & WRITE
```

第二次得到的输出结果如下：

```
File exist!
```

表示程序执行正确，在程序当前目录下查看，多了一个名为 posix.data 的文件，使用 ls –l 命令查看，文件的权限是 700。使用 cat 命令查看文件内容如下：

```
File Pointer Moved!
!(line1)
```

在程序中，最后是从文件开始写入的数据，并且最后写入的数据长度小于之前写入的数据的长度，造成了之前写入的数据被覆盖，这点请读者在编程时注意。

7.4　小　　结

本章讲解了 Linux 应用程序开发有关的基本技术，包括程序在内存中的结构、文件管理等内容。计算机应用程序是可以直接与用户打交道的，用户的功能需求几乎都是通过应用程序实现的。读者应该掌握应用程序的基本结构，为后面的编程开发打下基础。第 8 章将讲解应用程序开发最常用的技术之一——多线程和多进程程序开发。

第 8 章　开发多进程/线程程序

现代计算机操作系统有两大功能：硬件控制和资源管理。资源管理主要是对软件资源的管理。现代计算机操作系统都是基于多任务的，为用户提供了多任务的工作环境。多个任务可以分享 CPU 的时间片，达到了在一个 CPU 上运行多个任务的目标，也为用户应用程序的开发创造了便利的环境。本章将主要讲解 Linux 多进程和多线程开发的相关知识，主要内容如下：

- ❑ 进程的概念；
- ❑ 线程的概念；
- ❑ 多进程和多线程的工作原理；
- ❑ 多进程和多线程开发。

8.1　多进程开发

Linux 是一个 UNIX 类兼容的操作系统，为用户提供了完整的多进程工作环境。类 UNIX 操作系统最大的特点就是支持多任务，学习和使用多任务编程对 Linux 编程十分有必要。本节将讲解 Linux 多进程程序开发。

8.1.1　什么是进程

一般把进程定义成正在运行的程序的实例，简单地说，进程就是一个正在运行的程序。在第 7 章编写的代码，经过编译后，生成了一个可执行的文件，称做一个程序。当运行可执行文件以后，操作系统会执行文件中的代码，在 CPU 上运行的这组代码被称做进程。

从进程的概念不难看出，进程是一个动态的概念。实际上，一个进程不仅包含了正在运行的代码，也包括了运行代码所需要的资源（包括用户用到的资源和操作系统需要用的资源）。操作系统通过一个称做 PCB（Process Control Block，进程控制块）的数据结构管理一个进程。在操作系统看来，进程是操作系统分配资源的最小单位。

进程运行过程中需要一个工作环境，包括所需要的内存、外部设备、文件等，现代操作系统为进程工作提供了工作环境，并且对进程使用的资源进行调度。在一个 CPU 上，可以存在多个进程，但是在同一个时间内，一个 CPU 只能有一个进程工作。操作系统通过一定的调度算法管理所有的进程，每个进程每次使用 CPU 的时间都很短，由于切换的速度很快，给用户的感觉是所有的进程好像同时在运行。

🔔**提示：** Linux 系统至少有一个进程。一个程序可以对应多个进程，一个进程只能对应一个程序。

8.1.2　进程环境和属性

在 Linux 系统，C 程序总是从 main()函数开始的，当用户编写好的程序在运行的时候，操作系统会使用 exec()函数运行程序，在调用 main()函数之前，exec()系统调用会先调用一个特殊的启动例程，负责从操作系统内核读取程序的命令行参数，为 main()函数准备好工作环境。

由于历史的原因，大多数 UNIX 系统的 main()函数定义如下：

```
int main(int argc, char *argv[], char *envp[]);
```

参数 argc 表示参数 argv 有多少个字符串，注意参数 argv 的定义表示的是一个不定长的字符串数组。参数 envp 以 name=value 的形式存放了一组进程运行中会用到的环境变量。ANSI 规定了 main()函数只能有两个参数，同时，参数 envp 也不能给系统开发带来更多的好处，所以 POSIX 标准规定使用一个全局的环境变量 environ 取代了参数 envp，应用程序可以通过 getenv()和 putenv()函数读取或设定一个环境变量。

getenv()函数定义如下：

```
#include <stdlib.h>
char *getenv(const char *name);
```

参数 name 是要获取的环境变量名字，函数返回值为 NULL，表示没有获取到指定环境变量的值，否则指向获取到的环境变量值的字符串。POSIX.1 标准定义了若干环境变量，请参考表 8-1。

表 8-1　POSIX.1 定义的环境变量及含义

变　量	含　义	变　量	含　义
HOME	起始目录	LC_TIME	本地日期/时间格式
LANG	本地名（本地语言类型）	LOGNAME	登录名
LC_ALL	本地名	NLSPATH	消息类模板序列
LC_COLLATE	本地排序名	PATH	搜索可执行文件的路径
LC_CTYPE	本地字符分类名	TERM	终端类型
LC_MONETARY	本地货币类型	TZ	时区信息
LC_NUMERIC	本地数字编辑名		

表 8-1 定义的环境变量不是所有的系统都能实现，在 Linux 系统下如果使用 bash 作为命令行，可以执行 export 查看本机支持的环境变量名称和内容。实例 8-1 演示如何得到环境变量，代码如下所示。

实例 8-1　在程序中获得环境变量

```
01  // filename getenv.c - 获取环境变量测试
02  #include <stdio.h>
03  #include <stdlib.h>
04
05  int main()
06  {
07      char *env_path = "PATH";                    // 打算获取的环境变量名称
```

```
08      char *env_value = NULL;                    // 环境变量值
09
10      env_value = getenv(env_path);              // 使用系统函数获取指定环境变量
11      if (NULL==env_value)                       // 检查是否获取到变量的值
12          printf("Not found!\n");
13      printf("Get Env PATH:\n%s", env_value);// 输出 PATH 环境变量的值
14      return 0;
15  }
```

程序编译后运行，输出结果如下：

```
Get Env PATH:
/usr/lib/lightdm/lightdm:/usr/local/sbin:/usr/local/bin:/usr/sbin:/usr/
bin:/sbin:/bin:/usr/games
```

提示： 环境变量是一个有用的方法，用户可以在程序中通过环境变量获取操作系统提供的信息，同时可以设置自己的环境变量，达到和其他程序以及脚本直接信息交互的目的。

一个进程除了能获得操作系统提供的环境变量外，还具备自身的基本属性，主要包括以下几个。

- 进程号（PID：Process ID）：操作系统通过进程号标识一个用户进程。
- 父进程号（PPID：Parent Process ID）：在 Linux 系统，除了 init 进程外，所有的进程都是通过 init 进程创建的。同时，进程又可以创建其他的进程，最终形成了一个倒过来的树形结构，每个进程都会有自己的父进程，通过父进程号标识。
- 进程组号（PGID：Process Group ID）：操作系统允许对进程分组，不同的进程通过进程组号标识。
- 真实用户号（UID：User ID）：用户的唯一标识号，用于标识一个用户。
- 真实组号（GID：Group ID）：用户组的唯一标识号，用于标识一个用户组。
- 有效用户号（EUID：Effective User ID）：以其他用户身份访问文件使用。
- 有效组号（EGID：Effective Group ID）：以其他用户组身份访问文件使用。

8.1.3　创建进程

Linux 系统通过 fork()系统调用创建一个进程，fork()函数定义如下：

```
#include <sys/types.h>
#include <unistd.h>
pid_t fork(void);
```

fork()系统调用在应用程序库里对应一个同名的 fork()函数。fork()函数的定义很简单，但是初学者会感到不好理解，应注意分析多进程环境的特点。如图 8-1 所示为创建进程的过程。

从图 8-1 中可以看出，fork()函数的作用是创建一个进程。在应用程序调用 fork()函数后，会创建一个新的进程，称做子进程，原来的进程称做父进程。从这以后，运行的已经是两个进程了，子进程和父进程都可以得到 fork()函数的返回值。对于子进程来说，fork()函数的返回值是 0，对于父进程来说，fork()函数返回的是子进程的进程号。如果创建进程

失败，fork()函数会给父进程返回–1，这也是判断进程是否创建成功的依据。

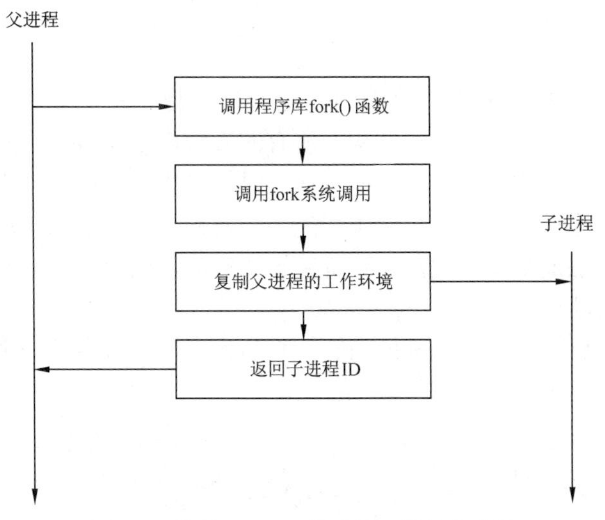

图 8-1　使用 fork()函数系统调用创建进程

fork()函数创建子进程后，会复制父进程的数据段、代码段和堆栈空间等到子进程的空间。同时，子进程会共享父进程中打开的文件。换句话说，父进程已经打开的文件，在子进程中可以直接操作。实例 8-2 演示了创建进程的过程。

实例 8-2　创建进程演示

```
1   #include <sys/types.h>
2   #include <unistd.h>
3   #include <stdio.h>
4   #include <stdlib.h>
5
6   int main()
7   {
8       pid_t pid;
9
10      pid = fork();                        // 创建进程
11      if (-1==pid) {                       // 创建进程失败
12          printf("Error to create new process!\n");
13          return 0;
14      }
15      else if (pid==0) {                   // 子进程
16          printf("Child process!\n");
17      } else {                             // 父进程
18          printf("Parent process! Child process ID: %d\n", pid);
19      }
20
21      return 0;
22  }
23
```

程序定义了一个 pid_t 类型的全局变量来存放进程号，pid_t 是个预定义的类型，其实就是 int 类型。代码的第 10 行调用 fork()函数创建进程，从第 11 行开始，程序已经不是一个进程了，而是被子进程和父进程执行，并且全局变量 pid 也被复制一份到子进程中，所以，第 15 行和第 11 行的 pid 值是不一样的，根据 fork()函数的返回结果，程序对 pid 值进行了判断，并且打印出了父进程和子进程。

8.1.4　等待进程结束

子进程虽然是独立于父进程的，但是和父进程之间是有关系的。子进程从属于父进程，整个系统的进程是一个倒过来的树形结构，所有的进程都是从 init 进程创建来的。当进程结束的时候它的父进程会收回子进程的资源。这时会产生一个问题，当父进程创建子进程以后，两个进程是无序运行的。如果父进程先于子进程结束，那么子进程就会因为找不到父进程的进程号而无法通知父进程，导致资源无法释放。因此，需要一种方法让父进程知道子进程在什么时候结束。

Linux 系统提供给了一个 waitpid()函数，它的作用是等待另外一个进程结束，函数定义如下：

```
#include <sys/types.h>
#include <sys/wait.h>
pid_t waitpid(pid_t pid, int *status, int options);
```

表 8-2 展示了参数 pid 指定等待子进程的几种方式。

表 8-2　waitpid()函数的 pid 参数及意义

pid 取值	解　释
<–1	等待所有其进程组标识等于 pid 绝对值的子进程
–1	等待任何子进程
0	等待任何其组标识等于调用进程组标识的进程
>0	等待其进程标识等于 pid 的进程

参数 pid 不同的取值指定了父进程等待子进程状态的不同方式，在实际使用中可根据需要选择一种方式。参数 status 指向子进程的返回状态，可通过表 8-3 列出的宏查询。

表 8-3　获取 waitpid()函数的 status 参数值的宏及作用

宏 名 称	作　用
WIFEXITED(status)	如果子进程正常终止，则返回真。例如：通过调用 exit()、_exit()，或者从 main()的 return 语句返回
WEXITSTATUS(status)	返回子进程的退出状态。这是来自子进程调用 exit()或_exit()时指定的参数，或者来自 main 内部 return 语句参数的最低字节。只有 WIFEXITED 返回真时，才应该使用
WIFSIGNALED(status)	如果子进程由信号所终止则返回真
WTERMSIG(status)	返回导致子进程终止的信号数量。只有 WIFSIGNALED 则返回真时，才应该使用
WCOREDUMP(status)	如果子进程导致内核转存返回真。只有 WIFSIGNALED 返回真时，才应该使用。并非所有平台都支持这个宏，使用时应放在#ifdef WCOREDUMP ... #endif 内部
WIFSTOPPED(status)	如果信号导致子进程停止执行则返回真
WSTOPSIG(status)	返回导致子进程停止执行的信号数量。只有 WIFSTOPPED 返回真时，才应该使用
WIFCONTINUED(status)	如果信号导致子进程继续执行则返回真

在程序中可以通过表 8-3 的宏来查询 status 代表的返回状态。

参数 options 可以是 0 个或表 8-4 所示的参数取值通过或运算的组合值。

表 8-4　waitpid()函数的 options 参数取值及解释

options 取值	解　　释
WNOHANG	如果没有子进程退出，立即返回
WUNTRACED	如果有处于停止状态的进程将导致调用返回
WCONTINUED	如果停止了的进程由于 SIGCONT 信号的到来而继续运行，调用将返回

通常我们在程序中使用 0，用户可根据需要指定表 8-4 中的 options 值。

实例 8-3　在父进程中使用 waitpid ()函数等待指定进程号的子进程返回

```
01  #include <sys/types.h>
02  #include <unistd.h>
03  #include <stdio.h>
04  #include <stdlib.h>
05  #include <sys/wait.h>
06  
07  int main()
08  {
09      pid_t pid, pid_wait;
10      int status;
11      pid = fork();                                  // 创建子进程
12      if (-1==pid) {                                 // 检查是否创建成功
13          printf("Error to create new process!\n");
14          return 0;
15      }
16      else if (pid==0) {                             // 子进程
17          printf("Child process!\n");
18      } else {                                       // 父进程
19          printf("Parent process! Child process ID: %d\n", pid);
20          pid_wait = waitpid(pid, &status, 0);       // 等待指定进程号的子进程
21          printf("Child process %d returned!\n", pid_wait);
22      }
23      return 0;
24  }
```

程序第 20 行，在父进程中使用 waitpid()函数等待变量 pid 指定的子进程返回，并且把子进程状态写入 status 变量中。这里由于程序很简单，不涉及复杂的操作，所以并不判断 status 的值。最后父进程在第 21 行打印出了返回的子进程的进程号。程序运行结果如下：

```
Parent process! Child process ID: 16260
Child process!
Child process 16260 returned!
```

从程序运行结果可以看出，父进程创建进程号为 16260 的子进程成功，并且使用 waitpid()函数等到了子进程结束。

8.1.5　退出进程

Linux 提供了几个退出进程相关的函数 exit()、_exit()、atexit()和 on_exit()。exit()函数的作用是退出当前进程，并且尽可能释放当前进程占用的资源。_exit()函数的作用也是退

出当前进程，但是并不试图释放进程占用的资源。atexit()函数的和 on_exit()函数的作用都是为程序退出时指定调用用户的代码，区别在于 on_exit()函数可以为设定的用户函数设定参数。这几个函数的定义如下：

```
#include <stdlib.h>
int atexit(void (*function)(void));
int on_exit(void (*function)(int , void *), void *arg);
void exit(int status);

#include <unistd.h>
void _exit(int status);
```

提示：atexit()函数可以给一个程序设置多个退出时调用的函数，atexit()函数是按照栈方式向系统注册的，所以后注册的函数会先调用。

实例 8-4　函数退出回调函数例程

```
01  #include <stdio.h>
02  #include <stdlib.h>
03  #include <unistd.h>
04
05  void bye(void)                          // 退出时回调的函数
06  {
07      printf("That was all, folks\n");
08  }
09
10  void bye1(void)                         // 退出时回调的函数
11  {
12      printf("This should called first!\n");
13  }
14
15  int main()
16  {
17      int i;
18
19      i = atexit(bye);                    // 设置退出回调函数并检查返回结果
20      if (i != 0) {
21          fprintf(stderr, "cannot set exit function bye\n");
22          return EXIT_FAILURE;
23      }
24
25      i = atexit(bye1);                   // 设置退出回调函数并检查返回结果
26      if (i!=0) {
27          fprintf(stderr, "cannot set exit function bye1\n");
28          return EXIT_FAILURE;
29      }
30
31      return EXIT_SUCCESS;
32  }
```

程序通过 atexit()函数设置了两个退出时调用的函数 bye()和 bye1()，按照 atexit()函数注册的特点，bye1()函数最后注册的会被先执行，程序的运行结果如下：

```
This should called first!
That was all, folks
```

从程序结果可以看到，bye1()函数先被执行了。

8.1.6　常用进程间通信的方法

在支持多进程的操作系统里，用户可以创建多个进程，分别处理不同的功能。多进程机制为处理不同的数据带来好处。但是，在实际处理过程中，经常需要在不同的进程之间传递数据。如有两个进程，一个读取不同用户的配置文件并且解析配置文件，另一个进程需要把每个用户的配置发送到远程的服务器，这样的两个进程需要数据的传递，这个时候就会用到进程间通信。

Linux 提供了多种进程间通信的方法，常见的包括管道、FIFO、消息队列、信号量、共享内存，以及通过 socket 也可以实现不同进程间的通信。本节将简述管道和共享内存这两种进程间的通信方法。

1. 管道

管道是最常用的进程间的通信方法，也是最古老的一种进程间的通信方法。所有的 UNIX 系统都支持管道。管道的概念比较好理解，如图 8-2 所示，管道就好像日常的水管一样，在两个进程之间，用来传送数据。与日常生活中的水管不同的是，进程间的管道有两个限制：一个是管道是半双工的，也就是说，一个管道只能在一个方向上传送数据；另一个是管道只能在有共同父进程的进程间使用。通常，管道由一个进程创建，之后进程调用 fork()函数创建新的进程，父进程和子进程之间就可以使用管道通信了。

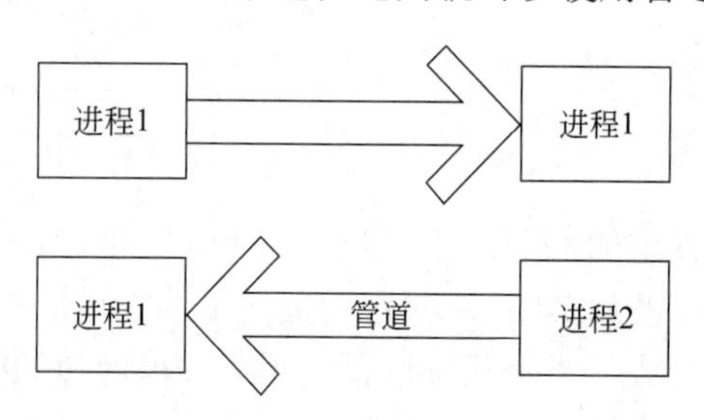

图 8-2　进程间通信机制——管道示意图

从图 8-2 中可以看出，两个进程间通过管道传递数据的时候是单向的，在同一时刻，进程 1 只能向进程 2 写入数据，或者从进程 2 读出数据。

使用管道的方法很简单，需要通过 pipe()函数创建一个管道就可以使用了。pipe()函数的定义如下：

```
#include <unistd.h>
int pipe(int filedes[2]);
```

参数 fieldes 返回两个文件描述符，filedes[0]为读端，filedes[1]为写端。当创建管道成功时 pipe()函数返回 0，如果创建失败会返回–1。下面的实例演示创建管道后父进程和子进程之间通过管道传递数据。

实例 8-5　进程间通过管道通信

```
01  #include <sys/types.h>
02  #include <unistd.h>
03  #include <stdio.h>
```

```
04  #include <stdlib.h>
05  #include <string.h>
06
07  int main()
08  {
09      int fd[2];
10      pid_t pid;
11      char buf[64] = "I'm parent process!\n";     // 父进程要写入管道的信息
12      char line[64];
13
14      if (0!=pipe(fd)) {                           // 创建管道并检查结果
15          fprintf(stderr, "Fail to create pipe!\n");
16          return 0;
17      }
18
19      pid = fork();                                // 创建进程
20      if (pid<0) {
21          fprintf(stderr, "Fail to create process!\n");
22          return 0;
23      } else if (0<pid) {                          // 父进程
24          close(fd[0]);                // 关闭读管道,使得父进程只能向管道写入数据
25          write(fd[1], buf, strlen(buf));          // 写数据到管道
26          close(fd[1]);                            // 关闭写管道
27      } else {                                     // 子进程
28          close(fd[1]);                // 关闭写管道,使得子进程只能从管道读取数据
29          read(fd[0], line, 64);                   // 从管道读取数据
30          printf("DATA From Parent: %s", line);
31          close(fd[0]);                            // 关闭读管道
32      }
33
34      return 0;
35  }
```

程序给出了一个操作管道的例子，由于管道的单向特性，在同一时刻，管道的数据只能单方向流动，所以在程序的第 24 行，父进程关闭了读管道；程序的第 28 行，子进程关闭了写管道，这样，管道变成了一个从父进程到子进程单向传递数据的通道。程序的运行结果验证了这个特性如下：

```
DATA From Parent: I'm parent process!
```

子进程打印出了父进程通过管道发送来的字符串。管道的操作比较简单，虽然有一定的局限性，但是对于父子进程间传递数据还是很方便的，因此有广泛的应用。还有一种称做有名管道的通信机制，突破了传统管道的限制，可以在不同的进程间传递数据，有兴趣的读者可以通过其他资料或者 Linux 的在线手册 man 了解一下。

2．共享内存

共享内存是在内存中开辟一段空间，供不同的进程访问。与管道相比，共享内存不仅能在多个不同进程（非父子进程）间共享数据，而且可以比管道传送更大量的数据。图 8-3 展示了共享内存的结构。

从图 8-3 可以看出，进程 1 和进程 2 可以访问一块共同的内存区域，并且在同一时刻可以读写共享的内存区域。

图 8-3　共享内存示意图

共享内存在使用之前需要先创建，之后获得共享内存的入口地址就可以对共享内存操作了。不需要使用共享内存的时候，还可以在程序中分离共享内存。Linux 为操作共享内存提供了几个函数如下：

```
#include <sys/ipc.h>
#include <sys/shm.h>
int shmget(key_t key, size_t size, int shmflg);
void *shmat(int shmid, const void *shmaddr, int shmflg);
int shmdt(const void *shmaddr);
```

shmget()函数用来创建共享内存，参数 key 是由 ftok()函数生成的一个系统唯一的关键字，用来在系统中标识一块内存，size 参数制定需要的共享内存字节数，shmflg 参数是内存的操作方式，有读或者写两种。如果成功创建共享内存，函数会返回一个共享内存的 ID。

shmat()函数是获得一个共享内存 ID 对应的内存起始地址；参数 shmid 是共享内存 ID，shmaddr 参数指定了共享内存的地址，如果参数值为 0，表示需要让系统决定共享内存地址，如果获取内存地址成功，则函数返回对应的共享内存地址。

shmdt()函数从程序中分离一块共享内存。参数 shmaddr 标识了要分离的共享内存地址。

实例 8-6 给出两个文件：shm_write.c 文件的代码创建共享内存，之后向共享内存写入一个字符串；shm_read.c 文件的代码获得已经创建的共享内存，打印共享内存中的数据。

实例 8-6　共享内存操作实例

写共享内存操作代码如下：

```
01  // shm_write.c --> gcc -o w shm_write.c
02  #include <sys/ipc.h>
03  #include <sys/shm.h>
04  #include <sys/types.h>
05  #include <unistd.h>
06  #include <string.h>
07
08  int main()
09  {
10      int shmid;                              // 定义共享内存 ID
11      char *ptr;
12      char *shm_str = "string in a share memory";
13
14      shmid = shmget(0x90, 1024, SHM_W|SHM_R|IPC_CREAT|IPC_EXCL);
15                                              // 创建共享内存
16      if (-1==shmid)
17          perror("create share memory");
18
19      ptr = (char*)shmat(shmid, 0, 0);        // 通过共享内存 ID 获得共享内存地址
20      if ((void*)-1==ptr)
21          perror("get share memory");
22
```

```
23      strcpy(ptr, shm_str);                     // 把字符串写入共享内存
24      shmdt(ptr);
25
26      return 0;
27  }
```

读共享内存操作代码如下：

```
01  // shm_read.c --> gcc -o r shm_read.c
02  #include <sys/ipc.h>
03  #include <sys/shm.h>
04  #include <sys/types.h>
05  #include <unistd.h>
06  #include <stdio.h>
07
08  int main()
09  {
10      int shmid;                                // 定义共享内存 ID
11      char *ptr;
12
13      shmid = shmget(0x90, 1024, SHM_W|SHM_R|IPC_EXCL);
14                                                // 根据 key 获得共享内存 ID
15      if (-1==shmid)
16          perror("create share memory");
17
18      ptr = shmat(shmid, 0, 0);                 // 通过共享内存 ID 获得共享内存地址
19      if ((void*)-1==ptr)
20          perror("get share memory");
21
22      printf("string in share memory: %s\n", ptr);
23                                                // 打印共享内存中的内容
24
25      shmdt(ptr);
26      return 0;
27  }
```

在实例中，代码没有使用 ftok()函数创建共享内存使用的 key，因为只要保证共享内存的 key 是系统中唯一的即可，如果系统没有很多的共享内存程序，指定一个 key 即可，需要注意的是，两个程序需要使用相同的 key 才能访问到相同的共享内存。

shm_write.c 的第 14 行是创建一块 1024 字节大小的共享内存，指定了共享内存可以读写。第 19 行获得共享内存的地址，之后检查共享内存地址是否合法，shmat()函数返回的地址–1 表示地址不合法，而不是 NULL。第 23 行写入一个字符串到共享内存，随后用 shmdt()函数断开和共享内存的连接。

shm_read.c 第 13 行通过 key 值得到已经创建好的共享内存地址，和 shm_write.c 第 14 行不同是的，没有指定 IPC_CREAT 属性，因为这里只是得到共享内存 ID。第 18 行获取共享内存地址，如果地址是合法的，则在第 22 行打印共享内存的内容，最后调用 shmdt()函数断开共享内存连接。

两个文件按照注释中的方法编译，运行 w 程序，如果创建共享内存成功，则没有任何提示。执行 r 程序，获得共享内存，打印共享内存内容，程序运行结果如下：

```
string in share memory: string in a share memory
```

程序打印出了共享内存的内容。细心的读者可能会发现，当再一次运行程序 w 的时候，

会提示：

```
create share memory: File exists
get share memory: Invalid argument
段错误 (核心已转储)
```

出错的原因是已经有相同 key 值的共享内存了，实例中的两个程序退出的时候都没有删除共享，导致出错，使用命令 ipcs 可以查看目前的共享资源情况：

```
------ Shared Memory Segments --------
key        shmid      owner      perms      bytes      nattch     status
0x00000090 524290      tom         600        1024       0

------ Semaphore Arrays --------
key        semid      owner      perms      nsems

------ Message Queues --------
key        msqid      owner      perms      used-bytes   messages
```

命令输出结果有 3 部分，分别打印出了共享内存、信号量和消息队列的使用情况。在本例中，系统只创建了一个共享内存，并且没有释放，使用命令 ipcrm 可以释放指定的共享内存：

```
ipcrm -m 524290
```

程序没有提示，表示删除共享内存成功，再次运行 ipcs 命令查看，共享内存已经被删除。

8.1.7　进程编程实例

在本节的最后，给出一个多进程编程的综合实例，程序会创建两个进程，在父进程和子进程之间通过管道传递数据，父进程向子进程发送字符串 exit 表示让子进程退出，并且等待子进程返回；子进程查询管道，当从管道读出字符串 exit 的时候结束。

实例 8-7　进程编程实例

```
01  // process_demo.c
02  #include <sys/types.h>
03  #include <sys/stat.h>
04  #include <unistd.h>
05  #include <stdio.h>
06  #include <stdlib.h>
07  #include <string.h>
08
09  int main()
10  {
11      pid_t pid;
12      int fd[2];
13      char buff[64], *cmd = "exit";
14
15      if (pipe(fd)) {                                  // 创建管道
16          perror("Create pipe fail!");
17          return 0;
18      }
19
20      pid = fork();
21      if (-1==pid) {
```

```
22          perror("Create process fail!");
23          return 0;
24      } else if (0==pid) {                                  // 子进程
25          close(fd[1]);                                     // 关闭写操作
26          printf("wait command from parent!\n");
27          while(1) {
28              read(fd[0], buff, 64);
29              if (0==strcmp(buff, cmd)) {
30                  printf("recv command ok!\n");
31                  close(fd[0]);
32                  exit(0);
33              }
34          }
35      } else {                                              // 父进程
36          printf("Parent process! child process id: %d\n", pid);
37          close(fd[0]);                                     // 关闭读操作
38          sleep(2);
39          printf("Send command to child process.\n");
40          write(fd[1], cmd, strlen(cmd)+1);                 // 写入命令
41          close(fd[1]);
42      }
43
44      return 0;
45  }
```

程序第 15～18 行创建管道，并检查管道创建是否成功。第 20 行调用 fork()函数创建进程。第 24～33 行是子进程的代码，子进程首先关闭管道写操作，然后进入一个死循环，不断从管道读取数据，如果有数据会检查数据内容，发现字符串 exit 就调用 exit()函数结束进程。第 36～41 行是父进程的代码，首先是关闭管道读操作，然后等待 2 秒，向管道写入字符串 exit，最后关闭管道写操作。程序运行结果如下：

```
Parent process! child process id: 17019
wait command from parent!
Send command to child process.
recv command ok!
```

8.2　多线程开发

多进程为用户编程和操作带来了便利。但是对于操作系统来说，进程占有系统资源，进程的切换也给操作系统带来了额外的开销。每次创建新进程会把父进程的资源复制一份到子进程，如果创建多个进程的话，会占用大量的资源。此外，进程间的数据共享也需要操作系统的干预。由于进程的种种缺点，提出了线程的概念。

8.2.1　线程的概念

线程是一种轻量级的进程。与进程最大的不同是线程没有系统资源。线程是操作系统调度的最小单位，可以理解为一个进程是由一个或者多个线程组成的。在操作系统内核中，是按照线程作为调度单位来调度资源的。在一个进程内部，多个线程之间的资源是共享的。也就是说，如果一个进程内部的所有线程拥有相同的代码地址空间和数据空间，则任意一个线程都可以访问其他线程的数据。

8.2.2　进程和线程对比

进程和线程有许多相似之处，但是也有许多不同：

- 资源分配不同。从线程和进程的定义可以看出，进程拥有独立的内存和系统资源，而在一个进程内部，线程之间的资源是共享的，系统不会为线程分配系统资源。
- 工作效率不同。进程拥有系统资源，在进程切换的时候，操作系统需要保留进程占用的资源；而线程的切换不需要保留系统资源，切换效率远高于进程。线程较高的切换效率提高了数据处理的并发能力。
- 执行方式不同。线程有程序运行的入口地址，但是线程不能独立运行。由于线程不占有系统资源，所以线程必须存放在进程中。进程可以被操作系统直接调度。在一个进程内部的多个线程可以共享资源和调度，不同进程之间的线程资源是不能直接共享的。进程可以被认为是线程的集合。

图 8-4 展示了进程和线程的对比，进程 1 和进程 2 拥有各自独立的代码、静态数据、堆栈和寄存器等资源，进程之间是相互独立的。线程不具备自己独立的资源，仅具备必要的堆栈和寄存器。从逻辑上看，线程是进程内部的一个实体，在一个进程内，各线程共享代码和数据。

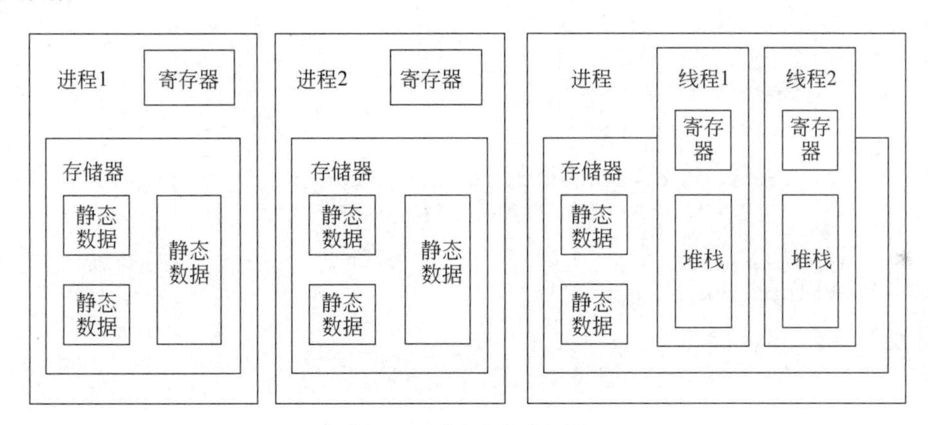

图 8-4　进程和线程对比

8.2.3　创建线程

Linux 系统开发多线程程序大多使用 pthread 库，pthread 库是符合 POSIX 线程标准的一个应用库，提供了线程的管理和操作方法。pthread 库对线程操作的函数基本都以 pthread 开头，创建线程的函数定义如下：

```
#include <pthread.h>
int pthread_create(pthread_t *restrict thread,
     const pthread_attr_t *restrict attr,
     void *(*start_routine)(void*), void *restrict arg);
```

使用 pthread 库需要包含 pthread.h 头文件。函数第一个参数中 restrict 是 C99 标准增加的一个关键字，作用是限制指针。使用 restrict 关键字修饰的指针所指向的数据是唯一的。换句话说，使用 restrict 关键字修饰一个指针后，指针所指向的数据仅能被该指针所用，其他的指针无法再使用这块数据。

pthread_create()函数的参数 thread 返回创建线程的 ID。参数 attr 是一个 pthread_attr_t 类型的结构，用来设置线程的属性，如果没有特殊的要求，置为 NULL 即可；参数 start_routine 是一个函数指针，指向了一个函数，这个函数就是线程要运行的代码；arg 参数是 start_rouine 指向的函数传入的参数，当执行用户的线程函数时，会把 arg 带的参数传入。如果创建线程成功则返回 0，如果失败则返回错误号。实例 8-8 给出了一个创建线程的代码。

实例 8-8　使用 pthread 库创建线程

```
01  #include <pthread.h>
02  #include <stdio.h>
03  #include <stdlib.h>
04  #include <unistd.h>
05  void* thread_func(void *arg)                        // 线程函数
06  {
07      int *val = arg;
08      printf("Hi, I'm a thread!\n");
09      if (NULL!=arg)                                  // 如果参数不为空,打印参数内容
10          printf("argument set: %d\n", *val);
11  }
12
13  int main()
14  {
15      pthread_t tid;                                  // 线程 ID
16      int t_arg = 100;                                // 给线程传入的参数值
17
18      if (pthread_create(&tid, NULL, thread_func, &t_arg))    // 创建线程
19          perror("Fail to create thread");
20
21      sleep(1);                                       // 睡眠 1 秒,等待线程执行
22      printf("Main thread!\n");
23
24      return 0;
25  }
```

在程序第 15 行中定义了 pthread_t 类型的变量 tid，用来保存创建成功的线程 ID，程序第 5 行定义了一个线程函数，新创建的线程会执行线程函数内部的代码。程序第 18 行使用 pthead_create()函数创建一个线程，并且给线程传递一个参数。在程序的第 9 行，也就是线程函数内部，会检查线程参数是否存在，如果存在，会打印参数的内容。第 21 行使用 sleep() 函数让主线程暂停一下，等待新创建线程结束，这样做是因为如果不等待，有可能由于主线程运行速度过快，会在其他线程结束之前结束，导致整个程序退出。程序的输出结果如下：

```
Hi, I'm a thread!
argument set: 100
Main thread!
```

读者在编译这个程序的时候，使用 gcc t_create.c 可能会报错，报错信息如下：

```
/tmp/ccC8EJOO.o(.text+0x6d): In function `main':
t_create.c: undefined reference to `pthread_create'
collect2: ld 返回 1
```

这是因为，pthread 库不是 Linux 的标准库，需要给编译器制定连接的库，使用 gcc t_create.c –lpthread 命令，编译器会寻找 libpthread.a 静态库文件，并且连接到用户代码。

8.2.4　取消线程

线程的退出有几种条件，当线程本身的代码运行结束后，会自动退出；或者线程代码中调用 return 也会导致线程退出；还有一种情况是通过其他的线程把一个线程退出，pthread 库提供了 pthread_cancel()函数用来取消一个线程的执行。函数定义如下：

```
#include <pthread.h>
int pthread_cancel(pthread_t thread);
```

参数 thread 是要取消的线程 ID，取消成功函数返回 0，失败返回出错代码。下面的实例 8-9 演示了使用 pthread_cancel()函数取消一个线程。

实例 8-9　取消线程实例

```
01  #include <pthread.h>
02  #include <stdio.h>
03  #include <stdlib.h>
04  #include <unistd.h>
05
06  void* thread_func(void *arg)                // 线程函数
07  {
08      int *val = arg;
09      printf("Hi, I'm a thread!\n");
10      if (NULL!=arg) {                        // 如果参数不为空,打印参数内容
11          while(1)
12              printf("argument set: %d\n", *val);
13      }
14  }
15
16  int main()
17  {
18      pthread_t tid;                          // 线程 ID
19      int t_arg = 100;                        // 给线程传入的参数值
20
21      if (pthread_create(&tid, NULL, thread_func, &t_arg))   // 创建线程
22          perror("Fail to create thread");
23
24      sleep(1);                               // 睡眠 1 秒,等待线程执行
25      printf("Main thread!\n");
26      pthread_cancel(tid);                    // 取消线程
27
28      return 0;
29  }
```

程序在函数 thread_func()内，对参数判断成功后加入了一个死循环，程序的第 11 行和第 12 行会不断打印出参数的值，程序第 26 行增加了取消线程的操作，程序运行结果如下：

```
Hi, I'm a thread!
argument set: 100
{打印若干次参数值}
Main thread!
```

程序创建线程后，会不断打印线程收到的参数。主线程在等待 1 秒后，调用 pthread_

cancel()函数取消了线程，之后主线程也运行结束，程序退出。

8.2.5　等待线程

在线程操作实例中，主线程使用 sleep()函数暂停自己的运行，等待新创建的线程结束。使用延迟函数的方法在简单的程序中还能对付，但是复杂一点的程序就不好用了。由于线程的运行时间不确定，导致程序的运行结果无法预测。pthread 库提供了一种等待其他线程结束的方法，使用 pthread_join()函数等待一个线程结束，函数定义如下：

```
#include <pthread.h>
int pthread_join(pthread_t thread, void **value_ptr);
```

参数 thread 是要等待线程的 ID，参数 value_ptr 指向的是退出线程的返回值。如果被等待线程成功返回，函数返回 0，其他情况返回出错代码。

8.2.6　使用 pthread 库线程操作实例

本节最后给出一个多线程操作实例，在主程序中创建两个线程 mid_thread 和 term_thread，mid 线程不断等待 term 线程终止它，并且每隔 2 秒打印一次等待的次数。term 接收从主函数传进来的 mid 线程的 ID。如果线程 ID 合法，就调用 pthread_cancel()函数结束 mid 线程。程序代码如下所示。

实例 8-10　pthread 库线程操作实例

```
01  // pthread_demo.c
02  #include <pthread.h>
03  #include <unistd.h>
04  #include <stdio.h>
05  #include <stdlib.h>
06
07  void* mid_thread(void *arg);                  // mid 线程声明
08  void* term_thread(void *arg);                 // term 线程声明
09
10  int main()
11  {
12      pthread_t mid_tid, term_tid;              // 存放线程 ID
13
14      if (pthread_create(&mid_tid, NULL, mid_thread, NULL)) {
15                                                // 创建 mid 线程
16          perror("Create mid thread error!");
17          return 0;
18      }
19
20      if (pthread_create(&term_tid, NULL, term_thread, &mid_tid)) {
                                                  // 创建 term 线程
21          perror("Create term thread fail!\n");
22          return 0;
23      }
24
25      if (pthread_join(mid_tid, NULL)) {       // 等待 mid 线程结束
26          perror("wait mid thread error!");
27          return 0;
28      }
29
30      if (pthread_join(term_tid, NULL)) {      // 等待 term 线程结束
```

```
31          perror("wait term thread error!");
32          return 0;
33      }
34
35      return 0;
36  }
37
38  void* mid_thread(void *arg)                       // mid 线程定义
39  {
40      int times = 0;
41      printf("mid thread created!\n");
42      while(2) {                                     // 不断打印等待的次数,间隔 2 秒
43          printf("waitting term thread %d times!\n", times);
44          sleep(1);
45          times++;
46      }
47  }
48
49  void* term_thread(void *arg)                      // term 线程定义
50  {
51      pthread_t *tid;
52      printf("term thread created!\n");
53      sleep(2);
54      if (NULL!=arg) {
55          tid = arg;
56          pthread_cancel(*tid);                      // 如果线程 ID 合法,结束线程
57      }
58  }
```

程序定义了两个线程函数 mid_thread()和 term_thread()。第 14 行和第 20 行调用 pthread_create()函数创建两个线程，第 20 行创建线程的时候还需要把 mid 线程的 ID 传入 term_thread()函数。程序第 42～46 行不断打印线程等待的次数，间隔时间为 2 秒。程序第 54～57 行首先检查线程 ID 是否有效，如果有效则调用 pthread_cancel()函数结束指定的线程。程序运行结果如下：

```
mid thread created!
waitting term thread 0 times!
term thread created!
waitting term thread 1 times!
```

mid 线程等待 2 秒后，被 term 线程结束，整个程序退出。主线程没有打印等待错误，表示等待两个线程状态正确。

8.3　小　　结

本章讲解了 Linux 应用程序开发最重要的两种技术：多进程和多线程。多进程和多线程技术是应用最广泛的技术之一，使用该技术可以并发处理业务流程，充分利用计算机资源提高业务处理能力。理解多进程和多线程最关键的是建立并发工作的概念，读者在学习的时候应该多实践，通过实践加深理解。第 9 章将讲解网络程序开发的相关内容。

第 9 章　网络通信应用

在信息社会，随着互联网的普及，网络应用越来越广泛，通过互联网传输信息成为 PC 的必备要素。在嵌入式设备上，也开始越来越多地利用网络传输信息。Linux 操作系统从一开始就提供网络功能，并且，Linux 上的 Socket 库兼容 BSD socket 库，为开发网络应用提供良好的支持。对应用程序员来说，掌握 Socket 开发可以快速地实现网络应用程序。本章的主要内容如下：

- TCP/IP 协议簇介绍；
- Socket 通信的概念；
- 通过 Socket 进行面向数据流的通信；
- 通过 Socket 进行面向数据报的通信；
- Socket 开发的高级应用。

9.1　网络通信基础

互联网（Internet）是目前世界上应用最广泛的网络，最早从美国军方的科研项目 ARPA（Advanced Research Projects Agency）发展而来。互联网采用 TCP/IP 协议传输数据，虽然 TCP/IP 协议并不是 ISO 规定的标准协议，但是作为应用最广泛的协议已经成为大规模网络通信的事实标准。本节将介绍 TCP/IP 协议簇，以及其中重要的 IP 协议、TCP 协议和 UDP 协议。

9.1.1　TCP/IP 协议族

TCP/IP 协议实际上是由一组协议组成的，通常也称做 TCP/IP 协议簇。根据 ISO/OSI 参考模型对网络协议的规定，对网络协议划分为 7 层，如图 9-1 所示。

从图中可以看出，TCP/IP 协议簇可以分成 4 层，和 OSI 参考模型的对应关系是，TCP/IP 的应用层对应 OSI 的应用层、表示层和会话层；TCP/IP 的传输层和网络互联层分别对应 OSI 参考模型的传输层和网络层；TCP/IP 的主机到网络层对应 OSI 参考模型的数据链路层和物理层。

OSI 参考模型是一种对网络协议功能划分的一般方法，并不是所有的网络协议都会完全采用这种 7 层结构，OSI 参考模型是为了不同架构网络协议之间的相互转换而设计的。如 TCP/IP 协议簇和一些电信广域网协议的转换。

TCP/IP 协议簇使用了 4 层结构，对于协议处理的开销相对较小。图 9-1 中主机到网络层包含了数据链路层信息和物理层信息，这部分在 PC 上对应的是网络接口卡以及驱动；主机到网络层以上的三层协议都是 Linux 内核实现的。网络互联层也叫做路由层，负责数

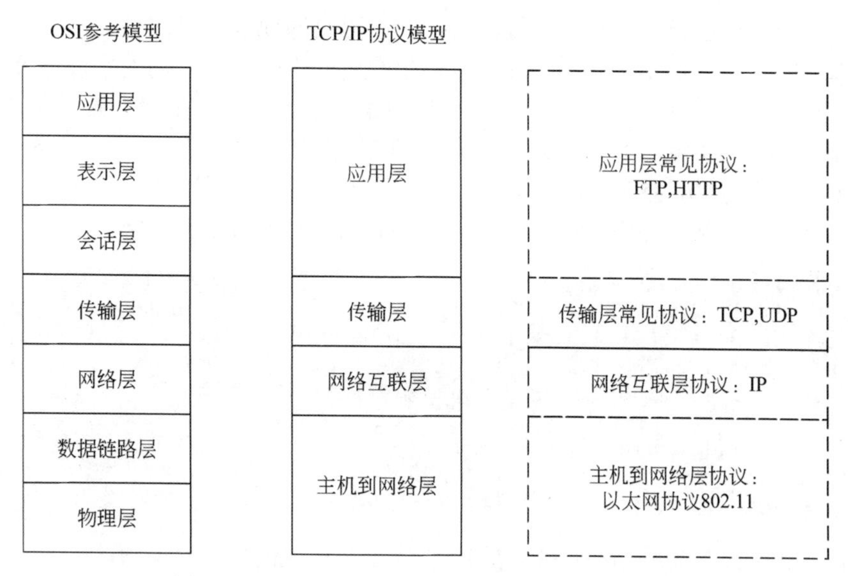

图 9-1 TCP/IP 协议模型和 OSI 参考模型对应关系

据包的路径管理，常见的网络设备路由器就工作在这一层；传输层负责控制数据包的传输管理，常见的协议有 TCP 和 UDP 协议；应用层是用户最关心的，也是用户数据存放的地方，常见的有 HTTP 协议、FTP 协议等。

9.1.2 IP 协议

从图 9-1 中可以看出，IP 协议工作在网络层，负责数据包的传输管理。IP 协议实现两个基本功能：寻址和分段。寻址是 IP 协议提供的最基本功能，IP 协议根据数据包头中目的地址传送数据报文。在传送数据报文的过程中，IP 协议可以根据目的地址选择报文在网络中的传输路径，这个过程称做路由。

分段是 IP 协议的一个重要功能。由于不同类型的网络之间传输的网络报文长度是不同的，为了能适应在不同的网络中传输 TCP/IP 协议报文，IP 协议提供分段机制帮助数据包穿过不同类型的网络。IP 协议在协议头记录了分段后的报文数据，但是 IP 协议并不关心数据的内容，如图 9-2 所示为 IPv4 协议头。

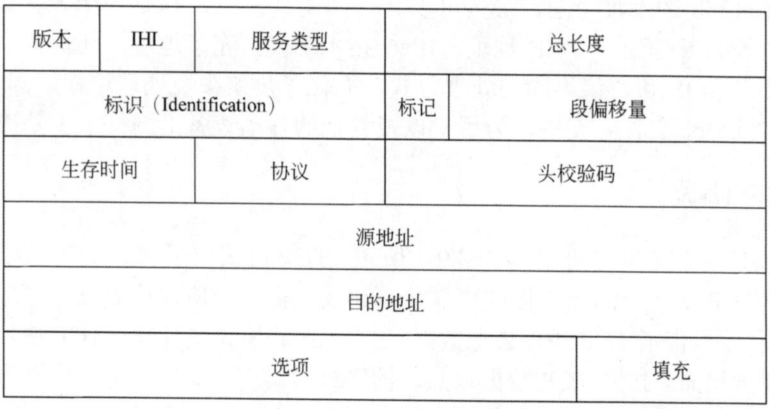

<table>
<tr><td>版本</td><td>IHL</td><td>服务类型</td><td colspan="2">总长度</td></tr>
<tr><td colspan="3">标识（Identification）</td><td>标记</td><td>段偏移量</td></tr>
<tr><td colspan="2">生存时间</td><td>协议</td><td colspan="2">头校验码</td></tr>
<tr><td colspan="5">源地址</td></tr>
<tr><td colspan="5">目的地址</td></tr>
<tr><td colspan="4">选项</td><td>填充</td></tr>
</table>

图 9-2 IPv4 协议头

从图中可以看出这是个复杂的结构，最常用字段是源地址和目的地址，用来寻址和查路由。版本字段永远都是 4，表示 IPv4 协议。生存时间也是一个常用的字段，英文简写为 TTL。当发送一个数据包的时候，操作系统会给数据包设置一个 TTL 值，最大是 255。每当数据包经过路由器的时候，路由器会把数据包的 TTL 值减 1，表示经过了一个路由器。如果路由器发现 TTL 等于 0，就把数据包丢弃。细心的读者会发现，使用常用的 ping 命令测试一个 IP 是否可达的时候，操作系统会给出一个 TTL 值，在 Linux 下系统通常会显示如下：

```
tom@tom-virtual-machine:~/dev_test/08/8.2.6$ ping 192.168.1.100
PING 192.168.1.100 (192.168.1.100) 56(84) bytes of data.
64 bytes from 192.168.1.100: icmp_req=1 ttl=128 time=1.26 ms
64 bytes from 192.168.1.100: icmp_req=2 ttl=128 time=1.25 ms
64 bytes from 192.168.1.100: icmp_req=3 ttl=128 time=1.25 ms
^C
--- 192.168.1.100 ping statistics ---
3 packets transmitted, 3 received, 0% packet loss, time 2004ms
rtt min/avg/max/mdev = 1.254/1.257/1.262/0.003 ms
```

这里的“ttl=128”就是 Linux 系统在 IPv4 协议头设置的生存时间值。

除了提供寻址和分段外，IP 还提供了服务类型、生存时间、选项和报头校验码 4 种关键业务。服务类型是指希望在 IP 网络中得到的数据传输服务质量；服务类型是设置服务参数的集合，供网关或者路由器使用；生存时间指定了数据包有效的生存时间，由发送方设置，在路由器中被处理。路由器检查每个数据包的生存时间，如果为 0 则表示丢弃数据包。

IP 报文还提供了选项，包括时间戳、安全和特殊路由等设置。此外，还提供了报文头校验码，如果校验码出错表示数据包内容有误，必须丢弃数据包。

注意：IP 协议不提供可靠的传输服务，它不提供端到端的或（路由）结点到（路由）结点的确认，对数据没有差错控制，它只使用报头的校验码，不提供重发和流量控制。如果出错可以通过 ICMP 报告，ICMP 在 IP 模块中实现。

IP 协议最早由于地址大小的限制，只能支持最多 $2^{32}-1$ 个地址。但实际远没有这么多，除掉保留地址和 D 类 E 类地址外，供互联网使用的地址很有限。随着接入互联网的设备越来越多，目前已经出现了 IP 地址危机。

早在 20 年前，网络专家就提出改进 IP 协议的方案，目前 IP 协议头版本号是 4，称做 IPv4，下一代 IP 协议版本号为 6，通常称做 IPv6。IPv6 技术最大的特点是解决了地址空间问题，提供了 128b 的地址空间，最多可以有 $2^{128}-1$ 个地址，这是一个天文数字，足够给地球上所有的设备都分配一个 IP 地址。IPv6 技术不仅扩充了地址，还提供了其他的新特性，并且采用了和 IPv4 协议不同的处理方式，简化了协议头及处理过程。同时 IPv6 协议还提供了 MIP（Mobile IP）支持，为手机以及其他的移动设备上网打下了基础。

9.1.3　TCP 协议

TCP 协议是一个传输层协议。如图 9-1 所示，TCP 协议位于网络互联层后，是 IP 协议的上层协议。TCP 是一个面向连接的可靠传输协议。在一个协议栈处理程序中，如果发现数据包的 IP 层后携带了 TCP 头，会把数据包交给 TCP 协议层处理。TCP 协议层对数据包排序并进行错误检查，按照 TCP 数据包头中的序列号排序，如果发现排序队列中少某个数据包，则启动重传机制重新传送丢失的数据包。

TCP 协议层处理完毕后，把其余数据交给应用层程序处理，如 FTP 的服务程序和客户程序。面向连接的应用几乎都使用 TCP 协议作为传输协议。TCP 传输协议有高度可靠性，可以最大限度保证数据在传递过程中不丢失。

9.1.4 UDP 协议

UDP 与 TCP 一样是传输层协议，但是 UDP 协议没有控制数据包的顺序和出错重发机制。因此，UDP 的数据在传输时是不稳定的。通常 UDP 被用在对数据要求不是很高的场合，如查询应答服务等。使用 UDP 作为传输层协议的有 NTP（网络时间协议）和 DNS（域名服务系统）。

UDP 另一个重要问题就是安全性不高。由于 UDP 没有连接的概念，在一个数据传输过程中，UDP 数据包可以很容易地被伪造或者篡改。

9.1.5 学习分析协议的方法

网络协议一般都比较抽象，给人感觉枯燥。学习网络协议需要一个直观的认识，推荐读者使用网络协议分析的工具分析协议。目前有很多的网络协议分析工具，著名的 Sniffer 就是一款专业的网络协议分析利器。本节将介绍一个比较流行的工具 Ethereal，这是一个开源的网络协议分析工具，功能十分强大。它使用 libpcap 库做数据包解析，使用 GTK+ 库做界面，由于这两个库是跨平台的，所以 Ethereal 可以在多种平台使用。Ethereal 最大的特点是支持用表达式书写包过滤条件，同时支持常见协议的深度分析，如 HTTP、SIP 等。Ethereal 的最新版本已经更名为 WireShark，官方网站是 http://www.wireshark.org，官方网站有软件的使用手册及下载链接。

软件的安装本书不做介绍，安装过程一般不需要选择，按照提示一步一步进行即可。本节将介绍 WireShark 软件的使用方法。

（1）单击"开始"|"所有程序"|Wire Shark|Wire Shark 命令启动 WireShark 网络分析软件，界面如图 9-3 所示。

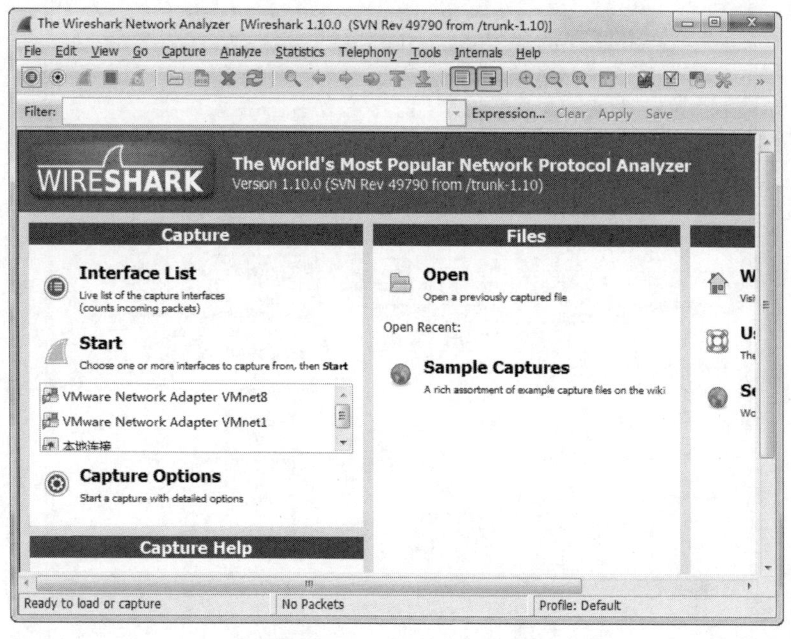

图 9-3 WireShark 主界面

图 9-3 是 WireShark 启动后的主界面，与常见的应用软件类似，界面最上方是菜单，接下来是工具栏，常用的工具按钮都集中在这里。工具栏下方是 Filter 工具，提供了过滤数据包的正则表达式输入框。

（2）要从本机的网卡抓包，单击工具栏上的按钮，出现如图 9-4 所示的画面。在 Interface 选项中选择需要抓包的网卡，如图 9-5 所示。

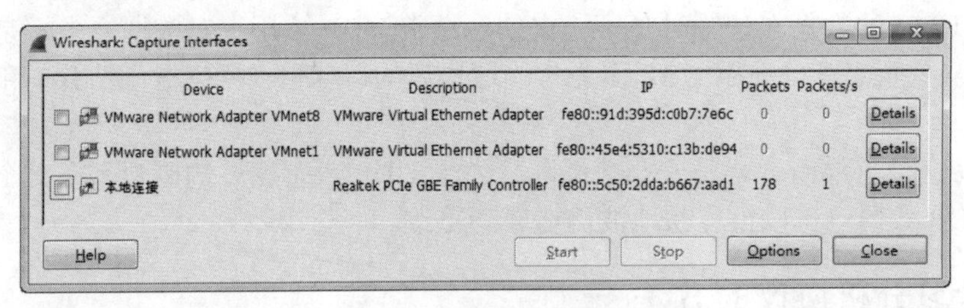

图 9-4　选择抓包的网卡

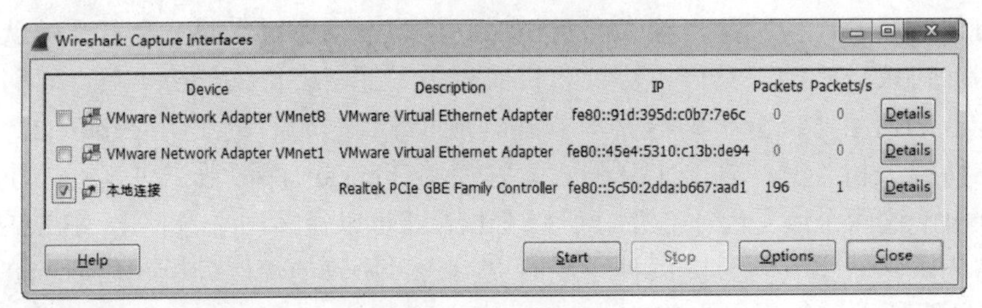

图 9-5　抓包设置

其他还需要设置的是选择混杂模式，点击 Options 按钮可以打开设置页面，如图 9-6 所示。

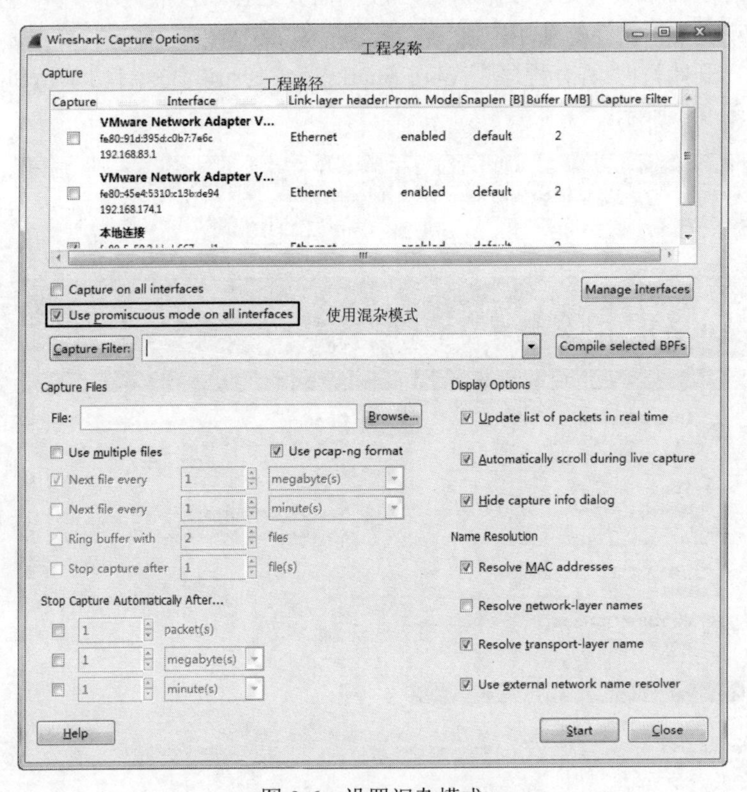

图 9-6　设置混杂模式

（3）抓包设置好以后，单击 Start 按钮开始抓包，稍等会出现如图 9-7 所示的抓包结果界面。

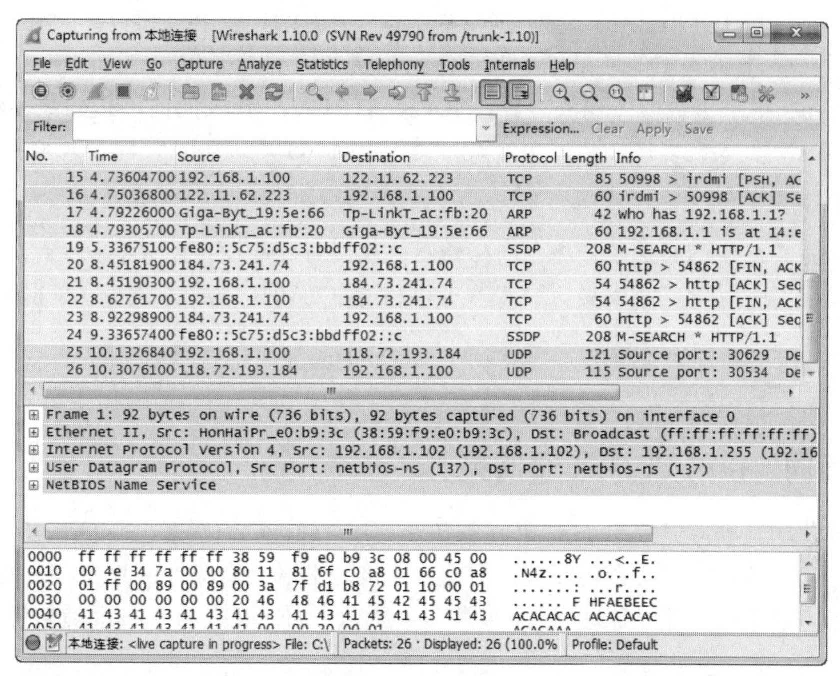

图 9-7　抓包结果

图 9-7 是抓包的结果，根据网卡接收网络上的数据包的情况会不断打印出接收到的数据包。主界面有 3 个部分，上面的部分是数据包列表，当单击某一个数据包的时候，会在中间部分显示出数据包的详细内容，并且显示数据包的协议分析结果，下面的窗口显示数据包十六进制的原始内容。

当需要停止抓包的时候，可单击工具栏上的■按钮。

9.2　Socket 通信基本概念

Socket 常被翻译成套接字或者插口，Socket 实际上就是网络上的通信端点。使用者或应用程序只要连接到 Socket 便可以和网络上任何一个通信端点连接，传送数据。Socket 封装了通信的细节，在 Linux 系统中，为使用者提供了类似文件描述符的操作方法，程序员可以不必关心通信协议内容而专注应用程序开发。根据数据传送方式，可以把 Socket 分成面向连接的数据流通信和无连接的数据报通信。

9.2.1　创建 socket 对象

在使用 socket 通信之前，需要创建 socket 对象。对应用程序员来说，socket 对象就是一个文件句柄，通常使用 socket()函数创建 socket 对象。函数定义如下：

```
#include <sys/types.h>
#include <sys/socket.h>
int socket(int domain, int type, int protocol);
```

参数 domain 用来指定使用的域，这里的域是指 TCP/IP 协议的网络互联层协议。在 9.1 节提到，网络互联层常见的有 IPv4 和 IPv6 协议，实际上还包括许多其他的协议。因为 socket()函数不仅仅是针对 TCP/IP 协议簇的，通常使用 AF_INET 表示 IPv4 协议，使用 AF_INET6 表示 IPv6 协议。其他类型的域可以参考 socket()函数的手册。

参数 type 指定了数据传输的方式。SOCK_STREAM 代表面向连接的数据流方式，SOCK_DGRAM 代表无连接的数据报方式。另外，socket 还提供了一种 SOCK_RAW 的模式，也称做原始模式。

提示：type 参数实际指定了数据包的传输层协议。如果是 SOCK_RAW 模式，表示不指定传输层协议。也就是说，用户可以构造自己的传输层协议，如 ICMP 协议。

参数 protocol 指定协议类型，一般取 0。socket()函数成功返回创建的 socket 句柄值，失败返回–1。

9.2.2　面向连接的 Socket 通信实现

面向连接的数据流通信在 TCP/IP 协议簇是使用 TCP 作为传输层协议通信，按照 TCP 协议的要求，通信双方需要在传输数据前建立连接，术语上称做“TCP 的三次握手”。对应用程序员来说，这个过程是透明的，如图 9-8 所示为面向连接的 Socket 通信模型。

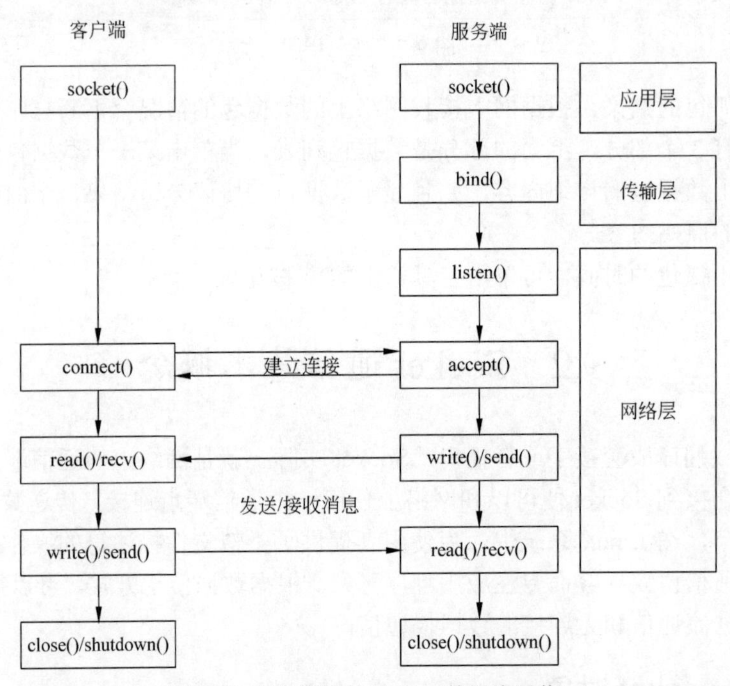

图 9-8　面向连接的 Socket 数据流通信

图 9-8 给出了客户端和服务器端创建 Socket、建立连接、进行数据通信，以及关闭连接的全过程，同时给出了不同过程和函数对应 TCP/IP 协议的层次关系。所有的面向连接数据流通信都遵循这个过程。

服务器端工作流程如下：

（1）使用 socket()函数创建 socket；

（2）通过 bind()函数把创建的 socket 句柄绑定到指定的 TCP 端口；

（3）调用 listen()函数使 socket 处于监听状态，并且设置监听队列的大小；

（4）当客户端发送连接请求后，调用 accept()函数接受客户端请求，与客户端建立连接；

（5）与客户端发送或者接收数据；

（6）通信完毕，调用 close()函数关闭 socket()函数。

客户端工作流程如下：

（1）使用 socket()函数创建 socket；

（2）调用 connect()函数向服务器端 socket 发起连接；

（3）连接建立后，进行数据读写；

（4）数据传输完毕，使用 close()函数关闭 Socket。

服务器端和客户端在建立连接的过程中，使用了不同的函数。先介绍服务器端，bind()函数用来绑定 socket 句柄和 TCP 端口，函数定义如下：

```
#include <sys/types.h>
#include <sys/socket.h>
int bind(int sockfd, struct sockaddr *my_addr, socklen_t addrlen);
```

参数 fd 是要绑定的 socket 句柄，由 socket()函数创建；参数 my_addr 指向一个 sockaddr 结构，里面保存 IP 地址和端口号；参数 addrlen 是 sockaddr 结构的大小。如果绑定 TCP 端口成功，函数返回 0，如果失败，返回–1，并且设置全局变量 errno（errno 的值请参考 man 手册）。

listen()函数监听一个端口上的连接请求，函数定义如下：

```
#include <sys/socket.h>
int listen(int s, int backlog);
```

参数 s 是要监听的 socket 句柄，backlog 参数指定最多可以监听的连接数量，默认是 20 个。如果函数调用成功则返回 0，失败返回–1，并且设置全局变量为 errno。

注意：listen()函数只能用在面向连接的 Socket。

处于监听状态的服务器在获得客户机的连接请求后，会将其放置在等待队列中。当系统空闲时，将接受客户机的连接请求。接收客户机的连接请求使用 accept()函数，定义如下：

```
#include <sys/types.h>
#include <sys/socket.h>
int accept(int s, struct sockaddr *addr, socklen_t *addrlen);
```

accept()函数用于面向连接类型的套接字类型。accept()函数将从连接请求队列中获得连接信息，创建新的套接字，并返回该套接字的文件描述符。accept()函数返回的是一个新套接字描述符，客户端可以通过这个描述符与服务器通信，而最初通过 socket()函数创建的套接字描述符仍然用于监听客户端请求。参数 s 是监听的套接字描述符；参数 addr 是指向 sockaddr 结构的指针；addrlen 是结构的大小。如果调用成功，则 accept()函数返回新创建的套接字句柄，失败返回–1，并且设置全局变量为 errno。

与服务器端不同的是，客户端在创建套接字以后就可以连接到服务器端，使用 connect()函数，定义如下：

```
#include <sys/types.h>
#include <sys/socket.h>
int connect(int sockfd, const struct sockaddr *serv_addr, socklen_t addrlen);
```

connect()函数的作用是和服务器端建立连接。参数 sockfd 是套接字句柄；参数 serv_addr 指向 sockaddr 结构，指定了服务器 IP 地址和端口号；参数 addrlen 是 serv_addr 结构大小。

客户端和服务器使用相同的发送和接收函数，发送函数可以使用 write()函数或者 send()函数，write()函数在文件操作相关章节已经讲述。send()函数定义如下：

```
#include <sys/types.h>
#include <sys/socket.h>
ssize_t send(int s, const void *buf, size_t len, int flags);
```

参数 s 是套接字句柄，buf 是要发送的数据缓冲，len 是数据缓冲长度，参数 flags 一般置 0。如果发送数据成功，则返回发送数据的字节数，失败返回–1。

接受函数可以使用 read()函数和 recv()函数，read()函数可以像操作文件一样操作套接字，在相关章节已有介绍。recv()函数定义如下：

```
#include <sys/types.h>
#include <sys/socket.h>
ssize_t recv(int s, void *buf, size_t len, int flags);
```

参数 s 指定要读取数据的套接字句柄，buf 参数是存放数据的缓冲首地址，len 参数指定接收缓冲大小，参数 flags 一般置 0。当读取到数据时函数返回已读取数据的字节数，如果读取失败返回–1，另外，如果对方关闭了套接字，recv()函数会返回 0。

9.2.3　面向连接的 echo 服务编程实例

本节给出一个 echo 服务的编程实例，echo_serv.c 是服务端源代码，提供创建服务端，绑定套接字到本机 IP 和 8080 端口，当收到客户端发送的字符串就在屏幕打印出来，并且把字符串发送给客户端，如果客户端发送"quit"，服务器端退出。

```
01  // echo_serv.c - gcc -o s echo_serv.c
02  #include <sys/types.h>
03  #include <sys/socket.h>
04  #include <netinet/in.h>
05  #include <arpa/inet.h>
06  #include <unistd.h>
07  #include <stdio.h>
08  #include <errno.h>
09  #include <string.h>
10
11  #define EHCO_PORT 8080
12  #define MAX_CLIENT_NUM 10
13
14  int main()
15  {
16      int sock_fd;
17      struct sockaddr_in serv_addr;
18      int clientfd;
19      struct sockaddr_in clientAdd;
20      char buff[101];
21      socklen_t len;
22      int n;
```

```
23
24        /* 创建 socket */
25        sock_fd = socket(AF_INET, SOCK_STREAM, 0);
26        if(sock_fd==-1) {
27            perror("create socket error!");
28            return 0;
29        } else {
30            printf("Success to create socket %d\n", sock_fd);
31        }
32
33        /* 设置 server 地址结构 */
34        bzero(&serv_addr, sizeof(serv_addr));        // 初始化结构占用的内存
35        serv_addr.sin_family = AF_INET;              // 设置地址传输层类型
36        serv_addr.sin_port = htons(EHCO_PORT);       // 设置监听端口
37        serv_addr.sin_addr.s_addr = htons(INADDR_ANY); // 设置服务器地址
38        bzero(&(serv_addr.sin_zero), 8);
39
40        /* 把地址和套接字绑定 */
41        if(bind(sock_fd,  (struct  sockaddr*)&serv_addr,  sizeof(serv_
addr))!=0) {
42            printf("bind address fail! %d\n", errno);
43            close(sock_fd);
44            return 0;
45        } else {
46            printf("Success to bind address!\n");
47        }
48
49        /* 设置套接字监听 */
50        if(listen(sock_fd,MAX_CLIENT_NUM) != 0) {
51            perror("listen socket error!\n");
52            close(sock_fd);
53            return 0;
54        } else {
55            printf("Success to listen\n");
56        }
57
58        /* 创建新连接对应的套接字 */
59        len = sizeof(clientAdd);
60        clientfd = accept(sock_fd, (struct sockaddr*)&clientAdd, &len);
61        if (clientfd<=0) {
62            perror("accept() error!\n");
63            close(sock_fd);
64            return 0;
65        }
66
67        /* 接收用户发来的数据 */
68        while((n = recv(clientfd,buff, 100,0 )) > 0) {
69            buff[n] = '\0';                         // 给字符串加入结束符
70            printf("number of receive bytes = %d data = %s\n", n, buff);
                                                      // 打印字符串长度和内容
71            fflush(stdout);
72            send(clientfd, buff, n, 0);             // 发送字符串内容给客户端
73            if(strncmp(buff, "quit", 4) == 0)      // 判断是否是退出命令
74                break;
75        }
76
77        close(clientfd);                            // 关闭新建的连接
78        close(sock_fd);                             // 关闭服务端监听的 socket
79
```

```
80      return 0;
81  }
```

程序定义了两个套接字句柄 sock_fd 和 clientfd，sock_fd 是服务端用来监听的套接字，clientfd 是用户发起请求后与客户端建立的套接字。第 25 行调用 socket()函数创建了套接字，之后设置 sockaddr 结构，填入本机 IP 和需要监听的端口号。第 41 行使用 bind()函数绑定套接字到本机的 8080 端口，如果绑定成功，第 50 行使用 listen()函数设置程序监听用户请求的参数。第 60 行调用 accept()函数阻塞监听用户请求，如果有请求，则 accept()函数返回和用户建立的套接字句柄，从此建立连接。第 68～75 行通过 recv()函数读取用户发送的字符串，打印后通过 send()函数发送给用户，第 73 行判断用户发送的字符串是否等于"quit"，如果是则跳出循环。第 77 行关闭和用户建立的连接，第 78 行关闭服务端监听的套接字。

echo_client.c 是客户端程序，在和服务端建立连接后发送字符串到服务端，并且接收服务端发送的字符串显示在屏幕上。

```
01  // echo_client - gcc -o c echo_client.c
02  #include <sys/types.h>
03  #include <sys/socket.h>
04  #include <netinet/in.h>
05  #include <arpa/inet.h>
06  #include <unistd.h>
07  #include <stdio.h>
08  #include <errno.h>
09  #include <string.h>
10
11  #define EHCO_PORT 8080
12  #define MAX_COMMAND 5
13
14  int main()
15  {
16      int sock_fd;
17      struct sockaddr_in serv_addr;
18
19      char *buff[MAX_COMMAND] = {"abc", "def", "test", "hello", "quit"};
20      char tmp_buf[100];
21      int n, i;
22
23      /* 创建 socket */
24      sock_fd = socket(AF_INET, SOCK_STREAM, 0);
25      if(sock_fd==-1) {
26          perror("create socket error!");
27          return 0;
28      } else {
29          printf("Success to create socket %d\n", sock_fd);
30      }
31
32      /* 设置 server 地址结构 */
33      bzero(&serv_addr, sizeof(serv_addr));          // 初始化结构占用的内存
34      serv_addr.sin_family = AF_INET;                // 设置地址传输层类型
35      serv_addr.sin_port = htons(EHCO_PORT);         // 设置监听端口
36      serv_addr.sin_addr.s_addr = htons(INADDR_ANY); // 设置服务器地址
37      bzero(&(serv_addr.sin_zero), 8);
38
39      /* 连接到服务端 */
40      if  (-1==connect(sock_fd,  (struct  sockaddr*)&serv_addr,  sizeof
(serv_addr))) {
```

```
41          perror("connect() error!\n");
42          close(sock_fd);
43          return 0;
44      }
45      printf("Success connect to server!\n");
46
47      /* 发送并接收缓冲的数据 */
48      for (i=0;i<MAX_COMMAND;i++) {
49          send(sock_fd, buff[i], 100, 0);           // 发送数据给服务端
50          n = recv(sock_fd, tmp_buf, 100, 0);       // 从服务端接收数据
51          tmp_buf[n] = '\0';                        // 给字符串添加结束标志
52          printf("data send: %s receive: %s\n", buff[i], tmp_buf);
                                                      // 打印字符串
53          if (0==strncmp(tmp_buf, "quit", 4))       // 判断是否退出命令
54              break;
55      }
56
57      close(sock_fd);                               // 关闭套接字
58
59      return 0;
60  }
```

程序在第 24 行使用 socket()函数创建了套接字句柄，之后设置 sockaddr 结构，填入服务端 IP 地址和端口号。第 40 行使用 connect()函数向服务端发起连接，如果连接成功，开始数据传输。第 48～55 行通过 send()函数发送字符串到服务端，使用 recv()函数接收服务端发送的数据，并且打印在屏幕上，第 53 行判断如果服务端发送字符串“quit”，则退出循环。第 57 行关闭套接字。

两个程序编译后，需要在不同的控制台界面执行。执行服务端程序 s 后，打印信息如下：

```
Success to create socket 3
Success to bind address!
Success to listen
```

表示套接字创建成功，并且绑定到指定的端口上。之后在另一个控制台运行客户端程序，控制台输入如下：

```
Success to create socket 3
Success connect to server!
data send: abc receive: abc
data send: def receive: def
data send: test receive: test
data send: hello receive: hello
data send: quit receive: quit
```

显示出成功创建套接字的提示，并且打印 5 行信息，客户端发送的字符串并接收到服务端返回的字符串，最后一个字符串是"quit"，表示退出连接。在服务端也会得到类似的信息：

```
number of receive bytes = 100 data = abc
number of receive bytes = 100 data = def
number of receive bytes = 100 data = test
number of receive bytes = 100 data = hello
number of receive bytes = 100 data = quit
```

9.2.4　无连接的 Socket 通信实现

无连接的 Socket 通信相对于建立连接的流 Socket 较为简单，因为在数据传输过程中不能保证能否到达，常用在一些对数据要求不高的地方，如在线视频等。无连接的套接字不需要建立连接，省去了维护连接的开销，所以，同样环境下一般比流套接字传输数据速率快。在实际应用中，一些应用软件会自己维护无连接的套接字数据传输状态。无连接的套接字使用 TCP/IP 协议簇的 UDP 协议传输数据。

如图 9-9 所示为无连接的套接字通信模型，和面向连接的流通信不同，服务端在绑定 Socket 到指定 IP 和端口后，并没有使用 listen()函数监听连接，也没有使用 accept()函数对新的请求建立连接，因为没有连接的概念，传输层协议无法区分不同的连接，也就不需要对每个新的请求创建连接。在客户端创建 Socket 之后，可以直接向服务端发送数据或者读取服务端的数据。无连接的套接字通信服务端和客户端的界限相对模糊一些。

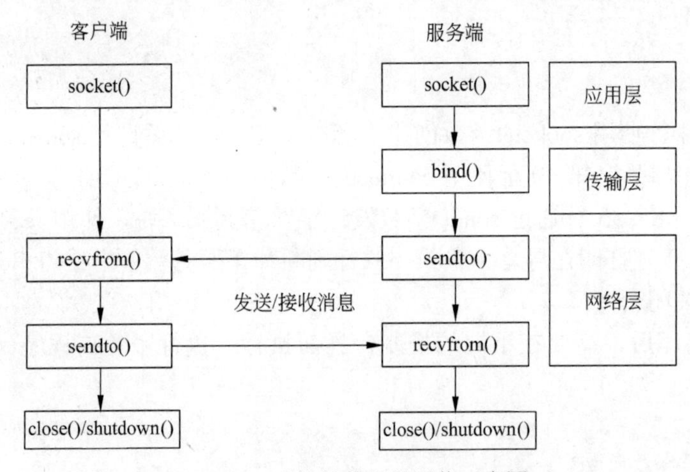

图 9-9　无连接的数据报通信示意图

无连接的套接字通信，发送和接收数据的函数和面向流套接字通信不同，使用 recvfrom()函数和 sendto()函数，定义如下：

```
#include <sys/types.h>
#include <sys/socket.h>
int  recvfrom(int  s, void *buf, size_t len, int flags, struct sockaddr *from,
socklen_t *fromlen);
int  sendto(int s, const void *msg, size_t len, int flags, const struct
sockaddr *to, socklen_t tolen);
```

recvfrom()函数用来从指定的 IP 地址和端口接收数据。参数 s 是套接字句柄；参数 buf 是存放接收数据的缓冲首地址，len 是接收缓冲大小；参数 from 是发送数据方的 IP 和端口号，fromlen 是 sockaddr 结构大小。如果接收到数据，就返回接收到数据的字节数，失败则返回–1。

sendto()函数发送数据到指定的 IP 和端口号。参数 s 指定套接字句柄；参数 msg 是发送数据的缓冲首地址，len 是缓冲大小；参数 to 指定接收数据的 IP 和端口号，tolen 是 sockaddr 结构大小。如果函数调用成功则返回发送数据的字节数，失败返回–1。

提示：无连接的套接字可以在同一个 socket 与不同的 IP 和端口收发数据，可以在服务器端管理不同的连接。

9.2.5　无连接的时间服务编程实例

无连接的套接字通信比较简单，本节将给出一个获取时间的例子，服务端程序 time_serv.c 负责创建 Socket 并且绑定到本机 9090 端口，然后等待客户端发出请求，当收到客户端发送的请求时间命令"time"以后，生成当前时间的字符串发送给客户端。客户端建立 Socket 以后，直接向指定的服务端发送请求时间命令，之后等待服务端返回，发送退出命令，关闭连接。

```
01  // time_serv.c - gcc -o s time_serv.c
02  #include <sys/types.h>
03  #include <sys/socket.h>
04  #include <netinet/in.h>
05  #include <arpa/inet.h>
06  #include <unistd.h>
07  #include <stdio.h>
08  #include <errno.h>
09  #include <time.h>
10  #include <string.h>
11
12  #define TIME_PORT 9090
13  #define DATA_SIZE 256
14
15  int main()
16  {
17      int sock_fd;
18      struct sockaddr_in local;
19      struct sockaddr_in from;
20      int n;
21      socklen_t fromlen;
22      char buff[DATA_SIZE];
23      time_t cur_time;
24
25      sock_fd = socket(AF_INET, SOCK_DGRAM, 0);      // 建立套接字
26      if (sock_fd<=0) {
27          perror("create socket error!");
28          return 0;
29      }
30      perror("Create socket");
31
32      /* 设置要绑定的 IP 和端口 */
33      local.sin_family=AF_INET;
34      local.sin_port=htons(TIME_PORT);                       // 监听端口
35      local.sin_addr.s_addr=INADDR_ANY;                      //本机
36
37      /* 绑定本机到套接字 */
38      if (0!=bind(sock_fd,(struct sockaddr*)&local,sizeof(local))) {
39          perror("bind socket error!");
40          close(sock_fd);
41          return 0;
42      }
43      printf("Bind socket");
44
45      fromlen =sizeof(from);
```

```
46      printf("waiting request from client...\n");
47
48      while (1)
49      {
50          n = recvfrom(sock_fd, buff, sizeof(buff), 0, (struct sockaddr*)
&from, &fromlen);   // 接收数据
51          if (n<=0) {
52              perror("recv data!\n");
53              close(sock_fd);
54              return 0;
55          }
56          buff[n]='\0';                               // 设置字符串结束符
57          printf("client request: %s\n", buff);   // 打印接收到的字符串
58
59          if (0==strncmp(buff, "quit", 4))         // 判断是否退出
60              break;
61
62          if (0==strncmp(buff, "time", 4)) {       // 判断是否请求时间
63              cur_time = time(NULL);
64              strcpy(buff, asctime(gmtime(&cur_time)));
                                                        // 生成当前时间字符串
65              sendto(sock_fd,  buff,sizeof(buff),  0,(struct  sockaddr*)
&from,fromlen);                                         // 发送时间给客户端
66          }
67
68      }
69      close(sock_fd);                                 // 关闭套接字
70      return 0;
71  }
```

程序第 18 行和第 19 行定义了两个地址结构变量，local 表示服务端监听的地址，from 用来存放发送数据到服务端的客户端地址。首先在第 25 行调用 socket()函数创建了套接字，之后设置要绑定的 IP 和端口号，在第 38 行使用 bind()函数绑定套接字到指定的端口。第 48～68 行循环处理客户端发来的数据，第 50 行调用 recvfrom()函数接收客户端发来的数据。如果收到数据，函数会设置 from 参数指定的 sockaddr 结构，内容为客户端的 IP 和端口。第 59 行和第 62 行判断用户发送的字符串，如果是"time"请求，在 64 行使用时间函数 asctime()生成当前时间的字符串形式，并用 sendto()函数发送给客户端；如果是"quit"请求，则跳出循环。第 69 行关闭套接字，对应的连接也随之关闭。

```
01  // time_client.c - gcc -o c time_client.c
02  #include <sys/types.h>
03  #include <sys/socket.h>
04  #include <netinet/in.h>
05  #include <arpa/inet.h>
06  #include <unistd.h>
07  #include <stdio.h>
08  #include <errno.h>
09  #include <string.h>
10
11  #define TIME_PORT 9090
12  #define DATA_SIZE 256
13
14  int main()
15  {
16      int sock_fd;
17      struct sockaddr_in serv;
```

```
18      int n;
19      socklen_t servlen;
20      char buff[DATA_SIZE];
21
22      sock_fd = socket(AF_INET, SOCK_DGRAM, 0);       // 创建套接字
23      if (sock_fd<=0) {
24          perror("create socket error!");
25          return 0;
26      }
27      perror("Create socket");
28
29      /* 设置服务端 IP 和端口 */
30      serv.sin_family=AF_INET;
31      serv.sin_port=htons(TIME_PORT);                  // 监听端口
32      serv.sin_addr.s_addr=INADDR_ANY;                 // 本机 IP
33      servlen =sizeof(serv);
34
35      /* 请求时间 */
36      strcpy(buff, "time");
37      if (-1==sendto(sock_fd, buff,sizeof(buff), 0, (struct sockaddr*)
&serv,servlen)) {                                        // 发送请求
38          perror("send data");
39          close(sock_fd);
40          return 0;
41      }
42      printf("send time request\n");
43
44      n = recvfrom(sock_fd, buff, sizeof(buff), 0, (struct sockaddr*)
&serv,&servlen);                                         // 接收返回
45      if (n<=0) {
46          perror("recv data!\n");
47          close(sock_fd);
48          return 0;
49      }
50      buff[n]='\0';
51      printf("time from server: %s", buff);
52
53      /* 退出连接 */
54      strcpy(buff, "quit");
55      if (-1==sendto(sock_fd, buff,sizeof(buff), 0, (struct sockaddr*)
&serv,servlen)) {
56          perror("send data");
57          close(sock_fd);
58          return 0;
59      }
60      printf("send quit command\n");
61
62      close(sock_fd);                                  // 关闭套接字
63      return 0;
64  }
```

客户端的操作很简单，创建套接字成功后就可以收发数据了。程序第 22 行调用 socket()函数创建套接字，注意第二个参数是 SOCK_DGRAM 表示创建无连接的数据报套接字。第 30～32 行设置了服务端的 IP 和端口号。第 37 行使用 sendto()函数向服务端发送"time"命令，第 44 行使用 recvfrom()函数接收服务端返回并且打印。第 55 行发送"quit"命令，通知服务端退出。第 62 行关闭套接字。

两个程序编译后在不同的控制台界面执行，服务端输出结果如下：

```
Create socket: Success
Bind socketwaiting request from client...
client request: time
client request: quit
```

服务端打印出了创建套接字成功，绑定套接字成功，之后进入循环等待客户端的数据，最后两行打印出了客户端发送来的命令，最后程序退出。客户端的执行结果如下：

```
Create socket: Success
send time request
time from server: Sat Jun 15 09:36:03 2013
send quit command
```

从结果可以看出，客户端创建套接字后不需要连接就可以直接收发数据，先是发送时间请求，之后得到服务器返回的时间，最后发送退出命令，关闭连接。

9.3　Socket 高级应用

在 9.2 节介绍了 Socket 编程的基础知识，包括面向连接的流通信和无连接的数据报通信，并且给出了例子。由于网络通信过程中有许多不确定因素，因此数据的传输不可能每次都正确，需要对数据发送和接收做超时处理；对于一个服务器来说，需要同时管理多个客户端的连接。这些技术就是本节将要介绍的。

9.3.1　Socket 超时处理

实际的网络通信数据常会因为各种网络故障导致传输失败，在应用程序里需要对数据发送和接收做对应的超时处理。超时指的是预先假定一次数据传输需要的时间，如果超过这个时间没有得到反馈，认为数据传输失败。Socket 库提供了两个强大的函数 setsockopt() 和 getsockopt()，用来设置套接字和得到套接字参数，函数定义如下：

```
#include <sys/types.h>
#include <sys/socket.h>
int getsockopt(int s, int level, int optname, void *optval, socklen_t *optlen);
int setsockopt(int s, int level, int optname, const void *optval, socklen_t optlen);
```

两个函数的参数是一样的，不同的是一个是设置参数的值，另一个是取出参数的值。参数 s 是套接字句柄；level 是指定不同的协议，目前仅支持 SOL_SOCKET 和 IPPROTO_TCP 两个协议；参数 optname 是套接字参数名称，超时参数有两个 SO_RCVTIMEO 接收超时，SO_SNDTIMEO 是发送超时；optval 是存放参数值的缓冲首地址，optlen 是参数值占用的内存大小。对于超时参数来说，optval 是一个指向 timeval 结构的指针。timeval 结构定义如下：

```
struct timeval
{
    time_t tv_sec;
    time_t tv_usec;
};
```

timeval 结构表示一个时间值，tv_sec 是秒，tv_usec 是微秒，用这个结构可以表示超时等待的时间长度。

通常设置套接字超时的方法，示例如下：

```
struct timeval time_out;
time_out.tv_sec = 5;                              // 设置超时时间为 5 秒
timv_out.tv_usec = 0;

setsockopt(s, IPPROTO_TCP, SO_RCVTIMEO, &time_out, sizeof(time_out));
                                                  // 设置接收数据超时
setsockopt(s, IPPROTO_TCP, SO_SNDTIMEO, &time_out, sizeof(time_out));
                                                  // 设置发送数据超时
```

9.3.2　使用 Select 机制处理多连接

当服务端根据客户端的请求创建多个连接以后，每个连接对应不同的套接字，因为recv()函数默认是阻塞的，会造成在等待一个客户端套接字返回数据的时候整个进程阻塞，而无法接收其他客户端套接字数据。这时候需要一个可以处理多个连接的方法，Socket 库提供了两个函数 select()和 poll()用来等待一组套接字句柄的读写操作。

Linux 系统提供了 select()函数和 poll()函数两个网络套接字复用的工具。使用 select()函数和 poll()函数可以向系统说明在什么时间需要安全地使用网络套接字描述符。如程序员可以通过这两个函数的返回结果，知道哪个套接字描述符上有数据需要处理。使用 select()函数和 poll()函数后，程序可以省去不断地轮询网络套接字描述符的步骤。在后台运行网络程序，当被监听的网络套接字有数据的时候，系统会触发应用程序。因此，使用 select()和 poll()函数可以显著提高网络应用程序的工作效率。

select()函数是比较常用的，函数定义如下：

```
/* According to POSIX 1003.1-2001 */
#include <sys/select.h>
/* According to earlier standards */
#include <sys/time.h>
#include <sys/types.h>
#include <unistd.h>
int select(int n, fd_set *readfds, fd_set *writefds, fd_set *exceptfds,
struct timeval *timeout);
FD_CLR(int fd, fd_set *set);
FD_ISSET(int fd, fd_set *set);
FD_SET(int fd, fd_set *set);
FD_ZERO(fd_set *set);
```

根据不同的标准，使用 select()函数需要包含不同的头文件。select()函数提供一种 fd_set 机制，fd_set 是一组文件句柄的集合，参数 n 通常取 select()函数的 fd_set 中最大的一个文件句柄号加 1；参数 readfds 是要监控的读文件句柄集合；参数 writefds 是要监控的写文件句柄集合；exceptfds 是要监控的异常文件句柄集合；同时 select()函数还提供了 timeout 参数指向一个 timeval 结构，用来设置超时时间。当 readfds 或者 writefds 有数据或者时间超时，select()函数返回大于 0 的值，用户可以判断哪个套接字句柄返回数据，如果函数返回 0 表示超时，出错返回–1。

与 select()函数相关的，还提供了一组设置文件句柄组的宏，FD_CLR()从文件句柄组里删除一个文件句柄；FD_ISSET()用来判断一个文件句柄是否在一个组内；FD_SET()添加一个文件句柄到一个组；FD_CLR()清空一个文件句柄组。

使用 select()函数的代码示例如下：

```
int sockfd;
fd_set fdRead;
struct timeval timeout;

timeout.tv_sec = 5;                          // 设置超时时间为 5 秒
timeout.tv_usec = 0;

for(;;) {

    FD_ZERO(&fdRead);                        // 清空 fdRead
    FD_SET(sockfd, &fdRead);                 // 把套接字句柄 sockfd 加入 fdRead

    switch (select(sockfd+1, &fdRead, NULL, NULL, &timeout)) {
                                             // 开始监控 fdRead
        case -1:                             // 函数调用出错
            perror("select() error! %d\n", errno);
            break;
        case 0:                              // 时间超时
            perror("time out!\n");
            break;
        default:                             // sockfd 返回数据
            if (FD_ISSET(sockfd)) {
                printf("sockfd returned data!\n");
                break;
            }
    }
}
```

注意：*在每次调用完 select()函数后，需要重新设置 fd_set。*

9.3.3　使用 poll 机制处理多连接

poll()函数提供与 select()函数类似的功能，解决了 select()函数存在的一些问题，并且函数调用方式也更加简单。函数定义如下：

```
#include <sys/poll.h>
int poll(struct pollfd *ufds, unsigned int nfds, int timeout);
```

与 select()函数分别监控不同类型操作的文件句柄不同，poll()函数使用 pollfd 类型的结构来监控一组文件句柄，参数 ufds 是要监控的文件句柄集合，nfds 是监控的文件句柄数量，timeout 参数指定等待的毫秒数，无论 I/O 是否准备好，poll 都会返回。timeout 指定为负数值表示无限超时；timeout 为 0 指示 poll 调用立即返回并列出准备好 I/O 的文件描述符，但并不等待其他的事件。成功时，poll()函数返回结构体中 revents 域不为 0 的文件描述符个数；如果在超时前没有任何事件发生，poll()函数返回 0；失败时，poll()函数返回–1。与 poll()函数相关的 pollfd 结构定义如下：

```
struct pollfd {
    int fd;                              /* 文件描述符 */
```

```
    short events;                        /* 请求事件 */
    short revents;                       /* 已返回事件 */
};
```

pollfd 结构中定义了一个需要监控的文件描述符以及监控的事件。可以向 poll()函数传递一个 pollfd 结构的数组，用于监控多个文件描述符。pollfd 结构中，events 成员变量是监控事件描述符的掩码，用户通过系统提供的函数设置需要监控事件对应的掩码比特位；revents 成员变量是文件描述符监控事件返回的掩码，内核在监控到某个文件描述符指定事件后设置对应的比特位，用户程序可以通过判断对应的事件比特位确定被监控事件是否返回。表 9-1 列举了 pollfd 结构支持的合法事件。

表 9-1　pollfd 结构监控的合法事件类型

事 件 名 称	解　释
POLLIN	有数据可读
POLLRDNORM	有普通数据可读
POLLRDBAND	有优先数据可读
POLLPRI	有紧迫数据可读
POLLOUT	写数据不会导致阻塞
POLLWRNORM	写普通数据不会导致阻塞
POLLWRBAND	写优先数据不会导致阻塞
POLLMSG	SIGPOLL 消息可用
POLLER	指定的文件描述符发生错误（仅出现在 revents 域）
POLLHUP	指定的文件描述符挂起事件（仅出现在 revents 域）
POLLNVAL	指定的文件描述符非法（仅出现在 revents 域）

注意：使用 poll()函数和 select()函数不一样，不需要显式地请求异常情况报告。

POLLIN | POLLPRI 等价于 select()函数的读事件，POLLOUT | POLLWRBAND 等价于 select()函数写事件。如在同一个文件描述符监控是否可读或者可写，设置 events 属性为 POLLIN | POLLOUT。在 poll()函数返回时，可以检查 revents 变量对应的标志位，标志位与 events 变量的事件标志相同。如果 revents 变量中 POLLIN 事件标志位被设置，则文件描述符可以被读取而不阻塞。如果 POLLOUT 标志位被设置，文件描述符可以写入数据并且不会阻塞。文件描述符事件标志位之间不是互斥关系，可以同时设置多个标志位，表示文件描述符的读取和写入操作都会正常返回而不阻塞。与 select()函数功能相同的 poll()函数用法如下：

```
int sockfd;                              // 套接字句柄
struct pollfd pollfds;
int timeout;

timeout = 5000;                          // 设置超时时间为 5 秒
pollfds.fd = sockfd;                     // 设置监控 sockfd
pollfds.events = POLLIN | POLLPRI;       // 设置监控的事件
```

```
for(;;) {
    switch (poll(&pollfds, 1, timeout)) {   // 开始监控
        case -1:                             // 函数调用出错
            perror("poll error!\n");
            break;
        case 0:                              // 函数超时
            perror("time out!\n");
            break;
        default:                             // 得到数据返回
            printf("sockfd have some event!\n");
            printf("event value: %.8p\n", pollfds.revents);
            break;
    }
}
```

9.3.4　多线程环境 Socket 编程

select()函数和 poll()函数可以解决一个进程需要同时处理多个网络连接的问题，但是使用 select()函数和 poll()函数监控文件句柄仍然需要等待，如果后面还有需要处理的工作仍然不能同步完成。可以利用第 8 章介绍的多线程技术在一个进程里处理不同的网络连接，为每个连接建立不同的线程，进程不会因为读写函数阻塞，多个连接操作数据也不会互相干扰。多线程处理连接的时候需要注意，一个线程直接的全局变量是共享的，所以每个连接对应的套接字句柄应该保存在线程内部。

9.4　小　　结

本章讲解 Socket 编程。首先介绍了 TCP/IP 协议簇，在 9.2 节讲解了 Socket 编程的基础知识，包括面向连接的流套接字和无连接的数据报编程，这部分是 Socket 编程最基本的，初学者应该对比一下这两种类型的套接口通信模式与 TCP/IP 协议的层次关系，这样可以更快地理解里面的含义。9.3 节介绍了 Socket 编程的一些高级技术，主要是集中在如何处理阻塞数据，包括超时机制、多线程机制，读者可以参考 Linux 的 man 手册得到更多的细节介绍。第 10 章将讲解另一种常见的通信方式——串口通信编程。

第 10 章　串口通信编程

目前在主流的 PC 尤其是笔记本电脑上，串口已经很少见到了，但是串口却是嵌入式开发中最常用的硬件接口。串口有驱动简单的特点，几乎所有的嵌入式开发板和设备都提供了串口。在嵌入式开发中，串口通常用来打印设备状态信息和命令行，甚至有的时候只能通过串口得到设备状态（如设备刚启动的时候）。本章将介绍基本的串口软硬件知识，以及如何在应用程序中利用串口收发数据，主要内容如下：

- 串口硬件的介绍；
- 常见的串口协议；
- 串口应用程序入门；
- 利用串口通过手机发送短信。

10.1　串口介绍

在计算机领域，串口可以说是历史悠久而且应用广泛。从最早的 PC 到目前工业控制领域广泛应用的工业计算机，以及嵌入式系统等，都提供了串口。串口有功能简单、成本低、便于连接等优点，是许多嵌入式系统必备的接口之一。

10.1.1　什么是串口

串口是串行接口（Serial Port）的简称，是一种常用的计算机接口，由于连线少、通信控制简单而得到广泛的使用。串口有几种标准，常见的一种称做 RS232 接口的标准是在 1970 年由美国电子工业协会（EIA）和几家计算机厂商共同制定的。RS232 标准应用广泛，其全称是“数据终端设备（DTE）和数据通讯设备（DCE）串行二进制数据交换接口”，该标准定义了串口的电气接口特性和各种信号电平等。

标准串口协议支持的最高数据传输率是 115Kbps。一些改进的串口控制器支持更高甚至 460Kbps 的数据传输率，如增强型串口 ESP（Enhanced Serial Port）和超级增强型串口 Super ESP。

RS232 串口使用 D 型数据接口，最初有 9 针和 25 针两种连接方式。随着计算机技术的不断进步，25 针的串口连接方式已经被淘汰，目前所有的 RS232 串口都使用 9 针连接方式。

10.1.2　串口工作原理

串口通过直接连接在两台设备间的线发送和接收数据，两台设备通信最少需要三根线（发送数据、接收数据和接地）才可以通信。以最常见的 RS232 串口为例，通信距离较近时（<12m），可以用电缆线直接连接标准 RS232 端口。如果传输距离远，可以通过调制解调器（MODEM）传输。因为串口设备工作频率低且容易受到干扰，远距离传输会造成数据丢失。

表 10-1　DB9 接口的 RS232 串口数据线定义

针号	功能说明	缩写	针号	功能说明	缩写
1	数据载波检测	DCD	6	数据设备准备好	DSR
2	接收数据	RXD	7	请求发送	RTS
3	发送数据	TXD	8	清除发送	CTS
4	数据终端准备	DTR	9	振铃指示	BELL
5	信号地	GND			

表 10-1 是常见的 9 针接口串口各条线定义，RS232 标准的串口不仅提供了数据发送和接收的功能，同时可以进行数据流控制。对于普通应用来说，连接好两个数据线和地线就可以通信。

提示：串口是一种标准的设备，有标准的通信协议，任何符合串口通信协议的设备都可以通过串口通信，如 GPS 接收机等。

10.1.3　串口流量控制

常见的串口工具软件都提供了 RTS/CTS 与 XON/XOFF 选项。这两个选项对应 RS232 串口的两种流量控制方式。串口流量控制主要应用于调制解调器的数据通信，对于普通 RS232 串口编程，了解一点流量控制方面的知识是有好处的。

1．什么是串口流量控制

在两个串口之间传输的数据，通常称做串口数据流。串口数据流的两端由于计算机的处理能力差别，常会出现数据丢失的现象。如单片机和 PC 之间使用串口传输数据，单片机的处理能力远小于 PC，如果 PC 按照自己的处理速度发送数据，串口另一端的单片机很快就会因为处理不过来而导致数据丢失。

解决串口传输数据丢失的办法是对串口数据传输两端进行流量控制。在串口协议中规定了传输数据的速率，即单位时间内传输的字节数。根据不同的传输速率，在接收端和发送端可以进行流量控制。接收端如果接收缓冲区满了，向发送端发出暂停发送信号；等接收缓冲区数据被取走后，向发送端发出继续发送信号；发送端收到暂停发送信号后停止数据发送，直到收到继续发送信号才会再次发送数据。

串口协议中规定了硬件流量控制（RTS/CTS 和 DTR/CTS）和软件流量控制（XON/OFF）方法。

2．硬件流量控制

常见的串口硬件流量控制方法有以下两种：

- RTS/CTS 称做“请求发送/清除发送”流量控制。使用时需要连接串口电缆两端的 RTS 和 CTS 控制线（表 10-1 中的第 7 针和第 8 针）。RTS/CTS 流量控制方式中，终端是流量发起方。

- DTR/DSR 称做“数据终端就绪/数据设置就绪”流量控制。使用时需要连接串口电缆的 DTR 和 DSR 控制线（表 10-1 中的第 4 针和第 6 针）。

RTS/CTS 流量控制方法使用比较普遍。RTS/CTS 方式通过对串口控制器编程，设置接收缓冲区的高位标志和低位标志。高位标志和低位标志用于控制 RTS 和 CTS 信号线。当接收端数据超过缓冲区的高位标志后，串口控制器把 CTS 信号线置为低电平，表示停止数据发送；当接收端数据缓冲区处理到低位以下，串口控制器置 CTS 为高电平，表示可以开始数据发送。数据接收端使用 RTS 信号表示是否准备好接收数据。

3. 软件流量控制

使用硬件流量控制需要占用多条数据信号线，在实际的串口通信中，为了简便通信通常使用软件流量控制。使用软件流量控制的串口通信电缆只需要连接三条数据线（数据发送、数据接收、地线）即可，软件流量控制使用 XON/XOFF 协议。

软件流量控制的原理与硬件流量控制原理类似。不同的是，软件流量控制使用特殊的字符表示硬件流量控制中的 CTS 信号。在软件流量控制中，首先设置数据接收缓冲高位和低位。当接收端数据流量超过高位的时候，接收端向发送端发出 XOFF 字符，XOFF 字符通常是十进制数 19，表示停止数据发送；当接收端数据缓冲数据低于低位的时候，接收端向发送端发送 XON 字符（通常是十进制数 17），表示开始数据传输。

10.2　开发串口应用程序

Linux 操作系统对串行口提供了很好的支持。Linux 系统中串口设备被当做一个字符设备（在第 22 章将详细讲解）处理。PC 安装 Linux 系统后在/dev 目录下有若干个 ttySx（x 代表从 0 开始的正整数）设备文件。ttyS0 对应第一个串口，也就是 Windows 系统下的串口设备 COM1，以此类推。

10.2.1　操作串口需要用到的头文件

在 Linux 系统操作串口需要用到以下头文件：

```
#include <stdio.h>                    /*标准输入输出定义*/
#include <stdlib.h>                   /*标准函数库定义*/
#include <unistd.h>                   /*UNIX 标准函数定义*/
#include <sys/types.h>
#include <sys/stat.h>
#include <fcntl.h>                    /*文件控制定义*/
#include <termios.h>                  /*PPSIX 终端控制定义*/
#include <errno.h>                    /*错误号定义*/
```

在编写串口操作程序的最开始引用这些文件即可。

10.2.2　串口操作方法

操作串口的方法与文件类似，可以使用与文件操作相同的方法打开和关闭串口、读写，以及使用 select()函数监听串口。不同的是，串口是个字符设备，不能使用 fseek()之类的文件定位函数。此外，串口是个硬件设备，还可以设置串口设备的属性。

实例 10-1　打开和关闭串口

```
01  #include <stdio.h>                              /*标准输入输出定义*/
02  #include <stdlib.h>                             /*标准函数库定义*/
03  #include <unistd.h>                             /*UNIX 标准函数定义*/
04  #include <sys/types.h>
05  #include <sys/stat.h>
06  #include <fcntl.h>                              /*文件控制定义*/
07  #include <termios.h>                            /*PPSIX 终端控制定义*/
08  #include <errno.h>                              /*错误号定义*/
09
10  int main()
11  {
12      int fd;
13
14      fd = open( "/dev/ttyS0", O_RDWR);           // 使用读写方式打开串口
15      if (-1 == fd){
16          perror("open ttyS0");
17          return 0;
18      }
19      printf("Open ttyS0 OK!\n");
20
21      close(fd);                                  // 关闭串口
22      return 0;
23  }
```

程序的 main()函数中，使用 open()函数打开串口，方法与打开普通文件相同，并且指定了读写属性。打开串口设备后，判断文件句柄的值是否正确，如果正确将打印打开串口成功的信息。最后使用 close()函数关闭串口。串口的打开和关闭和文件相同。

注意： 程序编译后需要 root 权限才可以执行，否则会报错 open ttyS0: Permissiondenied，表示权限不足。

10.2.3　串口属性设置

10.1 节讲解了串口的基本知识，提到串口的基本属性，包括波特率、数据位、停止位和奇偶校验等参数。Linux 系统通常使用 termios 结构存储串口参数，该结构在 termios.h 头文件定义如下：

```
struct termios
{   unsigned short  c_iflag;                        /* 输入模式标志 */
    unsigned short  c_oflag;                        /* 输出模式标志 */
    unsigned short  c_cflag;                        /* 控制模式标志 */
    unsigned short  c_lflag;                        /* 本地模式标志 */
    unsigned char  c_line;                          /* 线路规则 */
    unsigned char  c_cc[NCC];                       /* 控制字 */
};
```

termios 结构比较复杂，每个成员都有多个选项值，本章仅介绍每个成员常用的选项值。表 10-2 列出的成员取值都符合 POSIX 标准，凡是符合 POSIX 标准的系统都是通用的。

termios 结构还有一个成员 c_cc 是一个数组，定义了用于控制的特殊字符，如表 10-3 所示。

表 10-2　termios 结构的各成员常用取值

成员名称	取　值	含　　义
c_iflag	IGNPAR	忽略桢错误和奇偶校验错
	INPCK	启用输入奇偶检测
	ISTRIP	去掉第 8 位
	INLCR	将输入中的 NL 翻译为 CR
	IGNCR	忽略输入中的回车
	ICRNL	将输入中的回车翻译为新行（除非设置了 IGNCR）
	IXON	启用输出的 XON/XOFF 流控制
	IXOFF	启用输入的 XON/XOFF 流控制
c_oflag	ONLCR	将输出中的新行符映射为回车-换行
	OCRNL	将输出中的回车映射为新行符
	ONOCR	不在第 0 列输出回车
	ONLRET	不输出回车
	OFILL	发送填充字符作为延时，而不是使用定时来延时
c_cflag	CSIZE	字符长度掩码。取值为 CS5、CS6、CS7 或 CS8
	CSTOPB	设置两个停止位，而不是一个
	CREAD	打开接受者
	PARENB	允许输出产生奇偶信息以及输入的奇偶校验
	PARODD	输入和输出是奇校验
	CLOCAL	忽略 modem 控制线
c_lflag	ISIG	当接受到字符 INTR、QUIT、SUSP 或 DSUSP 时，产生相应的信号
	ICANON	启用标准模式(canonical mode)。允许使用特殊字符 EOF、EOL、EOL2、ERASE、KILL、LNEXT、REPRINT、STATUS 和 WERASE，以及按行的缓冲
	ECHO	回显输入字符
	ECHOE	如果同时设置了 ICANON，字符 ERASE 擦除前一个输入字符，WERASE 擦除前一个词
	ECHOK	如果同时设置了 ICANON，字符 KILL 删除当前行
	ECHONL	如果同时设置了 ICANON，回显字符 NL，即使没有设置 ECHO
	NOFLSH	禁止在产生 SIGINT、SIGQUIT 和 SIGSUSP 信号时刷新输入和输出队列
	TOSTOP	向试图写控制终端的后台进程组发送 SIGTTOU 信号

表 10-3　termios 结构 c_cc 成员数组下标取值及其含义

c_cc 成员数据下标	含　　义
VINTR	（003，ETX，Ctrl+C，或者 0177，DEL）　中断字符。发出 SIGINT 信号。当设置 ISIG 时可被识别，不再作为输入传递
VQUIT	（034，FS，Ctrl+\）　退出字符。发出 SIGQUIT 信号。当设置 ISIG 时可被识别，不再作为输入传递
VERASE	（0177，DEL，或者 010，BS，Ctrl+H）　删除字符。删除上一个还没有删掉的字符，但不删除上一个 EOF 或行首。当设置 ICANON 时可被识别，不再作为输入传递

续表

c_cc 成员数据下标	含　义
VKILL	（025，NAK，Ctrl-U，或者 Ctrl+X 或@）终止字符。删除自上一个 EOF 或行首以来的输入。当设置 ICANON 时可被识别，不再作为输入传递
VEOF	（004，EOT，Ctrl+D）文件尾字符。更精确地说，这个字符使得 tty 缓冲中的内容被送到等待输入的用户程序中，而不必等到 EOL。如果它是一行的第一个字符，那么用户程序的 read()将返回 0，指示读到了 EOF。当设置 ICANON 时可被识别，不再作为输入传递
VMIN	非 canonical 模式读的最小字符数
VEOL	（0， NUL）附加的行尾字符。当设置 ICANON 时可被识别
VTIME	非 canonical 模式读时的延时，以十分之一秒为单位
VSTART	（021，DC1，Ctrl+Q）开始字符。重新开始被 Stop 字符中止的输出。当设置 IXON 时可被识别，不再作为输入传递
VSTOP	（023，DC3，Ctrl+S）停止字符。停止输出，直到输入 Start 字符。当设置 IXON 时可被识别，不再作为输入传递
VSUSP	（032，SUB，Ctrl+Z）挂起字符。发送 SIGTSTP 信号。当设置 ISIG 时可被识别，不再作为输入传递

termios.h 头文件为 termios 结构提供了一组设置的函数，函数定义如下：

```
#include <termios.h>
#include <unistd.h>
int tcgetattr(int fd, struct termios *termios_p);
int tcsetattr(int fd, int optional_actions, struct termios *termios_p);
int tcsendbreak(int fd, int duration);
int tcdrain(int fd);
int tcflush(int fd, int queue_selector);
int tcflow(int fd, int action);
int cfmakeraw(struct termios *termios_p);
speed_t cfgetispeed(struct termios *termios_p);
speed_t cfgetospeed(struct termios *termios_p);
int cfsetispeed(struct termios *termios_p, speed_t speed);
int cfsetospeed(struct termios *termios_p, speed_t speed);
```

tcgetattr()函数读取串口的参数设置，tcsetattr()函数设置指定串口的参数。串口参数一般可以通过 tcsetattr()函数设置，其他的函数是一些辅助函数。

tcgetattr()函数和 tcsetattr()函数，参数 fd 指向已打开的串口设备句柄，termios_p 指向存放串口参数的 termios 结构首地址。tcsetattr()函数中，参数 optional_actions 指定了参数什么时候起作用：TCSANOW 表示立即生效；TCSADRAIN 表示在 fd 上所有的输出都被传输后生效；TCSAFLUSH 表示所有引用 fd 对象的数据都在传输出去后生效。

tcsendbreak()函数传送连续的 0 值比特流，持续一段时间。如果终端使用异步串行数据传输且 duration 是 0，它至少传输 0.25 秒，不会超过 0.5 秒。如果 duration 非 0，它发送的时间长度由实现定义。

tcdrain()函数会等待直到所有写入 fd 引用对象的输出都被传输。如果终端未使用异步串行数据传输，tcsendbreak()函数什么都不做。

tcflush()函数丢弃要写入引用的对象但是尚未传输的数据，或者收到但是尚未读取的数据，取决于参数 queue_selector 的值：

```
TCIFLUSH     刷新收到的数据但是不读
TCOFLUSH     刷新写入的数据但是不传送
TCIOFLUSH    同时刷新收到的数据但是不读,并且刷新写入的数据但是不传送
```

tcflow()函数挂起 fd 引用对象上的数据传输或接收，取决于 action 的值：

```
TCOOFF       挂起输出
TCOON        重新开始被挂起的输出
TCIOFF       发送一个 STOP 字符,停止终端设备向系统传送数据
TCION        发送一个 START 字符,使终端设备向系统传输数据
```

提示：打开一个终端设备时的默认设置是输入和输出都没有挂起。

cfmakeraw()函数设置终端属性为原始数据方式，相当于对参数 termios_p 配置：

```
termios_p->c_iflag &=  ~( IGNBRK | BRKINT | PARMRK | ISTRIP | INLCR | IGNCR
| ICRNL|IXON );
termios_p->c_oflag &=  ~OPOST;
termios_p->c_lflag &=  ~( ECHO |ECHONL | ICANON | ISIG | IEXTEN );
termios_p->c_cflag &=  ~( CSIZE | PARENB );
termios_p->c_cflag |=  CS8;
```

termios 结构各成员的参数取值可以参考表 10-2。

最后的 4 个函数是波特率函数，用来获取和设置 termios 结构中输出和输出波特率的值。新设置的值不会马上生效，当成功调用 tcsetattr()函数时会生效。

cfgetispeed()函数和 cfgetospeed()函数用来得到串口的输入和输出速率，参数 termios_p 指向 termios 结构的内存首地址。返回值是 speed_t 类型的值，其取值及含义如表 10-4 所示。

表 10-4　speed_t 类型的取值及含义

取　值	含　义	取　值	含　义
B0	波特率 0bit/s	B1800	波特率 1800bits/s
B50	波特率 50bit/s	B2400	波特率 2400bits/s
B75	波特率 75bit/s	B4800	波特率 4800bits/s
B110	波特率 110bit/s	B9600	波特率 9600bits/s
B134	波特率 134bits/s	B19200	波特率 19200bits/s
B150	波特率 150bits/s	B38400	波特率 38400bits/s
B200	波特率 200bits/s	B57600	波特率 57600bits/s
B300	波特率 300bits/s	B115200	波特率 115200bits/s
B600	波特率 600bits/s	B230400	波特率 230400bits/s
B1200	波特率 1200bits/s		

提示：当设置串口波特率为 B0 的时候会使 modem 产生“挂机”操作。波特率和通信距离是反比关系，当波特率越高的时候，数据有效传输距离就越短。请读者在实际编程中注意。

cfsetispeed()函数和 cfsetospeed()函数设置输入和输出的波特率，参数 termios_p 指向 termios 结构的内存首地址，参数 speed 是要设置的波特率，取值请参考表 10-4。

termios 结构相关的函数，除 cfgetispeed()函数和 cfgetospeed()函数外，其余函数返回 0 表示执行成功，返回–1 表示失败，并且设置全局变量 errno。

还有一点需要说明，Linux 系统对串口的设置主要是通过 termios 这个结构体实现的，但是这个结构体却没有提供控制 RTS 或获得 CTS 等串口引脚状态的接口，可以通过 ioctl 系统调用来获得或控制。参考代码如下：

```
/* 获得 CTS 状态 */
ioctl(fd, TIOCMGET, &controlbits);
if (controlbits & TIOCM_CTS)
    printf("有信号\n");
else
    printf("无信号\n");

/* 设置 RTS 状态 */
ioctl(fd, TIOCMGET, &ctrlbits);
if (ctrlbits&TIOCM_RTS)
    ctrlbits |= TIOCM_RTS;                    // 设置 RTS
else
    ctrlbits &= ~TIOCM_RTS;
ioctl(fd, TIOCMSET, &ctrlbits);               // 取消 RTS
```

其实 TIOCM_RTS 有效后是把串口的 RTS 设置为有信号，但串口的电平为低时是有信号，为高时为无信号，和用 TIOCMGET 获得的状态正好相反。也就是说 TIOCMGET/TIOCMSET 只是获得/控制串口的相应引脚是否有信号，并不反映当前串口的真实电平高低。

提示：在许多 Linux 串口编程的示例代码中，都没有对 termios 结构的 c_iflag 成员做有效设置，在传输 ASCII 码时不会有问题，如果传输二进制数据就会遇到麻烦，比如值为 0x0d、0x11 和 0x13 数据会被丢掉，因为这几个字符是特殊字符，如果不特别设置一下，会被当做控制字符处理掉。设置关闭 ICRNL 和 IXON 参数可以解决：

```
c_iflag &= ~( ICRNL | IXON );
```

这几个特殊控制字符的含义可以参考 ASCII 码表，以及表 10-2 的相关参数。

10.2.4　与 Windows 串口终端通信

本节将给出一个和 Windows 串口终端通信的例子。两台 PC 通过串口相连，其中一台 PC 运行 Windows 系统，通过 XShell 软件（5.5.3 节介绍）打开 COM1；另一台 PC 运行 Linux 系统，运行下面例子编译后的程序，与 Windows 系统的终端通信。

实例 10-2　Linux 系统下串口操作实例

```
01  /* stty_echo.c -   gcc -o stty_echo stty_echo.c */
02  #include <stdio.h>              /*标准输入输出定义*/
03  #include <stdlib.h>             /*标准函数库定义*/
04  #include <unistd.h>             /*UNIX 标准函数定义*/
05  #include <sys/types.h>
06  #include <sys/stat.h>
07  #include <fcntl.h>              /*文件控制定义*/
```

```
08 #include <termios.h>        /*PPSIX 终端控制定义*/
09 #include <errno.h>          /*错误号定义*/
10 #include <string.h>
11
12
13 #define STTY_DEV "/dev/ttyS0"
14 #define BUFF_SIZE 512
15
16 int main()
17 {
18     int stty_fd, n;
19     char buffer[BUFF_SIZE];
20     struct termios opt;
21
22     /* 打开串口设备 */
23     stty_fd = open(STTY_DEV, O_RDWR);
24     if (-1==stty_fd) {
25         perror("open device");
26         return 0;
27     }
28     printf("Open device success, waiting user input ...\n");
29
30     /* 取得当前串口配置 */
31     tcgetattr(stty_fd, &opt);
32     tcflush(stty_fd, TCIOFLUSH);
33
34     /* 设置波特率 - 19200bps */
35     cfsetispeed(&opt, B19200);
36     cfsetospeed(&opt, B19200);
37
38     /* 设置数据位 - 8 位数据位 */
39     opt.c_cflag &= ~CSIZE;
40     opt.c_cflag |= CS8;
41
42     /* 设置奇偶位 - 无奇偶校验 */
43     opt.c_cflag &= ~PARENB;
44     opt.c_iflag &= ~INPCK;
45
46
47     /* 设置停止位 - 1 位停止位 */
48     opt.c_cflag &= ~CSTOPB;
49
50     /* 设置超时时间 - 15 秒 */
51     opt.c_cc[VTIME] = 150;
52     opt.c_cc[VMIN] = 0;
53
54     /* 设置写入设备 */
55     if (0!=tcsetattr(stty_fd, TCSANOW, &opt)) {
56         perror("set baudrate");
57         return 0;
58     }
59     tcflush(stty_fd, TCIOFLUSH);
60
61     /* 读取数据,直到接收到"quit"字符串退出 */
62     while(1) {
63         n = read(stty_fd, buffer, BUFF_SIZE);
```

```
64          if (n<=0) {
65              perror("read data");
66              break;
67          }
68          buffer[n] = '\0';
69
70          printf("%s", buffer);
71          if (0==strncmp(buffer, "quit", 4)) {
72              printf("user send quit!\n");
73              break;
74          }
75      }
76      printf("Program will exit!\n");
77
78      close(stty_fd);
79      return 0;
80  }
```

实例 10-2 所示程序扮演一个串口服务端的功能。程序首先在第 23 行打开一个串口设备，之后判断文件句柄是否合法，不合法会退出。第 31 行和第 32 行使用 tcgetattr()函数取出串口设备的配置。第 35 行和第 36 行设置串口的波特率为 19200bps；第 39 行和第 40 行设置数据位为 8；第 43 行和第 44 行设置无奇偶校验；第 48 行设置 1 位停止位；第 51 行和第 52 行设置超时时间为 15 秒；最后，第 55 行使用 tcsetattr()函数写入串口设置，并且参数设置为立即配置。第 62～75 行循环读取串口，如果收到数据就打印到屏幕，并且在第 71 行判断接收到的字符串是否是"quit"，如果是就跳出循环，退出程序。

当连接好两台 PC 以后，在 Linux 系统编译实例 10-2 的 stty_echo.c 文件生成应用程序。使用 root 权限执行编译后的程序，程序在屏幕打印“Open device success, waiting user input ...”。在 Windows 系统上使用 XShell 软件打开串口，在屏幕输入字符串后按回车键发送字符串。在 Linux 屏幕终端会打印用户在 XShell 终端软件输入的字符串。当用户输入"quit"字符串以后，串口程序退出。

10.3　串口应用实例——手机短信发送

手机是目前使用最广泛的通信设备之一，许多手机都提供了与 PC 互联的功能，其中最重要的一个接口就是串口（一些提供 USB 接口的手机指令收发是把 USB 设备虚拟一个串口设备进行通信的）。在 GSM（全球数字移动电话网络）协议中规定了一组 AT 指令用于手机与其他设备通信，其中提供了发送短信的方法。本节将讲解如何利用手机发送短信并且给出一个实例。

10.3.1　PC 与手机连接发送短信的物理结构

在进行本章的试验之前需要建立一个手机和 PC 机之间的连接，如图 10-1 所示。

如图 10-1 所示，手机与 PC 之间通过串口线连接。标准的串口线是一种 9 芯电缆，使用 D 型 9 针接口。在 PC 上串口使用标准接口，手机一侧的接口可能随型号不同而差异较大。一般手机自带的 PC 连接线就是串口线。目前还有一些手机使用 USB 接口连接到 PC，实际上会在 PC 虚拟出一个串口设备，用户操作这个串口设备与操作传统的串口是等同的。

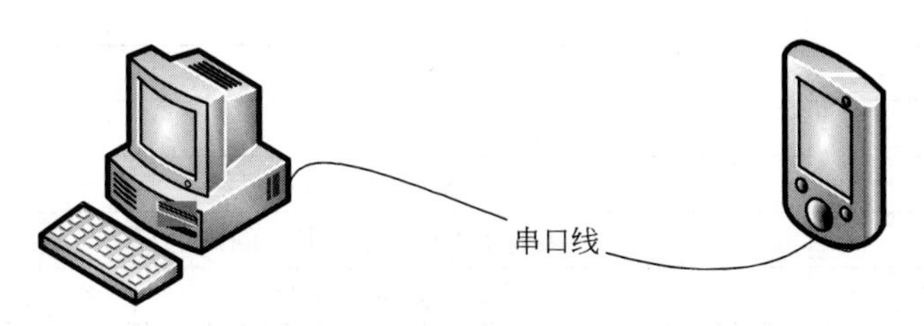

图 10-1　PC 与手机连接示意

10.3.2　AT 指令介绍

AT 指令集是 GSM 网络中网络设备之间发送控制信息的标准指令集。GSM 网络终端设备（TE）或者数据终端设备（DTE）可以向终端适配器（TA）发送 AT 指令。使用 AT 指令，用户可以控制 DTE 发送短信息、呼叫电话、读写电话本、发送传真等。

AT 指令由手机制造商诺基亚、爱立信、摩托罗拉等共同研制，其中包括了短消息(SMS)控制功能。对 SMS 的控制有 Block 模式、文本模式和协议数据（PDU）模式 3 种。目前主要使用 PDU 模式，其他两种模式逐步被淘汰。

注意：Block 模式发送指令需要厂商提供的驱动，文本模式是串口通信，通过串口发送数据即可，不需要厂商提供的驱动。

计算机可以通过 AT 指令与手机或者 GSM 模块通信。AT 指令的特点是所有的指令都以 AT 字符串起始，后面是不同的指令。所有的 AT 指令都需要返回值，接收端通过返回信息处理 AT 命令操作结果。常见的 AT 命令示例如下：

```
AT<CR>
<LF> OK<LF>
ATTEST<CR>
<CR> ERROR<LF>
```

提示：<CR>代表回车；<LF>代表换行。
如果 AT 指令执行成功，返回"OK"字符串；
如果 AT 指令语法错误或 AT 指令执行失败，返回"ERROR"字符串。

10.3.3　GSM AT 指令集

GSM07.05 协议中定义了一组与 SMS（短消息）有关的指令，请参考表 10-5 的介绍。

表 10-5　与短消息有关的常见 AT 指令

AT 指令	功　能
AT+CMGC	向 DTE 发送一条短消息
AT+CMGD	删除存储在 SIM 卡中指定的短消息
AT+CMGF	发送短消息模式：0-PDU 模式；1-文本模式
AT+CMGL	打印存储在 SIM 卡中的短消息
AT+CMGR	读取短消息内容

续表

AT 指令	功　　能
AT+CMGS	发送短消息
AT+CMGW	把准备发送的短消息存储在 SIM 卡上
AT+CMSS	发送存储在 SIM 卡上的短消息
AT+CNMI	显示接收到的短消息
AT+CPMS	短消息存储设备选择
AT+CSCA	设置短消息中心号码
AT+CSCB	使用蜂窝广播消息
AT+CSMP	设置文本模式参数
AT+CSMS	选择短消息服务方式

从表 10-5 中可以看出 AT 命令使用“AT+命令名称”的格式。AT 命令还可以根据需要带参数，参数和命令直接用空格间隔。AT 命令的返回值是一个字符串。

在通过串口与支持 AT 命令的设备连接后，如果查询是否支持一条 AT 命令，可使用“AT+命令名称=?”的形式查询。如“AT+CMGF=?”查询是否支持 AT+CMGF 命令，系统如果支持则返回字符串"OK"。

10.3.4　PDU 编码方式

通常发送短信使用 PDU 模式，在 GSM 协议中对 PDU 模式发送短信的数据做了规范。使用 PDU 模式发送短信需要接收号码、短消息中心号码和短消息内容 3 个数据。这 3 个数据的定义方法如下所述。

1．接收号码生成方法

以号码+8618912345678 为例，转换为 PDU 模式步骤如下：

（1）将手机号码去掉+号，看看长度是否为偶数，如果不是，最后添加 F。

```
phone_number = "+8619812345678" 转换为 phone_number = "8619812345678F"
```

（2）将手机号码奇数位和偶数位交换。

```
phone_number = "8619812345678F" 转换为 phone_number = "689118325476F8
```

2．短消息中心号码生成方法

以短消息中心号码+8613800200500 为例，转换步骤如下：

（1）将短信息中心号码去掉+号，看看长度是否为偶数，如果不是，最后添加 F。

```
addr = "+8613800200500" 转换为 addr = "8613800200500F"
```

（2）将奇数位和偶数位交换。

```
addr = "8613800200500F" 转换为 addr = "683108200005F0"
```

（3）将短信息中心号码前面加上字符 91（91 代表国际化的意思）。

```
addr = "683108200005F0" 转换为 addr = "91683108200005F0"
```

（4）算出 addr 长度，结果除 2，格式化成 2 位的十六进制字符串。addr 的长度是 16，计算方法是 16/ 2= 8 转换为"08"。

```
addr = "91683108200005F0" 转换为 addr = "0891683108200005F0"
```

3. 短消息内容生成方法

以字符串“工作愉快！”为例，转换步骤如下：
（1）转字符串转换为 Unicode 代码。

```
"工作愉快！"的 unicode 代码为 5DE54F5C61095FEBFF01
```

（2）将消息内容长度除 2，保留两位十六进制数，再加上消息内容。

```
代码 5DE54F5C61095FEBFF01 的长度是 20,20/2 转换为"0A"
消息"工作愉快！"转换为"0A5DE54F5C61095FEBFF01"
```

4. 组合成完整的消息格式

（1）手机号码前加上字符串 11000D91。其中，1100 是固定字符串；0D 代表手机号码长度（不包括+，使用十六进制表示）；91 代表发送到手机。

```
phone = "11000D91" + phone_number => 11000D91683106423346F9
```

（2）手机号码后加上 000800 和刚才的短信息内容。

```
entire_msg = phone + "000800" + 消息
= 11000D91683106423346F9 + 000800 + 0A5DE54F5C61095FEBFF01
= 11000D91683106423346F90008000A5DE54F5C61095FEBFF01
```

（3）计算整个消息长度，将 entire_msg 长度除以 2，格式化成 2 位的十进制数。

```
msg_len = strlen(entire_msg) / 2 = 50/2 = 25
```

提示： 消息长度是供发送信息指令使用的。

10.3.5　建立与手机的连接

PC 与手机通过串口进行连接，早期的手机提供了数据线。手机串口数据线一端连接到手机上，另一端可以直接连接到 PC 的串口，这种方式不需要额外的驱动。最近几年生产的手机大多数都提供了 USB 接口，通过手机的 USB 驱动程序在手机与 PC 之间建立一个虚拟的串口设备。通常手机厂商提供的是适合 Windows 系统的驱动程序，Linux 系统可以使用一个名为 Gnokii 的手机驱动软件。本节以 NOKIA 6300 手机为例，讲解在 Linux 下如何对手机编程发送短消息。

提示： NOKIA 6300 使用 S40 系统，提供 USB 接口，其他使用类似系统的手机也可以采用类似方法驱动手机。NOKIA 早期的有些手机（比如 NOKIA 1110）提供了串口数据线，可以直接操作。

10.3.6　使用 AT 指令发送短信

10.3.4 节讲解了如何生成 PDU 模式的数据，在生成符合 PDU 模式的数据后，可以通过 AT+CMGF 指令和 AT+CMGS 指令发送一条短信。以 10.3.4 节的内容为例，使用 AT 指令发送短消息过程如下：

```
AT+CMGF=0<回车>
OK
AT+CMGS= msg_len<回车>
entire_msg<Ctrl+Z 发送>
```

指令 AT+CMGF=0 设置发送方式为 PDU 模式，AT+CMGS 指令设置发送消息的长度，之后输入消息内容，按 Ctrl+Z 键发送，可以在键盘输入。

实例 10-3　使用 AT 指令发送短信的完整示例

（1）程序在第 17 行定义一个 SetOption()函数，把设置串口的操作封装在里面，在第 77 行会调用该函数设置串口参数，程序如下：

```
01  /* at_test.c    -   gcc -o at_test at_test.c */
02  #include <stdio.h>            /*标准输入输出定义*/
03  #include <stdlib.h>           /*标准函数库定义*/
04  #include <unistd.h>           /*UNIX 标准函数定义*/
05  #include <sys/types.h>
06  #include <sys/stat.h>
07  #include <fcntl.h>            /*文件控制定义*/
08  #include <termios.h>          /*PPSIX 终端控制定义*/
09  #include <errno.h>            /*错误号定义*/
10  #include <iconv.h>
11  #include <string.h>
12
13
14  #define STTY_DEV "/dev/ttyS0"
15  #define BUFF_SIZE 512
16
17  int SetOption(int fd)
18  {
19      struct termios opt;
20
21      /* 取得当前串口配置 */
22      tcgetattr(fd, &opt);
23      tcflush(fd, TCIOFLUSH);
24
25      /* 设置波特率 - 19200bps */
26      cfsetispeed(&opt, B19200);
27      cfsetospeed(&opt, B19200);
28
29      /* 设置数据位 - 8 位数据位 */
30      opt.c_cflag &= ~CSIZE;
31      opt.c_cflag |= CS8;
32
33      /* 设置奇偶位 - 无奇偶校验 */
34      opt.c_cflag &= ~PARENB;
35      opt.c_iflag &= ~INPCK;
36
37
```

```
38      /* 设置停止位 - 1 位停止位 */
39      opt.c_cflag &= ~CSTOPB;
40
41      /* 设置超时时间 - 15 秒 */
42      opt.c_cc[VTIME] = 150;
43      opt.c_cc[VMIN] = 0;
44
45      /* 设置写入设备 */
46      if (0!=tcsetattr(fd, TCSANOW, &opt)) {
47          perror("set baudrate");
48          return -1;
49      }
50      tcflush(fd, TCIOFLUSH);
51      return 0;
52  }
```

（2）程序执行流程。在第 69 行打开串口，然后调用 SetOption()函数设置串口的波特率等属性，程序如下：

```
53  int main()
54  {
55      int stty_fd, n;
56      iconv_t cd;
57      char buffer[BUFF_SIZE];
58
59      char phone[20] = "+8619812345678";          // 定义手机号码
60      char sms_number[20] = "+8613010701500";     // 定义短消息中心号码
61      char sms_gb2312[140] = "工作愉快！";          // 定义短消息内容
62      char sms_utf8[140];
63      char *sms_in = sms_gb2312;
64      char *sms_out = sms_utf8;
65      int str_len, i, tmp;
66      size_t gb2312_len, utf8_len;
67
68      /* 打开串口设备 */
69      stty_fd = open(STTY_DEV, O_RDWR);
70      if (-1==stty_fd) {
71          perror("open device");
72          return 0;
73      }
74      printf("Open device success!\n");
75
76      /* 设置串口参数 */
77      if (0!=SetOption(stty_fd)) {
78          close(stty_fd);
79          return 0;
80      }
```

（3）接下来转换手机号码到符合的格式，程序如下：

```
81      /* 转换电话号 */
82      if (phone[0] == '+') {            // 去掉号码开头的'+'
83          for ( i=0; i<strlen(phone)-1; i++ )
84              phone[i] = phone[i+1];
85      }
86      phone[i] = '\0';
87
88      str_len = strlen(phone);
89      if ((strlen(phone)%2)!=0) {      // 如果号码长度是奇数,在后面加字符'F'
```

```
90          phone[str_len] = 'F';
91          phone[str_len+1] = '\0';
92      }
93
94      for (i=0;i<strlen(phone);i+=2) {    //把号码的奇偶位调换
95          tmp = phone[i];
96          phone[i] = phone[i+1];
97          phone[i+1] = tmp;
98      }
99
```

（4）手机号码转换完毕后，转换短消息中心号码到符合的格式，程序如下：

```
100     /* 转换短消息中心号码 */
101     if (sms_number[0] == '+') {          // 去掉号码开头的'+'
102         for ( i=0; i<strlen(sms_number)-1; i++ )
103             sms_number[i] = sms_number[i+1];
104     }
105     sms_number[i] = '\0';
106
107     str_len = strlen(sms_number);
108     if ((strlen(sms_number)%2)!=0) {    // 如果号码长度是奇数,在后面加字符
'F'
109         sms_number[str_len] = 'F';
110         sms_number[str_len+1] = '\0';
111     }
112
113     for (i=0;i<strlen(sms_number);i+=2) {  //把号码的奇偶位调换
114         tmp = sms_number[i];
115         sms_number[i] = sms_number[i+1];
116         sms_number[i+1] = tmp;
117     }
118
119     str_len = strlen(sms_number);
120     for (i=strlen(sms_number)+2;i!=0;i--)  // 所有的字符向后移动两个字节
121         sms_number[i] = sms_number[i-2];
122     sms_number[str_len+3] = '\0';
123     strncpy(sms_number, "91", 2);           // 开头写入字符串"91"
124
125     tmp = strlen(sms_number)/2;             // 计算字符串长度
126
127     str_len = strlen(sms_number);
128     for (i=strlen(sms_number)+2;i!=0;i--)  // 所有的字符向后移动两个字节
129         sms_number[i] = sms_number[i-2];
130     sms_number[str_len+3] = '\0';
131     sms_number[0] = (char)(tmp/10) + 0x30;
                // 将字符串长度值由整型转换为字符类型并写入短信字符串的开头部分
132     sms_number[1] = (char)(tmp%10) + 0x30;
133
```

（5）转换短消息内容到指定的格式，程序如下：

```
134     /* 转换短消息内容 */
135     cd = iconv_open("utf-8", "gb2312"); //设置转换类型"gb2312"==>"utf-8"
136     if (0==cd) {
137         perror("create iconv handle!");
138         close(stty_fd);
139         return 0;
140     }
```

```
141     gb2312_len = strlen(sms_gb2312);          // 输入字符串的长度
142     utf8_len = 140;
143     if (-1==iconv(cd, &sms_in, &gb2312_len,&sms_out, &utf8_len)) {
                                                  // 转换字符为 Unicode 编码
144         perror("convert code");
145         close(stty_fd);
146         return 0;
147     }
148     iconv_close(cd);
```

（6）向串口写入配置命令，配置使用 PDU 模式，并且查看返回结果是否成功，程序如下：

```
149     /* 设置使用 PDU 模式 */
150     strcpy(buffer, "AT+CMGF=0\n");
151     write(stty_fd, buffer, strlen(buffer));      // 写入配置命令
152     n = read(stty_fd, buffer, BUFF_SIZE);
153     if (n<=0) {
154         perror("set pdu mode");
155         close(stty_fd);
156         return 0;
157     }
158     if (0!=strncmp(buffer, "OK", 2)) {           // 判断命令是否执行成功
159         perror("set pdu mode");
160         close(stty_fd);
161         return 0;
162     }
```

（7）最后写入短消息，写入完毕后关闭串口，程序如下：

```
163     /* 发送消息 */
164     sprintf(buffer, "AT+CMGS=%d\n", utf8_len);      // 写入发送消息命令
165     write(stty_fd, buffer, strlen(buffer));
166     write(stty_fd, sms_utf8, utf8_len);             // 写入消息内容
167     printf("Send message OK!\n");
168
169     close(stty_fd);
170     return 0;
171 }
```

运行程序需要 root 权限，执行成功以后，手机会发送短信到指定的号码。请读者自己替换手机号码和短消息中心号码，否则发送短消息可能会失败。

提示：可以给自己的手机号码发送短信。

10.4　小　　结

本章讲解了串口的组成和工作原理、编程方法，并在最后给出一个操作手机发送短信的实例。串口的工作原理比较简单，是两台计算机设备之间传递数据的简单方式。串口编程入门比较容易，读者可以在自己的计算机上进行串口编程试验。第 11 章将介绍 Linux 嵌入式系统的图形界面开发。

第 11 章　嵌入式 GUI 程序开发

许多嵌入式设备都提供了图形界面。由于嵌入式设备受输入输出设备的限制，所以键盘和鼠标等传统的输入设备不便于使用。通过图形界面，可以很好地完成人机交互。在嵌入式 Linux 系统上，有许多的图形库可以使用。本章将重点介绍在嵌入式 Linux 上使用最广泛的 Qt 程序库，主要内容如下：

- 嵌入式 Linux 图形库的介绍；
- Qt 开发环境搭建；
- 开发 Qt 应用程序；
- 搭建嵌入式 Qt 工作环境；
- 在嵌入式 Linux 系统使用 Qt 应用程序。

11.1　Linux GUI 介绍

GUI 是英文 Graphic User Interface 的缩写，中文意思是图形用户接口。目前，几乎所有的操作系统都提供了 GUI，GUI 也逐渐成为操作系统图形界面的代名词。与其他的商业系统，如 Windows 不同，Linux 系统的开放特性让许多图形界面都可以运行在 Linux 系统下。实际上，Linux 内核本身并没有图形处理能力，所有 Linux 系统的图形界面都是作为用户程序运行的。本节将介绍 Linux 图形界面的发展和常见的几种图形界面。

11.1.1　Linux GUI 的发展

从 1981 年第一个计算机图形界面诞生到现在，计算机图形界面有着飞速的发展。与图形界面发展相对应的是计算机硬件处理能力的不断提高。最初的图形界面仅提供了很简单的功能，而且不支持鼠标操作，受到硬件的限制，颜色位数也很低。在计算机图形界面发展过程中，X Window、MacOS、Windows 是发展最好的 3 个系统。

X Window 采用 C/S 结构设计，几乎是 UNIX 类系统图形界面的标准。X Window 的服务器向客户端提供图形输出能力，因此，一个 X Window 服务器可以支持多个图形客户端。在多用户和多任务方面 X Window 比其他图形系统更胜一筹。

MacOS 是苹果公司为其计算机设计的操作系统。MacOS 的图形界面以华丽著称，并且稳定性和可操作性也很高。MacOS 从本质上说也是 UNIX 系统，但是由于其设计针对特定硬件，以及价格原因而导致普及度不是很高。

Windows 系统几乎是目前桌面计算机应用最广泛的系统。Windows 系统可以安装在 IBM 兼容的 PC 上，不仅如此，微软还推出了应用在嵌入式系统设备的 Window CE 系统。

Linux 系统使用 X Window 作为图形系统，X Window 支持多种图形界面。在 Linux

发行版上，GNOME 和 KDE 两种图形界面最为流行。在嵌入式 Linux 系统上，Qt、MiniGUI 等都是流行的图形系统。

11.1.2　常见的嵌入式 GUI

Linux 系统本身并没有图形界面，但是由于其开放性，有许多的自由软件图形库和图形界面。本节将介绍几种目前最流行的图形界面。

1．GNOME

GNOME 是英文 The GNU Nework Object Model Environment 的缩写，中文可以翻译为 GNU 网络对象模型环境。是目前最流行的开源图形界面库之一。GNOME 已经被绝大多数的 Linux 发行版使用，并且被许多其他系统，如 OpenSolaris 等作为默认的系统图形界面。

GNOME 计划最早在 1997 年 8 月开始的，目标是设计一个完全开源的自由软件，构造功能完善、操作简单、界面友好的图形界面。GNOME 使用 GTK+库作为图形开发库，开发了大量的小工具和应用软件，经过十余年的发展，GNOME 已经发展成一个功能强大的图形界面系统。

GNOME 是一个功能强大、界面友好的桌面操作环境，其提供了许多应用程序，如控制面板、桌面工具等。实际上，GNOME 是独立运行的桌面环境，不需要其他的窗口管理器控制应用程序。此外，GNOME 还可以和其他窗口管理器配合使用。

提示：读者可以从 GNOME 的官方站点 http://www.gnome.org 上获取最新的消息。

2．KDE

KDE 是与 GNOME 几乎同时发展起来的另一个热门的图形界面系统。KDE 计划最早在 1996 年 10 月发起，目标是设计一个统一的应用程序框架结构，支持透明的网络桌面环境。

KDE 计划的一个重要目标是为 UNIX 工作站设计类似 MacOS 系统或者 Windows 系统一样简单易用的操作环境。KDE 由一个窗口管理器、文件管理器、面板、控制中心等组成。与 GNOME 类似，KDE 也提供了大量的应用程序，甚至大型应用软件，如 KOffice 等。

KDE 的操作习惯与 Windows 系统有许多相似之处，如支持鼠标拖放、快捷方式等。在操作易用性方面 KDE 比其他图形系统要好一些。

提示：有关 KDE 的信息，可以参考官方网站 http://www.kde.org。

3．Qt

确切地说 Qt 是一个图形开发框架。Qt 提供了完整的 C++应用程序开发类库，并且包含了跨平台开发工具和国际化支持工具。Qt 提供了跨平台能力，支持许多系统如 Linux、MacOS、Windows 等。使用 Qt 图形开发框架，不仅能开发客户端程序，还可以开发服务器端程序。

Qt 类库的 C++类超过 400 个，封装了用于应用程序开发的所有基础结构，并且支持许多应用程序开发接口。Qt 对跨平台提供很好的支持，在嵌入式 Linux 系统上，使用 Qtopia 可以很容易地把 Qt 应用程序迁移到嵌入式开发平台上。本章将会重点讲解 Qt 嵌入式程序开发。

4．MiniGUI

MiniGUI 是由中国人自己开发的一个应用比较广泛的嵌入式图形库。MiniGUI 最大的特点就是“小”，无论从程序占用的空间还是运行时占用的资源，都非常小。MiniGUI 是运行在 Linux 控制台上的图形程序，运行速度非常快，并且对中文有很好的支持。因此，MiniGUI 在电视机顶盒、掌上电脑等领域广泛应用。

MiniGUI 设计的目标是基于嵌入式 Linux 的一个轻量级图形界面库，它定义了应用程序的一组窗口和图形设备接口。利用 MiniGUI 提供的图形设备接口，用户可以开发多窗口应用程序，并且在窗口上添加按钮、编辑框等空间。

MuniGUI 图形框架可以分成底层的 GAL（图形抽象层）和 IAL（输入抽象层）。GAL 层基于 SVGA Lib 库、LibGDI 库等图形库。IAL 层支持 Linux 标准控制台下的 gpm 鼠标服务、触摸屏和键盘等。

11.2　开发图形界面程序

Qt 程序库是一个跨平台的程序库。Qt 程序库提供了一套完整的开发环境，目前可以运行在 Windows、Linux 和 MacOS 上。本书推荐在 Windows 环境上使用 Qt 开发环境，好处是可以与其他的开发工具一同使用。

11.2.1　安装 Qt 开发环境

在使用 Qt 开发环境之前，首先需要从 http://qt-project.org/downloads 上下载 Windows 版的 Qt 集成开发环境。下载完毕后，双击安装程序开始安装，安装过程比较简单，使用默认的配置即可。安装完毕后 Qt 开发环境被安装到 c:\Qt 目录下。在使用开发环境之前，需要配置一下 Qt 开发环境，步骤如下所述。

（1）右击“我的电脑”图标，在弹出的快捷菜单中选择“属性”|“高级”|“环境变量”命令。在“系统变量”标签内选择 PATH 环境变量，然后单击“编辑”按钮出现“编辑系统变量”对话框，如图 11-1 所示。

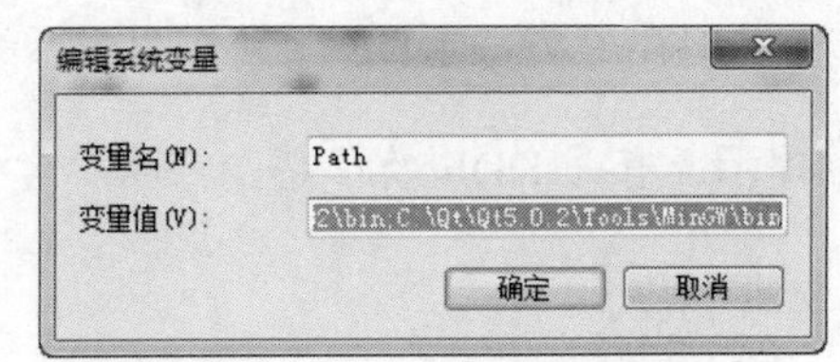

图 11-1　设置 PATH 环境变量

（2）在“变量值”文本框中加入 Qt 的可执行程序路径“;C:\Qt\Qt5.0.2\5.0.2\mingw47_ 32\bin;C:\Qt\Qt5.0.2\Tools\MinGW\bin”，输入完毕后，单击“确定”按钮，然后依次单击“确定”按钮保存后退出。

（3）为了测试环境变量是否配置成功，打开 Windows 的控制台程序，输入“qmake”，如果出现下面结果则表示配置成功。

```
Usage: qmake [mode] [options] [files]
```

```
QMake has two modes, one mode for generating project files based on
some heuristics, and the other for generating makefiles. Normally you
shouldn't need to specify a mode, as makefile generation is the default
mode for qmake, but you may use this to test qmake on an existing project

Mode:
  -project       Put qmake into project file generation mode
                 In this mode qmake interprets files as files to
                 be built,
                 defaults to *; *; *; *.ts; *.xlf; *.qrc
                 Note: The created .pro file probably will
                 need to be edited. For example add the QT variable to
                 specify what modules are required.
  -makefile      Put qmake into makefile generation mode (default)
                 In this mode qmake interprets files as project files to
                 be processed, if skipped qmake will try to find a project
                 file in your current working directory

Warnings Options:
  -Wnone         Turn off all warnings; specific ones may be re-enabled by
                 later -W options
  -Wall          Turn on all warnings
  -Wparser       Turn on parser warnings
  -Wlogic        Turn on logic warnings (on by default)
  -Wdeprecated   Turn on deprecation warnings (on by default)

Options:
   * You can place any variable assignment in options and it will be     *
   * processed as if it was in [files]. These assignments will be parsed *
   * before [files].                                                     *
  -o file        Write output to file
  -d             Increase debug level
  -t templ       Overrides TEMPLATE as templ
  -tp prefix     Overrides TEMPLATE so that prefix is prefixed into the value
  -help          This help
  -v             Version information
  -after         All variable assignments after this will be
                 parsed after [files]
  -norecursive   Don't do a recursive search
  -recursive     Do a recursive search
  -set <prop> <value> Set persistent property
  -unset <prop>  Unset persistent property
  -query <prop>  Query persistent property. Show all if <prop> is empty.
  -cache file    Use file as cache           [makefile mode only]
  -spec spec     Use spec as QMAKESPEC       [makefile mode only]
  -nocache       Don't use a cache file      [makefile mode only]
  -nodepend      Don't generate dependencies [makefile mode only]
  -nomoc         Don't generate moc targets  [makefile mode only]
  -nopwd         Don't look for files in pwd [project mode only]
```

该信息是 qmake 的默认帮助信息。qmake 是 Qt 自带的一个工程管理工具，在后面章节将会详细讲解 qmake 的使用方法。

11.2.2　建立简单的 Qt 程序

Qt 图形库的结构设计得非常合理，因此开发图形程序比较简单，本节先从一个最简单的例子入手，开发第一个 Qt 图形界面程序。

1．基本的 Qt 图形界面应用程序

实例 11-1　Qt 版本的 HelloWorld 程序

```
01  // hello_qt.cpp
02  #include <qapplication.h>
03  #include <qpushbutton.h>
04
05
06  int main( int argc, char *argv[] )
07  {
08      QApplication a( argc, argv );                // 定义应用对象
09
10      QPushButton hello( "Hello world!", 0 );      // 定义按钮对象
11      hello.resize( 100, 30 );                     // 设置按钮大小
12
13      hello.show();                                // 显示按钮
14      return a.exec();
15  }
```

程序文件 hello_qt.cpp 编写好之后，保存后退出，在当前目录执行下面的命令：

```
qmake -project QT+=widgets                          // 生成工程文件
qmake                                               // 生成 Makefile 文件
mingw32-make                                        // 编译工程
```

提示：参数“-project”后的“QT+=widgets”用于在编译程序时候加载对应的模块。

qmake 是 Qt 库提供的一个工程管理工具。在本例中，使用“-project”参数后，qmake 会在当前目录下搜索所有的代码文件，分析后生成 Qt 工程文件 hello_qt.pro，该文件描述了 Qt 工程的默认结构。

生成工程文件后，直接运行 qmake 程序，会根据当前目录的工程文件生成 Makfile 工程文件供 make 程序使用。因此，执行完上面的命令后查看当前目录：

```
Makefile  hello  hello.pro  hello_qt.cpp  hello_qt.o
```

从目录文件列表看出，已经生成了 Qt 工程文件 hello_qt.pro、mingw32-make 使用的工程文件 Makefile，以及可执行文件 hello。

提示：在编写 Qt 程序的时候，建议使用 Qt 提供的 qmake 工具生成工程文件。qmake 不仅能处理源代码文件，还能处理窗体描述文件，在后面章节会有介绍。

下面分析一下 hello_qt.cpp 程序。在程序的开头包含了两个头文件 qapplication.h 和 qpushbutton.h，这两个文件每个文件中都包含了一个类，分别用于管理一个窗体应用程序和按钮。Qt 提供了许多的图形界面组件，在使用不同的组件之前需要包含组件的头文件。

在所有的 Qt 应用程序中，都必须有一个 QApplication 类的对象。QApplication 管理应用程序用到的各种资源，如光标和字体等。QPushButton 是一个按钮控件类，与 Windows 系统的控件类似，提供了鼠标移动、按下按钮等操作，以及其他属性。可以通过设置 QPushButton 的属性改变按钮的外观，也可以向 QPushButton 添加信号响应函数处理用户的动作。

与其他的应用程序一样，main()函数是 Qt 应用程序的入口。在 Qt 应用程序中，需要加入 main()函数的命令行参数供 QApplication 类使用。QApplication 提供了许多默认的函数，如设置一些 QT 初始化参数等，可以通过 Qt 使用手册查询参数的使用方法。

程序第 11 行调用 QPushButton 的 resize()成员函数重新设置了按钮的大小。在一个 Qt 应用程序中，需要设置一个主窗口控件，当主窗口控件退出后，整个 Qt 应用程序也就退出了。

当新建一个控件后，默认是不可见的，因此程序第 13 行调用 QPushButton 控件的 show()函数在屏幕上把控件显示出来。在程序第 14 行调用 QApplication 类的 exec()函数把 main()函数的控制权交给 Qt，当应用程序退出后，exec()函数随之退出。在 exec()函数中，Qt 接收用户从界面或者系统发送来的各种事件，交给用户编写的控件处理函数或者 Qt 自身的处理函数处理。

编译完成程序后，在工程可执行程序所在文件夹下双击 hello 程序出现如图 11-2 所示的界面。

图 11-2　Qt 版 HelloWorld 程序界面

从图 11-2 可以看出，整个 Qt 应用程序窗体都被一个按钮覆盖，这是程序第 13 行设置窗体主控件的结果。用户单击按钮后没有任何反映，这是由于没有添加 QPushButton 的处理函数，系统默认不做任何处理。后面的例子将介绍如何处理控件的事件响应。

2．文本界面风格的 HelloWorld 程序

实例 11-2　修改后的 HelloWorld 程序

```
01  // hello_qt_p.cpp
02  #include <qapplication.h>
03  #include <qlabel.h>
04  int main( int argc, char **argv )
05  {
06      QApplication a( argc, argv );                          // 定义应用程序对象
07      QLabel hello("<h1><i>Hello,World!</i></h1>", 0);    // 定义标签
08      hello.show();                                          // 显示标签
09      return a.exec();
10  }
```

本例展示 QLabel 组件的功能。程序第 7 行定义了一个 QLabel 标签对象，标签的文字使用了 HTML 语法格式。Qt 支持字符串使用 HTML 语法格式描述，Qt 会解释 HTML 语法的含义并且显示正确的结果。如图 11-3 所示是程序运行结果。

图 11-3　使用 QLable 组件

图 11-3 显示出了 HTML 格式的字符串。从实例 11-1 和实例 11-2 可以看出，无论是使用按钮还是标签，在程序中都没有实现任何功能。Qt 使用控件事件机制，用户可以为控件添加不同的事件响应处理函数，当控件产生相应事件后会调用事件响应函数处理。下面给出一个响应按钮单击事件的例子。

3．带有功能响应的 Qt 应用程序

实例 11-3　加入功能响应的 Qt 程序

```
01  // quit.cpp
```

```
02  #include <qapplication.h>
03  #include <qpushbutton.h>
04
05  int main( int argc, char **argv )
06  {
07      QApplication app( argc, argv );              // 定义应用程序对象
08
09      QPushButton quitButton( "Quit", 0 );     // 定义按钮
10      quitButton.resize( 100, 30 );            // 设置按钮大小
11
12      QObject::connect(&quitButton, SIGNAL(clicked()), &app, SLOT(quit()));
13                                               // 设置按钮单击事件处理函数
14
15      quitButton.show();                       // 显示按钮
16      return app.exec();
17  }
```

程序第 12 行使用了 connect()函数设置 quitButton 按钮的单击事件与 quit()函数关联。connect()函数是 QObject 类的一个静态函数，可以看出一个 Qt 应用中所有的事件都是通过 QObject 对象管理的。SIGNAL()和 SLOT()是 Qt 预定义的两个宏，SIGNAL()宏用于设置一个信号，SLOT()宏设置一个槽。当控件产生某个事件后会发出一个信号，而槽可以理解为信号的处理函数，在 11.3.3 节将会详细讲解信号和槽的关系。程序运行后结果如图 11-4 所示。

图 11-4　带事件处理的 Qt 应用程序

程序界面上有唯一的一个名为 Quit 的按钮，当单击 Quit 按钮后，程序会退出。

11.2.3　Qt 库编程结构

Qt 图形库是一个组织严谨的 C++类库，其结构如图 11-5 所示。

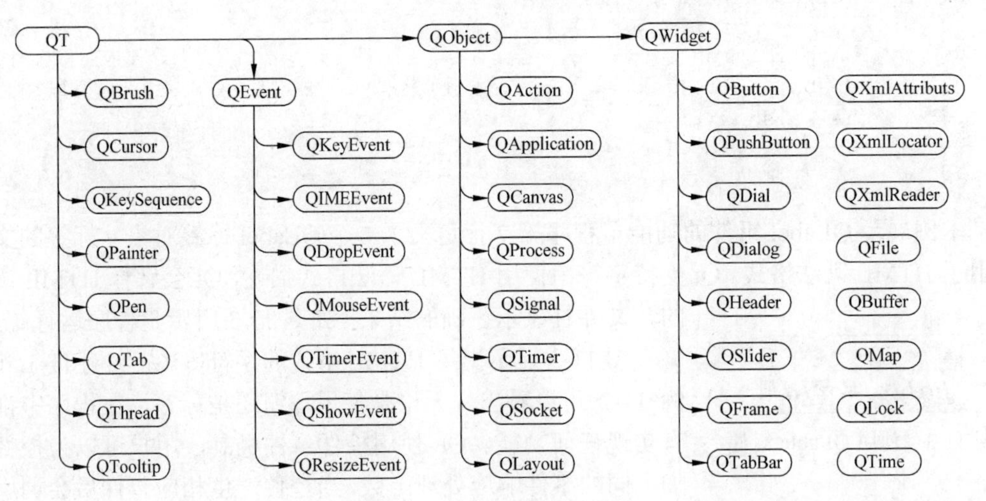

图 11-5　Qt 类库结构示意图

Qt 类库中包含了上百个类，结构十分复杂。图 11-5 展示了 Qt 类库的基本结构。Qt 类库中的类可以分成两种类型，一种是直接或者继承自 Qt 类，另一种是独立的，不从任何类集成。独立的类在 Qt 库中一般用来完成独立的功能，例如操作 XML 文件的 QXmlReader 类。

直接从 Qt 类继承的类主要可以分成 QObject 类和 QEvent 类。QObject 类是所有应用

组件的基类，QEvent 类是所有 QT 事件响应类的基类。其他的还有 QCursor、QPen、QTab 等类描述的窗口组件可以在窗体的任意地方出现，因此直接从 Qt 基类继承。

QWidget 类是组件容器，所有可以结合在一起的组件都从该类继承。QWidget 类继承自 QObject 类，因为所有的窗体组件都是应用组件的一部分。

Qt 类库组织合理，在使用的时候按照类的集成关系操作。如 QButton、QSlider 等组件可以被加入到 QWidget 对象中，而 QProcess、QTimer 组件是不能加入到 QWidget 对象中的。

11.3　深入 Qt 编程

在了解了 Qt 的库结构后，本节将从几个稍微复杂的例子入手，讲解 Qt 程序如何管理多个空间，以及响应不同的事件。

11.3.1　使用 Widget

11.2 节的例子是一个应用程序中只有一个控件，因此对于控件的布局不需要过多管理。通常有实际功能的应用程序都不止一个控件，因此需要对控件的布局进行管理，否则控件在窗体上的位置可能不固定。

Qt 提供了 QWidget 机制管理窗体上控件的布局。QWidget 是一个布局管理类，可以把 QWidget 理解为一个控件容器，在一个容器内可以容纳多个控件，容器可以设置控件的相对位置等。实际上，Qt 支持层次关系的布局，在一个布局里还可以有子布局，可以把窗体上的控件组织到不同的布局里，最后把多个布局放到一个布局里，这样不仅能按照区域管理控件，也可以集中管理所有的控件。下面是一个使用 QWidget 类管理控件的例子。

实例 11-4　QT Widget 管理多个控件

```
01  // qt_widget.cpp
02  #include <qapplication.h>
03  #include <qpushbutton.h>
04  #include <qlayout.h>
05  #include <qslider.h>
06  #include <qspinbox.h>
07  #include <qwidget.h>
08
09  class MyWidget : public QWidget     // 定义 MyWidget 类继承自 QWidget 基类
10  {
11      public:
12          MyWidget(QWidget *parent = 0); // 声明 MyWidget 类的构造函数
13  };
14  MyWidget::MyWidget(QWidget *parent) : QWidget(parent)
15                                      // 定义 MyWidget 类构造函数
16  {
17          QSpinBox *agenum_sb = new QSpinBox();  // 创建 Spin 控件
18          agenum_sb->setRange(0, 100);           // 设置 Spin 数值范围
19          agenum_sb->setValue(0);                // 设置初始数值为 0
20          QSlider *agenum_sl = new QSlider(Qt::Horizontal);
21                                                 // 创建 Slider 控件
22          agenum_sl->setRange(0, 100);           // 设置 Slider 数值范围
23          agenum_sl->setValue(0);                // 设置初始数值为 0
```

```
24          connect(agenum_sb,    SIGNAL(valueChanged(int)),    agenum_sl,
SLOT(setValue(int)));                  // 设置 Spin 控件修改数值响应函数
25          connect(agenum_sl,    SIGNAL(valueChanged(int)),    agenum_sb,
SLOT(setValue(int)));                  // 设置 Slider 控件修改数值响应函数
26          QHBoxLayout *layout = new QHBoxLayout; // 创建列布局的对象
27          layout->addWidget(agenum_sb);        // 添加 Spin 控件
28          layout->addWidget(agenum_sl);        // 添加 Slider 控件
29          setLayout(layout);                   // 设置 MyWidget 使用列布局
30          setWindowTitle("Enter a number");    // 设置窗体标题
31  };
32  int main(int argc, char *argv[])
33  {
34          QApplication app(argc, argv);
35          MyWidget widget;                     // 创建 MyWidgt 类型的容器
36          widget.show();                       // 显示容器
37          return app.exec();
38  }
```

程序第 9 行定义了一个 MyWidget 类，继承自 QWidget 类。在使用 QWidget 类之前，需要继承一个新的类出来，用于处理自定义的控件对象。程序第 12 行声明了 MyWidget 类的构造函数，函数定义在第 14 行。MyWidget 类构造函数内创建了 Spin 和 Slider 两个控件，并且设置了容器的布局。

程序第 17～19 行定义了 Spin 对象并且设置了操作的数值范围为 0～100，以及起始值为 0，第 20～23 行创建了 Slider 对象并且设置了与 Spin 对象相同的属性。程序第 24 行和第 25 行设置 Spin 控件改变数值的事件与 Slider 控件关联。经过设置后，当改变 Spin 控件的值会同步修改 Slider 控件的值，反之亦然。

第 26～29 行添加了一个列布局的对象，并且把 Spin 和 Slider 控件加入布局中，列布局中所有的控件都是按照列组织的，按照添加的顺序依次排列。加入两个控件后，第 30 行设置 MyWidget 容器使用列布局对象。

在 main()函数中，除创建 QApplication 对象外，在程序第 35 行创建了一个 MyWidget 类的对象。在创建 Widget 对象后，构造函数会自动添加包含的控件和布局。程序第 36 行调用 Widget 对象的 show()函数显示容器中的所有控件。经过编译后，程序运行结果如图 11-6 所示。

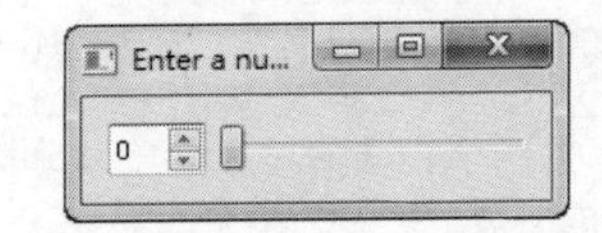

图 11-6　使用 Widget 管理控件布局

如图 11-6 所示，窗体中 Spin 和 Slider 控件按照列依次排列，当滑动 Slider 控件的滑块时，Spin 控件的数值相应改变。同样地，在修改 Spin 控件值的时候，Slider 控件的滑块位置也会相应改变。

使用 Widget 控件可以管理复杂的控件布局和多个控件对象，在大型 Qt 程序中被广泛采用。

11.3.2　对话框程序设计

对话框是图形界面中经常见到的一类界面。对话框通常用来完成一类特定的功能，例如打开文件对话框、颜色设置对话框等。本节将介绍如何使用 Qt 建立一个类似 Windows 系统查找对话框的界面。

本节提供的例子共有 3 个文件，FindDialog.h 文件声明了 FindDialog 类，FindDialog.cpp

文件是 FindDialog 类的实现，main.cpp 使用 FindDialog 创建应用程序。

1．对话框头文件

```
01  // FindDialog.h
02  #ifndef _FINDDIALOG_H_
03  #define _FINDDIALOG_H_
04
05  #include <qdialog.h>
06
07  class QCheckBox;
08  class QLabel;
09  class QLineEdit;
10  class QPushButton;
11
12  class FindDialog : public QDialog
13  {
14      Q_OBJECT
15  public:
16      FindDialog(QWidget *parent = 0);
17
18  signals:
19      void FindNext(const QString &str, bool caseSensitive);
20      void FindPrev(const QString &str, bool caseSensitive);
21
22  private slots:
23      void FindClicked();
24      void EnableFindButton(const QString &text);
25
26  private:
27      QLabel *Label;
28      QLineEdit *LineEdit;
29      QCheckBox *CaseCB;
30      QCheckBox *BackwardCB;
31      QPushButton *FindBtn;
32      QPushButton *CloseBtn;
33  };
34
35  #endif//_FINDDIALOG_H_
```

程序第 7～10 行声明了 4 个控件类，在 FindDialog 类中会使用到。FindDialog 类有两个信号函数 FindNext()和 FindPrev()，分别用于响应向后搜索和向前搜索功能。成员函数 FindClicked()和 EnableFindButton()用来响应用户单击界面上的 CheckBox 控件。

在程序第 27～32 行定义了 6 个控件对象，在初始化 FindDialog 的时候会创建这些对象。

2．对话框实现代码

下面是 FindDialog 类的实现文件 FindDialog.cpp，代码如下：

```
01  // FindDialog.cpp
02  #include <qcheckbox.h>
03  #include <qlabel.h>
04  #include <qlayout.h>
05  #include <qlineedit.h>
06  #include <qpushbutton.h>
07  #include "finddialog.h"
08
```

```
09  FindDialog::FindDialog(QWidget *parent) : QDialog(parent)  // 构造函数
10  {
11      Label = new QLabel(tr("Find &String:"), this); // 创建文本标签控件
12      LineEdit = new QLineEdit(this);          // 创建文本框控件
13      Label->setBuddy(LineEdit);               // 绑定文本框控件和标签控件
14      CaseCB = new QCheckBox(tr("Match &Case"), this);
15                                               // 创建大小写 CheckBox
16      BackwardCB = new QCheckBox(tr("Search &backward"), this);
17                                               // 创建搜索方向 CheckBox
18      FindBtn = new QPushButton(tr("&Find"), this);      // 创建查找按钮
19      FindBtn->setDefault(true);               // 设置查找按钮为激活状态
20      CloseBtn = new QPushButton(tr("Close"), this);     // 创建关闭按钮
21      connect(LineEdit,       SIGNAL(textChanged(const       QString&)),
this,SLOT(enableFindButton(const QString &)));
22                                               // 设置修改文本框事件响应函数
23      connect(FindBtn, SIGNAL(clicked()), this, SLOT(findClicked()));
24                                               // 设置单击查找按钮响应函数
25      connect(CloseBtn, SIGNAL(clicked()), this, SLOT(close()));
26                                               // 设置单击关闭按钮响应函数
27
28      QHBoxLayout *TopLeft = new QHBoxLayout;// 创建列对齐的布局对象
29      TopLeft->addWidget(Label);               // 添加文本标签控件到列对齐布局
30      TopLeft->addWidget(LineEdit);            // 添加文本框控件到列对齐布局
31
32      QVBoxLayout *Left = new QVBoxLayout;     // 创建行对齐的布局对象
33      Left->addLayout(TopLeft);                // 添加列对齐布局到行对齐布局
34      Left->addWidget(CaseCB);         // 添加大小写复选 CheckBox 控件到行布局
35      Left->addWidget(BackwardCB);     // 添加前后向搜索 CheckBox 控件到行布局
36
37      QVBoxLayout *Right = new QVBoxLayout;  // 创建右对齐的行布局对象
38      Right->addWidget(FindBtn);               // 添加查找对象布局到右对齐布局
39      Right->addWidget(CloseBtn);              // 添加关闭按钮到右对齐布局
40      Right->addStretch(1);
41
42      QHBoxLayout *Main = new QHBoxLayout(this); // 创建行排列的主布局对象
43      Main->setMargin(11);
44      Main->setSpacing(4);                     // 设置控件留空距离
45      Main->addLayout(Left);                   // 添加左对齐布局
46      Main->addLayout(Right);                  // 添加右对齐布局
47      setLayout(Main);                         // 设置应用程序使用主布局
48
49      setWindowTitle(tr("Find Dialog"));       // 设置窗体标题
50
51  }
52
53  void FindDialog::FindClicked()               // 查找按钮响应函数
54  {
55      QString text = LineEdit->text();         // 从查找文本框读取要查找的文本
56      bool CaseSensitive = CaseCB->isChecked();  // 获取是否需要大小写敏感
57
58      if (BackwardCB->isChecked())             // 判断向前还是向后搜索
59      FindPrev(text, CaseSensitive);           // 向前搜索文本
60      else
61      FindNext(text, CaseSensitive);           // 向后搜索文本
62  }
63
```

```
64  void FindDialog::EnableFindButton(const QString &Text) // 激活搜索按钮
65  {
66  }
```

FindDialog 类的实现函数中，构造函数比较复杂，难点主要在 FindDialog 类使用了多个布局对象，并且布局对象之间的关系比较复杂。下面通过一个图来展示 FindDialog 类的布局结构，如图 11-7 所示。

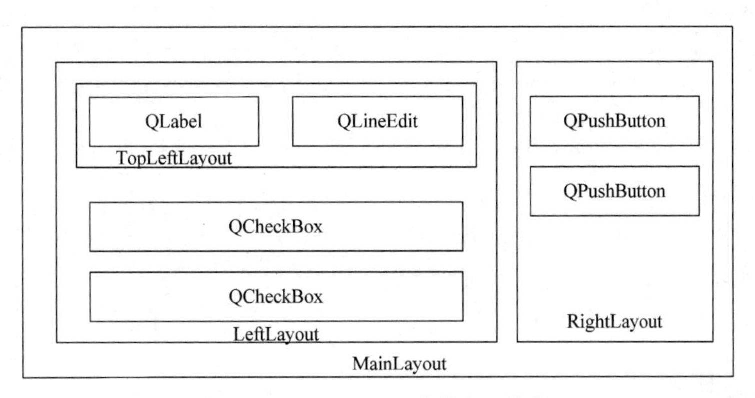

图 11-7　FindDialog 类的布局结构

从图 11-7 中可以看出，FindDialog 共使用了 4 个 Layout 对象。其中，TopLeftLayout 包含在 LeftLayout 布局对象内，有 QLabel 和 QlineEdit 2 个控件；LeftLayout 除包含 TopLeftLayout 外，还包含了 2 个 QCheckBox 控件；RightLayout 布局对象包含 2 个 QPushButton 控件。LeftLayout 布局和 RightLayout 布局包含在 MainLayout 布局内。

从 FindDialog 的布局结构可以看出 FindDialog 是一个层次结构的布局。实际上，所有的 Qt 应用程序都是按照这种层次布局组织控件的。如图 11-8 所示是 FindDialog 布局的层次结构示意图。

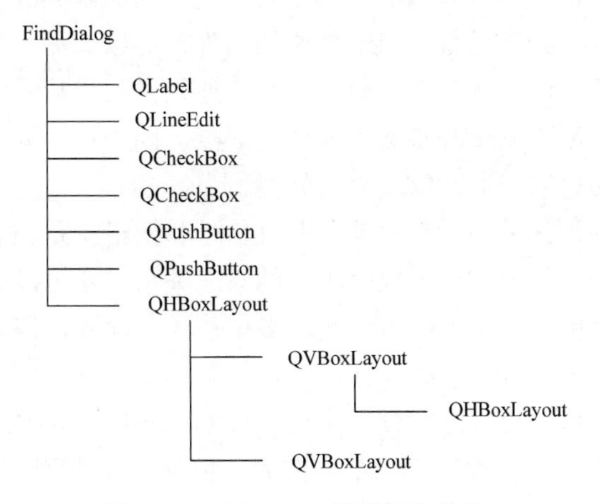

图 11-8　FindDialog 控件层次结构

3．创建 FindDialog 对话框

创建好 FindDialog 类之后就可以使用了，main.cpp 使用 FindDialog 类创建了一个查找对话框。代码如下：

```
01  // main.cpp
02  #include <qapplication.h>
03  #include "finddialog.h"
04
05  int main(int argc, char *argv[])
06  {
07      QApplication app(argc, argv);                   // 创建主应用程序对象
08      FindDialog *dialog = new FindDialog;    // 创建 FindDialog 对象
09      dialog->show();                                  // 显示 FindDialog
10      return app.exec();
11  }
12
```

程序第 8 行创建了一个 FindDialog 对象，在第 9 行使用 show()成员函数显示 FindDialog 对话框，如图 11-9 所示。

从图 11-9 中可以看出，使用 Layout 类管理布局以后，应用程序界面上的控件按照布局安排的位置排列。图 11-9 与图 11-8 的布局结构完全一致。

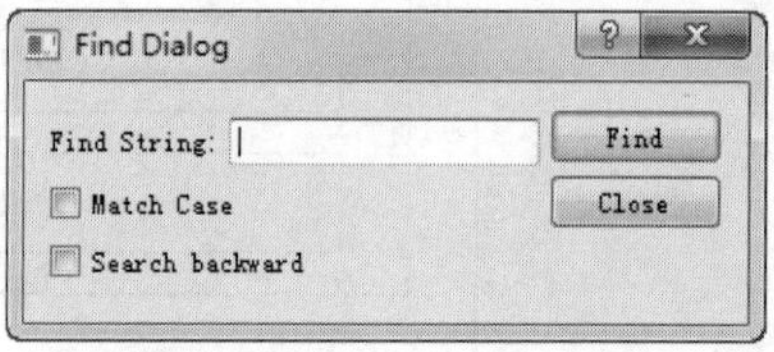

图 11-9　FindDialog 对话框

11.3.3　信号与槽系统

在实例 11-4 中读者会发现使用了 connect()函数把按钮的单击事件与一个处理函数连接起来，connect()函数的原型如下：

```
connect(Object1, signal, Object2, slot);
```

其中，Object1 和 Object2 分别代表两个不同的 Qt 对象（继承自 QObject 基类），signal 代表 Object1 的信号，slot 代表 Object2 的槽。

信号和槽是 Qt 引进的一种处理机制，信号可以被理解为一个对象发出的事件请求，槽是处理信号的函数。设计信号和槽的机制是为了避免回调函数的缺点。回调函数是一个函数指针，如果希望一个处理函数发出一些通知事件，可以把另一个函数的指针传递给处理函数，处理函数在适当的时候使用函数指针回调通知函数。从回调函数的调用过程可以看出，回调函数存在类型不安全和参数不安全的缺点。因为对于调用函数来说，通过函数指针无法判断出函数的返回类型，以及参数类型。

信号和槽能完成回调函数的所有功能，并且信号和槽机制是类型安全的，而且还能完成其他许多复杂的功能。信号和槽不仅是单一的对应关系，还可以是多对多的关系。一个信号可以被连接到多个槽，一个槽也可以响应多个信号，此外，信号之间也可以被连接。如图 11-10 所示是一个常见的信号和槽的关系示意图。

从图中看出，一个信号可以连接到多个槽，如 Object1 的 signal1 连接到了 Object4 的 Slot1 和 Slot3。在 Qt 中，当控件产生一个事件后，对应的信号立即被发射出来，如果建立了信号和槽的关联，信号会被发射到所有关联的槽上。对于一个信号连接到多个槽的情况，多个槽按照随机顺序响应信号。

使用信号和槽可以方便地建立起控件对象之间的处理关系，如果参数槽和信号的参数类型不匹配或者槽不存在，在运行时 Qt 会发出警告，避免了回调函数的类型不安全问题。

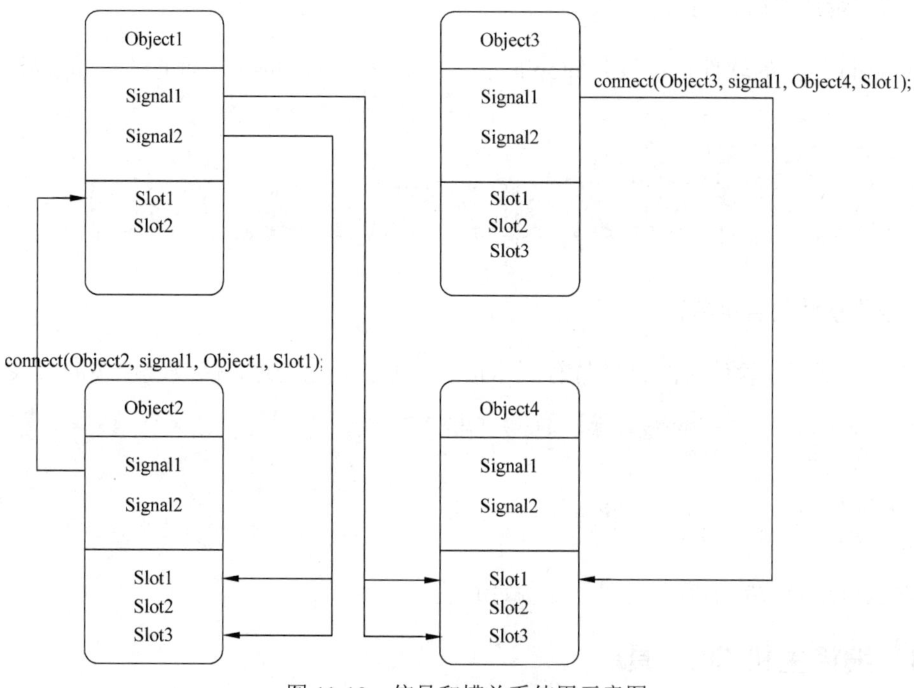

图 11-10　信号和槽关系使用示意图

11.4　移植 Qtopia 到 ARM 开发板

Qt 有一个专门为嵌入式系统使用的版本 Qtopia。Qtopia 是一组软件包的集合，使用 Qtopia 可以方便地在嵌入式 Linux 系统上建立和使用图形界面。Qtopia 本身提供了管理界面的一些工具，用户程序也可以无需 Qtopia 的管理界面而直接运行。用户在主机编写的 Qt 应用程序中只需要经过交叉编译就可以运行在嵌入式开发板上。

11.4.1　需要的资源

在编译 Qtopia 之前，需要从 Qt 的官方网站上下载下面的软件包：

```
konqueror-embedded-snapshot-20030705.tar.gz    // Qt 软件管理器
qt-embedded-2.3.7.tar.gz                       // Qt 嵌入式支持库
qt-x11-2.3.2.tar.gz                            // Qt-X11 支持库
qtopia-free-1.7.0.tar.gz                       // Qtopia
tmake-1.11.tar.gz                              // Qt 管理工具
```

请读者在下载的时候注意软件包的版本号，Qt 软件包之间的版本有比较强的依赖关系，如果版本号相差太大容易导致编译不通过。

11.4.2　准备工作

在开始编译 Qtopia 之前首先搭建编译软件包的环境，下面的步骤使用相对路径，可以在任意目录下进行。

1．解压缩所有软件包

把 Qtopia 用到的软件包存放到 qtopia_arm 目录下，然后执行下面的解压缩过程：

```
tar xfvz tmake-1.11.tar.gz
tar xfvz qt-embedded-2.3.7.tar.gz
tar xfvz qtopia-free-1.7.0.tar.gz
tar xfvz qt-x11-2.3.2.tar.gz
tar xvzf konqueror-embedded-snapshot-20030705.tar.gz
```

2．修改软件包目录名称

解压缩完成后，软件包的目录带有版本信息，为了简化处理，修改软件包的目录名称：

```
mv konqueror-embedded-snapshot-20030705 konq
mv tmake-1.11 tmake
mv qt-2.3.7/ qt
mv qtopia-free-1.7.0 qtopia
mv qt-2.3.2 qt-x11
```

软件包目录修改完毕后，可以开始编译过程。

11.4.3　编译主机 Qt 工具

Qtopia 交叉编译需要用到一些主机的库和应用程序，首先需要在主机编译 qt-x11 库和 qtopia 库。

1．编译 qt-x11 库

Qt 库需要用到 qt-x11 库提供的基本应用程序，包括 uic、moc、designer 和 qvfb。uic 可以把 Qt 的界面描述文件转换为相应的.h 文件和.cpp 文件；moc 用于把 Qt 的信号和槽的定义翻译为标准的 C++语法；designer 是 Qt 界面的设计工具；qvfb 是 Qt 视频缓冲管理工具；这 4 个工具都是主机工具，用于在主机上开发目标平台的 Qt 应用。

（1）配置 qt-x11 库工作环境。首先进入 qt-x11 目录，然后按照下面的步骤设置 qt-x11 的工作环境：

```
cd qt-x11                                                    // 进入 qt-x11 代码目录
export QTDIR=$PWD                                            // 设置 QTDIR 环境变量
echo yes | ./configure -static -no-xft -no-opengl -no-sm
                                                             // 配置生成 Makefile
```

QTDIR 是编译 Qt 过程中必须有的一个变量，Qt 库的工程文件以 QTDIR 环境变量作为代码根目录，这里设置 QTDIR 为 qt-x11 代码所在的目录。最后一句配置语句中 echo yes 的作用是向终端输入一个 yes 字符串。在配置 qt-x11 的时候会提示是否同意 Qt 的版权协议，yes 表示同意。

（2）编译基本工具。设置好工作环境后，首先编译 moc 工具：

```
make -C src/moc
cp src/moc/moc bin
```

第一行的意思是指定 make 工具使用 src/moc 目录下的 Makefile 文件，moc 目录保存了 moc 工具用到的代码和头文件，编译结束后会在 src/moc 目录下生成一个可执行程序 moc。第二行复制 moc 工具到当前目录下的 bin 目录。

接下来编译 uic、designer 和 qvfb 工具：

```
make -C src
make -C tools/designer
make -C tools/qvfb
cp tools/qvfb/qvfb bin
```

与编译 moc 工具类似，指定对工具所在目录进行编译。编译结束后，把应用程序复制到 bin 目录下，由于 uic 和 designer 在编译结束后会自动复制到 bin 目录，因此最后一行仅复制 qvfb 到 bin 目录。

4 个 Qt 工具准备好之后，首先使用 strip 工具去掉工具中的调试信息：

```
strip bin/uic bin/moc bin/designer bin/qvfb
```

然后复制 4 个工具到 Qt 目录，为后面编译 Qt 的工作做好准备。

```
cd ..
cp qt-x11/bin/?* qt/bin
rm -fr qt-x11
```

复制基本工具完成后，由于以后不再使用 qt-x11 库，可以把 qt-x11 目录删除。

2．编译 Qt 库

在编译 Qt 库之前需要设置编译用到的环境变量：

```
export QTDIR=$PWD/qt
export QPEDIR=$PWD/qtopia
export TMAKEDIR=$PWD/tmake
export TMAKEPATH=$TMAKEDIR/lib/qws/linux-arm-g++
export PATH=$QTDIR/bin:$QPEDIR/bin:$TMAKEDIR/bin:$PATH
```

这里改变 QTDIR 环境变量为 Qt 目录。此外还设置了 QPEDIR、TMAKEDIR、TMAKEPATH 变量，然后把新设置的变量加入到系统 PATH 变量里。QPEDIR 变量是交叉编译 Qtopia 用到的必要变量。

设置好环境变量后，可以开始 Qt 库的编译过程：

```
cd qt
make clean
cp ../qtopia/src/qt/qconfig-qpe.h src/tools/
(echo yes ; echo no) | ./configure -system-jpeg -gif -system-libpng
-system-zlib -platform linux-arm-g++  -qconfig qpe -depths 16,24,32
make -C src
```

与编译 qt-x11 库类似，仅编译 qt/src 目录下的文件，如果不指定仅编译 src 目录会出现编译错误。第 3 行复制 qtopia/src/qt 下的 qconfig-qpe.h 文件到 Qt 的 tools 目录，作用是为了生成供 qtopia 使用的工具库。

11.4.4　交叉编译 qtopia

在编译好 Qt 主机开发工具后，开始交叉编译 qtopia。qtopia 的编译过程比较简单，如下：

```
cd qtopia/src
./configure  -platform linux-arm-g++
make
cd -
```

首先进入 qtopia/src 目录，然后配置 Makefile，指定目标平台是 ARM。“linux-arm-g++”是 qtopia 自定义的目标平台名称，可以通过“./configure --help”命令查看目标平台参数。配置好 Makfile 之后，使用 make 编译 qtopia。

提示：qtopia 的编译过程较长，机器速度慢的读者请耐心等待。

编译好 qtopia 之后，可以编译一个 konqueror 浏览器，供以后集成在 QT 应用程序中。编译 konqueror 之前重新设置一下环境变量：

```
export AR=arm-linux-ar
export STRIP=arm-linux-strip
export RANLIB=arm-linux-ranlib
export CXX=arm-linux-g++
export CCC=arm-linux-c++
export CC=arm-linux-gcc
export CROSS_COMPILE=1
export PATH=$PATH:/usr/loca/arm/3.3.2/bin
export INSTALL=/usr/local/arm/3.3.2
```

其中需要注意的是，CROSS_COMPILE 环境变量值为 1 表示需要交叉编译。INSTALL 环境变量是交叉编译器存放的目录。设置好环境变量后，开始编译过程：

```
cd konq
./configure --host=arm-linux --target=arm-linux --enable-embedded
--enable-qt-embedded --enable-qpe --with-gui=qpe --disable-debug
--enable-ftp --enable-static --disable-shared --disable-mt
--with-extra-libs=/usr/local/arm/3.3.2/lib:$QPEDIR/lib
--with-extra-include=/usr/local/arm/3.3.2/include:$PQEDIR/include
--without-ssl   --with-qt-dir=$QTDIR   --with-qt-includes=$QTDIR/include
--with-qt-libraries=$QTDIR/lib --with-qtopia-dir=$QPEDIR
make
```

首先进入 konq 目录，然后配置 konqueror。konqueror 的配置参数比较多，主要包括设置主机平台类型、目标平台类型、指定静态编译、qtopia 库的路径，以及其他一些特性。设置完成后，使用 make 工具编译 konqueror。如果没有出错的话，会在一段时间后编译生成 konqueror。

11.5　小　结

本章介绍了 Linux 系统常见的图形环境，以 Qt 图形界面为例详细讲解了 Qt 的使用和开发过程，最后介绍了如何移植 Qt 到目标板。Qt 是一个应用广泛的开源图形开发环境，读者在学习的过程中需要多实践，结合 Qt 的文档，探索 Linux 图形开发技术。第 12 章将讲解软件开发过程中的项目管理方法。

第 12 章　软件项目管理

软件项目的管理是软件开发过程中很重要的一项工作。好的管理方法是一个软件项目开发成功的前提，而使用好软件管理工具能让软件项目开发事半功倍。开源软件项目的开放特性导致开发一个软件项目的人员可能分散在不同的地理位置，如 Linux 内核开发人员分布在全球数十个国家。开源软件项目开发中的交流与合作难度比任何一种商业软件都要高，因此需要管理软件项目的软件帮助开发人员完成协作和交流的问题。本章将介绍在开源软件项目中常用的管理技术，主要内容如下：

- 软件版本的概念；
- 如何控制软件版本；
- 开发文档管理；
- Bug 跟踪系统。

12.1　源代码管理

源代码是一个软件中最重要的部分，软件的二进制程序都是从源代码编译生成的。学过计算机编程的读者在学习过程中都编辑过一些源代码，可以完成一些简单的功能，但是在学习编程过程中可能很少会体会到对源代码的管理问题。对于一个软件来说，无论从源代码的数量还是软件的功能上看，都远比一个小程序复杂。软件开发是多人合作的过程，对软件开发过程管理就很必要了。

12.1.1　什么是软件的版本

软件开发过程中通常会把完成某个功能的代码打包，用数字和字母的组合为软件的源代码或者二进制文件命名，表示完成一个阶段的工作，这种软件阶段性的名字称做软件版本。软件的版本不是随意命名的，有一定规律，不同的软件开发组织都有自己的软件命名方法。本节将介绍几种常见的命名规则。

1. GNU 软件版本命名规则

GNU 软件版本命名规则几乎被所有的开源软件采用。GNU 软件版本命名规则使用 3 段数字表示，每段数字之间用“.”间隔开，如图 12-1 所示。

主版本号	子版本号	修正版本号	编译版本号

图 12-1　GNU 软件版本号命名规则

GNU 的版本命名规则中，主版本号在软件有重大功能改进或是结构改进时增加，如

Linux 内核从 1.x 升级到 2.x 结构发生了重大改变；子版本号在软件增加较多功能或者改正较大的错误后增加；修正版本号在修改较小的错误后增加；编译版本号是由用户定义的，用于区分在某个版本基础上的差异设置的，用户可以起任意名称。

提示： GNU 软件的一个默认规则是版本号中的奇数表示软件版本相对不稳定；偶数表示版本的功能经过测试相对稳定。

2．常见的软件版本命名含义

许多软件在采用数字命名版本的基础上，还加入一些英文单词表示版本的意图，下面介绍几种常见的版本命名的含义。

- α（alpha）：α 通常表示内部测试版。意思是该版本已初步完成，但是没有经过完整的测试，仅在开发团队或者小范围内部交流。α 版本通常有许多问题，不适合普通用户使用。
- β（beta）：该版本相对 α 版本有重大改进，通常发布给用户供用户测试和体验，称做外部测试版。β 版本也存在问题，也不排除重大问题。开发组织会根据 β 版本的使用反馈修改问题。
- Trial（试用版）：试用版通常被商业软件采用。商业软件把少部分功能发布给用户，供用户体验。如果用户感觉不错，需要购买正式版本。试用版一般是不收费的，这就像超市里免费品尝的食品，用户可以品尝但是数量有限。
- Unregistered（未注册版）：未注册版也是商业软件常见的一种发布形式。与试用版不同的是，未注册版包含了软件全部的功能，但是对用户做了限制。用户通过购买注册号（Serial Number）或是许可证（License）的方式注册软件后才能使用软件的全部功能。
- Demo（演示版）：演示版也是一种非正式软件版本。演示版提供了正式版本的大部分功能，但是不能通过注册得到正式版本。通常演示版也有限制，如有的软件演示版本没有保存功能，仅提供演示软件的功能。
- Registered（注册版）：注册版是与未注册版对应的。注册版是用户拿到的最终版本。一些大型商业软件根据不同客户群设置不同的软件功能版本。
- Professional（专业版）：专业版通常针对开发工具，如 Visual C++、嵌入式开发工具 ADS 等。专业版包含供专业用户使用的所有工具，功能丰富，适合软件项目团队使用。
- Enterprise（企业版）：企业版通常是一个软件所有版本中功能最全面的。它既兼顾了普通用户的需求又兼顾了专业用户的需求，是一个大而全的版本。

12.1.2　版本控制的概念

随着软件开发过程中不断的修改错误和发布新的功能，软件的版本随之增多。此外，发布给用户的版本与开发的版本往往不是一致的，12.1 节讲到的多是发布给用户的版本，在开发过程中很可能会有许多的“中间版本”。

版本控制的目的就是解决软件开发过程中的版本问题。在开发过程中常会遇到同一文件多人修改或者多人修改代码后同时提交的问题。

版本控制的一个重要功能是记录每个版本信息，在发生错误时能回退到某个指定的版本。试想一下，如果每个人都在修改自己的文件，当提交的时候发现问题，这个时候如果不能回退到之前某个可用的版本，工作可能会前功尽弃。软件版本控制还需要提供代码比对功能，帮助用户比较不同版本之间的差异。

12.2　版本控制系统 Subversion

在开源软件领域，有许多的版本控制软件。早期的版本控制软件有大名鼎鼎的 CVS，现在应用最广泛的软件版本控制软件是 Subversion 版本管理系统。此外，Linux 内核开发团队使用了自己开发的 GIT 版本管理系统，也是一个不错的选择。

CVS 是一个有悠久历史（超过十年以上）的版本控制系统，最初从 UNIX 移植而来，目前可以在多个平台使用。CVS 提出了“仓库”的概念，一个软件项目的代码存放到一个仓库内。通过代码仓库，一个 CVS 系统可以管理多个软件项目。CVS 采用代码仓库的概念提高了软件版本管理的效率，被其他的版本控制系统广泛接受。

随着时间的推移，CVS 的弊端逐渐显现。如 CVS 仅支持 ASCII 编码的文本文件，对于使用非英语的人来说非常不方便。此外，CVS 版本控制系统使用比较复杂，容易出错。种种问题导致新的版本控制系统被开发出来，CVS 也逐步被取代。目前国内流行的是 Subversion 版本控制系统。

Subversion 最大的特点是使用简单。Subversion 继承了 CVS 仓库的概念，但是做了很多改进，支持 Unicode 编码，并且提供了许多功能。本节将介绍 Subversion 的安装配置和使用方法。

12.2.1　在 Linux 系统下使用 Subversion 服务端

本节介绍在 Ubuntu Linux 12.04 版本上安装 Subversion。Ubuntu Linux 使用 apt 管理软件包，安装 Subversion 的过程非常简单。安装配置过程如下所述。

（1）登录到 Ubuntu 的 shell 界面，按照下面的提示安装：

```
tom@tom-virtual-machine:~$ sudo apt-get install subversion
[sudo] password for tom:
```

使用命令 sudo apt-get install subversion 的作用是告诉 apt 安装 subversion 软件包，系统给出提示输入当前用户的密码，输入后按回车键出现提示：

```
正在读取软件包列表... 完成
正在分析软件包的依赖关系树
正在读取状态信息... 完成
将会安装下列额外的软件包：
  libapr1 libaprutil1 libdb4.8 libsvn1
建议安装的软件包：
  subversion-tools db4.8-util
下列【新】软件包将被安装：
  libapr1 libaprutil1 libdb4.8 libsvn1 subversion
升级了 0 个软件包，新安装了 5 个软件包，要卸载 0 个软件包，有 0 个软件包未被升级。
```

```
需要下载 2,009 kB 的软件包。
解压缩后会消耗掉 5,472 kB 的额外空间。
您希望继续执行吗？[Y/n]y                    // 是否继续安装过程
```

最后一行给出提示，是否继续安装过程，输入“Y”，按回车键后继续安装过程。如果没有安装错误，系统不给出任何提示。

（2）安装完成之后，开始配置 Subversion。首先创建 Subversion 的主目录：

```
$sudo mkdir /home/svn
```

（3）然后启动 Subversion 的服务：

```
$ sudo svnserve -d -r /home/svn
```

-d 参数告诉 Subversion 作为精灵进程运行；-r 参数指定了工作主目录。

（4）查看 Subversion 服务是否创建成功：

```
$ ps -e | grep svnserve
 4580 ?        00:00:00 svnserve
```

如果看到名称是 svnserve 的服务，表示已经成功启动 Subversion 服务。

（5）接下来创建一个代码仓库：

```
$ cd /home/svn
$ sudo svnadmin create myproject
```

svnadmin 是管理工具，使用 create 命令创建代码仓库。创建好代码仓库后，会在当前目录下新建一个 myproject 目录，subversion 的配置文件就在该目录下。

（6）Subversion 对每个代码仓库目录都有自己的配置，配置代码仓库：

```
$ sudo vi myproject/conf/svnserve.conf
```

svnserve.conf 是代码仓库的全局配置文件，把第 13 行和第 20 行前面的#去掉。然后编辑用户配置文件：

```
$ sudo vi myproject/conf/passwd
```

（7）在文件最后一行加入 test = 123456，作用是建立一个新用户 test，密码是 123456。添加完后文件保存并退出，代码仓库配置完毕。

（8）下面测试 Subversion 是否正确工作。

```
$ cd
$ mkdir myproject
$ cd myproject
$ svn co svn://127.0.0.1/myproject/ ./
$ ls -a
.  ..  .svn
```

首先回到用户主目录，然后建立一个名为 myproject 的子目录，最后从 Subversion 代码仓库迁出 myproject 代码仓库的内容到当前目录。查看当前目录，可以看到有一个.svn 的隐含目录，该目录存放了代码仓库的配置信息。接下来创建一个空文件，然后提交到代码仓库。

```
$ touch test.c          # 创建一个空文件
$ svn add test.c        # 添加文件到 svn 配置
$ svn commit            # 提交代码到代码仓库
```

使用 svn commit 命令后，svn 会调用系统默认的文本编辑器。用户可以输入版本描述，然后保存并退出后 svn 命令会自动提交代码到代码仓库。之后查看当前代码版本信息：

```
$ svn info
路径: .
URL: svn://127.0.0.1/myproject
版本库根: svn://127.0.0.1/myproject
版本库 UUID: 2d242822-bd2a-4d13-a1ef-97a2fe89d31c
版本: 0
节点种类: 目录
调度: 正常
最后修改的版本: 0
最后修改的时间: 2013-06-17 15:34:19 +0800 (一, 2013-06-17)
```

输出结果显示代码已经被提交过一个版本。在命令行下使用 svn 比较繁琐，12.2.2 节将介绍如何使用图形界面的 Subversion 客户端。

12.2.2　在 Windows 系统下使用 TortoiseSVN 客户端

Windows 提供了良好的图形界面，在嵌入式开发中，通常把客户端工具安装在 Windows 系统下，如编辑工具、代码管理工具等；而把编译环境等放在一个 Linux 系统下。这样充分利用了两个系统的优势。

在 Windows 系统下有许多开源的 Subversion 客户端。TortoiseSVN 是目前使用最广泛的 Subversion 客户端，该客户端界面简洁、功能丰富，并且比较稳定。软件安装配置过程如下所述。

（1）首先是安装程序，与大多数 Windows 软件一样，双击 TortoiseSVN 的安装程序，出现安装界面，如图 12-2 所示。

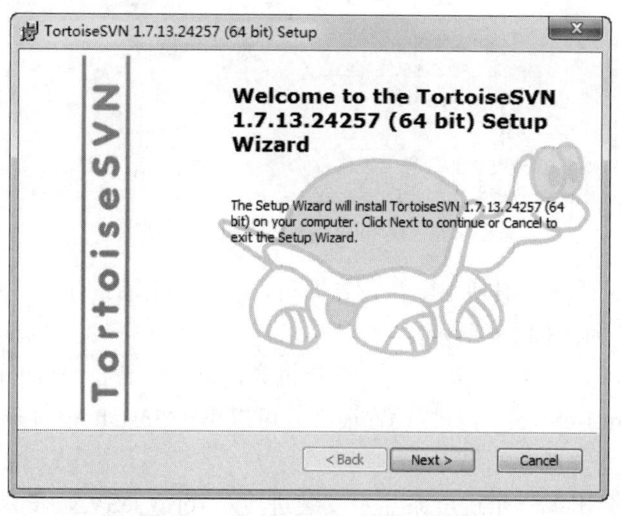

图 12-2　TortoiseSVN 安装对话框

（2）安装界面提示安装的版本是 1.7.13.24257，然后单击 Next 按钮，进入用户协议提示，如图 12-3 所示。

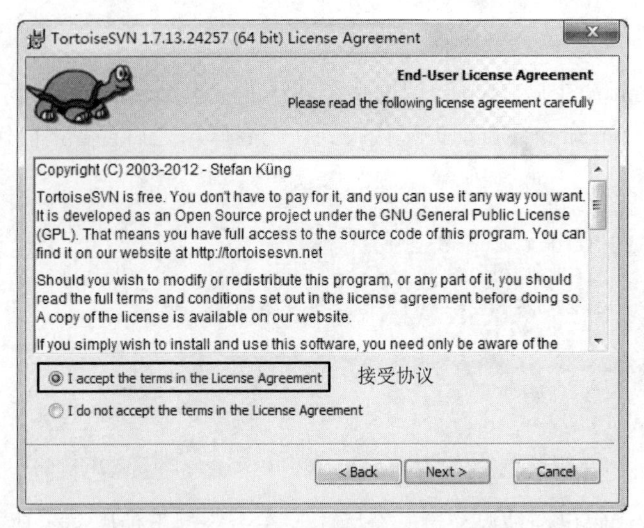

图 12-3　TortoiseSVN 用户协议对话框

用户协议对话框内显示用户协议。TortoiseSVN 是一个遵守 GPL 协议的软件，用户在安装之前需要接受协议才能继续安装。

（3）选择接受协议，然后单击 Next 按钮进入组件选择对话框，如图 12-4 所示。

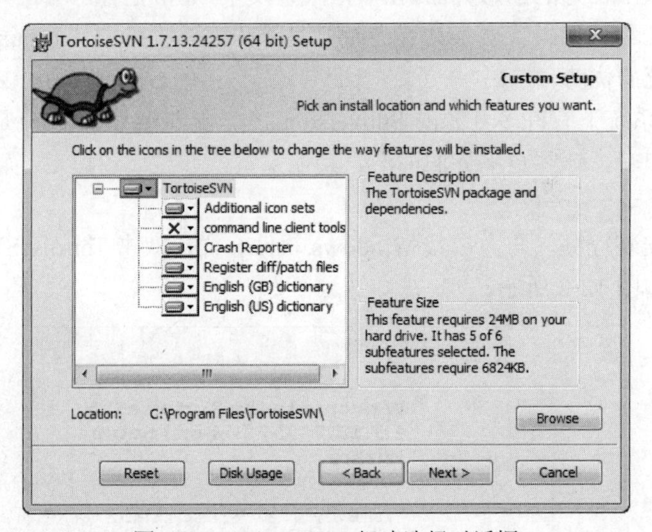

图 12-4　TortoiseSVN 组建选择对话框

（4）组件选择对话框一般使用默认设置即可，即安装所有的组件。单击 Next 按钮，进入准备安装对话框，如图 12-5 所示。

（5）准备安装对话框给用户最后一个选择机会，如果有需要修改的配置可以单击 Back 按钮返回修改。TortoiseSVN 的安装设置很少，可以单击 Install 按钮开始安装，如图 12-6 所示。

（6）安装过程会出现一个进度条显示安装进度。TortoiseSVN 安装过程很快，安装结束后进入安装完成界面，如图 12-7 所示。

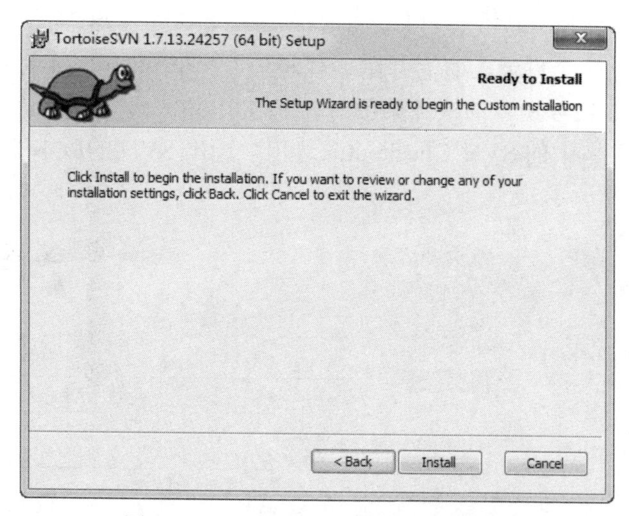

图 12-5　TortoiseSVN 准备安装对话框

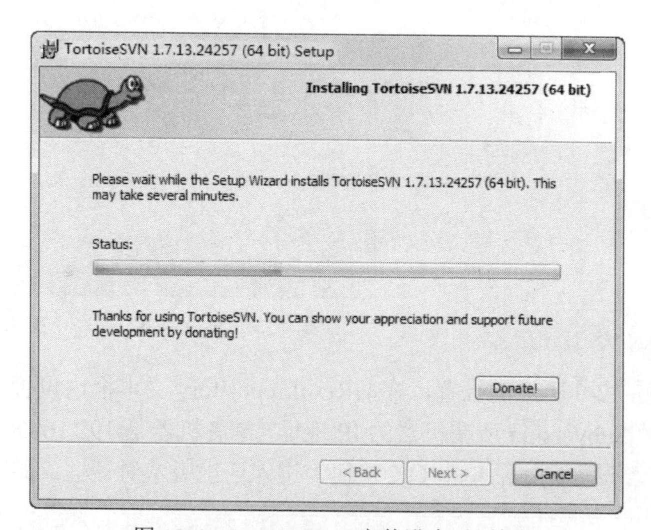

图 12-6　TortoiseSVN 安装进度对话框

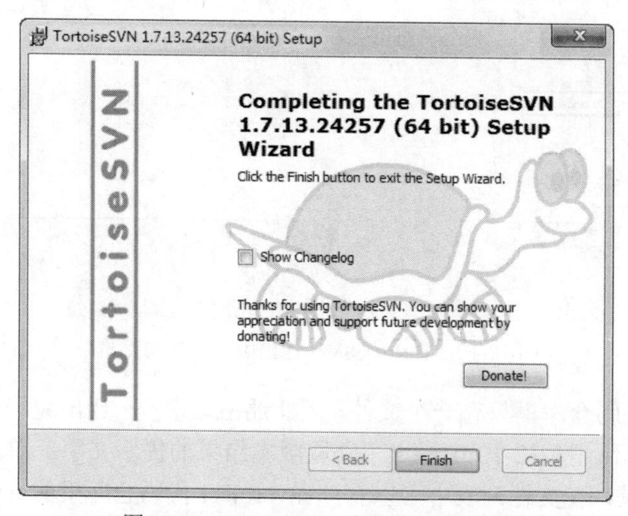

图 12-7　TortoiseSVN 安装完成对话框

（7）单击 Finish 按钮完成安装过程。

（8）在磁盘建立一个目录，如笔者在 e 盘建立了一个 myproject 目录。右击 myproject 目录图标，出现如图 12-8 所示的快捷菜单。

（9）选择快捷菜单中的 SVN Checkout…选项，迁出 SVN 的版本库，出现迁出版本设置对话框，如图 12-9 所示。

图 12-8　TortoiseSVN 迁出版本

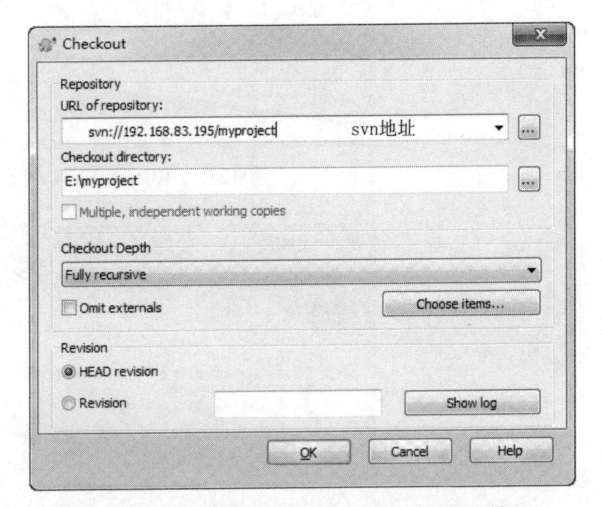

图 12-9　TortoiseSVN 迁出版本设置对话框

（10）按照如图 12-9 所示的设置，在 URL of repository 文本框内设置代码仓库地址，请注意 IP 地址需要填 Subversion 所在机器的 IP 地址，笔者机器是 192.168.83.195。其他的设置使用默认设置即可。设置完毕后单击 OK 按钮，进入迁出版本对话框，如图 12-10 所示。

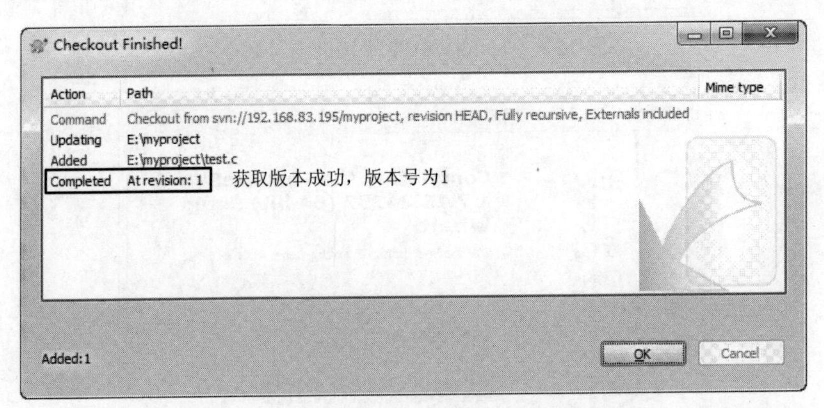

图 12-10　TortoiseSVN 迁出版本成功对话框

myproject 的代码仓库里只有一个文件，因此迁出非常快。迁出完毕后请注意对话框内最后一行的文字提示，图 12-10 中标出了获取版本结果的提示文字。单击 OK 按钮退出。打开 myproject 目录，在文件列表中可以看到 myproject 代码仓库里的 test.c 文件。

（11）下面创建一个新文件提交到 Subversion 代码仓库。右击 Windows 资源管理器

myproject 文件夹空白处，新建一个文本文件，重命名为 main.c，如图 12-11 所示。

（12）在 myproject 文件夹下的空白处右击鼠标，出现如图 12-12 所示的快捷菜单。

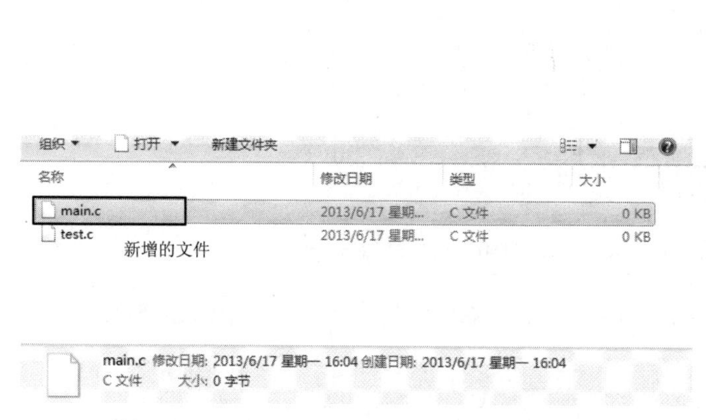

图 12-11 TortoiseSVN 迁出版本后的目录结构

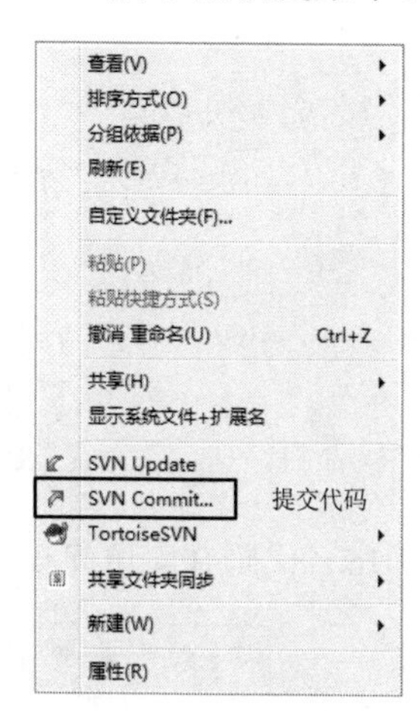

图 12-12 TortoiseSVN 提交代码快捷菜单

（13）选择 SVN Commit...选项，提交文件到 Subversion 代码仓库。提交代码后出现提交代码设置对话框，如图 12-13 所示。图中上方的文本框是提交版本注释，在此处输入本次提交版本的注释作为修改记录。

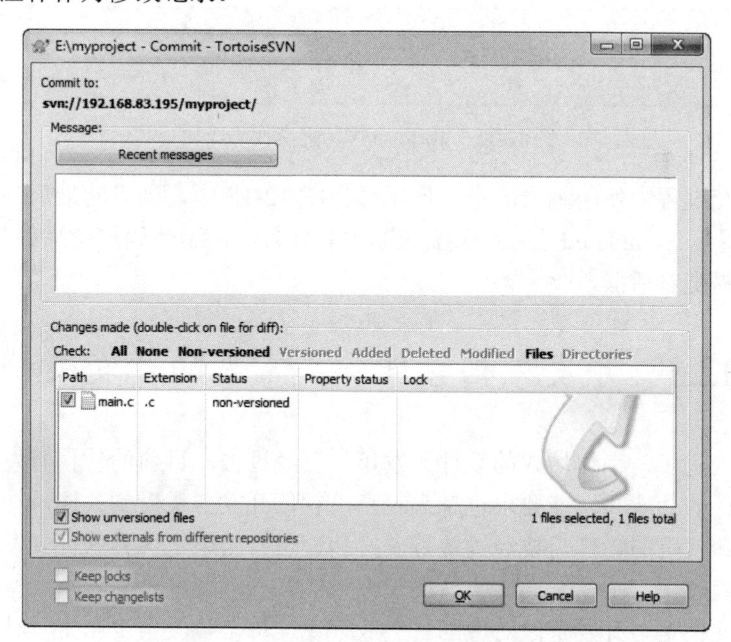

图 12-13 TortoiseSVN 提交代码设置对话框

（14）选中图 12-13 中所示的 Show unversioned files 复选框，表示显示没有版本的文件。然后单击 OK 按钮提交代码。如果用户是第一次提交代码，会出现设置用户名和密码对话框，如图 12-14 所示。

在 Username 文本框内输入用户名，在 Password 文本框内输入密码。用户名和密码是配置 myproject 代码仓库时设置的。如果不想以后每次都输入用户名和密码，可以选中 Save authentication 复选框。

图 12-14　TortoiseSVN 设置用户名密码对话框

（15）代码仓库访问权限设置完毕后，单击 OK 按钮提交代码，如图 12-15 所示。

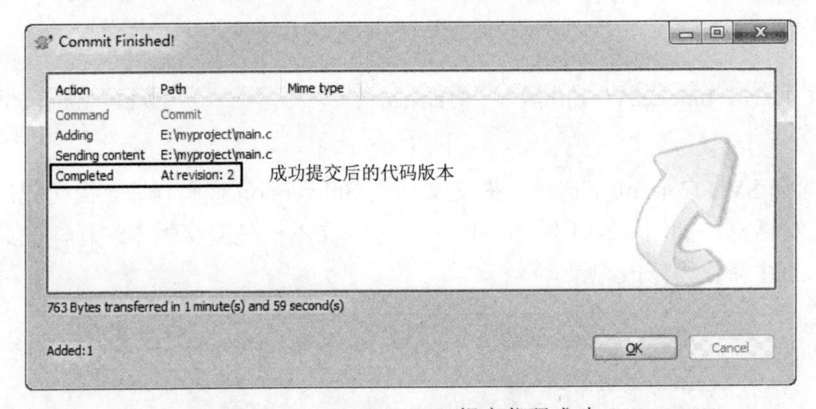

图 12-15　TortoiseSVN 提交代码成功

代码在提交过程中使用列表的形式展示。在图 12-15 中，列表的最后一行是代码提交的结果，如果提示 Completed 表示代码提交成功，并且给出了代码提交后的版本。单击 OK 按钮退出代码提交对话框。

12.3　开发文档管理——常见的开发文档

随着技术的进步，小作坊式的软件开发年代已经过去。目前的软件开发能力在不断提升，用户对软件的功能和性能要求也越来越高，软件开发质量受到关注。在软件开发过程中，各种数据和代码的管理需要经过统筹安排和管理，出现了各种软件开发文档，用于控制软件开发过程。

软件开发文档是与开发阶段对应的。一般来说，每个阶段至少产生一种文档。软件开发文档描述了在软件开发各阶段中不同的任务。不同组织和公司有不同的开发文档和规范，使用不同的开发模型产生的文档内容也不相同。

软件开发文档指导不同阶段的相关人员的工作，不同阶段的设计人员会设计出相应阶段的最终文档。如需求设计文档指导项目经理做软件的框架设计，产生概要设计文档；程序员使用概要设计文档了解软件某部分的功能，然后做具体的细化设计详细设计文档。按照软件开发的阶段，通常会生成以下几种文档。

12.3.1 可行性研究报告

软件项目的可行性研究报告需要列举出需要的技术、人员、资金、时间周期，以及法律等方面的因素，最终目的是论证一个软件项目是否可以开发。可行性研究报告通常由软件团队的高层，或者是软件项目发起人、投资人等参加。可行性研究报告中还应当对于现有的资源给出几种不同的解决方案供讨论使用。软件可行性研究报告的结果直接决定了一个软件项目是否启动。

12.3.2 项目开发计划

项目开发计划的目的是使用文件形式，把开发过程中各工作的负责人、开发进度，以及需要的经费预算、所需的软件和硬件等都描述出来。后续的工作根据项目开发文档安排调配资源。项目开发文档是整个开发项目的资源描述文档，在编写的时候要从开发组织的实际情况出发，合理安排资源。

12.3.3 软件需求说明书

软件需求说明书是软件开发组织与用户之间的接口文档，是整个软件开发的基础。软件需求说明书是软件供求双方对软件功能的一个具体描述文档，通常由软件开发组织编写。该文档包括了软件的开发任务、功能约定、开发周期等，用户根据软件开发组织的需求设计提出自己的意见，修改后行形成最终文档。需求说明书对软件开发组织来说很重要，软件开发的设计和测试工作都是针对需求文档进行的。

12.3.4 概要设计

概要设计文档说明了整个程序设计的框架和工作流程，是详细设计文档的基础。概要设计描述整个系统的处理流程、模块划分、接口设计，以及出错处理等内容。概要设计的好坏决定了软件的优劣，通常是项目经理设计该文档，并且经过讨论后形成最终文档。

12.3.5 详细设计

详细设计是一个软件模块或者流程的具体描述文档。详细设计文档包括具体程序的功能描述、性能要求、输入输出格式、算法、存储分配等内容。对于简单的软件可以不做详细设计，在代码中做相应详细的注释即可。对于大型的软件，至少要在关键流程做详细设计，并且尽量保证详细设计的文档与代码的对应关系便于维护管理。详细设计文档一般由程序员编写。

12.3.6 用户手册

前面介绍的几种文档都是软件开发组织使用的，文档结构规范、内容使用术语较多，便于开发组织内部交流。用户手册编写的目的是要使用非术语描述软件系统具有的功能和使用方法。用户在阅读使用手册后可以了解软件的功能和用途，并且通过说明书可以操作软件。

用户说明书通常包括软件的功能、运行环境、操作方法，以及示例、常见出错问题及解答。用户手册要保证内容简洁，易于用户理解。

12.3.7　其他文档

在软件开发过程中还会产生一些其他文档，常见的有测试计划、测试报告、开发进度表和项目总结报告等。其中，测试是比较重要的部分，一个软件的优劣测试起到很大作用。测试是与开发并进的，包括单元测试、集成测试、功能测试和完整性测试等。测试的目的是发现软件中的缺陷，帮助改进软件的健壮性。

12.4　使用 trac 管理软件开发文档

trac 是一个开源的项目管理软件，集成了 Wiki（可译为百科全书）功能用于文档管理。该工具能与 Subversion 很好地结合，方便用户从文档中参考程序代码。

Wiki 是互联网上的一种新型应用方式，功能类似于百科全书。Wiki 提供一种在线编辑的方式，任何用户都可以编辑文档内容，Wiki 可以把经过编辑和修改的内容合并成最终可阅读的文档。

12.4.1　安装 trac

trac 是一组 Python 语言编写的脚本，运行在 Apache 服务器上，后台使用 SQL 数据库。安装 trac 需要安装 Apache 服务器、MySQL 数据库和 Python 语言解析器。

提示：12.5.2 节在安装 Bugzilla 软件的时候也用到了 Apache 服务器。

Apache 服务器是目前互联网上应用最广泛的 HTTP 服务器，提供 Web 页面服务。Python 是一种面向对象的脚本语言。安装 Apache 服务器和 Python 语言解析器非常简单，使用 apt 软件包管理工具安装过程如下：

```
$ sudo apt-get install apache2 python
```

用户按照提示，在是否开始安装的时候输入英文字母 Y，然后按回车键开始安装软件包。如果没有出错提示，表示软件包安装成功。可以用类似的方法安装 Trac。

```
$ sudo apt-get install trac libapache2-svn
```

提示：libapache2-svn 是一个 Apache 服务器的组件，用于连接 Subversion 服务器。

12.4.2　配置 trac 基本设置

trac 安装完毕后，开始配置 trac。

（1）首先进入 Apache 的工作目录，建立 trac 的工作目录。

```
$ cd /var/www
$ sudo mkdir trac
```

然后修改目录的所有者与 Apache 服务器一致。

```
$ sudo chown -R www-data:www-data trac
```

（2）修改好 trac 工作目录属性后，开始设置 trac 的工作脚本：

```
$ sudo -u www-data trac-admin trac initenv
```

（3）该命令的作用是以 www-data 用户的身份运行 trac-admin 工具，为 trac 目录设置初始的工作脚本。输入命令后按回车键，出现一个文本的设置向导：

```
Creating a new Trac environment at /var/www/trac

Trac will first ask a few questions about your environment
in order to initialize and prepare the project database.

 Please enter the name of your project.
 This name will be used in page titles and descriptions.

Project Name [My Project]> test_proj                    // 工程的名称

 Please specify the connection string for the database to use.
 By default, a local SQLite database is created in the environment
 directory. It is also possible to use an already existing
 PostgreSQL database (check the Trac documentation for the exact
 connection string syntax).

Database connection string [sqlite:db/trac.db]>         // 使用默认配置即可

Creating and Initializing Project
 Installing default wiki pages
  TracRoadmap imported from /usr/lib/python2.7/dist-packages/trac/wiki/
default-pages/TracRoadmap
  InterWiki imported from /usr/lib/python2.7/dist-packages/trac/wiki/
default-pages/InterWiki
  TracUpgrade imported from /usr/lib/python2.7/dist-packages/trac/wiki/
default-pages/TracUpgrade
  TracImport imported from /usr/lib/python2.7/dist-packages/trac/wiki/
default-pages/TracImport
  WikiProcessors imported from /usr/lib/python2.7/dist-packages/trac/wiki/
default-pages/WikiProcessors
  TracNotification imported from /usr/lib/python2.7/dist-packages/trac/
wiki/default-pages/TracNotification
  WikiRestructuredText imported from /usr/lib/python2.7/dist-packages/
trac/wiki/default-pages/WikiRestructuredText
  RecentChanges imported from /usr/lib/python2.7/dist-packages/trac/ wiki/
default-pages/RecentChanges
  WikiNewPage imported from /usr/lib/python2.7/dist-packages/trac/wiki/
default-pages/WikiNewPage
  TracModPython imported from /usr/lib/python2.7/dist-packages/trac/wiki/
default-pages/TracModPython
  TracAccessibility imported from /usr/lib/python2.7/dist-packages/trac/
wiki/default-pages/TracAccessibility
  TracIni imported from /usr/lib/python2.7/dist-packages/trac/wiki/
default-pages/TracIni
  TracEnvironment imported from /usr/lib/python2.7/dist-packages/trac/
wiki/default-pages/TracEnvironment
  TracSupport imported from /usr/lib/python2.7/dist-packages/trac/wiki/
default-pages/TracSupport
  WikiStart imported from /usr/lib/python2.7/dist-packages/trac/wiki/
```

```
default-pages/WikiStart
 TracSearch  imported  from  /usr/lib/python2.7/dist-packages/trac/wiki/
default-pages/TracSearch
 TracStandalone imported from /usr/lib/python2.7/dist-packages/trac/wiki/
default-pages/TracStandalone
 TracSyntaxColoring imported from /usr/lib/python2.7/dist-packages/trac/
wiki/default-pages/TracSyntaxColoring
 TracRevisionLog  imported  from  /usr/lib/python2.7/dist-packages/trac/
wiki/default-pages/TracRevisionLog
 TracModWSGI  imported  from  /usr/lib/python2.7/dist-packages/trac/wiki/
default-pages/TracModWSGI
 TracTicketsCustomFields imported from /usr/lib/python2.7/dist-packages/
trac/wiki/default-pages/TracTicketsCustomFields
 TracQuery  imported  from  /usr/lib/python2.7/dist-packages/trac/wiki/
default-pages/TracQuery
 TracTickets  imported  from  /usr/lib/python2.7/dist-packages/trac/wiki/
default-pages/TracTickets
 TracLogging  imported  from  /usr/lib/python2.7/dist-packages/trac/wiki/
default-pages/TracLogging
 TracUnicode  imported  from  /usr/lib/python2.7/dist-packages/trac/wiki/
default-pages/TracUnicode
 TracWiki  imported  from  /usr/lib/python2.7/dist-packages/trac/wiki/
default-pages/TracWiki
 WikiRestructuredTextLinks   imported   from   /usr/lib/python2.7/dist-
packages/trac/wiki/default-pages/WikiRestructuredTextLinks
 TracBackup  imported  from  /usr/lib/python2.7/dist-packages/trac/wiki/
default-pages/TracBackup
 WikiDeletePage imported from /usr/lib/python2.7/dist-packages/trac/wiki/
default-pages/WikiDeletePage
 InterTrac  imported  from  /usr/lib/python2.7/dist-packages/trac/wiki/
default-pages/InterTrac
 WikiFormatting imported from /usr/lib/python2.7/dist-packages/trac/wiki/
default-pages/WikiFormatting
 CamelCase  imported  from  /usr/lib/python2.7/dist-packages/trac/wiki/
default-pages/CamelCase
 TracGuide  imported  from  /usr/lib/python2.7/dist-packages/trac/wiki/
default-pages/TracGuide
 TracCgi  imported  from  /usr/lib/python2.7/dist-packages/trac/wiki/
default-pages/TracCgi
 TracPlugins  imported  from  /usr/lib/python2.7/dist-packages/trac/wiki/
default-pages/TracPlugins
 TracPermissions  imported  from  /usr/lib/python2.7/dist-packages/trac/
wiki/default-pages/TracPermissions
 TracTimeline imported from /usr/lib/python2.7/dist-packages/trac/wiki/
default-pages/TracTimeline
 TracWorkflow imported from /usr/lib/python2.7/dist-packages/trac/wiki/
default-pages/TracWorkflow
 TracReports  imported  from  /usr/lib/python2.7/dist-packages/trac/wiki/
default-pages/TracReports
 TitleIndex  imported  from  /usr/lib/python2.7/dist-packages/trac/wiki/
default-pages/TitleIndex
 PageTemplates imported from /usr/lib/python2.7/dist-packages/trac/wiki/
default-pages/PageTemplates
 InterMapTxt  imported  from  /usr/lib/python2.7/dist-packages/trac/wiki/
default-pages/InterMapTxt
 TracInterfaceCustomization   imported   from   /usr/lib/python2.7/dist-
packages/trac/wiki/default-pages/TracInterfaceCustomization
 TracAdmin  imported  from  /usr/lib/python2.7/dist-packages/trac/wiki/
default-pages/TracAdmin
 TracBrowser  imported  from  /usr/lib/python2.7/dist-packages/trac/wiki/
default-pages/TracBrowser
```

```
  TracChangeset imported from /usr/lib/python2.7/dist-packages/trac/wiki/
default-pages/TracChangeset
  WikiPageNames imported from /usr/lib/python2.7/dist-packages/trac/wiki/
default-pages/WikiPageNames
  TracRepositoryAdmin imported from /usr/lib/python2.7/dist-packages/trac/
wiki/default-pages/TracRepositoryAdmin
  TracInstall imported from /usr/lib/python2.7/dist-packages/trac/wiki/
default-pages/TracInstall
  TracRss imported from /usr/lib/python2.7/dist-packages/trac/wiki/
default-pages/TracRss
  SandBox imported from /usr/lib/python2.7/dist-packages/trac/wiki/
default-pages/SandBox
  TracNavigation imported from /usr/lib/python2.7/dist-packages/trac/wiki/
default-pages/TracNavigation
  TracFastCgi imported from /usr/lib/python2.7/dist-packages/trac/wiki/
default-pages/TracFastCgi
  WikiMacros imported from /usr/lib/python2.7/dist-packages/trac/wiki/
default-pages/WikiMacros
  TracLinks imported from /usr/lib/python2.7/dist-packages/trac/wiki/
default-pages/TracLinks
  TracFineGrainedPermissions imported from /usr/lib/python2.7/dist-
packages/trac/wiki/default-pages/TracFineGrainedPermissions
  WikiHtml imported from
/usr/lib/python2.7/dist-packages/trac/wiki/default-pages/WikiHtml

---------------------------------------------------------------------
Project environment for 'test_proj' created.

You may now configure the environment by editing the file:

  /var/www/trac/conf/trac.ini

If you'd like to take this new project environment for a test drive,
try running the Trac standalone web server `tracd`:

  tracd --port 8000 /var/www/trac

Then point your browser to http://localhost:8000/trac.
There you can also browse the documentation for your installed
version of Trac, including information on further setup (such as
deploying Trac to a real web server).

The latest documentation can also always be found on the project
website:

  http://trac.edgewall.org/

Congratulations!
```

按照文本向导的提示输入即可，一般来说需要自己设置工程名称和 Subversion 代码仓库的位置，其他配置使用默认配置就行。配置完成后 trac-admin 会自动生成脚本，最后出现 Congratulations!提示，表示配置成功。

12.4.3 配置 trac 全局脚本

trac 安装完毕后，接下来配置 trac 的全局脚本。

（1）全局配置脚本也可以通过 trac-admin 程序来创建。

```
$ sudo -u www-data trac-admin /var/www/trac deploy /usr/lib/cgi-bin/
```

```
                                                    //部署 trac 脚本
```

（2）配置好脚本后，把 trac 加入到 Apache 的默认站点。编辑/etc/apache2/httpd.conf 文件。

```
$ sudo vi /etc/apache2/httpd.conf
```

设置文件内容如下：

```
WSGIScriptAlias /trac /usr/lib/cgi-bin/cgi-bin/trac.wsgi

<Directory /usr/lib/cgi-bin/cgi-bin/>
   WSGIApplicationGroup %{GLOBAL}
   Order deny,allow
   Allow from all
</Directory>
```

12.4.4 设置 trac 的 Web 界面

设置用户名和密码结束后，需要安装 trac 的 Web 界面。trac 使用组件完成各种功能，它的组件被打包成 egg 文件格式，在安装 egg 文件之前需要安装 python-setuptools。

（1）安装 egg 文件支持。

```
$ sudo apt-get install python-setuptools
```

（2）安装完毕后，下载 Web 界面的代码。使用 svn 从 trac 的代码服务器迁出 egg 组件的代码。

```
$ cd /tmp
$ sudo -u www-data svn co http://svn.edgewall.org/repos/trac/plugins/
0.10/webadmin
```

（3）代码迁出后，使用 python-tools 编译 Web 组件代码，得到打包的 egg 组件。

```
$ sudo python webadmin/setup.py bdist_egg
running bdist_egg
running egg_info
creating TracWebAdmin.egg-info
writing TracWebAdmin.egg-info/PKG-INFO
writing top-level names to TracWebAdmin.egg-info/top_level.txt
writing dependency_links to TracWebAdmin.egg-info/dependency_links.txt
writing entry points to TracWebAdmin.egg-info/entry_points.txt
writing manifest file 'TracWebAdmin.egg-info/SOURCES.txt'
warning: manifest_maker: standard file 'setup.py' not found

reading manifest file 'TracWebAdmin.egg-info/SOURCES.txt'
writing manifest file 'TracWebAdmin.egg-info/SOURCES.txt'
installing library code to build/bdist.linux-i686/egg
running install_lib
warning: install_lib: 'build/lib.linux-i686-2.7' does not exist -- no Python
modules to install

creating build
creating build/bdist.linux-i686
creating build/bdist.linux-i686/egg
creating build/bdist.linux-i686/egg/EGG-INFO
```

```
copying  TracWebAdmin.egg-info/PKG-INFO  ->  build/bdist.linux-i686/egg/
EGG-INFO
copying TracWebAdmin.egg-info/SOURCES.txt -> build/bdist.linux-i686/egg/
EGG-INFO
copying TracWebAdmin.egg-info/dependency_links.txt -> build/bdist.linux-
i686/egg/EGG-INFO
copying  TracWebAdmin.egg-info/entry_points.txt  ->  build/bdist.linux-
i686/egg/EGG-INFO
copying   TracWebAdmin.egg-info/top_level.txt   ->   build/bdist.linux-
i686/egg/EGG-INFO
zip_safe flag not set; analyzing archive contents...
creating dist
creating  'dist/TracWebAdmin-0.1.2-py2.7.egg'  and  adding  'build/bdist.
linux-i686/egg' to it
removing 'build/bdist.linux-i686/egg' (and everything under it)
```

如果没有出错提示，会在/tmp/dist 目录下生成 Web 界面的 egg 组件。复制组件到 trac 的插件目录。

```
$ sudo cp dist/TracWebAdmin-0.1.2-py2.7.egg /var/www/trac/plugins/
```

（4）在 Apache 的工作目录下建立一个存放 egg 组件信息的目录，并且为目录设置 Apache 服务相同的所有者。

```
$ sudo mkdir /var/www/.python-eggs
$ sudo chown www-data:www-data .python-eggs/
```

（5）最后重新加载 Apache 的配置文件。

```
$ sudo /etc/init.d/apache2 reload
```

如果没有出错提示，表示加载成功。打开浏览器，输入 trac 的地址 http://192.168.83.196/trac，按回车键后打开 trac 的主界面，如图 12-16 所示。

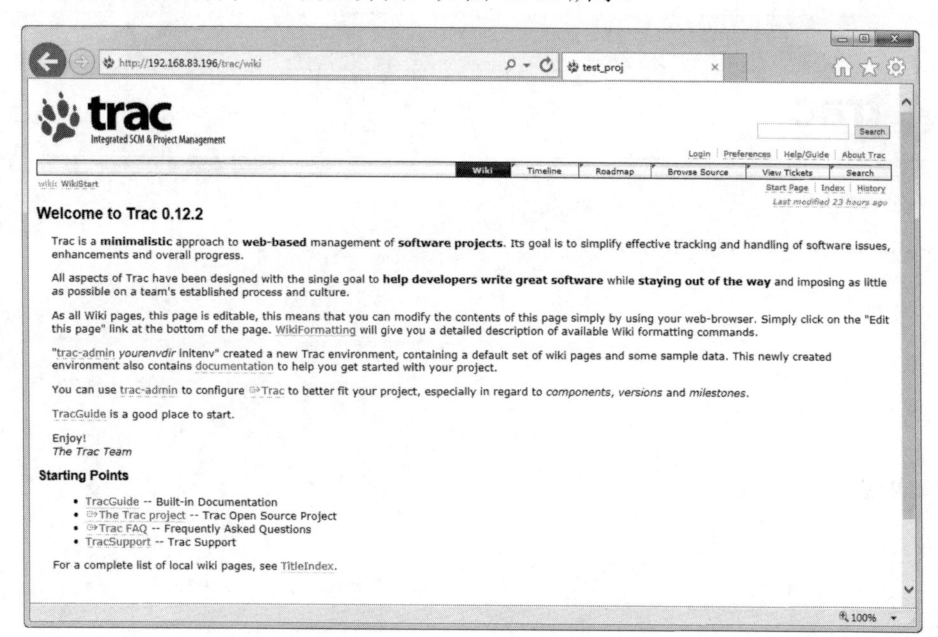

图 12-16　trac 主界面

trac 主界面默认是进入 Wiki 栏目，这也是 trac 的核心功能。在页面上方的工具栏内有 Wiki、Timeline、Roadmap、Browse Source、View Tickets、New Tickets 和 Search 这 7 个功能。

（6）本例展示 trac 代码管理功能。通过修改 Subversion 代码仓库 myproject 内的 main.c 文件，然后提交，得到版本号是 3。然后单击 trac 界面的 Browse Source 按钮，进入代码管理界面，如图 12-17 所示。

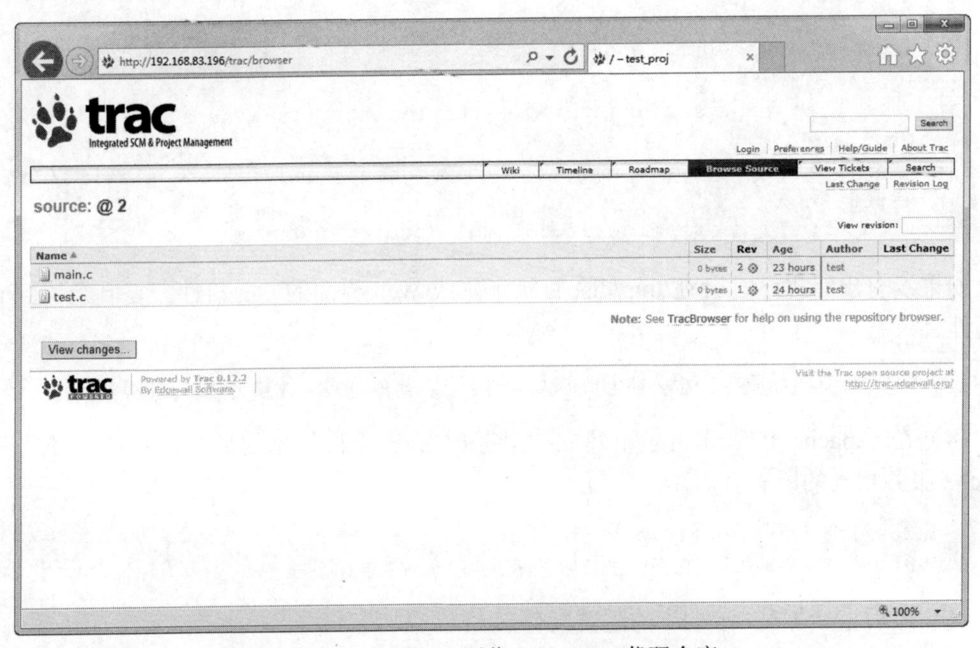

图 12-17　使用 trac 浏览 Subversion 代码仓库

代码管理界面列出了 myproject 代码仓库的两个文件，并且还有文件大小、版本号、修改日期等提示。单击刚才提交的 main.c 文件，trac 列出了文件内容，如图 12-18 所示。

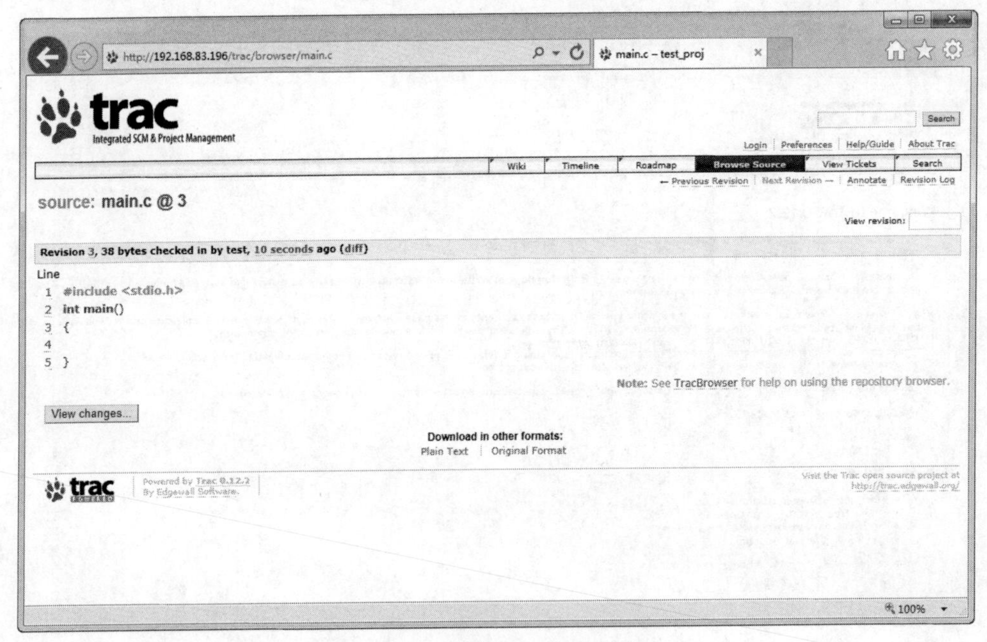

图 12-18　使用 trac 浏览代码

🔔提示：单击屏幕下方的 View Changes...按钮可以比对代码，有兴趣的读者可以自己实践。

12.5　Bug 跟踪系统

软件开发过程中关键的问题是处理开发过程中出现的各种缺陷，也称做 Bug。软件质量的高低很大程度上由 Bug 的多少决定。Bug 不仅影响软件的质量，而且直接决定了用户对软件的体验。对于嵌入式系统，一个很小的 Bug 可能导致很严重的后果。实际上，每个软件组织在开发过程中都对 Bug 管理投入很多，但是许多软件由于 Bug 太多无法维护最终导致失败。因此在开发过程中，对 Bug 管理要足够重视。

12.5.1　Bug 管理的概念和作用

Bug 在英文中有“臭虫，虫子”的意思。软件开发领域习惯把程序中的错误比作“臭虫”，使用 Bug 一词表示软件中的缺陷、错误。软件开发过程中 Bug 一词应用范围非常广，从功能上的错误到死机、机器重启、程序访问异常等致命错误都称之为 Bug。

没有不存在 Bug 的软件，但是一个优秀的软件应该保证 Bug 的数量降低到最少。软件中产生 Bug 的原因非常多，有的是由于程序员疏忽造成的，有的是逻辑上出了问题，有的甚至是在设计的时候留下的缺陷。一般来说，越是明显的 Bug，修改难度越低；越是不容易产生的 Bug，越有可能包含深层次的原因，反而不易调试和跟踪。

无论对于一个软件开发团队还是对于一个人，在软件开发过程中都会产生各种各样的 Bug，越大的软件 Bug 也越多。Bug 管理可以帮助开发人员记录 Bug 产生的现象、复现 Bug 手段和复现的 Bug 环境。开发人员还需要对 Bug 进行分类并且标记 Bug 修改的进度，已经修改好的 Bug 还需要做记录，防止错误再次发生。在软件开发过程中离开 Bug 管理，许多工作将会变得没有头绪，项目推进困难。

12.5.2　使用 Bugzilla 跟踪 Bug

Bugzilla 是一个开源的 Bug 管理系统，它提供了许多专业的 Bug 管理系统具备的功能。Bugzilla 提供了 Bug 报告、查询、记录产生等功能。Bugzilla 主要特点如下：

- 使用 Web 界面，无须安装客户端，方便使用；
- 提供邮件自动通知功能；
- 支持任意数量和类型的附件；
- 自定义丰富的字段类型，便于描述 Bug；
- 使用 MySQL 数据库，方便数据迁移。

以上特性都非常适合普通的开发团队使用，下面介绍如何安装 Bugzilla。

（1）首先是安装 Bugzilla 以及相关的软件包。Bugzilla 需要 Apache 服务器和 MySQL 服务器的支持，Apache 服务器的安装方法在 12.4.1 节已经介绍过，这里安装 MySQL 服务器即可。

```
$ sudo apt-get install mysql-server
```

需要注意的是，在安装 mysql-server 的过程中会提示设置 root 的用户名密码，这里的 root 用户是 MySQL 服务器的，请读者不要与 Linux 系统 root 用户混淆。另外，请保管好

MySQL 服务器 root 用户的密码，防止以后设置数据库遇到麻烦。

（2）MySQL 数据库安装完毕后，接着安装 Bugzilla 软件包。

```
$sudo mkdir /var/www/bugzilla
$tar vxfz bugzilla-4.4.tar.gz
$sudo mv bugzilla-4.4 /var/www/bugzilla
$cd /var/www/bugzilla
$./checksetup.pl
$sudo /usr/bin/perl install-module.pl --all
```

（3）安装完成后，开始配置 Bugzilla。首先配置 Apache，打开/etc/apache2/apache2.conf 文件：

```
$ sudo vi /etc/apache2/httpd.conf
```

在第 51 行加入：

```
Alias /bugzilla "/var/www/bugzilla"
<Directory "/var/www/bugzilla">
    AddHandler cgi-script .cgi
    Options +Indexes +ExecCGI +FollowSymLinks
    DirectoryIndex index.cgi
    AllowOverride None
    Order allow,deny
    Allow from all
</Directory>
```

保存文件并退出，重启 apache 服务器：

```
$ sudo /etc/init.d/apache2 restart
```

（4）Apache 服务器配置完毕后，接下来设置 Bugzilla 的配置文件：

```
$ sudo vi /etc/bugzilla/localconfig
```

修改第服务器用户组变量如下：

```
$webservergroup = "www-data";
```

设置 Bugzilla 的文件权限与 Apache 相同。然后设置 MySQL 的访问参数如下：

```
$db_host = "localhost";      # 数据库服务器地址,localhost 代表本机
$db_port = 3306;             # 数据库服务器端口号
$db_name = "bugs";           # 数据库名称
$db_user = "bugs";           # 数据库访问用户名

$db_pass = "1234";           # 数据库访问密码
```

（5）配置完毕后，保存文件并退出。然后进入 MySQL 建立 bugs 数据库：

```
$ mysql -u root -p
```

按回车键后出现密码提示，输入 MySQL 的 root 用户密码，然后按回车键进入 MySQL 配置界面：

```
Welcome to the MySQL monitor.  Commands end with ; or \g.
Your MySQL connection id is 42
Server version: 5.5.31-0ubuntu0.12.04.2 (Ubuntu)
```

```
Copyright (c) 2000, 2013, Oracle and/or its affiliates. All rights reserved.

Oracle is a registered trademark of Oracle Corporation and/or its
affiliates. Other names may be trademarks of their respective
owners.

Type 'help;' or '\h' for help. Type '\c' to clear the current input statement.

mysql>
```

MySQL 的命令行提示符是“mysql>”，出现这个提示符以后，需要输入 MySQL 的命令和 SQL 语句操作数据库。

（6）在 MySQL 的命令行控制台输入“create database bugs;”后按回车键，建立一个名为 bugs 的数据库。然后设置 bugs 数据库的访问权限：

```
GRANT SELECT, INSERT, UPDATE, DELETE, INDEX, ALTER, CREATE, LOCK
TABLES,CREATE TEMPORARY TABLES, DROP, REFERENCES ON bugs.* TO bugs@localhost
IDENTIFIED BY '1234';
```

设置数据库的访问用户名是 bugs，密码是 1234。数据库配置完毕后，做以下操作刷新系统配置：

```
flush privileges;
```

刷新完之后，输入“quit;”命令后按回车键退出 MySQL。

（7）配置完数据库之后，重新生成 Bugzilla 数据库：

```
$ sudo perl checksetup.pl
```

重新生成数据库后，Bugzilla 全部配置完毕。在这个过程中会提示输入管理员账号和密码，请妥善保管这些信息。

（8）在浏览器打开 http://192.168.83.196/bugzilla，出现 Bugzilla 的主界面，如图 12-19 所示。

图 12-19　Bugzilla 主界面

图 12-19 是 Bugzilla 的登录页面，到目前为止，Bugzilla 就可以正常工作了。

12.6　小　　结

本章介绍了软件开发过程中的管理技术，包括代码的版本控制、文档管理和 Bug 管理。这 3 部分内容从不同角度对软件质量进行管理和控制，是软件开发过程中不可缺少的辅助手段。对于没有使用过版本控制和 Bug 管理系统的人来说，这些东西不仅是一个熟练的过程，更重要的是建立软件管理的意识，需要一个适应的过程。建议初学者在设计开发一个软件程序的时候养成书写文档和代码注释的好习惯。第 13 章将讲解 ARM 体系结构。

第 3 篇 Linux 系统篇

第 13 章　ARM 体系结构及开发实例

学习一个处理器的编程和使用，最主要的是了解处理器的体系结构，需要了解的部分通常包括处理器的编程模型、指令结构、内存管理等。本书第 3 章简要介绍了 ARM 处理器，本章将详细讲解目前应用最广泛的 ARM9 体系结构，这部分知识比较抽象，偏重于理论。在本章最后将给出基于三星 S3C2440A 的 ARM9 处理器编程实例，以帮助读者理解。主要内容如下：

- ARM 体系结构介绍；
- ARM 体系结构的编程模型；
- ARM 体系结构内存管理；
- S3C2440A 常见的接口和控制器；
- S3C2440A 处理器接口编程实例。

13.1　ARM 体系结构介绍

ARM 处理器是从商业角度出发设计的 RISC 微处理器。ARM 处理器继承了 RISC 体系结构，但是充分考虑到了实际应用。ARM 设计主要关心设计的简单性，体现着硬件的组织和实现，以及简洁的指令集。此外，ARM 体系结构还引进了 CISC 体系结构的一些优点，因此获得较小的处理器功耗和较小的芯片面积。

13.1.1　ARM 体系结构

在开发 ARM 芯片的时候，已经有许多机器都提出并使用了 RISC 技术。基于 RISC 技术的处理器有很多，但是只有少数的处理器完全使用 RISC 技术，许多基于 RISC 技术的处理器还吸收了其他体系结构的特点。

ARM 是基于 RISC 技术的，但是在 RISC 技术的基础上又吸收了其他体系结构的优点，并且根据实际情况研究设计。ARM 体系结构从 Berkerley RISC 体系结构发展而来，从商业角度出发，优化整合了一些处理器特征。ARM 采用的结构特征包括：

- Load/Store 体系结构；
- 固定的 32 位指令；
- 3 地址指令格式。

ARM 体系结构放弃的特征如下所述。

1．寄存器窗口

早期的 RISC 处理器中，寄存器窗口机制与 RISC 技术密不可分，是 RISC 体系结构的特征之一。Berkeley RISC 处理器使用了寄存器窗口特性，在任何状态下总有 32 个寄存器是可见的。

寄存器窗口技术的优点是进程切换的时候总是使用一组新的寄存器，减少了寄存器内容的恢复和保存导致的处理器开销，提高了系统工作效率。但是，使用寄存器窗口技术是以芯片成本为代价的。使用窗口寄存器技术需要在昂贵的处理器资源中占用大量的寄存器。

ARM 体系结构中为了降低成本没有使用寄存器窗口技术，而是使用影子寄存器（shadow）的概念替代寄存器窗口技术。

2．延迟转移

由于转移中断了指令流水线的平滑流动而造成了流水线的“断流”问题，多数 RISC 处理器采用延迟转移来改善这一问题，即在后续指令执行后才进行转移。在原来的 ARM 中延迟转移并没有采用，因为它使异常处理过程更加复杂。

3．所有指令单周期执行

ARM 使用最少的时钟周期访问存储器，但并不是所有的指令都是单周期执行的。如 ARM7TDMI，数据和指令使用相同的总线，因此，访问同一个存储器的时候，最少需要访问两次（1 次取指令，1 次读写）。ARM9TDMI 使用数据和指令分离的总线，指令和数据访问可以同时进行，因此效率比较高。

13.1.2　ARM 指令集介绍

每种处理器都包含了自己的指令集，ARM 处理器属于精简指令集处理器，指令数量不多，本节将介绍 ARM 指令集。

1．ARM 指令集特点

ARM 指令集比较简单，ARM 的所有指令都是 32 位的，程序的启动都是从 ARM 指令集开始，包括所有异常中断都是自动转化为 ARM 状态，并且所有的指令都可以是有条件执行的。

ARM 指令集是 Load/Store 型的，只能通过 Load/Store 指令实现对系统存储器的访问，而其他的指令都是基于处理器内部的寄存器操作完成的，这和 INTEL 汇编是不同的，这也是 RISC 体系结构处理器的特点，初学者很不容易理解，需要多实践。

2．指令的后缀

S 表示可选后缀，若指定 S，则根据指令执行的结果更新 CPSR 中的条件码。很多初学者不知道怎么更新，若这条指令执行完以后，对 ARM 程序状态寄存器的条件码标志（N，Z，C，V）的影响。

“!”表示在完成数据操作以后，将更新基址寄存器，并且不消耗额外的时间。例如：

```
LDR R0, [R1, #4]!
```

相当于

```
R0 <- mem32[R1+4]
```

```
R1 = R1+4
```

“^”后缀表示一条特殊形式的指令，在从存储器中装入 PC 的同时，CPSR 也得到恢复，例如：

```
LDMFD R13!, (R0-R3, PC)^
```

另外，ARM 指令集对数据格式的几个定义：

- #号后面加 0x 或&表示十六进制，例如#0xFF、#&FF；
- #号后面加 0b 表示二进制；
- #号后面加 0d 表示十进制。

最后说一下跳转指令，BL 和 BLX 跳转是硬件自动将下一条指令地址保存到 LR（R14）中，不需要自己写指令；当指令跳转到 32MB 地址空间以外时，将产生不可预料的结果。

13.2　编 程 模 型

建造房子需要房模，同样地，编程像造房子一样，不同的房子需要不同的模型，编程也需要编程模型。可以简单地理解编程模型就是一个模板，是一种解决问题的通用规则，有了编程模型，在遇到类似问题的时候就有了解决问题的方法。每个处理器体现结构都有自己的编程模型，ARM9 也提供了一组编程模型，本节将介绍其中的重点部分。

13.2.1　数据类型

ARM9 微处理器支持 3 种数据类型，字节（8 位）；半字（16 位）；字（32 位）。其中，半字需要 2 字节对齐，字需要 4 字节对齐。字节对齐的含义就是，在内存中存放数据的地址必须是某个数的倍数。以 ARM9 微处理器为例，半字需要 2 字节对齐，在内存中，如果存放一个 16 字节的数据，这个存放地址必须是 2 的倍数。同样地，4 字节对齐要求存放数据的地址必须是 4 的倍数。

字节对齐是微处理器的硬性要求，主要是为了处理器的寻址方便，字节对齐是由加载器自动设置的，无须人为干预，但是程序员应当注意，在自定义数据结构的时候，尽量保持数据结构是 2 字节或 4 字节对齐的，否则加载器可能会把数据结构表示的数据自动加载到字节对齐的内存位置，这时如果程序不是很严谨，会导致直接访问数据出错的问题。

由于字节对齐的问题相对隐蔽，读者在编写程序的时候应当注意。推荐读者参考 TCP/IP 协议中 IP 头和 TCP 头的定义方法。

13.2.2　处理器模式

ARM 处理器提供了 7 种工作模式，工作模式名称及含义如下所述。

- 用户模式（user）：程序正常工作模式；
- 快速中断模式（fiq）：用于高速数据传输和处理；
- 外部中断模式（irq）：用于处理外部设备中断；
- 特权模式（sve）：类似于 X86 处理器的保护模式；
- 数据访问终止模式（abt）：虚拟存储和存储保护模式；

- 未定义指令终止模式（und）：用于支持通过软件仿真硬件协处理器；
- 系统模式（sys）：用于运行特权级的操作系统任务。

ARM 处理器的 7 种工作模式，除用户模式外其他 6 种工作模式统称为特权模式（Privilege Modes）。运行在特权模式的程序可以访问所有的系统资源，ARM 处理器可以在任何模式之间切换。在 6 种特权模式中，除系统模式外，其他 5 种特权模式用来处理系统的软硬件异常，称做异常模式。

外部异常或者中断会导致 ARM 处理器模式改变，在程序中也可以通过特定指令切换处理器工作模式。通常情况下，程序运行在用户模式，该模式下程序不能直接访问受到限制的系统资源。在有操作系统的处理器上，运行在用户模式的程序不能直接切换处理器工作模式，需要通过操作系统提供的异常接口向操作系统发出异常请求，由操作系统的异常处理程序完成处理器模式切换。

用户模式下的程序发生异常后，处理器会根据异常类型切换到相应的异常模式。除系统模式外的其他 5 种异常模式都有各自的一组寄存器，用于异常处理程序。与其他特权模式不同，系统模式不是通过程序异常进入的。此外，系统模式使用与用户模式相同的寄存器。系统模式下可以访问所有的处理器资源，并且可以直接切换处理器模式，系统模式主要运行操作系统代码。

13.2.3　寄存器

ARM 处理器有 31 个通用寄存器和 6 个状态寄存器，共 37 个寄存器。37 个寄存器按照处理器模式进行划分，有些寄存器被限定只能在特定模式下访问，有些寄存器可以在任何处理器模式下访问。其中，通用寄存器 R0～R14、程序计数器 PC，以及特定的两个状态寄存器在任何处理器模式下都可以访问。

ARM 处理器的 37 个寄存器按照功能被分成如下两个大类：

- 通用寄存器。通用寄存器可以用来存放操作数和操作结果，包括程序计数器和 31 个通用寄存器。在 ARM 体系结构中，通用寄存器位宽是 32 位。
- 状态寄存器。状态寄存器用来标识 CPU 的工作状态、程序运行状态以及指令操作结果等。状态寄存器的位宽也是 32 位。

ARM 处理器的 7 种工作模式均有自己独有的一组寄存器，此外有 15 个通用寄存器（R0～R14）可以在任何工作模式下使用。

13.2.4　通用寄存器

ARM9 的通用寄存器包括 R0～R15，可以分为以下 3 类。

1．未分组寄存器 R0～R7

在所有的运行模式下，未分组寄存器都指向同一个物理寄存器，它们未被系统用做特殊用途，因此未分组寄存器的数据不会被破坏。

2．分组寄存器 R8～R14

分组寄存器访问的物理寄存器与处理器的工作模式有关。对于 R8～R12 分组寄存器，每个寄存器对应 2 个不同的物理寄存器，当使用 FIQ 模式时，访问寄存器 R8_fiq～R12_fiq；当使用除 FIQ 模式以外的其他模式时，访问寄存器 R8_usr～R12_usr。

R13 和 R14 分组寄存器分别对应 6 个物理寄存器。其中，一个寄存器是用户模式与系统模式共用的，其余 5 个寄存器对应 5 种异常工作模式。采用以下的记号来区分不同的物理寄存器。

```
R13_<ode>
R14_<mode>
```

其中，mode 为以下几种模式之一：usr、fiq、trq、svc、abt、und。

在 ARM 指令中，R13 寄存器常作为堆栈指针。R13 寄存器作为堆栈指针不是硬性规定，只是约定用法，其他寄存器也可以作为堆栈指针使用。但是在 Thumb 指令中，有些指令要求必须使用 R13 寄存器作为堆栈指针。

由于处理器的每种运行模式均有自己独立的物理寄存器 R13，所以在用户应用程序的初始化部分，一般都要初始化每种模式下的 R13，使其指向该运行模式的栈空间。这样，当程序的运行进入异常模式时，可以将需要保护的寄存器放入 R13 所指向的堆栈，而当程序从异常模式返回时，则从对应的堆栈中恢复，采用这种方式可以保证异常发生后程序的正常执行。

R14 也称做子程序链接寄存器（Subroutine Link Register）或链接寄存器 LR（LinkRegister）。当执行子程序调用指令（BL 指令）时，R14 中得到 R15（程序计数器 PC）的备份。其他情况下，R14 用做通用寄存器。与之类似，当发生中断或异常时，对应的分组寄存器 R14_svc、R14_irq、R14_fiq、R14_abt 和 R14_und 用来保存 R15 寄存器的值。

寄存器 R14 常用在如下的情况：在每一种运行模式下，都可用 R14 保存子程序的返回地址，当用 BL 或 BLX 指令调用子程序时，将 PC 的当前值复制给 R14，执行完子程序后，又将 R14 的值复制回 PC，即可完成子程序的调用返回。以上的描述可用指令完成。

3．程序计数器 PC（R15）

寄存器 R15 用做程序计数器（PC）。在 ARM 状态下，位[1:0]为 0，位[31:2]用于保存 PC；在 Thumb 状态下，位[0]为 0，位[31:1]用于保存 PC；虽然可以用做通用寄存器，但是有一些指令在使用 R15 时有一些特殊限制，若不注意，执行的结果将是不可预料的。在 ARM 状态下，PC 的 0 和 1 位是 0，在 Thumb 状态下，PC 的 0 位是 0。

R15 虽然也可用做通用寄存器，但一般不这么使用，因为对 R15 的使用有一些特殊的限制，当违反了这些限制时，程序的执行结果是未知的。

由于 ARM 体系结构采用了多级流水线技术，对于 ARM 指令集而言，PC 总是指向当前指令的下两条指令的地址，即 PC 的值为当前指令的地址值加 8 个字节。

在 ARM 状态下，任一时刻都可以访问以上所讨论的 16 个通用寄存器和一到两个状态寄存器。在非用户模式（特权模式）下，则可访问到特定模式分组寄存器。

13.2.5　程序状态寄存器

寄存器 R16 称做 CPSR（Current Program Status Register，当前程序状态寄存器）。CPSR 可在任何运行模式下被访问，它包括条件标志位、中断禁止位、当前处理器模式标志位，以及其他一些相关的控制和状态位。

每一种运行模式下又都有一个专用的物理状态寄存器，称为 SPSR（Saved Program Status Register，备份的程序状态寄存器）。SPSR 寄存器在处理器进入某种异常模式的时候保存之前的 CPSR 寄存器值，用于异常处理后恢复 CPSR 状态。用户模式和系统模式不属于异常模式，因此没有 SPSR 寄存器。

13.2.6　异常处理

在 ARM9 体系结构中，提供了 5 种异常处理的模式。

1．FIQ（Fast Interrupt Request）模式

FIQ 异常模式用于数据传输和通道处理。使用 FIQ 模式传输大量数据可以使用私有的寄存器，从而可以避免对寄存器保存的需求，并减小了系统上下文切换的开销。

若将 CPSR 的 F 位置为 1 会禁止 FIQ 中断。如果设置 CPSR 寄存器的 F 标志位为逻辑 0，在执行指令的时候，ARM 处理器会响应 FIQ 中断。

提示：只有特权模式可以设置 CPSR 寄存器的标志位。

可由外部通过对处理器上的 nFIQ 引脚输入低电平产生 FIQ。不管是在 ARM 状态还是在 Thumb 状态下进入 FIQ 模式，FIQ 处理程序均会执行以下指令从 FIQ 模式返回：

```
SUBS PC,R14_fiq ,#4
```

该指令将寄存器 R14_fiq 的值减去 4 后，复制到程序计数器 PC 中实现异常处理程序返回。同时将 SPSR_mode 寄存器的内容复制到当前程序状态寄存器 CPSR 中。

2．IRQ（Interrupt Request）模式

在 ARM 处理器的 nIRQ 引脚输入低电平可以产生一个 IRQ 中断请求。IRQ 的优先级低于 FIQ，因此 FIQ 的响应较多情况下会丢失 IRQ 中断请求。CPSR 寄存器的 I 标志位控制处理器是否响应 IRQ 中断请求。在 ARM 状态或在 Thumb 状态下，IRQ 中断处理程序的返回方式都相同，返回指令如下：

```
SUBS PC , R14_irq , #4
```

该指令将寄存器 R14_irq 的值减去 4 复制到程序计数器 PC 中，通过设置 PC 指针的位置指向，中断处理前的程序位置实现异常处理程序返回。此外，指令同时将 SPSR_mode 寄存器的内容复制到当前程序状态寄存器 CPSR 中。

3．ABORT（中止模式）

在访问存储器失败的时候会产生终止异常。ARM 处理器通常在存储器访问指令周期内可以检查出中止异常。中止异常包括以下两种类型。

- 指令预取中止：发生在指令预取时。
- 数据中止：发生在数据访问时。

在指令执行过程中，预取存储器失败时存储器系统向 ARM 处理器发出存储器中止

（Abort）信号。同时，预取存储器操作也被标记为无效。存储异常不会马上发出，只有指令执行访问预取存储数据的时候才会发出。换句话说，如果在指令流水线中发生了跳转，则预取指令中止不会发生。

系统对数据中止异常的响应与指令的类型有关。当确定了中止的原因后，无论是在 ARM 状态还是 Thumb 状态，中止异常处理程序会执行以下指令：

```
SUBS PC, R14_abt, #4 ; 指令预取中止
SUBS PC, R14_abt, #8 ; 数据中止
```

以上指令恢复 PC（从 R14_abt）和 CPSR（从 SPSR_abt）的值并且重新执行导致数据中止异常的指令。

4．Software Interruupt（软件中断模式）

软件中断指令（SWI）用于进入管理模式，常用于请求执行特定的管理功能。软件中断处理程序执行以下指令从 SWI 模式返回，无论是在 ARM 状态还是 Thumb 状态：

```
MOV PC , R14_svc
```

以上指令恢复 PC（从 R14_svc）和 CPSR（从 SPSR_svc）的值，并返回到 SWI 的下一条指令。

5．Undefined Instruction（未定义指令模式）

当 ARM 处理器遇到不能处理的指令时，会产生未定义指令异常。采用这种机制，可以通过软件仿真扩展 ARM 或 Thumb 指令集。

在仿真未定义指令后，处理器执行以下程序并返回，无论是在 ARM 状态还是 Thumb 状态：

```
MOVS PC, R14_und
```

以上指令恢复 PC（从 R14_und）和 CPSR（从 SPSR_und）的值，并返回到未定义指令后的下一条指令。

13.2.7 内存和内存 I/O 映射

内存是计算机系统的重要资源，是程序运行时存储的区域，ARM9 微处理器提供了内存控制器，提供了虚拟地址到物理地址映射、存储器访问权限控制，以及高速缓存支持。内存控制器通常也称为 MMU（Memory Management Unit）内存管理单元。

现代计算机提供了 Cache 结构，Cache 是解决 CPU 处理速度快而总线处理速度慢二者之间速度平衡的方法。然而 Cache 使用却是需要权衡的，因为缓存本身的动作，如块复制和替换等，也会消耗大量 CPU 时间。MMU 在现代计算机体系结构中的作用非常重要，ARM920T（和 ARM720T）集成了 MMU 是其最大的卖点；有了 MMU，高级的操作系统（虚拟地址空间，平面地址，进程保护等）才得以实现。二者都挺复杂，并且在 920T 中又高度耦合，相互配合操作，所以需要结合起来研究。同时，二者的操作对象都是内存，内存的使用是使用 MMU/Cache 的关键。MMU 控制器和 Cache 控制器用到的控制寄存器不占用 ARM 处理器的地址空间，CP15 是操纵 MMU/Cache 的唯一途径。

Cache 通过预测 CPU 即将要访问的内存地址（一般都是顺序的），预先读取大块内存供 CPU 访问，来减少后续的内存总线上的读写操作，以提高速度。然而，如果程序中长跳转次数很多，Cache 的命中率就会显著降低，随之而来，大量的替换操作发生，于是，过多的内存操作反而降低了程序的性能。

ARM9 内部采用哈佛结构，将内部指令总线和数据总线分开，分别连接到 ICache 和 DCache。内部总线通过 AMBA 总线连接外部 ASB 总线，最后连接到内存。Cache 的读取和更新是以 Line 为单位的，Line 的长度各种处理器都不相同，因此 Cache 可以理解为是由 Line 组成的。Writer Buffer 是和 DCache 相逆过程的一块硬件，目的也是通过减少 memory bus 的访问来提高性能。

13.3 内存管理单元

许多嵌入式微处理器都由于没有 MMU 而不支持虚拟内存。没有内存管理单元所带来的好处是简化了芯片设计，降低了产品成本。多数嵌入式设备外部存储设备和内存空间都十分有限，所以无需复杂的内存管理机制。没有 MMU 的管理，操作系统对内存空间是没有保护的，操作系统和应用程序访问的都是真实的内存物理地址。

13.3.1 内存管理介绍

早期的计算机内存容量非常小，当时的 PC 主要使用 DOS 操作系统或者其他操作系统。早期的操作系统由于系统硬件的限制，无法支持内存管理，应用程序占用的空间和程序规模都比较小。随着计算机硬件性能不断提高，程序的处理能力也不断提高，应用程序占用的存储空间不断膨胀。实际上，程序的膨胀速度远远超过了内存的增长速度。不断增大的程序规模导致内存无法容纳下所有的程序。

早期程序处理内存不够使用的最直接的办法就是把程序分块。分块的思想是把程序等分成若干个程序块，块的大小足够装入内存即可。当程序开始执行的时候，首先把第一个程序块装入内存。在程序执行过程中，由操作系统根据程序需要装入后面的程序块。程序分块的思想是虚拟存储器处理方法的前身。

虚拟存储器（Virtual Memory）的思想是允许程序占用的空间超过内存大小，把程序划分为大小固定的页，由操纵系统根据程序运行的位置把正在执行的页面调入内存，其他未使用的页面则保留在磁盘上。如一个系统有 16M 字节的内存需要运行 32M 字节大小的程序，通过虚拟存储技术，操作系统把程序中需要执行的程序段装入内存，程序其他部分存放在磁盘上。当程序运行超出装入在内存的部分后，操作系统自动从磁盘加载需要的部分。

虚拟存储技术中，操作系统通过内存页面管理内存空间。在一个操作系统中内存页面的大小是固定的。程序被划分成与内存页面大小相同的若干块，便于操作系统加载程序到内存。操作系统根据内存配置决定一次可以加载多少程序页面到内存。在一个实际的系统中，虚拟存储通常是由硬件（内存管理单元 MMU）和操作系统配合完成的。

13.3.2 内存访问顺序

计算机可以访问的地址是有限制的，通常称做有效地址范围。地址范围的大小与计算机总线宽度有直接关系，如 32 位总线可以访问的地址范围是 0x0～0xFFFFFFFF（4GB）空间。程序可以访问的地址空间与总线支持的地址空间相同，但是在实际系统中，地址空间所有的地址都是有效的。通常把程序不能访问的地址空间称做虚拟地址空间。

在计算机系统上，受到内存空间大小的限制，实际的地址空间远小于虚拟地址空间。可访问的物理内存空间称做物理地址空间。程序访问的虚拟地址空间的地址需要转换为物理地址空间的地址才能访问。

在没有使用虚拟存储技术以前，程序访问的空间就是物理地址空间，访问地址无须转换。使用虚拟存储技术后，程序访问虚拟地址空间的地址需要经过内存管理单元的地址转换机制变换后，得到对应的物理地址才能访问，而转换的过程对用户来说是不可见的。

13.3.3　地址翻译过程

一台使用 16 位地址位宽的计算机可以访问的地址范围是 0x0000～0xFFFF，共有 64KB 可用地址，称做地址空间大小是 64KB。地址空间表示一个机器可以访问的实际物理内存大小。

使用虚拟存储的计算机系统可以提供超过内存地址空间大小的虚拟内存空间。如在 64KB 地址空间的计算机上可以提供 1M 字节大小的虚拟地址空间。提供超过实际地址空间的虚拟空间后，计算机系统需要通过地址转换才能保证程序正确运行。

13.3.1 节介绍了虚拟存储的计算机系统使用内存页面来管理内存。实际上，使用虚拟存储的计算机系统中，内存与外部存储器的数据传输也是按照页为单位进行的。从程序运行的角度看，程序可以访问超过实际内存大小的虚拟地址空间，这是由程序运行的局部性原理决定的。程序在运行的时候，在一段时间内总是在限定范围的程序段内运行。因此，在程序访问某个虚拟内存空间的时候，可以通过内存管理单元把虚拟地址映射到实际的内存地址，这个过程称做地址翻译过程。

现代计算机体系结构中，地址翻译过程是由内存管理单元完成的。内存管理单元向操作系统提供了配置接口，在系统启动的时候，由操作系统向内存管理单元配置虚拟地址与物理地址之间的转换关系。在程序访问虚拟地址的时候由内存管理单元完成地址映射。一般来说，不同的处理器体系结构有不同的地址翻译方法。

13.3.4　访问权限

现代的多用户多进程操作系统，需要 MMU 才能达到每个用户进程都拥有自己的独立的地址空间的目标。使用 MMU、OS 划分出一段地址区域，在这块地址区域中，每个进程看到的内容都不一定一样。例如 Microsoft Windows 操作系统，地址 4M-2G 处划分为用户地址空间。进程 A 在地址 0x400000 映射了可执行文件。进程 B 同样在地址 0X400000 映射了可执行文件。如果 A 进程读地址 0X400000 读到的是 A 的可执行文件映射到 RAM 的内容，而进程 B 读取地址 0X400000 时则读到的是 B 的可执行文件映射到 RAM 的内容。这个时候就需要访问权限机制来处理不同进程访问同一地址内存的问题。

在 ARM 体系结构上使用 Entry 表来控制内存访问，在进行虚拟地址和实际地址映射的时候，通过查内存表映射到不同的物理内存地址上。

13.4　常见接口和控制器

本章 13.1～13.3 节介绍了 ARM 的体系结构，由于 ARM 是一种体系结构的规范，在实际的应用中，厂家在设计基于 ARM 的微控制器时都是采用 ARM 的内核，在外面还会根据需要扩展一些接口，不同厂家之间的接口可能不同，但是功能都是大同小异的。本节将通过三星的 S3C2440A 处理器讲解 ARM 微处理器常见的接口和控制器。

13.4.1　GPIO 接口

GPIO 的英文全称是 General-Purpose Input / Output Ports，中文意思是通用 I/O 端口。在嵌入式系统中，经常需要控制许多结构简单的外部设备或者电路，这些设备有的需要通过 CPU 控制，有的需要 CPU 提供输入信号。并且，许多设备或电路只要求有开/关两种状态就够了，比如 LED 的亮和灭。对这些设备的控制，使用传统的串口或者并口就显得比较复杂，所以，在嵌入式微处理器上通常提供了一种“通用可编程 I/O 端口”，也就是 GPIO。

一个 GPIO 端口至少需要两个寄存器，一个做控制用的“通用 IO 端口控制寄存器”，还有一个是存放数据的“通用 I/O 端口数据寄存器”。数据寄存器的每一位是和 GPIO 的硬件引脚对应的，而数据的传递方向是通过控制寄存器设置的，通过控制寄存器可以设置每一位引脚的数据流向。

在实际应用中，不同微处理器的 GPIO 是有多种寻址方式的，有的数据寄存器可以按照位寻址，比如 8051 的一些数据寄存器；有的则不能，比如 S3C2440A 处理器，读者在编程时需要注意。还有的微处理器的 GPIO 端口除了两个标准寄存器外，还提供了上拉寄存器，目的是为了方便一些需要高电平的外部电路，通过这个上拉寄存器可以设置对应的 GPIO 引脚输出的是高阻模式还是带上拉的电平输出，这样可以简化外部电路的设计。S3C2440A 处理器的 GPIO 端口提供了上拉寄存器。

还需要注意的一点是，对于不同的计算机体系结构，设备的映射方式不同，有的是端口映射，有的是内存映射。如果系统体系结构支持对 I/O 端口独立编排地址，并且是端口映射的，就只能使用汇编语言实现对设备的控制，因为 C 语言没有提供“端口”的概念。如果是内存映射方式，就相对方便，通过直接访问某个寄存器的内存映射地址完成对寄存器的访问控制。在 S3C2440A 中，设备和端口都是映射到内存地址的，读者通过访问内存地址就可以完成对寄存器的操作。

13.4.2　中断控制器

中断是计算机的一种基本工作方式，几乎所有的 CPU 都支持中断，S3C2440A 支持多达 60 个中断源，中断请求可由内部功能模块和外部引脚信号产生。

ARM 9 可以识别两种类型的中断：正常中断请求（Normal Interrupt Request，IRQ）和快速中断请求（Fast Interrupt Request，FIQ），因此，S3C2440A 的所有中断都可以归类为 IRQ 或 FIQ。S3C2440A 的中断控制器对每一个中断源都有一个中断悬挂位（Interrupt Pending Bit）。

S3C2440A 用如下 4 个寄存器控制中断的产生和对中断进行处理。

- 中断优先级寄存器（Interrupt Priority Register）：在 ARM 处理器中预定义了 60 个中断号，按照从 0～59 的顺序排列中断优先级。通过配置把中断源索引号配置到某个预定义的中断源，通过这种方式建立起中断的优先级关系。存放中断优先级顺序的寄存器称做中断优先级寄存器。
- 中断模式寄存器（Interrupt Mode Register）：ARM 系统中有 IRQ 和 FIQ 两种中断模式，通过中断模式寄存器可以标记一个中断属于哪种中断方式。
- 中断悬挂寄存器（Interrupt Pending Register）：该寄存器指示某个中断请求处在未处理状态。
- 中断屏蔽寄存器（Interrupt Mask Register）：该寄存器使用屏蔽位标记对应的中断源是否可以被 ARM 处理器响应。如果中断屏蔽位设置为逻辑‘1’，则对应的中断源发出的中断请求被中断控制器忽略。中断屏蔽寄存器还设置了一个全局中断屏蔽位，如果该位被置位那么中断控制器不响应任何外部中断。

13.4.3　RTC 控制器

RTC 的全称是实时时钟（Real Time Clock），当系统断电的时候，RTC 控制器可以使用备份电池操作。RTC 控制器可以使用 STRB/LDRB/指令向 CPU 发送 8 比特位宽的 BCD 编码数据，这些数据包括年、月、日、小时、分钟、秒等时间数据。RTC 控制器使用外部 32.768kHz 的外部晶振工作，同时可以提供闹钟功能。S3C2440A 微处理器的 RTC 控制器没有 2000 年问题，同时可以向实时操作系统内核提供微妙级别的时钟中断。

RTC 控制器可以使用备份电池驱动，通过 CPU 的 RTCVDD 脚提供电源。当系统掉电的时候，CPU 以及 RTC 控制器被阻塞，只有备份电池驱动晶振和 BCD 格式的时间计数器工作。RTC 控制器可以在掉电或者带电状态下，在指定时间发出报警信号。在带电情况下，会产生 INT_RTC 中断，在掉电模式下，还会产生 PMWKUP 信号。

RTC 控制器向用户提供了控制寄存器和数据寄存器，供用户设置获得时间值。表 13-1 给出了常用的 RTC 控制寄存器，寄存器的位含义可以查看 S3C2440A 数据手册。

表 13-1　S3C2440A 的控制寄存器

寄存器名称	作　用
实时时钟控制器 RTCCON （Real Time Clock Control Register）	RTC 控制器的主要控制器寄存器，控制是否读写时间值的 BCD 寄存器
TICON（Tick Time Counter）	Tick 值计数器
RTC 报警控制器 RTCALM（RTC Alarm Control Register）	设置报警打开以及报警时间

RTC 控制器还提供两组存放时间值的寄存器，包括年、月、日、小时、分钟、秒、分别有各自的寄存器，一组寄存器存放十进制格式，另一组寄存器存放的是 BCD 格式。需要注意的是，BCD 的秒寄存器取值范围是 1～59，当从秒寄存器读出 0 的时候，时间值需要重新读一次所有的寄存器才可以确定。

13.4.4　看门狗定时器

在嵌入式系统中，由于环境的复杂性，嵌入式处理器常常会受到来自外界电磁场的干扰，造成程序跑飞而进入死循环，程序的正常运行被打断，导致系统无法工作，进入瘫痪状态。所以，出于对嵌入式芯片的运行状态进行实时监测的考虑，便产生了一种专门用于监测单片机程序运行的状态芯片，也就是俗称的“看门狗”。

当系统启动后，看门狗定时器随之启动，并开始计数，微处理器会定时清除看门狗的计数器，如果到了一定时间还没有清除看门狗的计时器，则会因为溢出引起中断，造成系统复位，硬件看门狗就是利用定时器来工作的。还有一种软件看门狗，与硬件看门狗原理类似，看门狗芯片和微处理器的一个 I/O 引脚相连，该 I/O 引脚通过程序定时地向看门狗送入高电平（或者低电平），这个程序语句是分散地放在控制语句中的，一旦嵌入式芯片由于干扰造成程序跑飞而陷入某一程序无法进入看门狗程序的死循环状态时，写看门狗引脚的程序则无法运行，看门狗电路由于得不到微处理器送来的信号，便会向微处理器相连的复位引脚发送一个复位信号，使嵌入式系统发生复位。

S3C2440A 微处理器内部集成了硬件看门狗定时器，并且与复位电路相连，程序员通过设置看门狗定时器的控制寄存器就可以操作看门狗。S3C2440A 有两个与看门狗相关的寄存器 WTDAT 和 WTCNT，在打开看门狗定时器之前，需要向 WTCNT 寄存器写入看门狗定时器的初始计数值，之后打开看门狗定时器，当系统出现程序跑飞的情况后，看门狗会自动复位微处理器。

13.4.5　试验：使用 GPIO 点亮 LED

S3C2440A 微处理器提供了 8 组 GPIO 端口，共有 130 个引脚。这些 GPIO 端口均提供了数据寄存器，控制寄存器以及上拉寄存器，并且使用内存映射方式对寄存器编址，程序员通过访问对应寄存器的内存地址就可以操作对应的端口和引脚。

本节给出一个操作 GPIO 的实例，功能是在 S3C2440 开发板上交替点亮 4 个 LED 发光二极管，代码如下：

```
1#include "s3c2410.h"
2#include "platform/smdk2410.h"
3
4#define DELAYTIME 0x5000
5
6void delay(unsigned long n);
7
8int main(void)
9{
10  unsigned char i;
11  unsigned long led[4] = {0xd0, 0x70, 0xe0, 0xb0};
                                        // 定义 LED 连接 I/O 接口的地址
12
13  GPFCON = vGPFCON;                   // 初始化 GPIO 控制寄存器
14
15  while (1) {
16      for (i=0; i<4; i++) {
17          GPFDAT = led[i];             // 向 GPIO 接口写入高电平
18          delay(DELAYTIME);
19      }
20  }
21
```

```
22  return 0;
23}
24
25/* 延迟一段时间 */
26void delay(unsigned long n)
27{
28  while (n--) {
29      ;
30  }
31}
```

代码给出了一个点亮连接在 GPIO 接口上 LED 的示例。头文件 s3c2410.h 定义了微处理器常用的寄存器地址，程序第 11 行定义了 4 个 LED 连接 GPIO 的地址，第 13 行初始化 GPIO 控制寄存器，之后进入循环，依次向 GPIO 数据寄存器写入 LED 的地址，然后延迟一段时间，目的是为了造成 LED 灯的亮和灭之间有个时间差，因为时间过快人眼无法分辨。程序成功执行后，会出现 LED 等交替闪烁的结果。

13.5 小　　结

本章讲述了 ARM 体系结构，任何一个处理器的体系结构都是不好理解的，大量的术语和复杂的结构给初学者造成了不小的学习困难。在学习中，应当先从整体把握，对 ARM 的体系结构有一个整体的认识，然后再具体学习每个部分，最好的学习方法是能通过 ADS 调试环境在开发板上调试，通过设置寄存器观察外部器件的变化。在 ADS 环境中自带了许多例子可以参考，尤其是 ARM 启动时的设置，通过研究 ARM 的启动代码，会学习到很多的知识。第 14 章将讲解嵌入式 Linux Bootloader。

第 14 章　深入 Bootloader

Bootloader 一词在嵌入式系统中应用广泛，中文意思可以解释为“启动加载器”。顾名思义，Bootloader 是一个在系统启动时工作的软件。由于启动时候涉及硬件和软件的启动，所以 Bootloader 是一个涉及硬件和软件衔接的重要系统软件。本章将从 Bootloader 的原理出发，分析 Bootloader 的基本功能，同时介绍常见的 Bootloader 系统软件，并且给出了 U-Boot 这款 Bootloader 在 mini2440 开发板的移植过程。本章的主要内容如下：

- Bootloader 的基本知识和工作原理；
- 常见的几种 Bootloader 介绍和对比；
- U-Boot 的工程结构和工作流程；
- 移植 U-Boot 到 mini2440 开发板。

14.1　初识 Bootloader

对于没有接触过嵌入式系统的人来说，Bootloader 的功能虽然可以理解，但是缺乏一个直观的认识。本节将以大家熟知的 PC 为例，介绍 PC 的启动工作流程，然后引入嵌入式 Bootloader 的概念，帮助初学者揭开嵌入式系统 Bootloader 的面纱。

14.1.1　PC（个人电脑）上的 Bootloader

不少初学者都会对标题有或多或少的疑惑，觉得 PC 从哪里来的 Bootloader。很少有人会说 PC 有 Bootloader。实际上 PC 的 BIOS（主板上固化的一段程序，常说的“基本输入输出系统”）和硬盘或其他磁盘设备的引导记录在扮演着和嵌入式系统中 Bootloader 类似的作用，读者可以把这两部分的系统程序理解为 PC 的 Bootloader。

Bootloader 是系统加电后运行的第一段程序，一般来说，Bootloader 为了保证整个系统的启动速度，要在很短的时间内运行。PC 的 Bootloader 由 BIOS 和 MBR 组成。其中，BIOS 固化在 PC 主板的一块内存内；MBR 是 PC 内硬盘主引导扇区（Master Boot Recorder）的缩写。

PC 上电后，首先执行 BIOS 的启动程序。然后根据用户配置，由 BIOS 加载硬盘 MBR 的启动数据。BIOS 把硬盘 MBR 的数据读取到内存，然后把系统的控制权交给保存在 MBR 的操作系统加载程序（OS Loader）。操作系统加载程序继续工作，直到加载操作系统内核，再把控制权交给操作系统内核。

14.1.2　什么是嵌入式系统的 Bootloader

PC 的体系结构相对固定，多数厂商采用相同的架构，甚至外部设备的连接方式都完全相同。并且，PC 有统一的设计规范，操作系统和开发人员不用为系统启动发愁，启动的工作都是由 BIOS 来完成的。不仅如此，PC 的 BIOS 还为操作系统提供了访问底层硬件的中断调用。

嵌入式系统就没有这么幸运了，在绝大多数的嵌入式系统上是没有类似 PC 的 BIOS 的系统程序的。由于嵌入式系统需求复杂多变，需要根据用户需求来设计硬件系统甚至软件系统，很难有一个统一的标准。嵌入式系统每个系统的启动代码都是不完全相同的，这就增加了开发设计的工作。

嵌入式系统虽然硬件差异大，但是仍然有相同的规律可循。在同一体系结构上，外部设备的连接方式、工作方式可能不同，但是 CPU 的指令、编程模型是相同的。由于和 PC 系统的差异，在嵌入式系统中，需要开发人员自己设计 Bootloader。所幸的是，开发人员不用从零开始为每个系统编写代码，一些开源软件组织以及其他公司已经设计出了适合多种系统的 Bootloader。这些 Bootloader 软件实际上是为嵌入式系统设计的一个相对通用的框架。开发人员只需要根据需求，按照不同体系结构的编程模型，以及硬件连接结构，设计与硬件相关的代码，省去了从头开发的繁琐流程。

14.1.3　嵌入式系统常见的 Bootloader

Bootloader 是嵌入式软件开发的第一个环节，它把嵌入式系统的软件和硬件紧密衔接在一起，对于一个嵌入式设备的后续开发至关重要。Bootloader 初始化目标硬件，给嵌入式操作系统提供硬件资源信息，并且装载嵌入式操作系统。在嵌入式开发过程中 Bootloader 往往是难点，开源的 Bootloader 在设计思想上往往有一些相同之处。本节将介绍两款常见的 Bootloader 供读者参考。

1．U-Boot 系统加载器

U-Boot 是一个规模庞大的开源 Bootloader 软件，最初是由 denx（www.denx.de）发起。U-Boot 的前身是 PPCBoot，目前是 SourceForge（www.sourceforge.net）的一个项目。

最初的 U-Boot 仅支持 PowerPC 架构的系统，称做 PPCBoot。从 0.3.2 官方版本之后开始逐步支持多种架构的处理器，目前可以支持 PowerPC（MPC5xx、MPC8xx、MPC82xx、MPC7xx、MPC74xx）、ARM（ARM7、ARM9、StrongARM、Xscale）、MIPS（4kc、5kc）、X86 等处理器，支持的嵌入式操作系统有 Linux、Vx-Works、NetBSD、QNX、RTEMS、ARTOS、LynxOS 等，是 PowerPC、ARM9、Xscale、X86 等系统通用的 Boot 方案。

U-Boot 支持的处理器和操作系统很多，但是它对 PowerPC 系列处理器和 Linux 操作系统支持最好。U-Boot 支持的功能也较多，对于嵌入式开发常用的查看、修改内存，从网络下载操作系统镜像等功能都提供了很好的支持。U-Boot 的项目更新较快，支持的目标板众多，是学习底层开发的很好的示例。

2．ViVi 系统加载器

ViVi 是韩国的 mizi 公司专门针对 ARM9 处理器设计的一款 Bootloader。它的特点是操作简便，同时提供了完备的命令体系，目前在三星系列的 ARM9 处理器上 ViVi 也比较流行。

与 U-Boot 相比，由于 ViVi 支持的处理器单一，ViVi 的代码也要小很多。同时，ViVi 的软件架构和配置方法采用和 Linux 内核类似的风格，对于有过配置编译 Linux 内核经验的读者，ViVi 更容易上手。

与其他的 Bootloader 一样，ViVi 有两种工作模式：启动加载模式和下载模式。使用启动加载模式，在目标板上电后，ViVi 会从预先配置好的 Flash 分区读取 Linux 或者其他系统的镜像并且启动系统；使用下载模式，ViVi 向用户提供了一个命令行接口，通过该接口用户可以使用 ViVi 提供的命令。ViVi 主要提供了以下 5 个命令。

- Load：把二进制文件载入 Flash 或 RAM。
- Part：操作 MTD 分区信息。显示、增加、删除、复位、保存 MTD 分区。
- Param：设置参数。
- Boot：启动系统。
- Flash：管理 Flash，如删除 Flash 的数据。

与 Linux 内核的组织类似，ViVi 的源代码主要包括 arch、init、lib、drivers 和 include 等几个目录，共 200 多个代码文件。各目录的具体功能请参考 ViVi 相关的信息。

14.2　U-Boot 分析

Bootloader 代码是嵌入式系统复位后进入操作系统前执行的一段代码。通过 Bootloader 的代码初始化处理器的各寄存器以及其他外部设备，建立存储器映射图以及初始化堆栈，为操作系统提供基本的运行环境。由于嵌入式系统的硬件的多样性，不可能有通用的 Bootloader，因此需要根据具体硬件特点移植。本节将以目前应用比较广泛的 U-Boot 为例，讲解嵌入式系统 Bootloader 移植的方法。

14.2.1　获取 U-Boot

U-Boot 的源代码可以从 ftp://ftp.denx.de/pub/u-boot/上获得。使用匿名用户身份登录到 U-Boot 的 FTP 服务器后，进入 pub/u-boot 目录，该目录包含了 U-Boot 所有代码。本书使用 U-Boot 1.1.6 版本代码作为分析的样本。

14.2.2　U-Boot 工程结构分析

学习一个软件，尤其是开源软件，首先应该从分析软件的工程结构开始。一个好的软件有良好的工程结构，对于读者学习和理解软件的架构以及工作流程都有很好的帮助。

U-Boot 的源代码布局和 Linux 类似，使用了按照模块划分的结构，并且充分考虑了体系结构和跨平台问题，其源代码树结构请参考表 14-1。

表 14-1　U-Boot 源代码目录结构

子目录名	作　用
board	开发板相关的定义和结构
common	包含 U-Boot 用到的各种处理函数
cpu	各种不同类型的处理器相关代码

续表

子目录名	作　　用
doc	U-Boot 文档
drivers	常用外部设备驱动程序
examples	存放 U-Boot 开发代码样例
fs	文件系统有关的代码，包括 cramfs、ext2、fat 等常见文件系统
include	U-Boot 用到的头文件
lib_arm	ARM 体系结构有关的数据定义和操作
lib_generic	U-Boot 通用的操作函数
net	常用的网络协议，包括 bootp、rarp、arp、tftp 等
post	上电自检相关代码
rtc	实时时钟有关操作
tools	U-Boot 有关的数据代码

表 14-1 仅列出了主要的目录，以 lib_开头的目录还有很多，分别对应不同体系结构用到的函数操作，这里不一一列出。

- board 目录存放与开发板有关的文件，每种开发板需要的文件被归纳在 board 目录的一个目录下。该目录包括每个子目录需要至少提供 Makefile 和 u-boot.lds 两个文件，用来设置文件编译的方式以及开发板的硬件资源。如 board/smdk2410 目录存放了与 smdk2410 开发板相关的硬件资源和配置函数。
- common 目录是与体系结构无关的文件，包括实现各种命令的 C 语言源代码文件。
- cpu 目录存放与 CPU 相关的文件，每种 CPU 需要的代码文件存放在以 CPU 名称命名的子目录下，arm920t 存放了 arm920t 为内核的 CPU 相关的文件。在每个特定的子目录下都包括 cpu.c、interrupt.c 和 start.S 这 3 个文件，这 3 个文件是 CPU 初始化以及配置中断的代码。U-Boot 自带了很多 CPU 相关的代码，用户可以在现有 CPU 支持的基础上修改自己所需要的配置。
- 通用设备的驱动程序存放在 drivers 目录下。U-Boot 自带了许多设备的驱动，包括显示芯片、网络接口控制器、USB 控制器、I^2C 器件等，对于大多数用户而言已经够用，用户也可以按照自己的需求增加或者修改设备驱动。
- fs 存放支持的文件系统代码，U-Boot 目前支持 cramfs、ext2、fat、jffs、reiserfs、yaffs 等多种常见的文件系统。
- net 目录是与网络协议有关的代码，比如 BOOTP 协议、TFTP 协议、RARP 协议等。
- post 存放与硬件自检有关的代码。
- rtc 目录存放与硬件实时时钟相关的代码。
- tools 目录存放 U-Boot 编译过程中用到的一些工具代码。

14.2.3　U-Boot 总体工作流程

与大多数 Bootloader 类似，U-Boot 的启动分成 stage1 和 stage2 两个阶段。stage1 使用汇编语言编写，通常与 CPU 体系紧密相关，如处理器初始化和设备初始化代码等，该阶段在 start.S 文件中实现。如图 14-1 所示展示了 U-Boot 中 Stage1 阶段的启动过程。

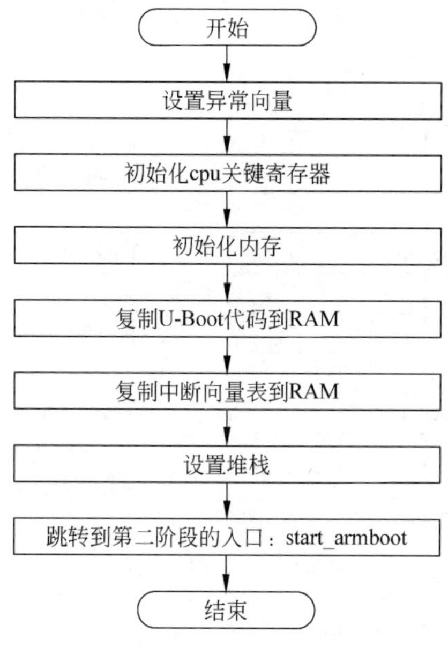

图 14-1　U-Boot 中 Stage1 工作流程

图 14-1 是 U-Boot 中 Stage1 工作流程。Stage1 的代码都是与平台相关的，使用汇编语言编写占用空间小而且执行速度快。以 ARM920 为例，Stage1 阶段主要是设置各模式程序异常向量表，初始化处理器相关的关键寄存器以及系统内存。Stage1 负责建立 Stage1 阶段使用的堆栈和代码段，然后复制 Stage2 阶段的代码到内存。

Stage2 阶段一般包括初始化 Flash 器件、检测系统内存映射、初始化网络设备、进入命令循环，接收用户从串口发送的命令然后进行相应的处理。Stage2 使用 C 语言编写，用于加载操作系统内核，该阶段主要是 board.c 中的 start_armboot()函数实现。如图 14-2 所示给出了 U-Boot 的 Stage1 和 Stage2 在 Flash 和 RAM 中的分配。

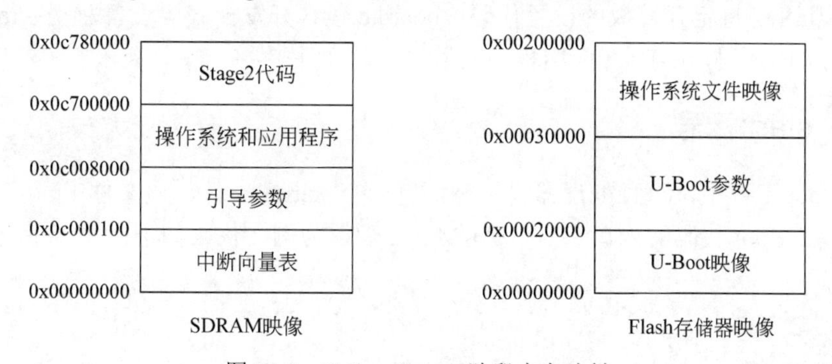

图 14-2　U-Boot Stage2 阶段内存映射

从图 14-2 中可以看出，U-Boot 在加载到内存后，使用了操作系统空余的内存空间。

14.3　U-Boot 启动流程分析

U-Boot 支持许多的处理器和开发板，主要是该软件有良好的架构，本节以使用 ARM 处理器的 smdk2410 开发板为例分析 U-Boot 的启动流程，在其他的处理器架构上，U-Boot

也执行类似的启动流程。如图 14-3 所示为 U-Boot 在 ARM 处理器的启动步骤。

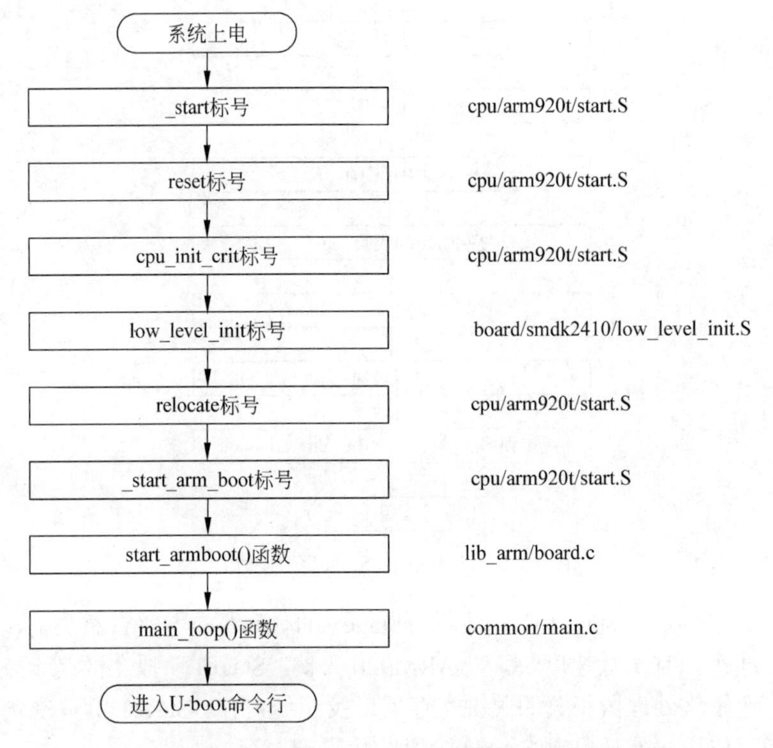

图 14-3　U-Boot 在 ARM 处理器的启动步骤

图 14-3 列出了 U-Boot 在 ARM 处理器启动过程中的几个关键点，从图中看出 U-Boot 的启动代码分布在 start.S、low_level_init.S、board.c 和 main.c 文件中。其中，start.S 是 U-Boot 整个程序的入口，该文件使用汇编语言编写，不同体系结构的启动代码是不同的；low_level_init.S 是特定开发板的设置代码；board.c 包含开发板底层设备驱动；main.c 是一个与平台无关的代码，U-Boot 应用程序的入口在此文件中。

14.3.1　_start 标号

在 U-Boot 工程中，每种处理器目录下都有一个 start.S 文件，该文件中有一个_start 标号，是整个 U-Boot 代码的入口点。以 ARM 9 处理器为例，代码如下：

```
32  /*
33  *************************************************************************
34   *
35   * Jump vector table as in table 3.1 in [1]
36   *
37  *************************************************************************
38   */
39
40
41  .globl _start
42  _start: b       reset
43      ldr pc, _undefined_instruction
44      ldr pc, _software_interrupt
45      ldr pc, _prefetch_abort
```

```
46      ldr pc, _data_abort
47      ldr pc, _not_used
48      ldr pc, _irq
49      ldr pc, _fiq
50
51  _undefined_instruction: .word undefined_instruction
52  _software_interrupt:    .word software_interrupt
53  _prefetch_abort:    .word prefetch_abort
54  _data_abort:        .word data_abort
55  _not_used:      .word not_used
56  _irq:           .word irq
57  _fiq:           .word fiq
58
59      .balignl 16,0xdeadbeef
60
61
62  /*
63   64
    *******************************************************************
65   *
66   * Startup Code (reset vector)
67   *
68   * do important init only if we don't start from memory!
69   * relocate armboot to ram
70   * setup stack
71   * jump to second stage
72   *
73
74  ****************************************************************
75   */
76
77  _TEXT_BASE:
78      .word   TEXT_BASE
79
80  .globl _armboot_start
81  _armboot_start:
82      .word _start
83
84  /*
85   * These are defined in the board-specific linker script.
86   */
87  .globl _bss_start
88  _bss_start:
89      .word __bss_start
90
91  .globl _bss_end
92  _bss_end:
93      .word _end
94
95  #ifdef CONFIG_USE_IRQ
96  /* IRQ stack memory (calculated at run-time) */
97  .globl IRQ_STACK_START
98  IRQ_STACK_START:
99      .word   0x0badc0de
100
101 /* IRQ stack memory (calculated at run-time) */
102 .globl FIQ_STACK_START
103 FIQ_STACK_START:
104     .word 0x0badc0de
105 #endif
```

_start 标号下面的代码主要是一些伪指令，设置全局变量，供启动程序把 U-Boot 映像从 Flash 存储器复制到内存中。其中比较重要的变量是 TEXT_BASE，该变量是通过连接脚本得到的，在本例中，TEXT_BASE 全局变量定义在 board/smdk2410/config.mk 文件中，默认值是 0x33F80000。TEXT_BASE 变量需要根据开发板的情况自己修改，具体地址需要根据硬件设计确定。

其他还有一些全局变量，例如__bss_start、_end 等定义在 board/smdk2410/u-boot.lds 文件中。u-boot.lds 文件保存了 U-Boot 数据段代码段等在内存中的存放情况，具体的值由编译器计算。

_start 标号一开始定义了 ARM 处理器 7 个中断向量的向量表，对应 ARM 处理器的 7 种模式。由于上电一开始处理器会从地址 0 执行指令，因此第一个指令直接跳转到 reset 标号。reset 执行机器初始化的一些操作，此处的跳转指令，无论是冷启动还是热启动开发板都会执行 reset 标号的代码。

提示：reset 也属于一种异常模式，并且该模式的代码不需要返回。

14.3.2 reset 标号

reset 标号的代码在处理器启动的时候最先被执行。

```
106 /*
107 * the actual reset code
108 */
109
110 reset:
111 /*
112 * set the cpu to SVC32 mode
113 */
114 mrs r0,cpsr                     // 保存 CPSR 寄存器的值到 r0 寄存器
115 bic r0,r0,#0x1f                 // 清除中断
116 orr r0,r0,#0xd3
117 msr cpsr,r0                     // 设置 CPSR 为超级保护模式
118
119 /* turn off the watchdog */     // 关闭看门狗
120 #if defined(CONFIG_S3C2400)
121 # define pWTCON   0x15300000    // 看门狗寄存器地址
122 # define INTMSK   0x14400008    // 中断控制器基址
123 # define CLKDIVN  0x14800014  /* clock divisor register */
124 #elif defined(CONFIG_S3C2410)
125 # define pWTCON   0x53000000
126 # define INTMSK   0x4A000008  /* Interupt-Controller base addresses */
127 # define INTSUBMSK  0x4A00001C
128 # define CLKDIVN  0x4C000014  /* clock divisor register */
129 #endif
130
131 #if defined(CONFIG_S3C2400) || defined(CONFIG_S3C2410)
132 ldr    r0, =pWTCON              // 取出当前看门狗控制寄存器的地址到 r0
133 mov    r1, #0x0                 // 设置 r1 寄存器值为 0
134 str    r1, [r0]                 // 写入看门狗控制寄存器
135
```

```
136 /*
137 * mask all IRQs by setting all bits in the INTMR - default
138 */
139 mov r1, #0xffffffff                // 设置 r1
140 ldr r0, =INTMSK                    // 取出中断屏蔽寄存器地址到 r0
141 str r1, [r0]                       // r1 的值写入中断屏蔽寄存器
142 # if defined(CONFIG_S3C2410)
143 ldr r1, =0x3ff
144 ldr r0, =INTSUBMSK
145 str r1, [r0]
146 # endif
147
148 /* FCLK:HCLK:PCLK = 1:2:4 */
149 /* default FCLK is 120 MHz ! */
150 ldr r0, =CLKDIVN                   // 取出时钟寄存器地址到 r0
151 mov r1, #3                         // 设置 r1 的值
152 str r1, [r0]                       // 写入时钟配置
153 #endif  /* CONFIG_S3C2400 || CONFIG_S3C2410 */
154
155 /*
156 * we do sys-critical inits only at reboot,
157 * not when booting from ram!
158 */
159 #ifndef CONFIG_SKIP_LOWLEVEL_INIT
160 bl  cpu_init_crit                  // 跳转到开发板相关初始化代码
161 #endif
```

程序第 114 行取出 CPSR 寄存器的值，CPSR 寄存器保存当前系统状态，第 115 行使用比特清除命令清空了 CPSR 寄存器的中断控制位，表示清除中断。程序第 116 行设置了 CPSR 寄存器的处理器模式位为超级保护模式，然后在第 117 行写入 CPSR 的值强制切换处理器为超级保护模式。

程序第 120～129 行定义看门狗控制器有关的变量，第 131～153 行根据平台设置看门狗定时器。在程序第 150 行设置时钟分频寄存器的值。

程序第 160 行需要根据 CONFIG_SKIP_LOWLEVEL_INIT 宏的值是否跳转到 cpu_init_crit 标号执行。请注意这里使用 bl 指令，在执行完 cpu_init_crit 标号的代码后会返回。

14.3.3　cpu_init_crit 标号

cpu_init_crit 标号处的代码初始化 ARM 处理器关键的寄存器。代码如下：

```
228 /*
229  *************************************************************************
230  *
231  * CPU_init_critical registers
232  *
233  * setup important registers
234  * setup memory timing
235  *
236  *************************************************************************
237  */
238
```

```
239
240 #ifndef CONFIG_SKIP_LOWLEVEL_INIT
241 cpu_init_crit:
242 /*
243 * flush v4 I/D caches
244 */
245 mov r0, #0
246 mcr p15, 0, r0, c7, c7, 0 /* flush v3/v4 cache */       // 刷新 cache
247 mcr p15, 0, r0, c8, c7, 0 /* flush v4 TLB */            // 刷新 TLB
248
249 /*
250 * disable MMU stuff and caches                // 关闭 MMU
251 */
252 mrc p15, 0, r0, c1, c0, 0
253 bic r0, r0, #0x00002300 @ clear bits 13, 9:8 (--V- --RS)
254 bic r0, r0, #0x00000087 @ clear bits 7, 2:0 (B--- -CAM)
255 orr r0, r0, #0x00000002 @ set bit 2 (A) Align
256 orr r0, r0, #0x00001000 @ set bit 12 (I) I-Cache
257 mcr p15, 0, r0, c1, c0, 0
258
259 /*
260 * before relocating, we have to setup RAM timing
261 * because memory timing is board-dependend, you will
262 * find a lowlevel_init.S in your board directory.
263 */
264 mov ip, lr
265 bl  lowlevel_init                             // 跳转到 lowlevel_init
266 mov lr, ip
267 mov pc, lr
268 #endif /* CONFIG_SKIP_LOWLEVEL_INIT */
```

程序第 245～247 行刷新 cache 和 TLB。cache 是一种高速缓存存储器，用于保存 CPU 频繁使用的数据。在使用 Cache 技术的处理器上，当一条指令要访问内存的数据时，首先查询 cache 缓存中是否有数据以及数据是否过期，如果数据未过期则从 cache 读出数据。处理器会定期回写 cache 中的数据到内存。根据程序的局部性原理，使用 cache 后可以大大加快处理器访问内存数据的速度。

TLB 的作用是在处理器访问内存数据的时候做地址转换。TLB 的全称是 Translation Lookaside Buffer，可以翻译为旁路缓冲。TLB 中存放了一些页表文件，文件中记录了虚拟地址和物理地址的映射关系。当应用程序访问一个虚拟地址的时候，会从 TLB 中查询出对应的物理地址，然后访问物理地址。TLB 通常是一个分层结构，使用与 Cache 类似的原理。处理器使用一定的算法把最常用的页表放在最先访问的层次。

提示：ARM 处理器 Cache 和 TLB 的配置寄存器可以参考 ARM 体系结构手册。

程序第 252～257 行关闭 MMU。MMU 是内存管理单元（Memory Management Unit）的缩写。在现代计算机体系结构上，MMU 被广泛应用。使用 MMU 技术可以向应用程序提供一个巨大的虚拟地址空间。在 U-Boot 初始化的时候，程序看到的地址都是物理地址，无须使用 MMU。

程序第 265 行跳转到 lowlevel_init 标号，执行与开发板相关的初始化配置。

14.3.4　lowlevel_init 标号

lowlevel_init 标号位于 board/smdk2410/lowlevel_init.S 文件，代码如下：

```
132 .globl lowlevel_init
133 lowlevel_init:
134 /* memory control configuration */
135 /* make r0 relative the current location so that it */
136 /* reads SMRDATA out of FLASH rather than memory ! */
137 ldr     r0, =SMRDATA                          // 读取 SMRDATA 变量地址
138 ldr r1,  _TEXT_BASE                           // 读取 _TEXT_BASE 变量地址
139 sub r0, r0, r1
140 ldr r1, =BWSCON /* Bus Width Status Controller*/ // 读取总线宽度寄存器
141 add     r2, r0, #13*4                         // 得到 SMRDATA 占用的大小
142 0:
143 ldr     r3, [r0], #4                          // 加载 SMRDATA 到内存
144 str     r3, [r1], #4
145 cmp     r2, r0
146 bne     0b
147
148 /* everything is fine now */
149 mov pc, lr
152 /* the literal pools origin */
153
154 SMRDATA:              // 定义 SMRDATA 值
155 .word (0+(B1_BWSCON<<4)+(B2_BWSCON<<8)+(B3_BWSCON<<12)+(B4_BWSCON
    <<16)+(B5_BWSCON<<20)+(B6_BWSCON<<24)+(B7_BWSCON<<28))
156 .word ((B0_Tacs<<13)+(B0_Tcos<<11)+(B0_Tacc<<8)+(B0_Tcoh<<6)+
    (B0_Tah<<4)+(B0_Tacp<<2)+(B0_PMC))
157 .word ((B1_Tacs<<13)+(B1_Tcos<<11)+(B1_Tacc<<8)+(B1_Tcoh<<6)+
     (B1_Tah<<4)+(B1_Tacp<<2)+(B1_PMC))
158 .word ((B2_Tacs<<13)+(B2_Tcos<<11)+(B2_Tacc<<8)+(B2_Tcoh<<6)+
    (B2_Tah<<4)+(B2_Tacp<<2)+(B2_PMC))
159 .word ((B3_Tacs<<13)+(B3_Tcos<<11)+(B3_Tacc<<8)+(B3_Tcoh<<6)+
    (B3_Tah<<4)+(B3_Tacp<<2)+(B3_PMC))
160 .word ((B4_Tacs<<13)+(B4_Tcos<<11)+(B4_Tacc<<8)+(B4_Tcoh<<6)+
    (B4_Tah<<4)+(B4_Tacp<<2)+(B4_PMC))
161 .word ((B5_Tacs<<13)+(B5_Tcos<<11)+(B5_Tacc<<8)+(B5_Tcoh<<6)+
    (B5_Tah<<4)+(B5_Tacp<<2)+(B5_PMC))
162 .word ((B6_MT<<15)+(B6_Trcd<<2)+(B6_SCAN))
163 .word ((B7_MT<<15)+(B7_Trcd<<2)+(B7_SCAN))
164 .word ((REFEN<<23)+(TREFMD<<22)+(Trp<<20)+(Trc<<18)+
    (Tchr<<16)+REFCNT)
165 .word 0x32
166 .word 0x30
167 .word 0x30
```

程序第 137～141 行计算 SMRDATA 需要加载的内存地址和大小。首先在 137 行读取 SMRDATA 的变量地址，之后计算存放的内存地址并且记录在 r0 寄存器，然后根据总线宽度计算需要加载的 SMRDATA 大小，并且把加载结束地址存放在 r2 寄存器。

程序第 142～146 行复制 SMRDATA 到内存。SMRDATA 是开发板上内存映射的配置，有关内存映射关系请参考 S3C2440A 芯片手册。

14.3.5　relocate 标号

relocate 部分的代码负责把 U-Boot Stage2 的代码从 Flash 存储器加载到内存，代码

如下：

```
163 #ifndef CONFIG_SKIP_RELOCATE_UBOOT
164 relocate:        /* relocate U-Boot to RAM     */
165 adr r0, _start    /* r0 <- current position of code    */
                                                // 获取当前代码存放地址
166 ldr r1, _TEXT_BASE    /* test if we run from flash or RAM */
                                                // 获取内存存放代码地址
167 cmp    r0, r1                /* don't reloc during debug          */
                                                // 检查是否需要加载
168 beq    stack_setup
169
170 ldr r2, _armboot_start                          // 获取 stage2 代码存放地址
171 ldr r3, _bss_start                              // 获取内存代码段起始地址
172 sub r2, r3, r2    /* r2 <- size of armboot           */
                                                // 计算 stage2 代码长度
173 add r2, r0, r2    /* r2 <- source end address        */
                                                // 计算 stage2 代码结束地址
174
175 copy_loop:
176 ldmia r0!, {r3-r10}   /* copy from source address [r0]     */
                                                // 从 Flash 复制代码到内存
177 stmia r1!, {r3-r10}   /* copy to   target address [r1]    */
178 cmp r0, r2      /* until source end addreee [r2]    */
179 ble copy_loop
180 #endif  /* CONFIG_SKIP_RELOCATE_UBOOT */
181
182 /* Set up the stack                */
                                                // 在内存中建立堆栈
183 stack_setup:
184 ldr r0, _TEXT_BASE    /* upper 128 KiB: relocated uboot   */
185 sub r0, r0, #CFG_MALLOC_LEN /* malloc area      */  // 分配内存区域
186 sub r0, r0, #CFG_GBL_DATA_SIZE /* bdinfo    */
187 #ifdef CONFIG_USE_IRQ
188 sub r0, r0, #(CONFIG_STACKSIZE_IRQ+CONFIG_STACKSIZE_FIQ)
189 #endif
190 sub sp, r0, #12   /* leave 3 words for abort-stack    */
191
192 clear_bss:                                      // 初始化内存 bss 段内容为 0
193 ldr r0, _bss_start    /* find start of bss segment        */
                                                // 查找 bss 段起始地址
194 ldr r1, _bss_end    /* stop here    */          // 查找 bss 段结束地址
195 mov   r2, #0x00000000   /* clear   */           // 清空 bss 段内容
196
197 clbss_l:str r2, [r0]    /* clear loop...                    */
198 add r0, r0, #4
199 cmp r0, r1
200 ble clbss_l
223 ldr pc, _start_armboot          // 设置程序指针为 start_armboot()函数地址
224
225 _start_armboot: .word start_armboot
```

程序首先在 165～168 行检查当前是否在内存中执行代码，根据结果决定是否需要从 Flash 存储器加载代码。程序通过获取_start 和_TEXT_BASE 所在的地址比较，如果地址相同说明程序已经在内存中，无须加载。

提示：第 24 章介绍 Flash 存储器的时候会介绍一种 NOR 类型 Flash 存储器，可以像使用内存一样直接执行程序。从 S3C2440A 手册的内存映射图中可以看出，NOR Flash 被映射到地址 0 开始的内存空间。

程序第 170～173 行计算要加载的 Stage2 代码起始地址和长度，然后在第 176～179 行循环复制 Flash 的数据到内存，每次可以复制 8 个字长的数据。Stage2 程序复制完毕后，程序第 184～190 行设置系统堆栈，最后在第 193～200 行清空内存 bss 段的内容。

relocate 程序最后在第 223 行设置程序指针寄存器为 start_armboot()函数地址，程序跳转到 Stage2 部分执行。请注意第 225 行的定义，_start_armboot 全局变量的值是 C 语言函数 start_armboot()函数的地址，使用这种方式可以在汇编中调用 C 语言编写的函数。

14.3.6　start_armboot()函数

start_armboot()函数主要初始化 ARM 系统的硬件和环境变量，包括 Flash 存储器、FrameBuffer、网卡等，最后进入 U-Boot 应用程序主循环。start_armboot()函数代码如下：

```
236 void start_armboot (void)
237 {
238 init_fnc_t **init_fnc_ptr;
239 char *s;
240 #ifndef CFG_NO_FLASH
241 ulong size;
242 #endif
243 #if defined(CONFIG_VFD) || defined(CONFIG_LCD)
244 unsigned long addr;
245 #endif
246
247 /* Pointer is writable since we allocated a register for it */
248 gd = (gd_t*)(_armboot_start - CFG_MALLOC_LEN - sizeof(gd_t));
249 /* compiler optimization barrier needed for GCC >= 3.4 */
250 __asm__ __volatile__("": :"memory");
251
252 memset ((void*)gd, 0, sizeof (gd_t));
253 gd->bd = (bd_t*)((char*)gd - sizeof(bd_t));
254 memset (gd->bd, 0, sizeof (bd_t));
255
256 monitor_flash_len = _bss_start - _armboot_start;
257
258 for (init_fnc_ptr = init_sequence; *init_fnc_ptr; ++init_fnc_ptr) {
259     if ((*init_fnc_ptr)() != 0) {
260         hang ();
261     }
262 }
263
264 #ifndef CFG_NO_FLASH
265 /* configure available FLASH banks */
266 size = flash_init ();           // 初始化 Flash 存储器配置
267 display_flash_config (size);    // 显示 Flash 存储器配置
268 #endif /* CFG_NO_FLASH */
269
270 #ifdef CONFIG_VFD
271 # ifndef PAGE_SIZE
```

```
272 #   define PAGE_SIZE 4096
273 # endif
274 /*
275 * reserve memory for VFD display (always full pages)
276 */
277 /* bss_end is defined in the board-specific linker script */
278 addr = (_bss_end + (PAGE_SIZE - 1)) & ~(PAGE_SIZE - 1);
                                                // 计算 FrameBuffer 内存地址
279 size = vfd_setmem (addr);                   // 设置 FrameBuffer 占用内存大小
280 gd->fb_base = addr;                         // 设置 FrameBuffer 内存起始地址
281 #endif /* CONFIG_VFD */
282
283 #ifdef CONFIG_LCD
284 # ifndef PAGE_SIZE
285 #   define PAGE_SIZE 4096
286 # endif
287 /*
288 * reserve memory for LCD display (always full pages)
289 */
290 /* bss_end is defined in the board-specific linker script */
291 addr = (_bss_end + (PAGE_SIZE - 1)) & ~(PAGE_SIZE - 1);
                                                // 计算 FrameBuffer 内存地址
292 size = lcd_setmem (addr);                   // 设置 FrameBuffer 大小
293 gd->fb_base = addr;                         // 设置 FrameBuffer 内存起始地址
294 #endif /* CONFIG_LCD */
295
296 /* armboot_start is defined in the board-specific linker script */
297 mem_malloc_init (_armboot_start - CFG_MALLOC_LEN);
298
299 #if (CONFIG_COMMANDS & CFG_CMD_NAND)
300 puts ("NAND:  ");
301 nand_init();    /* go init the NAND */  // 初始化 NAND Flash 存储器
302 #endif
303
304 #ifdef CONFIG_HAS_DATAFLASH
305 AT91F_DataflashInit();                      // 初始化 Hash 表
306 dataflash_print_info();
307 #endif
308
309 /* initialize environment */
310 env_relocate ();                            // 重新设置环境变量
311
312 #ifdef CONFIG_VFD
313 /* must do this after the framebuffer is allocated */
314 drv_vfd_init();                             // 初始化虚拟显示设备
315 #endif /* CONFIG_VFD */
316
317 /* IP Address */
318 gd->bd->bi_ip_addr = getenv_IPaddr ("ipaddr"); // 设置网卡的 IP 地址
319
320 /* MAC Address */
321 {
322     int i;
323     ulong reg;
324     char *s, *e;
325     char tmp[64];
```

```
326
327     i = getenv_r ("ethaddr", tmp, sizeof (tmp));   // 从网卡寄存器读取
                                                          MAC 地址
328     s = (i > 0) ? tmp : NULL;
329
330     for (reg = 0; reg < 6; ++reg) {
331         gd->bd->bi_enetaddr[reg] = s ? simple_strtoul (s, &e, 16) : 0;
332         if (s)
333         s = (*e) ? e + 1 : e;
334     }
335
336 #ifdef CONFIG_HAS_ETH1
337     i = getenv_r ("eth1addr", tmp, sizeof (tmp));  // 读取 Hash 值
338     s = (i > 0) ? tmp : NULL;
339
340     for (reg = 0; reg < 6; ++reg) {
341         gd->bd->bi_enet1addr[reg] = s ? simple_strtoul (s, &e, 16) : 0;
342         if (s)
343         s = (*e) ? e + 1 : e;
344 }
345 #endif
346 }
347
348 devices_init ();  /* get the devices list going. */
                                             // 初始化开发板上的设备
349
350 #ifdef CONFIG_CMC_PU2
351 load_sernum_ethaddr ();
352 #endif /* CONFIG_CMC_PU2 */
353
354 jumptable_init ();                           // 初始化跳转表
355
356 console_init_r ();  /* fully init console as a device */
                                             // 初始化控制台
357
358 #if defined(CONFIG_MISC_INIT_R)
359 /* miscellaneous platform dependent initialisations */
360 misc_init_r ();                              // 初始化其他设备
361 #endif
362
363 /* enable exceptions */
364 enable_interrupts ();                        // 打开中断
365
366 /* Perform network card initialisation if necessary */
367 #ifdef CONFIG_DRIVER_CS8900
368 cs8900_get_enetaddr (gd->bd->bi_enetaddr);      // 获取CS8900网卡MAC地址
369 #endif
370
371 #if defined(CONFIG_DRIVER_SMC91111) || defined (CONFIG_DRIVER_
LAN91C96)
372 if (getenv ("ethaddr")) {
373     smc_set_mac_addr(gd->bd->bi_enetaddr);      // 设置 SMC 网卡 MAC 地址
374 }
375 #endif /* CONFIG_DRIVER_SMC91111 || CONFIG_DRIVER_LAN91C96 */
376
377 /* Initialize from environment */
```

```
378 if ((s = getenv ("loadaddr")) != NULL) {
379     load_addr = simple_strtoul (s, NULL, 16);
380 }
381 #if (CONFIG_COMMANDS & CFG_CMD_NET)
382 if ((s = getenv ("bootfile")) != NULL) {
383     copy_filename (BootFile, s, sizeof (BootFile)); // 保存 FrameBuffer
384 }
385 #endif  /* CFG_CMD_NET */
386
387 #ifdef BOARD_LATE_INIT
388 board_late_init ();                                   // 开发板相关设备初始化
389 #endif
390 #if (CONFIG_COMMANDS & CFG_CMD_NET)
391 #if defined(CONFIG_NET_MULTI)
392 puts ("Net:   ");
393 #endif
394 eth_initialize(gd->bd);
395 #endif
396 /* main_loop() can return to retry autoboot, if so just run it again. */
397 for (;;) {
398     main_loop ();                                     // 进入主循环
399 }
400
401 /* NOTREACHED - no way out of command loop except booting */
402 }
```

start_armboot()函数代码里有许多的宏开关，供用户根据自己开发板的情况进行配置。在第 388 行 start_armboot()函数调用 board_late_init()函数，该函数是开发板提供的，供不同的开发板做一些特有的初始化工作。

在 start_armboot()函数中，使用宏开关括起来的代码是在各种开发板上最常用的功能，如 CS8900 网卡配置。整个函数配置完毕后，进入一个 for 死循环，调用 main_loop()函数。请读者注意，在 main_loop()函数中也有一个 for 死循环。start_armboot()函数使用死循环调用 main_loop()函数，作用是防止 main_loop()函数开始的初始化代码如果调用失败后重新执行初始化操作，保证程序能进入到 U-Boot 的命令行。

14.3.7　main_loop()函数

main_loop()函数做的都是与具体平台无关的工作，主要包括初始化启动次数限制机制、设置软件版本号、打印启动信息、解析命令等。

（1）设置启动次数有关参数。在进入 main_loop()函数后，首先是根据配置加载已经保留的启动次数，并且根据配置判断是否超过启动次数。代码如下：

```
295 void main_loop (void)
296 {
297 #ifndef CFG_HUSH_PARSER
298 static char lastcommand[CFG_CBSIZE] = { 0, };
299 int len;
300 int rc = 1;
301 int flag;
302 #endif
303
304 #if defined(CONFIG_BOOTDELAY) && (CONFIG_BOOTDELAY >= 0)
305 char *s;
```

```
306 int bootdelay;
307 #endif
308 #ifdef CONFIG_PREBOOT
309 char *p;
310 #endif
311 #ifdef CONFIG_BOOTCOUNT_LIMIT
312 unsigned long bootcount = 0;
313 unsigned long bootlimit = 0;
314 char *bcs;
315 char bcs_set[16];
316 #endif /* CONFIG_BOOTCOUNT_LIMIT */
317
318 #if defined(CONFIG_VFD) && defined(VFD_TEST_LOGO)
319 ulong bmp = 0;    /* default bitmap */
320 extern int trab_vfd (ulong bitmap);
321
322 #ifdef CONFIG_MODEM_SUPPORT
323 if (do_mdm_init)
324     bmp = 1;  /* alternate bitmap */
325 #endif
326 trab_vfd (bmp);
327 #endif  /* CONFIG_VFD && VFD_TEST_LOGO */
328
329 #ifdef CONFIG_BOOTCOUNT_LIMIT
330 bootcount = bootcount_load();               // 加载保存的启动次数
331 bootcount++;                                // 启动次数加 1
332 bootcount_store (bootcount);                // 更新启动次数
333 sprintf (bcs_set, "%lu", bootcount);        // 打印启动次数
334 setenv ("bootcount", bcs_set);
335 bcs = getenv ("bootlimit");
336 bootlimit = bcs ? simple_strtoul (bcs, NULL, 10) : 0;
                                            // 转换启动次数字符串为 UINT 类型
337 #endif /* CONFIG_BOOTCOUNT_LIMIT */
```

第 329～337 行是启动次数限制功能，启动次数限制可以被用户设置一个启动次数，然后保存在 Flash 存储器的特定位置，当到达启动次数后，U-Boot 无法启动。该功能适合一些商业产品，通过配置不同的 License 限制用户重新启动系统。

（2）程序第 339～348 行是 Modem 功能。如果系统中有 Modem，打开该功能可以接受其他用户通过电话网络的拨号请求。Modem 功能通常供一些远程控制的系统使用，代码如下：

```
339 #ifdef CONFIG_MODEM_SUPPORT
340 debug ("DEBUG: main_loop:   do_mdm_init=%d\n", do_mdm_init);
341 if (do_mdm_init) {                              // 判断是否需要初始化 Modem
342     char *str = strdup(getenv("mdm_cmd"));   // 获取 Modem 参数
343     setenv ("preboot", str);  /* set or delete definition */
344     if (str != NULL)
345         free (str);
346     mdm_init(); /* wait for modem connection */     // 初始化 Modem
347 }
348 #endif  /* CONFIG_MODEM_SUPPORT */
```

（3）接下来设置 U-Boot 的版本号，初始化命令自动完成功能等。代码如下：

```
350 #ifdef CONFIG_VERSION_VARIABLE
351 {
```

```
352     extern char version_string[];
353
354     setenv ("ver", version_string);  /* set version variable */
                                              // 设置版本号
355 }
356 #endif /* CONFIG_VERSION_VARIABLE */
357
358 #ifdef CFG_HUSH_PARSER
359 u_boot_hush_start ();                          // 初始化 Hash 功能
360 #endif
361
362 #ifdef CONFIG_AUTO_COMPLETE
363 install_auto_complete();                       // 初始化命令自动完成功能
364 #endif
365
366 #ifdef CONFIG_PREBOOT
367 if ((p = getenv ("preboot")) != NULL) {
368 # ifdef CONFIG_AUTOBOOT_KEYED
369 int prev = disable_ctrlc(1);  /* disable Control C checking */
                                              // 关闭 Crtl+C 组合键
370 # endif
371
372 # ifndef CFG_HUSH_PARSER
373 run_command (p, 0);                            // 运行 Boot 参数
374 # else
375 parse_string_outer(p, FLAG_PARSE_SEMICOLON |
376         FLAG_EXIT_FROM_LOOP);
377 # endif
378
379 # ifdef CONFIG_AUTOBOOT_KEYED
380 disable_ctrlc(prev);  /* restore Control C checking */
                                              // 恢复 Ctrl+C 组合键
381 # endif
382 }
383 #endif /* CONFIG_PREBOOT */
```

程序第 350～356 行是动态版本号功能支持代码，version_string 变量是在其他文件定义的一个字符串变量，当用户改变 U-Boot 版本的时候会更新该变量。打开动态版本支持功能后，U-Boot 在启动的时候会显示最新的版本号。

程序第 363 行设置命令行自动完成功能，该功能与 Linux 的 shell 类似，当用户输入一部分命令后，可以通过按键盘上的 Tab 键补全命令的剩余部分。main_loop()函数不同的功能使用宏开关控制不仅能提高代码模块化，更主要的是针对嵌入式系统 Flash 存储器大小设计的。在嵌入式系统上，不同的系统 Flash 存储空间不同。对于一些 Flash 空间比较紧张的设备来说，通过宏开关关闭一些不是特别必要的功能，如命令行自动完成，可以减小 U-Boot 编译后的文件大小。

（4）在进入主循环之前，如果配置了启动延迟功能，需要等待用户从串口或者网络接口输入。如果用户按任意键打断，启动流程，会向终端打印出一个启动菜单。代码如下：

```
385 #if defined(CONFIG_BOOTDELAY) && (CONFIG_BOOTDELAY >= 0)
386 s = getenv ("bootdelay");
387 bootdelay = s ? (int)simple_strtol(s, NULL, 10) : CONFIG_BOOTDELAY;
                                                    // 启动延迟
388
```

```
389 debug ("### main_loop entered: bootdelay=%d\n\n", bootdelay);
390
391 # ifdef CONFIG_BOOT_RETRY_TIME
392 init_cmd_timeout ();                          // 初始化命令行超时机制
393 # endif /* CONFIG_BOOT_RETRY_TIME */
394
395 #ifdef CONFIG_BOOTCOUNT_LIMIT
396 if (bootlimit && (bootcount > bootlimit)) { // 检查是否超出启动次数限制
397     printf ("Warning: Bootlimit (%u) exceeded. Using altbootcmd.\n",
398     (unsigned)bootlimit);
399     s = getenv ("altbootcmd");
400 }
401 else
402 #endif /* CONFIG_BOOTCOUNT_LIMIT */
403     s = getenv ("bootcmd");                  // 获取启动命令参数
404
405 debug ("### main_loop: bootcmd=\"%s\"\n", s ? s : "<UNDEFINED>");
406
407 if (bootdelay >= 0 && s && !abortboot (bootdelay)) {
                                                //检查是否支持启动延迟功能
408 # ifdef CONFIG_AUTOBOOT_KEYED
409 int prev = disable_ctrlc(1);  /* disable Control C checking */
                                                // 关闭 Ctrl+C 组合键
410 # endif
411
412 # ifndef CFG_HUSH_PARSER
413 run_command (s, 0);                          // 运行启动命令行
414 # else
415 parse_string_outer(s, FLAG_PARSE_SEMICOLON |
416 FLAG_EXIT_FROM_LOOP);
417 # endif
418
419 # ifdef CONFIG_AUTOBOOT_KEYED
420 disable_ctrlc(prev);  /* restore Control C checking */
                                                // 打开 Ctrl+C 组合键
421 # endif
422 }
423
424 # ifdef CONFIG_MENUKEY
425 if (menukey == CONFIG_MENUKEY) {             // 检查是否支持菜单键
426     s = getenv("menucmd");
427     if (s) {
428 # ifndef CFG_HUSH_PARSER
429 run_command (s, 0);
430 # else
431 parse_string_outer(s, FLAG_PARSE_SEMICOLON |
432 FLAG_EXIT_FROM_LOOP);
433 # endif
434 }
435 }
436 #endif /* CONFIG_MENUKEY */
437 #endif  /* CONFIG_BOOTDELAY */
438
439 #ifdef CONFIG_AMIGAONEG3SE
440 {
441     extern void video_banner(void);
442     video_banner();                          // 打印启动图标
443 }
```

```
444 #endif
```

（5）在各功能设置完毕后，程序第 454 行进入一个 for 死循环，该循环不断使用 readline()函数（第 463 行）从控制台（一般是串口）读取用户的输入，然后解析。有关如何解析命令请参考 U-Boot 代码中 run_command()函数的定义，本书不再赘述。代码如下：

```
446/*
447* Main Loop for Monitor Command Processing
448*/
449 #ifdef CFG_HUSH_PARSER
450 parse_file_outer();
451 /* This point is never reached */
452     for (;;);
453 #else
454 for (;;) {                                  // 进入命令行循环
455 #ifdef CONFIG_BOOT_RETRY_TIME
456     if (rc >= 0) {
457 /* Saw enough of a valid command to
458 * restart the timeout.
459 */
460 reset_cmd_timeout();                        // 设置命令行超时
461 }
462 #endif
463 len = readline (CFG_PROMPT);               // 读取命令
464
465 flag = 0; /* assume no special flags for now */
466 if (len > 0)
467     strcpy (lastcommand, console_buffer);
468 else if (len == 0)
469     flag |= CMD_FLAG_REPEAT;
470 #ifdef CONFIG_BOOT_RETRY_TIME
471 else if (len == -2) {
472 /* -2 means timed out, retry autoboot
473 */
474 puts ("\nTimed out waiting for command\n");
475 # ifdef CONFIG_RESET_TO_RETRY
476 /* Reinit board to run initialization code again */
477 do_reset (NULL, 0, 0, NULL);
478 # else
479 return;   /* retry autoboot */
480 # endif
481 }
482 #endif
483
484 if (len == -1)
485     puts ("<INTERRUPT>\n");
486 else
487     rc = run_command (lastcommand, flag);  // 运行命令
488
489 if (rc <= 0) {
490     /* invalid command or not repeatable, forget it */
491         lastcommand[0] = 0;
492     }
493 }
494 #endif /*CFG_HUSH_PARSER*/
495 }
```

14.4 移植 U-Boot 到开发板

U-Boot 虽然支持众多处理器和开发板，但是嵌入式系统的硬件是千差万别的，在使用 U-Boot 的时候，仍然需要针对自己的开发板做适当的修改。幸好 U-Boot 是一个结构设计合理的软件，在移植过程中严格按照 U-Boot 的工程结构移植很容易就能取得成功。本节将介绍如何移植 U-Boot 程序到 ARM 开发板。

14.4.1 U-Boot 移植的一般步骤

从 14.2 节对 U-Boot 代码的分析可以看出，U-Boot 移植工作主要分成处理器相关部分和开发板相关部分。由于 U-Boot 已经支持目前绝大多数处理器，因此处理器移植的工作相对较少，主要是修改一些配置。对于开发板部分的移植，需要参考硬件线路的外围器件的手册。U-Boot 移植大致可以分为以下几个步骤。

1. 检查 U-Boot 工程是否支持目标平台

主要检查 U-Boot 根目录下的 Readme 文件是否提到目标平台处理器、cpu 目录下是否有目标平台的处理器目录，以及 board 目录下是否有目标平台类似的工程。如果 U-Boot 已经编写了与目标平台类似的工程文件，移植工作会大大减轻。

2. 分析目标平台类似工程目录结构

如果 U-Boot 有与目标平台类似的工程，需要分析一下目标板工程目录的结构。不同的目标板可能差别很大，分析工程目录中有哪些文件可以被新的目标开发板利用。

3. 分析目标平台代码

目标平台代码分析可以按照 14.3.4 节介绍的 U-Boot 启动流程分析，看哪些代码是额外的，是否需要去掉额外的代码。

4. 建立新的开发板平台目录

在 board 目录下建立新的开发板平台目录，目录下的文件可以从现有类似的开发板平台目录下复制得到。

5. 对照手册修改平台差异部分代码

对照硬件手册，按照 U-Boot 启动流程修改现有代码与新平台有差异的部分。

6. 调试新代码

新修改的代码很可能启动不了，需要通过 JTag 调试器跟踪调试。找出原因修改后再调试，直到正确启动。

以上分析的 6 个步骤并非必须严格遵守，这里仅是提供一个一般的思路，读者在移植的时候需要结合自己的目标板情况来分析。

14.4.2　移植 U-Boot 到目标开发板

移植 U-Boot 到新的目标平台会有许多问题。为了减少出错和工作量，在建立一个新的目标平台的时候可以直接复制现有类似平台的代码目录，然后在现有基础上修改。如移植到 mini2440 开发板，可以按照下面的步骤操作。

1．建立新目标板工程目录

在 board 目录下建立一个 mini2440 目录，现有的 smdk2410 目录是类似的平台，可以复制 smdk2410 目录下的所有文件到 mini2440 目录。

2．向配置文件加入新开发板配置

在 U-Boot 代码根目录下，修改 Makefile 文件。在 1881 行插入一行，写入以下配置：

```
1882 mini2440_config : unconfig
1883   @$(MKCONFIG) $(@:_config=) arm arm920t mini2440 NULL s3c24x0
```

新增代码的作用是告诉 U-Boot，mini2440 开发板用到了 arm 目录、arm920t 目录、mini2440 目录，以及 s3c24x0 目录下的文件。在编译的时候，U-Boot 会从这些目录中寻找 Makefile 并且编译。

保存 Makefile 文件退出，在 include/configs 目录下，复制 smdk2410.h 到 mini2440.h，该操作是防止编译 mini2440 开发板的时候出错。

3．预编译新开发板的代码

到目前为止可以先编译一下新开发板的代码，目的是为了验证工程文件配置是否正确。在 U-Boot 目录下执行：

```
$ make mini2440_config
Configuring for mini2440 board...
$ make
```

“make mini2440_config”会生成 mini2440 开发板配置，然后执行 make 开始编译。编译后生成目标文件 u-boot，该文件可以下载到目标板执行。如果编译成功，说明新建立的目标板工程目录是可以使用的。

4．修改目标板配置

新的目标板配置主要存放在 include/configs/mini2440.h 文件中，该文件有几个宏需要修改：

```
CONFIG_SYS_CLK_FREQ                // 目标板处理器晶振的频率
CONFIG_DRIVER_CS8900               // 目标板是否有 CS8900 网卡
CS8900_BASE                        // CS8900 网卡控制器地址
CONFIG_BOOTDELAY                   // 启动延迟时间
CONFIG_NETMASK                     // 网络地址掩码
CONFIG_SERVERIP                    // 服务器 IP 地址
CFG_MAX_FLASH_BANKS                // Flash 存储器 Bank 数量
PHYS_FLASH_SIZE                    // Flash 存储器大小
```

```
CFG_ENV_ADDR                          // 环境配置信息存放地址
CFG_FLASH_ERASE_TOUT                  // 擦除 Flash 超时时间
CFG_FLASH_WRITE_TOUT                  // 写 Flash 超时时间
CFG_ENV_SIZE                          // 环境变量大小
```

用户需要根据目标板的配置情况修改，在本例中需要修改 Flash 存储器大小，其他的使用默认值。

在 board/mini2440 目录下，需要修改 config.mk 文件中 TEXT_BASE 宏的值为 0x32000000，该值是 mini2440 开发板加载 Bootloader 的地址。

5．编译新的配置并且下载执行

回到 U-Boot 代码根目录，重新执行 make 编译生成 u-boot 目标文件，然后通过 Flash 烧写工具烧写到 mini2440 开发板的 NOR Flash 存储器，然后上电启动。

14.4.3　移植 U-Boot 的常见问题

在移植 U-Boot 的过程中会遇到很多问题，最主要的是一开始无法启动 U-Boot。代码中很多地方设置有误都会导致无法启动，对于 Stage1 的代码来说，系统的出错信息是无法打印到串口或者其他设备的，此时可以使用 JTag 调试器调试目标开发板。

对于汇编编写的代码，一般都与系统硬件息息相关，在编写的时候需要非常仔细。最好准备好 ARM 体系结构手册和 S3C2440A 芯片手册，并且认真阅读编程模型相关的章节，对硬件的初始化流程要细心分析。

此外，建议尽可能地把目标板外围硬件设备的初始化工作放在 Stage2 阶段，最好能使用 C 语言编写，避免使用汇编调试周期长的问题，提高开发效率。

14.5　小　　结

本章介绍了 Bootloader 的概念以及常见的两款 Bootloader 软件，重点分析了 U-Boot 的结构和启动代码，并且给出了 U-Boot 移植的分析。Bootloader 是一种与硬件联系紧密的软件，在学习的时候要结合硬件手册，对照代码分析提高学习的效率。第 15 章将讲解 Linux 内核代码结构。

第 15 章　解析 Linux 内核

内核是操作系统的核心，通常说的 Linux 是指 Linux 操作系统的内核，是一组系统管理软件的集合。Linux 内核是目前最流行的系统内核之一，由于其代码的高度开放性，越来越多的人参与到 Linux 内核的研究和开发中。Linux 内核的功能也在不断提高，性能在不断改进。操作系统内核是软件开发领域比较深的技术点，需要结合软硬件知识才能深入理解。本章将由浅入深地讲解 Linux 内核，带领读者进入嵌入式开发比较深入的领域，主要内容如下：

- 如何获取 Linux 内核代码；
- Linux 内核功能解析；
- Linux 内核代码布局；
- Linux 内核镜像结构。

15.1　基 本 知 识

Linux 内核是 Linux 操作系统不可缺少的组成部分，但是内核本身不是操作系统。许多 Linux 操作系统发行商，如 Red Hat、Debian 等都采用 Linux 内核，然后加入用户需要的工具软件和程序库，最终构成一个完整的操作系统。嵌入式 Linux 系统是运行在嵌入式硬件系统上的 Linux 操作系统，每个嵌入式 Linux 系统都包括必要的工具软件和程序库。

15.1.1　什么是 Linux 内核

内核是操作系统的核心部分，为应用程序提供安全访问硬件资源的功能。直接操作计算机硬件是很复杂的，内核通过硬件抽象的方法屏蔽了硬件的复杂性和多样性。通过硬件抽象的方法，内核向应用程序提供了统一和简洁的接口，应用程序设计复杂程度降低。实际上，内核可以被看做是一个系统资源管理器，内核管理计算机系统中所有的软件和硬件资源。

应用程序可以直接运行在计算机硬件上而无须内核的支持，从这个角度看，内核不是必要的。在早期的计算机系统中，由于系统资源的局限，通常采用直接在硬件上运行应用程序的办法。运行应用程序需要一些辅助程序，如程序加载器、调试器等。随着计算机性能的不断提高，硬件和软件资源都变得复杂，需要一个统一管理的程序，操作系统的概念也逐渐建立起来。

Linux 内核最早是芬兰大学生 Linus Torvalds 由于个人兴趣编写的，并且在 1991 年发布。经过二十余年的发展，Linux 系统早已是一个公开并且有广泛开发人员参与的操作系统内核。但是 Torvalds 本人继续保持对 Linux 的控制，而且 Linux 名称的唯一版权所有人仍然是 Torvalds 本人。从 Linux 0.12 版本开始，使用 GNU（http://www.gnu.org）的 GPL（通用公共许可协议）自由软件许可协议。

由于 Linux 内核以及其他 GNU 软件开放源代码，Linux 系统发行商可以根据自己的发行需求修改内核并且对系统进行定制。如 Red Hat 把一些 Linux 内核 2.6 版本的特性移植到 2.4 版本的内核。嵌入式系统开发的过程中，用户需要根据硬件的功能特性裁剪内核，甚至修改内核代码适应不同的硬件架构。

15.1.2　Linux 内核版本

Linux 内核版本号采用两个“.”分隔的 3 个数字来标示，形式为 X.Y.Z。其中，X 是主要版本号，Y 是次要版本号，Z 代表补丁版本号。奇数代表不稳定的版本；偶数代表稳定的版本。稳定和不稳定是相对的，如 Linux 内核 1.1.0 相对于 1.0.0 来说是不稳定版本，但是与 1.1.1 对比是稳定版本。在 Linux 内核开发过程中，不稳定版本通常是在原有版本基础上增加了新的功能或者新的特性。

提示： 通过 Linux 内核版本号可以区分出一个版本的状态，在实际使用过程中，尽量使用偶数版本，也就是功能相对稳定的版本，并且使用功能够用的版本即可，不必盲目追求高版本内核。

15.1.3　如何获取 Linux 内核代码

在 PC 上，一般的 Linux 发行版都提供了内核代码。嵌入式系统没有固定的发行版，需要用户自己获取内核代码。Linux 内核代码的官方站点是 http://www.kernel.org，该站点提供了 2.4 和 2.6 所有版本的代码和补丁，用户可以打开该地址找到和自己所在物理位置就近的站点，下载自己需要的内核版本代码。高版本 Linux 内核代码文件比较大，对于国内的用户推荐使用 ftp 方式下载，或者使用断点续传工具下载，具体情况可根据读者自身的网络情况选择。

下载 Linux 内核代码后，会得到一个类似 linux-2.6.xx.tar.gz 或者 linux-2.6.xx-tar.bz2 形式的压缩文件，xx 代表版本号。在 Linux 系统上，通常把这个文件存放在/usr/src 目录下，便于以后使用。

15.1.4　编译内核

学习 Linux 内核最好的开始是编译一次 Linux 内核代码，通过配置 Linux 内核可以对内核代码有一个初步的了解。本节将介绍一下在 PC 上如何编译生成 2.6 版本的内核目标文件，在本书第 20 章 Linux 内核移植部分会讲解如何交叉编译用于 ARM 体系结构的 Linux 内核。

与 2.4 版本相比，2.6 版本内核代码编译相对较容易。内核编译主要分成配置和编译两部分，其中配置是关键，许多问题都是出在配置环节。Linux 内核编译配置提供多种方式，如下所述。

- make config：基于传统的文本界面配置方式；
- make menuconfig：基于文本模式下的图形选单界面；
- make xconfig：基于图形窗口模式的配置界面；
- make oldconfig：导入已有的配置。

通常使用 make menuconfig 的方式编译，既直观又便于操作。进行配置时，大部分选项可以使用默认值，只有小部分需要根据用户不同的需要来选择。如需要内核支持 NTFS 分区的文件系统，则要在文件系统部分选择 NTFS 系统支持；系统如果配有网卡、PCMCIA 卡等，需要在网络配置中选择相应卡的类型。选择相应的配置时，有 3 种选择，它们分别代表的含义如下所述。

- Y：将该功能编译进内核；
- N：不将该功能编译进内核；
- M：将该功能编译成可以在需要时动态插入到内核中的模块。将与核心其他部分关系较远且不经常使用的部分功能代码编译成为可加载模块，有利于减小内核目标文件大小，减小内核消耗的内存，简化该功能相应的环境改变时对内核的影响。许多功能都可以这样处理，如上面提到的网卡的支持、对 NTFS 等文件系统的支持等。

配置内核最麻烦的部分在于驱动的选择，对于经常使用的驱动可以编译到内核，对于不太常用的驱动可以选择模块方式编译，便于内核在需要的时候加载。通常可以使用 lspci 查看 PC 的 PCI 总线有哪些设备，举例如下：

```
$lspci
00:00.0 Host bridge: ServerWorks CNB20LE Host Bridge (rev 05)
00:00.1 Host bridge: ServerWorks CNB20LE Host Bridge (rev 05)
00:02.0 PCI bridge: Intel Corp. 80960RP [i960 RP Microprocessor/Bridge] (rev 01)
00:02.1 I2O: Intel Corp. 80960RP [i960RP Microprocessor] (rev 01)
00:04.0 Ethernet controller: 3Com Corporation 3c985 1000BaseSX (SX/TX) (rev 01)
00:08.0 PCI bridge: Digital Equipment Corporation DECchip 21152 (rev 03)
00:0e.0 VGA compatible controller: ATI Technologies Inc 3D Rage IIC (rev 7a)
00:0f.0 ISA bridge: ServerWorks OSB4 South Bridge (rev 4f)
00:0f.1 IDE interface: ServerWorks OSB4 IDE Controller
02:04.0 Ethernet controller: Intel Corp. 82557/8/9 [Ethernet Pro 100] (rev 05)
02:05.0 Ethernet controller: Intel Corp. 82557/8/9 [Ethernet Pro 100] (rev 05)
03:02.0 PCI bridge: Intel Corp. 80960RM [i960RM Bridge] (rev 01)
03:08.0 Ethernet controller: Intel Corp. 82557/8/9 [Ethernet Pro 100]   (rev 08)
```

这台机器上有一个 3Com 的 3c985 网卡芯片，一个 ATI 的 3D Rage 显卡芯片，两个 82557 网络控制器等。与 Windows 机器一般使用设备厂商提供的驱动不同的是，Linux 驱动设备是驱动对应的芯片，一般没有固定厂商提供的驱动，Linux 的设备驱动是在内核代码里的（也支持附加的驱动代码）。实际上 Linux 设备驱动占了将近一半的内核代码。

得到 PCI 总线的设备列表以后，就可以根据需要选择对应的驱动程序。表 15-1 列出了 2.6 版本的 Linux 内核各部分的功能选项和解释。

表 15-1　2.6 版本的 Linux 内核代码配置项含义

配 置 选 项	含　　义
Code maturity level options	选择代码成熟度
Prompt for development and/or incomplete code/drivers	不成熟的或者未完成的代码和驱动程序。如果对此选项不了解请不要选择
General setup	内核代码常规设置
Local version - append to kernel release	是否使用自定义版本。自定义版本是在 Linux 内核版本号后面加入的一个特定的标识字符串（一般小于 64 字节）。通过 uname -a 命令可以查看
Automatically append version information to the version string	在版本号后面自动添加版本信息。该功能需要 perl 和 git 程序支持
Support for paging of anonymous memory (swap)	使用交换分区做虚拟内存。该选项使用默认值即可
System V IPC	是否支持 SystemV 的进程间通信功能。建议使用该功能，多数应用程序都会用到，关闭可能会导致许多应用程序无法工作
POSIX Message Queues	是否支持 POSIX 消息队列。建议使用该功能
BSD Process Accounting	是否将进程统计信息写入日志。使用默认值即可
Export task/process statistics through netlink	是否通过 netlink 接口向用户发送任务和进程统计信息。使用默认值即可
UTS Namespaces	是否支持 UTS 名字空间。使用默认值即可
Auditing support	是否支持审计功能。使用默认值即可
Kernel .config support	是否使用默认内核配置文件功能。内核默认配置文件可以简化再次编译内核的复杂程度。使用默认值即可
Cpuset support	多 CPU 支持。不使用该配置
Kernel->user space relay support (formerly relayfs)	是否支持从内核空间向用户空间传递大量数据。使用默认值即可
Initramfs source file(s)	是否支持 Initramfs 文件系统。使用默认值即可
Optimize for size (Look out for broken compilers!)	编译时优化内核尺寸（使用“-Os”而不是“-O2”参数编译），有时会产生错误的二进制代码
Enable extended accounting over taskstats	收集额外的进程统计信息并通过 taskstats 接口发送到用户空间
Configure standard kernel features (for small systems)	配置标准的内核特性（为小型系统）
Loadable module support	可加载模块支持
Enable loadable module support	打开可加载模块支持，如果打开它则必须通过“make modules_install”把内核模块安装在/lib/modules/中
Block layer	块设备层
Enable the block layer	块设备支持，使用硬盘/USB/SCSI 设备者必选
Processor type and features	中央处理器（CPU）类型及特性
Symmetric multi-processing support	对称多处理器支持，如果你有多个 CPU 或者使用的是多核 CPU 就选上。此时“Enhanced Real Time Clock Support”选项必须开启，“Advanced Power Management”选项必须关闭
Subarchitecture Type	处理器的子架构，大多数人都应当选择“PC-compatible”

续表

配 置 选 项	含　义
Processor family	处理器系列，请按照你实际使用的 CPU 选择
Generic x86 support	通用 x86 支持，如果你的 CPU 能够在上述“Processor family”中找到就别选
HPET Timer Support	HPET 是替代 8254 芯片的新一代定时器，i686 及以上级别的主板都支持，可以安全地选上
Maximum number of CPUs	支持的最大 CPU 数，每增加一个内核将增加 8K 体积
SMT (Hyperthreading) scheduler support	支持 Intel 的超线程（HT）技术
Multi-core scheduler support	针对多核 CPU 进行调度策略优化
Preemption Model	内核抢占模式
Preempt The Big Kernel Lock	可以抢占大内核锁，应用于实时要求高的场合，不适合服务器环境
Machine Check Exception	让 CPU 检测到系统故障时通知内核，以便内核采取相应的措施（如过热关机等）
Enable VM86 support	虚拟 X86 支持，在 DOSEMU 下运行 16-bit 程序或 XFree86 通过 BIOS 初始化某些显卡的时候才需要
Toshiba Laptop support	Toshiba 笔记本模块支持
Dell laptop support	Dell 笔记本模块支持
Enable X86 board specific fixups for reboot	修正某些旧 x86 主板的重启 bug，这种主板基本没有了
/dev/cpu/microcode - Intel IA32 CPU microcode support	使用不随 Linux 内核发行的 IA32 微代码，必须有 IA32 微代码二进制文件，仅对 Intel 的 CPU 有效
/dev/cpu/*/msr - Model-specific register support	在多 CPU 系统中让特权 CPU 访问 x86 的 MSR 寄存器
/dev/cpu/*/cpuid - CPU information support	能从/dev/cpu/x/cpuid 获得 CPU 的唯一标识符（CPUID）
Firmware Drivers	固件驱动程序
High Memory Support	最高内存支持，总内存小于等于 1GB 的选 off，大于 4GB 的选 64GB
Memory split	如果你不是绝对清楚自己在做什么，不要改动这个选项
Memory model	一般选“Flat Memory”，其他选项涉及内存热插拔
64 bit Memory and IO resources	使用 64 位的内存和 IO 资源
Allocate 3rd-level pagetables from highmem	在内存很多（大于 4GB）的机器上将用户空间的页表放到高位内存区，以节约宝贵的低端内存
Math emulation	数学协处理器仿真，486DX 以上的 CPU 就不要选它了
MTRR (Memory Type Range Register) support	打开它可以提升 PCI/AGP 总线上的显卡 2 倍以上的速度，并且可以修正某些 BIOS 错误
Boot from EFI support	EFI 是一种可代替传统 BIOS 的技术（目前的 Grub/LILO 尚不能识别它），但是现在远未普及
Enable kernel irq balancing	让内核将 irq 中断平均分配给多个 CPU 以进行负载均衡，但是要配合 irqbanlance 守护进程才行

续表

配 置 选 项	含　　义
Use register arguments	使用“-mregparm=3”参数编译内核，将前 3 个参数以寄存器方式进行参数调用，可以生成更紧凑和高效的代码
Enable seccomp to safely compute untrusted bytecode	只有嵌入式系统可以不选
Timer frequency	内核时钟频率，桌面推荐“1000 HZ”，服务器推荐“100 HZ”或“250 HZ”
kexec system call	提供 kexec 系统调用，可以不必重启而切换到另一个内核
kernel crash dumps	被 kexec 启动后产生内核崩溃转储
Physical address where the kernel is loaded	内核加载的物理地址，除非你知道自己在做什么，否则不要修改。在提供 kexec 系统调用的情况下可能要修改它
Support for hot-pluggable CPUs	对热插拔 CPU 提供支持
Compat VDSO support	如果 Glibc 版本大于等于 2.3.3 就不选，否则就选上
Power management options	电源管理选项
Power Management support	电源管理有 APM 和 ACPI 两种标准且不能同时使用。即使关闭该选项，X86 上运行的 Linux 也会在空闲时发出 HLT 指令将 CPU 进入睡眠状态
ACPI (Advanced Configuration and Power Interface) Support	必须运行 acpid 守护程序 ACPI 才能起作用。ACPI 是为了取代 APM 而设计的，因此应该尽量使用 ACPI 而不是 APM
APM (Advanced Power Management) BIOS Support	APM 在 SMP 机器上必须关闭，一般来说当前的笔记本都支持 ACPI，所以应尽量关闭该选项
CPU Frequency scaling	允许动态改变 CPU 主频，达到省电和降温的目的，必须同时启用下面的一种 governor 才行
Bus options (PCI, PCMCIA, EISA, MCA, ISA)	总线选项
PCI support	PCI 支持，如果使用了 PCI 或 PCI Express 设备就必选
ISA support	现在基本上没有 ISA 的设备了，如果你有就选吧
MCA support	微通道总线，老旧的 IBM 的台式机和笔记本上可能会有这种总线
NatSemi SCx200 support	在使用 AMD Geode 处理器的机器上才可能有
PCCARD (PCMCIA/CardBus) support	PCMCIA 卡（主要用于笔记本）支持
PCI Hotplug Support	PCI 热插拔支持，如果你有这样的设备就到子项中去选吧
Executable file formats	可执行文件格式
Kernel support for ELF binaries	ELF 是开放平台下最常用的二进制文件格式，支持动态连接，支持不同的硬件平台。除非你知道自己在做什么，否则必选
Kernel support for a.out and ECOFF binaries	早期 UNIX 系统的可执行文件格式，目前已经被 ELF 格式取代
Kernel support for MISC binaries	允许插入二进制的封装层到内核中，使用 Java、.NET、Python、Lisp 等语言编写程序时需要它
Networking	网络
Networking options	网络选项
Amateur Radio support	业余无线电支持
IrDA (infrared) subsystem support	红外线支持，比如无线鼠标或无线键盘

续表

配 置 选 项	含　义
Bluetooth subsystem support	蓝牙支持
Generic IEEE 802.11 Networking Stack	通用无线局域网（IEEE 802.11 系列协议）支持
Device Drivers	设备驱动程序
Generic Driver Options	驱动程序通用选项
Connector - unified userspace <-> kernelspace linker	统一的用户空间和内核空间连接器，工作在 netlink socket 协议的顶层。不确定可以不选
Memory Technology Devices (MTD)	特殊的存储技术装置，如常用于数码相机或嵌入式系统的闪存卡
Parallel port support	并口支持（传统的打印机接口）
Plug and Play support	即插即用支持，若未选则应当在 BIOS 中关闭"PnP OS"。这里的选项与 PCI 设备无关
Block devices	块设备
Misc devices	杂项设备
ATA/ATAPI/MFM/RLL support	通常是 IDE 硬盘和 ATAPI 光驱。纯 SCSI 系统且不使用这些接口可以不选
SCSI device support	SCSI 设备
Serial ATA and Parallel ATA drivers	SATA 与 PATA 设备
Old CD-ROM drivers (not SCSI, not IDE)	老旧的 CD-ROM 驱动，这种 CD-ROM 既不使用 SCSI 接口，也不使用 IDE 接口
Multi-device support (RAID and LVM)	多设备支持（RAID 和 LVM）。RAID 和 LVM 的功能是使多个物理设备组建成一个单独的逻辑磁盘
Fusion MPT device support	Fusion MPT 设备支持
IEEE 1394 (FireWire) support	IEEE 1394（火线）
I2O device support	I2O（智能 IO）设备使用专门的 I/O 处理器，负责中断处理/缓冲存取/数据传输等繁琐任务以减少 CPU 占用，一般的主板上没这种东西
Network device support	网络设备
ISDN subsystem	综合业务数字网（Integrated Service Digital Network）
Telephony Support	VoIP 支持
Input device support	输入设备
Character devices	字符设备
I2C support	I2C 是 Philips 极力推动的微控制应用中使用的低速串行总线协议，可用于监控电压/风扇转速/温度等。SMBus（系统管理总线）是 I2C 的子集。除硬件传感器外"Video For Linux"也需要该模块的支持
SPI support	串行外围接口（SPI）常用于微控制器（MCU）与外围设备（传感器、eeprom、flash、编码器、模数转换器）之间的通信，比如 MMC 和 SD 卡就通常需要使用 SPI
Dallas's 1-wire bus	一线总线
Hardware Monitoring support	当前主板大多都有一个监控硬件健康的设备用于监视温度/电压/风扇转速等，请按照自己主板实际使用的芯片选择相应的子项。另外，该功能还需要 I2C 的支持

续表

配 置 选 项	含　　义
Multimedia devices	多媒体设备
Graphics support	图形设备/显卡支持
Sound	声卡
USB support	USB 支持
MMC/SD Card support	MMC/SD 卡支持
InfiniBand support	InfiniBand 是一个通用的高性能 I/O 规范，它使得存储区域网中以更低的延时传输 I/O 消息和集群通信消息并且提供很好的伸缩性。用于 Linux 服务器集群系统
Real Time Clock	所有的 PC 主板都包含一个电池动力的实时时钟芯片，以便在断电后仍然能够继续保持时间，RTC 通常与 CMOS 集成在一起，因此 BIOS 可以从中读取当前时间
DMA Engine support	从 Intel Bensley 双核服务器平台开始引入的数据移动加速（Data Movement Acceleration）引擎，它将某些传输数据的操作从 CPU 转移到专用硬件，从而可以进行异步传输并减轻 CPU 负载。Intel 已将此项技术变为开放的标准，将来应当会有更多的厂商支持
File systems	文件系统
Instrumentation Support	分析支持
Profiling support	对系统的活动进行分析，仅供内核开发者使用
Kprobes	仅供内核开发者使用
Kernel hacking	内核 hack 选项
Show timing information on printks	在 printk 的输出中包含时间信息，可以用来分析内核启动过程各步骤所用时间
Run 'make headers_check' when building vmlinux	在编译内核时运行'make headers_check'命令检查内核头文件，当你修改了与用户空间相关的内核头文件后建议启用该选项
Security options	安全选项
NSA SELinux Support	美国国家安全局（NSA）开发的安全增强 Linux（SELinux），你还需要进行策略配置（checkpolicy）并且对文件系统进行标记（setfiles）
Cryptographic options	加密选项
Cryptographic API	提供核心的加密 API 支持。这里的加密算法被广泛地应用于驱动程序通信协议等机制中。子选项可以全不选，内核中若有其他部分依赖它，会自动选上
Library routines	库子程序 仅有那些不包含在内核原码中的第三方内核模块才可能需要，可以全不选，内核中若有其他部分依赖它，会自动选上
CRC-CCITT functions	传送 8-bit 字符，欧洲标准
CRC16 functions	传送 8-bit 字符，美国标准
CRC32 functions	用于点对点的同步数据传输中，传输网络数据包所必需的
CRC32c (Castagnoli， et al) Cyclic Redundancy-Check	用于点对点的同步数据传输中，比如 iSCSI 设备
Load an Alternate Configuration File	读入一个外部配置文件
Save Configuration to an Alternate File	将配置保存到一个外部文件

表 15-1 给出了 2.6 版本 Linux 内核配置的主要选项，用户需要根据自己的需要配置，不同机器的配置主要区别在驱动的配置。Linux 可以把常用的驱动编译进内核，这个特性是 Linux 的一个特点，可以提高内核运行效率。

对于网络部分，Linux 内核支持的网络协议众多，在一般的 PC 环境下，通常有 TCP/IP 协议簇就可以。如果使用拨号上网，可以选择 PPP/SLIP 等协议。其他的协议，例如 AppleTalk 协议等，如果没有与苹果电脑互联的需求可以不要。

文件系统也是一个可以在配置时候优化的部分。对于不经常使用的文件系统，可以不编译进内核。但是要注意，如 ISO9660 等文件系统要编译进来，除非不使用光驱，否则无法读取光盘的内容。

编译配置好以后，就可以编译内核了。2.6 版本的 Linux 内核编译十分简单，分成两个步骤：先编译内核代码，使用 make bzImage 即可完成内核代码的编译，之后使用 make modules 可以编译内核需要的模块。

如果编译没有给出出错信息，表示内核已经编译好了。编译成功后可以安装新的内核到系统目录，使用 make modules_install 安装模块文件到/lib/modules 目录。之后使用 make install 即可安装新的内核文件到/boot 目录。安装过程是由脚本自动完成的，安装脚本会自动修改 GRUB 的启动菜单，并且用户事先可以不用备份以前版本的内核映像文件。

安装新的内核映像文件成功后，重启计算机，会在 GRUB 启动菜单里看到新的内核版本菜单，使用新的内核版本映像启动，如果内核能正确启动，会进入用户界面（Shell 或者图形界面），如果启动失败，请记录失败的出错信息，重新编译内核的时候再配置信息时需要注意。

提示：一般情况下，内核启动失败的原因是驱动设置的不正确，或者是某个核心模块配置不正确。在编译内核配置阶段，对于不明白的选项最好使用默认值，可以减小出错的概率。

15.2　Linux 内核的子系统

内核是操作系统的核心。Linux 内核提供很多基本功能，如虚拟内存、多任务、共享库、需求加载、共享写时拷贝（Copy-On-Write），以及网络功能等。增加各种不同功能导致内核代码不断增加。Linux 内核把不同功能分成不同的子系统的方法，通过一种整体的结构把各种功能集合在一起，提高了工作效率。同时还提供动态加载模块的方式，为动态修改内核功能提供了灵活性。

15.2.1　系统调用接口

如图 15-1 所示为 Linux 内核功能结构图，从图中可以看出，用户程序通过软件中断后，调用系统内核提供的功能，这个在用户空间和内核提供的服务之间的接口称为系统调用。

系统调用是 Linux 内核提供的，用户空间无法直接使用系统调用。在用户进程中使用系统调用必须跨越应用程序和内核的界限。Linux 内核向用户提供了统一的系统调用接口，但是在不同处理器上系统调用的方法各不相同。Linux 内核提供了大量的系统调用，本节

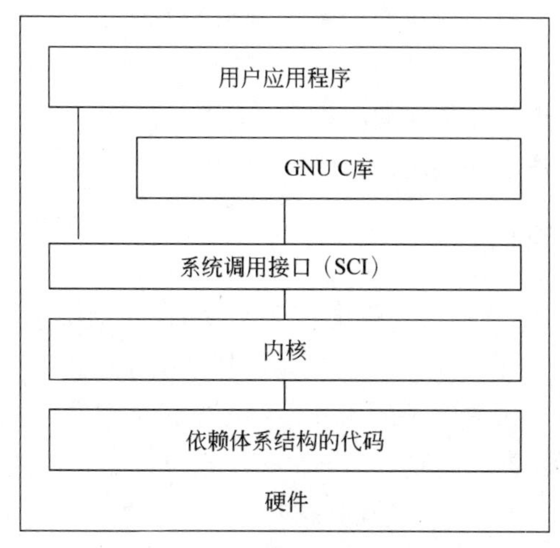

图 15-1　Linux 内核功能结构图

将从系统调用的基本原理出发讲解 Linux 系统调用的方法。

如图 15-2 所示是在一个用户进程中通过 GNU C 库进行的系统调用示意图，系统调用通过同一个入口点传入内核。以 i386 体系结构为例，约定使用 EAX 寄存器标记系统调用。

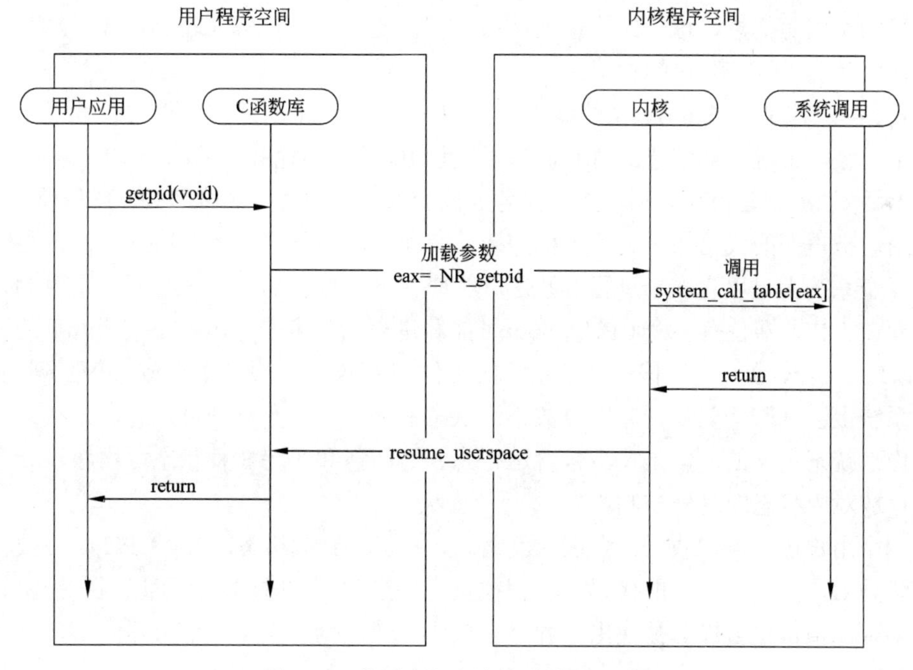

图 15-2　使用中断方法的系统调用过程

当加载了系统 C 库调用的索引和参数时，就会调用 0x80 软件中断，它将执行 system_call 函数，这个函数按照 EAX 寄存器内容的标示处理所有的系统调用。经过几个简单测试，会使用 EAX 寄存器内容的索引查 system_call_table 表得到系统调用的入口，然后执行系统调用。从系统调用返回后，最终执行 syscall_exit，并调用 resume_userspace 函数返回用户空间。

Linux 内核系统调用的核心是系统多路分解表。最终通过 EAX 寄存器的系统调用标识和索引值从对应的系统调用表中查出对应系统调用的入口地址，然后执行系统调用。

Linux 系统调用并不是单层的调用关系，有的系统调用会由内核进行多次分解，例如 socket 调用，所有 socket 相关的系统调用都与__NR_socketcall 系统调用关联在一起，通过另外一个适当的参数获得适当的调用。

15.2.2 进程管理子系统

前面的章节讲过用户使用系统提供的库函数进行进程编程，用户可以动态地创建进程，进程之间还有等待、互斥等操作，这些操作都是由 Linux 内核来实现的。Linux 内核通过进程管理子系统实现了进程有关的操作，在 Linux 系统上，所有的计算工作都是通过进程表现的，进程可以是短期的（执行一个命令），也可以是长期的（一种网络服务）。Linux 系统是一种动态系统，通过进程管理能够适应不断变化的计算需求。

在用户空间，进程是由进程标识符（PID）表示的。从用户角度看，一个 PID 是一个数字值，可以唯一标识一个进程，一个 PID 值在进程的整个生命周期中不会更改，但是 PID 可以在进程销毁后被重新使用。创建进程可以使用几种方式，可以创建一个新的进程，也可以创建当前进程的子进程。

在 Linux 内核空间，每个进程都有一个独立的数据结构，用来保存该进程的 ID、优先级、地址的空间等信息，这个结构也被称做进程控制块（Process Control Block）。所谓的进程管理就是对进程控制块的管理。

Linux 的进程是通过 fork()系统调用产生的。调用 fork()的进程叫做父进程，生成的进程叫做子进程。子进程被创建的时候，除了进程 ID 外，其他数据结构与父进程完全一致。在 fork()系统调用创建内存之后，子进程马上被加入内核的进程调度队列，然后使用 exec()系统调用，把程序的代码加入到子进程的地址空间，之后子进程就开始执行自己的代码。

在一个系统上可以有多个进程，但是一般情况下只有一个 CPU，在同一个时刻只能有一个进程在工作，即使有多个 CPU，也不可能和进程的数量一样多。如果让若干的进程都能在 CPU 上工作，这就是进程管理子系统的工作。Linux 内核设计了存放进程队列的结构，在一个系统上会有若干队列，分别存放不同状态的进程。一个进程可以有若干状态，具体是由操作系统来定义的，但是至少包含运行态、就绪态和等待 3 种状态，内核设计了对应的队列存放对应状态的进程控制块。

当一个用户进程被加载后，会进入就绪态，被加入到就绪态队列，CPU 时间被轮转到就绪态队列后，切换到进程的代码，进程被执行，当进程的时间片到了以后被换出。如果进程发生 I/O 操作也会提前被换出，并且存放到等待队列，当 I/O 请求返回后，进程又被放入就绪队列。

Linux 系统对进程队列的管理设计了若干不同的方法，主要的目的是提高进程调度的稳定性。

15.2.3 内存管理子系统

内存是计算机的重要资源，也是内核的重要部分。使用虚拟内存技术的计算机，内存管理的硬件按照分页方式管理内存。分页方式是把计算机系统的物理内存按照相同大小等分，每个内存分片称做内存页，通常内存页大小是 4KB。Linux 内核的内存管理子系统管理虚拟内存与物理内存之间的映射关系，以及系统可用内存空间。

内存管理要管理的不仅是 4KB 缓冲区。Linux 提供了对 4KB 缓冲区的抽象，例如 slab 分配器。这种内存管理模式使用 4KB 缓冲区为基数，然后从中分配结构，并跟踪内存页使用情况，比如哪些内存页是满的，哪些页面没有完全使用，哪些页面为空。这样就允许该模式根据系统需要来动态调整内存使用。

在支持多用户的系统上，由于占用的内存增大，容易出现物理内存被消耗尽的情况。为了解决物理内存被耗尽的问题，内存管理子系统规定页面可以移出内存并放入磁盘中，这个过程称为交换。内存管理的源代码可以在./linux/mm 中找到。

15.2.4　虚拟文件系统

在前面的章节介绍了文件操作的编程，细心的读者可能会发现，在不同格式的文件分区上，程序都可以正确地读写文件，并且结果是一样的。有的读者在使用 Linux 系统的时候发现，可以在不同类型的文件分区内直接复制文件，对应用程序来说，并不知道文件系统的类型，甚至不知道文件的类型，这就是虚拟文件系统在背后做的工作。虚拟文件系统屏蔽了不同文件系统间的差异，向用户提供了统一的接口。

虚拟文件系统，即 VFS（Virtual File System）是 Linux 内核中的一个软件抽象层。它通过一些数据结构及其方法向实际的文件系统，如 ext2、vfat 等提供接口机制。通过使用同一套文件 I/O 系统调用即可对 Linux 中的任意文件进行操作而无须考虑其所在的具体文件系统格式；更进一步，文件操作可以在不同文件系统之间进行。

在 Linux 系统中，一切都可以被看做是文件。不仅普通的文本文件、目录可以当做文件进行处理，而且字符设备、块设备、套接字等都可以被当做文件进行处理。这些文件虽然类型不同，但是却使用同一种操作方法。这也是 UNIX/Linux 设计的基本哲学之一。

虚拟文件系统（简称 VFS）是实现“一切都是文件”特性的关键，是 Linux 内核的一个软件层，向用户空间的程序提供文件系统接口；同时提供了内核中的一个抽象功能，允许不同类型的文件系统存在。VFS 可以被理解为一种抽象的接口标准，系统中所有的文件系统不仅依靠 VFS 共存，也依靠 VFS 协同工作。

为了能够支持不同的文件系统，VFS 定义了所有文件系统都支持的、最基本的一个概念上的接口和数据结构，在实现一个具体的文件系统时候，需要向 VFS 提供符合 VFS 标准的接口和数据结构。不同的文件系统可能在实体概念上有差别，但是使用 VFS 接口时需要和 VFS 定义的概念保持一致，只有这样，才能实现对用户的文件系统无关性。VFS 隐藏了具体文件系统的操作细节，所以，在 VFS 这一层以及内核其他部分看来，所有的文件系统都是相同的。如图 15-3 所示为内核中 VFS 与实际文件系统的关系图。

从图 15-3 中可以看出，对文件系统访问的系统调用通过 VFS 软件层处理，VFS 根据访问的请求调用不同的文件系统驱动的函数处理用户的请求。文件系统的代码在访问物理设备的时候，需要使用物理设备驱动访问真正的硬件。

15.2.5　网络堆栈

第 9 章介绍了 Linux 系统下如何编写网络应用程序，使用 socket 通过 TCP/IP 协议与其

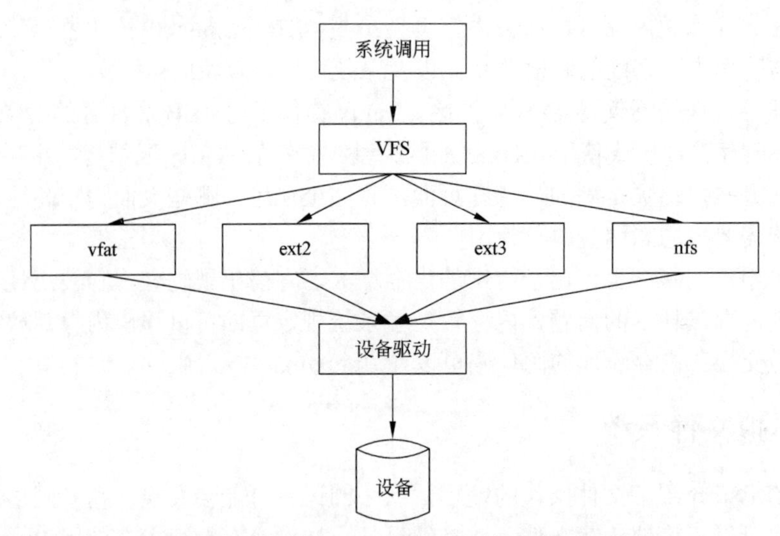

图 15-3　内核中 VFS 与实际文件系统的关系

他机器通信，和前面介绍的内核子系统相似，socket 相关的函数也是通过内核的子系统完成的，担当这部分任务的是内核的网络子系统，一些资料里也把这部分代码称为“网络堆栈”。

Linux 内核提供了优秀的网络处理能力和功能，这与网络堆栈代码的设计思想是分不开的，Linux 的网络堆栈部分沿袭了传统的层次结构，网络数据从用户进程到达实际的网络设备需要 4 个层次，如图 15-4 所示。

图 15-4 的层次是一个逻辑上的大层次划分，实际上，在每层里面还可以分为好多的层次，数据传输的路径是按照层次来的，不能跨越某个层次。Linux 网络子系统对如图 15-5 所示的网络层次采用了类似面向对象的设计思路，把需要处理的层次抽象为不同的实体，并且定义了实体之间的关系和数据处理流程。

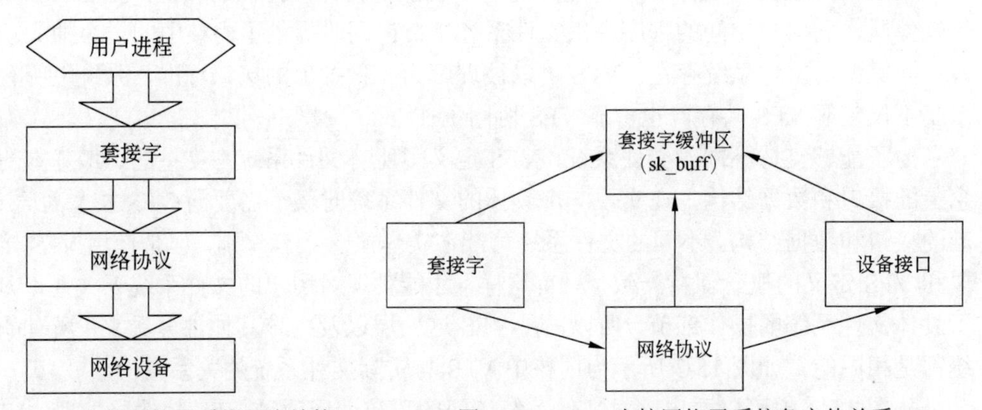

图 15-4　Linux 内核网络子系统层次结构　　图 15-5　Linux 内核网络子系统各实体关系

从图 15-5 中可以看出，Linux 内核网络子系统定义了以下 4 个实体。

- 网络协议：网络协议可以理解为一种语言，用于网络中不同设备之间的通信，是一种通信的规范。
- 套接字：套接字是内核与用户程序的接口，一个套接字对应一个数据连接，并且向用户提供了文件 I/O，用户可以像操作文件一样在数据连接上收发数据，具体的协议处理由网络协议部分处理。套接字是用户使用网络的接口。

- 设备接口：设备接口是网络子系统中软件和硬件的接口，用户的数据最终是需要通过网络硬件设备发送和接收的，网络设备千差万别，设备驱动也不尽相同，通过设备接口屏蔽了具体设备驱动的差异。
- 网络缓冲区：网络缓冲区也称为套接字缓冲区（sk_buff），是网络子系统中的一个重要结构。网络传输数据存在许多不定因素，除了物理设备对传输数据的限制（例如 MTU），网络受到干扰、丢包、重传等，都会造成数据的不稳定，网络缓冲区通过对网络数据的重新整理，使业务代码处理的数据包是完整的。网络缓冲区是内存中的一块缓冲区，是网络系统与内存管理的接口。

15.2.6　设备驱动

随着现代计算机外部设备的不断增加，越来越多的设备被开发出来，计算机总线的发展也很迅速，操作系统的功能也在不断提升，系统软件越来越复杂，对于外部设备的访问已经不能像 DOS 年代那样直接访问设备的硬件了，几乎所有的设备都需要设备驱动程序。现代操作系统几乎都提供了与具体硬件无关的设备驱动接口，这样的好处是屏蔽了具体设备的操作细节，用户通过操作系统提供的接口就可以访问设备，而具体设备的操作细节由设备驱动完成，驱动程序开发人员只需要向操作系统提供相应接口即可。

与其他的操作系统对设备进行复杂的分类不同，Linux 内核把设备分成 3 类：块设备、字符设备和网络设备。这是一种抽象的分类方法，从设备的特性抽象出了 3 种不同的数据读写方式。块设备的概念是一次 I/O 操作可以操作多个字节的数据，数据读写有缓冲，当读写缓冲满以后才会传送数据，比如硬盘可以一次读取一个扇区的数据，同时，块设备支持随机读写操作，可以从指定的位置读写数据；字符设备的访问方式是线性的，并且可以按照字节的方式访问，比如串口设备，可以按照字符读写数据，但是只能按照顺序操作，不能指定某个地址去访问；网络设备与前面的两种方式相比，比较特殊，内核专门把这类驱动单独划分出来，网络设备可以通过套接口读写数据。

Linux 内核对设备按照主设备号和从设备号的方法访问，主设备号描述控制设备的驱动程序，从设备号区分同一个驱动程序的不同设备。也就是说，主设备号和设备驱动程序对应，代表某一类型的设备，从设备号和具体设备对应，代表同一类的设备编号。如使用 IDE 接口的两个硬盘，主设备号都相同，但是从设备号不同。Linux 提供了 mknod 命令创建设备驱动程序的描述文件，后面设备驱动相关章节具体讲解。Linux 内核这种主从设备号的分类方法可以很好地管理设备。

如图 15-6 所示为用户程序从外部设备请求数据的流程，从图中可以看出，用户进程访问外部设备是通过设备无关软件进行的，设备无关软件是内核中的各种软件抽象层如 VFS。当用户向外部设备发起数据请求时，通过设备无关软件会调用设备的相应驱动程序，驱动程序通过总线或者寄存器访问外部硬件设备，发起请求，

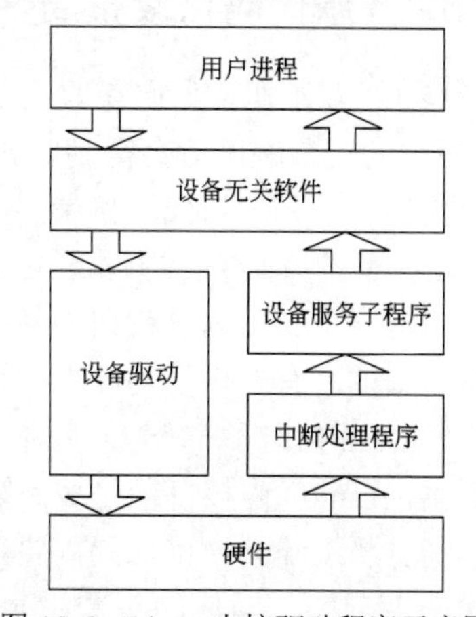

图 15-6　Linux 内核驱动程序示意图

驱动程序会在初始化的时候向系统的中断向量表注册一个中断处理程序，外部硬件有请求返回的时候会发出中断信号，内核会调用响应的中断处理程序，中断处理程序从硬件的寄存器读取返回的数据，然后转交给内核中的设备服务程序，由设备服务程序把数据交给设备无关的软件，最终到达用户进程。

Linux 的设备驱动涉及其他子系统，如内存管理、中断管理、硬件寄存器和总线访问等。此外，大多数的驱动程序为了使用方便被设计成模块，还需要设计到内核模块的处理。驱动的编写和调试是一个复杂的事情，驱动的代码占用了 Linux 内核代码量的一半以上，本书在高级篇中将会专门介绍 Linux 内核驱动的开发。

15.2.7　依赖体系结构的代码

Linux 内核支持众多体系结构，内核把与设备无关的代码放在 arch 目录下，对应的头文件放在 include/asm-<体系名称>目录下。这样的划分代码结构清晰，同时提高了代码的复用率。在 arch 目录里，每个子目录对应一种体系结构，存放这种体系结构对应的代码，如果代码较多会单独建立一个目录，例如 arch/arm 目录下，有一个 kernel 目录，存放的是 kernel 目录中在 ARM 体系结构上特有的函数或者实现方法；在 arch/i386 目录存放了 Intel X86 体系结构的代码，不仅有 kernel 目录，而且还有多个目录，例如 mm 目录包含了 x86 体系上内存管理的实现方法，math-emu 包含了 x86 体系上浮点数模拟的实现等。读者在阅读内核代码的时候可以从一个体系结构代码入手，对不同体系结构移植代码的主要工作是 arch 里面的代码。

15.3　Linux 内核代码的工程结构

随着 Linux 内核功能的不断增加，内核代码也在飞速增长，目前 2.6 版本的内核代码早已达到数百万行。如此庞大的代码量，不仅给学习带来困难，对代码的维护也是一个不小的挑战，幸好 Linux 内核开发人员早就考虑到了这一点，使得 Linux 内核代码组织有序，本节将重点讲述 Linux 内核代码的结构。

15.3.1　源代码目录布局

15.1.3 节讲述了如何获取到 Linux 内核代码，其通常会存放在/usr/src 目录下，如果是 2.6 版本的内核解压后会得到例如 linux-2.6.xx 类型的目录，这个目录下存放的就是 Linux 内核代码。进入内核代码目录，查看文件列表，会看到许多的目录和文件，如果读者的系统有 tree 这个命令或者脚本，可以查看到 Linux 内核代码的文件数，那会是一个很庞大的结构。好在 Linux 内核代码的工程组织是很好的，对于不同版本的内核，在工程组织上是基本一致的，有的仅是功能上的差别。

表 15-2 列出了一个 2.6 版本 Linux 内核代码的典型目录结构，从各目录的功能介绍可以看出，Linux 内核目录是按照功能块分解的，同时很好地兼顾了不同体系结构的代码。阅读和分析 Linux 内核代码，要注意 3 个部分，一个是与体系结构有关的代码，通常存放在 arch 目录下，对应的头文件存放在 include 下面，kernel 和 lib 目录中与体系结构有关的代码也被放在 arch 目录对应的目录里；还有一部分代码是编译辅助的工具和脚本，通常存

放在 scripts 目录下；最后，还有一部分不是代码，但是对阅读内核代码有很大的帮助，那就是 Documentation 目录下的内容，里面存放的是内核文档，关于 Linux 代码和好多信息都存放在这里，是学习 Linux 代码的一个很好的途径。

表 15-2　2.6 版本的 Linux 内核目录结构

目录名称	作　用
arch	这个子目录包含了此核心源代码所支持的硬件体系结构相关的核心代码。如对于 X86 平台就是 i386
include	这个目录包括了核心的大多数 include 文件。另外对于每种支持的体系结构分别有一个子目录
init	此目录包含核心启动代码
mm	此目录包含了所有的内存管理代码。与具体硬件体系结构相关的内存管理代码位于 arch/*/mm 目录下，如对应于 X86 的就是 arch/i386/mm/fault.c
drivers	系统中所有的设备驱动都位于此目录中。它又进一步划分成几类设备驱动，每一种也有对应的子目录，如声卡的驱动对应于 drivers/sound
ipc	此目录包含了核心的进程间通信代码
modules	此目录包含已建好可动态加载的模块
fs	Linux 支持的文件系统代码。不同的文件系统由不同的子目录对应，如 ext2 文件系统对应的就是 ext2 子目录
kernel	主要核心代码。同时与处理器结构相关代码都放在 arch/*/kernel 目录下
net	核心的网络部分代码。里面的每个子目录对应于网络的一个方面
lib	此目录包含了核心的库代码。与处理器结构相关库代码被放在 arch/*/lib/目录下
scripts	此目录包含用于配置核心的脚本文件
Documentation	此目录是一些文档，起参考作用

15.3.2　几个重要的 Linux 内核文件

当用户编译一个 Linux 内核代码后，会生成几个文件：vmlinuz、initrd.img，以及 System.map，如果读者配置过 grub 引导管理器程序，会在/boot 目录下看到这几个文件。

1．vmlinuz 文件

vmlinuz 文件是可引导的、压缩的内核文件，该文件仅包含了一个最小功能的内核，在 PC 上通常是先执行 vmlinuz，之后加载 initrd.img 文件，最后加载根分区。实际上 initrd.img 是可选的，从文件大小来看，initrd.img 比 vmlinuz 文件大得多，initrd.img 也包含了较多的功能，如果不需要额外的功能，例如在一些功能需求较小的嵌入式系统上，可以仅使用 vmlinuz 文件存放内核，而省去 initrd.img 文件。vmlinuz 文件是一个可执行的 Linux 内核，它位于/boot/vmlinuz 下，一般是个软链接，链接到对应版本的文件，例如 vmlinuz-2.6.20。vm 代表 Virtual Memory，是虚拟内存的意思，Linux 支持虚拟内存，没有例如 DOS 这类系统的内存限制，能够使用硬盘空间作为虚拟内存，因此得名 vm。

生成 vmlinuz 文件有两种方式：一种是编译内核是通过 make zImage 命令创建；还有一种是通过 make bzImage 命令创建。zImage 适用于小内核的情况，它的存在是为了向后的兼容性。bzImage 中的 b 代表 big 的意思。zImage 和 bzImage 都是使用 gzip 压缩的，最终都生成 vmlinuz 文件，这个文件不是一个普通的压缩文件，在文件的开头含有 gzip 解压缩的代码，因为在启动 Linux 内核的时候根本没有 gzip 工具所需要的环境。zImage 压缩的 vmlinuz 文件在启动的时候会解压缩到低端内存（PC 上存放在 640KB 以下区域），bzImage 压缩的 vmlinuz 文件在启动时候会解压缩到高端内存（PC 上存放在 1MB 以上）。如果内核比较小，可以采用 zImage 或者 bzImage 编译，如果内核较大，应采用 bzImage 方式编译。此外，内核编译之后还有一个 vmlinux 文件，是未压缩的 vmlinuz 文件。

2. initrd 文件

initrd 是 initial ramdisk 的缩写，就是由 Bootloader 初始化的内存盘。在 Linux 内核启动之前，Bootloader 会把存储介质（例如闪存）中的 initrd 文件加载到内存，内核启动时会在访问到真正的根文件系统前访问内存中的 initrd 文件系统。如果 Bootloader 配置了 initrd，内核启动被分成两个阶段：第一阶段先加载 initrd 文件系统中的驱动程序模块；第二阶段才会执行真正的根文件系统中的/sbin/init 进程。第一阶段启动的目的是为第二阶段启动扫清障碍，Linux 的根文件系统支持多种存储介质（如 IDE、SCSI、USB 等），如果把这些设备的驱动都编译进内核，内核会十分庞大，使用 initrd 存放设备驱动很好地解决了这一问题。

在启动顺序上，initrd 会在 vmlinuz 代码执行完之后加载，使用 initrd 的机制可以很好地解决不同硬件环境的情况，是 Linux 发行版以 USB 设备启动的必备。在嵌入式系统上，在硬件相对固定的情况下，initrd 作用不像 PC 上那么大，但是对于调试设备驱动起到了简化调试步骤的作用。

3. System.map 文件

System.map 是内核符号表，对应一个内核 vmlinuz 映像。System.map 文件是通过 nm vmlinux 命令生成的。在进行程序设计的时候，会命名变量和函数，在编译以后会生成符号表。Linux 内核也会生成符号表，但是 Linux 工作的时候并不使用这些符号表，而是通过地址来标识变量或者函数的。例如，内核使用 0xc0343f30 这样的地址而不是 size_t BytesRead 的方法标识一个变量，内核代码基本是 C 编写的，所以允许用户使用符号表查询一个符号对应的地址，或者通过内存地址得到一个符号名称。

虽然 Linux 内核并不使用符号表，但是对于 klogd、lsof 等程序来说，符号表却是很重要的，另外，调试程序在调试内核的时候也需要用到内核符号表，以便得到正确的内核函数名称。Klogd 程序启动的时候会从下面 3 个地方寻找 System.map 文件：

```
/boot/System.map
/System.map
/usr/src/linux/System.map
```

此外，System.map 是有版本信息的，klogd 程序正确地得到了对应版本的镜像文件。

15.4　内核编译系统

Linux 内核代码的复杂，需要一个强大的工程管理系统，幸好 GNU 提供了 Makefile 机制，此外，内核的开发者们还提供了 KBuild 机制。通过 Makefile 和 KBuild 的结合，可以出色地管理 Linux 内核代码。Linux 内核的编译系统和代码结构是紧密联系的，了解内核编译系统对分析内核代码和编译内核都有帮助作用。

15.4.1　内核编译系统基本架构

Linux 内核编译系统有 5 种类型的文件，请参考表 15-3。

表 15-3　Linux 内核编译系统文件分类

文 件 类 型	作　　用
Makefile	顶层 Makefile 文件
.config	内核配置文件
arch/$(ARCH)/Makefile	机器体系 Makefile 文件
scripts/Makefile.*	所有内核 Makefiles 共用规则
kbuild Makefiles	其他 Makefile 文件

内核编译的入口是代码根目录下的 Makefile 文件，这个文件也是代码管理的总文件，用户通过内核配置的编译信息汇总存放在代码根目录下的.config 文件。

顶层 Makefile 文件负责产生内核映像 vmlinux 和模块。顶层 Makefile 文件根据内核配置，递归编译内核代码下所有子目录里的文件，最终建立内核映像文件。每个子目录有一个 Makefile 文件，根据上级目录 Makefile 的配置编译指定的代码文件。这些 Makefile 使用.config 文件配置的数据构建各种文件列表，最终生成目标文件或者内嵌模块。

scripts/Makefile.*包含了所有的定义和规则，与 Makefile 文件一起编译出内核程序。

按照技术层次的划分，与内核代码打交道的人可以分成以下 4 种。

- 用户：用户使用"make menuconfig"或"make"命令编译内核。他们通常不读或编辑内核 Makefile 文件或其他源文件。
- 普通开发者：普通开发者维护设备驱动程序、文件系统和网络协议代码，他们维护相关子系统的 Makefile 文件，因此他们需要内核 Makefile 文件整体性的一般知识和关于 kbuild 公共接口的详细知识。
- 体系开发者：体系开发者关注一个整体的体系架构，比如 sparc 或者 ia64。体系开发者既需要掌握关于体系的 Makefile 文件，也要熟悉内核 Makefile 文件。
- 内核开发者：内核开发者关注内核编译系统本身。他们需要清楚内核 Makefile 文件的所有方面。

本书针对的读者对象是普通开发者和体系开发者。

15.4.2　内核顶层 Makefile 分析

编译内核代码的时候，顶层 Makefile 文件在开始编译子目录下的代码之前，设置编译环境和需要用到的变量。顶层 Makefile 文件包含通用部分，arch/$(ARCH) /Makefile 包含该体系架构所需的设置。因此 arch/$(ARCH)/Makefile 会设置一些变量和少量的目标。

内核编译一般会按照 7 个大步骤执行：

（1）配置内核，产生.config 配置文件；

（2）保存内核版本到 include/linux/version.h 文件中；

（3）建立符号链接到 include/asm to include/asm-$(ARCH)；

（4）更新定义在 arch/$(ARCH)/Makefile 所有目标对象的前提文件；

（5）递归进入 init-* core* drivers-* net-* libs-*中的所有子目录和编译所有的目标对象；

（6）链接所有的 object 文件生成 vmlinux 文件，并且复制到内核代码根目录下。最开始链接的几个 object 文件列举在 arch/$(ARCH)/Makefile 文件的 head-y 变量中；

（7）最后体系 Makefile 文件定义编译后期处理规则和建立最终的引导映像 bootimage，包括创建引导记录，准备 initrd 映像和相关处理等。

1．设置变量

顶层 Makefile 定义了一些编译内核基本的变量，也是公共用到的变量。

- LDFLAGS 变量

$(LD)的一般选项，用于链接器的所有调用中。举例如下：

```
#arch/s390/Makefile
LDFLAGS := -m elf_s390
```

- LDFLAGS_MODULE 变量

$(LD)链接模块的选项，LDFLAGS_MODULE 通常设置$(LD)链接模块的.ko 选项。默认为"-r"即可重定位输出文件。

- LDFLAGS_vmlinux 变量

$(LD)链接 vmlinux 选项，该选项定义链接器在链接 vmlinux 目标文件时使用的选项。LDFLAGS_vmlinux 支持使用 LDFLAGS_$@。举例如下：

```
#arch/i386/Makefile
LDFLAGS_vmlinux := -e stext
```

- OBJCOPYFLAGS 变量

objcopy 选项，当使用$(call if_changed,objcopy)转化 a.o 文件时会使用该变量定义的选项。$(call if_changed,objcopy)经常被用来为 vmlinux 产生原始的二进制文件。举例如下：

```
#arch/s390/Makefile
OBJCOPYFLAGS := -O binary
#arch/s390/boot/Makefile
$(obj)/image: vmlinux FORCE
$(call if_changed,objcopy)
```

在上面例子中，$(obj)/image 是 vmlinux 的二进制版本文件。$(call if_changed,xxx)的使用方法见 15.4.2 节。

- AFLAGS 变量

$(AS)汇编选项，默认值见顶层 Makefile 文件。针对每个体系需要另外添加和修改它。举例如下：

```
#arch/sparc64/Makefile
AFLAGS += -m64 -mcpu=ultrasparc
```

- CFLAGS 变量

$(CC)编译器选项，默认值见顶层 Makefile 文件。针对每个体系需要另外添加和修改它。CFLAGS 变量的值由用户对内核的配置决定。举例如下：

```
#arch/i386/Makefile
cflags-$(CONFIG_M386) += -march=i386
CFLAGS += $(cflags-y)
```

Makefile 文件会根据不同的平台检测 C 编译器的支持选项，举例如下：

```
#arch/i386/Makefile
...
cflags-$(CONFIG_MPENTIUMII)   += $(call cc-option,\
                                  -march=pentium2,-march=i686)
# Disable unit-at-a-time mode ...
CFLAGS += $(call cc-option,-fno-unit-at-a-time)
...
```

第一个例子中当 config 选项是'y'时将被选中。

```
CFLAGS_KERNEL       $(CC)编译 built-in 对象的选项
    $(CFLAGS_KERNEL)包含外部 C 编译器选项编译本地内核代码
CFLAGS_MODULE       $(CC)编译模块选项
    $(CFLAGS_MODULE)包含外部 C 编译器选项编译可加载内核代码
```

2．增加预设置项

在开始进入子目录编译之前需要调用 prepare 规则生成编译需要的前提文件。前提文件是包含汇编常量的头文件。举例如下：

```
#arch/s390/Makefile
prepare: include/asm-$(ARCH)/offsets.h
```

在这个例子中，include/asm-$(ARCH)/offsets.h 将在进入子目录前编译。

3．目录表

体系 Makefile 文件和顶层 Makefile 文件共同定义了如何建立 vmlinux 文件的变量。注意没有体系相关的模块对象定义部分：所有的模块对象都是体系无关的。

在 head-y、nit-y、core-y、libs-y、drivers-y、net-y 中，$(head-y)列举首先链接到 vmlinux 的对象文件。$(libs-y)列举了能够找到 lib.a 文件的目录。其余的变量列举了能够找到内嵌对象文件的目录。$(init-y)列举的对象位于$(head-y)对象之后。然后是$(core-y)、$(libs-y)、$(drivers-y)和$(net-y)。

顶层 Makefile 定义了所有通用目录，arch/$(ARCH)/Makefile 文件只需增加体系相关的目录。例如：

```
#arch/sparc64/Makefile
core-y += arch/sparc64/kernel/
libs-y += arch/sparc64/prom/ arch/sparc64/lib/
drivers-$(CONFIG_OPROFILE) += arch/sparc64/oprofile/
```

4．引导映像

Makefile 文件定义了编译 vmlinux 目标文件需要的代码文件，将它们压缩和封装成引导代码，并复制到合适的位置。这包括各种安装命令。如何定义实际的目标对象无法为所有的体系结构提供标准化的方法。处理过程常位于 arch/$(ARCH)/下的 boot/目录下。

内核编译系统无法在 boot/目录下提供一种便捷的方法创建目标系统文件。因此 arch/$(ARCH)/Makefile 要调用 make 命令在 boot/目录下建立目标系统文件。建议使用的方法是在 arch/$(ARCH)/Makefile 中设置调用，并且使用完整路径引用 arch/$ (ARCH)/boot/Makefile。例如：

```
#arch/i386/Makefile
boot := arch/i386/boot
bzImage: vmlinux
$(Q)$(MAKE) $(build)=$(boot) $(boot)/$@
```

建议使用"(Q)(MAKE) $(build)=<dir>"方式在子目录中调用 make 命令。

没有定义体系目标系统文件的规则，但执行"make help"命令要列出所有目标系统文件，因此必须定义$(archhelp)变量。例如：

```
#arch/i386/Makefile
define archhelp
echo '* bzImage     - Image (arch/$(ARCH)/boot/bzImage)'
endef
```

当执行不带参数的 make 命令时，make 程序会分析 Makefile 然后编译第一个目标对象。在 Linux 内核代码顶层 Makefile 中第一个目标对象是 all。一个体系结构需要定义一个默认的可引导映像。"make help"命令的默认目标是以*开头的对象。

设置编译 vmlinux 需要的目标对象只需要向顶层 Makefile 的 all 里加入前提文件配置。举例如下：

```
#arch/i386/Makefile
all: bzImage
```

当执行不带参数的"make"命令时，将编译 bzImage 文件。

5．编译非内核目标

extra-y 定义了在当前目录下创建没有在 obj-*定义的附加的目标文件。使用 extra-y 列举目标有两个目的：一个是内核编译系统在命令行中检查变动情况，另一个是向 make clean 提供删除的文件列表。extra-y 定义举例：

```
#arch/i386/kernel/Makefile
extra-y := head.o init_task.o
```

例子中 extra-y 里的对象文件将被编译，但不会链接到 built-in.o 中。

6．编译引导映像命令

Kbuild 提供了编译内核需要的宏。

if_changed 是后面命令使用的基础。用法如下：

```
target: source(s)
FORCE $(call if_changed,ld/objcopy/gzip)
```

当这条规则被使用时它将检查哪些文件需要更新，或命令行被改变。使用 if_changed 的目标对象必须列举在$(targets)中，否则命令行检查将失败，目标一直会编译。另外，赋值给$(targets)的对象没有$(obj)/前缀。if_changed 也可以和定制命令配合使用。

注意：一个常见错误是忘记了 FORCE 前导词。

- ld 工具

用于链接目标。常使用 LDFLAGS_$@作为 ld 的选项。

- objcopy 工具

复制二进制文件。常用于 arch/$(ARCH)/Makefile 中和使用 OBJCOPYFLAGS 作为选项。也可以用 OBJCOPYFLAGS_$@设置附加选项。

- gzip 工具

使用最大压缩算法压缩目标文件。举例如下：

```
#arch/i386/boot/Makefile
LDFLAGS_bootsect := -Ttext 0x0 -s --oformat binary
LDFLAGS_setup   := -Ttext 0x0 -s --oformat binary -e begtext
targets += setup setup.o bootsect bootsect.o
$(obj)/setup $(obj)/bootsect: %: %.o FORCE
$(call if_changed,ld)
```

在上面例子中有两个可能的目标对象，分别需要不同的链接选项。使用 LDFLAGS_$@语法为每个目标对象设置不同的链接选项。$(targets)包含所有的目标对象，因此内核编译系统知道所有的目标对象，并且检查命令行的改变情况，执行 make clean 命令时删除目标对象。

": %: %.o"是简写方法，如 boot.o 文件的简写。

注意：常犯的错误是，忘记"target :="语句，导致没有明显的原因目标文件被重新编译。

7. 定制编译命令

当执行带 KBUILD_VERBOSE=0 参数的编译命令时，会显示简短的命令提示。如果用户定制的命令需要这种功能需要设置如下两个变量：

```
quiet_cmd_<command>                //存放将被显示的内容
cmd_<command>                      //被执行的命令
```

举例如下：

```
quiet_cmd_image = BUILD   $@
cmd_image = $(obj)/tools/build $(BUILDFLAGS) \
$(obj)/vmlinux.bin > $@
targets += bzImage
$(obj)/bzImage: $(obj)/vmlinux.bin $(obj)/tools/build FORCE
$(call if_changed,image)
@echo 'Kernel: $@ is ready'
```

执行"make KBUILD_VERBOSE=0"命令编译$(obj)/bzImage 目标时将显示：

```
BUILD   arch/i386/boot/bzImage
```

8．预处理链接脚本

当编译 vmlinux 映像时将使用 arch/$(ARCH)/kernel/vmlinux.lds 链接脚本。

相同目录下的 vmlinux.lds.S 文件是这个脚本的预处理的变体。内核编译系统知晓.lds 文件并使用规则*lds.S -> *lds。举例如下：

```
#arch/i386/kernel/Makefile
always := vmlinux.lds
#Makefile
export CPPFLAGS_vmlinux.lds += -P -C -U$(ARCH)
```

$(always)赋值语句告诉编译系统编译目标是 vmlinux.lds。$(CPPFLAGS_vmlinux.lds) 赋值语句告诉编译系统编译 vmlinux.lds 目标的编译选项。编译*.lds 时将使用到下面这些变量：

```
CPPFLAGS          : 定义在顶层 Makefile
EXTRA_CPPFLAGS    : 可以设置在编译的 Makefile 文件中
CPPFLAGS_$(@F)    : 目标编译选项。注意要使用文件全名
```

15.4.3　内核编译文件分析

Linux 内核代码使用 KBuild 作为 Makefile 的基础架构。Kbuild 定义了若干的内置变量，本节将介绍 Kbuild 的主要内置变量和常用方法。

1．目标定义

Makefile 文件的核心是目标定义。目标定义的主要功能是定义如何编译文件、设置编译选项，以及递归子目录的方法等。在使用 Kbuild 架构的 Makefile 文件里，最简单的 Makefile 可以只包含一行配置，举例如下：

```
obj-y += foo.o
```

该行配置告诉 Kbuild 在当前目录下编译生成 foo.o 目标文件，源代码文件是 foo.c 或者 foo.S。使用 obj-y 变量会把代码编译成目标文件。如果需要编译成为内核模块，使用 Kbuild 提供的 obj-m 变量，举例如下：

```
obj-$(CONFIG_FOO) += foo.o
```

$(CONFIG_FOO)代表 y(built-in 对象)或者 m(module 对象)。如果未配置 CONFIG_FOO 变量，指定的代码文件不会被编译。

2．内嵌对象-obj-y

$obj-y 是用于存放编译生成 vmlinux 的目标文件的列表，列表的内容由内核编译配置决定。Kbuild 编译$(obj-y)列表内的所有文件，之后使用“$(LD) –r”命令把目标文件打包到 built-in.o 一个文件中。built-in.o 文件最终被链接到 vmlinux 目标文件。

Makefile 文件将未编译 vmlinux 的目标文件放在$(obj-y)列表中，这些列表依赖于内核

配置。Kbuild 编译所有的$(obj-y)文件，然后调用"$(LD) -r"合并这些文件到一个 built-in.o 文件中。built-in.o 经过父 Makefile 文件链接到 vmlinux。$(obj-y)中的文件顺序很重要。列表中文件允许重复，文件第一次出现将被链接到 built-in.o，后续出现该文件将被忽略。

链接顺序之所以重要是因为一些函数在内核引导时将按照它们出现的顺序被调用，如函数（module_init()/__initcall)。所以要牢记，改变链接顺序意味着也要改变 SCSI 控制器的检测顺序和重数磁盘。例如：

```
#drivers/isdn/i4l/Makefile
# 内核 ISDN 子系统和设备驱动程序 Makefile
# 每个配置项是一个文件列表
obj-$(CONFIG_ISDN)          += isdn.o
obj-$(CONFIG_ISDN_PPP_BSDCOMP) += isdn_bsdcomp.o
```

3．可加载模块 - obj-m

$(obj-m)表示对象文件（object files）编译成可加载的内核模块。一个模块可以通过一个源文件或几个源文件编译而成。Makefile 只需简单地把它们加到$(obj-m)。例如：

```
#drivers/isdn/i4l/Makefile
obj-$(CONFIG_ISDN_PPP_BSDCOMP) += isdn_bsdcomp.o
```

注意：在这个例子中，$(CONFIG_ISDN_PPP_BSDCOMP)含义是'm'。

如果内核模块通过几个源文件编译而成，使用以上同样的方法。KBuild 需要知道通过哪些文件编译模块，因此需要设置一个$(<module_name>-objs)变量。例如：

```
#drivers/isdn/i4l/Makefile
obj-$(CONFIG_ISDN) += isdn.o
isdn-objs := isdn_net_lib.o isdn_v110.o isdn_common.o
```

在这个例子中，模块名 isdn.o. Kbuild 首先编译$(isdn-objs)中的 object 文件，然后运行"$(LD) -r"将列表中的文件生成 isdn.o.

Kbuild 使用后缀-objs、-y 识别对象文件。这种方法允许 Makefile 使用 CONFIG_符号值，确定一个 object 文件是否是另外一个 object 的组成部分。例如：

```
#fs/ext2/Makefile
obj-$(CONFIG_EXT2_FS)      += ext2.o
ext2-y := balloc.o bitmap.o
ext2-$(CONFIG_EXT2_FS_XATTR) += xattr.o
```

在这个例子中，如果$(CONFIG_EXT2_FS_XATTR)表示'y'，则 ext2.o 只有 xattr.o 组成部分。

注意：当然，当将对象文件编译到内核时，以上语法同样有效。因此，如果 CONFIG_EXT2_FS=y，Kbuild 将先编译 ext2.o 文件，然后链接到 built-in.o。

4．导出符号目标

在 Makefile 文件中没有特别导出符号的标记。

5．库文件 - lib-y

obj-*中的 object 文件用于模块或 built-in.o 编译。object 文件也可能编译到库文件中--lib.a。所有罗列在 lib-y 中的 object 文件都将编译到该目录下的一个单一的库文件中。包含在 0bj-y 中的 object 文件如果也列举在 lib-y 中将不会包含到库文件中，因为它们不能被访问。但 lib-m 中的 object 文件将被编译进 lib.a 库文件。

注意，在相同的 Makefile 中，可以列举文件到 buit-in 内核中也可以作为库文件的一个组成部分。因此在同一个目录下既可以有 built-in.o，也可以有 lib.a 文件。例如：

```
#arch/i386/lib/Makefile
lib-y   := checksum.o delay.o
```

这样将基于 checksum.o、delay.o 创建一个 lib.a 文件。对于内核编译来说，lib.a 文件被包含在 libs-y 中。lib-y 通常被限制使用在 lib/和 arch/*/lib 目录中。

6．目录递归

Makefile 文件负责编译当前目录下的目标文件，子目录中的文件由子目录中的 Makefile 文件负责编译。编译系统将使用 obj-y 和 obj-m 自动递归编译各个子目录中文件。

如果 ext2 是一个子目录，fs 目录下的 Makefile 将使用以下赋值语句编译系统编译 ext2 子目录。例如：

```
#fs/Makefile
obj-$(CONFIG_EXT2_FS) += ext2/
```

如果 CONFIG_EXT2_FS 设置成'y(built-in)或'm'(modular)，则对应的 obj-变量也要设置，内核编译系统将进入 ext2 目录编译文件。内核编译系统只使用这些信息来决定是否需要编译这个目录，子目录中 Makefile 文件规定那些文件编译为模块那些是内核内嵌对象。

当指定目录名时使用 CONFIG_变量是一种良好的做法。如果 CONFIG_选项不为'y'或'm'，内核编译系统就会跳过这个目录。

7．编译标记

所有的 EXTRA_变量只能使用在定义该变量后的 Makefile 文件中。EXTRA_变量被 Makefile 文件所有的执行命令语句所使用。$(EXTRA_CFLAGS)是使用$(CC)编译 C 文件的选项。例如：

```
# drivers/sound/emu10k1/Makefile
EXTRA_CFLAGS += -I$(obj)
ifdef DEBUG
EXTRA_CFLAGS += -DEMU10K1_DEBUG
endif
```

定义这个变量是必需的，因为顶层 Makefile 定义了$(CFLAGS)变量并使用该变量编译整个代码树。

$(EXTRA_AFLAGS)是每个目录编译汇编语言源文件的选项。例如：

```
#arch/x86_64/kernel/Makefile
EXTRA_AFLAGS := -traditional
```

$(EXTRA_LDFLAGS)和$(EXTRA_ARFLAGS)用于每个目录的$(LD)和$(AR)选项。例如：

```
#arch/m68k/fpsp040/Makefile
EXTRA_LDFLAGS := -x
```

CFLAGS_$@和 AFLAGS_$@只使用到当前 Makefile 文件的命令中。$(CFLAGS_$@)定义了使用$(CC)的每个文件的选项。$@部分代表该文件。例如：

```
# drivers/scsi/Makefile
CFLAGS_aha152x.o =   -DAHA152X_STAT -DAUTOCONF
CFLAGS_gdth.o    = # -DDEBUG_GDTH=2 -D__SERIAL__ -D__COM2__ \
                -DGDTH_STATISTICS
CFLAGS_seagate.o =   -DARBITRATE -DPARITY -DSEAGATE_USE_ASM
```

这 3 行定义了 aha152x.o、gdth.o 和 seagate.o 文件的编译选项。

$(AFLAGS_$@)使用在汇编语言代码文件中，具有同上相同的含义。例如：

```
# arch/arm/kernel/Makefile
AFLAGS_head-armv.o := -DTEXTADDR=$(TEXTADDR) -traditional
AFLAGS_head-armo.o := -DTEXTADDR=$(TEXTADDR) -traditional
```

8. 依赖关系

内核编译记录如下依赖关系：

- 所有的前提文件(both *.c and *.h)；
- CONFIG_选项影响到的所有文件；
- 编译目标文件使用的命令行。

因此，假如改变$(CC)的一个选项，所有相关的文件都要重新编译。

9. 特殊规则

特殊规则使用在内核编译需要规则定义而没有相应定义的时候，典型的例子如编译时头文件的产生规则。其他例子有体系 Makefile 编译引导映像的特殊规则。特殊规则写法同普通的 Make 规则。Kbuild（应该是编译程序）在 Makefile 所在的目录不能被执行，因此所有的特殊规则需要提供前提文件和目标文件的相对路径。

定义特殊规则时将使用到两个变量：$(src)和$(obj)。$(src)是对于 Makefile 文件目录的相对路径，当使用代码树中的文件时使用该变量$(src)。$(obj)是目标文件目录的相对路径。生成文件使用$(obj)变量。例如：

```
#drivers/scsi/Makefile
$(obj)/53c8xx_d.h: $(src)/53c7,8xx.scr $(src)/script_asm.pl
$(CPP) -DCHIP=810 - < $< | ... $(src)/script_asm.pl
```

这就是使用普通语法的特殊编译规则。目标文件依赖于两个前提文件。目标文件的前缀是$(obj)，前提文件的前缀是$(src)（因为它们不是生成文件）。

10. $(CC)支持功能

内核可能会用不同版本的$(CC)进行编译，每个版本有不同的性能和选项，内核编译系统提供基本的支持用于验证$(CC)选项。$(CC)通常是 gcc 编译器，但其他编译器也可以。另外提供了几种与$(CC)有关的功能。

- cc-option：用于检测$(CC)是否支持给定的选项，如果不支持就使用第二个可选项。例如：

```
#arch/i386/Makefile
cflags-y += $(call cc-option,-march=pentium-mmx,-march=i586)
```

在上面例子中，如果$(CC)支持-march=pentium-mmx 则 cflags-y 等于该值，否则等于-march-i586。如果没有第二个可选项且第一项不支持则 cflags-y 没有被赋值。

- cc-option-yn：用于检测 gcc 是否支持给定的选项，如果支持返回'y'，否则返回'n'。例如：

```
#arch/ppc/Makefile
biarch := $(call cc-option-yn, -m32)
aflags-$(biarch) += -a32
cflags-$(biarch) += -m32
```

在上面的例子中如果$(CC)支持-m32 选项，则$(biarch)设置为 y。当$(biarch)等于 y 时，变量$(aflags-y)和$(cflags-y)将分别等于-a32 和-m32。

- cc-option-align：在不同的 gcc 版本有不同的含义，定义如下：

```
gcc 版本>= 3.0：用于定义 functions、loops 等边界对齐选项
gcc < 3.00 : cc-option-align = -malign
gcc >= 3.00: cc-option-align = -falign
```

例如：

```
CFLAGS += $(cc-option-align)-functions=4
```

在上面例子中对于 gcc>=3.00 来说-falign-functions=4，gcc<3.00 版本使用-malign-functions=4。

- cc-version：返回$(CC)编译器数字版本号。

版本格式是<major><minor>，均为两位数字。例如 gcc 3.41 将返回 0341。当一个特定$(CC)版本在某个方面有缺陷时 cc-version 是很有用的。例如-mregparm=3 在一些 gcc 版本会失败，尽管 gcc 接受这个选项。例如：

```
#arch/i386/Makefile
GCC_VERSION := $(call cc-version)
cflags-y += $(shell \
if [ $(GCC_VERSION) -ge 0300 ] ; then echo "-mregparm=3"; fi ;)
```

在上面例子中-mregparm=3 只使用在版本大于等于 3.0 的 gcc 中。

15.4.4　目标文件清除机制

"make clean"命令删除在编译内核生成的大部分文件如主机程序。列举在$(hostprogs-y)、$(hostprogs-m)、$(always)、$(extra-y)和$(targets)中目标文件都将被删除。代码目录数中的"*.[oas]"、"*.ko"文件和一些由编译系统产生的附加文件也将被删除。附加文件可以使用$(clean-files)进行定义。例如：

```
#drivers/pci/Makefile
clean-files := devlist.h classlist.h
```

当执行"make clean"命令时，"devlist.h classlist.h"两个文件将被删除。内核编译系统默认这些文件与 Makefile 具有相同的相对路径，否则需要设置以'/'开头的绝对路径。

删除整个目录使用以下方式：

```
#scripts/package/Makefile
clean-dirs := $(objtree)/debian/
```

这样就将删除包括子目录在内的整个 debian 目录。如果不使用以'/'开头的绝对路径内核编译系统，建议默认使用相对路径。

通常内核编译系统根据"obj-* := dir/"进入子目录，但是在体系 Makefile 中需要显式使用如下方式：

```
#arch/i386/boot/Makefile
subdir- := compressed/
```

上面赋值语句指示编译系统执行"make clean"命令时进入 compressed/目录。

在编译最终的引导映像文件的 Makefile 中，有一个可选的目标对象名称是 archclean。例如：

```
#arch/i386/Makefile
archclean:
$(Q)$(MAKE) $(clean)=arch/i386/boot
```

当执行"make clean"时编译器进入 arch/i386/boot 并像通常一样工作。arch/i386/boot 中的 Makefile 文件可以使用 subdir-标识进入更下层的目录。

注意：1. arch/$(ARCH)/Makefile 不能使用"subdir-"，因为它被包含在顶层 Makefile 文件中，在这个位置编译机制是不起作用的。

2. 所有列举在 core-y、libs-y、drivers-y 和 net-y 中的目录将被"make clean"命令清除。

15.4.5　编译辅助程序

内核编译系统支持在编译（compliation）阶段编译主机可执行程序。为了使用主机程序需要两个步骤：第一个步骤使用 hostprogs-y 变量告诉内核编译系统有主机程序可用。第二步给主机程序添加潜在的依赖关系。有两种方法，在规则中增加依赖关系或使用$(always)变量。具体描述如下所述。

1. 简单辅助程序

在一些情况下需要在主机上编译和运行主机程序。下面这行代码告诉 Kbuild 在主机上建立 bin2hex 程序。例如：

```
hostprogs-y := bin2hex
```

Kbuild 假定使用 Makefile 相同目录下的单一 C 代码文件 bin2hex.c 编译 bin2hex。

2．组合辅助程序

主机程序也可以由多个 object 文件组成。定义组合辅助程序的语法同内核对象的定义方法。$(<executeable>-objs)包含了所有的用于链接最终可执行程序的对象。例如：

```
#scripts/lxdialog/Makefile
hostprogs-y   := lxdialog
lxdialog-objs := checklist.o lxdialog.o
```

扩展名.o 文件都编译自对应的.c 文件。在上面的例子中 checklist.c 编译成 checklist.o，lxdialog.c 编译为 lxdialog.o。最后两个.o 文件链接成可执行文件 lxdialog。

注意：语法<executable>-y 不能用于定义主机程序。

3．定义共享库

扩展名为.so 的对象是共享库文件，并且是位置无关的 object 文件。内核编译系统提供共享库使用支持，但使用方法有限制。在下面例子中 libkconfig.so 库文件被链接到可执行文件 conf 中。例如：

```
#scripts/kconfig/Makefile
hostprogs-y    := conf
conf-objs      := conf.o libkconfig.so
libkconfig-objs := expr.o type.o
```

共享库文件需要对应的-objs 定义，在上面例子中库 libkconfig 由两个对象组成：expr.o 和 type.o。expr.o 和 type.o 将被编译为位置无关代码并被链接，如 libkconfig.so。共享库不支持 C++语言。

4．C++语言使用方法

内核编译系统提供了对 C++主机程序的支持以用于内核配置，但不主张其他方面使用这种方法。例如：

```
#scripts/kconfig/Makefile
hostprogs-y   := qconf
qconf-cxxobjs := qconf.o
```

在上面例子中可执行文件由 C++文件 qconf.cc 组成，通过$(qconf-cxxobjs)标识。如果 qconf 由.c 和.cc 文件混合组成，附加行表示这种情况。例如：

```
#scripts/kconfig/Makefile
hostprogs-y   := qconf
qconf-cxxobjs := qconf.o
qconf-objs   := check.o
```

5．辅助程序编译控制选项

当编译主机程序时，仍然可以使用$(HOSTCFLAGS)设置编译选项传递给$(HOSTCC)。这些选项将影响所有使用变量 HOST_EXTRACFLAG 的 Makefile 创建的主机程序。例如：

```
#scripts/lxdialog/Makefile
HOST_EXTRACFLAGS += -I/usr/include/ncurses
```

为单个文件设置选项使用下面方式：

```
#arch/ppc64/boot/Makefile
HOSTCFLAGS_piggyback.o := -DKERNELBASE=$(KERNELBASE)
```

也可以使用附加链接选项：

```
#scripts/kconfig/Makefile
HOSTLOADLIBES_qconf := -L$(QTDIR)/lib
```

当链接 qconf 时将使用外部选项"-L$(QTDIR)/lib"。

6. 何时建立辅助程序

只有当需要时内核编译系统才会编译主机程序。有以下两种方式。

（1）在特殊规则中作为隐式的前提需求，例如：

```
#drivers/pci/Makefile
hostprogs-y := gen-devlist
$(obj)/devlist.h: $(src)/pci.ids $(obj)/gen-devlist
( cd $(obj); ./gen-devlist ) < $<
```

编译目标文件$(obj)/devlist.h 需要先建立$(obj)/gen-devlist。注意，在特殊规则中使用主机程序必须加前缀$(obj)。

（2）使用$(always)

当没有合适的特殊规则可以使用，并且在进入 Makefile 文件时就要建立主机程序，可以使用变量$(always)。例如：

```
#scripts/lxdialog/Makefile
hostprogs-y   := lxdialog
always     := $(hostprogs-y)
```

这样就告诉内核编译系统，即使没有任何规则使用 lxdialog 也要编译它。

7. 使用 hostprogs-$(CONFIG_FOO)

在 Kbuild 文件中典型模式如下：

```
#scripts/Makefile
hostprogs-$(CONFIG_KALLSYMS) += kallsyms
```

对 Kbuild 来说'y'用于内嵌对象'm'用于模块。因此如果 config 符号是'm'，编译系统也将创建该程序。换句话说，内核编译系统等同看待 hostprogs-m 和 hostprogs-y。但如果不涉及 CONFIG 符号，仅建议使用 hostprogs-y。

15.4.6 KBuild 变量

KBuild 内置了一些变量供顶层 Makefile 使用，顶层 Makefile 文件导出下面这些变量：

```
VERSION, PATCHLEVEL, SUBLEVEL, EXTRAVERSION
```

这几个变量定义了当前内核版本号。很少体系的 Makefiles 文件直接使用它们，常用$(KERNELRELEASE)代替。

$(VERSION)、$(PATCHLEVEL)和$(SUBLEVEL)定义了 3 个基本部分版本号，例如"2"、"4"、和"0"。这 3 个变量一直使用数值表示。$(EXTRAVERSION)定义了更细的补丁号，通常是短横跟一些非数值字符串，例如"-pre4"。

1. KERNELRELEASE

$(KERNELRELEASE)是一个单一字符，如"2.4.0-pre4"适合用于构造安装目录和显示版本字符串。一些体系文件使用它用于以上目的。

2. ARCH

ARCH 变量定义了目标系统体系结构，例如"i386"、"arm"、"sparc"。一些内核编译文件测试$(ARCH)用于确定编译哪个文件。默认情况下顶层 Makefile 文件设置$(ARCH)为主机相同的系统体系。当交叉编译时，用户可以使用命令行改变$(ARCH)值：

```
make ARCH=m68k ...
```

3. INSTALL_PATH

INSTALL_PATH 变量定义了体系 Makefiles 文件安装内核映像和 System.map 文件的路径。

4. INSTALL_MOD_PATH, MODLIB

$(INSTALL_MOD_PATH)定义了模块安装变量$(MODLIB)的前缀。这个变量通常不在 Makefile 文件中定义，如果需要可以由用户添加。$(MODLIB)定义了模块安装目录。

顶层 Makefile 定义$(MODLIB)为$(INSTALL_MOD_PATH)/lib/modules/$(KERNEL RELEASE)。用户可以使用命令行修改这个值。

15.5　小　　结

Linux 内核代码非常庞大复杂，对任何人来说学习它都是一个不小的挑战，本章讲解了 Linux 内核的工程结构和代码结构，从嵌入式系统开发的角度来说，大多数没有必要一行一行地研究内核代码，开发人员需要了解内核的机构和工作流程，以及常见的开发方法即可。学习内核最基本的技能是编译内核，读者在此基础上学习驱动开发和内核移植。第 16 章将讲解嵌入式 Linux 内核启动过程。

第 16 章　嵌入式 Linux 启动流程

在多数计算机上，从 Linux 开机到进入系统的命令行或者图形界面的时间并不长。计算机在背后做了什么工作，才会展现出一个功能强大的系统呢？本章将分析 Linux 系统启动流程。学习和掌握 Linux 启动的流程对了解 Linux 内核工作流程有很大帮助。Linux 系统初始化可以分成两大部分：内核初始化和系统初始化。本章将分析从打开电源开关到进入用户界面 Linux 系统的工作，主要内容如下：

- Linux 内核初始化概述；
- 进入内核前的工作；
- 内核初始化；
- 如何进入用户空间。

16.1　Linux 内核初始化流程

从前面讲解的知识中可以知道，操作系统是用户应用和计算机硬件之间的桥梁。操作系统管理整个系统的所有软硬件资源，并且向用户应用程序提供接口。在操作系统初始化的时候，系统内核检测计算机硬件，加载驱动并且设置软件环境，本节将详细讲解 Linux 内核初始化所做的工作。首先给出一个典型的 Linux 系统启动初始化流程图，如图 16-1 所示。

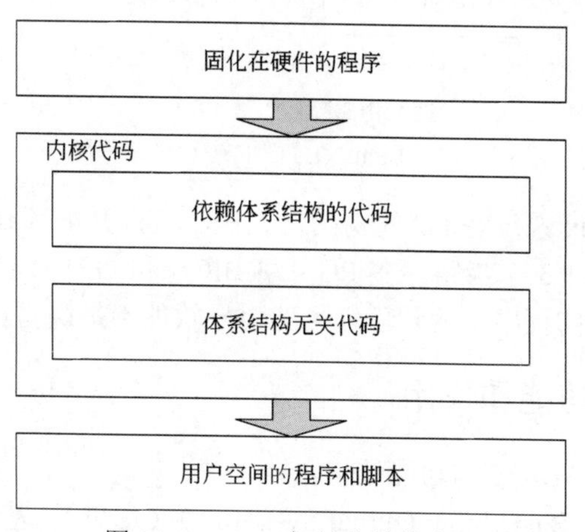

图 16-1　Linux 初始化总体流程

从图 16-1 中可以看出，Linux 系统启动的流程可以分为 3 部分：固化在硬件的程序、内核代码部分和用户空间的程序和脚本。其中，“固化在硬件的程序”通常容易被忽略，可以把这部分算作内核部分的初始化，因为这部分与内核代码关系紧密，本书将把这两部分当做一个大的流程分析。

内核代码可以分成两部分，“依赖体系结构的代码”对应源代码目录 arch 目录下对应体系结构的代码，这些代码在每种体系结构上是不相同的；“体系结构无关代码”是源代码目录下 kernel 目录，以及其他包括驱动在内的代码。

最后是用户空间，在系统初始化的时候，在用户空间会通过一些脚本建立服务进程，用户可以通过直接编辑脚本或者工具配置启动时加载的服务进程。常见的应用程序有 udev、电子邮件服务器、HTTP 服务器等。从内核中“体系结构无关代码”开始的部分在所有机器上都是相同的，本章从这里分割开分析，与体系结构有关的启动流程在本节分析，16.5 节及以后是与体系结构无关的启动流程。

16.2　PC 的初始化流程

先给出一个 PC 的初始化流程图，如图 16-2 所示。

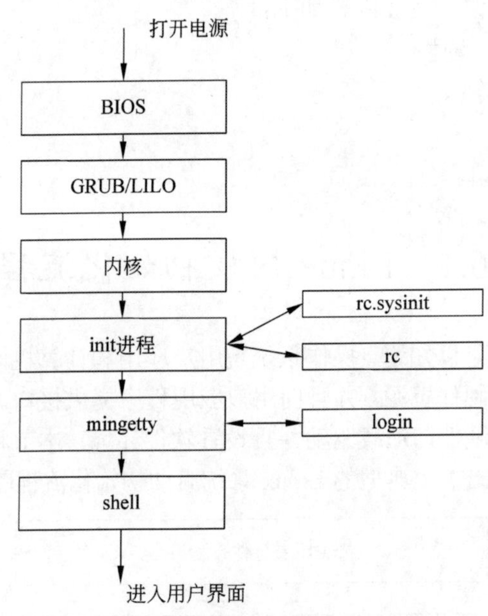

图 16-2　Linux 在 PC 的初始化流程图

图 16-2 所示为 Linux 系统在 PC 的初始化流程，从打开电源到进入用户界面共用 7 个步骤，本节的内容关注前 3 个步骤。在 PC 上，BIOS 和 GRUB 或者 LILO 引导器扮演了图 16-1 中“固化在硬件的程序”的角色，虽然引导软件不是烧写在 ROM 中的。

16.2.1　PC BIOS 功能和作用

如图 16-3 所示是 PC BIOS 的功能结构。

BIOS 的英文全称是 Basic Input Output System，中文意思是“基本输入输出系统”。BIOS 是 PC 的一个特殊程序，通常通过特殊的手段烧写在 PC 主板的某个存储芯片内。

图 16-3 是 BIOS 的功能结构示意，可以分成 3 个部分：自检及初始化程序是开机时最先执行的程序，负责测试 PC 上的所有硬件资源，并且对硬件和端口做初始化操作；硬件中断处理程序是 BIOS 提供的一组系统调用，通过中断处理程序可以直接访问 PC 的硬件，中断处理程序存放在内存中中断向量表内；程序服务请求是 BIOS 向用户提供的一组调用中断处理程序的接口。

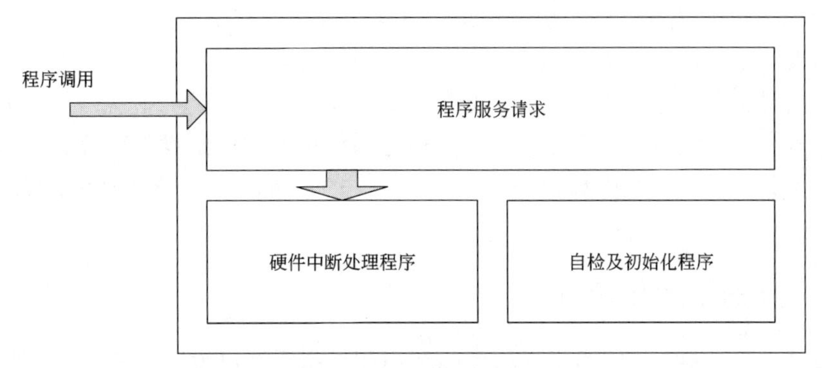

图 16-3　PC BIOS 功能结构

提示： 在设置 BIOS 的时候经常听到一个术语 CMOS。CMOS 是互补金属氧化物半导体的英文缩写，是一种制造大规模集成电路的技术。CMOS 通常指的是 PC 主板上的一个可读写芯片，BIOS 可以把用户配置信息存储在 CMOS 里面。CMOS 芯片需要外部电源的支持才能保持内容不丢失，因此 PC 主板上有一块电池为 CMOS 供电。

16.2.2　硬盘的数据结构

PC 最常见的外部存储设备是硬盘。硬盘可以存储大量的数据，并且具有断电信息不丢失的特点。硬盘上的数据组织格式随不同操作系统不完全相同。无论什么系统，对硬盘的数据组织方式有何不同，都包含了一个引导记录的数据结构。引导记录（英文全称 Main Boot Record，简称 MBR）是位于硬盘 0 磁道 0 柱面的第一个扇区。一个扇区有 512 字节，MBR 占用了开始的 446 字节，如图 16-4 所示。

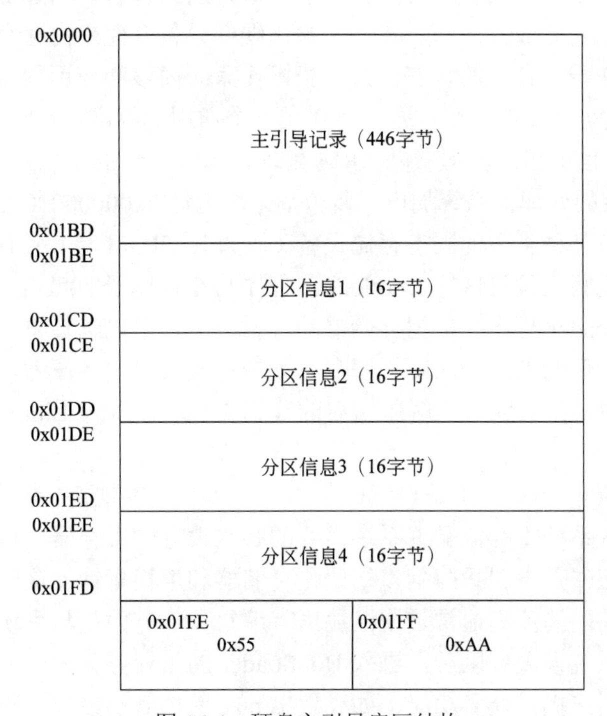

图 16-4　硬盘主引导扇区结构

从图 16-4 中可以看出，在主引导记录后有 4 个分区信息记录，这几个记录构成了硬盘的分区信息表。主引导扇区最后两个字节是 0x55 和 0xAA，是主引导记录扇区标志。

硬盘主引导记录包括硬盘参数和引导程序。硬盘引导程序检查硬盘分区表是否正确，在完成计算机自检后引导操作系统启动，最后把系统控制权交给操作系统启动程序。MBR 与操作系统无关，并且硬盘引导程序也是可以改变的，可以通过修改硬盘引导程序实现多系统共存。

16.2.3　完整的初始化流程

在弄清楚 PC BIOS 和硬盘引导程序的结构和作用后，再说一下 PC 的启动流程。PC 加电或者 Reset 后硬件系统会复位，复位后寄存器 CS=0xFFFF，寄存器 IP=0x0000。CPU 从 FFFF:0000H 处执行指令，这个地址只有一条 JMP（跳转）指令，跳转到系统自检程序，也就是进入了 BIOS 程序存放的位置。执行自检程序通过后，BIOS 根据配置把软盘或者硬盘（光盘也是同样道理）的 MBR 扇区读入系统 0000:7C00H 处，执行 MBR 的代码。

MBR 的代码通常由操作系统修改，也可以由其他程序（例如 GRUB 引导器）修改。如果机器安装了 GRUB 引导软件，执行 MBR 的代码会启动 GRUB 引导软件。系统的控制权交由 GRUB 引导软件处理，GRUB 根据分区的配置信息，找到硬盘对应分区上 Linux 内核文件并且加载到内存，然后跳转到内核代码位置，最后把系统控制权交给 Linux 内核。

16.3　嵌入式系统的初始化

由于嵌入式系统的多样性和复杂性，一般不像 PC 那样配置 BIOS，系统中也没有像 BIOS 那样的固件。用于启动的代码必须由用户完成，通常称这部分代码为 Bootloader 程序，整个系统的启动就由它完成。Bootloader 初始化硬件设备、建立内存空间的映射，将系统的软硬件环境设定在一个合适的状态，为加载操作系统内核和应用程序准备一个正确的环境。Bootloader 依赖实际硬件环境，通常不存在一个通用的标准。对于不同的嵌入式系统，Bootloader 程序内容也不相同。本书以 ARM 处理器为例介绍嵌入式系统的初始化。

基于 ARM 内核的处理器系统加电或复位后，从地址 0x00000000 处取第一条指令。通常的嵌入式系统具有某种类型的固态存储设备（例如 E^2PROM、FLASH 等）被映射到地址 0x00000000。通过烧写工具可以把 Bootloader 程序写在存储器的起始位置，系统加电或复位后可以执行 Bootloader 程序。根据存储器的容量大小，可以选择将 Bootloader 压缩存储在存储器内。压缩存储的 Bootloader 程序在启动的时候会自动解压缩，并且把解压缩后的代码复制到 RAM 中，然后跳转到解压缩后的代码执行。嵌入式 Linux 系统的一般启动流程，如图 16-5 所示。

图 16-5 所示的流程的第一步是设置中断和向量，主要是屏蔽中断请求，防止硬件中断打断程序执行；配置系统寄存器配置系统需要的必须设置的寄存器，这个步骤和具体的处理器有关；随后的工作是设置看门狗、初始化存储器和堆栈指针，这些工作是为以后的程序创建工作环境；前面的流程通常是用汇编语言编写，一方面是与系统无关，另一方面是保证启动的速度。系统设置好以后，进入 Bootloader 的主业务流程。这部分代码多用高级语言编写，可以向用户提供众多功能，如设置 Linux 内核启动参数，查看和修改系统内存

等。Bootloader 可以加载 Linux 内核映像到内存，然后设置指令寄存器，指向内核代码入口，最后转入 Linux 内核代码。

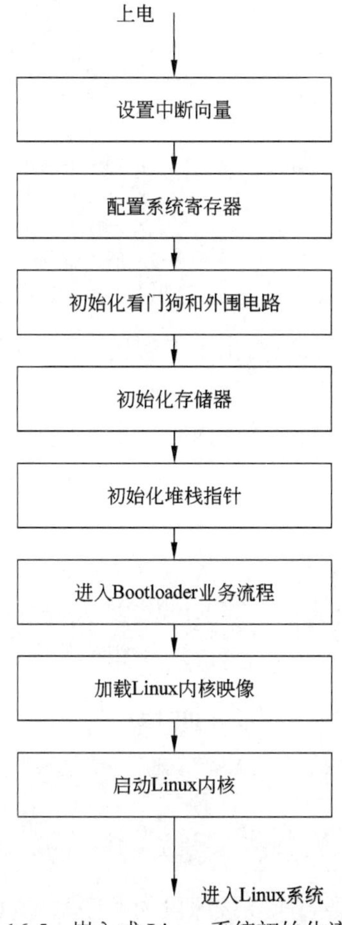

图 16-5　嵌入式 Linux 系统初始化流程

16.4　Linux 内核初始化

Linux 内核在不同处理器体系结构上启动代码不全相同，但是启动的流程基本一致，本节将根据嵌入式开发的需要从 ARM 核分析 Linux 内核初始化过程。

16.4.1　解压缩内核映像

大多数嵌入式应用，由于存储器空间的限制，编译后的内核映像都是压缩存放，所以进入内核的第一步首先是解压缩内核映像。在 ARM 体系结构上 Linux 内核代码的入口在 arch/arm/boot/compress/head.S 文件，文件的 start 标号是代码的入口点，之前定义了许多需要的常量。

```
        .section ".start", #alloc, #execinstr      // 定义.start 段
/*
 * sort out different calling conventions
```

```
 */
        .align
start:
        .type   start,#function
        .rept   8
        mov r0, r0
        .endr

        b   1f
        .word   0x016f2818          // 程序用到的幻数
        .word   start               // zImage 映像的绝对起始地址
        .word   _edata              // zImage 的结束地址
1:      mov r7, r1                  // 保存体系结构 ID
        mov r8, r2                  // 保存 atags 指针
```

上面的代码是程序的入口，代码给出了汇编语言的注释，这段代码的作用是设置内核映像的入口地址。

需要注意的是，不是一个汇编文件的内容完全属于一个段，也不是说先执行完某个汇编文件的代码再执行另一个汇编文件的代码，如在 head.s 文件定义完.start 段后，又开始定义了.text 段：

```
.text
adr r0, LC0
ldmia r0, {r1, r2, r3, r4, r5, r6, ip, sp}
subs r0, r0, r1                         // 计算偏移
```

而在 head-s3c2410.s 文件却又定义了.start 段：

```
.section ".start", #alloc, #execinstr
__S3C2410_start:
 bic r2, pc, #0x1f
 add r3, r2, #0x4000  @ 16 kb is quite enough...
```

以上代码仍然是属于.start 段，所以按照段的顺序是先执行.start 段，再执行.text 段，即使在 head.s 文件中已经先写入.text 段。

启动代码接下来的工作是解压缩，真正的内核映像 vmlinux 是很大的，压缩后才可以放在 Flash 盘里。解压缩内核是从 LOAD_ADDR=0x30008000 开始的 4MB 空间，会覆盖当前运行的代码，所以需要把内核解压缩到 zImage+分配堆栈 0x10000 这段空间的最后，代码如下：

```
cmp r4, r2                  // r4 是 LOAD_ADDR=0x30008000
bhs wont_overwrite          // r2 是当前代码的最底部
add r0, r4, #4096*1024 @ 4MB largest kernel size
cmp r0, r5                  // r5 也是 0x30008000
bls wont_overwrite

mov r5, r2                  // r2 是(user_stack+4096)在 zImage 的最后+0x10000
mov r0, r5
mov r3, r7                  // 机器类型
bl decompress_kernel
```

使用 r5、r0、r7 作为参数，就可以调用 misc.c 中的 decompress_kernel()函数进行解压缩，该函数调用 gnuzip 库函数，在内核源代码中找不到。

解压缩在 r5 指定的地方开始，函数返回的 r0 存放解压得到的长度：

```
 add r1, r5, r0  @ end of decompressed kernel
 adr r2, reloc_start
 ldr r3, LC1        // LC1: .word reloc_end - reloc_start
 add r3, r2, r3
1:  ldmia r2!, {r8 - r13}  @ copy relocation code
 stmia r1!, {r8 - r13}
 ldmia r2!, {r8 - r13}
 stmia r1!, {r8 - r13}
 cmp r2, r3         // 这里就把从 reloc_start 到 reloc_end 这段需要的代码放到了
 blo 1b             // 解压内核的最后,下面会将 zImage 都覆盖掉
 bl cache_clean_flush
 add pc, r5, r0     // 调到调整后的 reloc_start,在 decompressed kernel 后
reloc_start: add r8, r5, r0     // r5 解压内核开始的地方 r0 解压内核的长度
 debug_reloc_start
 mov r1, r4         // 设置通用寄存器 r4 值为 0x30008000
1:
 .rept 4
 ldmia r5!, {r0, r2, r3, r9 - r13}     // 重新分配内核地址
 stmia r1!, {r0, r2, r3, r9 - r13}
 .endr

 cmp r5, r8
 blo 1b                             //这样就又把解压的真正内核移到了 0x30008000 处
call_kernel: bl cache_clean_flush
 bl cache_off
 mov r0, #0
 mov r1, r7                         // 恢复体系结构编号
 mov pc, r4                         // 调用内核代码
```

上面的代码说明了为什么最后要跳转到地址 0x30008000 处执行真正的内核。

16.4.2　进入内核代码

接下来就进入了真正的内核代码。在有 MMU 的处理器上，系统会使用虚拟地址，通过 MMU 指向实际物理地址。在这里 0xC0008000 的实际物理地址就是 0x30008000。到 head-armv.s 文件找到程序入口，代码如下：

```
 .section ".text.init",#alloc,#execinstr
 .type stext, #function
ENTRY(stext)
 mov r12, r0
 mov r0, #F_BIT | I_BIT | MODE_SVC     // 确认是否 svc 模式
 msr cpsr_c, r0                        // 确认所有 irq 关闭
 bl __lookup_processor_type
 teq r10, #0                           // 判断处理器是否有效
 moveq r0, #'p'  @ yes, error 'p'
 beq __error
 bl __lookup_architecture_type
 teq r7, #0                            // 判断体系结构是否有效
 moveq r0, #'a'  @ yes, error 'a'
 beq __error
 bl __create_page_tables
 adr lr, __ret  @ return address
```

```
  add pc, r10, #12                                // 初始化处理器
```

程序中寄存器 r10 的值是在__lookup_processor_type 子函数中赋值的：

```
__lookup_processor_type:
  adr r5, 2f                  // r5 标号 2 的地址 基址是 0x30008000
  ldmia r5, {r7, r9, r10}   // r7=__proc_info_end  r9=__proc_info_ begin
  sub r5, r5, r10             // r10 标号 2 的链接地址基址是 0xc0008000
  add r7, r7, r5   @ to our address space
  add r10, r9, r5          // r10 变换为基址是 0x30008000 的__proc_info_begin
2:  .long __proc_info_end
  .long __proc_info_begin
  .long 2b
```

这样寄存器 r10 中存放的是__proc_info_begin 的地址，到目前为止还没有打开 MMU，所以函数需要把基址变到 0x30008000。接着找到__proc_info_begin 标号，在 kernel/arch/arm/mm/proc-arm920.s 文件中的代码如下：

```
.section ".proc.info", #alloc, #execinstr

 .type __arm920_proc_info,#object
__arm920_proc_info:
 .long 0x41009200
 .long 0xff00fff0
 .long 0x00000c1e   @ mmuflags
 b __arm920_setup
```

这样就知道指令 add pc,r10 #12 跳转的位置，这个地址刚好存放了跳转语句。b 指令使用的是相对地址，所以不需要做地址变换，直接跳转到__arm920_setup，并且上一条指令是“adr lr,__ret”，设定了__arm920_setup 返回地址是__ret，所以执行完__arm920_setup 代码后程序返回到 head-armv.s 的__ret 标号继续执行，代码如下：

```
__ret:  ldr lr, __switch_data
 mcr p15, 0, r0, c1, c0    //在这里打开了 MMU
 mov r0, r0
 mov r0, r0
 mov r0, r0
 mov pc, lr                 //跳转到__mmap_switched,这里开始使用虚拟地址
```

这段代码的作用是打开 MMU，从这以后就开始使用虚拟地址。注意，第一条指令“ldr lr,__switch_data”已经开始使用虚拟地址了。

程序从__switch_data 标号开始执行下来，最后跳转到 C 语言代码。

```
b SYMBOL_NAME(start_kernel)     //在 kernel\init\main.c 中
```

这里给出一个大体的流程图，如图 16-6 所示。

图 16-6 是 Linux 内核启动流程，内核的入口点是 start_kernel()，从这里开始是 C 语言代码，常见的代码如下：

```
lock_kernel();                     // 锁定内核
printk(linux_banner);              // 打印系统提示
setup_arch(&command_line);
printk("Kernel command line: %s\n", saved_command_line);
parse_options(command_line);    // 处理内核参数
```

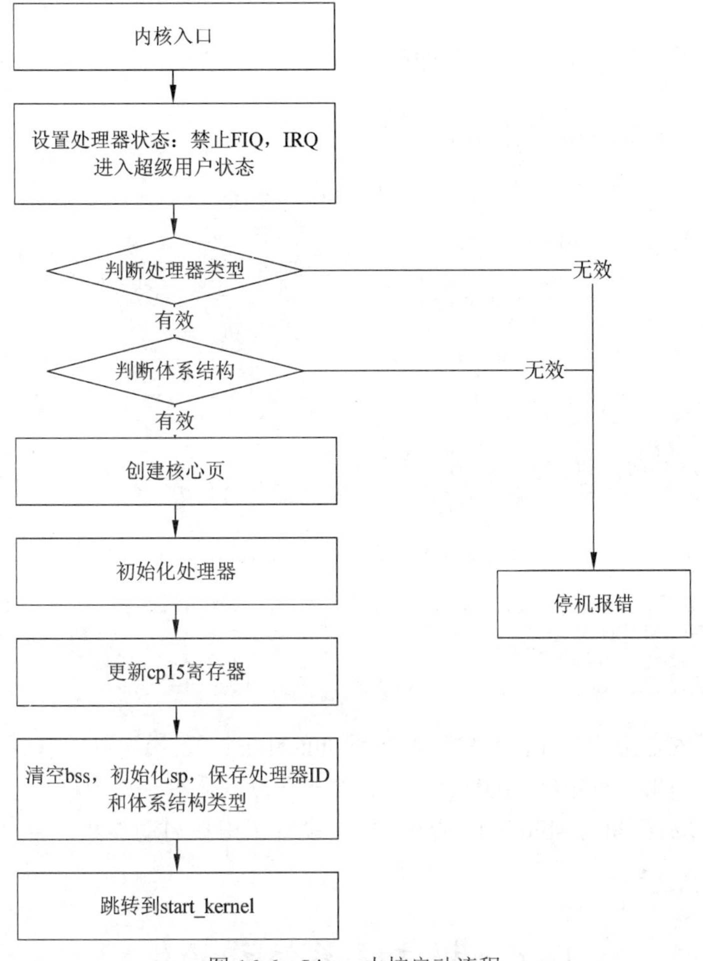

图 16-6　Linux 内核启动流程

```
trap_init();                        // 初始化陷入门
init_IRQ();                         // 初始化中断
sched_init();                       // 初始化进程调度
softirq_init();                     // 初始化软中断
time_init();                        // 初始化定时器
```

主要是做初始化工作，每个函数名的含义就是所做的初始化工作。

16.5　启动 init 内核进程

在 start_kernel()函数最后调用了 rest_init()函数，此函数用来创建内核 init 进程，这也是内核态中最后要完成的工作。代码如下：

```
static void rest_init(void)
{
    kernel_thread(init, NULL, CLONE_FS | CLONE_FILES | CLONE_SIGNAL);
    unlock_kernel();
    current->need_resched = 1;
    cpu_idle();
```

```
}
```

rest_init()函数中调用了 kernel_thread()函数创建 init 进程，执行的是 main.c 中的 init()函数。

内核使用 do_initcalls()函数设置各种驱动：

```
static void __init do_initcalls(void)
{
    initcall_t *call;

    call = &__initcall_start;
    do {
        (*call)();
        call++;
    } while (call < &__initcall_end);

    flush_scheduled_tasks();
}
```

其中，__initcall_start 是在 kernel/include/linux/init.h 文件定义的：

```
#define __init_call __attribute__ ((unused,__section__ (".initcall. init")))
typedef int (*initcall_t)(void);
#define __initcall(fn)        \
 static initcall_t __initcall_##fn __init_call = fn
```

这样做的目的是把初始化函数的地址放到 initcall.init 段，这样就可以不断调用驱动的初始化函数了。如果没有定义 MODULE 宏，会把驱动代码编译进内核。

在 init 的最后会执行/sbin/init 程序，如果设置了内核启动参数，会执行参数指定的脚本。

16.6　根文件系统初始化

Linux 内核启动完毕后，首先就是要创建根文件系统，用户空间所有的操作都依赖根文件系统。本节将介绍根文件系统的结构，并结合代码分析根文件系统的初始化过程。

16.6.1　根文件系统介绍

在内核代码启动完之后，进入文件系统初始化的阶段，Linux 需要加载根文件系统。Linux 的根文件系统可以分两类：虚拟根文件系统和真实根文件系统。Linux 内核的发展趋势是把更多的功能放在用户空间内完成，可以保持内核的精简。虚拟根文件系统也是各 Linux 发行厂商采用的一种方式，可以把初始化的工作在虚拟的根文件系统内完成，最后再切换到真实的文件系统。

1．传统的 initrd 根文件系统

initrd 是英文 Init Ramdisk 的简写，是一个内核启动时存放在内存的文件系统。initrd 的目的是把内核启动分成两个阶段，在内核中保留最少最基本的启动代码，把各种硬件驱动放在 initrd 中，在启动过程中可以从 initrd 所挂载的根文件系统加载需要的内核模块。这

样可以在保持内核不变的情况下，通过修改 initrd 的内容就可以灵活地支持不同的硬件。在内核启动结束后，根文件系统可以重新挂载到其他设备上。

Linux 不是必须要 initrd 的，如果把需要的功能全部编译到内核中（非模块方式），仅需要一个内核文件就可以。使用 initrd 可以减小内核体积并且增加灵活性。Bootloader 应该能够支持常见的文件系统，否则无法加载内核映像和根文件系统文件。

提示： 用户也可以制作自己的 initrd 根文件系统映像，大多数发行版提供了 mkinitrd 脚本，具体使用方法可以参考相应的文档。

2．initramfs 根文件系统

initramfs 根文件系统是 Linux 内核 2.5 版本引入的技术，它实际上就是在内核映像中附加一个 cpio 包，包含了一个小型的文件系统。当内核启动时，把这个 cpio 包解开，并且把包里面的文件释放到根文件系统中。内核一部分初始化代码会放到这个根文件系统中，作为用户进程来执行。initramfs 的方式简化了内核初始化代码，并且使初始化过程更容易定制。

3．根文件系统的挂载

在内核代码 mnt_init()函数中调用了 init_rootfs()函数注册根文件系统，然后使用 init_mount_tree()函数挂载根文件系统。代码如下：

```
void __init mnt_init(void)
{
    //...
    init_rootfs();                                          // 挂载文件系统
    init_mount_tree();                                      // 注册根文件系统
}
```

注册根文件系统的 init_rootfs()函数代码如下：

```
int __init init_rootfs(void)
{
    int err;
    err = bdi_init(&ramfs_backing_dev_info);
    if (err)
        return err;
    err = register_filesystem(&rootfs_fs_type);     // 注册根文件系统
    if (err)
        bdi_destroy(&ramfs_backing_dev_info);
    return err;
}
```

这个函数的作用很简单，调用系统接口注册根文件系统。随后 init_mount_tree()函数代码如下：

```
static void __init init_mount_tree(void)
{
    struct vfsmount *mnt;
    struct mnt_namespace *ns;
    struct path root;
```

```
    mnt = do_kern_mount("rootfs", 0, "rootfs", NULL); // 挂载根文件系统

    if (IS_ERR(mnt))
    panic("Can't create rootfs");

    ns = kmalloc(sizeof(*ns), GFP_KERNEL); // 分配名字空间
    if (!ns)
        panic("Can't allocate initial namespace");

    atomic_set(&ns->count, 1);                // 根文件系统名写入名字空间
    INIT_LIST_HEAD(&ns->list);
    init_waitqueue_head(&ns->poll);
    ns->event = 0;
    list_add(&mnt->mnt_list, &ns->list);

    ns->root = mnt;
    mnt->mnt_ns = ns;

    init_task.nsproxy->mnt_ns = ns;
    get_mnt_ns(ns);

    root.mnt = ns->root;
    root.dentry = ns->root->mnt_root;

    set_fs_pwd(current->fs, &root);
    set_fs_root(current->fs, &root);
}
```

这个函数将根文件系统挂载在“/”的挂载点，最后切换进程和当前目录为“/”，这也就是根文件系统的由来。这里挂载的根文件系统是临时的，等内核初始化完之后会把根目录挂载到具体的文件系统上，这也是系统启动之后使用mount命令看不到根文件系统挂载信息的原因。

16.6.2　挂载虚拟文件系统

挂载文件系统在kernel_init()函数实现，本节将重点分析该函数。

1. 基本参数初始化

到目前为止，根目录已经挂载。现在可以挂载具体文件系统，这项工作在kernel_init()函数中完成，代码如下：

```
static int __init kernel_init(void * unused)
{
    ...
    do_basic_setup();                                 // 内核模块初始化
    if (!ramdisk_execute_command)
    ramdisk_execute_command = "/init";
    if (sys_access((const char __user *) ramdisk_execute_command, 0) != 0){
        ramdisk_execute_command = NULL;
        prepare_namespace();                          // 准备名字空间
    }

    /*
    * Ok, we have completed the initial bootup, and
    * we're essentially up and running. Get rid of the
```

```
    * initmem segments and start the user-mode stuff..*/
    init_post();
    return 0;
}
```

在上面的代码中，do_basic_setup()函数是一个很关键的函数，直接编译在内核的模块代码都是这个函数启动的，do_basic_setup()函数片段如下：

```
static void __init do_basic_setup(void)
{
    /* drivers will send hotplug events */
    init_workqueues();
    usermodehelper_init();
    driver_init();                                  // 初始化驱动
    init_irq_proc();
    do_initcalls();
}
```

do_initcalls()函数启动所有在__initcall_start 和__initcall_end 段的函数，而静态编译进内核的模块也会把入口放到这段区间里。与根文件系统相关的初始化函数都由 rootfs_initcall()函数引用，该函数会调用 populate_rootfs()函数进行初始化，代码如下：

```
static int __init populate_rootfs(void)
{
    char  *err  =  unpack_to_rootfs( initramfs_start,initramfs_end  -
  initramfs_start, 0);
    if (err)
        panic(err);
    if (initrd_start) {
#ifdef CONFIG_BLK_DEV_RAM
        int fd;
        printk(KERN_INFO "checking if image is initramfs...");
        err  =  unpack_to_rootfs((char  *)initrd_start,initrd_end  -
initrd_start, 1);
        if (!err) {
            printk(" it is\n");
            unpack_to_rootfs((char *)initrd_start,
            initrd_end - initrd_start, 0);
            free_initrd();
            return 0;
        }
        printk("it isn't (%s); looks like an initrd\n", err);
        fd = sys_open("/initrd.image", O_WRONLY|O_CREAT, 0700);
        if (fd >= 0) {
            sys_write(fd, (char *)initrd_start,
            initrd_end - initrd_start);
            sys_close(fd);
            free_initrd();
        }
#else
        printk(KERN_INFO "Unpacking initramfs...");
        err = unpack_to_rootfs((char *)initrd_start,
        initrd_end - initrd_start, 0);
        if (err)
            panic(err);
        printk(" done\n");
        free_initrd();
#endif
    }
```

```
    return 0;
}
```

在 populate_rootfs()函数中调用了一个 unpack_to_rootfs()函数，顾名思义，这个函数是解压缩并且释放到根文件系统。实际有两个功能，一是释放包，二是查看是否为 cpio 结构的包。函数最后一个参数是设置功能。unpack_to_rootfs()函数只能处理前面提到的与内核融为一体的 initramfs 类型的根文件系统，其他格式的根文件系统不做处理，直接退出。

对于其他类型的根文件系统，只有配置了 CONFIG_BLK_DEV_RAM 宏才可以支持。从代码可以看出，除 initramfs 类型外，必须配置成 initrd 类型的根文件系统才被支持，否则都当做 cpio 格式的根文件系统处理。

对于 cpio 格式的根文件系统，直接把文件释放到根目录。如果是 initrd 格式的根文件系统，释放映像文件到/initrd.image。最后把 initrd 映像文件占用的内存归入伙伴系统，这段内存可以由操作系统用做其他用途了。

2. 创建系统第一个进程

到这里，根文件系统映像已经释放完毕，接下来回到 kernel_init()函数：

```
static int __init kernel_init(void * unused)
{
    ...
    do_basic_setup();
    /*
    * check if there is an early userspace init.  If yes, let it do all
    * the work
    */
    if (!ramdisk_execute_command)
        ramdisk_execute_command = "/init";
    if (sys_access((const char __user *) ramdisk_execute_command, 0) !=
    0) {
        ramdisk_execute_command = NULL;
        prepare_namespace();
    }
    /*
    * Ok, we have completed the initial bootup, and
    * we're essentially up and running. Get rid of the
    * initmem segments and start the user-mode stuff..
    */
    init_post();
    return 0;
}
```

在 do_basic_setup()函数后紧接着调用 ramdisk_execute_command()函数，用来解析内核引导参数。内核引导参数是在启动内核的时候由加载程序（Bootloader 或者 Grub 等）传递给内核的，用户可以根据需要配置自己的内核引导参数。如果用户指定了 init 文件的路径，会把参数放到这里，如果没有指定 init 参数，默认是/init。

从前面的分析知道，initramfs 和 initrd 类型的映像，会将虚拟根文件系统释放到根目录。如果虚拟文件系统里有/init 程序，会转入执行 init_pos()函数。init_post()函数代码如下：

```
static int noinline init_post(void)
{
    free_initmem();
```

```
    unlock_kernel();
    mark_rodata_ro();
    system_state = SYSTEM_RUNNING;
    numa_default_policy();
    if (sys_open((const char __user *) "/dev/console", O_RDWR, 0) < 0)
        printk(KERN_WARNING "Warning: unable to open an initial
        console.\n");
    (void) sys_dup(0);
    (void) sys_dup(0);
    if (ramdisk_execute_command) {
        run_init_process(ramdisk_execute_command);
        printk(KERN_WARNING "Failed to execute %s\n",
        ramdisk_execute_command);
    }
    /*
    * We try each of these until one succeeds.
    *
    * The Bourne shell can be used instead of init if we are
    * trying to recover a really broken machine.
    */
    if (execute_command) {
        run_init_process(execute_command);
        printk(KERN_WARNING "Failed to execute %s.  Attempting "
        "defaults...\n", execute_command);
    }
    run_init_process("/sbin/init");
    run_init_process("/etc/init");
    run_init_process("/bin/init");
    run_init_process("/bin/sh");
    panic("No init found.  Try passing init= option to kernel.");
}
```

从 init_post()函数代码可以看出，函数会尝试执行指定的 init 文件。如果失败，就会依次尝试执行/sbin/init、/etc/init、/bin/init、/bin/sh 程序。如果都没有找到对应的 init 文件，内核会报错并进入死循环。

需要注意的是，run_init_process()函数调用程序的时候，使用内核态执行程序。调用进程会替换当前进程，如果其中任意一个程序调用成功，都不会返回到这个函数。

如果映像或者虚拟文件系统没有/init，会由 prepare_namespace()函数处理，代码如下：

```
void __init prepare_namespace(void)
{
    int is_floppy;
    if (root_delay) {
        printk(KERN_INFO "Waiting %dsec before mounting root device
        ...\n",
        root_delay);
        ssleep(root_delay);
    }
    /* wait for the known devices to complete their probing */
    while (driver_probe_done() != 0)
        msleep(100);
    //mtd 的处理
    md_run_setup();
    if (saved_root_name[0]) {
        root_device_name = saved_root_name;
        if (!strncmp(root_device_name, "mtd", 3)) {
            mount_block_root(root_device_name, root_mountflags);
            goto out;
```

```
        }
        ROOT_DEV = name_to_dev_t(root_device_name);
        if (strncmp(root_device_name, "/dev/", 5) == 0)
            root_device_name += 5;
    }
    if (initrd_load())
        goto out;
    /* wait for any asynchronous scanning to complete */
    if ((ROOT_DEV == 0) && root_wait) {
        printk(KERN_INFO "Waiting for root device %s...\n",
    saved_root_name);
            while (driver_probe_done() != 0 ||
        (ROOT_DEV = name_to_dev_t(saved_root_name)) == 0)msleep(100);
    }
    is_floppy = MAJOR(ROOT_DEV) == FLOPPY_MAJOR;
    if (is_floppy && rd_doload && rd_load_disk(0))
        ROOT_DEV = Root_RAM0;
    mount_root();
out:
    sys_mount(".", "/", NULL, MS_MOVE, NULL);
    sys_chroot(".");
}
```

用户可以使用root=指定根文件系统，参数值保存在saved_root_name变量中。如果用户指定了mtd开始的字符串作为根文件系统就会直接挂载mtdblock的设备文件，否则把设备节点文件转换成ROOT_DEV设备节点号。程序最后转向initrd_load()函数执行initrd预处理，再挂载具体的文件系统。

3．挂载根文件系统

函数最后调用 sys_mount()函数挂载当前文件系统到“/”目录。挂载根文件系统完毕后，调用sys_chroot()函数将根目录切换到当前目录。到此，根文件系统的挂载点就成为用户空间看到的“/”了。

如果是其他文件系统，要先经过initrd_load()函数处理：

```
int __init initrd_load(void)
{
    if (mount_initrd) {
        create_dev("/dev/ram", Root_RAM0);
        /*
        * Load the initrd data into /dev/ram0. Execute it as initrd
        * unless /dev/ram0 is supposed to be our actual root device,
        * in that case the ram disk is just set up here, and gets
        * mounted in the normal path.
        */
        if (rd_load_image("/initrd.image")&&ROOT_DEV!=Root_RAM0){
            sys_unlink("/initrd.image");
            handle_initrd();
            return 1;
        }
    }
    sys_unlink("/initrd.image");
    return 0;
}
```

函数首先建立一个ROOT_RAM0的设备节点，并将/initrd.image释放到这个节点中，

/initrd.image 是之前分析的 initrd 映像的内容。如果当前文件系统是/dev/ram0，就直接挂载；否则程序转入 handel_initrd()函数处理，代码如下：

```
static void __init handle_initrd(void)
{
    int error;
    int pid;

    real_root_dev = new_encode_dev(ROOT_DEV);
    create_dev("/dev/root.old", Root_RAM0);
    /* mount initrd on rootfs' /root */
    mount_block_root("/dev/root.old", root_mountflags & ~MS_RDONLY);
    sys_mkdir("/old", 0700);
    root_fd = sys_open("/", 0, 0);
    old_fd = sys_open("/old", 0, 0);
    /* move initrd over / and chdir/chroot in initrd root */
    sys_chdir("/root");
    sys_mount(".", "/", NULL, MS_MOVE, NULL);
    sys_chroot(".");
    /*
    * In case that a resume from disk is carried out by linuxrc or one of
    * its children, we need to tell the freezer not to wait for us.
    */
    current->flags |= PF_FREEZER_SKIP;
    pid = kernel_thread(do_linuxrc, "/linuxrc", SIGCHLD);
    if (pid > 0)
        while (pid != sys_wait4(-1, NULL, 0, NULL))yield();
    current->flags &= ~PF_FREEZER_SKIP;
    /* move initrd to rootfs' /old */
    sys_fchdir(old_fd);
    sys_mount("/", ".", NULL, MS_MOVE, NULL);
    /* switch root and cwd back to / of rootfs */
    sys_fchdir(root_fd);
    sys_chroot(".");
    sys_close(old_fd);
    sys_close(root_fd);
    if (new_decode_dev(real_root_dev) == Root_RAM0) {
        sys_chdir("/old");
        return;
    }
    ROOT_DEV = new_decode_dev(real_root_dev);
    mount_root();
    printk(KERN_NOTICE "Trying to move old root to /initrd ... ");
    error = sys_mount("/old", "/root/initrd", NULL, MS_MOVE, NULL);
    if (!error)
        printk("okay\n");
    else {
        int fd = sys_open("/dev/root.old", O_RDWR, 0);
        if (error == -ENOENT)
            printk("/initrd does not exist. Ignored.\n");
        else
            printk("failed\n");
        printk(KERN_NOTICE "Unmounting old root\n");
        sys_umount("/old", MNT_DETACH);
        printk(KERN_NOTICE "Trying to free ramdisk memory ... ");
        if (fd < 0) {
            error = fd;
        } else {
            error = sys_ioctl(fd, BLKFLSBUF, 0);
            sys_close(fd);
```

```
        }
        printk(!error ? "okay\n" : "failed\n");
    }
}
```

handle_initrd()函数首先将/dev/ram0 挂载，然后执行/linuxrc。执行完毕后，切换根目录，再挂载具体的根文件系统。到这里，文件系统挂载的工作就全部完成了。

16.7　内核交出权限

Linux 内核通过调用 sys_fork()函数，之后再调用 sys_execve()函数创建一个新的进程。系统启动后，核心态创建名为 init 的第一个用户进程。实现这种逆向迁移，Linux 内核并不调用用户层代码。实现逆向迁移的通常做法是，在用户进程的核心栈压入用户态的 SS、ESP、EFLAGS、CS、EIP 等寄存器伪装成用户进程，然后通过 trap 进入核心态，最后通过 iret 指令返回用户态。

16.8　init 进程

一般来说，Linux 系统启动进入用户态后，首先启动/sbin/init 程序，也可以通过设置内核参数“init=”设置第一个启动的程序。如嵌入式系统通常使用 busybox 作为命令行，可以设置内核参数 init=/linuxrc，而/linuxrc 也是一个链接，具体指向哪个程序可以由用户配置。

init 进程的主要任务是按照 inittab 配置文件提供的信息创建进程，由于进行系统初始化的进程都是由 init 进程创建的，所以 init 进程也称为系统初始化进程。

inittab 配置文件的格式是每一行一个配置项，有如下结构：

```
id:rstate:action:process
```

每项有 4 个字段，字段之间用“:”分隔，如果某个字段没有设置，直接留空。下面解释各字段的含义。

1．id 字段

最多是 4 个字符的字符串，用来唯一标识表项。

2．rstate 字段

rstate 是英文 run state 的缩写，意思是运行状态。该字段定义当前配置项可以在哪个运行级别下被调用。init 定义了 0～6 几种不同的运行级别，用户可以使用 init <运行级别>切换运行级别。最常见的运行级别是 3 表示带网络的多用户模式，也就是命令行模式，级别 5 代表带网络多用户图形界面模式。rstate 可以由一个或多个运行级别组成，参数为空代表所有运行级别。

3．action 字段

action 字段定义了进程在哪个阶段运行，常见的参数请参考表 16-1。

表 16-1　action 字段常见参数及其含义

参数名称	含　　义
boot	在启动的时候运行
bootwait	等待启动完成
ctrlaltdel	在用户同时按 Ctrl+Alt+Delete 组合键的时候，向 init 进程发送 SIGINT 信号
initdefalut	不需要执行当前进程
once	指定的进程仅允许运行一次
respawn	当进程终止后有系统马上重新启动

4．process 字段

process 字段指定 init 进程执行的程序，格式同命令行下指定的都一样。如 “/sbin/shutdown–t2 –r now”，在控制台可以同时按 Ctrl+Delete+Alt 这 3 个键重新启动系统。

提示：通过编辑/etc/inittab 文件，可以加入新的记录表项。修改完毕后，通过 init q 命令通知 init 进程重新读取 inittab 文件并且处理。

16.9　初始化 RAM Disk

现代计算机的内存容量越来越大，并且价格也不断下降。内存具备了相对外存储器访问速度快、价格低廉的优势。Linux 系统支持一项功能，可以指定一块内存区域作为文件分区。用户可以像使用普通文件分区一样使用内存。本节将介绍这种内存管理技术。

16.9.1　RAM Disk 介绍

Linux 系统提供一种特殊的功能——初始化内存盘，英文名 Initial Ram Disk。RAM Disk 技术与压缩映像技术结合，使用该技术后 Linux 系统可以从容量较小的内存盘启动。使用系统内存的一部分作为根文件系统，可以不使用交换分区。换句话说，使用内存盘技术可以把 Linux 系统完全嵌入内存，不依赖其他外部存储设备。

使用 RAM Disk 技术，系统不工作在硬盘或其他外部设备上，消除了读写延迟；根文件系统和操作完全运行在 CPU/RAM 环境下，系统速度和可靠性方面比较好；此外，根文件系统也不会因为非法关机导致被破坏。

RAM Disk 唯一的一个缺点是对内存有一定的要求，要获得较好的性能，内存容量是不能太小的，目前 PC 的内存一般都很大，在内存运行根文件系统没有问题。嵌入式系统如果配备了较大的内存也可以考虑使用 RAM Disk 技术。

16.9.2　如何使用 RAM Disk

RAM Disk 也称做 RAM 盘，作用是在内存中使用一块内存区域虚拟出一个硬盘。使用 RAM Disk 需要在编译内核的时候，在 Block Device 选项中选择 BlockDevice 项。在设置 Block Disk 的时候，需要设置 RAM Disk 的参数。修改设置后，需要重新编译 Linux 内核才能使用。编译带有 RAM Disk 选项的内核。

把 RAM Disk 编译进内核以后，就可以使用了。首先创建一个 ram 目录，如/mnt/ram 目录；然后使用 mke2fs /dev/ram 命令创建文件系统；最后使用 mount /dev/ram /mnt/ram 挂载文件分区。

提示： 如果需要修改默认的 RAM Disk 大小，可以在启动的时候加入内核参数 ramdis_size=10000，表示修改 RAM Disk 大小为 10MB。

16.9.3　实例：使用 RAM Disk 作为根文件系统

本实例以创建一个 Apache 网络服务器为例，演示如何从当前存在的 Linux 系统创建基于 RAM Disk 的根文件系统。创建一个 Apache 网络服务器，只需要把 httpd 配置文件服务程序放入根文件系统映像，并且加入启动文件即可。下面是具体的操作过程。

（1）首先在 Linux 下创建/minilinux 目录，以后以此目录创建根文件系统。在/minilinux 目录下创建 bin 目录，复制常用的工具程序例如 chown、chmod、chgrp、ln、rm 等到 bin 目录；建立 sbin 目录，存放系统常用的命令例如 bash、e2fsck、mke2fs、fdisk 等；创建 usr/bin 目录，放置 Apache 的应用程序 HTTP 以及其他工具软件程序；然后使用 ldd 命令查看上述复制的程序依赖哪些库文件，建立 lib 目录，把这些文件复制到 lib 目录；建立 etc 目录，存放 httpd 的配置文件；建立 dev 目录，存放设备节点文件。

提示： 以上文件可以根据自己的需要定制，注意要考虑系统内存的大小。

（2）接下来制作 RAM Disk 映像，启动计算机的时候设置 RAM Disk 大小至少大于/minilinux 目录下的文件大小。启动完毕后，使用命令把 RAM Disk 调整到 0：

```
dd if=/dev/zero of=/dev/ram bs=1k count=30000
```

然后格式化 RAM Disk，建立 ext2 格式的文件系统：

```
mke2fs -m0 /dev/ram 30000
```

挂载 RAM Disk 到指定目录：

```
mount /dev/ram /mnt/ram
```

复制文件到 RAM Disk：

```
cp -av /minlinux/* /mnt/ram
```

（3）制作 RAM Disk 完毕后，修改/mnt/ram/etc 目录下的 fstab 文件。此文件设置启动时系统分区的描述，负责在启动时把系统要挂载的文件系统信息传递给启动进程。这里要把 RAM Disk 作为根分区，并且不使用交换分区，配置文件内容为：

```
/dev/ram / ext2 defaults 1 1
none /proc proc defaults 0 0
```

第二行是设置 proc 文件系统，这个系统是内存的映射。

最后的工作是复制 RAM Disk 映像并且压缩，运行 df 查看各分区大小。注意 RAM Disk 所在分区的 blocks 的值，卸载/dev/ram，将 RAM Disk 写成映像文件：

```
dd if=/dev/ram of=ram.img bs=1k count=38400
```

count 是 df 结果中 blocks 的数值，读者请根据自己系统查看的结果进行替换。

运行 gzip－9v ram.img 压缩映像，得到压缩后的映像文件。

16.10　小　　结

Linux 的启动过程非常复杂，不仅在内核状态包含处理器模式切换、系统权限的获取、设置系统中断、初始化硬件和软件环境等，在用户态也包含了功能强大而复杂的脚本，读者应该认真学习，通过实践理解 Linux 启动过程的各个步骤，为学习 Linux 系统打下良好的基础。第 17 章将讲解 Linux 文件系统。

第 17 章　Linux 文件系统

Linux 系统的一个重要特点就是“一切都是文件”，从这个特点可以看出文件的重要性。与其他系统一样，文件的管理是通过文件系统实现的。Linux 的文件系统不仅具备普通的文件管理功能，还有许多特殊的功能，本章将从文件系统的基本概念入手讲解 Linux 文件系统，主要内容如下：

- Linux 系统如何管理文件；
- 文件系统的工作原理；
- 常见的本地文件系统；
- 网络文件系统；
- 内核映射文件系统。

17.1　Linux 文件管理

在介绍文件系统原理之前，读者首先对文件以及文件的管理有个初步认识。Linux 系统的文件管理非常灵活，而且提供强大的功能，本节将介绍 Linux 文件管理的基本概念。

17.1.1　文件和目录的概念

在进入本章内容之前，首先给出 Linux 系统里文件和目录相关的几个概念。

- 文件系统是磁盘上特定格式的文件块集合，操作系统通过特定的结构可以方便地查找和访问集合内某个磁盘块。
- 文件是建立在文件系统概念上的，是存储在文件系统中一组磁盘块数据的命名对象。一个文件可以是空文件（没有占用磁盘块），也可以由任意多个磁盘块（由文件系统限制）组成。
- 文件名用来标识文件的字符串，保存在目录文件中。
- 目录是文件名或目录名的命名集合。在 Linux 系统，目录是一种特殊文件，目录的内容是文件或者其他目录的名称。
- 路径是用‘/’分隔的文件名集合。路径是一个文件在文件系统中的位置。

使用 Linux 系统的基本命令 ls 可以查看当前目录下所有的文件和目录名称，并且按照 ASCII 码的顺序列出，以数字开头的文件名列在前面。然后是以大写字母开头的文件名，最后是以小写字母开头的文件名。ls 是目录和文件最常用的操作命令之一。

17.1.2　文件的结构

文件是 Linux 系统处理数据的基本单位，实际上，Linux 系统所有的数据以及其他实体都是按照文件组织的。本节将介绍文件相关的知识。

1．文件的构成

无论何种类型的文件，程序、文档、数据库还是目录，都是由 I 节点（也叫索引节点）和数据构成的。在文件系统中，I 节点包含文件有关的信息，包括文件的权限、所有者、大小、存放位置、建立日期等。数据是文件真正的内容，可以为空，如空文件；也可以很大（大小由文件系统规定）。

2．文件的命名方法

文件名保存在目录中，是一个 ASCII 码的字符串。Linux 系统中文件名最大支持 255 个字符。文件的名称可以使用几乎所有 ASCII 字符，但是有限制如下：

- 斜线（/）、反斜线（\）以及空字符（ASCII 码是 0）都不能作为文件名。
- 圆点（.）开头的文件名被认为是隐含文件，使用 ls 命令查看的时候默认不显示。
- 为了避免与 shell 程序冲突，应避免使用（;）、（|）、（<）、（>）、（ '）、（″ ）、（′ ）、（$）、（!）、（%）、（&）、（*）、（?）、（\）、“(”、“)”、（[]、（））作为文件名，同时应避免在文件名中出现空格。

3．文件名通配符

shell 程序为了一次能处理多个文件，提供了几个特别的字符称做文件名通配符。shell 程序使用文件名通配符可以查询符合指定条件的文件名。常见的通配符如下：

- 星号（*）表示 0 个或多个字符。如“ab*”可以表示 abc、abcd、abcde 等。星号通配符不匹配文件名是圆点（.）开头的隐含文件。
- 问号（?）表示匹配任意一个字符。如“test?”可以表示 test1、test2、test3 等，但是不能和 test12 匹配。可以使用多个?表示多个字符匹配。
- 方括号（[]）与问号的功能类似，但是表示与方括号内的任意一个字符匹配。如“test[12]”表示与 test1 和 test2 匹配，不能与 test3 以及 test12 匹配。可以在方括号内写明匹配的范围如“file_[a-z]”表示可以与 file_a、file_b、一直到 file_z 匹配。还有一种取反的用法，方括号中在字符前加!号表示不想与某个字符匹配如“[!a]”表示不与字符 a 匹配。

提示：文件通配符可以结合在一起使用。

17.1.3　文件的类型

Linux 系统按照文件中数据的特点对文件划分不同的类别，称做文件类型。文件划分类型后，系统处理文件可以分类处理。应用程序按照系统划分的文件类型处理文件，可以提高工作效率。Linux 内核把文件类型归类如下。

1．普通文件

普通文件包含各种长度的字符串或者是二进制数据，特点是内核对这些数据没有结构化，也就是说内核无法直接处理这些数据。内核对普通文件的处理方式是把普通文件当做有序的字节序列，交给应用程序，由应用程序自己解释和处理。

2．文本文件

文本文件由 ASCII 字符组成如脚本、编程语言源代码文件等。

3．二进制文件

二进制文件由机器指令和数据组成，如编译后的可执行程序。

Linux 系统提供了一个 file 命令用来查看文件的类型，执行 file <文件名>即可得到指定文件的类型。如在 shell 执行 file /bin/bash 会得到结果如下：

```
/bin/bash: ELF 32-bit LSB executable, Intel 80386, version 1 (SYSV),
dynamically linked (uses shared libs), for GNU/Linux 2.6.24,
BuildID[sha1]=0x64552078250a29637d1678751065aa4b5ee35222, stripped
```

表示/bin/bash 程序是一个 32 比特 ELF 格式的可执行程序，适合 80386 体系结构的机器，使用动态库连接。

4．目录

目录是一种特殊的文件。与普通文件不同的是，内核对目录的数据结构化，它是由“I 节点号/文件名”构成的列表。I 节点是存放文件状态信息的结构，I 节点号是 I 节点表的下标，通过 I 节点号可以找到 I 节点。文件名是标识文件的字符串，同一个目录里面不能有相同的文件名。

目录的第一项是目录本身，以“.”作为目录本身的名称。第二个目录项是当前目录的父目录，用“..”表示。

把一个文件添加到目录的时候，该目录的大小会增长，用于容纳新文件名。当删除文件时，目录的大小并不减少，内核仅对删除的目录项做标记，便于下次新增目录项使用。

5．设备文件

Linux 系统把设备作为一种特殊的文件处理。用户可以像使用普通文件一样使用设备，通过设备文件实现了设备无关性。与普通文件不同的是，设备文件除了 I 节点信息外，不包含任何数据。有以下两类设备文件。

- 字符设备：最常用的设备，允许 I/O 传送任意大小的数据，如打印机、串口等都属于字符设备。
- 块设备：块设备有核心缓冲机制，缓冲区的数据按照固定大小的块传输，如硬盘、RAM 盘等都是块设备。

提示： 设备文件通常放在/dev 目录下。

17.1.4　文件系统的目录结构

Linux 系统继承了 UNIX 系统的特点，文件系统的目录有约定的结构，并且每个目录也有约定的功能定义。在 Linux 系统中，除了根目录（/）以外，所有的磁盘分区和设备都是组织在文件系统里的，根目录（/）是所有文件和目录的开始，如图 17-1 所示。

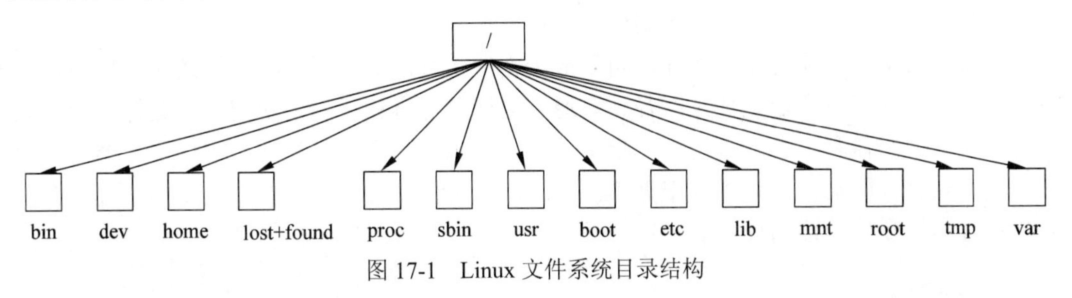

图 17-1　Linux 文件系统目录结构

在 Linux 系统命令行下使用“ls / -p”可以得到根目录下目录的列表，图 17-1 是一个示意图。各目录含义如下所述。

- /bin：此目录包含普通用户和管理员都可以用到的命令。如 bash、csh 等 shell 程序，以及 cp、rm、cat、ls 等常用命令。bin 目录对用户来说是不可缺少的。
- /dev：此目录下的文件都是设备文件。确切地说，访问/dev 目录下的文件就可以直接访问对应的硬件设备。如/dev/hda1 代表了 IDE 硬盘的第一个分区，使用 fdisk 程序可以对分区进行操作。其他的如/dev/ttyS0 是串口 1，输入命令“cat /boot/grub/menu.lst > /dev/ttyS0”可以把 menu.lst 文件从串口输出。
- /home：Linux 是一个多用户的系统，每个用户有自己的目录。/home 目录下存放了普通用户的工作目录，每个用户名对应/home 目录下的一个子目录。
- /lost+found：如果系统由于掉电或者其他意外情况突然关机，启动的时候系统会调用 fsck 进行长时间的文件检查。fsck 程序会检测并尝试恢复不正确的文件，被恢复的文件会放在这个目录下。
- /proc：这是一个特殊的目录，系统任何一个分区上都不存在这个目录。/proc 目录是内核在内存中映射的实时文件系统，存放内核向用户程序提供的信息文件。
- /sbin：此目录包含使系统运行的关键可执行文件，以及一些管理程序。通常只有超级用户权限才可以访问该目录下的程序。
- /usr：这是系统中很重要的一个目录，包含了所有用户的二进制文件和库文件等。
- /boot：此目录包含系统启动的映像文件，如 vmlinuz、system.map 等文件。LILO 和 Grub 引导管理器的程序也放在该目录下。
- /etc：此目录存放系统配置文件。几乎所有系统配置文件以及应用程序的配置文件都存放在/etc 目录下。如常见的/etc/vsftpd 目录存放了 vsftpd 应用程序的配置文件。
- /lib：此目录存放系统所有应用程序的共享库文件，以及内核的模块文件。
- /mnt：此目录用于加载磁盘分区和硬件设备挂载点。用户可以在/mnt 目录下建立硬件设备对应的目录，然后把硬件设备挂载到相应的目录上。此目录并不是强制要求，目的是为了系统目录工整。
- /root：此目录是超级用户 root 的用户目录。
- /tmp：此目录存放系统和应用程序生成的临时文件。
- /var：此目录存放假脱机（spooling）数据以及系统日志等。常见的 MySQL 数据库程序的日志也存放在该目录下。

使用 Linux 系统的读者会发现，Linux 文件系统目录虽然结构工整，但是仍然存在目录层次过深的问题，从 shell 访问某个文件，如果存放在好几层目录下，访问很不方便。Linux 系统提供了文件链接的功能解决了这个问题。

Linux 系统有一种特殊的文件，叫做链接文件，链接文件内保存了被链接文件的存放路径，链接文件可以存放在任意路径下。通过链接文件方便了用户访问某个文件，同时也给脚本编写带来便利。在脚本中可以指定访问一个确切的文件名，这个文件是一个链接文件，链接到具体的文件，只需要根据不同情况修改链接文件而不需要修改脚本。链接文件分为符号链接和硬链接两种：

1．符号链接

符号链接也称为软链接，是将一个路径名链接到一个文件。实际上链接是个文本文件，文件内容是它所链接的目标文件的绝对路径名。所有读写链接文件的操作按照链接文件指定的路径操作实际的文件。

符号链接是一个新的文件，它与实际文件有不同的 I 节点号。符号链接可以连接到目录，也可以在不同文件系统之间做链接。

使用 ln -s 命令建立符号链接时，建议用绝对路径名，这样可以在任何工作目录下进行符号链接。使用相对路径时，如果当前路径与软链接文件路径不同就不能进行链接。当删除一个文件的时候，不会删除链接到该文件的符号链接。如果删除文件后，创建的新文件名与被删除文件同名，符号链接继续有效，指向新的文件。

使用 ls 命令列目录的时候，符号链接显示为一种特殊文件，在文件属性第一个字符显示为‘l’，表示符号链接。符号链接的大小是被链接文件的字节数。

2．硬链接

与符号链接不同，硬链接会占用目录文件中的一个目录项，一个文件可以登记在多个目录中。创建硬链接后，已经存在的文件的 I 节点号会被多个目录文件项使用。文件的硬链接数量在使用 ls 命令查看文件列表的时候显示。没有建立硬链接的文件，链接数显示为 1。

硬链接有一定的限制，由于硬链接更改文件系统的 I 节点信息，因此硬链接仅能链接到同一个文件系统内的文件。

17.1.5　文件和目录的存取权限

Linux 系统中在访问文件和目录之前需要获取相应权限。Linux 系统规定了文件主（owner）、同组用户（group）、其他用户（others）、超级用户（root）4 种不同类型的角色。文件的控制权只有文件主和超级用户可以决定。超级用户可以修改任何文件的控制权限，系统提供了 chown 命令修改文件所有权。例如：

```
chown user1 /home/test          # 修改/home/test 文件的所有者为用户 user1
chown user1:root /home/test     # 修改/home/test 文件的所有者为用户 user1,用户
                                  组 root
```

另外，文件有读（r）、写（w）和可执行（x）3 种访问权限，一个文件可以对文件主、同组用户和其他用户分别设置这 3 种访问权限，如图 17-2 所示。

图 17-2 中，文件主、同组用户和其他用户分别有自己的访问权限，超级用户可以访问和修改任何文件的所有权和访问权。图 17-2 中有一个文件类型标志位，普通文件留空，如果是目录标记一个‘d’。目录和文件访问权限的含义有所不同，区别如下：

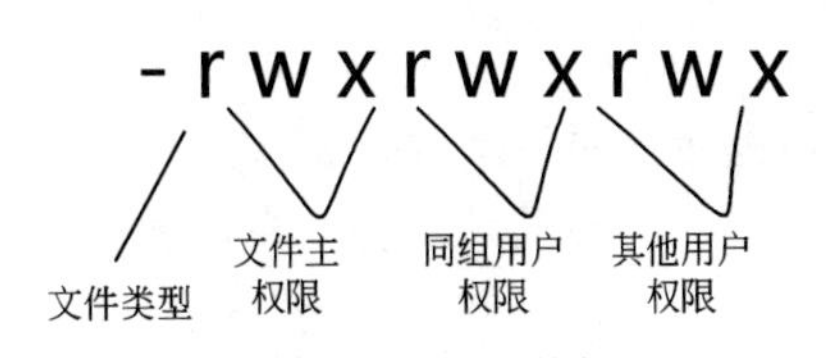

图 17-2　Linux 文件权限

- ❑ 文件存取权限：读权限（r）仅允许用户读取文件内容而无法进行其他操作；写权限（w）允许用户修改文件内容；执行权限（x）允许文件作为一个可执行程序运行。

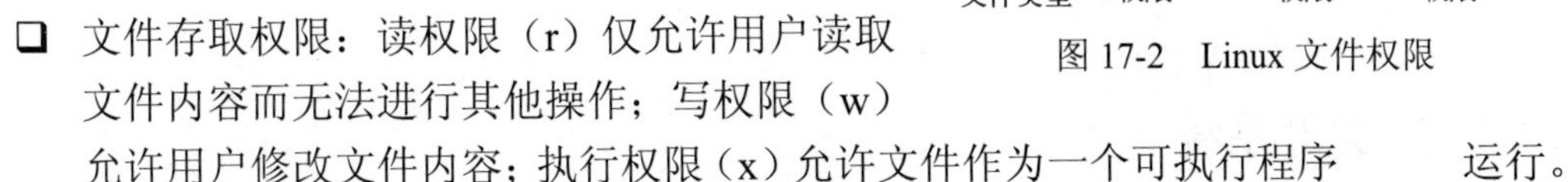

- ❑ 目录存取权限：读权限（r）仅允许用户对目录做列表操作，查看目录包含的文件名称等信息；写权限（w）允许删除和添加目录中的文件；执行权限（x）允许对目录进行查找操作。

Linux 系统提供 chmod 命令设置文件的访问权限。只有文件主和超级用户可以使用 chmod 修改文件的访问权限。chmod 命令在执行的时候会检查文件主和调用程序的用户 ID，通过比较判断是否能执行修改权限操作。chmod 命令提供了如下两种修改文件访问权限的方式：

1．符号方式

符号方式使用字母简写表示文件的所有权和访问权，操作符号表示如何操作访问权限。常见的权限含义如下所述。

- ❑ u：表示用户（user）；
- ❑ g：表示用户组（group）；
- ❑ o：表示其他用户（others）；
- ❑ a：表示所有用户（all）；
- ❑ -：表示取消某个权限；
- ❑ +：表示添加某个权限；
- ❑ =：表示直接赋值某个指定的权限；
- ❑ r：表示可读（read）；
- ❑ w：表示可写（write）；
- ❑ x：表示可执行（execute）。

举例如下：

```
chmod a+x /home/test1
```

表示将/home/test1 文件修改为所有用户具备执行权限。

2．数字方式

数字方式是使用数字指定文件的访问权限。从图 17-2 中可以看出，文件的访问权限分成 3 组，每组有 3 个权限位。数字方式规定了每个权限位可以用二进制 0 和 1 表示，每组 3 个权限位构成一个八进制数字，因此数字表示的权限位每组数字取值范围在八进制数 0～7 之间。例如：

```
chmod 755 /home/test1
```

表示设置/home/test1 文件的访问权限为文件主具备读写执行权限，同组用户和其他用户具备读写权限。

提示：初学者对数字设置权限的方法不太适应，但是数字表示权限的方法相对符号方式要简便一些，在许多脚本中都是使用这种方式。随着使用的不断增多，读者会发现这种方法的便利。

17.1.6　文件系统管理

多数存储设备（如硬盘和 Flash）可以分成多个分区，每个分区可以有不同类型的文件系统。在 Linux 系统中，文件系统可以根据需要随时装载。在系统刚启动时候，只有根文件系统被安装上。根文件系统的文件主要是保证系统正常运行的操作系统的代码文件，以及若干语言编译程序、命令解释程序和相应的命令处理程序等构成的文件，此外还有大量的用户文件空间。根文件系统一旦安装上，在整个系统运行过程中是不能卸下的，它是系统的基本部分。

其他文件系统（例如光盘文件系统）可以根据需要作为子系统动态安装到主系统中。/mnt 目录是为挂载文件系统设置的。挂载文件系统很简单，对于没有格式化的分区首先是格式化：

```
mkfs -c /dev/hda1
```

表示格式化 IDE 硬盘的第一个分区格式化，之后就可以调用 mount 命令挂载文件系统了。

```
mount -t ext3 /dev/hda1 /mnt
```

表示把刚才格式化好的 IDE 硬盘第一个分区挂载到/mnt 目录下，并且指定了分区的文件系统类型是 ext3。mount 命令通过-t 参数指定挂载文件系统的类型，还可以使用-o 参数指定与文件系统相关的选项，例如数据的处理方式等。

为了保证文件系统的完整性，在关闭文件系统之前，所有挂载的文件系统都必须卸载。在/etc/fstab 中配置的文件系统都可以被系统自动卸载，如果是用户手动挂载的文件系统，需要手动卸载。使用 umount 可以卸载已经挂载的文件系统：

```
umount /mnt
```

表示把挂载在/mnt 目录下的文件系统卸载。需要注意的是，卸载文件系统的时候，当前目录不能在被卸载文件系统路径内。

17.2　Linux 文件系统原理

文件系统通过把存储设备划分成块，然后以把文件分散存放在文件块的方式把数据存储在设备中。文件系统的管理核心是对文件块的管理。文件系统要维护每个文件的文件块分配信息，而且分配信息本身也要存储在存储设备上。不同的文件系统有着不同的文件块分配和读取方法。

通常有两种文件系统分配策略：块分配（block allocation）和扩展分配（extention allocation）。块分配是每当文件大小改变的时候重新为文件分配空间；扩展分配是预先给文件分配好空间，只有当文件超出预分配的空间时一次性为文件分配连续的块。

Linux 支持众多文件系统，实际的文件系统块分配算法非常复杂，文件系统直接影响操作系统的稳定性和可靠性。Linux 的文件系统可以大致分成非日志文件系统和日志文件系统。

17.2.1　非日志文件系统

日志是记录文件系统操作的手段，非日志文件系统不记录文件系统的更新操作。记录日志有很多优点，但是非日志文件系统通常也工作稳定。在某些情况下，非日志文件系统存在不少问题。如写入文件操作，首先是更新文件的磁盘分区占用信息 meta-data，然后写入文件内容。如果恰巧在更新文件 meta-data 信息还没有写入文件内容的时候，机器发生意外断点情况，会造成严重后果。读取未写入完成的文件会造成数据不一致的结果。

Linux 系统启动的时候会使用 fsck 程序检查磁盘。fsck 程序根据/etc/fstab 文件描述的文件系统检查文件系统的 meta-data 信息是有效的。系统关闭的时候仍然会调用 fsck 程序把所有文件系统的缓冲数据写入到物理设备，并确认文件系统被彻底卸载。

回到最初的问题，当发生断电的时候，文件系统缓冲区的数据很可能没有写回磁盘。重新启动机器后，fsck 对磁盘进行扫描，验证数据的正确性，对于数据不一致的情况会尽力修复。检查文件系统要全面检查 meta-data 数据，需要很长时间，并且不是所有的数据都可以修复。fsck 对于无法修复的文件会简单地删除或者另存为另一个文件。如果在一个文件密集的数据中心，会造成大量文件被破坏，如果是系统的重要文件很可能会造成系统无法启动。

以上介绍的都是非日志文件系统的风险。Linux 系统支持许多非日志文件系统，许多发行版使用的 ext2 文件系统就是非日志文件系统，其他的还有 FAT、VFAT、HPFS、NTFS 等文件系统。

17.2.2　日志文件系统

日志文件系统是在传统的非日志文件系统上加入了记录文件系统操作日志功能。日志文件系统的设计思想是把文件系统的操作写入日志记录，在磁盘分区保存日志记录。使用日志文件系统最大的好处是可以在系统发生灾难，如掉电的时候，最大限度保证数据的完整性。

对日志文件系统的文件做写操作之前，首先是操作日志文件。如果恰巧发生断电故障，重新启动计算机后，fsck 程序会根据日志记录恢复发生故障前的数据。使用日志文件系统后，文件系统所有操作都会记录到日志。系统每间隔一段时间会把更新后的 meta-data 和文件内容从缓冲区写入磁盘。与非日志文件系统不同的是，在更新 meta-data 之前，系统仍然会向日志文件写入一条记录。

日志文件系统每次更新 meta-data 和文件数据都需要写同步，这些操作需要更多的 I/O 操作，无形中增大了系统开销。尽管如此，日志文件系统仍然提高了文件和数据的安全性。从全局来看，日志文件系统的优点还是大于缺点的。使用日志文件系统，当计算机出现故障的时候能最大限度地保护文件数据。计算机重新启动后可以防止 fsck 程序对文件造成的破坏，也缩短了文件系统出错的扫描时间。

Linux 系统支持混合使用日志文件系统和非日志文件系统，通过笔者对常见的日志文件系统和非日志文件系统对比，日志文件系统比常见的 ext2 非日志文件系统并没有太大的效率损失。有的日志文件系统采用了 B+树算法，在操作大尺寸文件时，性能很可能比非日志文件系统还要好。

目前 Linux 支持的日志文件系统主要有：在 ext2 基础上开发的 ext3 文件系统；根据面向对象思想设计的 ReiserFS；从 SGI IRIX 系统移植过来的 XFS；从 IBM AIX 系统移植过来的 JFS。其中 ext3 完全兼容 ext2，其磁盘结构和 ext2 完全一样，只是加入日志技术。后三种文件系统广泛使用了 B 树以提高文件系统的效率。下一节将详细介绍常见的文件系统。

17.3　常见的 Linux 文件系统

在了解了文件系统的原理和管理方法后，本节将介绍几种实际应用的文件系统，包括在 PC 上应用广泛的 ext2 和 ext3 文件系统，以及嵌入式开发最常见的 JFFS 文件系统。文件系统的实现虽然不同，但是核心的思想基本是一致的，不同的文件系统考虑的侧重点不同。了解常见的文件系统有助于嵌入式 Linux 系统的学习。

17.3.1　ext2 文件系统

ext2 文件系统是 Linux 系统使用最广泛的文件系统。它的设计思想是由一系列逻辑上线性排列的数据块构成，每个数据块大小相同。所有的数据块被划分成若干个分组，每个组包含相同个数的数据块，整个文件系统的布局，如图 17-3 所示。

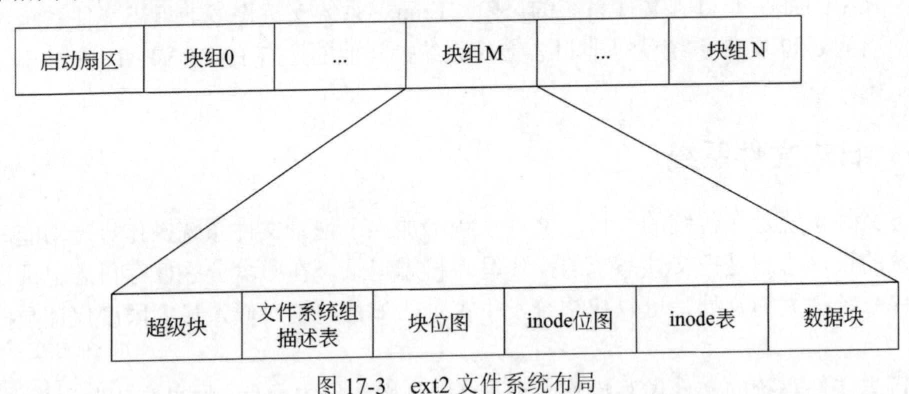

图 17-3　ext2 文件系统布局

从图 17-3 中可以看出，每个块组内都包含了一份文件系统关键信息的备份（超级块、文件系统组描述表等）。

超级块包含了文件系统基本大小和状态描述，管理程序可以通过超级块的信息使用和维护文件系统。当文件系统安装后，通常只读取块组 0 的超级块信息。每个块都有一个超级块的备份，保证系统发生灾难后能恢复。超级块定义如下：

```
struct ext2_super_block {
    __le32  s_inodes_count;     /* Inodes count */          // inode 个数
```

```
__le32  s_blocks_count;      /* Blocks count */           // 分区块个数
__le32  s_r_blocks_count;    /* Reserved blocks count */ // 保留 inode
                                                              个数
__le32  s_free_blocks_count;    /* Free blocks count */ // 空闲块个数
__le32  s_free_inodes_count;    /* Free inodes count */ // 空闲 inode
                                                              个数
__le32  s_first_data_block; /* First Data Block */  // 空闲数据块个数
__le32  s_log_block_size;   /* Block size */        // 块大小
__le32  s_log_frag_size;    /* Fragment size */       // 段大小
__le32  s_blocks_per_group; /* # Blocks per group */  // 每个块组的块数
__le32  s_frags_per_group;  /* # Fragments per group */ // 每组段个数
__le32  s_inodes_per_group; /* # Inodes per group */  // 每组 inode 个数
__le32  s_mtime;            /* Mount time */          // 挂载时间
__le32  s_wtime;            /* Write time */
__le16  s_mnt_count;        /* Mount count */         // 挂载次数
__le16  s_max_mnt_count;    /* Maximal mount count */   // 最大挂载次数
__le16  s_magic;            /* Magic signature */
__le16  s_state;            /* File system state */     // 文件系统状态
__le16  s_errors;           /* Behaviour when detecting errors */
__le16  s_minor_rev_level;  /* minor revision level */
__le32  s_lastcheck;        /* time of last check */
__le32  s_checkinterval;    /* max. time between checks */
__le32  s_creator_os;       /* OS */
__le32  s_rev_level;        /* Revision level */
__le16  s_def_resuid;       /* Default uid for reserved blocks */
__le16  s_def_resgid;       /* Default gid for reserved blocks */
/*
 * These fields are for EXT2_DYNAMIC_REV superblocks only.
 *
 * Note: the difference between the compatible feature set and
 * the incompatible feature set is that if there is a bit set
 * in the incompatible feature set that the kernel doesn't
 * know about, it should refuse to mount the filesystem.
 *
 * e2fsck's requirements are more strict; if it doesn't know
 * about a feature in either the compatible or incompatible
 * feature set, it must abort and not try to meddle with
 * things it doesn't understand...
 */
__le32  s_first_ino;        /* First non-reserved inode */
                                       // 第一个非保留 inode 节点号
__le16   s_inode_size;      /* size of inode structure */
                                       // inode 结构大小
__le16  s_block_group_nr;   /* block group # of this superblock */
__le32  s_feature_compat;   /* compatible feature set */
__le32  s_feature_incompat;     /* incompatible feature set */
__le32  s_feature_ro_compat;    /* readonly-compatible feature set */
__u8    s_uuid[16];         /* 128-bit uuid for volume *///128 比特 UUID
char    s_volume_name[16];  /* volume name */         // 卷名称
char    s_last_mounted[64]; /* directory where last mounted */
                                                  // 最后访问的目录
__le32  s_algorithm_usage_bitmap; /* For compression */     // 压缩使用
/*
 * Performance hints.  Directory preallocation should only
```

```
    * happen if the EXT2_COMPAT_PREALLOC flag is on.
    */
   __u8    s_prealloc_blocks;  /* Nr of blocks to try to preallocate*/
   __u8    s_prealloc_dir_blocks;  /* Nr to preallocate for dirs */
   __u16   s_padding1;
   /*
    * Journaling support valid if EXT3_FEATURE_COMPAT_HAS_JOURNAL set.
    */
   __u8    s_journal_uuid[16]; /* uuid of journal superblock */
   __u32   s_journal_inum;     /* inode number of journal file */
                                          // 用于日志文件的 inode 号
   __u32   s_journal_dev;      /* device number of journal file */
                                          // 用于日志文件的设备号
   __u32   s_last_orphan;      /* start of list of inodes to delete */
                                          // inode 删除列表起始 inode
   __u32   s_hash_seed[4];     /* HTREE hash seed */
   __u8    s_def_hash_version; /* Default hash version to use */
   __u8    s_reserved_char_pad;
   __u16   s_reserved_word_pad;
   __le32  s_default_mount_opts;
   __le32  s_first_meta_bg;    /* First metablock block group */
   __u32   s_reserved[190];    /* Padding to the end of the block */
};
```

以上是 ext2 超级块结构定义，其中重要的数据已经使用中文标注。

块组描述符用来描述每个块组的控制和统计信息。所有块组的描述信息在每个块内都有备份，以备系统故障时恢复。通常情况下系统只使用块组 0 的描述信息。

```
/*
 * Structure of a blocks group descriptor
 */
struct ext2_group_desc
{
   __le32  bg_block_bitmap;        /* Blocks bitmap block */  // 单块扇区数
   __le32  bg_inode_bitmap;        /* Inodes bitmap block */
   __le32  bg_inode_table;         /* Inodes table block */
   __le16  bg_free_blocks_count;   /* Free blocks count */
                                              // 块组中空闲块数
   __le16  bg_free_inodes_count;   /* Free inodes count */
   __le16  bg_used_dirs_count; /* Directories count */
   __le16  bg_pad;
   __le32  bg_reserved[3];
};
```

块组位图在对应位置表示块的使用情况，0 表示未使用，1 表示已使用。

17.3.2　ext3 文件系统

ext3 文件系统是直接从 ext2 文件系统发展来的，完全兼容 ext2 文件系统。目前 ext3 文件系统已经很稳定，用户可以直接过渡到 ext3 文件系统。除增加了日志文件功能外，ext3 文件系统的结构与 ext2 文件系统完全相同。ext3 既可以仅对 meta-data 进行日志操作，又可以同时对文件数据块做日志。具体来说，ext3 提供日志、预定和写回 3 种日志模式。

❑ 日志（Journal）模式：在日志模式下，文件系统每个改变涉及的 meta-data 更新和文件数据都写入日志。使用日志模式最大限度地减小了修改文件时文件内容丢失的机会。但是，日志模式会消耗更多的磁盘空间用于记录日志。当新创建文件的时候，文件所有数据都需要备份在日志文件中，磁盘开销很大。日志模式是 ext3 文件系统最安全也是最慢的模式。

- 预定（Ordered）模式：预定模式下，只有更新文件系统的 meta-data 时，系统才会记录日志。通常情况下 ext3 文件系统对 meta-data 及相关文件数据分组，在写入 meta-data 之前可以写入文件数据，这种方法可以减少文件数据被破坏。
- 写回（Writeback）模式：写回模式是在文件系统中文件数据改变的时候才进行日志操作。写回模式是从其他日志文件系统学习来的，是 ext3 文件系统中工作效率最高的日志操作方式。

ext3 文件系统的日志功能是使用 Linux 内核的日志块设备（Journaling Block Device）实现的，在 Linux 内核中也称做 JDB 通用内核层。ext3 文件系统调用 JDB 提供的接口完成日志操作，JDB 保证了计算机出现故障时能最大限度地保护文件系统的数据完整性。

JDB 提供了日志记录、原子操作和事务 3 种接口方式，功能如下：

- 日志记录：是文件系统低级操作的描述。JDB 的日志记录内容是文件系统低级操作所涉及的数据缓冲内容。也就是说，JDB 的日志记录记录了文件低级操作涉及的缓冲区内容。使用 JDB 日志记录会造成大量空间浪费，但由于是直接操作文件系统数据缓冲区，日志记录的速度是很快的。
- 原子操作：是文件系统对磁盘数据进行的低级操作。通常文件系统一个单独的高级操作（如写操作）是由多个原子操作组成的。
- 事务：是为提高效率设计的一组原子操作集合。事务中原子操作处理的日志记录是连续的，因此能提高处理效率。

17.3.3 ReiserFS 文件系统

与 ext3 文件系统不同，ReiserFS 文件系统是一个完全重新设计的文件系统。ReiserFS 文件系统适合大数据量的存储需求，可以轻松管理超大文件。ReiserFS 借鉴了面向对象思想，该文件系统分成语义层和存储层。其中，语义层用来管理命名空间和接口定义，存储层管理具体的磁盘空间。语义层解析对象名然后通过键与存储层联系，存储层通过键确定数据在磁盘上的存储位置。在 ReiserFS 文件系统中，键的值是唯一确定的。以下是语义层和存储层的详细介绍。

1．语义层

语义层负责处理 ReiserFS 文件系统中的逻辑概念，该层定义了以下 6 种接口。

- 文件接口：用于管理文件。在 ReiserFS 文件系统中每个文件有唯一的接口 ID。
- 属性接口：ReiserFS 文件系统中，文件的属性页被认为是一种文件。文件属性的值是文件内容。
- 哈希接口：目录是文件名与文件之间的映射表，ReiserFS 文件系统使用 B+树实现这种映射关系。文件名通过哈希接口计算后得到哈希值，实现与文件之间的映射关系。使用哈希接口可以避免文件名长度不定带来的搜索开销增大问题。

- 安全接口：用于安全检查操作，通常被文件接口调用。
- 项目接口：提供项目的处理方法，如拆分、评估、删除等操作。
- 键管理接口：该接口提供键分配的方法，通常在为项目分配键的时候被触发。

2．存储层

ReiserFS 文件系统使用 B+树存储数据结构，如图 17-4 所示。

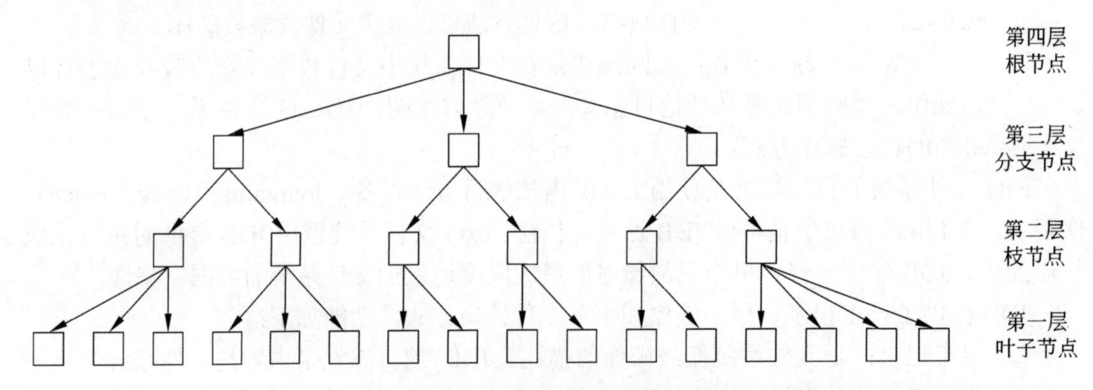

图 17-4　ReiserFS 文件系统存储结构

从图 17-4 中可以看出，ReiserFS 文件系统是通过 B+树结构组织的。在 B+树里每个节点都有一个称做项目的数据结构。项目可以被理解为一个数据容器，一个项目对应一个节点。ReiserFS 文件系统与 ext3 文件系统相同，通过内核 JDB 层支持 Journal、Order 和 Writeback 这 3 种日志模式。

17.3.4　JFFS 文件系统

JFFS 文件系统是一个在闪存上使用广泛的读/写文件系统，普遍使用在嵌入式系统，目前使用最多的是第二版本，即 JFFS2。

1．闪存的特性和限制

本书介绍的闪存特性和限制是从文件系统和上层软件的角度来看的，不会设计硬件的物理结构。嵌入式系统里通常说的闪存（Flash Memory）可以分成两类：NOR Flash 和 NAND Flash。二者的共同点如下：

- 数据表示方法。闪存使用逻辑 1 表示数据无效。被擦写过的闪存所有的数据位都是逻辑 1。
- 擦写方式。闪存的擦写是以块为单位操作的。不同的闪存块大小也不同，块大小取值可以从 4KB 到 128KB 不等。
- 寿命问题。闪存的使用寿命是由最大擦写次数决定的。由于器件制造的差异，不同的闪存寿命也不同。当闪存超过最大擦写次数后，某些块就无法读写数据，称做坏块。只有避免反复擦写某个块才可以避免坏块出现。闪存可以通过硬件或者软件提供的算法使擦写操作尽量保持均匀。

NOR Flash 和 NAND Flash 不同之处如下：

写操作的单位不同。NOR Flash 读写操作单位都是字节。NAND Flash 写操作单位是页，页的大小一般是 512 字节或者 2K 字节。此外，NAND Flash 存储器限制页的写操作次数，与具体厂商的设计有关。

2. 闪存转换层

闪存的结构和数据访问方法与传统的磁盘不同，如果在闪存上运行传统的磁盘文件系统（例如 ext2）就需要做一个转换，一个很简单的方法就是设置一个闪存转换层（Flash Translation Layer）。这个转换层负责屏蔽闪存的底层操作，把闪存模拟成一个具有 512 字节扇区大小的标准块设备，供磁盘文件系统使用。对文件系统来说，并不知道底层设备的细节，就像操作传统的磁盘一样。

最简单的闪存转换层就是将模拟的块设备一对一映射到闪存上。使用闪存转换层后再写入一个块设备的扇区，闪存转换层需要做以下工作：

（1）把扇区所在的擦写块读到内存，放在缓冲（buffer）内。

（2）在缓冲中替换掉改写的内容。

（3）执行擦写块操作。

（4）把缓冲的数据写回擦写块。

这种方式的缺点是显而易见的。首先是效率低，更新一个扇区要重写一个块上的数据，造成数据带宽的浪费；没有提供磨损平衡，频繁被更新的块很容易变成坏块；最主要的是不安全，容易引起数据丢失，如果第（3）步和第（4）步直接系统掉电，整个擦写块的数据就全部丢失了。这在嵌入式系统中是很常见的。

从上述问题中看出，闪存转换层需要模拟块设备的存储方式并且把数据块存储到闪存的不同位置，实现逻辑数据与物理数据的对应关系。此外，闪存转换层还需实现其他功能，如闪存转换层需要理解文件系统的语义、分析文件系统的读写请求等。闪存转换层的各种操作都会带来系统性能下降，因此，需要一个专门针对闪存的文件系统。

3. JFFS2 文件系统介绍

JFFS2 是从 JFFS1 发展来的，最初是由瑞典的 Axis Communications AB 公司开发的，用于公司的嵌入式设备中，在 1999 年末基于 GNU GPL 发布。最初的发布版本基于 Linux 内核 2.0，后来 RedHat 公司将 JFFS1 移植到 Linux 内核 2.2，并且做了大量的测试和 bug fix 工作使它稳定下来。在使用的过程中，JFFS1 设计中的局限被不断地暴露出来。于是在 2001 年 RedHat 重新实现了 JFFS，这就是 JFFS2。本节将介绍 JFFS2 的关键数据结构和垃圾收集机制。

JFFS2 将文件系统的数据和 meta-data 以节点的形式存储在闪存上，节点头部的定义见图 17-5。其中幻数屏蔽位 0x1985 用来标识 JFFS2 文件系统。

幻数屏蔽位（固定数据）	节点类型
节点总长度（节点头部长度+数据长度）	
头部CRC校验码	

图 17-5 JFFS2 节点头部定义

JFFS2 规范定义了 3 种节点类型。出于文件系统的扩展性和兼容性需要，JFFS2 规范规定节点类型最高两比特表示节点属性。JFFS2 规范定义的节点属性如下：

- INCOMPAT 类型。如果发现节点类型无法识别，并且节点属性是 INCOMPAT 类型，则禁止挂载文件系统。
- RECOMPAT 类型。如果发现节点类型无法识别，并且属性是 RECOMPAT 类型，

JFFS2 只能以只读方式挂载文件系统。

- RWCOMPAT_DELETE 类型。如果发现节点类型无法识别，并且属性是 RWCOMPAT_DELETE 类型，JFFS2 文件系统在进行垃圾回收操作时候，节点可以删除。
- RWCOMPAT_COPY 类型。如果节点类型无法识别，并且属性是 RWCOMPAT_COPY 类型，JFFS2 在进行垃圾回收操作的时候，节点需要复制到新位置。

节点长度是包括节点头和数据的总长度。节点头部 CRC 校验码用于校验节点头部数据。

4．JFFS2 文件系统的垃圾回收

文件系统中垃圾回收的目的是收回过时的节点。在 JFFS2 文件系统中，垃圾回收机制还需要考虑磨损平衡。JFFS2 文件系统维护 dirty_list 和 clean_list 两个列表，dirty_list 列表用于记录需要删除的块，clean_list 列表记录已经回收的块。磨损平衡问题需要注意，频繁地操作 dirty_list 列表中的数据块，会导致 dirty_list 列表中的数据块提前被损坏。

5．JFFS2 文件系统的缺点

JFFS2 文件系统挂载的时候会扫描所有的文件块，因此挂载时间要比其他文件系统长许多。JFFS2 文件系统使用概率的方法处理磨损平衡的随意性，容易产生坏块。扩展性差也是 JFFS2 文件系统的一个缺点。

17.3.5　cramfs 文件系统

在嵌入式的环境下，内存和外存资源都需要节约使用。使用 RAMDISK 方式使用文件系统，在系统运行之后，首先要把外存（Flash）上的映像文件解压缩到内存中，构造起 RAMDISK 环境，才可以开始运行程序。这样做有一个很大的缺点，在正常情况下，同样的代码不仅在外存中占据了空间（压缩后的形式存在），而且还在内存中占用了更大的空间（解压缩之后的形式存在），浪费了嵌入式系统宝贵的资源。

cramfs 是这个问题的一种解决方法。cramfs 文件系统是专门针对闪存设计的只读压缩的文件系统，其容量上限为 256MB，采用 zlib 压缩。文件系统类型可以是 ext2 或 ext3。

cramfs 文件系统不需要一次性地将文件系统中的所有内容都解压缩到内存之中，而只是在系统需要访问某个位置的数据时，马上计算出该数据在 cramfs 中的位置，将其实时地解压缩到内存之中，然后通过对内存的访问来获取文件系统中需要读取的数据。cramfs 中的解压缩以及解压缩之后的内存中数据存放位置都是由 cramfs 文件系统本身进行维护的，整个过程对用户透明，对开发人员来说，既方便，又节省了存储空间。

17.4　其他文件系统

前面两节介绍的文件系统特点都是管理本地的普通文件，本节将介绍两种特殊的文件系统，一个是用于网络共享的 NFS 网络文件系统，还有一个是用于内核数据接口的/proc 文件系统。这两种系统不同于普通的文件系统，体现了 Linux 设计的巧妙，以及网络功能

的强大。

17.4.1 网络文件系统

NFS（Net File System，网络文件系统），最早由 Sun 微系统公司开发，后经 IETF 扩展，现在能够支持在不同类型的系统之间通过网络进行文件共享。也就是说 NFS 可用于不同类型计算机、操作系统、网络架构和传输协议运行环境中的网络文件远程访问和共享。

在同一网络中使用 NFS 可以方便地在不同用户之间共享目录。如一个软件开发团队的成员可以把共同使用的服务器的目录通过 NFS 映射到本地机器的一个目录下，然后通过访问本地目录就可以完成对远程服务器的访问。使用 NFS 访问远程机器的目录省去了登录输入用户名密码的繁琐步骤。嵌入式系统使用 NFS 映射目录，用户可以像使用本地文件系统一样从嵌入式设备中存取数据，减少了文件上传、下载操作。

NFS 采用 C/S（客户端/服务器）架构。服务端向客户端提供访问文件系统的接口，客户端通过服务端访问文件。在 NFS 体系结构中，服务端除提供文件访问外，还提供了文件访问权限控制。

NFS 有着明显的优势：被所有用户访问的数据可以保存在中心主机上，客户在启动的时候会登录到这个路径上。例如，可以在一个主机上保留所有的用户账户，并且从这个主机上登录网络上的所有主机。所有消耗大量磁盘空间的数据都可以保存在一个单一的主机上。管理性文件可以保存在一个单一的主机上，而不必把相同的文件向每台机器复制一份。

NFS 底层使用了 RPC（Remote Process Call，远程过程调用），所以在 Linux 系统使用 NFS 应该保证内核支持 RPC。下面介绍一下如何使用 NFS。

首先是配置 NFS 服务端。在 Linux 系统安装 NFS 程序后，需要简单地配置 NFS 服务。主要的配置文件是/etc/exports，该文件描述了 NFS 服务器向外界公开的目录以及权限设置。

/etc/exports 文件中客户机的描述方式如下：

```
主机名    hostname          单个主机
网络组    @groupname        NIS 网络组
通配符    *和？              具有通配符的 FQDN。*不匹配点号(.)
IP 网络    ipaddr/mask       CIDR-风格的说明(如 128.138.92.128/25)
```

/etc/exports 文件常用的导出选项：

```
ro                          以只读方式导出
rw                          以读写方式导出(默认方式)
rw=list                     大多数客户机为只读,list 举出的主机允许以可写方式安装 NFS,
                            其他所有主机须以只读方式安装
root_squash                 将 UID 为 0 和 GID 为 0 映射(压制)成 anonuid 和 anongid 所
                            指定的值
no_root_squash              运行 root 正常访问
all_squash                  将所有的 UID 和 GID 映射到它们各自的匿名版本上
anonuid=xxx                 指定远程 root 账号应被映射的 UID 号
anongid=xxx                 指定远程 root 账号应被映射的 GID 号
Secure                      远程访问必须从授权端口发起,默认使用此选项
noaccess                    防止访问这个目录及其子目录(用于嵌套导出)
insecure                    运行从任何端口远程访问
```

配置好 NFS 服务以后，通过执行/etc/init.d/nfs 脚本可以启动 NFS 服务。接下来介绍在

Linux 系统下如何配置 NFS 客户端。

与安装本地文件系统类似，使用 mount 命令可以挂载网络文件系统到本地目录。例如：

```
mount -o rw,hard,intr,bg test:/home/test1 /home/test1
```

表示把主机名 test 的/home/test1 目录挂载到本机的/home/test1。

在使用完 NFS 之后，需要使用 umount 命令卸载网络文件系统，卸载方法与本地文件系统完全相同。另外，也可以在/etc/fstab 文件中配置挂载网络文件系统，这样在系统启动的时候会自动挂载设置的网络文件系统。

NFS 还提供了查看统计信息的命令：

```
#nfsstat -s        #显示 NFS 服务器进程的统计信息
#nfsstat -c        #显示与客户端相关的信息
```

17.4.2　/proc 影子文件系统

Linux 内核提供了一个特殊的文件系统，挂载到/proc，用于在系统运行时访问内核数据结构、改变内核设置。/proc 是一个虚拟的文件系统，是一种内核以及内核模块用来向进程（Process）发送信息的机制。

/proc 由内核控制，没有承载/proc 的实际设备。因为/proc 主要存放由内核控制的状态信息，所以大部分这些信息的逻辑位置位于内核控制的内存中。使用 ls –l 命令查看/proc 目录，看到大部分文件都是 0 字节；但是查看这些文件的时候，确实可以看到一些信息。这是因为/proc 文件系统和其他常规的文件系统一样把自己注册到虚拟文件系统层（VFS）。然而，直到当 VFS 调用它，请求文件、目录的 i-node 的时候，/proc 文件系统才根据内核中的信息建立相应的文件和目录。

在系统启动的时候内核会自动加载/proc 文件系统，嵌入式开发中经常需要制作交叉开发环境，可以通过手工加载：

```
mount -t proc proc /proc
```

这个命令告诉内核加载/proc 文件系统到/proc 目录。

/proc 的文件可以用于访问有关内核的状态、计算机的属性、正在运行的进程状态等信息。大部分/proc 中的文件和目录提供系统物理环境最新的信息。尽管/proc 中的文件是虚拟的，但它们仍可以使用任何文件编辑器查看。当编辑程序试图打开一个虚拟文件时，这个文件就通过内核中的信息被凭空地（on the fly）创建了。例如查看 CPU 的信息：

```
$ cat /proc/cpuinfo
processor    : 0
vendor_id    : GenuineIntel
cpu family    : 6
model       : 42
model name    : Intel(R) Core(TM) i3-2120 CPU @ 3.30GHz
stepping    : 7
microcode    : 0x23
cpu MHz      : 3292.569
cache size    : 3072 KB
physical id    : 0
siblings    : 2
core id      : 0
```

```
cpu cores	: 2
apicid		: 0
initial apicid	: 0
fdiv_bug	: no
hlt_bug		: no
f00f_bug	: no
coma_bug	: no
fpu		: yes
fpu_exception	: yes
cpuid level	: 13
wp		: yes
flags		: fpu vme de pse tsc msr pae mce cx8 apic sep mtrr pge mca cmov
pat pse36 clflush dts mmx fxsr sse sse2 ss ht nx rdtscp lm constant_tsc
arch_perfmon pebs bts xtopology tsc_reliable nonstop_tsc aperfmperf pni
pclmulqdq ssse3 cx16 pcid sse4_1 sse4_2 x2apic popcnt xsave avx hypervisor
lahf_lm arat epb xsaveopt pln pts dtherm
bogomips	: 6585.13
clflush size	: 64
cache_alignment	: 64
address sizes	: 40 bits physical, 48 bits virtual
power management:

processor	: 1
vendor_id	: GenuineIntel
cpu family	: 6
model		: 42
model name	: Intel(R) Core(TM) i3-2120 CPU @ 3.30GHz
stepping	: 7
microcode	: 0x23
cpu MHz		: 3292.569
cache size	: 3072 KB
physical id	: 0
siblings	: 2
core id		: 1
cpu cores	: 2
apicid		: 1
initial apicid	: 1
fdiv_bug	: no
hlt_bug		: no
f00f_bug	: no
coma_bug	: no
fpu		: yes
fpu_exception	: yes
cpuid level	: 13
wp		: yes
flags		: fpu vme de pse tsc msr pae mce cx8 apic sep mtrr pge mca cmov
pat pse36 clflush dts mmx fxsr sse sse2 ss ht nx rdtscp lm constant_tsc
arch_perfmon pebs bts xtopology tsc_reliable nonstop_tsc aperfmperf pni
pclmulqdq ssse3 cx16 pcid sse4_1 sse4_2 x2apic popcnt xsave avx hypervisor
lahf_lm arat epb xsaveopt pln pts dtherm
bogomips	: 6585.13
clflush size	: 64
cache_alignment	: 64
address sizes	: 40 bits physical, 48 bits virtual
power management:
```

这是一个从双 CPU 的系统中得到的结果，上述的大部分信息十分清楚地给出了这个系统有用的硬件信息。/proc 下面大部分文件可以使用 cat 文件查看，但是有些文件经过编码有一定格式，需要通过特定的程序解析，例如常见的 top、ps 等程序就是从/proc 目录下取得信息的。下面是一些重要的文件：

```
/proc/cpuinfo - CPU 的信息 (型号, 家族, 缓存大小等)
/proc/meminfo - 物理内存、交换空间等的信息
/proc/mounts - 已加载的文件系统的列表
/proc/devices - 可用设备的列表
/proc/filesystems - 被支持的文件系统
/proc/modules - 已加载的模块
/proc/version - 内核版本
/proc/cmdline - 系统启动时输入的内核命令行参数
```

以上讨论的都是从/proc 获取信息。实际上，通过/proc 文件系统可以修改内核参数，实现与内核的交互。读者可以观察/proc 目录下具备写属性的文件，它们都可以用来修改内核属性。

提示：修改/proc 下的内核参数文件有一定的风险，对于不确定功能的文件请读者慎重修改。

下面介绍几个常见的内核属性配置。

1．修改机器名

/proc/sys/kernel/hostname 文件保存了本机名称，通过

```
echo 'lib_02' > /proc/sys/kernel/hostname
```

将机器名字修改为 lib_02，使用 hostname 命令可以查看机器的名称为 lib_02。实际上，hostname 命令也是通过修改/proc/sys/kernel/hostname 文件达到修改机器名称目的的。

2．让主机不响应 ping

ping 程序是通过发送 ICMP Echo 报文实现测试网络上某个主机是否能到达的。通过设置/proc/sys/net/ipv4/icmp_echo_ignore_all 文件可以实现不响应 ping 发送的报文。

```
echo 1 > /proc/sys/net/ipv4/icmp_echo_ignore_all
```

从此开始主机不响应 ping 发送的请求报文，测试如下：

```
C:\>ping 192.168.83.195

Pinging 192.168.83.195 with 32 bytes of data:

Request timed out.
Request timed out.
Request timed out.
Request timed out.

Ping statistics for 192.168.83.195:
   Packets: Sent = 4, Received = 0, Lost = 4 (100% loss),
```

从结果看出，主机没有响应其他机器发送的 ICMP 请求报文。如果要修改默认设置，只需要在 echo 中把 1 改成 0 即可。

/proc 文件系统是初学者直观认识内核功能的很好的学习途径。

17.5　小　　结

本章介绍了 Linux 系统中重要的一个部分——文件系统，包括文件系统的原理、管理方式和常见的文件系统等。本章还分析了文件系统的数据结构操作方式，并且给出了实例操作。读者应当从实际出发，多动手，通过实践学习文件系统。另外需要注意的是，对文件系统的一些操作有风险，应注意关键数据的备份，以防止文件被破坏。第 18 章将讲解建立嵌入式 Linux 交叉编译工具链。

第 18 章　建立交叉编译工具链

工欲善其事，必先利其器。嵌入式 Linux 开发不能缺少的就是开发工具，其中最基本的是编译工具。和传统的编译方式不同，嵌入式系统开发需要在不同的计算机上编译出开发板需要的程序，所用的编译工具也与传统的编译工具不同。本章将讲解如何构建嵌入式 Linux 开发需要的交叉编译工具链，主要内容如下：

- 交叉编译工具链的介绍；
- 手工构建交叉编译工具链；
- 使用脚本构建交叉编译工具链；
- 交叉编译工具链常见的问题。

18.1　什么是交叉编译

接触过嵌入式的读者经常会听到“交叉编译”这个词，简单地说，交叉编译就是在一种平台上编译出能运行在体系结构不同的另一种平台上的程序。如在 x86 平台的 PC 上编译出能运行在 ARM 平台的程序。现在给出一个交叉编译的定义：在某个计算机环境运行的编译程序可以编译出另一种计算机平台的二进制程序，这个编译过程称做交叉编译。这种编译不同平台程序的编译器称做交叉编译器。

这里提到的平台包含两个概念：体系结构（Architecture）和操作系统（Operating System）。在同一个体系结构上可以运行不同的操作系统；反过来，同一个操作系统也可以运行在不同的体系结构上。如 x86 体系结构的计算机既可以运行 Windows 系统，也可以运行 Linux 系统；但是 Linux 系统不仅能在 x86 体系结构的计算机上运行，还可以在其他体系结构的计算机（如 ARM）上运行。

交叉编译是伴随嵌入式系统的发展而来的，传统的程序编译方式，生成的程序直接在本地运行，这种编译方式称做本地编译（Native Compilation）；嵌入式系统多采用交叉编译的方式，在本机编译好的程序是不能在本机运行的，需要通过特定的手段（例如烧写、下载等）安装到目标系统上执行。这种编译运行的方法比较繁琐，是受到实际条件限制的。大多数的嵌入式系统目标板系统资源都很有限，无论是存储空间还是 CPU 处理能力，都很难达到编译程序的要求。而且很多目标板是没有操作系统的，需要通过其他的机器编译操作系统和应用程序。

要进行交叉编译，需要在主机安装交叉编译的工具链（Cross Compilation Tool Chain），包括交叉编译的编译器、连接器、目标库等。以 ARM 作为目标平台的交叉编译工具有许多，在 Windows 系统上有著名的官方集成开发环境 ADS。使用 ADS 提供的 armcc 编译器，可以很方便地生成针对 ARM CPU 的可执行代码，不仅如此 ADS 还集成了强大的调试环境。

如果是在 ARM 目标板运行程序，使用 ADS 是一个很好的选择。但是，如果在 ARM 目标板运行 Linux 系统就无法使用 ADS 开发环境了，因为 Linux 内核的代码已经限制了只能使用 gcc 编译器编译，为此 GNU 专门提供了 gcc 编译器针对 ARM 目标平台的支持。由于 gcc 的开源特点，用户可以手动编译生成符合自己需要的 ARM gcc 编译器。通常，在 Linux 平台上 ARM 的交叉编译器是 arm-linux-gcc，在 Windows 平台上运行的 ARM 交叉编译器是 arm-elf-gcc。本章重点介绍 Linux 平台的 arm-linux-gcc 编译器，以及工具链的生成过程。

18.2　需要哪些东西

建立交叉编译工具链可以在多种平台上进行，本书建议使用 x86 体系结构的 PC，在 Linux 系统下进行。这种选择不是强制的，是因为 x86 体系结构是使用最广泛的。同时，使用 Linux 系统可以避免许多开发环境的设置。建立交叉编译工具链需要以下准备。

- 磁盘空间：交叉编译工具链配置过程中会生成大量的中间文件，至少需要 500MB 磁盘空间，建议预留 1GB 磁盘空间。
- 源代码：建立交叉编译工具链是从源代码编译，包括各种库，编译器，内核代码等，下节详细介绍需要的源代码。
- 命令行：必须使用 GNU bash shell。如果不是，使用 chsh 命令修改当前 shell。
- 其他工具：交叉编译工具链用到的工具有 bison、gmak、gsed 等，保证系统已经安装这些工具。

18.3　手工创建工具链

构建交叉编译器首先是确定目标平台。在 GNU 系统，每个目标平台都有一个明确的格式和名称，这些信息可以在构建工具的过程中识别工具的正确版本。因为编译交叉工具链的过程中会有两套编译器环境，明确了平台名称和格式才能保证生成工具不出错。

在运行 gcc 的时候，gcc 会在路径中查找包含指定目标规范的应用程序路径。GNU 的目标规范格式为 CPU-PLATFORM-OS。如 x86 目标机名称是 i686-pc-linux-gnu，ARM 目标平台名称是 arm-linux-gnu。构建交叉工具链通常有以下 3 种方法。

1．分步骤手工编译

用户需要手工编译和安装交叉编译工具链用到的所有库和源代码，最终生成交叉编译工具链。这种方法是 3 种方法中相对难度较高的，适合想深入学习交叉编译工具链的读者。手工编译的过程可能会遇到许多问题，读者需要有较强的耐心和毅力才能完成，但是也会因此学习到许多工具环境方面的知识。

2．通过脚本编译

GNU 提供了 Crosstool 脚本帮助用户完成交叉编译工具链制作。该方法对于第一种方法相对简单，出错也要少很多，脚本还能帮助用户检查环境是否正确，并给出提示。

3．直接获取交叉编译工具链

一些网站提供编译好的交叉编译工具链，读者可以直接下载，并通过简单设置即可使用。这种方法的特点是简单易行，但是缺点也是显而易见的，因为 Linux 内核以及编译工具的版本依赖性很强，别人编译好的工具链可能在本地机器存在兼容问题，使用过程中可能会出各种错误，读者对这种方法应该有所准备。

本章的重点是讲解第 1 种方法，手工编译构建交叉编译工具链。第 2 种和第 3 种方法在本章后两节介绍。

18.3.1　准备工作——获取源代码

手工编译交叉编译工具链需要编译用到的库和源代码，首先是下载如下源代码。

- Linux 内核代码

作用：交叉编译的编译器和库需要用到 Linux 内核头文件。

文件名：linux-2.6.18.tar.bz2。

下载地址：ftp.kernel.org。

- glibc 库

作用：用户应用程序库文件。

文件名：glibc-2.3.2.tar.gz。

下载地址：ftp.gnu.org。

- 工具程序

作用：用户常用的工具，包括 ld 等。

文件名：binutils-2.15.tar.bz2。

下载地址：ftp.gnu.org。

- 内核线程包

作用：库用到的内核线程包。

文件名：glibc-linuxthreads-2.3.2.tar.gz。

下载地址：ftp.gnu.org。

- 编译器

作用：最终生成的 gcc 交叉编译器源代码。

文件名：gcc-3.3.6.tar.gz。

下载地址：ftp.gnu.org。

18.3.2　开始了——建立工作环境

构建交叉编译工具链需要建立一个工作环境，包括建立工作目录和环境变量。工作目录是交叉编译工具链构建过程中使用的目录，工作目录没有特殊要求，用户可以根据自己的喜好建立。本书假定在当前用户的用户目录下建立一个 armtools 作为工作目录。

```
mkdir armtools
```

以上命令建立 armtools 目录作为工作目录。接下来需要在工作目录下建立 3 个子目录用于存放不同构建工具链的不同阶段的文件。

```
cd armtools
mkdir build-tools kernel tools
```

在 armtools 工作目录下建立了 3 个子目录 build-tools、kernel、tools。这 3 个目录的功能如下：

- build-tools 存放下载的源代码以及编译这些源代码的目录；
- kernel 存放内核源代码；
- tools 存放编译生成的交叉编译工具和库文件。

建立好工作目录后，需要建立环境变量。环境变量的目的是为了减少重复输入路径，减小工作量。此外，使用环境变量还可以降低输入错误的风险。bash shell 使用 export 命令创建环境变量。

```
export PRJROOT=/home/username/armtools
export TARGET=arm-linux
export PREFIX=$PRJROOT/tools
export TARGET_PREFIX=$PREFIX/$TARGET
export PATH=$PREFIX/bin:$PATH
```

首先使用 export 创建了 4 个环境变量，PRJROOT 是建立交叉编译工具链的工作目录；TARGET 是目标平台名称；PREFIX 是一个路径前缀；TARGET_PREFIX 是目标程序用到的路径前缀。设置好环境变量后，把交叉编译环境用到的工具路径加到 PATH 环境变量最前面。这样做的目的是在编译工具链的过程中，指定使用交叉编译环境用到的工具而不使用本机的工具，这样才能得到一个与本机无关的“干净”的工具链。

注意：export 声明的变量是临时的，仅在当前控制台有效。如果换了其他控制台，export 设置的环境变量就无效了。因此，为了减少每个控制台设置环境变量，读者可以编辑用户的 bash shell 配置文件~/.bashrc，把设置环境变量的语句加入到最后，这样每次登录控制台都会自动设置好环境变量。

18.3.3　建立 Linux 内核头文件

交叉编译器需要通过内核头文件获取目标平台支持的系统函数调用的信息。因此，需要复制内核的头文件。但是，直接复制内核头文件是不行的，还需要对内核做简单的配置，让内核脚本生成目标平台的头文件。需要注意的是，Linux 内核版本和编译器版本依赖比较强，一个版本的编译器不能保证编译所有内核版本。

（1）首先在$PRJROOT/kernel 目录下解压缩内核源代码：

```
cd $PRJROOT/kernel
tar jxvf linux-2.6.18.tar.bz2
```

内核代码解压完毕后，会在 kernel 目录下生成一个 linux-2.6.18 目录。

（2）接下来进入内核代码目录配置目标平台的头文件：

```
cd linux-2.6.18
make ARCH=arm CROSS_COMPILE=arm-linux- menuconfig
```

注意：如果在编译的过程中出现“curses.h”文件找不到的情况，则执行 apt-get install libncurses5-dev 命令来安装 ncurese 工具后再试。

make 命令指定了两个参数。ARCH 参数是目标平台的名称，arm 代表目标平台是 ARM；CROSS_COMPILE 是目标平台的交叉编译器名称，这里并没有生成交叉编译器，这个参数是内核脚本需要，不会影响到配置过程。输入命令，按回车键后出现内核配置的界面，如图 18-1 所示。

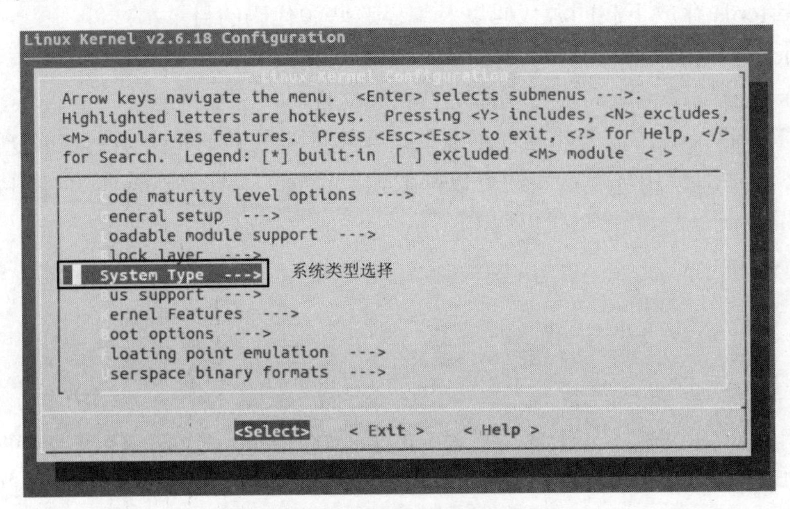

图 18-1　Linux 内核配置界面

（3）图 18-1 所示是 Linux 内核配置的顶层界面，按照功能划分为若干项，与生成目标平台头文件相关的是 System Type 项。使用光标键移动到该选项，按回车键进入配置界面，如图 18-2 所示。

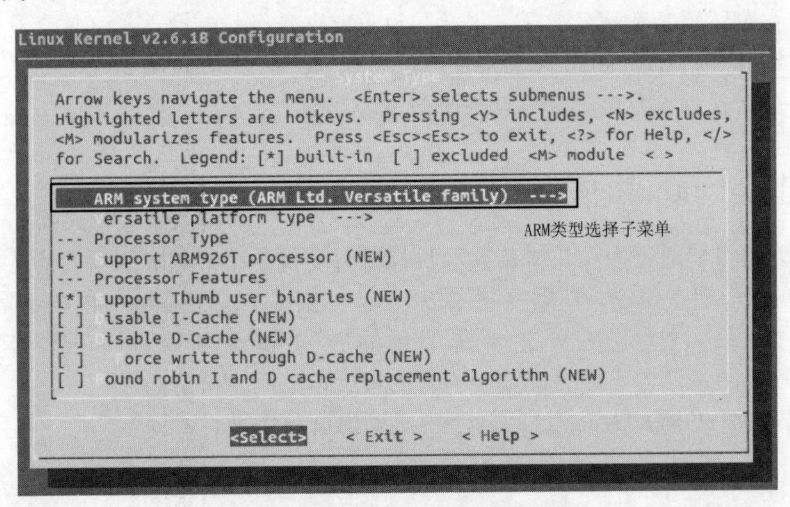

图 18-2　Linux 内核 System Type 配置

图 18-2 中高亮条所在的项目是 ARM 平台默认的类型。Linux 内核支持许多种 ARM 平台的 CPU，读者根据需要选择自己的目标平台类型。本书以 Samsung S3C2440 为例，在当前高亮条处按回车键。使用光标键选择 Samsung S3C2410, S3C2412, S3C2143, S3C2440, S3C2442，如图 18-3 所示。

（4）目标平台选择完毕后，直接按回车键回到了系统类型配置界面，如图 18-4 所示。

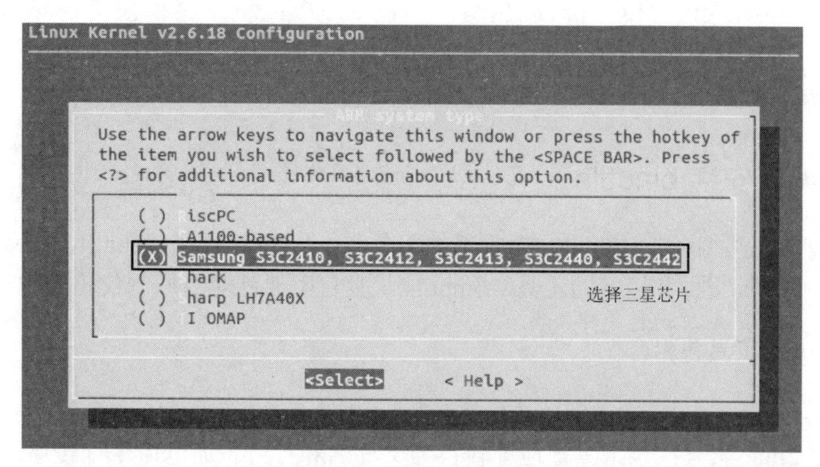

图 18-3　选择目标平台

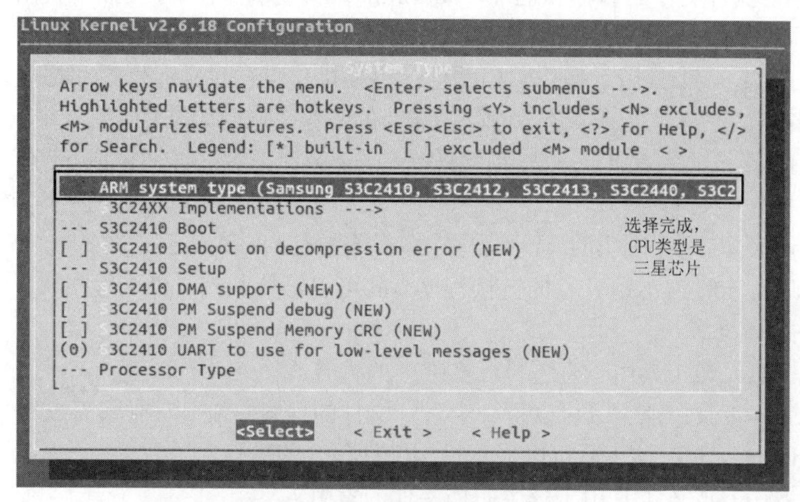

图 18-4　系统类型配置完毕界面

图 18-4 中高亮条处的系统类型已经修改为 Samsung S3C 2410, S3C 2412, S3C2413, S3C 2440, S3C2442，如果读者的开发板需要额外设置，可以移动光标键选择下面的选项。默认不做其他设置，移动光标键选择 Exit，回到顶层配置界面，继续选择 Exit，系统会提示是否保存。默认是保存，直接按回车键即可，如图 18-5 所示。

图 18-5　配置结束提示保存界面

（5）配置内核结束后，检查是否生成正确的内核头文件 include/linux/version.h 和 include/linux/autoconf.h，这两个文件是编译 glibc 需要的。

（6）最后一步是把生成的内核头文件复制到交叉编译工具链目录。

```
mkdir -p $TARGET_PREFIX/include
cp -r $PRJROOT/kernel/linux-2.6.18/include/linux $TARGET_PREFIX/include
cp   -r   $PRJROOT/kernel/linux-2.6.18/include/asm-arm   $TARGET_PREFIX/
include/asm
```

18.3.4　编译安装 binutils

binutils 是交叉编译工具链里一个重要的工具包，由 GNU 提供。binutils 包括了连接器、汇编器和用于目标文件和档案的工具。binutils 工具包主要针对二进制代码的维护。

1．binutils 工具包内容

工具链需要用到的 binutils 工具如下所列。

- addr2line 工具：该工具把地址转换为文件名和行号。通过命令行传递给 addr2line 程序可执行文件的名称和地址，addr2line 工具会从可执行文件中找出地址所在的文件和行号。
- ar 工具：该工具用于操作归档文件，主要操作包括建立、修改和提取。归档文件是多个二进制文件的组合，可以在需要的时候还原原始文件。
- as 工具：as 是 GNU 开发的汇编程序。as 编译汇编文件，生成 ld 使用的目标文件中。
- gprof 工具：该程序用于显示程序中各种资源信息。
- ld 工具：ld 是 GNU 开发的链接程序。ld 可以链接归档文件、程序库、用户目标文件等。
- nm 工具：该工具用于查看目标文件中的符号。
- objcopy 工具：该工具可以把一个目标文件的内容复制到其他目标文件中。
- objdump 工具：该工具可以显示目标文件包含的信息。
- ranlib 工具：该工具用于产生归档文件的索引。
- strip 工具：该工具可以删除目标文件中多余的调试信息。

编译 binutils 工具包需要用到 bash、coreutils、gcc 等工具，在开始编译之前需要确认这些工具是否都可用。

2．编译安装 binutils 工具包

准备好所需工具后，可以开始编译 binutils 工具包了。

（1）首先是解压缩源代码。

```
cd $PRJROOT/build-tools
tar jxvf binutils-2.15.tar.bz2
```

解压缩过程较长，这里不再列出解压缩过程中打印的文件列表。

（2）解压缩完成后，开始配置 binutils 工具包。建议源文件和配置文件分开存放，便于以后管理生成的文件。

```
cd $PRJROOT/build-tools
mkdir build-binutils
cd build-binutils
```

这样在 build-tools 目录下建立了一个存放 binutils 工具包配置文件的 build-binutils 目录。

（3）开始配置 binutils 工具包。

```
../binutils-2.15/configure --target=$TARGET --prefix=$PREFIX
```

configure 脚本用来生成 binutils 工具包的 Makefile，其中--target 选项指定生成的是 arm-linux 工具，--prefix 指定安装可执行文件的目录。配置完成后，会在当前目录生成 Makefile 脚本，然后编译和安装即可。

```
make
make install
```

操作与大多数开源软件相同，binutils 工具包编译过程较长，机器速度慢的读者请耐心等待。编译完成后，如果没有错误，会在$PREFIX/bin 目录下生成 binutils 工具包包含的二进制工具。

```
ls $PREFIX/bin
arm-linux-addr2line  arm-linux-ld      arm-linux-ranlib arm-linux-strip
arm-linux-ar         arm-linux-nm      arm-linux-readelf
arm-linux-as         arm-linux-objcopy arm-linux-size
arm-linux-c++filt    arm-linux-objdump arm-linux-strings
```

到这里，生成了交叉编译用的 binutils 工具集合。

18.3.5　编译安装 gcc 的 C 编译器

这一步建立 arm-linux-gcc 交叉编译器，但是这个 gcc 编译器是没有 glibc 库支持的。也就是说，此编译器只能用于编译内核、Bootloader 等不需要 glibc 库支持的程序。glibc 库也要使用此编译器，所以确切地说创建这个编译器是为了建立 glibc 库。有的文档把这个步骤叫做 gcc 的第一次编译，这是相对后面的编译过程讲的。

提示：如果只是需要编译目标平台的内核或者 Bootloader，这个过程编译好 gcc 编译器就可以结束了。如果要开发目标平台的应用程序，还需要后面的步骤。

（1）首先是解压缩 gcc 的代码。

```
cd $PRJROOT/build-tools
tar zxvf gcc-3.3.6.tar.gz
```

解压缩代码后，建立 gcc 的配置文件，与 binutils 工具包类似，新建一个目录存放配置文件。

```
mkdir build-gcc
cd gcc-3.3.6
```

（2）第一次编译 ARM 交叉编译工具，还没有目标平台的 glibc 库文件支持，所以需要修改 gcc 的配置。

```
vi gcc/config/arm/t-linux
```

打开 gcc 针对 ARM 平台的配置文件后，给变量 TARGET_LIBGCC2_CFLAGS 增加操作参数选项-Dinhibit_libc -D__gthr_posix_h，目的是屏蔽使用默认/usr/include 路径的头文件。修改后定义为：

```
TARGET_LIBGCC2-CFLAGS=-fomit-frame-pointer-fPIC -Dinhibit_libc -D__gthr_
posix_h
```

文件修改完毕，保存文件并退出。

（3）输入以下命令开始配置 gcc。

```
cd build-gcc
../gcc-3.3.6/configure --target=$TARGET \
    --prefix=$PREFIX \
    --enable-languages=c \
    --disable-threads \
    --disable-shared
```

其中，选项--enable-languages=c 表示只支持 C 语言；--disable-threads 表示不支持线程；因为这个功能需要 glibc 库；--disable-shared 表示只进行静态库编译，不支持共享库编译。

（4）配置完毕后，会生成 Makefile，接下来编译并安装 gcc。

```
make
make install
```

安装完成后，查看$PREFIX/bin 目录下如果 arm-linux-gcc 等工具已经生成，表示 boot-trap gcc 工具已经安装成功。

18.3.6　编译安装 glibc 库

GNU glibc 库是 Linux 系统程序非常重要的组成部分。如果用户开发目标平台的应用程序，则必须编译安装 glibc 库。glibc-2.3.2 版本推荐先安装以下工具：

- GNU make 3.79 或更新的版本；
- GCC 3.2 或更新的版本；
- GNU binutils 2.13 或更新的版本。

glibc 编译安装过程与 gcc 和 binutils 类似。

（1）解压缩 glibc-2.2.3.tar.gz 和 glibc-linuxthreads-2.2.3.tar.gz 源代码。

```
cd $PRJROOT/build-tools
tar zxvf glibc-2.2.3.tar.gz
tar zxvf glibc-linuxthreads-2.2.3.tar.gz --directory=glibc-2.2.3
```

（2）解压缩完成后配置 glibc。glibc 配置要求不同的编译目录，否则无法完成配置。此处在$PRJROOT/build-tools 目录下建立一个 build-glibc 目录。

```
cd $PRJROOT/build-tools
mkdir build-glibc
```

（3）编译目录建立好后，开始配置。

```
cd build-glibc
CC=arm-linux-gcc
../glibc-2.2.3/configure --host=$TARGET --prefix="/usr" \
--enable-add-ons \
--with-headers=$TARGET_PREFIX/include
```

其中，选项 CC=arm-linux-gcc 是把 CC（Cross Compiler）变量设成刚编译完的 gcc，用它来编译 glibc；--prefix="/usr"定义了一个用于安装一些与目标机器无关的数据文件的目录，默认情况下是/usr/local 目录；--enable-add-ons 是告诉 glibc 用 linuxthreads 包，在上面已经将它放入 glibc 源代码目录，这个选项等价于-enable-add-ons=linuxthreads；--with-headers 参数指定 Linux 内核头文件所在目录。

（4）glibc 配置完成后，开始编译安装 glibc。

```
make
make install
```

提示：glibc 的编译过程比较长，机器进行慢的读者请耐心等待。

18.3.7　编译安装 gcc 的 C、C++编译器

第一次编译的 gcc 没有 glibc 支持，编译好 glibc 以后，需要重新编译 gcc 用于支持 glibc 库。需要注意的是，第一次编译的 gcc 只能支持 C 语言程序编译，现在编译的 gcc 可以支持 C 和 C++语言。本次编译也叫做第二次编译。下面进行第二次编译 gcc。

（1）因为 gcc 的源代码已经解压缩，并且编译配置目录也都指定好，第二次编译可以直接进入 gcc 源代码目录进行配置。

```
cd $PRJROOT/build-tools/gcc-2.3.6
./configure --target=arm-linux \
    --enable-languages=c,c++ \
    --prefix=$PREFIX
```

选项--enable-languages=c,c++告诉 gcc 支持 C 和 C++两种语言的编译。

（2）完成 gcc 配置后，编译安装 gcc。

```
make
make install
```

安装完成后，在$PREFIX/bin 目录下又多了 arm-linux-g++ 、arm-linux-c++等文件。目前已经完成的交叉编译工具有：

```
ls $PREFIX/bin
arm-linux-addr2line  arm-linux-g77          arm-linux-gnatbind arm-linux-
ranlib
arm-linux-ar         arm-linux-gcc          arm-linux-jcf-dump arm-linux
-readelf
arm-linux-as         arm-linux-gcc-3.3.6    arm-linux-jv-scan  arm-
linux-size
arm-linux-c++        arm-linux-gccbug       arm-linux-ld       arm-
linux-strings
arm-linux-c++filt    arm-linux-gcj          arm-linux-nm       arm-
linux-strip
arm-linux-cpp        arm-linux-gcjh         arm-linux-objcopy  grepjar
arm-linux-g++        arm-linux-gcov         arm-linux-objdump  jar
```

18.3.8　最后的工作

到目前为止，已经完成了分步骤构建交叉工具链的所有工作。最后还需要测试一下构建的工具链是否符合要求。使用第 6 章的 HelloWorld 程序测试一下。

```
#include <stdio.h>
int main( )
{
    printf("Hello,world!\n");
    return 0;
}
```

这里应该使用交叉编译工具编译：

```
arm-linux-gcc -o hello hello.c
```

如果编译没有报错，会生成 hello 程序。但是要注意，在 PC 上无法执行这个 hello 程序了，因为 hello 程序已经被编译成 ARM 平台的可执行文件。使用 file 命令查看 hello 程序的类型：

```
file hello
hello: ELF 32-bit LSB executable, ARM, version 1 (ARM), for GNU/Linux 2.4.3,
dynamically linked (uses shared libs), not stripped
```

可以看到 hello 程序类型已经是属于 ARM 平台。

18.4　使用脚本创建工具链

手工构建交叉编译工具链不仅步骤繁琐，而且容易出错。为了简化构建工具链的过程，减少出错，Linux 社区设计了一套编译工具链的脚本 Crosstool。Crosstool 是一组建立交叉编译环境的脚步工具，通过指定不同参数，Crosstool 脚本可以建立指定版本的 gcc 编译器和 glibc 程序库。该脚本也是一个开源项目，读者如果是工作需要，建议使用 crosstools 构建交叉编译工具链。

crosstool 的下载地址是 http://kegel.com/crosstool，本节以 crosstool-0.43 版本为例讲解如何构建交叉编译工具链。在构建工具链之前，需要下载工具链的源代码，请参考 18.3.1 节。

（1）解压缩 crosstool 工具包到用户目录。

```
cd /home/dev_user
tar zxvf crosstool-0.43.tar.gz
```

（2）解压缩后文件会存放到 crosstool-0.43 目录。进入该目录，以 demo-arm.sh 脚本为模板，建立自己的编译脚本。

```
cd crosstool-0.43
cp demo-arm.sh arm.sh
```

（3）脚本建立完毕后，编辑 arm.sh，修改需要编译的项目，arm.sh 参考如下：

```
#!/bin/sh
set -ex
```

```
TARBALLS_DIR=$HOME/downloads                # 设置工具链源代码的存放位置
RESULT_TOP=/opt/crosstool                   # 设置工具链编译完成后安装目录
export TARBALLS_DIR RESULT_TOP
GCC_LANGUAGES="c,c++"                       # 设置编译器支持 C、C++语言
export GCC_LANGUAGES
# 创建/opt/crosstool 目录
mkdir -p $RESULT_TOP
# 编译工具链
eval 'cat arm.dat gcc-3.3.6-glibc-2.3.2.dat'  sh all.sh --notest
echo Done.
```

（4）修改脚本文件完毕后，需要建立脚本用到的 arm.dat 文件和 gcc-3.3.6-glibc-2.3.2 .dat 文件。arm.dat 文件是配置文件，文件内容是编译工具链名称和编译选项等。arm.dat 文件参考配置如下：

```
KERNELCONFIG='pwd'/arm.config  # 内核的配置
TARGET=arm-linux               # 编译生成的工具链名称
TARGET_CFLAGS="-O"             # 编译选项
```

从 arm.dat 配置文件的内容可以看出，该文件相当于配置了交叉编译工具链用到的环境变量。gcc-3.3.6-glibc-2.3.2.dat 文件定义了编译过程中需要用的库和版本。在编译过程中，如果某个文件不存在，Crosstool 会自动查找并且从网站下载。gcc-3.3.6-glibc-2.3.2.dat 文件配置参考如下：

```
BINUTILS_DIR=binutils-2.15
GCC_DIR=gcc-3.3.6
GLIBC_DIR=glibc-2.3.2
GLIBCTHREADS_FILENAME=glibc-linuxthreads-2.3.2
LINUX_DIR=linux-2.4.26
LINUX_SANITIZED_HEADER_DIR=linux-libc-headers-2.6.12.0
```

（5）配置文件准备好后，运行 arm.sh 脚本生成交叉编译工具。

```
cd crosstool-0.42
./arm.sh
```

经过较长时间的编译后，会在/opt/crosstool 目录下生成新的交叉编译工具，查看内容如下：

```
arm-linux-addr2line arm-linux-g++        arm-linux-ld       arm-linux-size
arm-linux-ar        arm-linux-gcc        arm-linux-nm       arm-linux-strings
arm-linux-as        arm-linux-gcc-3.3.6 arm-linux-objcopy
   arm-linux-strip
arm-linux-c++       arm-linux-gccbug     arm-linux-objdump
   fix-embedded-paths
arm-linux-c++filt   arm-linux-gcov       arm-linux-ranlib
arm-linux-cpp       arm-linux-gprof      arm-linux-readelf
```

如果想在任何目录下使用交叉编译工具，还需要把新的工具链路径添加到系统路径上，修改/etc/bashrc，在文件最后添加一行：

```
export PATH=/opt/crosstool/gcc-3.3.6-glibc-2.3.2/arm-linux/bin:$PATH
```

到此为止，交叉编译工具就生成了。读者如果需要，可以按照 18.3.8 节的方法验证一

下新生成的工具链。

18.5　更简便的方法——获取已编译好的交叉编译环境

18.3 和 18.4 两节讲的构建交叉编译工具链的方法都需要手工干预。本节将介绍一种更简便的方法，直接下载已经编译好的工具链。Linux 社区提供了多个版本的 ARM 平台交叉编译工具链。下面是 3 个不同版本编译器的下载地址。

- ARM Linux

下载地址：ftp://ftp.arm.linux.org.uk/pub/armlinux/toolchain/。

提供版本：arm-linux-gcc 版本 2.95.3, 3.0 和 3.2。

- Handhelds.org

下载地址：ftp://ftp.handhelds.org/projects/toolchain/。

提供版本：arm-linux-gcc 版本 3.3.2 和 3.4.1。

- ELDK 4.1

下载地址：ftp://ftp.denx.de/pub/eldk/4.1/。

提供版本：arm-linux-gcc 版本 4.0.0。

读者可以根据自己的需要选择对应的编译器版本。这里介绍一个方法，Linux 内核代码与 gcc 编译器的关系比较紧密，读者在选择好目标平台 Linux 内核的版本后，可以参考内核的版本说明。内核版本说明文件描述中有对 gcc 编译器版本的最低要求，然后选择最接近的 gcc 编译器版本。这样做的好处是可以减少出错的概率。一般来说，本节提到的 3 种版本是最常用的交叉编译工具版本。

18.6　小　　结

本章讲解了搭建嵌入式 Linux 开发环境最关键的技术——建立交叉编译工具链，交叉编译是嵌入式开发不可缺少的一个工作环节。由于 GNU 工具和库的版本依赖关系很强，建立交叉编译工具链的过程可能会遇到各种问题，学习创建交叉编译工具能学到许多有关嵌入式 Linux 系统、程序库的知识。第 19 章将讲解使用交叉编译工具链建立 BusyBox 命令系统。

第 19 章　强大的命令系统 BusyBox

BusyBox 是嵌入式系统常用的一个命令系统，它的功能强大、占用存储容量小，这些优点都适合嵌入式系统。本章将从 BusyBox 的原理出发介绍 BusyBox 的编译安装，以及如何将其应用在嵌入式系统。BusyBox 的编译安装都是比较容易的，读者可以轻易地把 BusyBox 移植到嵌入式开发板上。本章主要内容如下：

- BusyBox 的起源；
- BusyBox 工作原理；
- 在 PC 上安装 BusyBox；
- 移植 BusyBox 到 ARM 开发版。

19.1　BusyBox 简介

BusyBox 是 Linux 平台的一个工具集合。BusyBox 可以包含最基本的系统命令，如 ls 和 cat，还可以包含功能更复杂的程序，如 grep 和 find，甚至可以把 HTTP 服务器也集成在一个软件包内。BusyBox 把 Linux 系统常用的命令和工具，以及服务程序集成在一个可执行文件内，通常体积在 1MB 左右。如果单独存放每条命令，可能需要几兆甚至几十兆的存储空间，这对存储空间紧张的嵌入式系统来说是很难接受的。BusyBox 是很适合嵌入式系统的，本节将介绍 BusyBox 的工作原理和安装流程。

19.1.1　简单易懂的 BusyBox

BusyBox 项目最初是在 1996 年发起的，当时嵌入式系统并没有开始流行。BushBox 最初的目的是被设计为一个安装在软盘上的命令系统，因为当时还没有可移动的大容量可擦写存储介质，软盘是最常用的存储介质。使用过软盘的读者知道，它的容量很小，对于今天的计算机来说几乎没有什么用武之地。BusyBox 可以把常见的 Linux 命令打包编译成一个单一的可执行文件。通过建立链接，用户可以像使用传统的命令一样使用 BusyBox。

BusyBox 的出现是基于 Linux 共享库。对于大多数 Linux 工具来说，不同的命令可以共享许多东西。如查找文件的命令 grep 和 find，虽然功能不完全相同，但是两个程序都会用到从文件系统搜索文件的功能，这部分代码可以是相同的。BusyBox 的聪明之处在于把不同工具的代码，以及公用的代码都集成在一起，从而大大减小了可执行文件的体积。

BusyBox 的使用很简单，在传统的用户命令前加入 busybox 字样即可调用 BusyBox。如在控制台输入 busybox ls 相当于执行 ls 命令。用户也可以不用这么繁琐地输入，最简单的办法是为每个命令建立一个 busybox 的链接，如：

```
ln -s /bin/busybox  /bin/ls
```

```
ln -s /bin/busybox  /bin/ls
ln -s /bin/busybox  /bin/mkdir
```

以上建立了 3 个链接，分别对应了 ls、rm 和 mkdir 命令。从此就可以和使用传统命令一样使用 busybox 了。只要链接名不同，BusyBox 就能完成不同的功能。

19.1.2　BusyBox 工作原理

BusyBox 利用了 shell 传递给 C 语言 main()函数的参数，回想一下 C 语言 main()函数的定义：

```
int main( int argc, char *argv[] )
```

在 main()函数的定义中 argc 是传递进来的参数个数，argv 是一个字符串数组，数据的每一项都是一个参数内容。其中，argv[0]是从命令行调用的程序名。下面是一个简单的程序，使用 argv[0]确定调用来自哪个程序。

```
// test.c
#include <stdio.h>
/* 定义主函数 */
int main( int argc, char *argv[] )
{
    int i;

    for (i = 0 ; i < argc ; i++) {              // for 循环语句
        printf("argv[%d] = %s\n", i, argv[i]); // 打印程序参数内容
    }

    return 0;
}
```

调用这个程序会显示所调用的第一个参数是该程序的名字。可以对这个可执行程序重新进行命名，此时再调用就会得到该程序的新名字。另外，可以创建一个到可执行程序的符号链接，在执行这个符号链接时，就可以看到这个符号链接的名字。

```
$ gcc -Wall -o test test.c
$ ./test arg1 arg2
argv[0] = ./test
argv[1] = arg1
argv[2] = arg2

$ mv test newtest
$ ./newtest arg1
argv[0] = ./newtest
argv[1] = arg1

$ ln -s newtest linktest
$ ./linktest arg
argv[0] = ./linktest
argv[1] = arg
```

BusyBox 使用符号链接屏蔽了程序调用细节。从用户的角度看，使用 BusyBox 与使用传统的命令效果是相同的。BusyBox 为其包含的每个系统程序都建立了类似的符号链接。当用户使用符号链接调用 BusyBox 的时候，BusyBox 通过 argv[0]参数调用对应的功能函数。

19.1.3　安装 BusyBox

安装 BusyBox 需要从源代码开始编译。首先是获取源代码，从 BusyBox 的官方网站（http://busybox.net/downloads/）上下载。这个链接里有多个版本，但是高版本的 BusyBox 存在一些问题，编译过程中容易出错。本书推荐使用 BusyBox 的 1.0 版本，下面是 BusyBox 安装过程。

（1）把 BusyBox 的源代码文件 busybox-1.7.2.tar.bz2 下载到用户目录后，可以解压缩文件。

```
tar jxvf busybox-1.7.2.tar.bz2
```

（2）解压缩完毕后，源代码放在 busybox-1.7.2 目录下，接下来配置 BusyBox。

```
cd busybox-1.7.2
make menuconfig
```

（3）BusyBox 采用了和 Linux 内核类似的配置方式，输入配置命令后出现配置主界面，如图 19-1 所示。

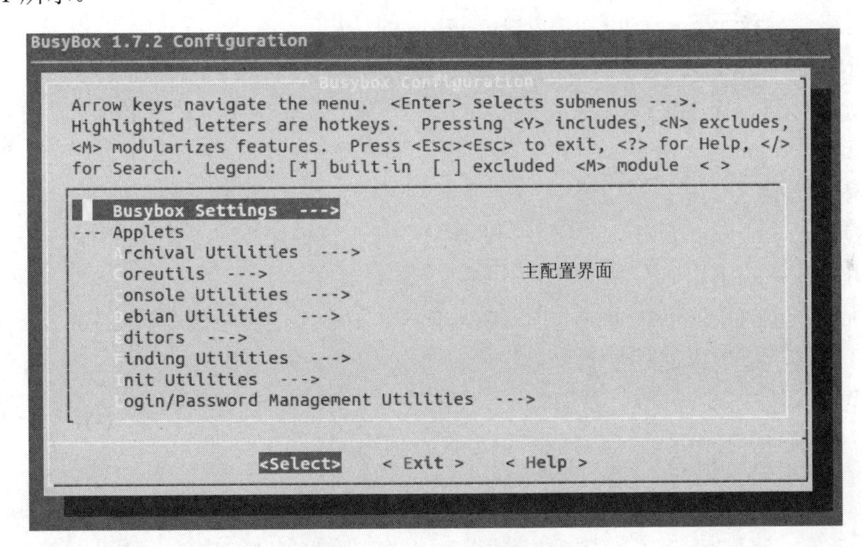

图 19-1　BusyBox 配置主界面

配置主界面列出了 BusyBox 可以配置的项目，每个子菜单下面都有详细的功能设置，各子菜单功能设置如下所述。

- General Configuration：通常的配置项，包括了 BusyBox 的基本设置。
- Build Options：编译选项，包括编译 BusyBox 的各种方式设置。
- Installation Options：安装选项，可以设置是否把 BusyBox 安装到/usr 目录下。
- Archival Utilities：选择归档程序，包括常见的 ar、tar、gzip、cpio、rpm 等打包和归档应用程序。
- Corutils：核心程序，包括 cat、chgrp、chmod、cp、dd、df 等系统必要的命令。
- Console Utilies：控制台程序，设置控制台属性的几种工具。
- Debian Utils：Debian 发行版用到的工具，因为 BusyBox 最初是为 Debian 发行版设

计的。如果用户不希望使用这些工具，可以取消选择。

- Editors：编辑器，包含了 patch、sed 和 vi 编辑器。其中，可以对 vi 编辑器做详细的属性设置。如果不是特殊需要，建议使用默认设置。
- Finding Utilties：查找工具。包括 find、grep 和 xargs。对每个工具都可以详细设置。建议使用默认配置。
- Init Utils：系统初始化用到的工具。包括 init、reboot、poweroff 等工具。默认配置即可。
- Login/Password Management Utilities：登录和密码管理工具。这里的工具可以根据需要选择，默认没有选择任何工具。嵌入式系统通常是只有特定的人可以使用的，或者是不与外界有直接网络连接。因此，可以不安装登录工具例如 login 程序。
- Miscellaneous Utilities：杂项。不好归类的工具都放到了这里，用户可以根据需要选择。
- Linux Module Utilities：内核模块管理工具，包括 insmod、rmmod、lsmod 等。如果不需要在嵌入式系统加载内核模块可以不选择该菜单下的工具。
- Networking Utilities：网络实用工具。该菜单下有 IPv6 的工具支持，目前很少有 IPv6 网络，建议不选择，可以减小 BusyBox 的体积。
- Process Utilities：进程工具。该菜单下的选项可以根据需要选择。
- Another Bourne-like Shell：其他 shell。嵌入式系统建议不选择该菜单下的选项。
- Linux System Utilities：Linux 系统实用程序。建议选择该菜单下的程序，便于系统调试使用。
- System Logging Utilities：系统日志程序。建议使用默认选择。系统日志可以帮助用户在系统出错时分析定位问题。
- Debugging Options：调试选项。BusyBox 的调试选项，如果需要调试 BusyBox，请打开这个选项，建议不选择。

用户可以根据需要选择对应的程序。程序选择完毕后，选择 Exit 命令，系统给出一个提示界面，如图 19-2 所示。使用默认选择 Yes 选项，按回车键即可。

图 19-2　BusyBox 配置保存提示界面

（4）配置保存退出后，输入“make”，按回车键后开始编译 BusyBox。如果没有错误，大约几分钟就可以完成编译。查看当前目录，会出现一个名为 busybox 的可执行文件，该文件就是 BusyBox 的可执行文件，用户选择的所有命令行程序都包含在这个文件内。

（5）测试 BusyBox 能否正常运行：

```
./busybox ls
AUTHORS      README   busybox  debianutils  include   miscutils   scripts
util-linux
Changelog    Rules.mak   busybox.links docs    init    modutils  shell
INSTALL    TODO    console-tools  editors    libbb    networking    sysdeps
```

```
LICENSE   applets   coreutils examples   libpwdgrp  patches   sysklogd
Makefile  archival  debian    findutils  loginutils procps    testsuite
```

把 ls 作为 busybox 的参数，让 busybox 执行 ls 的功能。从结果看出，busybox 执行了 ls 的功能列出了当前目录下的文件。再测试一下 cat 命令是否能用。

```
./busybox cat INSTALL
1) Run 'make config' or 'make menuconfig' and select the
   functionality that you wish to enable.

2) Run 'make dep'

3) Check the Makefile for any Makefile setting you wish
   to adjust for your system (things like like setting
   your cross compiler, adjusting optimizations, etc)

4) Run 'make'

5) Go get a drink of water, drink a soda, visit the bathroom,
   or whatever while it compiles.  It doesn't take very
   long to compile, so you don't really need to waste too
   much time waiting...

6) Run 'make install' or 'make PREFIX=/target install' to
   install busybox and all the needed links.  Some people
   will prefer to install using hardlinks and will instead
   want to run 'make install-hardlinks'...
```

BusyBox 使用内置 cat 命令打印出了当前目录下 INSTALL 文件的内容。到目前为止，BusyBox 已经可以正确运行了。但是只能在当前目录运行，如果需要在系统的任何目录下运行，可以执行 make install 把 BusyBox 安装到系统路径，安装脚本会创建 BusyBox 内置的命令连接，并且替换对应的系统命令。

19.2　交叉编译 BusyBox

BusyBox 最大的特点是占用存储空间小，在 PC 使用优势不明显。本节将介绍如何在嵌入式系统上配置安装 BusyBox。交叉编译 BusyBox 需要有交叉编译环境，在第 18 章已经讲解了如何建立交叉编译环境，现在使用已经建立好的环境为例介绍交叉编译 BusyBox。

（1）首先查看 19.1.3 节编译得到的 busybox 可执行文件的类型：

```
$ file busybox
busybox: ELF 32-bit LSB executable, Intel 80386, version 1 (SYSV), for
GNU/Linux 2.2.5, dynamically linked (uses shared libs), stripped
```

可执行文件的类型是 80386 的，也就是说只能在 PC 上执行，如果要在 ARM 体系的开发板上执行需要交叉编译。交叉编译不仅需要交叉编译器，还需要设置 BusyBox 能使用交叉编译工具链。

（2）在交叉编译 BusyBox 之前先分析一下 BusyBox 的 Makefile。打开 Makefile 以后，查找包含$(CC)的行，确定 Makefile 文件内是否定义了 CC 变量。查找后，可以找到 127 行使用了 CC 变量。

```
126 busybox: $(ALL_MAKEFILES) .depend include/config.h $(libraries-y)
```

```
127   $(CC) $(LDFLAGS) -o $@ -Wl,--start-group $(libraries-y) $(LIBR ARIES)
-Wl,--end-group
128   $(STRIPCMD) $@
```

这说明 BusyBox 的 Makefile 使用 CC 变量保存了编译器的名称。顺藤摸瓜，只要找到 CC 变量的定义，修改编译器的名称就可以改为交叉编译工具链了。继续查找 CC，不幸的是在 Makefile 文件内没有找到 CC 变量的定义。

通过观察 Makefile 的布局，发现这个文件比较复杂，GNU 的配置脚本一般都比较复杂，较大的工程更是如此。GNU 的 Makefile 常会引用一个定义文件，类似于 C 语言的头文件。查看 Makefile 文件的开头部分，在第 40 行找到了包含定义文件的语句。

```
39
40 include $(top_builddir)/Rules.mak
41
```

这条语句指明引入了 Rules.mak 文件。关闭 Makefile 文件，使用 find 查找 Rules.mak 文件，发现文件在当前路径。接下来分析 Rules.make 文件，在第 38 行找到了 CC 变量的定义。

```
33 # If you are running a cross compiler, you will want to set 'CROSS'
34 # to something more interesting...  Target architecture is determined
35 # by asking the CC compiler what arch it compiles things for, so unless
36 # your compiler is broken, you should not need to specify TARGET_ARCH
37 CROSS          =$(subst ",, $(strip $(CROSS_COMPILER_PREFIX)))
38 CC             = $(CROSS)gcc
39 AR             = $(CROSS)ar
40 AS             = $(CROSS)as
41 LD             = $(CROSS)ld
42 NM             = $(CROSS)nm
43 STRIP           = $(CROSS)strip
44 CPP            = $(CC) -E
45 # MAKEFILES      = $(top_builddir)/.config
```

同时可以看到其他的几个变量定义。CC 变量定义前引入了一个 CROSS 变量，查看第 33 行的说明，需要设置 CROSS 变量就可以设置交叉编译工具链。

（3）至此，已经找到如何使用交叉编译，下面可以编译 ARM 开发板使用的 Busy Box 了。

```
make CROSS=arm-linux-
```

在 make 命令后指定 CROSS 变量的值为 ARM 交叉编译器的头，按回车键后开始编译 BusyBox。编译完成后，查看可执行文件的类型。

```
$ file busybox
busybox: ELF 32-bit LSB executable, ARM, version 1 (ARM), for GNU/Linux 2.0.0,
dynamically linked (uses shared libs), stripped
```

可以看出，可执行文件已经是 ARM 平台的文件了。但是，细心的读者会发现，这个可执行文件是动态连接的，也就是说，该文件使用了动态库。对于嵌入式平台来说，还需要把动态库安装到开发板上，这是比较麻烦的。查看 busybox 使用了哪些动态库。

```
ldd busybox
/usr/local/arm/3.3.2/bin/ldd: line 1: /usr/local/arm/3.3.2/lib/ld-linux.
```

```
so.2: cannot execute binary file
/usr/local/arm/3.3.2/bin/ldd: line 1: /usr/local/arm/3.3.2/lib/ld-linux.
so.2: cannot execute binary file
ldd: /usr/local/arm/3.3.2/lib/ld-linux.so.2 exited with unknown exit code
(126)
```

查看这几个库的大小后发现，这几个库都很大，加在一起有好几兆，这对开发板来说已经是相当巨大的文件了。为了能减小 BusyBox 的体积，需要修改一下配置，把 BusyBox 修改为静态编译。

（4）使用 make menuconfig 命令进入 BusyBox 的配置界面，选择 Build Options 子菜单，如图 19-3 所示。

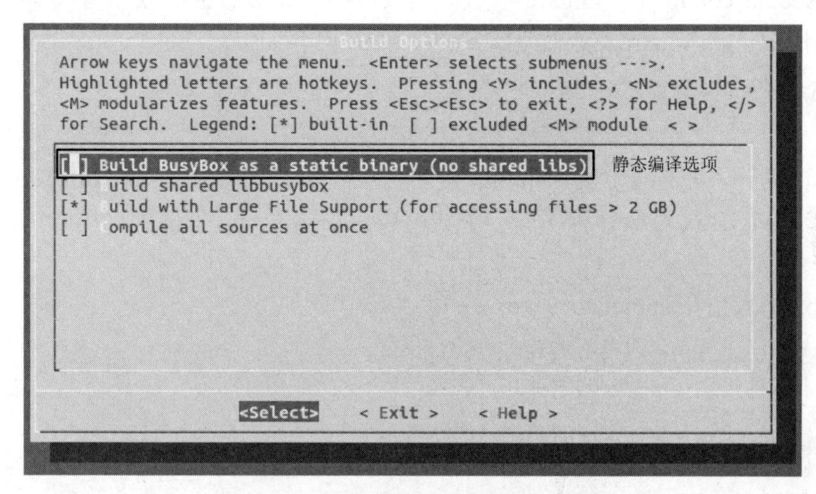

图 19-3　BusyBox 的编译选项界面

从图 19-3 中可以看出，第 1 项 Build BusyBox as a static binary(no shared libs)指定了使用静态编译，选择该项。第 2 个选项是支持大文件（大于 2GB）的，对于嵌入式系统来说不需要选择。第 3 项是设置交叉编译，这里的交叉编译与手工输入的相同，不过这里多了一个选项第 4 项，可以指定交叉编译选项。读者可以根据需要设置。

（5）配置完毕后，保存并退出。重新编译 BusyBox，编译完成后，查看可执行文件类型。

```
$ file busybox
busybox: ELF 32-bit LSB executable, ARM, version 1 (ARM), for GNU/Linux 2.0.0,
statically linked, stripped
```

这次编译的结果 BusyBox 可执行文件已经是 ARM 平台上静态链接的文件了。19.3 节将在介绍 BusyBox 的原理后，讲解如何安装 BusyBox 的可执行文件到开发板。

19.3　使用 BusyBox

使用 BusyBox 的最终目的是在嵌入式开发板上应用。本节将从 BusyBox 在嵌入式系统中的初始化过程出发，介绍如何移植到开发板。其中，需要读者了解第 16 章介绍的嵌入式 Linux 启动流程，便于理解本节的内容。

19.3.1　BusyBox 初始化

在第 16 章 Linux 启动流程中，介绍了 Linux 内核的初始化代码 kernel/init/main.c 里有如下几个语句：

```
if (execute_command)
  execve(execute_command,argv_init,envp_init);
 execve("/sbin/init",argv_init,envp_init);
```

execute_command 是内核启动参数。一般情况下配置启动命令行 init=/linuxrc 参数，内核会得到 execute_command=/linuxrc 参数。当读取到启动参数的时候，内核会执行/linuxrc 文件。通常情况下，/linuxrc 是一个启动脚本，大致内容如下：

```
#!/bin/sh
exec /sbin/init
```

很简单的两句，指定了执行/sbin/init 程序。在嵌入式系统上，安装 BusyBox 需要指定/sbin/init 作为 BusyBox 可执行程序的一个软链接。这样，Linux 内核到这里会执行 BusyBox 的代码。

BusyBox 的入口在 applets/busybox.c 中，主要代码如下：

```
int main(int argc, char **argv)
{
 const char *s;
 bb_applet_name = argv[0];
 if (bb_applet_name[0] == '-') bb_applet_name++;
 for (s = bb_applet_name; *s != '\0';)
 {
  if (*s++ == '/')   bb_applet_name = s;
 }
#ifdef CONFIG_LOCALE_SUPPORT
#ifdef CONFIG_INIT
 if(getpid()!=1) /* Do not set locale for `init' */
#endif
 { setlocale(LC_ALL, ""); }
#endif
 run_applet_by_name(bb_applet_name, argc, argv);
 bb_error_msg_and_die("applet not found");
}
bb_applet_name = argv[0]
```

在 main()函数中使用 run_applet_by_name()找到对应的代码运行。主要代码如下：

```
if ((applet_using = find_applet_by_name (name)) != NULL)
{
 bb_applet_name = applet_using->name;
 exit ((*(applet_using->main)) (argc, argv));
}
struct BB_applet * find_applet_by_name (const char *name)
{
     return bsearch (name, applets, NUM_APPLETS,
  sizeof (struct BB_applet), applet_name_compare);
}
```

从 run_applet_by_name()代码看出，BusyBox 从 applets 结构查找 name 参数对应的命令

功能函数。applets 结构定义如下：

```
const struct BB_applet applets[] = {
    #define APPLET(a,b,c,d) {#a,b,c,d},
    #define APPLET_NOUSAGE(a,b,c,d) {a,b,c,d},
    #define APPLET_ODDNAME(a,b,c,d,e) {a,b,c,d},
#ifdef CONFIG_TEST
    APPLET_NOUSAGE("[", test_main, _BB_DIR_USR_BIN, _BB_SUID_NEVER)
#endif
#ifdef CONFIG_ADDGROUP
    APPLET(addgroup, addgroup_main, _BB_DIR_BIN, _BB_SUID_NEVER)
#endif
#ifdef CONFIG_ADDUSER
    APPLET(adduser, adduser_main, _BB_DIR_BIN, _BB_SUID_NEVER)
#endif
 }
```

由此看出，BusyBox 添加命令只需要向 applets 结构添加相应的项即可。本节关心与启动有关的 init 项。

```
#ifdef CONFIG_INIT
 APPLET(init, init_main, _BB_DIR_SBIN, _BB_SUID_NEVER)
#endif
```

init 项定义的主函数入口是 init_main()，说明系统启动的时候会执行该函数。函数定义在 init/init.c 文件中。init_main()函数内容比较多，这里不一一列出。其中比较重要的是 init_main()函数调用了 3 个函数：

```
parse_inittab();
run_actions(SYSINIT);
run_actions(ASKFIRST);
```

parse_inittab()函数会解析/etc/inittab 文件，然后执行该文件。之后该函数会注册一些函数，处理/etc/init.d/rcS 这个脚本，通过 run_actions()函数处理脚本的内容。

```
static void run_actions(int action)
{
    struct init_action *a, *tmp;
    for (a = init_action_list; a; a = tmp)
    {
        tmp = a->next;
        if (a->action == action)        // 判断输入的动作是否与列表中的动作相符
        {
           if (a->action & (SYSINIT | WAIT | CTRLALTDEL | SHUTDOWN | RESTART))
                                        // 检查动作范围
            {
                waitfor(a);             // 等待特定动作
                delete_init_action(a);  // 删除初始化动作
            }
            else if (a->action & ONCE)  // 运行一次的动作
            {
                run(a);                 // 运行动作
                delete_init_action(a);  // 删除初始化动作
            }
            else if (a->action & (RESPAWN | ASKFIRST))
                                        // 检查是否后台运行
            {
```

```
                if (a->pid == 0)  a->pid = run(a);        // 后台执行动作
            }
        }
    }
}
```

这个函数可以判读 rcS 脚本中执行的类型，执行完 rcS 脚本后，系统可以进入 shell 界面。BusyBox 有 4 种类型的 shell，默认使用 ash。执行完脚本后，BusyBox 会启动脚本，进入命令行。

19.3.2　目标板 BusyBox 安装

了解了 BusyBox 的工作流程后，安装 BusyBox 就变得很简单了。主要的任务是设置好 BusyBox 与 Linux 内核的结合点。

可以通过两种手段设置 BusyBox 到开发板。一种方法是在 PC 上制作 cramfs 镜像。这种方法的好处是便于操作，但是需要注意的是，BusyBox 的路径不能搞错；缺点是出错后修改比较麻烦，每次都需要烧写开发板的 Flash。

如果开发板已经有系统，可以通过上传的方法。把可执行文件 busybox 上传到开发板 Linux 系统的/bin 下，然后修改/sbin/init 链接到 busybox。

```
ln -s /bin/busybox /sbin/init
```

这样，在执行/sbin/init 程序的时候会执行 busybox 并且找到正确的入口执行。依此类推，把系统常用的命令都建立到 busybox 的软链接上，BusyBox 基本安装完毕了。最后还需要更新一下 inittab 文件以符合 BusyBox 需要。本书给出一个 inittab 文件的范例。

```
# /etc/inittab init(8) configuration for BusyBox
#
# Copyright (C) 1999-2004 by Erik Andersen <andersen@codepoet.org>
#
#
# Note, BusyBox init doesn't support runlevels.  The runlevels field is
# completely ignored by BusyBox init. If you want runlevels, use sysvinit.
#
#
# Format for each entry: <id>:<runlevels>:<action>:<process>
// 表项格式
#
# <id>: WARNING: This field has a non-traditional meaning for BusyBox init!
#
# The id field is used by BusyBox init to specify the controlling tty for
# the specified process to run on.  The contents of this field are
# appended to "/dev/" and used as-is.  There is no need for this field to
# be unique, although if it isn't you may have strange results.  If this
# field is left blank, it is completely ignored.  Also note that if
# BusyBox detects that a serial console is in use, then all entries
# containing non-empty id fields will _not_ be run.  BusyBox init does
# nothing with utmp.  We don't need no stinkin' utmp.
#
# <runlevels>: The runlevels field is completely ignored.
#
# <action>: Valid actions include: sysinit, respawn, askfirst, wait, once,
#                                  restart, ctrlaltdel, and shutdown.
// 执行动作的格式
```

```
#
#       Note: askfirst acts just like respawn, but before running the
        specified
#       process it displays the line "Please press Enter to activate this
#       console." and then waits for the user to press enter before starting
#       the specified process.
#
#       Note: unrecognised actions (like initdefault) will cause init to emit
#       an error message, and then go along with its business.
#
# <process>: Specifies the process to be executed and it's command line.
                                                         // 进程处理
#
# Note: BusyBox init works just fine without an inittab. If no inittab is
# found, it has the following default behavior:    // BusyBox 执行 inittab
                                            文件,如果该文件不存在,执行下面的脚本
#         ::sysinit:/etc/init.d/rcS
#         ::askfirst:/bin/sh
#         ::ctrlaltdel:/sbin/reboot
#         ::shutdown:/sbin/swapoff -a
#         ::shutdown:/bin/umount -a -r
#         ::restart:/sbin/init
#
# if it detects that /dev/console is _not_ a serial console, it will
# also run:              // 如果/dev/console 设备不是串口设备,则执行下面的命令
#         tty2::askfirst:/bin/sh
#         tty3::askfirst:/bin/sh
#         tty4::askfirst:/bin/sh
#
# Boot-time system configuration/initialization script.
# This is run first except when booting in single-user mode.
                                                         // 启动时运行的脚本
#
::sysinit:/etc/init.d/rcS

# /bin/sh invocations on selected ttys
#
# Note below that we prefix the shell commands with a "-" to indicate to
the
# shell that it is supposed to be a login shell.  Normally this is handled
by
# login, but since we are bypassing login in this case, BusyBox lets you
do
# this yourself...
#
# Start an "askfirst" shell on the console (whatever that may be)
::askfirst:-/bin/sh
# Start an "askfirst" shell on /dev/tty2-4
tty2::askfirst:-/bin/sh
tty3::askfirst:-/bin/sh
tty4::askfirst:-/bin/sh

# /sbin/getty invocations for selected ttys
tty4::respawn:/sbin/getty 38400 tty5
tty5::respawn:/sbin/getty 38400 tty6

# Example of how to put a getty on a serial line (for a terminal)
// 建立串口控制台的例子
#::respawn:/sbin/getty -L ttyS0 9600 vt100
#::respawn:/sbin/getty -L ttyS1 9600 vt100
```

```
#
# Example how to put a getty on a modem line.   // 如何建立 Modem 连接的例子
#::respawn:/sbin/getty 57600 ttyS2

# Stuff to do when restarting the init process // 设置什么时候执行 init 程序
::restart:/sbin/init

# Stuff to do before rebooting                 // 设置重新启动之前做什么
::ctrlaltdel:/sbin/reboot
::shutdown:/bin/umount -a -r
::shutdown:/sbin/swapoff -a
```

读者可以根据自己的需要修改范例文件。

19.4　小　　结

本章介绍了 BusyBox 的工作原理、编译安装和移植到开发板的技巧。读者需亲自动手实践，这样对于理解 BusyBox 的工作流程有很大帮助。另外，有兴趣的读者可以挑选 BusyBox 源代码的文件，阅读代码，理解 BusyBox 的设计思想和工作流程。第 20 章将讲解嵌入式 Linux 开发的重点——内核移植。

第 20 章　Linux 内核移植

软件移植的概念，简单地说，就是让一套软件在指定的硬件平台上正常运行。移植至少包括两个不同的硬件或者软件平台。对于应用软件来说，移植主要考虑操作系统的差异，重点在修改系统调用。本章的重点是 Linux 内核移植，需要考虑硬件平台的差异，涉及较多知识。主要内容如下：

- Linux 内核移植要点；
- 内核体系结构框架；
- 从现有代码移植内核。

20.1　Linux 内核移植要点

Linux 的代码完全开放及其良好的结构设计非常适用于嵌入式系统。移植 Linux 系统包括内核、程序库和应用程序，其中最主要的就是内核移植。由于 Linux 内核的开放性，出现了许多针对嵌入式硬件系统的内核版本，其中著名的包括μcLinux、RT-Linux 等。

Linux 本身对内存管理（MMU）有很好的支持。因此，在移植的时候首先要考虑到目标硬件平台是否支持 MMU。以 ARM 平台为例，ARM7 内核的 CPU 不支持 MMU，无法直接把 Linux 内核代码移植到 ARM7 核的硬件平台上。μcLinux 是专门针对 ARM7 这类没有 MMU 的硬件平台上设计的，它精简了 MMU 部分代码。本书的目标平台是 S3C2440A，该处理器基于 ARM9 核，支持 MMU，可以直接移植 Linux 2.6 版本的内核代码。

一个硬件平台最主要的是处理器，因此在移植之前需要了解目标平台的处理器。ARM 处理器内部采用 32 位的精简指令架构（RISC），核心结构设计相对简单，有低耗电量的优势，被广泛应用到各种领域。下面介绍一下移植 Linux 内核对硬件平台需要考虑的几个问题。

1．目标平台

目标平台包括了嵌入式处理器和周围器件，处理器可能整合了一些周围器件，如中断控制器、定时器、总线控制器等。在移植之前需要确定被移植系统对外部设备和总线的支持情况。本书的 ARM 开发板采用 mini2440 平台，在 S3C2440A 外围连接了许多外围设备，包括 NOR Flash 存储器、NAND Flash 存储器、网络接口芯片、USB 控制器等。在 S3C2440A 处理器内部集成了许多常用的控制器，以及嵌入式领域常用的总线控制器。对于移植 Linux 内核来说，操作处理器内部的控制器要比外部的设备容易得多。

2．内存管理单元（MMU）

前面提到过 MMU，对于现代计算机来说，MMU 负责内存地址保护、虚拟地址和物理地址相互转换工作。在使用 MMU 的硬件平台上，操作系统通过 MMU 可以向应用程序提供大于实际物理内存的地址空间，使应用程序获得更高性能。Linux 的虚拟内存管理功能就是借助 MMU 实现的。在移植的时候要考虑目标平台的 MMU 操作机制，这部分代码是较难理解的，最好能在相似代码的基础上修改，降低开发难度。

3. 内存映射

嵌入式系统大多都没有配备硬盘，外部存储器只有 Flash，并且系统内存也非常有限。内存控制器（Memory Controller）负责内部和外部存储器在处理器地址空间的映射，由于硬件预设的地址不同导致每种平台内存映射的地址也不同。在移植时需要参考硬件的用户手册，得到内存地址的映射方法。

4. 存储器

由于嵌入式系统多用 Flash 存储器作为存储装置。对于文件系统来说，在 PC 流行的 ext2、ext3 文件系统在嵌入式系统无法发挥作用。幸好 Linux 支持许多文件系统，针对 Flash 存储器可以使用 JFFS2 文件系统。在移植的时候，不必要的文件系统都可以裁剪掉。

20.2 平台相关代码结构

移植 Linux 是一项复杂的工作，不仅对目标硬件平台的资源要充分了解，还需要了解 Linux 内核代码，尤其是与体系结构有关的部分。本节从内核的平台相关代码入手，先介绍内核的工作原理，然后讲解如何移植一个普通的 Linux 内核到以 S3C2440A 为目标平台的开发板。

在第 15 章介绍过 Linux 内核代码结构，与平台相关的代码主要存放在 arch 目录下，对应的头文件在 include 目录下。以 ARM 平台为例，在 arch 目录下有一个 arm 子目录，存放所有与 ARM 体系有关的内核代码。

Linux 内核代码目录基本是按照功能块划分的，每个功能块的代码存放在一个目录下。如 mm 目录存放内存管理单元相关代码；ipc 存放了进程间通信相关的代码；kernel 存放进程调度相关代码等。

arch 目录下每个平台的代码都采用了与内核代码相同的目录结构。以 arch/arm 目录为例，该目录下 mm、lib、kernel、boot 目录与内核目录下对应目录的功能相同。此外，还有一些以字符串 mach 开头的目录，对应不同处理器特定的代码。从 arch 目录结构可以看出，平台相关的代码都存放到 arch 目录下，并且使用与内核目录相同的结构。使用 SourceInsight 工具可以看到许多的同名函数，原因就是内核代码调用的函数是平台相关的，每个平台都有自己的实现方法。对于内核来说，使用相同的名字调用，通过编译选项选择对应平台的代码。

移植内核到新的平台主要任务是修改 arch 目录下对应体系结构的代码。一般来说，已有的体系结构提供了完整的代码框架，移植只需要按照代码框架编写对应具体硬件平台的代码即可。在编写代码过程中，需要参考硬件的设计包括图纸、引脚连线、操作手册等。

20.3　建立目标平台工程框架

Linux 内核 2.6 版本已经对 ARM 处理器有很好的支持，并且对三星公司的 S3C2440 提供一定支持。但是，嵌入式硬件系统的差别很大，移植 Linux 内核到新的开发板，仍然需要修改或者增加针对特定硬件的代码。

Linux 内核使用了复杂的工程文件结构，向内核添加新的代码文件需要让内核工程文件知道才行。对于 ARM 处理器来说，相关的文件都存放在 arch/arm 目录下：

```
-rw-r--r-- 1 tom tom 25504  9月 20  2006 Kconfig
// 选项菜单配置文件
-rw-r--r-- 1 tom tom  3846  9月 20  2006 Kconfig.debug
-rw-r--r-- 1 tom tom  8114  9月 20  2006 Makefile
// make 使用的配置文件
drwxr-xr-x 4 tom tom  4096  9月 20  2006 boot
// ARM 处理器通用启动代码
drwxr-xr-x 2 tom tom  4096  9月 20  2006 common
// ARM 处理器通用函数
drwxr-xr-x 2 tom tom  4096  9月 20  2006 configs
// 基于 ARM 处理器的各种开发板配置
drwxr-xr-x 2 tom tom  4096  9月 20  2006 kernel
// ARM 处理器内核相关代码
drwxr-xr-x 2 tom tom  4096  9月 20  2006 lib
// ARM 处理器用到的库函数
drwxr-xr-x 2 tom tom  4096  9月 20  2006 mach-aaec2000
drwxr-xr-x 2 tom tom  4096  9月 20  2006 mach-at91rm9200
drwxr-xr-x 2 tom tom  4096  9月 20  2006 mach-clps711x
drwxr-xr-x 2 tom tom  4096  9月 20  2006 mach-clps7500
drwxr-xr-x 2 tom tom  4096  9月 20  2006 mach-ebsa110
drwxr-xr-x 2 tom tom  4096  9月 20  2006 mach-ep93xx
drwxr-xr-x 2 tom tom  4096  9月 20  2006 mach-footbridge
drwxr-xr-x 2 tom tom  4096  9月 20  2006 mach-h720x
drwxr-xr-x 2 tom tom  4096  9月 20  2006 mach-imx
drwxr-xr-x 2 tom tom  4096  9月 20  2006 mach-integrator
drwxr-xr-x 2 tom tom  4096  9月 20  2006 mach-iop3xx
drwxr-xr-x 2 tom tom  4096  9月 20  2006 mach-ixp2000
// Intel IXP2xxx 系列网络处理器
drwxr-xr-x 2 tom tom  4096  9月 20  2006 mach-ixp4xx
// Intel IXp4xx 系列网络处理器
drwxr-xr-x 2 tom tom  4096  9月 20  2006 mach-l7200
drwxr-xr-x 2 tom tom  4096  9月 20  2006 mach-lh7a40x
drwxr-xr-x 2 tom tom  4096  9月 20  2006 mach-omap1
drwxr-xr-x 2 tom tom  4096  9月 20  2006 mach-pxa
// Intel PXA 系列处理器
drwxr-xr-x 2 tom tom  4096  9月 20  2006 mach-rpc
drwxr-xr-x 2 tom tom  4096  9月 20  2006 mach-s3c2410
// 三星 S3C24xx 系列处理器
drwxr-xr-x 2 tom tom  4096  9月 20  2006 mach-sa1100
drwxr-xr-x 2 tom tom  4096  9月 20  2006 mach-shark
drwxr-xr-x 2 tom tom  4096  9月 20  2006 mach-versatile
```

```
drwxr-xr-x 2 tom tom  4096  9月 20  2006 mm
// ARM 处理器内存函数相关代码
drwxr-xr-x 2 tom tom  4096  9月 20  2006 nwfpe
drwxr-xr-x 2 tom tom  4096  9月 20  2006 oprofile
drwxr-xr-x 2 tom tom  4096  9月 20  2006 plat-omap
drwxr-xr-x 2 tom tom  4096  9月 20  2006 tools  // 编译工具
drwxr-xr-x 2 tom tom  4096  9月 20  2006 vfp
```

在 arch/arm 目录下有许多的子目录和文件。其中以 mach 字符串开头的子目录存放某种特定的 ARM 内核处理器相关文件，如 mach-s3c2410 目录存放 S3C2410、S3C2440 相关的文件。另外，在 mach 目录下还会存放针对特定开发板硬件的代码。

- boot 目录存放了 ARM 内核通用的启动相关的文件；kernel 是与 ARM 处理器相关的内核代码；mm 目录是与 ARM 处理器相关的内存管理部分代码。以上这些目录的代码一般不需要修改，除非处理器有特殊的地方，只要是基于 ARM 内核的处理一般都使用相同的内核管理代码。
- Kconfig 文件是内核使用的选项菜单配置文件，在执行 make menuconfig 命令的时候会显示出菜单。Kconfig 文件描述了菜单项，包括菜单项的属性与其他菜单项的依赖关系等。通过修改 Kconfig 文件可以告知内核有关编译的宏，内核顶层的 Makefile 通过 Kconfig 文件知道需要编译哪些文件，以及连接关系。
- Makefile 文件是一个工程文件，每个体系结构的代码中都有该文件。Makefile 文件描述了当前体系结构目录下需要编译的文件，以及对应的宏的名称。内核顶层 Makefile 通过 Kconfig 文件配置的宏，结合 Makfile 定义的宏关联的代码文件去链接用户编写的代码。

通过分析 ARM 处理器体系目录的结构，加入针对 mini2440 开发板的代码主要是修改 Kconfig 文件、Makeifle 文件，以及向 mach-s3c2410 目录加入针对特定硬件的代码。

20.3.1　加入编译菜单项

修改 arch/arm/mach-s3c2410/Kconfig 文件，在 endmenu 之前加入下面的内容：

```
87 config ARCH_MINI2440      // 开发板名称宏定义
88  bool "mini2440"          // 开发板名称
89  select CPU_S3C2440       // 开发板使用的处理器类型
90  help
91    Say Y here if you are using the mini2440.    // 帮助信息
```

在笔者的机器上是在第 87 行加入，读者可以根据自己机器的配置在正确位置加入配置代码。Kconfig 文件与开发板有关的代码定义在 startmenu 和 endmenu 之间，使用 config 关键字标示一个配置选项。使用 config 配置的选项会出现在 make menuconfig 的菜单项中。

20.3.2　设置宏与代码文件的对应关系

在设置宏与代码文件对应关系之前，首先建立一个空的代码文件。在 arch/arm/mach-s3c 2410 目录下建立 mach-mini2440.c 文件，用于存放与 mini2440 开发板相关的代码。

建立 mach-mini2440.c 文件后，修改 arch/arm/mach-s3c2410/Makefile 文件，在文件最后加入 mach-mini2440.c 文件的编译信息：

```
43 obj-$(CONFIG_ARCH_MINI2440) += mach-mini2440.o
```

在笔者的机器上是在第 43 行加入 CONFIG_ARCH_MINI2440 宏，对应了 mach-mini2440.o 目标文件。make 工具在解析该 Makefile 的时候，会找到 mach-mini2440.o 目标文件对应的 mach-mini2440.c 文件并且编译，同时会建立一个名为 obj-CONFIG_ARCH_MINI2440 的宏。

注意：在 Makefile 中设置的宏名称是有规则的，要使用 CONFIG 开头，并且后面要与 Kconfig 菜单项配置的名称对应，否则在编译内核的时候无法找到对应的代码文件。

20.3.3　测试工程框架

工程框架配置修改完毕后，需要进行简单的测试，根据测试结果判断框架是否搭建成功。回到内核代码顶层目录，输入 make ARCH=arm CROSS_COMPILE=arm-linux-menuconfig 命令，出现内核设置图形界面。

在内核配置界面选择 Load an Alternate Configuration File 菜单，进入后输入“arch/arm/configs/s3c2410_defconfig”命令，确定后会加载 s3c2410 默认的配置文件。加载默认配置文件的好处是已经经过验证，用户只需要在默认配置文件的基础上修改自己的配置，减轻了配置的工作量。

加载默认配置文件后，可以开始配置新增加的菜单。进入 System Types 菜单项，打开 S3C24XX Implementations 菜单，出现一个目标开发板的列表：

```
[ ] Simtec Electronics BAST (EB2410ITX)
[ ] IPAQ H1940
[ ] Acer N30
[ ] SMDK2410/A9M2410
[ ] SMDK2440
[ ] AESOP2440
[ ] QQ2440/mini2440
[ ] Thorcom VR1000
[ ] HP iPAQ rx3715
[ ] NexVision OTOM Board
[ ] NexVision NEXCODER 2440 Light Board
[ ] mini2440
```

列表最后一项是在 20.3.1 节中添加的 mini2440 菜单项。把光标移到 mini2440 菜单项按回车键选中。选择 mini2440 开发板完毕后，保存退出内核配置界面。在命令行输入“make ARCH=arm CROSS_COMPILE=arm-linux- bzImage”命令编译内核代码。请注意，此时编译内核代码可能会有好多的错误，并且不会编译通过，问题是虽然建立了目标板工程框架，但是在源代码文件中没有任何内容。下面是在笔者机器上报错的部分信息提示：

```
arch/arm/kernel/traps.c: In function '__bug':
arch/arm/kernel/traps.c:627: warning: 'noreturn' function does return
kernel/intermodule.c:179: warning: 'inter_module_register' is deprecated
(declared at kernel/intermodule.c:38)
kernel/intermodule.c:180: warning: 'inter_module_unregister' is deprecated
(declared at kernel/intermodule.c:79)
kernel/intermodule.c:182:  warning:  'inter_module_put'  is  deprecated
(declared at kernel/intermodule.c:160)
```

```
fs/yaffs2/yaffs_fs.c:198:  warning:  initialization  from  incompatible
pointer type
fs/yaffs2/yaffs_fs.c:228:  warning:  initialization  from  incompatible
pointer type
fs/yaffs2/yaffs_fs.c:229:  warning:  initialization  from  incompatible
pointer type
fs/yaffs2/yaffs_fs.c: In function 'yaffs_proc_write':
fs/yaffs2/yaffs_fs.c:1865: warning: 'len' might be used uninitialized in
this function
fs/yaffs2/yaffs_fs.c: At top level:
fs/yaffs2/yaffs_fs.c:1305: warning: 'yaffs_do_sync_fs' defined but not used
fs/yaffs2/yaffs_guts.c: In function 'yaffs_ObjectHasCachedWriteData':
fs/yaffs2/yaffs_guts.c:2997: warning: unused variable 'cache'
fs/yaffs2/yaffs_guts.c: In function 'yaffs_Scan':
fs/yaffs2/yaffs_guts.c:4490: warning: unused variable 'hl'
fs/yaffs2/yaffs_qsort.c:77:1: warning: "min" redefined
In file included from fs/yaffs2/yportenv.h:35,
              from fs/yaffs2/yaffs_qsort.c:30:
include/linux/kernel.h:243:1: warning: this is the location of the previous
definition
drivers/char/keyboard.c:1018:2: warning: #warning "Cannot generate rawmode
keyboard for your architecture yet."
drivers/net/dm9000x.c: In function 'dmfe_probe':
drivers/net/dm9000x.c:288: warning: assignment makes integer from pointer
without a cast
drivers/serial/serial_core.c:2427:  warning:  'uart_register_port'  is
deprecated (declared at drivers/serial/serial_core.c:2348)
drivers/serial/serial_core.c:2428:  warning:  'uart_unregister_port'  is
deprecated (declared at drivers/serial/serial_core.c:2405)
```

从报错信息看，主要集中在函数未定义和函数重定义两种错误。在编译的时候提示出错的函数名称需要关注，可能需要在新增的代码文件中重新定义或者调用。内核编译会出错退出，报错信息如下：

```
arm-linux-ld:arch/arm/kernel/vmlinux.lds:815: parse error
make: *** [.tmp_vmlinux1] Error 1
```

该信息提示解析 arch/arm/kernel/vmlinux.lds 文件第 815 行出错，出现该错误表示已经完成内核代码编译，在链接代码时产生问题，在后面章节将会详细分析出错原因。

到目前为止，向内核新增的代码框架已经可以正常工作，第 20.4 节将介绍如何编写对应开发板的代码。

20.4　建立目标平台代码框架

在 20.3.3 节编译的内核代码最后出现了链接错误，提示 vmlinux.lds 文件链接失败。lds 文件是 GNU ld 工具使用的一种脚本文件，该文件描述了如何分配链接后的内存区域和地址等信息，通过 lds 文件报的错误可以推理分析错误产生的原因。

20.4.1　ARM 处理器相关结构

首先打开 arch/arm/kernel/vmlinux.lds 文件，找到第 815 行，代码如下：

```
815 ASSERT((__proc_info_end - __proc_info_begin), "missing CPU support")
```

该行代码使用一个 ASSERT 宏判断__proc_info_end 标号的地址与__proc_info_begin 标号地址是否相同。__proc_info_end 和__proc_info_begin 标号之间定义了一个初始化阶段使用的结构，在 ARM 处理器启动的时候，内核会调用该结构初始化 ARM 处理器。

在 arch/arm 目录下搜索__proc_info_begin 标号：

```
$ grep -nR '__proc_info_begin' *
kernel/head.S:516:      .long   __proc_info_begin
kernel/vmlinux.lds.S:25:                 __proc_info_begin = .;
kernel/vmlinux.lds.S:166:ASSERT((__proc_info_end  -  __proc_info_begin),
"missing CPU support")
```

使用 grep 命令搜索得到 3 条结果。从结果看出，__proc_info_begin 标号定义在 kernel/head.S 文件的第 516 行，在 kernel/vmlinux.lds.S 文件使用到了__proc_info_begin 标号。打开 kernel/vmlinux.lds.S 文件查看：

```
25     __proc_info_begin = .;          // .proc.info 段的起始地址
26       *(.proc.info)                 // 段名称
27     __proc_info_end = .;            // .proc.info 段的结束地址
```

在 vmlinux.lds.S 文件中定义了 proc.info 代码段，该段代码的起始地址和结束地址分别由__proc_info_begin 和__proc_info_end 标号标示，这两个标号标示的地址是通过计算得到的。

在 ARM 体系代码中，使用 machine_desc 结构描述与处理器相关的代码，该结构定义在 include/asm-arm/mach/arch.h 头文件定义如下：

```
17 struct machine_desc {
18  /*
19   * Note! The first five elements are used
20   * by assembler code in head-armv.S
21   */
22  unsigned int   nr;   /* architecture number */
                                                   // 处理器编号,自动生成
23  unsigned int   phys_ram; /* start of physical ram */
                                                   // 物理内存起始地址
24  unsigned int   phys_io;  /* start of physical io */
                                                   // 物理 I/O 端口起始地址
25  unsigned int   io_pg_offst;  /* byte offset for io
26          * page tabe entry  */
27
28  const char    *name;    /* architecture name  */     // 处理器名称
29  unsigned long  boot_params;  /* tagged list    */  // 启动参数列表地址
30
31  unsigned int   video_start;  /* start of video RAM */
                                                   // 视频设备存储器起始地址
32  unsigned int   video_end;  /* end of video RAM */
                                                   // 视频设备存储器结束地址
33
34  unsigned int   reserve_lp0 :1; /* never has lp0  */
35  unsigned int   reserve_lp1 :1; /* never has lp1  */
36  unsigned int   reserve_lp2 :1; /* never has lp2  */
37  unsigned int   soft_reboot :1; /* soft reboot    */ // 是否软启动
38  void      (*fixup)(struct machine_desc *,
39          struct tag *, char **,
```

```
40          struct meminfo *);
41   void     (*map_io)(void);/* IO mapping function  */
                                                   // I/O 中断处理映射函数
42   void     (*init_irq)(void);                   // 中断响应函数
43   struct sys_timer  *timer;   /* system tick timer  */
                                                   // 定时器
44   void     (*init_machine)(void);               // 初始化函数
45 };
```

machine_desc 结构描述了处理器体系结构编号、物理内存大小、处理器名称、I/O 处理函数、定时器处理函数等。每种 ARM 核的处理器都必须实现一个 machine_desc 结构，内核代码会使用该结构。

20.4.2　建立 machine_desc 结构

Linux 内核提供了 MACHINE_START 和 MACHINE_END 宏供建立 machine_desc 结构使用，建议使用宏建立结构。打开 arch/arm/mach-s3c2410/mach-mini2440.c 文件，加入下面的代码：

```
53 MACHINE_START(MINI2440, "MINI2440")          // 定义结构名称
54   .phys_ram = S3C2410_SDRAM_PA,              // 物理内存起始地址
55   .phys_io  = S3C2410_PA_UART,               // 物理端口起始地址
56   .io_pg_offst  = (((u32)S3C24XX_VA_UART) >> 18) & 0xfffc,
57   .boot_params  = S3C2410_SDRAM_PA + 0x100,  // 启动参数存放地址
58
59   .init_irq = mini2440_init_irq,             // 中断初始化函数
60   .map_io   = mini2440_map_io,               // I/O 端口内存映射函数
61   .init_machine = mini2440_init,             // 初始化函数
62   .timer    = &s3c24xx_timer,                // 定时器
63 MACHINE_END
```

MACHINE_START 宏定义了一个名为 MINI2440 的结构，并且定义了相关的内存和端口地址、处理函数等。请读者注意，定义结构的行号不是从第 1 行开始的，前面的代码行包含了头文件。头文件可以从其他文件复制一份，如从 mach-smdk2440.c 文件复制一份头文件定义。

提示：参考其他类似工程的代码是一个捷径，对于能复用的代码和变量建议使用已经定义好的，这样可以减轻编码和调试的工作量，减少出错机会。

MINI2440 结构中使用到了 S3C2410_SDRAM_PA 和 S3C2410_PA_UART 宏，这两个宏分别定义了开发板物理内存起始地址和物理端口起始地址。由于 2410 和 2440 处理器对内存地址映射关系相同，可以直接使用 S3C2410_SDRAM_PA 和 S3C2410_PA_UART 宏。有关 S3C2440 处理器内存映射请参考处理器手册的内存管理章节。

20.4.3　加入处理函数

在 mach-mini2440.c 文件中加入 MINI2440 结构指定的几个函数，定义如下：

```
52 void __init  mini2440_init_irq(void)     // 中断初始化函数
53 {
```

```
54 }
55
56 void __init  mini2440_init(void)         // 处理器初始化函数
57 {
58 }
59
60 void __init  mini2440_map_io(void)       // I/O 端口映射初始化函数
61 {
62 }
```

在 mach-mini2440.c 文件中加入了 mini2440_init_irq()、mini2440_init()和 mini2440_map_io()这 3 个函数。请读者注意这 3 个函数在定义的时候使用了__init 关键字，__init 关键字告诉 ld 链接器把函数放在初始化段，初始化段的代码仅在初始化的时候被调用一次。

提示：在本节函数留空即可，后面的章节会不断增加代码，本节主要是搭建代码框架。

20.4.4　加入定时器结构

在 MINI2440 结构定义中，使用了一个名为 s3c24xx_timer 的 sys_timer 结构变量，该变量定义在 arch/arm/mach-s3c2410/timer.c 文件定义如下：

```
252 struct sys_timer s3c24xx_timer = {
253   .init    = s3c2410_timer_init,           // 定时器初始化函数
254   .offset   = s3c2410_gettimeoffset,      // 读取定时器延时
255   .resume   = s3c2410_timer_setup         // 恢复定时器
256 };
```

S3C24xx 系列处理器定时器的操作相同，因此使用内核代码已经定义好的定时器结构即可，无须从头开发。

20.4.5　测试代码结构

回到内核源代码根目录，执行 make ARCH=arm CROSS_COMPILE=arm-linux- bzImage 开始编译内核。这次编译没有出错信息，会得到正确的编译结果。查看 arch/arm/boot 目录已经有目标文件 Image.gz，表示已经编译生成运行于 ARM 处理器的内核。

到目前为止，已经可以编译工作在 ARM 处理器上的代码，但是内核代码还不能启动，因为还没有加入实际的代码，在 20.5 节中将介绍如何加入目标平台相关的代码。

20.5　构建目标板代码

Linux 内核已经为 ARM 处理器设计好了代码框架，只要按照这个框架加入针对某种开发板和处理器的代码即可工作。加入代码还是按照前面提到的原则，能使用已有的通用代码尽量使用，并且尽可能地参考现有开发板代码的处理方法。

20.5.1　处理器初始化

首先在 mach-mini2440.c 文件中加入处理器初始化代码如下：

```
56 void __init mini2440_init(void)
57 {
58   set_s3c2410ts_info(&mini2440_ts_cfg);      // 注册触摸屏结构
59   set_s3c2410udc_info(&mini2440_udc_cfg);    // 注册 UDC 结构
60   set_s3c2410fb_info(&mini2440_lcdcfg);      // 注册 LCD 结构
61 }
```

在 mini2440_init()函数中注册了 3 个结构，分别用于初始化触摸屏、UDC 和 LCD，这 3 个结构都是针对三星 ARM9 处理器的。接下来定义这三个结构，代码如下：

```
53 static struct s3c2410_ts_mach_info mini2440_ts_cfg __initdata = {
54   .delay = 20000,
55   .presc = 55,
56   .oversampling_shift = 2,
57 };
58
59
60 static struct s3c2410_udc_mach_info mini2440_udc_cfg __initdata = {
61   .udc_command = pullup,          // 设置 udc 处理函数
62 };
63
64
65 static struct s3c2410fb_mach_info mini2440_lcdcfg __initdata = {
66   .regs = {                       // 设置控制寄存器
67     .lcdcon1 =  S3C2410_LCDCON1_TFT16BPP | \
68         S3C2410_LCDCON1_TFT | \
69         S3C2410_LCDCON1_CLKVAL(0x04),
70
71     .lcdcon2 =  S3C2410_LCDCON2_VBPD(1) | \
72         S3C2410_LCDCON2_LINEVAL(319) | \
73         S3C2410_LCDCON2_VFPD(5) | \
74         S3C2410_LCDCON2_VSPW(1),
75
76     .lcdcon3 =  S3C2410_LCDCON3_HBPD(36) | \
77         S3C2410_LCDCON3_HOZVAL(239) | \
78         S3C2410_LCDCON3_HFPD(19),
79
80     .lcdcon4 =  S3C2410_LCDCON4_MVAL(13) | \
81         S3C2410_LCDCON4_HSPW(5),
82
83     .lcdcon5 =  S3C2410_LCDCON5_FRM565 |
84         S3C2410_LCDCON5_INVVLINE |
85         S3C2410_LCDCON5_INVVFRAME |
86         S3C2410_LCDCON5_PWREN |
87         S3C2410_LCDCON5_HWSWP,
88   },
89
90   .lpcsel = 0xf82,
91
92   .gpccon = 0xaa955699,
93   .gpccon_mask =  0xffc003cc,
94   .gpcup =  0x0000ffff,
95   .gpcup_mask = 0xffffffff,
96
97   .gpdcon = 0xaa95aaa1,          // 设置通用控制寄存器
98   .gpdcon_mask =  0xffc0fff0,    // 通用控制寄存器掩码
99   .gpdup =  0x0000faff,          // 设置通用控制寄存器
100   .gpdup_mask = 0xffffffff,     // 通用控制寄存器掩码
101
```

```
102   .fixed_syncs =  1,                  // 同步
103   .width  = 240,                      // 设置屏幕宽度像素值
104   .height = 320,                      // 设置屏幕高度像素值
105
106   .xres = {                           // 设置 LCD 屏幕横向像素值
107     .min =    240,                    // 最小值
108     .max =    240,                    // 最大值
109     .defval = 240,                    // 默认值
110   },
111
112   .yres = {                           // 设置 LCD 屏幕纵向像素值
113     .max =    320,                    // 最大值
114     .min =    320,                    // 最小值
115     .defval = 320,                    // 默认值
116   },
117
118   .bpp  = {                           // 颜色位数
119     .min =    16,                     // 最小值
120     .max =    16,                     // 最大值
121     .defval = 16,                     // 默认值
122   },
123 };
```

mini2440_ts_cfg 结构定义了触摸屏相关参数；mini2440_lcdcfg 结构定义了 LCD 控制器相关参数，S3C2440 提供了一组 LCD 控制器，用于设置 LCD 的颜色、像素值、数据传输方式、同步方式等结构。读者可以参考 S3C2440 处理器手册，对照代码中的值得到配置的方式。

提示： LCD 控制器的配置比较复杂，S3C2440 提供的 LCD 控制器仅支持数字信号输入的液晶屏，在连接液晶屏之前需要参考液晶屏的手册。

在 mini2440_udc_cfg 结构中使用了一个 pullup 回调函数，定义如下：

```
52 static void pullup(unsigned char cmd)
53 {
54   switch (cmd)
55   {
56     case S3C2410_UDC_P_ENABLE :             // 打开 UDC
57       break;
58     case S3C2410_UDC_P_DISABLE :            // 关闭 UDC
59       break;
60     case S3C2410_UDC_P_RESET :              // 重启 UDC
61       break;
62     default: break;
63   }
64 }
```

pullup()函数不做任何处理，如果以后需要添加对 UDC 的处理，可以在 pullup()函数中加入处理代码。

20.5.2　端口映射

端口映射函数设置 S3C2440 处理器的 I/O 端口描述结构、时钟频率、串口等，代码如下：

```
150 void __init mini2440_map_io(void)
151 {
```

```
152   s3c24xx_init_io(mini2440_iodesc, ARRAY_SIZE(mini2440_iodesc));
                                                    // 初始化 I/O 结构
153   s3c24xx_init_clocks(12000000);                // 设置时钟频率
154   s3c24xx_init_uarts(mini2440_uartcfgs, ARRAY_SIZE(mini2440_uartc
                                                    // 设置串口结构
fgs));
155   s3c24xx_set_board(&mini2440_board);           // 设置开发板结构
156   s3c_device_nand.dev.platform_data = &bit_nand_info;
157 }
```

在 mini2440_map_io()函数中，初始化了 3 个结构，定义如下：

```
66 static struct map_desc mini2440_iodesc[] __initdata = {
67   {vSMDK2410_ETH_IO, pSMDK2410_ETH_IO, SZ_1M, MT_DEVICE},
                                                    // 网卡接口映射
68   {0xe0000000, 0x08000000, 0x00100000, MT_DEVICE},
69   {0xe0100000, 0x10000000, 0x00100000, MT_DEVICE},
70   { (unsigned long)S3C24XX_VA_IIS, S3C2410_PA_IIS, S3C24XX_SZ_IIS, MT_
     DEVICE },
71 };
72
73 static struct s3c2410_uartcfg mini2440_uartcfgs[] = {
74   [0] = {
75     .hwport       = 0,    // 串口 0
76     .flags        = 0,
77     .ucon         = 0x3c5,
78     .ulcon        = 0x03,
79     .ufcon        = 0x51,
80   },
81   [1] = {
82     .hwport       = 1,    // 串口 1
83     .flags        = 0,
84     .ucon         = 0x3c5,
85     .ulcon        = 0x03,
86     .ufcon        = 0x51,
87   },
88   [2] = {
89     .hwport       = 2,    // 红外线接口
90     .flags        = 0,
91     .uart_flags   = 0,
92     .ucon         = 0x3c5,
93     .ulcon        = 0x03,
94     .ufcon        = 0x51,
95   }
96 };
97
98 static struct s3c24xx_board mini2440_board __initdata = {
99   .devices        = mini2440_devices,              // 开发板设备列表
100   .devices_count = ARRAY_SIZE(mini2440_devices)   // 结构大小
101 };
```

map_desc 结构描述了内存虚拟地址和物理地址之间的关系，供配置 MMU 使用。mini2440_uartcfgs[]结构描述了开发板上两个串口和一个红外线接口的定义。mini2440_board 结构描述了开发板上存在的设备列表 mini2440_devices，定义如下：

```
66 static struct platform_device *mini2440_devices[] __initdata = {
67   &s3c_device_lcd,         // LCD 控制器
68   &s3c_device_wdt,         // 看门狗控制器
69   &s3c_device_i2c,         // I2C 控制器
```

```
70   &s3c_device_ts,          // 触摸屏控制器
71   &s3c_device_nand,        // NAND Flash 控制器
72   &s3c_device_rtc,         // RTC 控制器
73 };
```

在 mini2440_devices 结构中定义了 LCD 控制器、看门狗控制器、I2C 控制器、触摸屏控制器等结构，这些结构的定义都是使用内核提供的标准结构，定义在 devs.c 文件中。

20.5.3　中断处理

内核提供了一个 s3c24xx_init_irq()处理函数，因此中断处理函数直接引用即可。

```
186 void __init mini2440_init_irq(void)
187 {
188   s3c24xx_init_irq();    // 调用系统提供的中断处理函数
189 }
```

20.5.4　定时器处理

内核提供了一个定时器处理函数结构如下：

```
struct sys_timer s3c24xx_timer = {
    .init        = s3c2410_timer_init,             // 定时器初始化函数
    .offset      = s3c2410_gettimeoffset,          // 获取定时器值
    .resume      = s3c2410_timer_setup             // 恢复定时器设置
;
```

在代码中直接使用 s3c24xx_timer 结构即可。

20.5.5　编译最终代码

到目前为止，已经添加了所有与 mini2440 开发板有关的代码，保存文件后，可以开始编译内核。回到内核代码根目录，执行“make ARCH=arm CROSS_COMPILE=arm-linux-bzImage”重新编译代码，最终在 arch/arm/boot 目录下生成 bzImage 文件，针对开发板的内核代码编译成功。

通过 U-Boot 或者其他的 Bootloader 工具，可以把代码烧写到开发板的 Flash 存储器上，然后重新启动开发板，可以从液晶屏看到启动过程打印的提示信息。

提示： 由于没有设置 USB 控制器和声音控制器，因此开发板上和 USB 及声音相关的功能都无法使用。

20.6　小　　结

本章介绍了如何移植 Linux 内核代码到新的开发板。移植内核到新的硬件平台是一件繁琐的事情，读者在移植过程中需要有耐心。移植内核代码要涉及软件和硬件相关的知识，读者应该结合硬件提供的电路图纸和手册，利用现有的软件工具和代码，构建符合需求的内核代码。第 21 章将讲解 Linux 内核和应用程序的调试技术。

第 21 章　内核和应用程序调试技术

调试程序的目的是定位程序中的问题。调试程序无外乎几种方式：查看程序运行时内部数据、跟踪程序运行、查看信号量的变化。调试器就是帮助程序员调试程序的工具。本章将讲解 Linux 系统下最基本的调试器 gdb 的使用方法，以及使用 kdb 调试内核的技术，主要内容如下：

- GDB 调试器介绍；
- 基本的调试技术；
- 调试意外终止的程序；
- 使用 printk()函数调试 Linux 内核；
- 使用 KDB 调试 Linux 内核。

21.1　使用 gdb 调试应用程序概述

gdb 是 GNU 开源组织发布的一款调试器，提供了丰富的功能。gdb 调试器不仅能调试普通的应用程序，还可以调试正在运行的进程和线程，甚至 Linux 内核。gdb 是一个开源的调试器，不仅能调试 C 语言编写的代码，还可以调试 Ada、C++、Java、Pascal 等语言编写的程序。gdb 支持 Linux、Windows 等多种平台，可以非常方便地调试各种类型的程序。不过，gdb 最大的不足是一个命令行的工具，对初学者来说入门比较麻烦，尤其是用惯了 Visual C++之类的图形化调试器的开发人员。

gdb 的功能可以分成 4 类：提供多种方式加载被调试的程序；为程序设置断点，可以根据用户设置的表达式设置断点；检查程序运行过程中各种状态和信号的变化；可以动态改变程序执行的环境。下面介绍 gdb 在 Linux 环境下的各种调试技术。

21.2　基本的调试技术

gdb 的功能通过内部的命令和启动时命令行提供，命令行的格式如下：

```
gdb [options] [executable-file [core-file or process-id]]
gdb [options] --args executable-file [inferior-arguments ...]
```

在 gdb 的命令行可以输入参数和选项，包括指定被调试程序的参数和进程号等。一般使用“gdb <被调试程序名>”的形式启动 gdb，不需要指定参数。有关 gdb 的参数和内置命令可以参考附录。下面介绍 gdb 的基本功能。

在介绍 gdb 功能之前，首先给出一个例子程序，功能是从一个 Web 服务器获取网页，请参考实例 21-1。

实例 21-1　从 Web 服务器获取网页示例程序

```
01 //
02 // HttpDemo.c
03 //
04 // 功能：使用 HTTP 协议从网站获取一个页面
05 //
06 #include <string.h>
07 #include <sys/types.h>
08 #include <sys/socket.h>
09 #include <netinet/in.h>
10 #include <netdb.h>
11 #include <stdio.h>
12 #include <fcntl.h>
13 #include <errno.h>
14 #include <signal.h>
15
16 void sig_int(int sig);
17
18 /* 解析 HTTP 头的函数 */
19 int GetHttpHeader(char *buff, char *header);
20
21 /* 打印出错信息 */
22 #define PRINTERROR(s) \
23 fprintf(stderr,"\nError at %s, errno = %d\n", s, errno)
24
25 /* 主函数 */
26 int main()
27 {
28     int bytes_all = 0;
29     char *host_name = "www.sohu.com";
30     int nRet;
31     int sock_fd;// socket 句柄
32     struct sockaddr_in server_addr;
33     struct hostent *host_entry;
34     char strBuffer[2048] = {0};                    //存放返回的数据
35     char strHeader[1024] = {0};                    //存放 Http 请求报文头
36
37     /* 安装 SIGINT 信号响应函数 */
38     signal(SIGINT, sig_int);
39
40     sock_fd = socket(PF_INET, SOCK_STREAM, 0);
41     if (sock_fd == -1) {
42     PRINTERROR("socket()");
43     return -1;
44     }
45
46     host_entry = gethostbyname(host_name);         //获取域名对应的 IP 地址
47     server_addr.sin_port = htons(80);              //设置服务端口号
48     server_addr.sin_family = PF_INET;              //设置 socket 类型
49     server_addr.sin_addr=  (*(struct  in_addr*)*(host_entry->h_addr_
list));
50
51     /* 连接到服务器 */
52     nRet  =  connect(sock_fd,  (struct  sockaddr*)&server_addr,  sizeof
(struct      sockaddr_in));
53     if (nRet == -1){
54         PRINTERROR("connect()");
55         close(sock_fd);
```

```
56          return -1;
57      }
58
59      /* 构造 HTTP 请求报文头 */
60      sprintf(strBuffer, "GET / HTTP/1.1\r\n");
61      strcat(strBuffer, "Accept */*\r\n");
62      strcat(strBuffer, "Connection: Keep-Alive\r\n");
63
64      /* 发送 HTTP 请求 */
65      nRet = send(sock_fd, strBuffer, strlen(strBuffer), 0);
66      if (nRet == -1) {
67          PRINTERROR("send()");
68          close(sock_fd);
69          return -1;
70      }
71
72      /* 获取服务器返回的页面内容 */
73      while(1)
74      {
75          /* 等待服务器返回页面内容 */
76          nRet = recv(sock_fd, strBuffer, sizeof(strBuffer), 0);
77          if (nRet == -1)
78          {
79              PRINTERROR("recv()");
80              break;
81          }
82
83          bytes_all += nRet;            //累加服务器返回页面内容的字节数
84
85          if (0==GetHttpHeader(strBuffer, strHeader)) {
86              printf("%s", strHeader);
87          }
88
89          /* 检查服务器是否关闭连接 */
90          if (nRet == 0) {              //没有数据返回表示连接已经关闭
91              fprintf(stderr,"\n %d bytes received.\n", bytes_all);
92              break;
93          }
94
95          /* 打印服务器返回的内容 */
96          printf("%s", strBuffer);
97      }
98
99      /* 关闭连接 */
100     close(sock_fd);
101
102     return 0;
103
104 }
105
106 void sig_int(int sig)                 // 中断信号响应函数
107 {
108     printf("Ha ha, we get SIGINT!\n");
109 }
110
111 /* 获取 HTTP 协议头 */
112 int GetHttpHeader(char *buff, char *header)
113 {
114     char *p, *q;
```

```
115     int i=0;
116
117     p = buff;                                       // 缓冲区头
118     q = header;                                     // 协议头
119
120     if (NULL==p)                                    // 参数检查
121         return -1;
122     if (NULL==q)
123         return -1;
124
125     while('\0'!=(*p)) {                             // 检查是否字符串结束
126         q[i] = p[i];
127         if ((p[i]==0x0d)&&(p[i+1]==0x0a)&&
128             (p[i+2]==0x0d)&&(p[i+3]==0x0a)) {   // 判断是否句子结尾
129             q[i+1] = p[i+1];
130             q[i+2] = p[i+2];
131             q[i+3] = p[i+3];
132             q[i+4] = 0;
133             return 0;
134         }
135         i++;
136     }
137     return -1;
138 }
```

实例 21-1 的工作流程是在本地创建一个 Socket，然后连接到指定的 Web 服务器，发送一个 HTTP 请求。等待 HTTP 服务器返回响应后，解析响应的 HTTP 头。有关 HTTP 协议的信息请读者参考其他文档，这里仅举例说明程序工作流程。程序详细的功能将在调试过程中进行说明，在调试之前，需要编译程序：

```
gcc -g HttpDemo HttpDemo.c
```

注意： 编译的时候加入了-g 参数，目的是告诉 gcc 在目标文件中生成调试信息。如果不加-g 参数，则 gdb 无法找到供调试用的信息。

21.2.1　列出源代码

列出代码是一个必要功能。对于 gdb 这种命令行的调试器来说，调试过程中屏幕的信息在不断更新，如果没有查看代码功能，用户操作很不方便。gdb 显示代码的命令是 list。

（1）启动 gdb 调试器：

```
gdb HttpDemo
```

gdb 会启动并且调入 HttpDemo 程序，出现下面的界面。

```
$ gdb HttpDemo
GNU gdb (Ubuntu/Linaro 7.4-2012.04-0ubuntu2.1) 7.4-2012.04
Copyright (C) 2012 Free Software Foundation, Inc.
License    GPLv3+:    GNU    GPL    version    3    or    later
<http://gnu.org/licenses/gpl.html>
This is free software: you are free to change and redistribute it.
There is NO WARRANTY, to the extent permitted by law.  Type "show copying"
and "show warranty" for details.
This GDB was configured as "i686-linux-gnu".
```

```
For bug reporting instructions, please see:
<http://bugs.launchpad.net/gdb-linaro/>...
Reading symbols from /home/tom/dev_test/21/21.2/HttpDemo...done.
(gdb)
```

首先是一大堆版权信息，还有gdb的版本号等。如果没有提示错误表示已经成功装入被调试的程序HttpDemo，(gdb)是gdb的命令行提示符。

（2）进入gdb调试环境后，输入命令“list”，然后按回车键，gdb打印出最开始的代码。

```
(gdb) list
18  /* 解析HTTP头的函数 */
19  int GetHttpHeader(char *buff, char *header);
20
21  /* 打印出错信息 */
22  #define PRINTERROR(s) \
23  fprintf(stderr,"\nError at %s, errno = %d\n", s, errno)
24
25  /* 主函数 */
26  int main()
27  {
```

请注意，gdb默认是从C文件代码最开始的部分显示，对于源代码开头包含头文件、宏定义等预处理指令默认不显示。

（3）在调试环境下，继续输入“list”按回车键后，得到后面的代码：

```
(gdb) list
28      int bytes_all = 0;
29      char *host_name = "www.sohu.com";
30      int nRet;
31      int sock_fd;// socket句柄
32      struct sockaddr_in server_addr;
33      struct hostent *host_entry;
34      char strBuffer[2048] = {0};              //存放返回的数据
35      char strHeader[1024] = {0};              //存放Http请求报文头
36
37      /* 安装SIGINT信号响应函数 */
```

gdb 显示第 27 行后的 10 行代码。用户如果想看某一行的代码，可以指定行号。如HttpDemo.c这个文件，一开始没有看到第1行，现在从第1行列出代码：

```
(gdb) list 1
1   //
2   // HttpDemo.c
3   //
4   // 功能：使用HTTP协议从网站获取一个页面
5   //
6   #include <string.h>
7   #include <sys/types.h>
8   #include <sys/socket.h>
9   #include <netinet/in.h>
10  #include <netdb.h>
```

gdb从第1行开始显示出了10行代码。细心的读者会发现，list命令每次都显示出10行代码，这是gdb默认的设置。list命令可以指定显示代码的区间，如显示第17～20行代码可以做如下操作：

```
(gdb) list 17,20
17
18  /* 解析 HTTP 头的函数 */
19  int GetHttpHeader(char *buff, char *header);
20
```

（4）在调试过程中，代码会经常改变，使用行号的方法很不方便。gdb 提供了通过函数名显示代码的功能。如在本例中，显示 GetHttpHeader()函数的代码操作如下：

```
(gdb) list GetHttpHeader
108     printf("Ha ha, we get SIGINT!\n");
109 }
110
111 /* 获取 HTTP 协议头 */
112 int GetHttpHeader(char *buff, char *header)
113 {
114     char *p, *q;
115     int i=0;
116
117     p = buff;                               // 缓冲区头
```

gdb 打印出 GetHttpHeader()函数内容，同时还显示出该函数前 4 行的文件内容，这个功能是方便用户参考代码的上下文。

提示：用户在输入函数名时，可以像使用命令行一样，输入函数名的开头部分，然后通过 Tab 键补全整个函数名。

一个软件的应用程序往往是多个文件编译成的。gdb 在启动二进制文件调试的时候，默认显示 main()函数所在的文件内容，可以通过“list <文件名>:<函数名>”或者“list <文件名>:<行号>”的形式列出指定文件的函数或者行号开始的内容。读者可以自己试验一下。

21.2.2　断点管理

调试中最常用的功能就是断点。断点的意思是给程序代码某处做一个标记，当程序运行到此处的时候就会停下来，等待用户的操作。断点通常被设置在程序出错的前面几行，当程序运行到断点以后，程序员通过单步运行程序，并且查看相关变量状态，可以定位错误。

1．设置断点

gdb 提供了一组设置断点的命令，可以对指定的行或者函数设置断点，也可以通过表达式设置断点，以及断点到达后可以执行的命令。本节介绍基本的断点操作方法。设置断点使用 break 命令，后面可以是行号或者是函数名。如在第 43 行设置一个断点可以做如下操作：

```
(gdb) break 43
Breakpoint 1 at 0x8048730: file HttpDemo.c, line 43.
```

gdb 给出一个设置断点的提示，包括断点所在的文件名和行号。接下来，在函数 GetHttpHeader()处设置一个断点：

```
(gdb) b GetHttpHeader
```

```
Breakpoint 2 at 0x8048a4c: file HttpDemo.c, line 115.
```

gdb 给出了断点所在的文件和行号。

提示：在操作过程中，可以不输入 break，而使用一个字符 b 代替 break 命令，方便用户操作。但是需要注意，不是所有的命令都可以简化成一个字母。gdb 对常用的命令做了简化，对于简化后有歧义的命令可以多输入几个字符，只要能消除歧义就行。在后面的调试过程中将会具体说明。

2．查看断点

调试过程中可以随时通过命令 info breakpoints 显示已经设置的断点，操作如下：

```
(gdb) info breakpoints
Num     Type           Disp Enb Address    What
1       breakpoint     keep y   0x08048730 in main at HttpDemo.c:43
2       breakpoint     keep y   0x08048a4c in GetHttpHeader at HttpDemo.c:115
```

在断点显示结果字端，Num 是断点的编号；Type 是断点类型，普通断点显示 breakpoints；Disp 是显示状态；Enb 代表断点是否打开，y 表示打开 n 表示关闭；Address 是断点在内存中的相对地址；What 是断点在源代码文件的位置。

3．关闭断点

断点可以在需要的时候打开或者关闭，通过使用 disable 命令关闭断点，使用 enable 命令打开断点。举例如下：

```
(gdb) disable 2
(gdb) info breakpoints
Num     Type           Disp Enb Address    What
1       breakpoint     keep y   0x08048730 in main at HttpDemo.c:43
2       breakpoint     keep n   0x08048a4c in GetHttpHeader at HttpDemo.c:115
```

使用 disable 命令关闭断点 2，查看结果发现断点 2 的 Enb 字端值变为 n，表示断点被关闭。接下来打开刚关闭的断点：

```
(gdb) enable 2
(gdb) info breakpoints
Num     Type           Disp Enb Address    What
1       breakpoint     keep y   0x08048730 in main at HttpDemo.c:43
2       breakpoint     keep y   0x08048a4c in GetHttpHeader at HttpDemo.c:115
```

从结果可以看出，断点 2 再次被打开。

4．删除断点

在 gdb 调试环境下，对于不再需要的断点可以通过 delete 命令删除，举例如下：

```
(gdb) delete 1
(gdb) info breakpoints
Num     Type           Disp Enb Address    What
2       breakpoint     keep y   0x08048a4c in GetHttpHeader at HttpDemo.c:115
```

删除断点 1 后，查看结果，发现只留下断点 2。请读者注意，删除一个断点后，其他断点的名称不会改变。

21.2.3　执行程序

执行程序比较简单，gdb 提供了 run 和 continue 两个命令。这两个命令的共同特点是，在遇到用户设置的断点后会停下来。不同的是，run 命令仅用在程序最开始执行的时候。也就是说，run 命令把整个程序运行起来，程序运行以后不能使用 run 命令，因为程序不能被反复调试运行。continue 命令只能在程序运行后执行，主要用在程序被断点停止以后，通过 continue 命令继续执行。

调试程序可以控制程序单步执行，有两个命令 next 表示执行下一条语句，step 表示跳转到函数内部执行。执行程序的命令将在 21.2.6 节介绍。

21.2.4　显示程序变量

gdb 提供 print 和 display 两条显示命令。这两条命令的功能基本相同，区别在于 display 可以锁定显示的变量或者寄存器，当执行程序时，每执行一次都会显示被锁定的变量。print 命令只能在调用的时候显示指定的变量或者寄存器值。如使用 print 命令显示程序中的变量值，举例如下：

```
28        int bytes_all = 0;
(gdb) print bytes_all
$1 = 0
(gdb) n
29        char *host_name = "www.sohu.com";
(gdb) print bytes_all
$2 = 0
```

程序运行到第 28 行的时候，使用 print 命令打印 bytes_all 变量的值，此时变量虽然还没有赋值，但是编译器将其设置为了 0。然后向下运行一条指令，此时 gdb 没有自动给出 bytes_all 变量的值，需要再次调用 print 命令，最后是已经赋值的 bytes_all 变量的值。同样的过程使用 display 命令执行一遍，操作如下：

```
28        int bytes_all = 0;
(gdb) display bytes_all
1: bytes_all = 0
(gdb) n
29        char *host_name = "www.sohu.com";
1: bytes_all = 0
```

在程序执行到第 28 行时，运行 display 命令打印 bytes_all 变量的值，得到的结果与 print 命令一样。接着向下运行一条指令，gdb 自动显示出 bytes_all 变量的值。

一般来说，print 命令适合偶尔地显示某个变量的值，display 命令适合调试程序中的循环，省去了每次手工输入显示变量。

当不需要显示某个变量的时候，使用 undisplay 命令删除锁定的变量，例如：

```
(gdb) undisplay 1
(gdb) n
34        char strBuffer[2048] = {0};                //存放返回的数据
```

使用 undisplay 删除了指定变量的显示，继续运行一条语句，gdb 不会打印出 bytes_all

变量的值了。

21.2.5　信号管理

gdb 的一个特色是能模拟操作系统向被调试的应用程序发送信号。使用“signal <信号名称>”发出指定的信号。Linux 系统常见的信号见表 21-1。

表 21-1　Linux 系统常见的信号

信号名称	含　义	信号名称	含　义
SIGHUP	程序挂起	SIGALRM	警告信号
SIGINT	向程序发出中断	SIGTERM	程序终止信号
SIGQUIT	退出信号	SIGSTOP	程序停止信号
SIGILL	遇到非法指令	SIGCHLD	子进程信号
SIGKILL	杀死进程信号	SIGPOLL	轮询信号
SIGSEGV	段错误		

下面的例子展示了 signal 命令的用法：

```
(gdb) b 40
Breakpoint 1 at 0x80486e0: file HttpDemo.c, line 40.
(gdb) run
Starting program: /home/tom/dev_test/21/21.2/HttpDemo

Breakpoint 1, main () at HttpDemo.c:40
40      sock_fd = socket(PF_INET, SOCK_STREAM, 0);
(gdb) signal SIGINT
Continuing with signal SIGINT.
Ha ha, we get SIGINT!

Breakpoint 1, main () at HttpDemo.c:40
40      sock_fd = socket(PF_INET, SOCK_STREAM, 0);
```

进入 gdb 调试后，设置程序断点在第 40 行，因为程序在第 38 行使用 signal()函数设置了 SIGINT 信号的响应函数。运行程序，会自动停止在第 40 行。此时使用 signal 向程序发送 SIGINT 信号，程序会收到信号并且调用信号响应函数。信号响应函数在实例 21-1 程序的第 112 行。

使用 singal 命令可以很方便地模拟出程序需要的各种信号，达到模拟程序运行环境的作用。在本例中，程序对 SIGINT 信号的处理方式是打印一句话。如果在程序中没有处理 SIGINT 信号，默认会退出程序，举例如下：

```
(gdb) signal SIGINT
Continuing with signal SIGINT.

Program terminated with signal SIGINT, Interrupt.
The program no longer exists.
```

gdb 给出提示“Program terminated with signal SIGINT, Interrupt.”，表示调试过程被终止。

21.2.6　调试实例

在学习了 gdb 的基本使用方法以后，本节给出一个 gdb 调试的实例。首先运行 gdb 调试实例 21-1 编译后的程序，把断点设定在 main()函数：

```
GNU gdb (Ubuntu/Linaro 7.4-2012.04-0ubuntu2.1) 7.4-2012.04
Copyright (C) 2012 Free Software Foundation, Inc.
License     GPLv3+:     GNU     GPL     version     3     or     later
<http://gnu.org/licenses/gpl.html>
This is free software: you are free to change and redistribute it.
There is NO WARRANTY, to the extent permitted by law.  Type "show copying"
and "show warranty" for details.
This GDB was configured as "i686-linux-gnu".
For bug reporting instructions, please see:
<http://bugs.launchpad.net/gdb-linaro/>...
Reading symbols from /home/tom/dev_test/21/21.2/HttpDemo...done.
(gdb) b main
Breakpoint 1 at 0x8048682: file HttpDemo.c, line 27.
```

然后运行程序，程序到 main()函数处停住。

```
(gdb) run
Starting program: /home/tom/dev_test/21/21.2/HttpDemo

Breakpoint 1, main () at HttpDemo.c:27
27  {
```

可以看到，程序在第 27 行停住，这一行是 main()函数内第一个可执行语句。接下来，使用 next 语句单步执行程序：

```
(gdb) next
28      int bytes_all = 0;
```

提示： 可以使用 n 简写 next 语句，并且不用每一行都输入 n 然后按回车键，可以直接按回车键。当直接按回车键的时候，gdb 会自动执行上一条语句。

在本例中，单步执行每一条语句，然后查看每条语句的变量值。读者可自己完成这个过程，这里不再列出每条语句的执行步骤。当执行完第 46 行以后，查看 host_entry 变量，会发现该变量的值是 0，这是一个指针变量，值为 0 是非法的，如果引用会造成不可预料的结果。实际上，这里是程序的一个 Bug，没有判断指针是否合法，在本例中，这个 Bug 会导致致命错误。第 21.4 节将会分析如何调试产生致命错误的程序。

21.3　多进程调试

在嵌入式中，需要采集多种信号，或者响应外部设备发送的某种协议请求。对于这种需求，往往需要在 Linux 系统设置一些进程，本节将介绍多进程和多线程程序调试方法。

gdb 提供了多进程程序的调试能力，其调试过程对用户来说很简单，用户只需要指定进程的 ID 和带有调试信息的程序文件即可调试，其余的过程与普通程序调试基本类似。本节给出一个程序，创建子进程，在子进程中有一个错误，目的是使用 gdb 调试器跟踪到子进程的代码。

实例 21-2　多进程调试示例代码

```
1 // MultiProcess.c
```

```
2 #include <sys/types.h>
3 #include <unistd.h>
4 #include <stdlib.h>
5 #include <stdio.h>
6
7 int main()
8 {
9  pid_t  pid;                    // 定义子进程 ID
10
11   pid = fork();
12   if (pid <0) {                // 创建子进程
13     printf("fork err\n");
14     exit(-1);
15   } else if (pid == 0) {
16     /* child process */
17     //sleep(60);
18
19     int a = 10;
20     int b = 100;
21     int c = 0;
22     int d;
23
24     d = b/a;
25     printf("d = %d\n", d);
26     d = a/c;
27     printf("d = %d\n", d);   // 除 0 错误
28
29     exit(0);
30   } else {
31     /* parent process */
32     sleep(4);
33     wait(-1);                  // 等待子进程结束
34     exit(0);
35   }
36
37   return 0;
38 }
```

实例 21-2 的程序很简单，在第 11 行使用 fork()系统调用创建一个子进程。子进程的代码是第 17～27 行，其中，在第 27 行有一个除 0 的错误。调试过程如下：

（1）编译程序，加入调试信息。

```
$ gcc -g MultiProcess.c
```

编译后生成 a.out 文件，执行文件会异常退出。

（2）使用 gdb 调试子进程的代码，打开 MultiProcess.c 文件第 17 行的注释，目的是让子进程的代码在执行之前等待一段时间，便于 gdb 调试器设置断点。修改好代码后，重新编译程序。

（3）重新打开一个 shell，便于查看子进程的 ID。

（4）回到编译程序的 shell，执行 a.out 文件。然后切换到新打开的 shell，查看子进程 ID。

```
$ ps -e | grep a.out
14776 pts/3    00:00:00 a.out
14777 pts/3    00:00:00 a.out
```

a.out 程序有两个进程，进程号较大的那个是子进程，因为先有的父进程，之后创建的子进程。在本例中，6311 是子进程 ID。

（5）打开 gdb 调试器，输入“attach 6311”，连接到 6311 号进程。

```
$ gdb
GNU gdb (Ubuntu/Linaro 7.4-2012.04-0ubuntu2.1) 7.4-2012.04
Copyright (C) 2012 Free Software Foundation, Inc.
License     GPLv3+:     GNU     GPL     version     3     or     later
<http://gnu.org/licenses/gpl.html>
This is free software: you are free to change and redistribute it.
There is NO WARRANTY, to the extent permitted by law.  Type "show copying"
and "show warranty" for details.
This GDB was configured as "i686-linux-gnu".
For bug reporting instructions, please see:
<http://bugs.launchpad.net/gdb-linaro/>.
(gdb) attach 14777
Attaching to process 14777
Reading symbols from /home/tom/dev_test/21/21.3/a.out...done.
Reading symbols from /lib/i386-linux-gnu/libc.so.6...(no debugging symbols
found)...done.
Loaded symbols for /lib/i386-linux-gnu/libc.so.6
Reading   symbols   from   /lib/ld-linux.so.2...(no   debugging   symbols
found)...done.
Loaded symbols for /lib/ld-linux.so.2
0xb76e4424 in __kernel_vsyscall ()
```

设置连接到 14777 号进程后，gdb 会自动查找当前目录的 a.out 文件并且加载。

（6）程序加载完毕后，在程序第 19 行设置断点，然后输入“cont”等待程序运行到第 19 行。

```
 (gdb) b 19
Breakpoint 1 at 0x80484bd: file MultiProcess.c, line 19.
(gdb) cont
Continuing.
```

gdb 给出提示 Continuing，表示正在等待程序运行到断点。由于在代码中设置了 60 秒的延迟，需要等待一段时间，子进程代码会停在第 19 行，并给出提示：

```
Breakpoint 1, main () at MultiProcess.c:19
19          int a = 10;
(gdb)
```

到目前为止，gdb 可以连接到系统指定的一个进程并且设置断点。以后的调试与 21.2.6 节基本的程序调试相同，读者可以自行完成。

gdb 调试多进程需要注意几个问题，如果不指定可执行文件的路径，gdb 会自动加载当前目录的 a.out 文件；使用 gcc 编译程序需要加入-g 参数，生成调试信息，否则 gdb 无法调试。

21.4　调试意外终止的程序

如果读者编译实例 21-1 的程序运行后，得到了一个出错提示，如下：

```
$ ./HttpDemo
```

```
段错误 (核心已转储)
```

这个提示的意思是程序中出现了访问非法地址或者段越界的错误。段错误是一种严重的程序错误，出现这类错误后，程序无法继续运行，会异常终止。核心已转储的意思是程序出错时的环境已经被转存。

转存环境信息是 Linux 内核提供的一种功能，当应用程序发生致命错误退出的时候，内核会把出错时的环境信息记录下来，存放到一个文件，称为 core 文件。gdb 可以识别 core 文件的格式，并且程序恢复出错时候的状态信息，方便调试。

一般来说，程序转存的 core 文件放在程序所在的目录，名称格式为“core.<进程号>”。进程号是程序运行时创建进程的 ID。在本例中，当程序出错后，使用 ls 命令查看并没有发现 core 文件，原因是 Linux 设置了一个 core 文件的缓冲区，在大部分发行版上这个缓冲区的值是 0，所以没有写入文件。通过命令 ulimit 可以查看缓冲区大小，在笔者的机器上配置如下：

```
$ ulimit -a
core file size          (blocks, -c) 0
data seg size           (kbytes, -d) unlimited
scheduling priority             (-e) 0
file size               (blocks, -f) unlimited
pending signals                 (-i) 16007
max locked memory       (kbytes, -l) 64
max memory size         (kbytes, -m) unlimited
open files                      (-n) 1024
pipe size            (512 bytes, -p) 8
POSIX message queues     (bytes, -q) 819200
real-time priority              (-r) 0
stack size              (kbytes, -s) 8192
cpu time               (seconds, -t) unlimited
max user processes              (-u) 16007
virtual memory          (kbytes, -v) unlimited
file locks                      (-x) unlimited
```

加入-a 参数是查看当前用户的各种缓冲配置信息，其中第一项是 core 文件缓冲配置，默认是 0。

（1）修改 core 文件缓冲区，使用-c 参数配置：

```
$ ulimit -c 1024
```

该命令的意思是设置 core 文件缓冲区为 1024 个块大小。

（2）core 缓冲区设置完毕后查看配置：

```
$ ulimit -a
core file size          (blocks, -c) 1024
data seg size           (kbytes, -d) unlimited
scheduling priority             (-e) 0
file size               (blocks, -f) unlimited
pending signals                 (-i) 16007
max locked memory       (kbytes, -l) 64
max memory size         (kbytes, -m) unlimited
open files                      (-n) 1024
pipe size            (512 bytes, -p) 8
POSIX message queues     (bytes, -q) 819200
real-time priority              (-r) 0
stack size              (kbytes, -s) 8192
```

```
cpu time               (seconds, -t) unlimited
max user processes              (-u) 16007
virtual memory          (kbytes, -v) unlimited
file locks                      (-x) unlimited
```

core文件缓冲区已经被修改。重新运行实例21-1的程序，然后查看当前目录，发现多出了一个名为core的文件。

（3）使用“gdb <程序名> <core文件名>”载入core文件，并且在屏幕打印出错环境信息。

```
$ gdb HttpDemo core
GNU gdb (Ubuntu/Linaro 7.4-2012.04-0ubuntu2.1) 7.4-2012.04
Copyright (C) 2012 Free Software Foundation, Inc.
License     GPLv3+:     GNU     GPL     version     3     or     later
<http://gnu.org/licenses/gpl.html>
This is free software: you are free to change and redistribute it.
There is NO WARRANTY, to the extent permitted by law.  Type "show copying"
and "show warranty" for details.
This GDB was configured as "i686-linux-gnu".
For bug reporting instructions, please see:
<http://bugs.launchpad.net/gdb-linaro/>...
Reading symbols from /home/tom/dev_test/21/21.2/HttpDemo...done.
[New LWP 14872]

warning: Can't read pathname for load map: 输入/输出错误.
Core was generated by `          '.
Program terminated with signal 11, Segmentation fault. // 程序出错信息提示
#0  0x08048a92 in GetHttpHeader (
    buff=0xbff39a4c   "GET   /   HTTP/1.1\r\nAccept   */*\r\nConnection:
Keep-Alive\r\n",
    header=0xbff3a24c   "GET   /   HTTP/1.1\r\nAccept   */*\r\nConnection:
Keep-Alive\r\n") at HttpDemo.c:126              // 程序出错位置
126         q[i] = p[i];
```

当加载core文件后，gdb可以列出程序加载过程和出错的位置。

（4）从屏幕提示信息看出，程序在第126行出错。可以看到是一个赋值语句，那么可能的情况就是指针地址非法导致的。查看变量所在的函数，发现while循环中的if判断无法终止循环，最终导致p[i]访问非法地址而出错。

此外，gdb还提供了where、up、down这3个命令帮助调试core文件。where命令可以显示出出错语句的调用过程，up和down语句可以沿着出错语句所在的位置查看向上或者向下的语句。

21.5　内核调试技术

普通程序在调试过程中有操作系统的支持，可以跟踪变量和信号，读写内存。相比之下，内核的调试过程就“艰苦”多了，不仅没有操作系统的支持，调试手段本身就很复杂。此外，内核调试过程中，不仅有来自软件的信号，也有来自硬件的中断，调试时要特别注意。Linux内核调试方面，提供了多种调试方法，本节将介绍几种常见的内核调试方法。

21.5.1　printk 打印调试信息

printk()是内核提供的一个打印函数，作用是向终端打印信息，是一种最常用的 Linux 内核调试技术。通常内核使用 printk()函数打印提示信息和出错信息。在内核调试中最普遍的办法是使用 printk()函数在可能出错的地方打印，帮助调试。内核使用 printk()函数而不使用 printf()函数，原因是 printf()函数是由 glibc 库提供的，Linux 内核的函数是不能依赖任何程序库的，否则制作出的映像文件就无法被加载。

printk()函数的用法与 printf()函数一致。不同的是，printf()函数是可被中断的，而 printk()函数不会被中断。实际使用的效果是，printk()函数输出的内容不会被其他程序打断，保证了输出的完整性。

printk()函数提供了打印内容的优先级管理，在 Linux 内核中定义了几种优先级：

```
#define KERN_EMERG       "<0>"   /* 紧急事件,用于系统崩溃时发出提示信息 */
#define KERN_ALERT       "<1>"   /* 报告消息,提示用户必须立即采取措施 */
#define KERN_CRIT        "<2>"   /* 临界条件,在发生严重软硬件操作失败时提示 */
#define KERN_ERR         "<3>"   /* 错误条件,硬件出错时打印的消息 */
#define KERN_WARNING     "<4>"   /* 警告条件,对潜在问题的警告消息 */
#define KERN_NOTICE"     <5>"    /* 公告信息 */
#define KERN_INFO        "<6>"   /* 提示信息,通常用于打印启动过程或者某个硬件的状态*/
#define KERN_DEBUG       "<7>"   /* 调试消息 */
```

这几种事件按照从 0～7 的顺序，优先级依次降低，用户在使用的时候可以选择合适的优先级。一般来说，0～3 级是针对驱动和硬件设备相关的代码使用，4～7 级供针对软件的代码使用。printk()函数使用举例如下：

```
printk(KERN_INFO "Kernel Information!\n");
```

该语句会在 Linux 内核的日志中加入“<6> Kernel Information!\n”字符串。查看 Linux 内核信息可以使用 dmesg 命令。

一般情况下，Linux 使用存放在/var/log 目录下的 syslog、kern.log、messages 和 DEBUG 这 4 个文件存放 printk()函数打印的内核信息。其中，syslog 和 kern.log 文件存放系统输出的变量值；messages 文件存放提示信息；DEBUG 文件仅存放 KERN_DEBUG 级别的调试信息。有关 printk()函数，在第 4 篇的驱动开发相关章节将会用到。

21.5.2　使用/proc 虚拟文件系统

printk()函数打印是一种简单易用的内核调试手段。但是，使用 printk()函数存在两个比较大的缺点：每次要打印内核的内容都需要重新编译内核，操作麻烦，调试效率低；大量使用 printk()函数会降低系统性能，甚至使系统运行速度明显变慢。

printk()函数打印的内核通过 syslogd 进程记录到磁盘的 log 文件。每次打印输出 syslogd 都会同步输出文件，因此每次打印都要引起磁盘操作。长期使用 printk()函数还会导致磁盘文件过大。为了解决 printk()函数带来的负面影响，内核开发者通常使用/proc 文件系统。

在第 17 章文件系统中介绍过，/proc 文件系统是一个虚拟的文件系统。/proc 目录下有许多的文件和目录。实际上，/proc 下每个文件都关联一个内核函数。当用户读取文件的时候，内核函数会产生文件内容。如/proc/modules 文件列出了当前内核已经加载的模块列表。内核开发者可以通过创建自己的/proc 文件输出调试信息。

现在许多的 Linux 命令行工具都使用了/proc 文件系统，如 ps、top 和 uptime 等命令。创建一个/proc 文件系统的只读文件，内核必须实现一个函数在文件被读取的时候产生数据。当进程读取文件时，会使用 read 系统调用读取文件。用户可以把输出调试内容的函数注册到系统，当系统读取文件的时候，会调用用户注册的函数把调试内容输出到文件。

/proc 实现了使用虚拟文件输出内核信息。在使用虚拟文件之前，首先要创建虚拟文件。内核提供了 create_proc_read_entry()调用，用于创建/proc 虚拟文件，定义如下：

```
struct proc_dir_entry *create_proc_read_entry(const char *name,mode_t mode,
struct proc_dir_entry *base, read_proc_t*read_proc, void *data);
```

其中，name 是要创建的文件名；mode 是文件权限，默认使用 0 即可；base 是文件存放的目录，如果使用 NULL，则文件存放到/proc 目录下；read_proc 是一个回调函数，该函数由内核提供写入位置，用户实现写入内容；data 是传递给 read_proc 函数的参数，被内核忽略。

使用 create_proc_read_entry()创建内核文件很简单，例如：

```
create_proc_read_entry(
"procmem",              // 文件名
0,                      // 默认权限
NULL,                   // 存放路径,默认存放到/proc 目录下
test_read_mem,          // 回调函数名称
NULL);                  // 传递给 test_read_mem()函数的数据指针,这里没有数据传递
```

函数被内核调用后，会在/proc 目录下创建一个名为 procmem 的文件。当用户读取/proc/procmem 文件的时候，内核会调用 test_read_mem 函数向文件输出内容。

在调试结束后，需要从内核移除/proc 虚拟文件，使用 remove_proc_entry()函数：

```
remove_proc_entry("procmem", NULL);
```

直接指定文件名和路径即可移除文件，相应地，向文件输出数据的回调函数也从内核中被移走。从内核及时移除不需要的内容是一个安全的做法，可以减小内核出错的概率。此外，过多的调试模块驻留在内核中对系统的运行速度也有影响。

在 create_proc_read_entry()函数的时候，系统提供了一个回调指针接口，定义如下：

```
int (*read_proc)(char *page, char **start, off_t offset, int count, int *eof,
void *data);
```

其中，page 指针是用户提供的数据缓冲区；start 说明数据写在内存页面的位置；offset 和 count 与系统调用 read 的含义相同；eof 指向一个整数，指示输出数据结束；data 是 create_proc_read_entry()函数提供的数据指针，用户可自行定义其功能。函数的返回值是实际写入到 page 缓冲区的字节数。需要注意的是，page 参数返回的是一个内存页面的地址，内存页面大小由内核的 PAGE_SIZE 宏定义。

Linux 内核有许多的/proc 虚拟文件例子，比如 2.6.18 版本的内核代码文件 drivers\pnp\pnpbios\proc.c 文件第 260 行在/proc 目录下创建了一个 devices 文件，用于输出当前系统有哪些设备：

```
create_proc_read_entry("devices", 0, proc_pnp, proc_read_devices, NULL);
```

其中，设置了回调函数 proc_read_devices()用于输出信息到/proc/devices。该函数定义如下：

```
static int proc_read_devices(char *buf, char **start, off_t pos,
                            int count, int *eof, void *data)
{
    struct pnp_bios_node *node;
    u8 nodenum;
    char *p = buf;

    if (pos >= 0xff)
        return 0;

    node = kcalloc(1, node_info.max_node_size, GFP_KERNEL);
    if (!node) return -ENOMEM;

    for (nodenum=pos; nodenum<0xff; ) {
        u8 thisnodenum = nodenum;
        /* 26 = the number of characters per line sprintf'ed */
        if ((p - buf + 26) > count)                    // 计算是否超出了缓冲区
            break;
        if (pnp_bios_get_dev_node(&nodenum, PNPMODE_DYNAMIC, node))
                                                       // 获取设备列表
            break;
        p += sprintf(p, "%02x\t%08x\t%02x:%02x:%02x\t%04x\n",
                node->handle, node->eisa_id,
                node->type_code[0], node->type_code[1],
                node->type_code[2], node->flags);  // 输出设备列表
        if (nodenum <= thisnodenum) {
            printk(KERN_ERR "%s Node number 0x%x is out of sequence following
            node 0x%x. Aborting.\n", "PnPBIOS: proc_read_devices:",
            (unsigned int)nodenum, (unsigned int)thisnodenum);
            *eof = 1;
            break;
        }
    }
    kfree(node);
    if (nodenum == 0xff)
        *eof = 1;
    *start = (char *)((off_t)nodenum - pos);
    return p - buf;
}
```

该函数创建了一个内存区域存放设备列表，然后读取设备信息打印到缓冲区，最后释放设备列表占用的内存。每当用户读取/proc/devices 虚拟文件的时候，内核就会调用该函数输出设备信息到虚拟文件。

请注意观察 start 参数的作用，这个参数比较麻烦。当调用 proc_read_devices()函数时，*start 的值为 NULL。如果不修改*start 的值，内核会认为输出的数据放到 page 偏移 0 开始的位置；如果重新设置了*start 为非 NULL 的值，内核认为*start 指向的数据使用了 offset 参数，并且准备好数据返回给用户。简单地说，*start 参数告诉内核数据的存放位置，内核按照*start 指定的位置把 page 参数指定的数据输出到虚拟文件。

使用/proc 虚拟文件的方法调试内核比较方便，通常用在驱动程序的调试中。对内核的

调试也可以编写一个内核模块，创建/proc 虚拟文件，不需要时可以卸载内核模块。/proc 虚拟文件做到了无须编译内核即可调试，简化了内核开发者的调试负担。有关内核模块的编写请参考第 22 章。

21.5.3　使用 KDB 调试工具

KDB 是 SGI 公司开发的 Linux 内核调试器，遵循 GPL 协议开放源代码。KDB 作为内核的一个插件嵌入到内核代码，为内核开发人员提供调试内核的方法。KDB 适合调试内核空间的代码，包括内核模块和设备驱动等。

注意： 官方发布的 Linux 内核代码并没有包含 KDB 调试器，需要用户自己打补丁才可以调试。

KDB 是针对官方版本的 Linux 内核代码，所以无法使用 Ubuntu 自带的 Linux 内核版本，需要从内核官方网站上下载，具体下载安装方法请参考第 15 章。

在使用 KDB 之前，首先需要从 ftp://oss.sgi.com/www/projects/kdb/download 上下载对应内核代码版本的 KDB 补丁。例如，本书使用 Linux 内核 2.6.18 版本，需要下载 kdb-v4.4-2.6.18-common-1.bz2 和 kdb-v4.4-2.6.18-i386-1.bz 这两个文件。

文件下载完毕后，存放到/usr/src 目录下，使用 bzip2 工具解压缩：

```
$ sudo bzip2 -d kdb-v4.4-2.6.18-common-1.bz2
$ sudo bzip2 -d kdb-v4.4-2.6.18-i386-1.bz2
```

解压缩后得到 kdb-v4.4-2.6.18-common-1 和 bzip2 -d kdb-v4.4-2.6.18-i386-1 两个文件。进入/usr/src/linux 目录，该目录存放了 2.6.18 版本的内核代码。使用 patch 工具对内核代码打补丁：

```
$ patch -p1 < ../kdb-v4.4-2.6.18-common-1
patching file Documentation/kdb/kdb.mm
patching file Documentation/kdb/kdb_bp.man
patching file Documentation/kdb/kdb_bt.man
patching file Documentation/kdb/kdb_env.man
patching file Documentation/kdb/kdb_ll.man
patching file Documentation/kdb/kdb_md.man
patching file Documentation/kdb/kdb_ps.man
patching file Documentation/kdb/kdb_rd.man
patching file Documentation/kdb/kdb_sr.man
patching file Documentation/kdb/kdb_ss.man
patching file Documentation/kdb/slides
patching file Makefile
patching file drivers/char/keyboard.c
patching file drivers/serial/8250.c
patching file drivers/serial/8250_early.c
patching file drivers/serial/sn_console.c
patching file drivers/usb/host/ohci-hcd.c
patching file drivers/usb/host/ohci-pci.c
patching file drivers/usb/host/ohci-q.c
patching file drivers/usb/input/hid-core.c
patching file drivers/usb/input/usbkbd.c
patching file fs/proc/mmu.c
patching file fs/proc/proc_misc.c
patching file include/linux/console.h
patching file include/linux/dis-asm.h
```

```
patching file include/linux/kdb.h
patching file include/linux/kdbprivate.h
patching file include/linux/sysctl.h
patching file init/main.c
patching file kdb/ChangeLog
patching file kdb/Makefile
patching file kdb/kdb_bp.c
patching file kdb/kdb_bt.c
patching file kdb/kdb_cmds
patching file kdb/kdb_id.c
patching file kdb/kdb_io.c
patching file kdb/kdbmain.c
patching file kdb/kdbsupport.c
patching file kdb/modules/Makefile
patching file kdb/modules/kdbm_pg.c
patching file kdb/modules/kdbm_sched.c
patching file kdb/modules/kdbm_task.c
patching file kdb/modules/kdbm_vm.c
patching file kdb/modules/kdbm_xpc.c
patching file kernel/exit.c
patching file kernel/kallsyms.c
patching file kernel/module.c
patching file kernel/printk.c
patching file kernel/sched.c
patching file kernel/signal.c
patching file mm/hugetlb.c
patching file mm/swapfile.c
$ patch -p1 < ../kdb-v4.4-2.6.18-i386-1
patching file arch/i386/Kconfig.debug
patching file arch/i386/Makefile
patching file arch/i386/Makefile.cpu
patching file arch/i386/kdb/ChangeLog
patching file arch/i386/kdb/Makefile
patching file arch/i386/kdb/i386-dis.c
patching file arch/i386/kdb/kdb_cmds
patching file arch/i386/kdb/kdba_bp.c
patching file arch/i386/kdb/kdba_bt.c
patching file arch/i386/kdb/kdba_id.c
patching file arch/i386/kdb/kdba_io.c
patching file arch/i386/kdb/kdbasupport.c
patching file arch/i386/kdb/pc_keyb.h
patching file arch/i386/kernel/entry.S
patching file arch/i386/kernel/reboot.c
patching file arch/i386/kernel/smp.c
patching file arch/i386/kernel/traps.c
patching file arch/i386/kernel/vmlinux.lds.S
patching file include/asm-i386/ansidecl.h
patching file include/asm-i386/bfd.h
patching file include/asm-i386/kdb.h
patching file include/asm-i386/kdbprivate.h
patching file include/asm-i386/kdebug.h
patching file include/asm-i386/kmap_types.h
patching file include/asm-i386/mach-default/irq_vectors.h
patching file include/asm-i386/ptrace.h
```

如果没有出错提示，表示对内核打补丁成功。接下来可以开始编译内核，在编译内核之前，需要更新 ubuntu 的内核编译软件包：

```
$ sudo apt-get install kernel-package
$ sudo apt-get install libncurses5-dev
$ sudo apt-get install fakeroot
```

```
$ sudo apt-get install wget
```

安装必要的软件包以后，使用 make oldconfig 导入当前版本的内核配置。导入配置后，使用 make menuconfig 进入内核配置界面，进入 Kernel hacking 菜单，打开 Built-in Kernel Debugger support，然后打开 KDB modules 和 KDB off by default 两个选项，保存并退出。

接下来编译并且安装内核：

```
$ sudo make
$ sudo make modules_install
$ sudo make install
```

安装内核完毕，会在 GRUB 的启动菜单添加一项 2.6.18 版本的内核启动菜单。重新启动机器，选择从 2.6.18 版本内核启动。启动后通过/proc 文件系统打开 KDB：

```
$ sudo echo "1" > /proc/sys/kernel/kdb
```

回车后如果没有任何提示，表示打开 KDB 成功。按 Pause/Break 键，会进入 KDB 的调试界面，如果想退出 KDB，输入 go 然后按回车键即可退出 KDB。

21.5.4　KDB 调试指令

KDB 提供了丰富的调试命令，可以设置断点、读写内存和寄存器、跟踪堆栈等，本节将介绍常用的 KDB 命令。

1．断点类指令

断点类指令实现断点管理功能，包括以下指令。

- bp 指令：设置一个新的断点，语法如下：

```
格式：bp [<vaddr>]
```

其中 vaddr 是要设置的断点地址。如果不带参数，运行 bp 将显示当前设置的所有断点。

- bpa 指令：设置或者显示全局断点，语法如下：

```
格式：bpa [<vaddr>]
```

bpa 指令的用法同 bp 指令。

- bph 指令：设置或者显示断点，语法如下：

```
格式：bph [vaddr [datar|dataw|io [length]]]
```

参数 vaddr 是硬件断点地址；daddr 表示对内存操作；dataw 表示写操作；io 表示对内存进行输入输出操作；length 是操作的内存数据长度。

- bc 指令：清除断点，语法如下：

```
格式：bc <bpnum>
```

bpnum 为被清除的断点标号，如果断点号为“*”，将清除所有断点。

- bd 指令：关闭断点，语法如下：

```
格式：bd <bpnum>
```

bpnum 为关闭断点的标号，如果标号为“*”，表示关闭所有断点。

- be 指令：打开断点，语法如下：

```
格式：be <bpnum>
```

bpnum 为打开断点的标号，如果标号为“*”，将激活所有已关闭的断点。

2．流程控制类指令

流程控制指令用于控制程序执行流程，包括以下指令。

- go 指令：开始运行程序，类似于 gdb 的 continue 指令，语法如下：

```
格式：go
```

运行 go 指令后，内核会继续运行，直到遇到一个断点停止。如果没有设置断点，按回车键后会离开 KDB 调试器。

- ss 指令：单步执行一条语句或指令，语法如下：

```
格式：ss
```

ss 指令执行下一条语句或指令，执行完后继续等待用户的指令。

- ssb 指令：执行一组语句或指令，语法如下：

```
格式：ssb
```

ssb 指令执行一组语句或指令，遇到一个分支语句或者一个函数调用的时候停止。

3．内存操作指令

内存操作指令提供查看和修改内存数据的功能，包括以下指令。

- md 指令：显示指定内存地址的内容，语法如下：

```
格式：md [vaddr [line-count [output-radix]] ]
```

vaddr 是内存地址，line-count 是要显示的行数；output-radix 指定以那种数制显示，默认是 16 进制显示。如果没有任何参数，会从上次显示的内存地址继续显示内存的内容。

- mm 指令：修改指定内存地址的内容，语法如下：

```
格式：mm <vaddr> <new content>
```

vaddr 是内存地址，一次修改的数据长度为 32 比特。

4．堆栈跟踪指令

堆栈跟踪指令提供了查看堆栈功能，包括以下指令。

- bt 指令：显示堆栈内容，语法如下：

```
格式：bt [<stack-frame addr>]
```

参数 stack-frame 指定堆栈的地址，如果不指定参数，默认从当前堆栈开始显示。

- btp 指令：显示指定进程堆栈内容，语法如下：

```
格式：btp <pid>
```

pid 是指定进程的 ID。

- bta 指令：显示所有堆栈内容，语法如下：

```
格式：bta
```

5．寄存器指令

寄存器指令提供查看和修改寄存器值的功能，包括以下指令。

- rd 指令：显示指定寄存器的值，语法如下：

```
格式：rd [c|d|u]
```

参数 c 显示控制寄存器 cr0、cr1、cr2 和 cr4 的值；参数 d 显示调试寄存器的内容；参数 u 显示当前任务所有寄存器的内容。如果没有输入参数则显示所有通用寄存器的内容。

- rm 指令：修改指定寄存器的值，语法如下：

```
格式：rm <register-name> <register-content>
```

参数 register-name 是指定寄存器的名称，register-content 是修改寄存器的内容。需要注意的是，rm 指令不能修改控制寄存器的内容。

21.6　小　　结

本章讲解了嵌入式 Linux 开发中内核和应用程序的调试技术。调试是软件开发必不可少的一个环节，也是一个程序员的基本功。调试程序要从程序功能的工作流程出发，使用调试工具分析程序执行过程中变量、信号、寄存器值的变化是否正确，找出错误的原因。调试程序是一个操作性很强的工作，读者应该多实践，不断提高调试程序的能力。第 22 章将讲解 Linux 设备驱动开发的相关内容。

第 4 篇　Linux 嵌入式驱动开发篇

第 22 章　Linux 设备驱动

驱动程序英文全称 Device Driver，也称做设备驱动程序。驱动程序是用于计算机和外部设备通信的特殊程序，相当于软件和硬件的接口，通常只有操作系统能使用驱动程序。在现代计算机体系结构中，操作系统并不直接与硬件打交道，而是通过驱动程序与硬件通信。本章讲解 Linux 设备驱动程序的知识，主要内容如下：

- 设备驱动程序的功能和用途；
- 编写 Linux 内核模块；
- Linux 内核驱动分类；
- PCI（Peripheral Component InterConnect，外设部件互连标准）总线介绍。

22.1　设备驱动介绍

驱动程序是附加到操作系统的一段程序，通常用于硬件通信。每种硬件都有自己的驱动程序，其中包含了硬件设备的信息。操作系统通过驱动程序提供的硬件信息与硬件设备通信。由于驱动设备的重要性，在安装操作系统后需要安装驱动程序，外部设备才能正常工作。Linux 内核自带了相当多的设备驱动程序，几乎可以驱动目前主流的各种硬件设备。

在同一台计算机上，尽管设备是相同的，但是由于操作系统不同，驱动程序是有很大差别的。但是无论什么系统，驱动程序的功能都是相似的，可以归纳为下面 3 点：

- 初始化硬件设备。这是驱动程序最基本的功能，初始化通过总线识别设备，访问设备寄存器，按照需求配置设备的端口、设置中断等。
- 向操作系统提供统一的软件接口。设备驱动程序向操作系统提供了一类设备通用的软件接口，如硬盘设备向操作系统提供了读写磁盘快、寻址等接口，无论是哪种品牌的硬盘驱动向操作系统提供的接口都是一致的。
- 提供辅助功能。现代计算机的处理能力越来越强，操作系统有一类虚拟设备驱动，可以模拟真实设备的操作，如虚拟打印机驱动向操作系统提供了打印机的接口，在系统没有打印机的情况下仍然可以执行打印操作。

Linux 内核是一个整体结构，但是通过内核模块的方式向开发人员提供了一种动态加载程序到内核的能力。通过内核模块，开发人员可以访问内核的资源，内核还向开发人员提供了访问底层硬件和总线的接口。因此，Linux 系统的驱动是通过内核模块实现的。本章首先介绍如何编写 Linux 内核模块，之后介绍硬件驱动的基本知识和总线的知识。

22.2　Linux 内核模块

Linux 内核模块是一种可以被内核动态加载和卸载的可执行程序。通过内核模块可以扩展内核的功能，通常内核模块被用于设备驱动、文件系统等。如果没有内核模块，需要向内核添加功能就需要修改代码、重新编译内核、安装新内核等步骤，不仅繁琐，而且容易出错，不易于调试。

22.2.1　内核模块简介

前面介绍过，Linux 内核是一个整体结构，可以把内核想象成一个巨大的程序，各种功能结合在一起。当修改和添加新功能的时候，需要重新生成内核，效率较低。为了弥补整体式内核的缺点，Linux 内核的开发者设计了内核模块机制。从代码的角度看，内核模块是一组可以完成某种功能的函数集合。从执行的角度看，内核模块可以看做是一个已经编译但是没有连接的程序。

对于内核来说，模块包含了在运行时可以连接的代码。模块的代码可以被连接到内核，作为内核的一部分，因此称做内核模块。从用户的角度来看，内核模块是一个外挂组件，在需要的时候挂载到内核，不需要的时候可以被删除。内核模块给开发者提供了动态扩充内核功能的途径。

内核模块是一个应用程序，但是与普通应用程序有所不同，区别在于：

- 运行环境不同。内核模块运行在内核空间，可以访问系统的几乎所有的软硬件资源；普通应用程序运行在用户空间，访问的资源受到限制。这也是内核模块与普通应用程序最主要的区别。由于内核模块可以获得与操作系统内核相同的权限，因此在编程的时候应该格外注意，可能在用户空间看到的一点小错误在内核空间就会导致系统崩溃。
- 功能定位不同。普通应用程序为了完成某个特定的目标，功能定位明确；内核模块是为其他的内核模块以及应用程序服务的，通常提供的是通用的功能。
- 函数调用方式不同。内核模块只能调用内核提供的函数，访问其他的函数会导致运行异常；普通应用程序可以调用自身以外的函数，只要能正确连接就能运行。

22.2.2　内核模块的结构

内核编程与用户空间编程最大的区别就是程序的并发性。在用户空间，除多线程应用程序外，大部分应用程序的运行是顺序执行的，在程序执行过程中不必担心被其他程序改变执行的环境。而内核的程序执行环境要复杂得多，即使最简单的内核模块也要考虑到并发执行的问题。

在内核空间同一时间内有多个进程在运行，不止一个程序试图访问驱动程序模块。此外，大部分的设备能够向处理器发送中断，导致一个内核模块的程序在没有调用完毕之前又被多次调用，这个过程称做代码的重入。支持重入的代码称做可重入代码。在 Linux 内核中，无论是内核代码，还是驱动代码，必须是可重入的，否则会出现严重的问题。

设计内核模块的数据结构要十分小心。由于代码的可重入特性，必须考虑到数据结构在多线程环境下不被其他线程破坏，对于共享数据更是应该采用加锁的方法保护。驱动程序员的通常错误是假定某段代码不会出现并发，导致数据被破坏而很难调试。

内核模块提供了一个 current 指针，指向当前正在运行的进程。前面提到，内核模块代码是可重入的，同一段代码可能有多个进程请求，内核模块通过 current 指向调用自身的进程，可以把数据准确地返回给指定进程。current 指针定义在 asm/current.h 文件，指向一个 task_struct 结构，定义在 linux/sched.h 头文件。

Linux 内核模块使用物理内存，这点与应用程序不同。应用程序使用虚拟内存，有一个巨大的地址空间，在应用程序中可以分配大块的内存。内核模块可以供使用的内存非常小，最小可能小到一个内存页面（4096 字节）。在编写内核模块代码的时候要注意内存的分配和使用。

从内核模块的动态加载特性可以看出，内核模块至少支持加载和卸载这两种操作。因此，一个内核模块至少包括加载和卸载两个函数。在 Linux 2.6 系列内核中，通过 module_init()宏可以在加载内核模块的时候调用内核模块的初始化函数，module_exit()宏可以在卸载内核模块的时候调用内核模块的卸载函数。内核模块的初始化和卸载函数是有固定格式的，定义如下：

```
static int __init init_func(void);            // 初始化函数
static void __exit exit_func(void);           // 清除函数
```

这两个函数的名称可以由用户自己定义，但是必须使用规定的返回值和参数格式。static 修饰符的作用是函数仅在当前文件有效，外部不可见；__init 关键字告诉编译器，该函数代码在初始化完毕后被忽略；__exit 关键字告诉编译器，该代码仅在卸载模块的时候被调用。

22.2.3　内核模块的加载和卸载

Linux 内核提供了一个 kmod 的模块用来管理内核模块。kmod 模块与用户态的 kmodule 模块通信，获取内核模块的信息。本节将介绍一下内核模块的加载和卸载。

1. 内核模块加载

通过 insmod 命令和 modprobe 命令都可以加载一个内核模块。insmod 命令加载内核模块的时候不检查内核模块的符号是否已经在内核中定义。modprobe 不仅检查内核模块符号表，而且还会检查模块的依赖关系。此外，Linux 内核可以在需要加载某个模块的时候，通过 kmod 机制通知用户态的 modprobe 加载模块。Linux 内核模块加载示意图如图 22-1 所示。

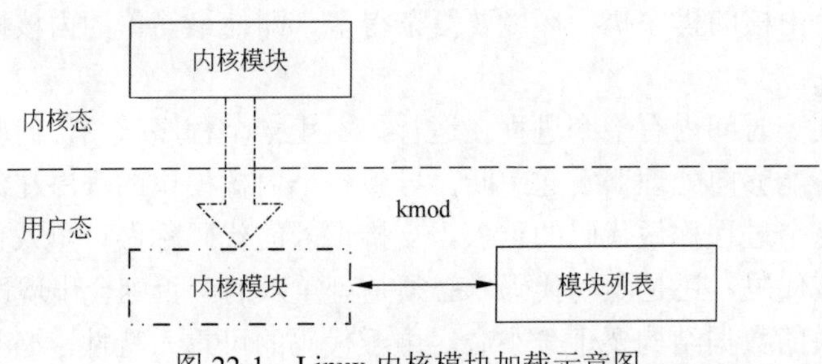

图 22-1　Linux 内核模块加载示意图

使用 insmod 加载内核模块的时候，首先使用特权级系统调用查找内核输出的符号。通常，内核输出符号被保存在内核模块列表第一个模块结构里。insmod 命令把内核模块加载到虚拟内存，利用内核输出符号表来修改被加载模块中没有解析的内核函数和资源地址。

修改完内核模块中函数和资源地址后，insmod 使用特权指令申请存放内核模块的空间。因为内核模块是工作在内核态的，访问用户态的资源需要做地址转换。申请好空间后，insmod 把内核模块复制到新空间，然后把模块加入到内核模块列表的尾部，并且设置模块标志为 UNINITIALIZED，表示模块还没有被引用。内核模块被安装到内核以后，insmod 使用特权指令告诉内核新增加的模块初始化和清除函数的地址，供内核调用。

2．内核模块卸载

卸载的过程相对于加载要简单，主要问题是对模块引用计数的判断。一个内核模块被其他模块引用的时候，自身的引用计数器会增加 1。当卸载模块的时候，需要判断模块的引用计数器值是否为 0，如果为 0 才能卸载模块，否则只能把模块计数减 1。

超级用户使用 rmmod 命令可以卸载指定的模块。此外，内核 kmod 机制会定期检查每个模块的引用计数器，如果某个模块的引用计数器值为 0，kmod 会卸载该模块。Linux 内核模块卸载示意图如图 22-2 所示。

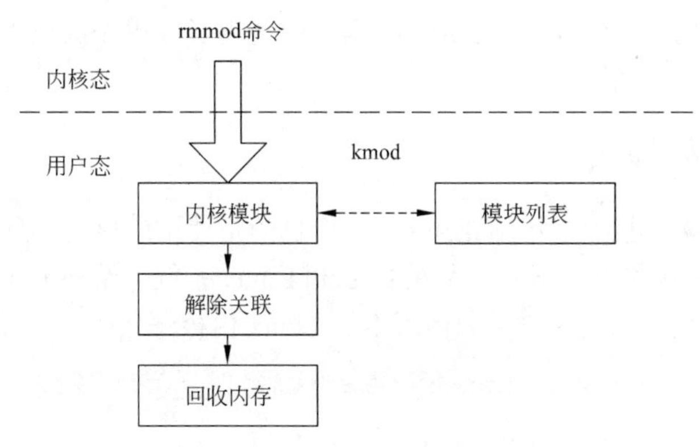

图 22-2　Linux 内核模块卸载示意图

使用 rmmod 命令卸载一个内核模块。rmmod 命令会从内核模块列表中查找指定的模块，判断模块引用计数是否为 0，对于应用计数为 0 的模块从内核模块列表中删除，然后释放模块占用的内存。

22.2.4　编写一个基本的内核模块

第 6 章给出了一个输出“Hello，World!”的 C 程序作为基本的编程入门程序，本节同样给出一个类似的程序作为内核模块的入门，请参考实例 22-1。

实例 22-1　基本的内核模块代码实例

```
01  /* 内核模块: ModuleHelloWorld.c */
02  #include <linux/init.h>
03  #include <linux/module.h>
04  #include <linux/kernel.h>
05
06  MODULE_LICENSE("GPL");                              // 设置内核模块版权协议
```

```
07  MODULE_AUTHOR("Tom");                            // 设置内核模块作者
08
09  /* init function */
10  static int __init hello_init(void)               // 模块初始化函数
11  {
12      printk(KERN_ALERT "(init)Hello,World!\n"); // 打印一条信息
13      return 0;
14  }
15
16  /* exit function */
17  static void __exit hello_exit(void)              // 模块退出清除函数
18  {
19      printk(KERN_ALERT "(exit)Hello,World!\n"); // 打印一条信息
20  }
21
22  module_init(hello_init);                         // 设置模块初始化函数
23  module_exit(hello_exit);                         // 设置模块退出时清除函数
```

程序第 6 行是一个版权协议声明，这里使用 GPL 版权协议。内核在加载模块的时候会读取版权协议，如果没有指定版权协议，在加载内核模块的时候会出现一个警告信息；第 7 行是声明模块的作者，该行不是必要的；内核模块中定义了初始化函数 hello_init()和清除函数 hello_exit()，并且在第 22 行使用 module_init()宏设置了初始函数，在第 23 行使用 module_exit()宏设置了清除函数。在 printk()函数中使用了高优先级设置输出，因为默认优先级可能不会在屏幕输出内容。

22.2.5　编译内核模块

编译内核模块需要建立一个 Makefile，主要目的是使用内核头文件，因为内核模块对内核版本有很强的依赖关系。下面介绍在 Ubuntu Linux 系统上编译 Linux 内核模块。

（1）在系统命令行 shell 下安装当前版本的 Linux 内核源代码。

```
$ sudo apt-get install linux-source
```

编译内核模块不需要重新编译内核代码，但前提是需使用当前内核版本相同的代码。

（2）安装内核代码完毕后，在 ModuleHelloWorld.c 同一目录下编写 Makefile，内容如下：

```
1ifneq ($(KERNELRELEASE),)
2   obj-m := ModuleHelloWorld.o
3else
4   KERNELDIR ?= /lib/modules/$(shell uname -r)/build
5   PWD := $(shell pwd)
6default:
7   $(MAKE) -C $(KERNELDIR) M=$(PWD) modules
8endif
```

程序第 1 行检查是否定义了 KERNELRELEASE 环境变量，如果定义了，则表示该模块是内核代码的一部分，直接把模块名称添加到 obj-m 环境变量即可；如果未定义环境变量，表示在内核代码以外编译，通过设置 KERNELDIR 和 PWD 环境变量，然后通过内核脚本编译当前文件，生成内核模块文件。

（3）Makefile 建立完毕后，在 shell 下输入 make，然后按回车键，编译内核模块。

```
$ make
make  -C  /lib/modules/3.5.0-34-generic/build  M=/home/tom/dev_test/22/
22.2.4 modules
make[1]: 正在进入目录 `/usr/src/linux-headers-3.5.0-34-generic'
  CC [M]  /home/tom/dev_test/22/22.2.4/ModuleHelloWorld.o
  Building modules, stage 2.
  MODPOST 1 modules
  CC      /home/tom/dev_test/22/22.2.4/ModuleHelloWorld.mod.o
  LD [M]  /home/tom/dev_test/22/22.2.4/ModuleHelloWorld.ko
make[1]:正在离开目录 `/usr/src/linux-headers-3.5.0-34-generic'
```

（4）编译结束后，生成 ModuleHelloWorld.ko 内核模块，通过 modprobe 加载内核模块。

```
$ sudo insmod ./ModuleHelloWorld.ko
$ dmesg | tail -n 1
[19145.742498] (init)Hello,World!
```

在加载过程中可以看到 hello_init()函数的输出信息。

（5）加载内核模块成功后，可以使用 rmmod 命令卸载内核模块。

```
$ sudo rmmod ModuleHelloWorld
$ dmesg | tail -n 1
[19181.210528] (exit)Hello,World!
```

卸载模块的时候，内核会调用内核的卸载函数，输出 hello_exit()函数的内容。

模块卸载以后，使用 lsmod | grep ModuleHelloWorld 命令查看模块列表，如果没有任何输出，表示 HelloWorld 内核模块已经被成功卸载。

22.2.6　为内核模块添加参数

驱动程序常需要在加载的时候提供一个或者多个参数，内模块提供了设置参数的能力。通过 module_param()宏可以为内核模块设置一个参数。定义如下：

```
module_param(参数名称,类型,属性)
```

其中，参数名称是加载内核模块时使用的参数名称，在内核模块中需要有一个同名的变量与之对应；类型是参数的类型，内核支持 C 语言常用的基本类型；属性是参数的访问权限。接下来为实例 22-1 的程序增加两个参数，请参考实例 22-2。

实例 22-2　内核模块参数实例

```
01  /* 内核模块: ModuleHelloWorldPara.c */
02  #include <linux/init.h>
03  #include <linux/module.h>
04  #include <linux/kernel.h>
05
06  MODULE_LICENSE("GPL");
07  MODULE_AUTHOR("Shakespeare");
08
09  static int initValue = 0;       // 模块参数 initValue = <int value>
10  static char *initName = NULL;   // 模块参数 initName = <char*>
11  module_param(initValue, int, S_IRUGO);
12  module_param(initName, charp, S_IRUGO);
13
14  /* init function */
15  static int hello_init(void)
```

```
16  {
17      printk(KERN_ALERT"initValue  =  %d  initName  =  %s\n",initValue,
initName);                                              // 打印参数值
18      printk(KERN_ALERT "(init)Hello,World!\n");
19      return 0;
20  }
21
22  /* exit function */
23  static void hello_exit(void)
24  {
25      printk(KERN_ALERT "(exit)Hello,World!\n");
26  }
27
28  module_init(hello_init);
29  module_exit(hello_exit);
```

在程序第 9 行和第 10 行增加了两个变量 initValue 和 initName，分别是 int 类型和 char*类型。程序第 11 行设置 initValue 为 int 类型的参数，第 12 行设置 initName 为 char*类型的参数。重新编译，带参数加载模块：

```
$ sudo insmod ./ModuleHelloWorldPara.ko initValue=123 initName="test"
$ dmesg | tail -n 2
[19489.731713] initValue = 123 initName = test
[19489.731718] (init)Hello,World!
```

从输出结果可以看出，内核模块的参数被正确传递到了程序中。

22.3　Linux 设备驱动

Linux 系统把设备驱动分成字符设备、块设备和网络设备 3 种类型。内核为设备驱动提供了注册和管理的接口，设备驱动还可以使用内核提供的其他功能，以及访问内核资源。本节首先介绍一种常见的总线结构，然后分别介绍 3 种类型设备驱动的特点，并且给出一个字符设备的例子。其他类型的设备驱动将在后面章节介绍。

22.3.1　PCI 局部总线介绍

早期的计算机有众多总线标准。从最初的 8 位总线到 16 位总线，到目前主流的 32 位总线，不同厂商都制定了自己的总线标准。不同的总线设备会给设备驱动的设计带来麻烦，直到后来 PCI 局部总线出台这种局面才得到缓解，并且逐步成为事实上的标准。

PCI 是外设部件互连标准。PCI 局部总线标准最早由英特尔公司制定，最初主要应用在 PC 上。目前已经被越来越多的嵌入式系统，以及其他类型的计算机系统使用。设计 PCI 的原因是由于之前的总线有许多的缺点，归纳总结为以下几点：

- 总线速度过慢。早期的 ISA 和 EISA 总线速度都非常慢，ISA 总线速度只有 8.33MHz，EISA 也只有 33MHz，无法满足速度不断提高的硬件设备需求。提高总线速度不仅仅是提高工作频率，还涉及总线的结构。
- 总线地址分配方法复杂。早期的一些地址总线对外部设备的地址设置比较单一，同一时间一个地址只能供一个设备使用。也就是说，总线限制了外部设备的地址。因此，改变外部设备需要重新设置其总线地址，非常容易出错。

- ❑ 总线资源共享效率低。早期的计算机系统，外部设备的处理能力较低，设备之间传递信息需要通过 CPU，总线不具备管理功能。随着设备的不断发展，现在许多设备都有自己的处理芯片，对总线的要求也在不断提高，早期的总线很难适应目前的设备。

PCI 总线正是为早期总线标准的各种弊端而设计的。PCI 总线首先考虑到了速度问题，传输带宽可以达到 133MB/s，总线工作频率最高可达 66MHz。最早推出的 PCI 总线是 32 位宽的，后来又推出了 64 位宽的 PCI 总线，可以适应更强的外部设备。PCI 总线采用软件配置地址和其他总线信息的方法，避免了手工配置设备在总线地址带来麻烦。此外，PCI 还支持通过桥的方式扩展总线的处理能力。

PCI 总线设计之初就不是针对特定处理器平台的。因此，在一些高性能的嵌入式平台上已经开始广泛应用。

22.3.2　Linux 设备驱动基本概念

在 Linux 系统中，所有的资源都是作为文件管理的，设备驱动也不例外，设备驱动通常是作为一类特殊的文件存放在/dev 目录下。查看/dev 目录得到系统所有设备的列表如下：

```
$ ls -l /dev
brw-rw----  1 root disk      1,   0  6月 20 15:53 ram0
brw-rw----  1 root disk      1,   1  6月 20 15:53 ram1
brw-rw----  1 root disk      1,  10  6月 20 15:53 ram10
crw-rw----  1 root video    10, 175  6月 20 15:53 agpgart
crw-------  1 root root     10,  58  6月 20 15:53 alarm
crw-------  1 root root     10,  59  6月 20 15:53 ashmem
```

这里仅列出了一部分文件，设备文件属性最开始的一个字符 c 表示该设备文件关联的是一个字符设备；b 表示关联的是一个块设备。在文件列表的中间部分有两个数字，第一个数字称做主设备号，第二个数字称做次设备号。

在内核中使用主设备号标识一个设备，次设备号提供给设备驱动使用。在打开一个设备的时候，内核会根据设备的主设备号得到设备驱动，并且把次设备号传递给驱动。Linux 内核为所有设备都分配了主设备号，在编写驱动程序之前需要参考内核代码 Documentation/devices.txt 文件，确保使用的设备号没有被占用。

在使用一个设备之前，需要使用 Linux 提供的 mknod 命令建立设备文件。mknod 命令格式如下：

```
mknod [OPTION]... NAME TYPE [MAJOR MINOR]
```

其中，NAME 是设备文件名称；TYPE 是设备类型，c 代表字符设备，b 代表块设备；MAJOR 是主设备号，MINOR 是次设备号。OPTION 是选项，-m 参数用于指定设备文件访问权限。

Linux 内核按照外部设备工作特点把设备分成了字符设备、块设备和网络设备 3 种基本类型。在编写设备驱动的时候，需要使用内核提供的设备驱动接口，向内核提供具体设备的操作方法。

22.3.3　字符设备

字符设备是 Linux 系统最简单的一类设备。应用程序可以像操作普通文件一样操作字符设备。常见的串口、调制解调器都是字符设备。编写字符设备驱动需要使用内核提供的 register_chardev()函数注册一个字符设备驱动。函数定义如下：

```
int  register_chrdev(unsigned  int  major,  const  char  *name,  struct
file_operations *fops);
```

参数 major 是主设备号，name 是设备名称，fops 是指向函数指针数组的结构指针，驱动程序的入口函数都包括在这个指针内部。该函数的返回值如果小于 0，表示注册设备驱动失败，如果设置 major 为 0，表示由内核动态分配主设备号，函数的返回值是主设备号。

当使用 register_chardev()函数成功注册一个字符设备后，会在/proc/devices 文件中显示出设备信息，笔者机器上的信息显示如下：

```
$ cat /proc/devices
Character devices:
  1 mem
  4 /dev/vc/0
  4 tty
  4 ttyS
  5 /dev/tty
  5 /dev/console
  5 /dev/ptmx
  5 ttyprintk
  6 lp
  7 vcs
 10 misc
 13 input
 14 sound/midi
 14 sound/dmmidi
 21 sg
 29 fb
 99 ppdev
108 ppp
116 alsa
128 ptm
136 pts
180 usb
189 usb_device
216 rfcomm
226 drm
251 hidraw
252 bsg
253 watchdog
254 rtc

Block devices:
  1 ramdisk
  2 fd
259 blkext
  7 loop
  8 sd
  9 md
 11 sr
 65 sd
 66 sd
 67 sd
```

```
 68 sd
 69 sd
 70 sd
 71 sd
128 sd
129 sd
130 sd
131 sd
132 sd
133 sd
134 sd
135 sd
252 device-mapper
253 virtblk
254 mdp
```

Character devices 是字符设备驱动列表，Block devices 是块设备驱动列表，数字代表主设备驱动，后面是设备驱动名称。

与注册驱动相反，内核提供了 unregister_chardev()函数卸载设备驱动，定义如下：

```
int unregister_chrdev(unsigned int major, const char *name);
```

major 是主设备驱动号，name 是设备驱动名称。内核会比较设备驱动名称与设备号是否相同，如果是不同函数返回-EINVAL。错误地卸载设备驱动可能会带来严重后果，因此在卸载驱动的时候应该对函数返回值做判断。

在 register_chardev()函数中有一个 fops 参数，该参数指向一个 file_operations 结构，该结构包含了驱动上的所有操作。随着内核功能的不断增加，file_operations 结构的定义也越来越复杂，内核 2.6.18 版本的定义如下：

```
struct file_operations {
    struct module *owner;
    loff_t (*llseek) (struct file *, loff_t, int);
    ssize_t (*read) (struct file *, char __user *, size_t, loff_t *);
    ssize_t (*aio_read) (struct kiocb *, char __user *, size_t, loff_t);
    ssize_t (*write) (struct file *, const char __user *, size_t, loff_t *);
    ssize_t (*aio_write) (struct kiocb *, const char __user *, size_t,
    loff_t);
    int (*readdir) (struct file *, void *, filldir_t);
    unsigned int (*poll) (struct file *, struct poll_table_struct *);
    int (*ioctl) (struct inode *, struct file *, unsigned int, unsigned long);
    long (*unlocked_ioctl) (struct file *, unsigned int, unsigned long);
    long (*compat_ioctl) (struct file *, unsigned int, unsigned long);
    int (*mmap) (struct file *, struct vm_area_struct *);
    int (*open) (struct inode *, struct file *);
    int (*flush) (struct file *, fl_owner_t id);
    int (*release) (struct inode *, struct file *);
    int (*fsync) (struct file *, struct dentry *, int datasync);
    int (*aio_fsync) (struct kiocb *, int datasync);
    int (*fasync) (int, struct file *, int);
    int (*lock) (struct file *, int, struct file_lock *);
    ssize_t (*readv) (struct file *, const struct iovec *, unsigned long,
    loff_t *);
    ssize_t (*writev) (struct file *, const struct iovec *, unsigned long,
    loff_t *);
    ssize_t (*sendfile) (struct file *, loff_t *, size_t, read_actor_t, void
    *);
```

```
    ssize_t (*sendpage) (struct file *, struct page *, int, size_t, loff_t
    *, int);
    unsigned long (*get_unmapped_area)(struct file *, unsigned long,
    unsigned long, unsigned long, unsigned long);
    int (*check_flags)(int);
    int (*dir_notify)(struct file *filp, unsigned long arg);
    int (*flock) (struct file *, int, struct file_lock *);
    ssize_t (*splice_write)(struct pipe_inode_info *, struct file *, loff_t
    *, size_t, unsigned int);
    ssize_t (*splice_read)(struct file *, loff_t *, struct pipe_inode_info
    *, size_t, unsigned int);
};
```

结构中每个成员都是一个函数指针，指向不同功能的函数，大部分驱动都没有提供所有的函数。对于字符设备来说，常用的函数成员及解释请参考表 22-1。

表 22-1　file_operations 结构的常用函数成员

函数成员名称	含　义
open	在打开设备的时候内核会调用该函数
read	对设备进行读操作的时候内核会调用该函数
write	对设备进行写操作的时候内核会调用该函数
release	当用户关闭设备的时候内核会调用该函数
ioctl	该函数用于向设备传递控制信息或者获取设备状态
llseek	文件指针定位函数，设置文件读写位置
poll	用于查询设备是否可读写

22.3.4　块设备

与字符设备相比，块设备要复杂得多。最主要的差别是块设备带有缓冲，字符设备没有。块设备传输数据只能以块作为单位读写，字符设备是以字节作为最小读写单位的。块设备对于 I/O 请求有对应的缓冲区，可以选择相应的顺序，如采用特定的调度策略等；字符设备只能顺序访问。此外，块设备提供了随机访问的能力，而字符设备只能顺序读取数据。

块设备提供了一个类似字符设备的访问函数结构 block_device_operations，定义如下：

```
struct block_device_operations {
    int (*open) (struct inode *, struct file *);
    int (*release) (struct inode *, struct file *);
    int (*ioctl) (struct inode *, struct file *, unsigned, unsigned long);
    long (*unlocked_ioctl) (struct file *, unsigned, unsigned long);
    long (*compat_ioctl) (struct file *, unsigned, unsigned long);
    int (*direct_access) (struct block_device *, sector_t, unsigned long *);
    int (*media_changed) (struct gendisk *);
    int (*revalidate_disk) (struct gendisk *);
    int (*getgeo)(struct block_device *, struct hd_geometry *);
    struct module *owner;
};
```

其中，open、release、ioctl 等函数的功能与字符设备相同。块设备提供了几个特有的函数成员：media_changed()函数用来检查介质是否改变，主要用于检查可移动设备；

revalidate_disk()函数响应物理介质的改变请求；getgen()函数用于向系统汇报驱动器信息。

有关块设备更多知识将在第 24 章做详细讲解。

22.3.5　网络设备

在 Linux 内核中，网络设备是一类特殊的设备，因此被单独设计为一种类型的驱动。与其他设备不同的是，网络设备不是通过设备文件访问的，在/dev 目录下不会看到任何网络设备。因此，网络设备的操作不是通过文件操作实现的。

Linux 内核为了抽象网络设备界面，为其定义了一个接口用于屏蔽网络环境下各种网络设备的差别。内核对所有网络设备的访问都通过这个抽象的接口，接口对上层网络协议提供相同的操作方法。有关网络设备详细的知识请参考第 23 章。

22.4　字符设备驱动开发实例

在 Linux 内核驱动中，字符设备是最基本的设备驱动。字符设备包括了设备最基本的操作，如打开设备、关闭设备、I/O 控制等。学习其他设备驱动最好从字符设备开始。本节将给出一个字符设备驱动实例，帮助读者学习字符设备驱动开发。

22.4.1　开发一个基本的字符设备驱动

首先给出一个字符设备实例，功能是建立一个名为 GlobalChar 的虚拟设备，设备内部只有一个全局变量供用户操作。设备提供了读函数读取全局变量的值并且返回给用户，写函数把用户设定的值写入全局变量，代码如下：

```
01  /* GlobalCharDev.c */
02  #include <linux/module.h>
03  #include <linux/init.h>
04  #include <linux/fs.h>
05  #include <asm/uaccess.h>
06
07  MODULE_LICENSE("GPL");
08  MODULE_AUTHOR("GongLei");
09
10  #define DEV_NAME "GlobalChar"
11
12  static ssize_t GlobalRead(struct file *, char *, size_t, loff_t*);
13  static ssize_t GlobalWrite(struct file *, const char *, size_t,
14  loff_t*);
15
16  static int char_major = 0;
17  static int GlobalData = 0; // "GlobalChar" 设备的全局变量
18
19  //初始化字符设备驱动的 file_operations 结构体
20  struct file_operations globalchar_fops =
21  {
22      .read = GlobalRead,
23      .write = GlobalWrite
24  };
25
26
27  /* 模块初始化函数 */
```

```
28  static int __init GlobalChar_init(void)
29  {
30      int ret;
31
32      ret = register_chrdev(char_major, DEV_NAME, &globalchar_fops);
33      // 注册设备驱动
34      if (ret<0) {
35          printk(KERN_ALERT "GlobalChar Reg Fail!\n");
36      } else {
37          printk(KERN_ALERT "GlobalChar Reg Success!\n");
38          char_major = ret;
39          printk(KERN_ALERT "Major = %d\n", char_major);
40      }
41      return ret;
42  }
43
44  /* 模块卸载函数 */
45  static void __exit GlobalChar_exit(void)
46  {
47      unregister_chrdev(char_major, DEV_NAME);    // 注销设备驱动
48      return;
49  }
50
51  /* 设备驱动读函数 */
52  static ssize_t GlobalRead(struct file *filp, char *buf, size_t len,
loff_t *off)
53  {
54      if (copy_to_user(buf, &GlobalData, sizeof(int))) {
55              // 从内核空间复制 GlobalData 到用户空间
56          return -EFAULT;
57      }
58      return sizeof(int);
59  }
60
61  /* 设备驱动写函数 */
62  static ssize_t GlobalWrite(struct file *filp, const char *buf, size_t
 len, loff_t *off)
63  {
64      if (copy_from_user(&GlobalData, buf, sizeof(int))) {
65      // 从用户空间复制 GlobalData 到内核空间
66          return -EFAULT;
67      }
68      return sizeof(int);
69  }
70
71  module_init(GlobalChar_init);
72  module_exit(GlobalChar_exit);
```

代码中有 4 个函数，GlobalChar_init()函数是模块初始化函数，在该函数内调用 register_chardev()函数注册字符设备；GlobalChar_exit()函数是模块清除函数，在函数内调用 unregister_chardev() 函数卸载注册的字符设备。程序第 19 行定义了一个 file_operations 结构的变量 globalchar_ops，在里面设置了读写函数。GlobalRead()函数读取全局变量 GlobalData，并且把数据复制到用户空间，GlobalWrite()函数把用户空间的数值复制到全局变量 GlobalData。在内核中操作数据要区分数据的来源，对于用户空间的数据要使用 copy_from_user()函数复制，使用 copy_to_user()函数回写，不能直接操作用户空间的数据，否则会产生内存访问错误。

（1）模块代码编写好之后，编写 Makefile 如下：

```
01  ifneq ($(KERNELRELEASE),)
02      obj-m := GlobalCharDev.o
03  else
04      KERNELDIR ?= /lib/modules/$(shell uname -r)/build
05      PWD := $(shell pwd)
06  default:
07      $(MAKE) -C $(KERNELDIR) M=$(PWD) modules
08  endif
09
```

（2）Makefile 文件编写好以后，编译模块文件得到内核模块 GlobalCharDev.ko。

（3）加载内核模块，并且查看内核模块加载打印的信息。

```
$ sudo insmod ./GlobalCharDev.ko
$ dmesg | tail -n 2
[20484.612708]  [<c10a58f0>] sys_init_module+0x1f0/0x200
[20484.612745]  [<c15e815f>] sysenter_do_call+0x12/0x28
```

从内核信息的打印结果看出，设备已经被正确地加载。

（4）查看内核分配的主设备号：

```
$ cat /proc/devices | grep GlobalChar
250 GlobalChar
```

从结果看出，内核给 GlobalChar 设备分配的主设备号是 250。

（5）使用 mknod 命令建立一个设备文件：

```
$ sudo mknod -m 666 /dev/GlobalChar c 250 0
$ ls -l /dev/GlobalChar
crw-rw-rw- 1 root root 250, 0  6月 20 21:37 /dev/GlobalChar
```

mknod 命令使用-m 参数指定 GlobalChar 设备可以被所有用户访问。到这里，已经正确地添加了一个字符设备到内核，下面需要测试一下驱动程序能否正常工作。

24.4.2　测试字符设备驱动

为了测试编写的字符设备是否能正常工作，可以编写一个应用程序测试一下能否正常读写字符设备。本节给出一个读写字符设备 GlobalCharDev 的代码：

```
01  /* GlobalCharTest.c */
02  #include <sys/types.h>
03  #include <sys/stat.h>
04  #include <stdio.h>
05  #include <fcntl.h>
06  #include <unistd.h>
07
08  #define DEV_NAME "/dev/GlobalChar"
09
10  int main()
11  {
12      int fd, num;
13
14      /* 打开设备文件 */
15      fd = open(DEV_NAME, O_RDWR, S_IRUSR | S_IWUSR);
16      if (fd<0) {
```

```
17              printf("Open Deivec Fail!\n");
18              return -1;
19          }
20
21          /* 读取当前设备数值 */
22          read(fd, &num, sizeof(int));
23          printf("The GlobalChar is %d\n", num);
24
25          printf("Please input a number written to GlobalChar: ");
26          scanf("%d", &num);
27
28          /* 写入新的数值 */
29          write(fd, &num, sizeof(int));
30
31          /* 重新读取设备数值 */
32          read(fd, &num, sizeof(int));
33          printf("The GlobalChar is %d\n", num);
34
35          close(fd);
36          return 0;
37      }
```

程序首先使用 open()函数打开设备文件，然后使用 read()函数读取字符设备的值，open()系统调用最终会被解释为字符设备注册的 read 调用。程序读出字符设备的值后在屏幕上打印出来，然后提示用户输入新的数值，用户输入新的数值后程序在第 26 行读入，然后在第 29 行写入到字符设备。写入新的值后，程序在第 32 行重新读取了字符设备的值，并且打印出结果。程序输出如下：

```
$ ./GlobalCharTest
The GlobalChar is 0
Please input a number written to GlobalChar: 120
The GlobalChar is 120
```

从程序输出结果来看，最初从设备得到的数值是 0，用户输入 120 后写入到字符设备，重新读出的数值也是 120，与用户设置的相同，表示设备驱动程序功能正确。

22.5　小　　结

本章介绍了 Linux 驱动开发的基础知识。包括如何开发内核模块、Linux 设备驱动原理、驱动程序分类等，并且给出了一个字符设备的驱动开发实例。内核模块是开发设备驱动的基础，因此必须掌握。在后面的几章将会详细讲解 Linux 设备驱动开发。第 23 章将讲解网络设备驱动开发。

第 23 章　网络设备驱动程序

计算机与外界通信是通过网卡完成的。网卡包括网络控制器和网络接口两个部分，网卡不仅是一个网络数据收发的设备，还肩负网络底层协议处理的任务。网络设备在 Linux 内核是一类复杂的设备，在学习网卡驱动的时候需要掌握网络和内核协议栈的基本知识。本章将从网络基本知识入手，逐步介绍网络协议和内核协议栈，最后讲解网卡驱动编程，并且给出了嵌入式系统常见的 DM9000 网卡驱动分析。主要内容如下：

- OSI 网络参考模型；
- TCP/IP 协议入门；
- 以太网工作原理；
- 内核网络设备驱动；
- 网络数据包在内核中的处理流程。

23.1　网络基础知识

网卡是使用网络的必备设备之一。网卡的主要功能是处理网络上的数据，在学习网卡驱动之前需要掌握必要的网络知识。本节将介绍网络的基本模型和参考结构，然后介绍使用最广泛的 TCP/IP 协议，最后介绍以太网的知识。

23.1.1　ISO/OSI 网络参考模型

世界上有多种不同架构的网络，目前最流行的互联网就是一种多架构的网络集合。多种不同架构的网络互联的根本问题是不同网络架构术语之间的统一，OSI 网络参考模型正是为解决这个问题而提出的。

OSI 网络参考模型全称是开发系统互联参考模型（Open System Interconnection Reference Model），是由国际标准化组织 ISO 提出的一个网络互联模型。虽然目前没有一个网络是完全按照 OSI 网络参考模型设计的，但是该模型对网络协议之间的互联起到了很大作用。

OSI 网络参考模型是一个逻辑结构，采用分层的概念划分网络，任何两种网络协议只要采用 OSI 网络参考模型设计都能相互通信。计算机网络通信是一个复杂的过程，OSI 采用的分层思想简化了网络的设计。分层是一种构造技术，通过明确定义每一层的功能规范了网络数据传输。OSI 定义了 7 层网络结构，如图 23-1 所示。

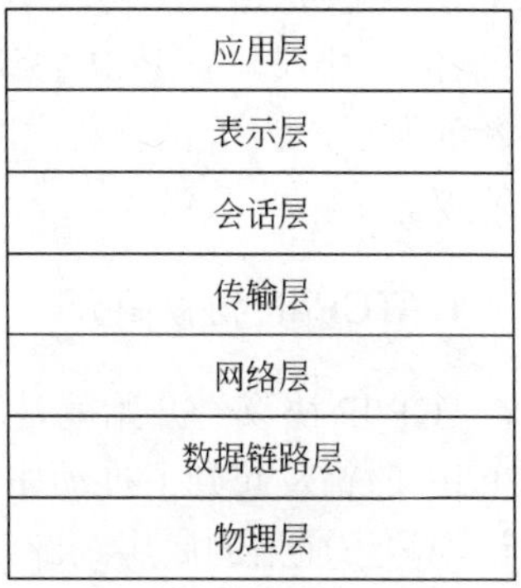

应用层
表示层
会话层
传输层
网络层
数据链路层
物理层

图 23-1　OSI 网络参考模型

从图 23-1 中可以看出，7 层协议从高到低依次为应用层、表示层、会话层、传输层、网络层、数据链路层和物理层。除最低一层外，每层都只能使用下一层提供的功能；除最高一层外，每层都向上一层提供功能；任何一层都不能跨层使用其他层提供的功能。这些规则是网络协议工作的基础。下面介绍各层的功能。

- 应用层：该层面对应用程序提供通信服务，如一个文件传输的应用程序就是工作在该层。
- 表示层：该层的主要功能是定义数据格式。如文件传输程序允许使用二进制和 ASCII 码方式传输数据。如果采用二进制方式，发送和接收的时候不会改变文件内容。如果选择 ASCII 格式，发送的时候需要把文本转换为 ASCII 字符集的数据后才能发送，接收的时候需要按照 ASCII 字符集的方式解释接收到的数据。此外，表示层还能提供加密服务，如对发送的数据采用某种加密算法加密。
- 会话层：该层定义了计算机通信过程中会话的建立、控制和结束的方法。会话是一个逻辑概念，网络上的数据是按照数据包的方式传输的。每个数据包都包含了一定的特征信息，会话层通过识别出指定的信息向上一层提供连续的数据，而不是一个个的数据包。
- 传输层：该层的主要功能是控制网络数据的传输。传输层通过附加在数据包的信息提供了差错恢复协议和无差错恢复协议，并且对接收到的数据包提供了重新组织排序功能。
- 网络层：该层定义数据包传输的过程，通过附加在数据包的逻辑地址，定义了数据包的传送路径，并且为大数据包提供了分片和重组的方法。
- 数据链路层：该层定义数据包在链路上如何传输，与具体的协议有关。
- 物理层：该层定义了网络设备的物理特性，包括接插件规范、电压、电流、编码等内容。物理层通常在协议中有多个规范定义细节。

通过 OSI 网络参考模型，可以很容易地套用到一个具体的网络协议，降低了网络协议之间互联的复杂度。此外，采用 OSI 分层思想设计的网络协议，传输数据包可以做到分层管理、易于调试，并且数据传输稳定性也会很大提高。

23.1.2　TCP/IP 协议

目前应用最广泛的网络就是互联网了，互联网采用了 TCP/IP 协议作为通信协议。TCP/IP 协议是由许多协议组成的协议簇，其中最主要的就是 TCP（传输控制）协议和 IP（互联网）协议。TCP/IP 协议最早由美国国防高级研究计划署在 ARPANET 上实现，随着不断的发展成为了目前互联网上使用最广泛的协议，已经成为计算机网络通信事实上的标准协议。

1．TCP/IP 协议简介

TCP/IP 协议一开始就是基于异构网络的，许多公司都支持它，特别是 UNIX 系统对于 TCP/IP 的普及起到了推动作用。Linux 系统内核对 TCP/IP 协议有着良好的支持。TCP/IP 协议隐藏了通信的底层细节，提高了网络应用开发的效率。程序员可以把主要精力放在与高层协议打交道，而不必关注底层的细节，并且高层的协议独立于操作系统，使应用程序可以方便地移植到其他系统。

TCP/IP 协议只有 4 层：应用层、传输层、网络层和网络接口层。TCP/IP 协议与 OSI 参考模型的对应关系如图 23-2 所示。

TCP/IP协议分层	OSI网络参考模型
应用层	应用层
	表示层
	会话层
传输层	传输层
网络层	网络层
网络接口层	数据链路层
	物理层

图 23-2　TCP/IP 协议与 OSI 网络参考模型对比

图 23-2 仅是一个参考，TCP/IP 协议是在 OSI 网络参考模型之前就被设计出来，因此两者之间并没有严格的对应关系。在 TCP/IP 协议中实际上没有与 OSI 链路层和物理层对应的层次，并且由于 TCP/IP 协议支持异构网络，在不同的硬件设备上 TCP/IP 协议的链路层设计是不同的。

TCP/IP 的协议通过 RFC（Requests for Comments）系列文档发布。RFC 是由 IETF 组织维护的一组 Internet 草案文件。IETF 组织由一些在 TCP/IP 协议的某一个技术领域有特定职能和贡献的人组成，每个发布的协议都会分配一个 RFC 编号。TCP/IP 的每个协议都是标准的，并且有对应的 RFC 编号，但是不是所有的 RFC 都是标准协议。

2．TCP/IP 协议分层结构

在 TCP/IP 协议簇中，每个协议都有自己的协议头。协议头可以理解为一小段二进制数据，由长度不等的字段组成，用来说明协议所包含的信息。使用 TCP/IP 协议传输数据，在发送端按照协议层次从高到低依次在要传递的数据前加入各层协议的协议头，在接收端按照协议层次从低到高依次解析协议头。在一个 TCP/IP 的实现中，每层只负责解析本层的协议头，并且把解析后的数据交给相关的层次处理。一个 TCP/IP 数据包示例如图 23-3 所示。

图 23-3　TCP/IP 数据包典型结构

TCP/IP 协议中，根据功能划分每层都包括了多个协议，下面分层介绍各层常见的协议。

3．网络接口层协议

网络接口层也称做网络访问层，负责向网络发送和接收 TCP/IP 数据包，该层屏蔽了网络的具体差异。在不同的网络上网络接口层的网络访问方法、数据帧格式等都不相同。TCP/IP 协议支持以太网、令牌环网、串行链路、ATM、点对点等网络接口，支持 PPP、SLIP、PPPoE、IEEE 802.x 协议。

4．网络层

该层负责数据包的寻址、打包和路由功能。路由的意思是寻找数据包在网络中的传输路径。网络层提供了 ARP、IPv4、IPv6、ICMP、IGMP 协议。下面介绍常见的几种协议。

- ARP 协议是英文 Address Resolution Protocol 的缩写，中文意思是地址解析协议。ARP 协议把数据包的逻辑地址翻译成网络硬件对应的媒体访问控制地址。与 ARP 协议对应的还有一个 RARP 协议，目的是翻译网络接口地址到数据包的逻辑地址。
- IP 协议是 TCP/IP 协议的核心，它是一个数据报协议，负责主机之间数据包传输过程的寻址和路由。IP 协议是没有连接的，通过该协议传输的数据包在网络上并不保证有序传输。因此，IP 协议是不可靠的网络协议。IP 协议传输数据包采用“尽力而为”的方式，数据包在传输过程中可能发送丢失、出错、重复或者延迟等问题，所以需要更高层协议保证数据包的准确性。

此外，网络层还提供了 ICMP 和 IGMP 两个差错控制协议，用于获取和提供网络状态。如常用的网络侦测工具 ping，就是利用了 ICMP 协议实现的。

5．传输层

传输层提供了数据包的传输控制，包括面向连接的 TCP 协议和 UDP 数据报协议。TCP 协议最早出现在传输层，是 TCP/IP 协议簇中最重要的协议之一。TCP 协议弥补了 IP 协议的不足，能够保证数据包在丢失后重发、删除多余的数据包，并且能否按照发送顺序重组数据包。

6．应用层

该层允许应用程序访问其他层的服务。应用层定义了供应用程序使用的数据交换协议，包含大量的协议，并且还在不断的开发中。最常见的包括 HTTP（超文本传输协议）、FTP（文件传输协议）、SMTP（简单邮件传输协议）等。应用层协议丰富了网络应用。

23.2　以太网基础

以太网是目前局域网使用最广泛的通信标准，最初由施乐公司提出。以太网是一个技术标准而不是具体的网络。该标准定义了在局域网（LAN）内使用的电缆类型和信号处理方法。最初的以太网设备之间使用 10Mbps 速率传递数据包，目前最高的以太网速率已经能达到 10Gbps。许多厂商都开发了支持以太网的软件和硬件，因此，以太网是开发性最好的局域网标准。一个典型的以太网结构如图 23-4 所示。

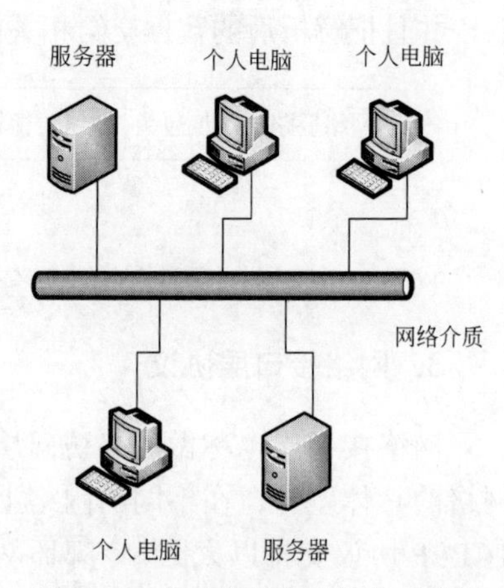

图 23-4　典型的以太网结构示意图

从图 23-4 中可以看出，一个典型的以太网是由网络节点和网络介质组成的。网络介质可以是多种多样的，如同轴电缆和双绞线；网络节点可以是服务器或者个人电脑。

23.2.1　工作原理

以太网是一种广播式的网络，任何节点都可以向网络中所有的节点发送数据，所有的网络节点都是平等的，没有一个主控节点。广播式的网络存在一个问题，同一时刻如果有多个节点发送数据就会导致信号之间的冲突，使数据遭到破坏。为此，以太网设计了一种载波监听多路访问冲突检测（CSMA/CD）机制。该机制的工作原理是监听网络是否有信号传输，如果没有则发送数据，如果有信号则过一段时间后继续检测，直到网络上没有信号以后发送数据。

以太网中一个节点发送数据的工作过程如下：

（1）监听网络是否有信号在传输，如果有信号，表示网络处于繁忙状态，则继续监听，直到网络空闲为止。

（2）如果没有检测到网络上的传输信号则发送数据。

（3）在传输数据过程中继续监听，如果发现网络有信号冲突（其他节点也发送数据），则执行退避算法。退避算法会随机等待一段时间，重复执行步骤（1）。

（4）如果发送过程中没有冲突，则数据包发送成功，在发送下一个数据包前必须延迟一个固定时间（每种网络有自身的规定）后才可以执行步骤（1）。

提示： 以太网规范规定了节点每次只允许发送一个数据包。

在以太网中，两个数据帧同时发送到物理介质上，如果发生完全或者部分重叠，称做产生冲突（Collision）。当冲突发生时，网络上所有的数据都被认为无效。从冲突的形成看出，冲突是影响以太网性能的重要因素。产生冲突的原因很多，有一个重要因素是，随着以太网中节点的增加冲突也会随之增大。因此，一个以太网中节点的数量需要得到控制，否则需要采取减小冲突的一些方法。

23.2.2　常见以太网标准

从以太网的产生到目前已经产生了多种以太网标准，每种标准之间最大的差异就是传输速度的提高。下面介绍几种常见的以太网标准。

1．标准以太网

最初的以太网使用 CSMA/CD 访问控制方法，网络吞吐量只有 10Mbps，称为标准以太网。以太网都遵守 IEEE 802.3 标准，支持双绞线和同轴电缆两种传输介质。

提示： IEEE 是国际电子电器协会的英文缩写，该协会指定了一系列的计算机接口和电气标准。

2．快速以太网

传统标准以太网的吞吐量很难满足日益增长的网络需求。在 1993 年 GrandJunction 公司推出了 10/100Mbps 的以太网集线器和接口卡。随后各家厂商都推出了自己的 100Mbps 以太网设备，IEEE 对 100Mbps 的以太网设备进行了全面研究，提出了 802.3u 标准，从此提出了快速以太网的概念。

在快速以太网出现之前，已经有了 10Mbps 以上吞吐量的局域网，使用光纤分布式接口（FDDI），是一种昂贵的网络传输设备。快速以太网采用了与标准以太网相同的技术，通过改进传输介质提高了网络吞吐量，是一种廉价的局域网解决方案。

3．千兆以太网

千兆以太网是比较新的高速以太网技术，网络吞吐量可以达到 1000Mbps。千兆以太网最大的特点是继承了以太网价格便宜的优点，采用了与标准以太网相同的帧格式和网络协议，对上层应用透明。因此，千兆以太网最大限度地保护了现有设备的投资。由于协议相同，千兆以太网可以很好地兼容 10Mbps 和 100Mbps 以太网。

4．万兆以太网

万兆以太网是目前最新的以太网技术，其规范包含在 IEEE 802.3ae 标准中。万兆以太网使用光纤作为传输介质，并且改进了网络传输技术，极大地提高了网络吞吐量。

23.2.3　拓扑结构

以太网支持总线型和星型拓扑结构。总线型结构的特点是使用电缆少、价格便宜，但是管理成本高，网络故障不易定位。此外，总线型网络采用共享访问机制，容易造成网络拥塞。早期的以太网使用同轴电缆作为传输介质，通常使用总线结构，主要是便于连接。总线型网络适合规模小的网络，并且网络中的节点很少变动。

星型结构的特点是管理方便、容易扩展、网络故障容易定位，但是需要专用的网络设备作为网络交换核心，并且需要更多的网线，成本较高。星型网络使用双绞线作为传输介质，需要集线器或者交换机作为网络核心节点，通过双绞线把所有节点连接到核心节点构成星型网络结构。星型网络布线比总线型网络简单，并且可以通过网络级联扩展网络容量。

目前应用最广泛的是使用双绞线作为传输介质的星型网络，总线型网络已经被淘汰，而使用光纤的以太网由于成本较高还没有被广泛应用。

23.2.4　工作模式

以太网中最基本的设备就是以太网卡了，以太网卡可以在半双工和全双工模式下工作。半双工模式基于以太网的 CSMA/CD 机制工作。传统的以太网使用半双工模式，在同一时间只能一个方向传输数据，当有两个或两个以上节点传输数据的时候会导致网络产生数据冲突，降低了网络效率。

全双工模式使用点对点连接方式，这种方式没有冲突产生。全双工使用双绞线中两个独立的线路，也就是说发送和接收在不同的线路上进行，在没有安装介质的情况下就可以提高带宽。在全双工模式下，冲突检测电路不再使用，因此一个全双工连接只用一个端口，在连接的双方向都提供了 100%的效率。

23.3　网卡工作原理

网卡的全称是网络适配器或者网络接口卡（Network Interface Card，简写 NIC），是计算机联网的必备设备。通常说的网卡是 PC 上的概念，网卡由网络控制芯片和网络接口两部分组成。在嵌入式系统中，通常把网络接口芯片和网络接口与其他芯片都安装在同一块线路板上，甚至有的 CPU 内部集成了网络控制器，仅需要在外部引出网络接口即可。

作为网络通信的一个概念，本书把网卡作为一个整体部分介绍。在计算机系统中，网卡负责把用户传递的数据转换为网络能识别的电信号，并且把网络上电信号还原成数据传递给用户。网卡的技术参数涉及带宽、总线接口、电气接口等。网卡还提供了网络数据包的存取控制、数据缓存等功能。如图 23-5 所示为 PC 使用的网卡实物照片。

图 23-5　PCI 接口的网卡照片

从图 23-5 中可以看出，一个网卡最少提供了两个接口。一个与计算机系统连接的总线接口，还有一个与网络连接的网络接口。在 PC 上网卡通常使用 PCI 接口与 CPU 通信，在嵌入式系统通常使用专门的 MII 接口或者使用 CPU 的通用 I/O 接口。在以太网中，目前应用最广泛的是双绞线（RJ-45 标准）接口，该接口由八条线按照两两交错的方式结合在一起，最后四对线被封装在一个胶皮套内。每对双绞线有一根线是作为接地线，另一根可以发送或者接收数据，在不同的以太网标准中对双绞线的使用有不同定义。按照不同的以太网标准，网卡支持不同的速率包括 10Mbps、100Mbps 和 1000Mbps 等。

在一个网卡中，网络接口通常包括了网络接口物理插槽，还有网络变压器，负责信号的转换。网络控制芯片通常包括了 PHY 和 MAC 两部分，同时还集成了接口控制器、内部缓存等部件，并且向外部提供了寄存器访问接口。PHY 负责网络传输的电气信号处理，MAC 负责网络链路协议处理。

为了提高网络接口的兼容性，工程师们设计出了一种网络介质无关接口（MII）。该接口的设计思想是计算机与网络控制芯片通信使用一种统一的接口，而不必关心具体的网络类型。MII 是一种接口标准，使用该标准的网络控制器可以与不同的 CPU 接口，简化了网络设备与计算机间的设计。

23.4　内核网络分层结构

Linux 内核对网络驱动程序使用统一的接口，并且对于网络设备采用面向对象的思想设计。Linux 内核采用分层结构处理网络数据包。分层结构与网络协议的结构匹配，既能简化了数据包处理流程，又便于扩展和维护。

23.4.1　内核网络结构

在 Linux 内核中，对网络部分按照网络协议层、网络设备层、设备驱动功能层和网络媒介层的分层体系设计。

网络驱动功能层主要通过网络驱动程序实现。在 Linux 内核，所有的网络设备都被抽象为一个接口处理，该接口提供了所有的网络操作。前面提到过的 net_device 结构表示网络设备在内核中的情况，也就是网络设备接口。网络设备接口既包括软件虚拟的网络设备接口，如环路设备，也包括了网络硬件设备，如以太网卡。

Linux 内核有一个 dev_base 的全局指针，指向一个设备链表，包括了系统内的所有网络设备。该设备链表每个节点是一个网络设备。在 net_device 结构中提供了许多供系统访问和协议层调用的设备方法，包括初始化、打开关闭设备、数据包发送和接收等。

在 Linux 内核中，对 IPv4 协议网络可以按照下面的方法划分。

- socket 层：该层处理 BSD 兼容的 socket 操作，每个 socket 在内核用 socket 结构体实现。该部分相关的文件有 net/socket.c 和 net/protocols.c。
- INET socket 层：BSD socket 向用户提供了一个一致性的网络编程接口。INET 层是其中 IPv4 网络协议的接口，相当于建立了 AF_INET 形式的 socket。在该层使用 sock 结构保存接口上额外的参数，主要文件有 net/ipv4/protocol.c、net/ipv4/af_inet.c 和 net/core/sock.c。
- TCP/UDP 层：实现传输层操作，该层使用 inet_protocol 和 proto 结构，主要文件有 net/ipv4/udp.c、net/ipv4/datagram.c、net/ipv4/tcp.c、net/ipv4/tcp_input.c 和 net/ipv4/tcp_output.c。
- IP 层：实现网络层操作，该层使用 packet_type 结构表示，主要文件包括 net/ipv4/ip_forward.c、net/ipv4/ip_fragment.c、net/ipv4/ip_input.c 和 net/ipv4/ip_output.c。
- 驱动程序：网络设备驱动程序，使用 net_device 结构表示，主要文件包括 net/core/dev.c 和 driver/net 目录下的所有文件。

23.4.2　与网络有关的数据结构

内核对网络数据包的处理都是基于 sk_buff 结构的，该结构是内核网络部分最重要的数据结构。网络协议栈中各层协议都可以通过对该结构的操作，实现本层协议数据的添加或者删除。使用 sk_buff 结构避免了网络协议栈各层来回复制数据导致的效率低下。sk_buff

结构如图 23-6 所示。

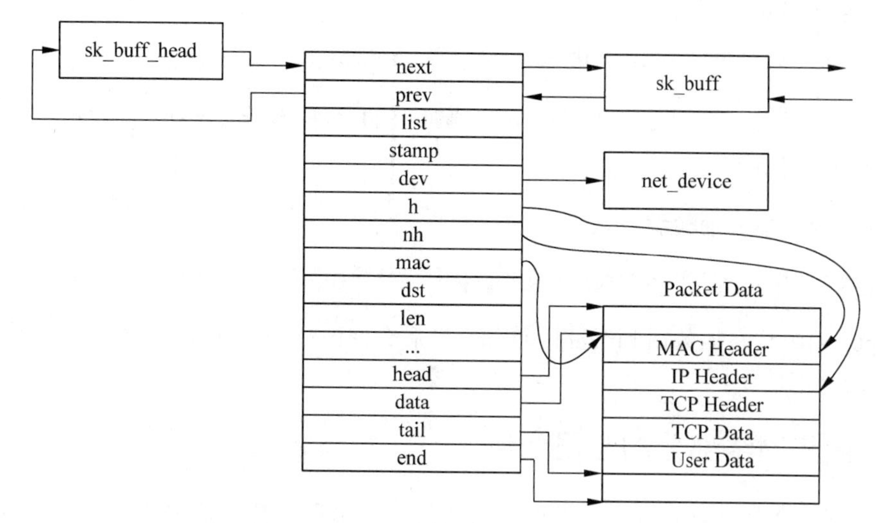

图 23-6　Linux 内核 sk_buff 结构示意图

sk_buff 结构可以分为两个部分，一部分是存储数据包缓存，在图中标示为 PacketData；另一部分是由一组用于内核管理的指针组成。sk_buff 管理的指针最主要的是下面 4 个：

- head 指向数据缓冲（PacketData）的内存首地址；
- data 指向当前数据包的首地址；
- tail 指向当前数据包的尾地址；
- end 指向数据缓冲的内存尾地址。

数据包的大小在内核网络协议栈的处理过程中会发生改变，因此 data 和 tail 指针也会不断变化，而 head 和 tail 指针是不会发生改变的。对于一个数据包来说，以 TCP 数据包为例，sk_buff 还提供了几个指针直接指向了各层协议头。mac 指针指向数据包的 mac 头；nh 指针指向网络层协议头，一般是 IP 协议头；h 指向传输层协议头，在本例中是 TCP 协议头。对各层设置指针的好处是方便了协议栈对数据包的处理。

对于 sk_buff 结构的操作，内核提供一组函数，下面介绍几个重要的函数。

1．分配和释放函数

```
struct sk_buff*alloc_skb (unsigned int len, int priority); // 分配函数
struct sk_buff*dev_alloc_skb (unsigned int len);
void kfree_skb (struct sk_buff*skb, int rw);                // 释放函数
void dev_kfree_skb (struct sk_buff*skb, int rw);
```

alloc_skb()函数分配一个缓冲区，并且把 data 和 tail 指针初始化为 head；dev_alloc_skb()函数调用了 alloc_skb()函数分配缓冲区，并且把 priority 设置为 GFP_ATOMIC，然后设置 data 指针于 head 指针中间空余 16 个字节，这 16 个字节的空间用于填写硬件头。

kfree_skb()函数供内核调用释放一个缓冲区。dev_kfree_skb()函数供驱动程序调用释放缓冲区，可以处理缓冲区加锁。rw 参数可以设置为 FREE_READ 表示缓冲区用于接收数据包，设置为 FREE_WRITE 表示缓冲区用于发送数据包。

2．缓冲区尾部添加数据

```
unsigned char *skb_put (struct sk_buff*skb, int len);
```

skb_put()函数用于追加数据到 skb_buff 缓冲区的尾部，该函数添加完数据后会修改 tail 指针，并且更新 len 长度。

3．缓冲区首部添加数据

```
unsigned char *skb_push (struct sk_buff*skb, int len);
```

skb_push()函数添加数据到缓冲区首部，之后会修改 data 和 len。该函数返回值是修改后的 data 指针地址。

23.4.3　内核网络部分的全局变量

Linux 内核网络部分有几个重要的全局变量，网络接口和协议都使用这些全局变量完成网络功能。

1．与协议有关的全局变量

在 net/socket.c 文件的第 150 行定义了一个与网络协议有关的全局变量 net_families，定义如下：

```
static struct net_proto_family *net_families[NPROTO];
```

net_proto_family 是协议的描述结构，在内核中注册一种协议需要使用该结构，并且记录到 net_families 全局变量中。在 socket 有关的代码实现中会用到该全局变量。

2．与包类型有关的全局变量

在 net/core/dev.c 文件定义了两个与包类型有关的全局变量：

```
static struct list_head ptype_base[16];    /* 16 way hashed list */
static struct list_head ptype_all;     /* Taps */
```

使用 dev_add_pack()函数可以把 packet_type 类型的变量添加到这两个全局变量代表的列表中。packet_type 是一个描述数据包的结构，在 net/ipv4/af_inet.c 文件的第 1243 行定义了一个 packet_type 结构的静态变量 ip_packet_type：

```
static struct packet_type ip_packet_type = {
    .type = __constant_htons(ETH_P_IP),
    .func = ip_rcv,                              // 接收到数据包的处理函数
    .gso_send_check = inet_gso_send_check,       // 发送数据包之前处理函数
    .gso_segment = inet_gso_segment,             // 包分片处理函数
};
```

该变量记录了 IP 数据包的处理函数，内核通过调用这些函数处理 IP 报文。

3．网络设备接口中的全局变量

在 net/core/dev.c 第 178 行定义了一个 dev_base 全局变量：

```
struct net_device *dev_base;
```

该变量是一个 net_device 指针，指向一个包含系统中所有网络设备的链表。当驱动程序中调用 register_netdev()函数注册网络设备的时候，就会往该链表最后添加一个节点。

在 net/core/dev.c 文件第 186 和 187 行分别定义了 dev_name_head 和 dev_index_head 全局变量：

```
static struct hlist_head dev_name_head[1<<NETDEV_HASHBITS];
static struct hlist_head dev_index_head[1<<NETDEV_HASHBITS];
```

这两个变量都是 list 类型的数组，实际上是哈希表。dev_name_head 变量存放系统中所有网络设备名字的哈希值，dev_get_by_name()函数通过该结构可以使用设备名找到设备结构指针；dev_index_head 存放系统中所有网络设备索引号的哈希值，dev_get_by_index()函数通过该结构可以使用设备索引号找到设备结构指针。

23.5　内核网络设备驱动框架

Linux 内核网络设备是一类特殊的设备。网络设备虽然借用了传统设备（字符设备/块设备）的一些概念，却有其自身特点。对应用程序来说，访问网络设备不需要通过文件句柄，而是通过 socket 网络接口。因此，网络设备结合了设备驱动和内核网络协议，结构和工作流程都比较复杂。

23.5.1　net_device 结构

Linux 内核中网络设备最重要的数据结构就是 net_device 结构了，它是网络驱动程序最重要的部分。net_device 结构保存在 include/linux/netdevices.h 头文件，理解了该结构对理解网络设备驱动有很大帮助。net_device 结构十分庞大，书中不列出结构的代码，仅给出结构的解释，请读者参考 Linux 2.6.18 内核代码。

内核中所有网络设备的信息和操作都在 net_device 设备中，无论是注册网络设备，还是设置网络设备参数，都用到该结构。下面介绍主要的数据成员。

1．设备名称

在 name 成员中记录网络设备的名称，Linux 对局域网设备命名使用“eth<数字>”的方式，在网络驱动中可以设置 name 域，也可以留空由内核自动分配网络设备名称。

2．总线参数

总线参数设置设备的地址空间，主要包括下面几个参数。

- 中断请求号（IRQ）：该参数需要在启动或者设备驱动初始化时被设置。中断请求号用于内核响应相应的中断，如果设备没有中断请求号可以置 0。中断请求号也可以是变量，由内核自动分配。网络设备驱动一般都提供了设置 IRQ 的功能，可以在加载设备驱动的时候手动设置 IRQ。此外，还可以通过网络配置命令 ifconfig 命令设置 IRQ。
- 基地址（bash_addr）：设备占用的基本输入输出（I/O）地址空间。如果系统没有分配 I/O 地址或者不支持 I/O 地址分配，可以置 0。该参数同样可以被用户设置或者通过 ifconfig 命令设置。

- mem_start 和 mem_end 是共享内存的起始和结束地址。如果没有共享内存这两个变量取值为 0。可以通过驱动程序 mem 参数配置共享内存起始地址。
- dma：该参数标识正在使用的 DMA 通道，Linux 系统允许自动探测 DMA 通道。如果没有使用 DMA 通道，该参数置为 0。驱动程序提供了一个 dma 参数设置 DMA 通道。

总线参数是从用户角度对网络设备进行控制的，在驱动程序中需要设置这些参数，否则会被重用。

3．协议参数

网络驱动程序中需要提供协议层参数，可以更加智能地执行任务，协议参数也被保存在网络设备结构中。常见的协议参数如下所列。

- mtu：该参数指定网络数据包的最大长度，不包括设备自身附加的底层数据头长度。mtu 通常被 IP 协议使用，用来选择适合大小的数据包。
- family：该参数指定设备的地址协议簇，这是一个 socket 有关的参数。常用的地址簇是 AF_INET。
- type：该参数指定设备所连接的物理介质类型。常见的物理介质类型请参考表 23-1。

表 23-1　常见的以太网物理介质类型

定义名称	含　义
ARPHRD_NETROMARPHRD_ETHER	10Mbps 或 100Mbps 以太网适配器
ARPHRD_EETHER	实验用网卡（没有使用）
ARPHRD_AX25	AX.25 接口
ARPHRD_PRONET	PROnet token ring（未使用）
ARPHRD_CHAOS	ChaosNET（未使用）
ARPHRD_IEE802	802.2 networks notably token ring
ARPHRD_ARCNET	ARCnet 接口
ARPHRD_DLCI	Frame Relay DLCI

提示：表 23-1 标注“未使用”的接口，虽然定义了这种类型，但是没有支持这种接口的协议。

4．链接层变量

hard_header_len：该变量标示网络缓冲区中硬件帧的大小。该值与将来添加的硬件帧头部长度可能不一致。

dev_addr：该变量是一个字符数组，保存物理地址。如果物理地址长度小于字符数组长度，则从左到右存放物理地址，并且使用 addr_len 成员变量标识物理地址长度。实际上，许多介质没有物理地址，该变量通常为 0。有些介质的物理地址可以通过 ifconfig 工具设置，因此可以不初始化该变量。但是需要注意的是，如果没有设置设备的物理地址，数据包无法被传输。

5．接口标志

在 include/linux/if.h 头文件中定义了一些接口标示，目的是为了标示接口属性，起到提高网络接口兼容性的作用。常见的标示请参考表 23-2。

表 23-2　Linux 内核常见的接口标示

接 口 标 示	含　　义
IFF_UP	接口已经激活
IFF_BROADCAST	设置设备广播地址有效
IFF_DEBUG	标识设备调试能力打开
IFF_LOOPBACK	环回设备使用
IFF_POINTOPOINT	点对点设备使用（包括 SLIP 和 PPP 协议设备）。点对点设备通常没有子网掩码和广播地址
IFF_RUNNING	同 IFF_UP
IFF_NOARP	表示该接口不支持 ARP 协议。因此，接口必须有一个静态地址转换表，或者不做地址映射

23.5.2　数据包接收流程

在 Linux 内核中，一个网络数据包从网卡接收到用户空间需要经过链路层、传输层和 socket 的处理，最终到达用户空间，如图 23-7 所示。

以 DM9000 网卡为例，当网卡收到数据包以后调用中断处理函数 dm9000_interrupt()，该函数检查中断处理类型，如果是接收数据包中断，则调用 dm9000_rx()函数接收数据包到内核空间。

dm9000_rx()函数收到数据包完成后，内核会继续调用 netif_rx()函数，函数的作用是把网卡接收到数据提交给协议栈处理。

协议栈使用 net_rx_action()函数处理接收数据包队列，该函数处理数据包后，如果是 IP 数据包，则提交给 ip_recv()函数处理。ip_recv()函数主要是检查一个数据包 IP 头的合法性，检查通过后交给 ip_local_deliver()和 ip_local_deliver_finish()函数处理，之所以分开处理是因为内核中有防火墙相关的代码需要动态加载到此处。

IP 头处理完毕后，以 UDP 数据包为例将交由 udp_recv()函数处理，与 ip_recv()函数类似，该函数检查 UDP 头的合法性，然后交给 udp_queue_recv()函数处理，最后提交给 sock_queue_recv()函数处理。

数据包进入 socket 部分的第一个函数是 skb_recv_datagram()，该函数从内核的 socket 队列取出数据包，交给 socket 部分的 udp_recvmsg()函数，该函数负责处理 UDP 的数据，可以把多个 UDP 数据包的数据组合后提交给 inet_recvmsg()函数处理，最后通过 sock_recvmsg()函数处理提交给 sock_read()函数。

sock_read()函数读取接收到的数据缓冲，把数据返回给 sys_read()系统调用。sys_read()系统调用最终把数据复制到用户空间，供用户使用。

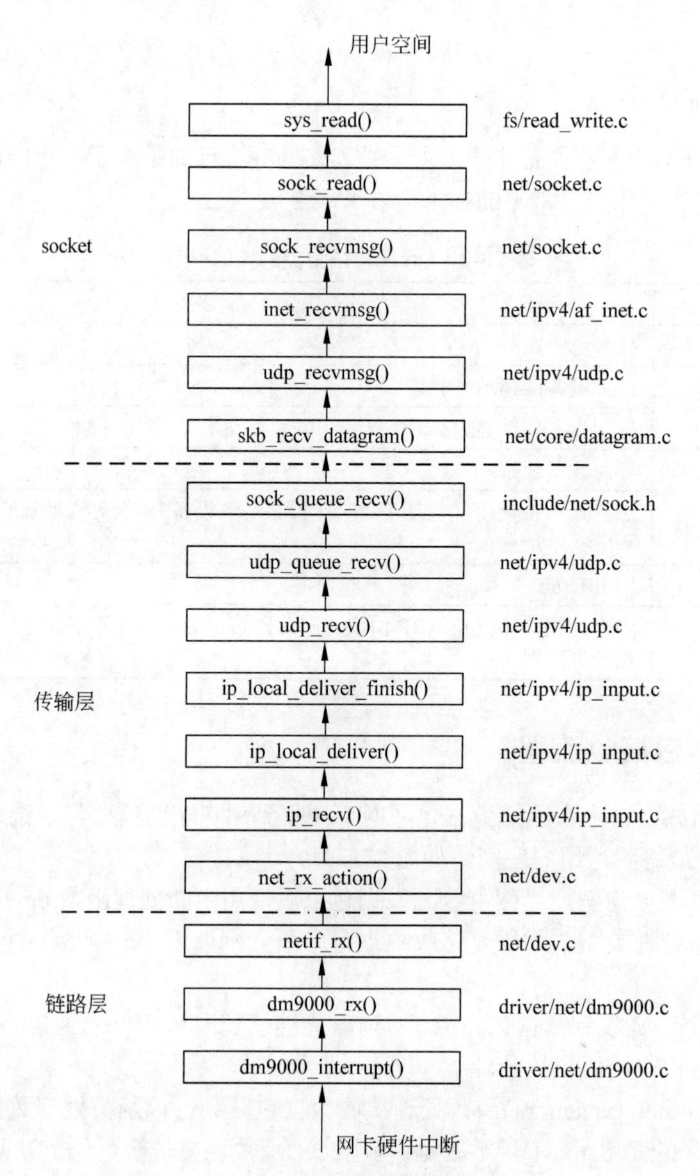

图 23-7　Linux 内核接收网络数据包处理流程

23.5.3　数据包发送流程

本节还是以 UDP 数据包发送流程为例，介绍在 DM9000 网卡上如何发送一个数据包，如图 23-8 所示。

当用户空间的应用程序通过 socket 函数 sendto()发送一个 UDP 数据后，会调用内核空间的 sock_writev()函数，然后通过 sock_sendmsg()函数处理。sock_sendmsg()函数调用 inet_sendmsg()函数处理，inet_sendmsg()函数会把要发送的数据交给传输层的 udp_sendmsg()函数处理。

udp_sendmsg()函数在数据前加入 UDP 头，然后把数据交给 ip_build_xmit()函数处理，该函数根据 socket 提供的目的 IP 和端口信息构造 IP 头，然后调用 output_maybe_reroute()

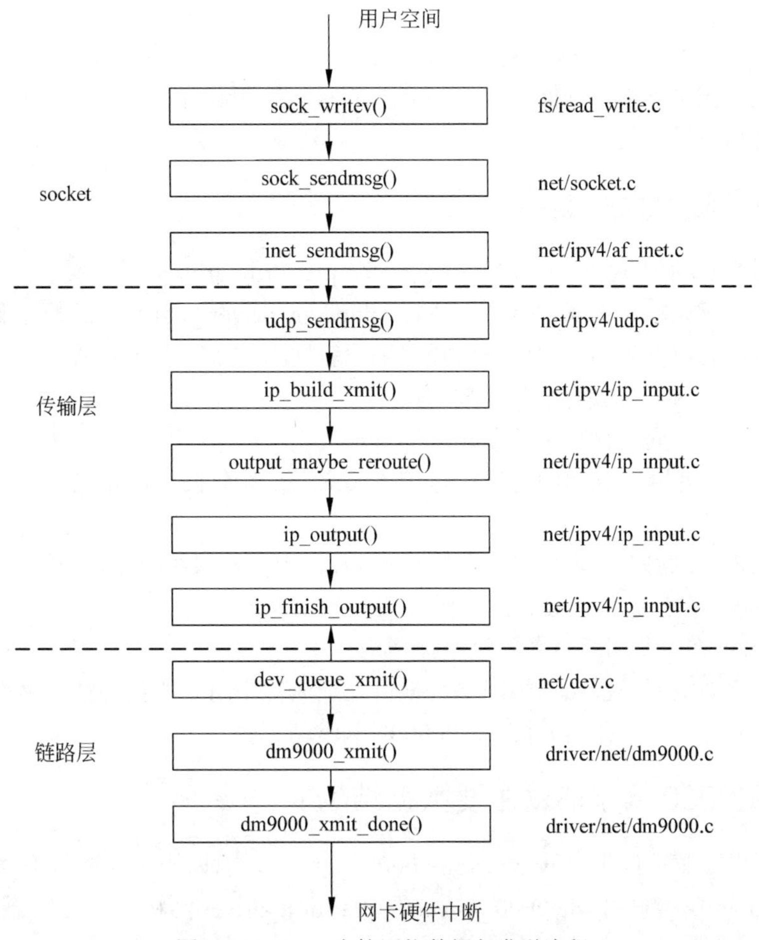

图 23-8　Linux 内核网络数据包发送流程

函数处理。output_maybe_reroute()函数检查数据包是否需要经过路由，最后交给 ip_output()函数写入到发送队列，写入完成后由 ip_finish_output()函数处理后续工作。

链路层的 dev_queue_xmit()函数处理发送队列，调用 DM9000 网卡的发送数据包函数 dm9000_xmit()发送数据包，发送完毕后，调用 dm9000_xmit_done()函数处理发送结果。

23.6　实例：DM9000 网卡驱动分析

DM9000 是嵌入式系统中常用的一款网络控制芯片，提供了丰富的功能和开发接口，具有很高的性价比，因此得到广泛应用。本节将介绍 DM9000 网卡芯片的工作原理，以及在 Linux 下的驱动分析。

23.6.1　DM9000 芯片介绍

DM9000 是 DAVICOM 公司的一款高度集成、低功耗的快速以太网处理器，该芯片集成了 MAC 和 PHY。DM9000 可以和 CPU 直接连接，支持 8 位、16 位和 32 位数据总线宽度。该芯片支持 10Mbps 和 100Mbps 自适应以太网接口，内部有 16KB 的 FIFO 以及 4KB

双字节 SRAM，支持全双工工作。

DM9000 内部还集成了接收缓冲区，可以在接收到数据的时候把数据存放到缓冲区中，链路层可以直接把数据从缓冲区取走。与其他的网卡控制芯片相比，DM9000 从硬件连接到驱动都相对简单适合初学者学习。

23.6.2　网卡驱动程序框架

在一个网络驱动程序中，一般都提供了一个 platform_driver 结构变量。platform_driver 结构包括了网卡驱动的相关操作函数，通过 platform_driver_register()函数注册到内核设备驱动列表。内核会根据驱动程序中设备描述来设置网卡的中断和定时器，并且在网络数据包到来的时候调用网卡对应的处理函数。

通常，网卡需要向内核提供下面几个接口函数。

- probe：加载网卡驱动的时候执行，主要用于初始化网卡硬件接口，设置网络接口函数；
- remove：卸载网卡驱动的时候执行该函数，用于从系统中注销网络接口函数；
- suspend：在挂起网络设备的时候被调用；
- resume：在恢复网络设备的时候被调用。

网络设备驱动主要是按照内核网络数据包处理流程中用到的数据结构，设置对应的处理函数供内核使用。下面详细分析 DM9000 网卡驱动程序。

23.6.3　DM9000 网卡驱动主要数据结构

DM9000 网卡驱动位于 driver/net/dm9000.c 文件中，有两个主要的数据结构 dm9000_driver 和 board_info。其中，dm9000_driver 是 platform_driver 结构，定义如下：

```
204 static struct platform_driver dm9000_driver = {
205   .driver = {
206     .name    = "dm9000",                // 网卡名称
207     .owner   = THIS_MODULE,
208   },
209   .probe   = dm9000_probe,              // 加载驱动函数
210   .remove  = dm9000_drv_remove,         // 删除驱动函数
211   .suspend = dm9000_drv_suspend,        // 挂起驱动函数
212   .resume  = dm9000_drv_resume,         // 恢复驱动函数
213 };
```

该结构定义了网卡的名称为 dm9000，并且定义了 4 个驱动接口函数：dm9000_probe()函数在加载驱动的时候被内核调用，用于检测网卡设备并且分配资源，设置网络接口控制器；dm9000_drv_remove()函数在卸载驱动的时候被调用，用于释放网卡驱动占用的资源；dm9000_drv_suspend()函数在挂起网卡的时候被调用，该函数会暂时删除网络接口；dm9000_drv_resume()函数在恢复网卡接口时被调用，该函数重新加载网络接口。

DM9000 网卡驱动还设置了供 DM9000 网络控制芯片使用的 board_info 结构，定义如下：

```
117 /* Structure/enum declaration ------------------------------- */
118 typedef struct board_info {
119
```

```
120   void __iomem *io_addr;  /* Register I/O base address */
            // 控制寄存器地址
121   void __iomem *io_data;  /* Data I/O address */    // 数据寄存器地址
122   u16 irq;    /* IRQ */                            // 中断号,在嵌入式系统常常无效
123
124   u16 tx_pkt_cnt;                                  // 已发送数据包个数
125   u16 queue_pkt_len;                               // 数据包发送队列中的数据包个数
126   u16 queue_start_addr;                            // 数据包发送队列的起始地址
127   u16 dbug_cnt;
128   u8 io_mode;   /* 0:word, 2:byte */
129   u8 phy_addr;                                     // 网卡物理地址
130
131   void (*inblk)(void __iomem *port, void *data, int length);
132   void (*outblk)(void __iomem *port, void *data, int length);
133   void (*dumpblk)(void __iomem *port, int length);
134
135   struct resource *addr_res;   /* resources found */
136   struct resource *data_res;
137   struct resource *addr_req;   /* resources requested */
138   struct resource *data_req;
139   struct resource *irq_res;
140
141   struct timer_list timer;
142   struct net_device_stats stats;
143   unsigned char srom[128];                         // 网络控制器内部 EEPROM 内容
144   spinlock_t lock;
145
146   struct mii_if_info mii;
147   u32 msg_enable;
148 } board_info_t;
```

board_info 结构存放在 net_device 结构的私有数据部分，DM9000 驱动的接口处理函数会使用该结构访问网络控制芯片。

在 board_info 结构中，io_addr 和 io_data 成员变量存放了控制寄存器和数据寄存器地址；tx_pkt_cnt 记录了发送的数据包个数；queue_pkt_len 记录了发送队列中的数据包个数；queue_start_addr 记录了数据包发送队列的起始地址；phy_addr 是网卡的物理地址（MAC 地址）；srom 是一个数组，记录了 DM9000 网络控制芯片内部 EEPROM 的内容。

23.6.4　加载驱动程序

在 dm9000.c 文件的第 1229 行和第 1230 行使用模块加载宏和卸载宏，设置了模块的初始化函数 dm9000_init()和卸载函数 dm9000_cleanup()。代码如下：

```
1215 static int __init
1216 dm9000_init(void)
1217 {
1218   printk(KERN_INFO "%s Ethernet Driver\n", CARDNAME);
                                                        // 打印模块启动信息
1219
1220   return platform_driver_register(&dm9000_driver);  /* search board
       and register */                                  // 调用驱动注册函数
1221 }
1222
1223 static void __exit
```

```
1224 dm9000_cleanup(void)
1225 {
1226  platform_driver_unregister(&dm9000_driver);      // 调用驱动卸载函数
1227 }
1228
1229 module_init(dm9000_init);                                       // 设置模块启动函数
1230 module_exit(dm9000_cleanup);                                    // 设置模块卸载函数
```

在 dm9000_init()函数中，使用内核提供的 platform_driver_register()函数，注册 dm9000_driver 结构到内核（程序第 1220 行）；在 dm9000_cleanup()函数中，使用 platform_driver_unregister()函数卸载了 dm9000_driver 结构（程序第 1226 行）。

设置好驱动函数的初始化函数后，在启动的时候会注册 dm9000_driver 结构到内核，内核会调用 dm9000_driver 结构中的 probe 函数成员，也就是调用 dm9000_probe()函数设置网卡驱动。函数执行过程如下所述。

（1）函数首先是分配 board_info 结构占用的私有资源，在程序第 404 行使用 alloc_etherdev()函数分配网卡驱动使用的私有资源。如果分配资源失败，提示出错信息并且退出函数，设置返回值为-ENOMEM，表示没有内存。代码如下：

```
391 static int
392 dm9000_probe(struct platform_device *pdev)
393 {
394  struct dm9000_plat_data *pdata = pdev->dev.platform_data;
395  struct board_info *db;  /* Point a board information structure */
396  struct net_device *ndev;
397  unsigned long base;
398  int ret = 0;
399  int iosize;
400  int i;
401  u32 id_val;
402
403  /* Init network device */
404  ndev = alloc_etherdev(sizeof (struct board_info));
                              // 分配资源,在私有数据区保存 board_info 内容
405  if (!ndev) {
406   printk("%s: could not allocate device.\n", CARDNAME);
407   return -ENOMEM;
408  }
409
410  SET_MODULE_OWNER(ndev);   // 该宏是空定义,被忽略,下面一行相同
411  SET_NETDEV_DEV(ndev, &pdev->dev);
412
413  PRINTK2("dm9000_probe()");
```

（2）分配资源成功后，在程序第 416 行初始化 board_info 结构，第 417 行设置结构的值为 0。程序第 419 行初始化 spin_lock，spin_lock 称做自旋锁，是内核中用于临界资源的一种结构。初始化自旋锁以后，程序分配网络适配器 I/O 地址寄存器、数据寄存器用到的内存，并且映射到内核空间。代码如下：

```
415  /* setup board info structure */
416  db = (struct board_info *) ndev->priv;
417  memset(db, 0, sizeof (*db));              // 初始化 board_info 结构为 0
418
419  spin_lock_init(&db->lock);                // 初始化 spin_lock
```

```
420
421   if (pdev->num_resources < 2) {          // 检查是否安装多个网络适配器
422     ret = -ENODEV;
423     goto out;
424   } else if (pdev->num_resources == 2) {
425     base = pdev->resource[0].start;
426
427     if (!request_mem_region(base, 4, ndev->name)) {
                                              // 分配网络适配器结构占用的内存
428       ret = -EBUSY;
429       goto out;
430     }
431
432     ndev->base_addr = base;               // 设置网络适配器 I/O 基址
433     ndev->irq = pdev->resource[1].start;// 设置网络适配器中断地址
434     db->io_addr = (void __iomem *)base; // 设置网络适配器地址寄存器基址
435     db->io_data = (void __iomem *)(base + 4);
                                              // 设置网络适配器数据寄存器基址
436
437   } else {
438     db->addr_res = platform_get_resource(pdev, IORESOURCE_MEM, 0);
                                              // 获取 I/O 地址
439     db->data_res = platform_get_resource(pdev, IORESOURCE_MEM, 1);
440     db->irq_res  = platform_get_resource(pdev, IORESOURCE_IRQ, 0);
                                              // 获取 IRQ 地址
441
442     if (db->addr_res == NULL || db->data_res == NULL ||
443         db->irq_res == NULL) {        // 检查网络适配器用到的内存地址是否有效
444       printk(KERN_ERR PFX "insufficient resources\n");
445       ret = -ENOENT;
446       goto out;
447     }
448
449     i = res_size(db->addr_res);       // 计算地址寄存器空间
450     db->addr_req = request_mem_region(db->addr_res->start, i,
451             pdev->name);              // 请求内存地址
452
453     if (db->addr_req == NULL) {       // 检查地址寄存器是否有效
454       printk(KERN_ERR PFX "cannot claim address reg area\n");
455       ret = -EIO;
456       goto out;
457     }
458
459     db->io_addr = ioremap(db->addr_res->start, i);
                                          // 映射网络适配器 I/O 地址
460
461     if (db->io_addr == NULL) {        // 检查网络适配器 I/O 地址是否有效
462       printk(KERN_ERR "failed to ioremap address reg\n");
463       ret = -EINVAL;
464       goto out;
465     }
466
467     iosize = res_size(db->data_res);// 计算数据寄存器地址空间
468     db->data_req = request_mem_region(db->data_res->start, iosize,
469             pdev->name);              // 请求内存地址
470
471     if (db->data_req == NULL) {       // 检查数据寄存器地址是否有效
472       printk(KERN_ERR PFX "cannot claim data reg area\n");
```

```
473       ret = -EIO;
474       goto out;
475     }
476
477     db->io_data = ioremap(db->data_res->start, iosize);
                                          // 映射网络适配器数据寄存器地址
478
479     if (db->io_data == NULL) {        // 检查 I/O 地址是否有效
480       printk(KERN_ERR "failed to ioremap data reg\n");
481       ret = -EINVAL;
482       goto out;
483     }
484
485     /* fill in parameters for net-dev structure */
                                          // 填充网络设备数据结构
486
487     ndev->base_addr = (unsigned long)db->io_addr;
                                          // 设置网络设备 I/O 地址
488     ndev->irq = db->irq_res->start; // 设置 IRQ
489
490     /* ensure at least we have a default set of IO routines */
491     dm9000_set_io(db, iosize);        // 设置 DM9000 寄存器地址
492   }
```

（3）检查是否需要继承系统提供的函数。初始化网络适配器数据结构后，需要设置网络设备用到的回调函数。代码如下：

```
494   /* check to see if anything is being over-ridden */
                                              // 检查是否有继承的数据
495   if (pdata != NULL) {
496     /* check to see if the driver wants to over-ride the
497      * default IO width */                // 检查是否继承默认 I/O 宽度
498
499     if (pdata->flags & DM9000_PLATF_8BITONLY)   // 8 位 I/O 位宽
500       dm9000_set_io(db, 1);
501
502     if (pdata->flags & DM9000_PLATF_16BITONLY)  // 16 位 I/O 位宽
503       dm9000_set_io(db, 2);
504
505     if (pdata->flags & DM9000_PLATF_32BITONLY)  // 32 位 I/O 位宽
506       dm9000_set_io(db, 4);
507
508     /* check to see if there are any IO routine
509      * over-rides */                            // 检查是否有继承的函数
510
511     if (pdata->inblk != NULL)                   // 入链路函数
512       db->inblk = pdata->inblk;
513
514     if (pdata->outblk != NULL)                  // 出链路
515       db->outblk = pdata->outblk;
516
517     if (pdata->dumpblk != NULL)                 // dump()函数
518       db->dumpblk = pdata->dumpblk;
519   }
```

（4）设置 DM9000 网络适配器芯片 ID。程序第 524 行的 for 循环从 DM9000 网络控制器的寄存器连续两次读取芯片 ID，这样做的是因为芯片的 Bug，第一次读取的芯片 ID 是

错误的，需要再读一次。读取芯片 ID 结束后，程序第 535 行验证芯片 ID 是否正确，如果不正确，跳转到 release 标签，清空分配的内存，然后退出函数。代码如下：

```
521   dm9000_reset(db);      // 复位 DM9000 网络控制芯片
522
523   /* try two times, DM9000 sometimes gets the first read wrong */
524   for (i = 0; i < 2; i++) { // 读取芯片 ID,需要读两次,这是芯片的一个 Bug
525     id_val  = ior(db, DM9000_VIDL);
526     id_val |= (u32)ior(db, DM9000_VIDH) << 8;
527     id_val |= (u32)ior(db, DM9000_PIDL) << 16;
528     id_val |= (u32)ior(db, DM9000_PIDH) << 24;
529
530     if (id_val == DM9000_ID)
531       break;
532     printk("%s: read wrong id 0x%08x\n", CARDNAME, id_val);
533   }
534
535   if (id_val != DM9000_ID) {    // 检查芯片 ID 是否正确
536     printk("%s: wrong id: 0x%08x\n", CARDNAME, id_val);
537     goto release;
538   }
```

（5）设置网络适配器用到的回调函数。程序第 543 行使用 ether_setup()函数设置了网卡的驱动描述结构，然后设置网卡打开、接收数据包、发送数据包超时处理的回调函数。代码如下：

```
540   /* from this point we assume that we have found a DM9000 */
541
542   /* driver system function */
543   ether_setup(ndev);                        // 初始化网络控制芯片内部结构
544
545   ndev->open      = &dm9000_open;           // 设置打开网卡驱动函数
546   ndev->hard_start_xmit    = &dm9000_start_xmit;// 设置发送数据包函数
547   ndev->tx_timeout         = &dm9000_timeout;     // 设置超时处理函数
548   ndev->watchdog_timeo = msecs_to_jiffies(watchdog);    // 设置超时时间
549   ndev->stop      = &dm9000_stop;                     // 设置停止网卡回调函数
550   ndev->get_stats     = &dm9000_get_stats;            // 设置获取网卡信息函数
551   ndev->set_multicast_list = &dm9000_hash_table;
552 #ifdef CONFIG_NET_POLL_CONTROLLER
553   ndev->poll_controller  = &dm9000_poll_controller;
554 #endif
```

（6）设置回调函数后，设置 MII 接口，MII 接口不是所有的处理器都支持，这里设置的目的是供支持 MII 接口的处理器使用。代码如下：

```
556 #ifdef DM9000_PROGRAM_EEPROM
557   program_eeprom(db);                           // 更新网络控制器内部 EEPROM
558 #endif
559   db->msg_enable       = NETIF_MSG_LINK;      // 设置 MII 接口
560   db->mii.phy_id_mask  = 0x1f;
561   db->mii.reg_num_mask = 0x1f;
562   db->mii.force_media  = 0;
563   db->mii.full_duplex  = 0;
564   db->mii.dev       = ndev;
565   db->mii.mdio_read    = dm9000_phy_read;   // MII 方式读函数
566   db->mii.mdio_write   = dm9000_phy_write;  // MII 方式写函数
```

```
567
568   /* Read SROM content */
569   for (i = 0; i < 64; i++)              // 读取 EEPROM 内容,每次读 16b
570     ((u16 *) db->srom)[i] = read_srom_word(db, i);
571
572   /* Set Node Address */
573   for (i = 0; i < 6; i++)               // EEPROM 的前 6 个字节是 MAC 地址,
                                              存放到 board_info 结构内
574     ndev->dev_addr[i] = db->srom[i];
575
576   if (!is_valid_ether_addr(ndev->dev_addr)) {   // 验证 MAC 地址是否合法
577     /* try reading from mac */
578
579     for (i = 0; i < 6; i++)             // 如果是不合法地址,则从 DM9000 内
                                              部寄存器中重新读取 MAC 地址
580       ndev->dev_addr[i] = ior(db, i+DM9000_PAR);
581   }
582
583   if (!is_valid_ether_addr(ndev->dev_addr))    // 再次验证 MAC 地址
584     printk("%s: Invalid ethernet MAC address.  Please "
585            "set using ifconfig\n", ndev->name);
586
587   platform_set_drvdata(pdev, ndev);
588   ret = register_netdev(ndev);                  // 注册网络设备驱动
589
590   if (ret == 0) {                               // 打印网卡驱动信息
591     printk("%s: dm9000 at %p,%p IRQ %d MAC: ",
592            ndev->name,  db->io_addr, db->io_data, ndev->irq);
593     for (i = 0; i < 5; i++)
594       printk("%02x:", ndev->dev_addr[i]);
595     printk("%02x\n", ndev->dev_addr[5]);
596   }
597   return 0;
```

第 569 行读取 EEPROM 的内容到 board_info 结构，每次读取 16b 数据。读取结束后，第 573 行读取 EEPROM 的前 6 个字节，该处存放了网卡的 MAC 地址。读取 MAC 地址后，使用 is_valid_ether_addr()函数验证 MAC 地址是否正确。如果不正确，则从 DM9000 网络控制器的寄存器中重新读取 MAC 地址，然后再次比较，如果 MAC 地址还是错误，提示用户使用 ifconfig 命令设置 MAC 地址。

验证 MAC 地址结束后，程序第 588 行使用 register_netdev()函数注册网络驱动到内核。如果注册成功，则打印网卡的基本信息。

（7）出错处理。函数的最后是出错处理，使用 release 和 out 标号标记，对应不同的处理流程。函数在执行过程中，可以使用 goto 语句直接跳转到出错处理代码。出错处理的主要功能是释放网络适配器用到的数据结构，然后返回出错值。代码如下：

```
599 release:
600 out:
601  printk("%s: not found (%d).\n", CARDNAME, ret);
602
603  dm9000_release_board(pdev, db);
604  kfree(ndev);
605
606  return ret;
607 }
```

23.6.5　停止和启动网卡

停止网卡是用户使用 ifdown 命令设置网卡暂时停止，用户的命令通过系统调用最终会调用网卡驱动的停止函数，对于 DM9000 网卡驱动来说是 dm9000_stop()函数：

```
743 static void
744 dm9000_shutdown(struct net_device *dev)
745 {
746   board_info_t *db = (board_info_t *) dev->priv;
747
748   /* RESET device */
749   dm9000_phy_write(dev, 0, MII_BMCR, BMCR_RESET); /* PHY RESET */
                                                       // 重启 PHY
750   iow(db, DM9000_GPR, 0x01);  /* Power-Down PHY */  // 关闭 PHY
751   iow(db, DM9000_IMR, IMR_PAR); /* Disable all interrupt */
                                                       // 屏蔽所有中断
752   iow(db, DM9000_RCR, 0x00);  /* Disable RX */      // 停止接收数据包
753 }
754
755 /*
756  * Stop the interface.
757  * The interface is stopped when it is brought.
758  */
759 static int
760 dm9000_stop(struct net_device *ndev)
761 {
762   board_info_t *db = (board_info_t *) ndev->priv;
763
764   PRINTK1("entering %s\n",__FUNCTION__);
765
766   /* deleted timer */
767   del_timer(&db->timer);                          // 删除定时器
768
769   netif_stop_queue(ndev);                         // 停止数据包发送队列
770   netif_carrier_off(ndev);
771
772   /* free interrupt */
773   free_irq(ndev->irq, ndev);                      // 释放所有中断请求
774
775   dm9000_shutdown(ndev);
776
777   return 0;
778 }
```

函数首先删除网络驱动的定时器，然后停止数据包发送队列工作、释放中断请求，最后调用 dm9000_shutdown()函数。dm9000_shutdown()函数的作用是重启设备，然后通过设置网络控制器的控制寄存器关闭芯片的部分电源和中断，并且停止接收数据包。

与关闭网卡相反，用户使用 ifup 命令可以启动一个网卡，内核会调用一个网卡的启动函数。DM9000 网卡的 dm9000_open()函数供内核在启动网卡时调用。函数定义如下：

```
609 /*
610  *  Open the interface.
611  *  The interface is opened whenever "ifconfig" actives it.
612  */
```

```
613 static int
614 dm9000_open(struct net_device *dev)
615 {
616   board_info_t *db = (board_info_t *) dev->priv;
617
618   PRINTK2("entering dm9000_open\n");
619
620   if (request_irq(dev->irq, &dm9000_interrupt, IRQF_SHARED, dev->name,
      dev))                                       // 申请 IRQ
621     return -EAGAIN;
622
623   /* Initialize DM9000 board */
624   dm9000_reset(db);                           // 重启网络控制芯片
625   dm9000_init_dm9000(dev);                    // 初始化网络控制芯片
626
627   /* Init driver variable */
628   db->dbug_cnt = 0;
629
630   /* set and active a timer process */
631   init_timer(&db->timer);                     // 初始化定时器
632   db->timer.expires  = DM9000_TIMER_WUT;      // 设置超时值
633   db->timer.data     = (unsigned long) dev;
634   db->timer.function = &dm9000_timer;         // 设置超时处理函数
635   add_timer(&db->timer);                      // 添加定时器
636
637   mii_check_media(&db->mii, netif_msg_link(db), 1);// 检查 MII 接口
638   netif_start_queue(dev);                     // 启动包发送队列
639
640   return 0;
641 }
```

程序第 620 行使用 request_irq()函数申请中断请求，然后在第 624 行重启网络控制芯片，然后调用 dm9000_init_dm9000()函数初始化网络控制芯片。网络控制芯片设置完毕后，程序第 631 行初始化定时器，然后设置定时器超时值，添加定时器超时处理函数。程序第 637 行检查 MII 接口，然后调用 netif_start_queue()函数启动包发送队列。

23.6.6　发送数据包

网卡驱动程序需要向内核提供两个发送数据包的回调函数，一个用于发送数据包，另一个用于数据包发送完毕后的处理。DM9000 向内核提供 dm9000_start_xmit()函数用于发送数据包，定义如下：

```
684 /*
685  *  Hardware start transmission.
686  *  Send a packet to media from the upper layer.
687  */
688 static int
689 dm9000_start_xmit(struct sk_buff *skb, struct net_device *dev)
690 {
691   board_info_t *db = (board_info_t *) dev->priv;
692
693   PRINTK3("dm9000_start_xmit\n");
694
695   if (db->tx_pkt_cnt > 1)
696     return 1;
```

```
697
698   netif_stop_queue(dev);                 // 停止接收队列
699
700   /* Disable all interrupts */
701   iow(db, DM9000_IMR, IMR_PAR);          // 关闭所有中断
702
703   /* Move data to DM9000 TX RAM */
704   writeb(DM9000_MWCMD, db->io_addr);         // 设置网卡控制器的控制寄存器
705
706   (db->outblk)(db->io_data, skb->data, skb->len);
                                         //复制 sk_buff 的数据到网卡控制器的 SRAM
707   db->stats.tx_bytes += skb->len;    // 发送字节数统计加上当前数据包长度
708
709   /* TX control: First packet immediately send, second packet queue */
710   if (db->tx_pkt_cnt == 0) {             // 判断是否第一次发送数据包
711
712     /* First Packet */
713     db->tx_pkt_cnt++;                    // 发送数据包总数加 1
714
715     /* Set TX length to DM9000 */
716     iow(db, DM9000_TXPLL, skb->len & 0xff);
                                           // 设置 DM9000 的发送数据长度寄存器
717     iow(db, DM9000_TXPLH, (skb->len >> 8) & 0xff);
718
719     /* Issue TX polling command */
720     iow(db, DM9000_TCR, TCR_TXREQ); /* Cleared after TX complete */
                                           // 设定发送请求
721
722     dev->trans_start = jiffies; /* save the time stamp */
                                           // 写入发送数据包的时间戳
723
724   } else {
725     /* Second packet */
726     db->tx_pkt_cnt++;
727     db->queue_pkt_len = skb->len;
728   }
729
730   /* free this SKB */
731   dev_kfree_skb(skb);                  // 释放数据包缓存
732
733   /* Re-enable resource check */
734   if (db->tx_pkt_cnt == 1)             // 检查第一个包是否发送完毕
735     netif_wake_queue(dev);             // 如果发送完毕可以重启接收队列
736
737   /* Re-enable interrupt */
738   iow(db, DM9000_IMR, IMR_PAR | IMR_PTM | IMR_PRM);
      // 打开 DM9000 中断,如果此时数据包成功发送,会收到 DM9000 发送的中断,转到驱
         动的中断处理函数进行处理
739
740   return 0;
741 }
```

发送数据包的流程，需要考虑到内核数据包队列和中断控制器。程序第 698 行首先使用 netif_stop_queue()函数停止接收队列，该队列是内核与网卡驱动之间的数据包队列，内核把发送的数据包放到队列中，网卡驱动从队列中取出数据包进行发送。关闭队列后，程序第 701 行操作 DM9000 的控制寄存器，关闭中断请求，目的是防止在发送数据包的过程

中被打断，因为内核的代码都是可重入的，这点请读者注意。程序第 704 行设置 DM9000 的控制寄存器通知 DM9000 开始内存复制，然后程序第 706 行把要发送的数据包 sk_buff 中的内容复制到 DM9000 内部的 SRAM。程序第 707 行更新网卡发送字节统计。

程序第 709 行开始进入发送数据包流程，首先通过 tx_pkt_cnt 变量判断是否发送第一个数据包，DM9000 的驱动设计第一个数据包可以被发送，第二个数据包通过 dm9000_tx_done()函数发送。如果发送的是第一数据包，则程序第 713 行把发送数据包个数加 1。程序第 716 行设置 DM9000 控制寄存器，通知发送数据包长度，然后第 720 行向 DM9000 写入发送命令。设置发送数据包后，可以认为数据包已经发送出去，而发送的状态需要通过中断得到。接下来，程序第 731 行释放已发送数据包的 sk_buff，然后检查 tx_pkt_cnt，判断数据包是否已经发送。如果数据包已经发送，则通过 netif_wake_queue()函数重新开启接收队列。

最后，在程序第 738 行写入 DM9000 的命令打开中断响应，如果数据包已经发送，驱动程序会收到 DM9000 控制器发送的中断。

数据包发送完毕后，内核会调用后续的处理函数，DM9000 驱动程序提供了 dm9000_tx_done()函数，定义如下：

```
780 /*
781  * DM9000 interrupt handler
782  * receive the packet to upper layer, free the transmitted packet
783  */
784
785 static void
786 dm9000_tx_done(struct net_device *dev, board_info_t * db)
787 {
788   int tx_status = ior(db, DM9000_NSR);  /* Got TX status */
789
790   if (tx_status & (NSR_TX2END | NSR_TX1END)) {
                                              // 判断是否已经有一个数据包发送完毕
791     /* One packet sent complete */
792     db->tx_pkt_cnt--;
793     db->stats.tx_packets++;
794
795     /* Queue packet check & send */
796     if (db->tx_pkt_cnt > 0) {         // 判断缓冲区是否有未发送的数据包
797       iow(db, DM9000_TXPLL, db->queue_pkt_len & 0xff);
                                              // 设置发送数据包长度
798       iow(db, DM9000_TXPLH, (db->queue_pkt_len >> 8) & 0xff);
799       iow(db, DM9000_TCR, TCR_TXREQ);// 启动数据包发送
800       dev->trans_start = jiffies;
801     }
802     netif_wake_queue(dev);            // 通知内核开启接收队列
803   }
804 }
```

程序第 790 行首先判断是否已经有一个数据包被成功发送，如果已经有数据包成功发送，则进入第二个数据包处理。程序第 796 行判断缓冲区是否有未发送的数据包，如果有，则通知 DM9000 控制器数据包的长度，然后写入命令发送数据包。数据包发送完毕后，程序第 802 行开启内核接收数据包队列。

23.6.7 接收数据包

DM9000 向内核提供了 dm9000_rx()函数，在内核收到 DM9000 网络控制器的接收数据包中断后被内核调用。dm9000_rx()函数使用了一个自定义的 dm9000_rxhdr 结构，该结构与 DM9000 网络控制器提供的数据包接收信息对应。dm9000_rx()函数定义如下：

```
884 struct dm9000_rxhdr {
885  u16 RxStatus;
886  u16 RxLen;
887 } __attribute__((__packed__));
888
889 /*
890  *  Received a packet and pass to upper layer
891  */
892 static void
893 dm9000_rx(struct net_device *dev)
894 {
895  board_info_t *db = (board_info_t *) dev->priv;
896  struct dm9000_rxhdr rxhdr;
897  struct sk_buff *skb;
898  u8 rxbyte, *rdptr;
899  int GoodPacket;
900  int RxLen;
901
902  /* Check packet ready or not */
903  do {
904    ior(db, DM9000_MRCMDX); /* Dummy read */
905
906    /* Get most updated data */
907    rxbyte = readb(db->io_data);                        // 读取网络控制器状态
908
909    /* Status check: this byte must be 0 or 1 */
910    if (rxbyte > DM9000_PKT_RDY) {                      // 判断状态是否正确
911      printk("status check failed: %d\n", rxbyte);
912      iow(db, DM9000_RCR, 0x00);  /* Stop Device */  // 停止网络控制器
913      iow(db, DM9000_ISR, IMR_PAR); /* Stop INT request */
                                                       // 停止中断请求
914      return;
915    }
916
917    if (rxbyte != DM9000_PKT_RDY)
918      return;
919
920    /* A packet ready now  & Get status/length */
921    GoodPacket = TRUE;
922    writeb(DM9000_MRCMD, db->io_addr);      // 向控制器发起读命令
923
924    (db->inblk)(db->io_data, &rxhdr, sizeof(rxhdr));   // 读取包头
925
926    RxLen = rxhdr.RxLen;                    // 读取数据包长度
927
928    /* Packet Status check */
929    if (RxLen < 0x40) {                     // 判断数据包是否小于 64 字节
930      GoodPacket = FALSE;
931      PRINTK1("Bad Packet received (runt)\n");
932    }
```

```
933
934     if (RxLen > DM9000_PKT_MAX) {          // 判断数据包是否超过 1536 字节
935       PRINTK1("RST: RX Len:%x\n", RxLen);
936     }
937
938     if (rxhdr.RxStatus & 0xbf00) {         // 检查接收状态是否出错
939       GoodPacket = FALSE;
940       if (rxhdr.RxStatus & 0x100) {        // FIFO 错误
941         PRINTK1("fifo error\n");
942         db->stats.rx_fifo_errors++;
943       }
944       if (rxhdr.RxStatus & 0x200) {        // CRC 错误
945         PRINTK1("crc error\n");
946         db->stats.rx_crc_errors++;
947       }
948       if (rxhdr.RxStatus & 0x8000) {       // 包长度错误
949         PRINTK1("length error\n");
950         db->stats.rx_length_errors++;
951       }
952     }
953
954     /* Move data from DM9000 */
955     if (GoodPacket
956         && ((skb = dev_alloc_skb(RxLen + 4)) != NULL)) {// 分配 sk_buff
957       skb->dev = dev;
958       skb_reserve(skb, 2);
959       rdptr = (u8 *) skb_put(skb, RxLen - 4);
960
961       /* Read received packet from RX SRAM */
962
963       (db->inblk)(db->io_data, rdptr, RxLen)
                                   // 把数据包从 DM9000 控制器复制到 sk_buff;
964       db->stats.rx_bytes += RxLen;         // 更新接收字节数
965
966       /* Pass to upper layer */
967       skb->protocol = eth_type_trans(skb, dev);
968       netif_rx(skb);                       // 通知上层协议栈有数据包收到
969       db->stats.rx_packets++;              // 更新包计数器
970
971     } else {
972       /* need to dump the packet's data */
973
974       (db->dumpblk)(db->io_data, RxLen);
975     }
976   } while (rxbyte == DM9000_PKT_RDY);    // 判断网络控制器处于准备好状态
977 }
```

程序第 885 行 dm9000_rxhdr 结构的 RxStatus 成员变量存放接收数据包的状态，RxLen 存放接收到的数据包长度。dm9000_rx()函数内部是一个大的 do…while{}循环，从程序第 903 行开始，首先在第 907 行获取网络控制器状态，在第 910 行判断网络控制器状态是否正确。如果网络控制器状态不正确，则停止网络控制器，并且屏蔽中断请求。

如果网络控制器处于“准备好”的状态，第 922 行向网络控制器发起读数据包命令。程序第 924 行读取数据包头，然后取出包长。第 929 行判断数据包长度是否小于 64 字节，因为以太网协议规定，小于 64 字节的数据包是错误的。程序第 934 行还判断了数据包长度是否超过 1536 字节，以太网规定的最大包长度是 1500 字节，这里判断包长度是否超过 1536

字节，是因为每种以太网控制器都会加入一些控制信息，导致提交给驱动程序的数据包长度可能会超过 1500 字节，具体请参考网络控制器的用户手册。

检查完数据包长度后，程序第 938 行进入一个 if 条件语句块，检查接收状态是否正确，检查的项目包括数据包接收 FIFO 错误、CRC 错误等。数据包检查完毕后，可以确定是一个合法的数据包，正式开始接收数据包内容。

在从网络控制器接收数据包内容之前，程序首先在第 956 行使用 dev_alloc_skb()函数分配了一个 sk_buff 缓冲区，用于存放数据包。第 963 行把数据包从网络控制器的 SRAM 复制到 sk_buff，第 964 行更新了字节计数器。新的数据包收到后，就可以通知上层协议栈处理了，程序第 967 行使用 eth_type_trans()函数把数据包丢给协议栈，然后更新包计数器。

23.6.8　中断和定时器处理

网络设备驱动需要提供中断处理函数和定时处理函数供内核使用。中断处理函数当网络控制器向 CPU 发出中断后，由内核中断处理函数调用。定时器处理函数是由内核的一个定时器周期地调用。DM9000 网卡驱动设计了 dm9000_interrupt()函数响应网络控制器发送的中断请求，定义如下：

```
806 static irqreturn_t
807 dm9000_interrupt(int irq, void *dev_id, struct pt_regs *regs)
808 {
809   struct net_device *dev = dev_id;
810   board_info_t *db;
811   int int_status;
812   u8 reg_save;
813
814   PRINTK3("entering %s\n",__FUNCTION__);
815
816   if (!dev) {                          // 检查网络设备是否存在
817     PRINTK1("dm9000_interrupt() without DEVICE arg\n");
818     return IRQ_HANDLED;
819   }
820
821   /* A real interrupt coming */
822   db = (board_info_t *) dev->priv;
823   spin_lock(&db->lock);                // 对临界资源加锁
824
825   /* Save previous register address */
826   reg_save = readb(db->io_addr);       // 保存当前中断寄存器的值
827
828   /* Disable all interrupts */
829   iow(db, DM9000_IMR, IMR_PAR);        // 关闭所有中断请求
830
831   /* Got DM9000 interrupt status */
832   int_status = ior(db, DM9000_ISR); /* Got ISR */   // 获取 ISR
833   iow(db, DM9000_ISR, int_status);  /* Clear ISR status */
                                       // 清空 ISR 状态
834
835   /* Received the coming packet */
836   if (int_status & ISR_PRS)            // 判断是否收到数据包中断
837     dm9000_rx(dev);                    // 调用接收数据包函数处理
```

```
838
839   /* Trnasmit Interrupt check */
840   if (int_status & ISR_PTS)          // 判断是否发送数据包中断
841     dm9000_tx_done(dev, db);         // 调用发送数据包函数处理
842
843   /* Re-enable interrupt mask */
844   iow(db, DM9000_IMR, IMR_PAR | IMR_PTM | IMR_PRM);     // 打开中断请求
845
846   /* Restore previous register address */
847   writeb(reg_save, db->io_addr);    // 恢复中断处理前中断寄存器的值
848
849   spin_unlock(&db->lock);           // 对临界资源解锁
850
851   return IRQ_HANDLED;
852 }
```

DM9000 的中断处理函数只处理网络控制器发送的接收数据包和发送数据包请求。进入函数后，首先在第 816 行检查内核传入的网络设备句柄是否合法，如果不合法则直接退出函数。如果是合法的网络设备句柄，在第 823 行对网络设备加锁，防止其他例程处理。然后在第 826 行取出当前中断寄存器的值保存，在第 829 行关闭中断请求，在第 832 行处理 DM9000 的 ISR。

前面的工作都是建立中断处理的环境，接下来在程序第 836 行判断是否接收到数据包中断，如果是则调用 dm9000_rx()函数接收数据包。程序第 840 行判断是否发送数据包中断，如果是则调用 dm9000_tx_done()函数进行处理。

处理完所有的中断以后，程序第 844 行重新打开中断请求，然后在第 847 行恢复中断处理之前中断寄存器的值。最后在第 849 行对临界资源解锁，整个中断处理流程结束。

DM9000 的定时器函数 dm9000_timer()周期地检查 MII 接口，定义如下：

```
865 /*
866  *  A periodic timer routine
867  *  Dynamic media sense, allocated Rx buffer...
868  */
869 static void
870 dm9000_timer(unsigned long data)
871 {
872   struct net_device *dev = (struct net_device *) data;
873   board_info_t *db = (board_info_t *) dev->priv;
874
875   PRINTK3("dm9000_timer()\n");
876
877   mii_check_media(&db->mii, netif_msg_link(db), 0);     // 检查 MII 接口
878
879   /* Set timer again */
880   db->timer.expires = DM9000_TIMER_WUT;                  // 重新设置超时值
881   add_timer(&db->timer);                                 // 重新设置定时器
882 }
```

定时器处理函数比较简单，在程序第 877 行调用 mii_check_media()函数检查 MII 接口，然后第 880 行重新设置超时值，最后调用 add_timer()函数重新设置定时器。重新设置定时器是因为进入定时器响应函数后定时会被内核删除，需要重新设置。

23.7　小　　结

在网络通信中，计算机通过网卡（包括网络控制器和网络接口）与其他网络节点通信。由于不同的网络有不同的协议，网卡的设计不仅需要兼顾到网络上数据包的处理，还涉及主机网络协议栈的接口。网卡驱动在 Linux 内核是一类复杂的设备驱动，读者在学习网卡设备驱动的时候要立足从网络协议入手，在了解了网络协议和内核协议栈工作流程后，学习网卡驱动编写会比较容易入手。

第 24 章　Flash 设备驱动

Flash 存储器是近几年来发展最快的存储设备，通常也称做闪存。Flash 属于 EEPROM（电可擦除可编程只读存储器），是一类存取速度很高的存储器。它既有 ROM 断电可保存数据的特点，又有易于擦写的特点。Flash 可以在断电的情况下长期保存信息，因此被广泛地应用在 PC 的 BIOS 和嵌入式系统的存储设备中。本章的主要内容如下：

- Flash 存储器的硬件结构和存储原理；
- Linux 内核 MTD 设备支持；
- Flash 编程框架；
- Flash 驱动实例。

24.1　Linux Flash 驱动结构

Linux 内核对 Flash 存储器有很好的支持。内核设计了一个 MTD（Memory Technology Device, 内存技术设备）结构支持 Flash 设备，用户只需要按照 MTD 的要求设置 Flash 设备的参数并且提供驱动，就可以让 Flash 设备很好地工作。本节将介绍内核 MTD 的系统结构。

24.1.1　什么是 MTD

MTD 是 Linux 内核为支持闪存设备的一个驱动中间层。对内核其他部分来说，MTD 屏蔽了闪存设备的细节；对于闪存设备驱动来说，只需要向 MTD 中间层提供接口就可以向内核提供闪存设备支持。Linux 内核提供了一些与 MTD 相关的术语，解释如下。

- JEDEC：Joint Electron Device Engineering Council，电子电器设备联合会。该组织指定了一类闪存的规范。
- CFI：Common Flash Interface，通用闪存接口，是 Intel 公司发起的一个 Flash 接口标准。
- OOB：Out of band，带外数据。某些闪存设备支持带外数据，如一个 NAND Flash 存储器每 512 字节的块有一个 16 字节的额外数据，用来存放纠错信息和校验数据。
- ECC：Error Correction Code，错误纠正码。所有的 Flash 存储器都有位交换的现象，就是说可能写入的是二进制 1，而读出的是二进制 0，造成数据错误，采用 ECC 校验码可以纠正错误的位。ECC 需要硬件或软件的算法支持。
- EraseSize：擦除一个闪存块的尺寸。
- BusWidth：MTD 设备的总线宽度。
- NAND：一种存储技术，请参考 24.2 节。

- NOR：一种存储技术，请参考 24.2 节。

24.1.2　MTD 系统结构

Linux 内核 MTD 设备相关代码在 drivers/mtd 目录下，设计 MTD 的目的是让新的闪存设备使用更简单。MTD 设备可以分为 4 层，如图 24-1 所示。

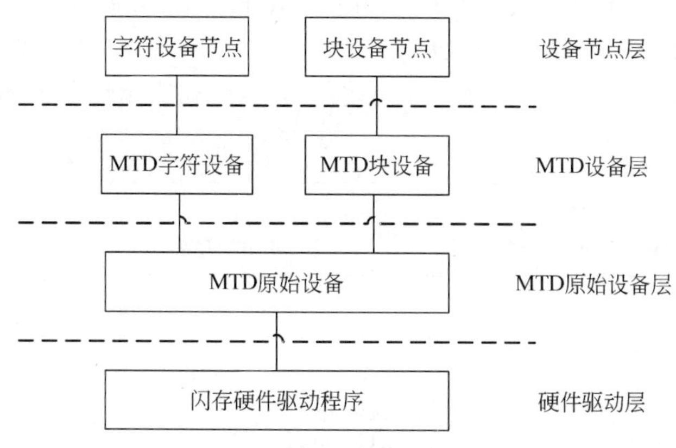

图 24-1　Linux 内核 MTD 层次结构

从图 24-1 中可以看出，内核 MTD 从上到下可以分成设备节点、MTD 设备层、MTD 原始设备层和硬件驱动层。在内核中，文件系统和根文件系统都可以建立在 MTD 基础上。下面将介绍各层的功能。

1．设备节点层

通过 mknod 命令可以在/dev 目录下建立 MTD 字符设备节点（主设备号 90）和 MTD 块节点（主设备号 31），通过设备节点可以访问 MTD 字符设备和块设备。

2．MTD 设备层

MTD 设备层基于 MTD 原始设备，向上一层提供文件操作函数，如 lseek()、open()、close()、read()、write()等。MTD 块设备定义了一个描述 MTD 块设备的结构 mtdblk_dev，并且声明了一个 mtdblks 数据用于存放系统所有注册的 MTD 块设备。MTD 设备层代码存放在 drivers/mtd/mtd_blkdevs.c 和 drivers/mtd/mtdchar.c 文件内。

3．MTD 原始设备层

MTD 原始设备层由两部分组成，一部分包括 MTD 原始设备的通用代码，另一部分包括特定的 Flash 数据，如闪存分区等。MTD 原始设备的 mtd_info 结构描述定义了有关 MTD 的大量数据和操作函数。

drivers/mtd/mtd_core.c 文件定义了 mtd_table 全局变量作为 MTD 原始设备列表，drivers/mtd/mtd_part.c 文件定义了 mtd_part 全局变量作为 MTD 原始设备分区结构，其中包含 mtd_info 结构。在内核中每个 MTD 分区都被当做一个 MTD 原始设备加入 mtd_table 中进行处理。

drivers/mtd/maps 目录存放的是特定的闪存数据，该目录下每个文件都对应一种类型开发板上的闪存。通过调用内核提供的 add_mtd_device()函数可以建立一个 mtd_info 结构并加入到 mtd_table 中，通过 del_mtd_device()函数可以从 mtd_table 中删除一个闪存设备。

4．硬件驱动层

硬件驱动层负责在系统初始化的时候驱动闪存硬件。Linux 内核 MTD 设备中，NOR Flash 设备遵守 CFI 结构标准，驱动代码存放在 drivers/mtd/chips 目录下。NAND Flash 设备驱动代码存放在 drivers/mtd/nand 目录下。

Linux 内核 MTD 技术中，比较难理解的是设备层和原始设备层的关系，如图 24-2 所示。

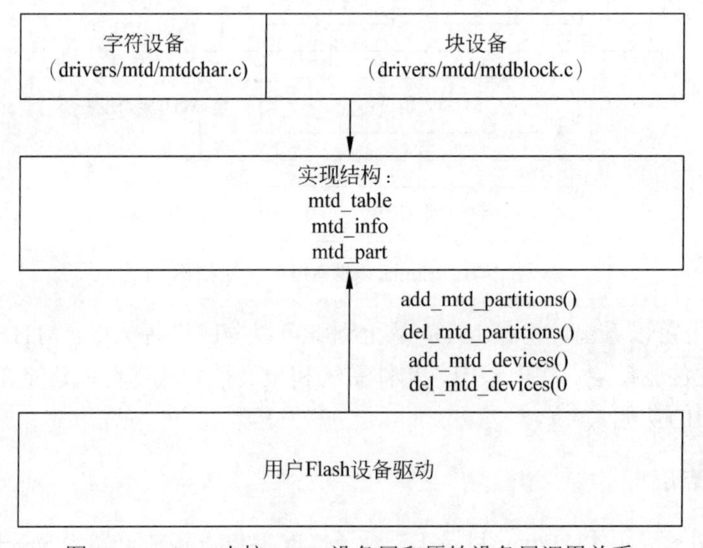

图 24-2　Linux 内核 MTD 设备层和原始设备层调用关系

一个 MTD 原始设备可以通过 mtd_part 结构被分成多个 MTD 原始设备，然后注册到 mtd_table 中。mtd_table 列表中，每个 MTD 原始设备都可以注册为一个 MTD 设备。其中，字符设备的主设备号是 90，次设备号奇数是只读设备，偶数是可读写设备；块设备的主设备号是 31，次设备号为连续的自然数。

24.2　Flash 设备基础

NAND 和 NOR 是两种不同的 Flash 存储技术，它们各有不同，适合不同的工作范围。编写一个闪存设备的驱动不仅需要了解 MTD 的结构，还需要知道闪存设备的硬件原理。本节将介绍两种不同的闪存工作原理，并且比较它们之间的异同。

24.2.1　存储原理

NAND 和 NOR 闪存都使用三端器件作为存储单元，学过模拟电子技术的读者可能了解一种叫做场效应管的器件，与此原理类似。三端器件分别有源极、漏极和栅极，栅极利用电场效应控制源极与漏极之间的通断。有的三端器件采用了单个栅极，有的是双栅极，如图 24-3 所示。

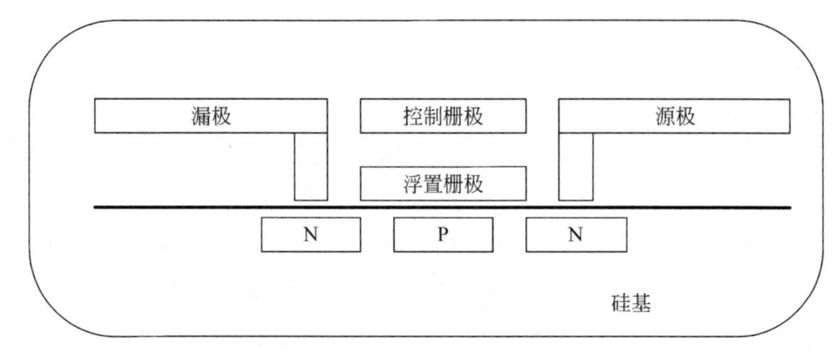

图 24-3　三端场效应器件存储原理

从图 24-3 中可以看出，三端器件的底部是一个硅基，用来存放硅材料。浮置栅极是由氮化物夹在两层二氧化硅中间构成的，中间的氮化物可以存储电荷，达到存储数据的目的。

程序向数据单元写入数据的过程就是向浮置栅极中间注入电荷的过程。从物理角度看，写入数据有热电子注入（Hot Electron Injection）和 F-N 隧道效应（Fowler Nordheim Tunneling）。这两种技术的区别是，一种通过源极给浮置栅极充电，另一种通过硅基给浮置栅极充电。通常 NOR Flash 使用热电子注入方式，而 NAND Flash 使用 F-N 隧道效应充电。

Flash 存储器在写入数据前必须把数据擦除，从物理角度看就是把浮置栅极的电荷释放掉。两种 Flash 都是通过 F-N 隧道效应放电。

对于程序来说，向浮置栅极注入电荷表示写入了二进制数据 0，没有注入电荷表示二进制 1。因此，擦除 Flash 数据是写 1，而不是写 0，这点与传统的存储设备不同。

NOR 和 NAND Flash 具有相同的存储单元，工作原理也相同。每次按照一定大小的块读取数据会降低存取时间，NAND Flash 只能按照串行读取数据，而 NOR Flash 可以按照块读取数据。为了读取数据，必须对存储单元进行编址。NAND Flash 把存储单元分成若干块，每个块又可以分成页，每个页是 512 字节大小。NOR Flash 的地址线是并联方式的，因此 NOR 可以使用直接寻址方式存取数据。

24.2.2　性能比较

NOR Flash 技术最早是由 Intel 公司研发出来的，紧接着东芝公司研发出了 NAND Flash 技术。NOR 闪存的特点是支持片内执行（Execute In Place），应用程序不必加载到 RAM 就可以直接运行，简化了软件开发。NOR 闪存的读取速率非常高，但是容量通常不大，因为容量大成本就会显著增大。此外，NOR 闪存的写入和擦除速度非常慢，不利于大量数据存储。

NAND Flash 的特点是存储密度高，写入和擦除速度都比 NOR Flash 快，适合大数据量存储。但是，NAND Flash 需要特殊的存储电路控制，并且空的或者已经擦除的单元才能写入数据，所以必须在写入数据之前先擦除块。

NAND 的擦除是比较简单的，而 NOR 需要在擦除块之前把所有的数据都写为 0。NOR 按照 64KB～128KB 为一块擦除，平均时间在 5s 左右。而 NAND 以 8KB～32KB 为单位擦除，时间在 4ms 左右。从两种闪存擦除速度的对比可以得到选择两种器件的因素如下：

- NAND 的写入速度高于 NOR；

- NOR 的读速度高于 NAND；
- NAND 的擦除速度远高于 NOR；
- NAND 的擦除单元小，因此需要的擦除电路也会减小。

除了上述几点外，还需要考虑到 NAND 和 NOR 的接口。NOR Flash 存储器带有 SRAM 接口，有足够多的引脚用来寻址，可以读取内部每个字节。而 NAND Flash 存储器是串行的读取数据，需要复杂的 I/O 电路，只能有 8 个引脚用来传输数据、地址和控制信息。从接口特点看，NAND 通常的读写单位是 512 字节的块，更适合替代硬盘之类的块存储设备。

NAND Flash 的单元尺寸比 NOR 器件小了一倍，同样的芯片面积可以提供高于 NOR 一倍的容量，因此降低了成本，价格也随之降低。因此 NAND 更适合存储数据，而 NOR 适合存储代码。NAND 存储器的擦写次数通常在 100 万次左右，而 NOR 只有 10 万次左右。

所有的闪存都存在位交换的问题。位交换是指存储器内的数据某一位或者几位读出的数据和写入的数据不同，如写入的数据是 1 而读出的是 0。发生位交换可能是读出不正确，只需要重读几次就可以了，也可能是真的有问题，需要采取必要的纠错算法，如 ECC 进行纠正。因此在闪存控制器中需要提供必要的硬件纠错电路。

NAND 闪存存在坏块的问题。反复擦写的块可能导致损坏，称为坏块，因此 NAND 的坏块是随机分布的。NAND 的接口还有坏块问题，导致 NAND 的使用要复杂得多，需要额外的控制电路辅助。在使用 NAND 之前需要做坏块扫描，发现坏块后要标记为不可用。

24.3　内核 MTD 层

由于 NOR 和 NAND Flash 的物理特性差异，Linux 内核设计了 MTD 层用于管理两种不同类型的 Flash 设备。MTD 层对内核空间其他部分屏蔽了 Flash 的差异，有几个比较重要的数据结构，在设计闪存驱动的时候需要了解，本节将以 Linux 内核 2.6.18 版本为例介绍。

24.3.1　mtd_info 结构

mtd_info 结构是 MTD 原始设备层的一个重要结构，该结构定义了大量的关于 MTD 的数据和操作，定义在 include/linux/mtd/mtd.h 头文件中。mtd_info 结构成员主要由数据成员和操作函数两部分组成。

- mtd_info 结构数据成员定义如下：

```
102 struct mtd_info {
103   u_char type;                          // MTD 类型
104   u_int32_t flags;                      // 标志位
105   u_int32_t size;                       // MTD 设备总大小
106 
107   /* "Major" erase size for the device. Na茂ve users may take this
108    * to be the only erase size available, or may use the more detailed
109    * information below if they desire
110    */
111   u_int32_t erasesize;                  // 主要的擦除块大小
112   /* Minimal writable flash unit size. In case of NOR flash it is 1 (even
113    * though individual bits can be cleared), in case of NAND flash it is
```

```
114     * one NAND page (or half, or one-fourths of it), in case of ECC-ed NOR
115     * it is of ECC block size, etc. It is illegal to have writesize = 0.
116     * Any driver registering a struct mtd_info must ensure a writesize of
117     * 1 or larger.
118     */
119    u_int32_t writesize;              // 写入块大小
120
121    u_int32_t oobsize;                // 每个数据块 OOB(带外)数据的大小
122    u_int32_t ecctype;                // ECC 类型
123    u_int32_t eccsize;                // ECC 工作范围
124
125    /*
126     * Reuse some of the above unused fields in the case of NOR flash
127     * with configurable programming regions to avoid modifying the
128     * user visible structure layout/size.  Only valid when the
129     * MTD_PROGRAM_REGIONS flag is set.
130     * (Maybe we should have an union for those?)
131     */
132 #define MTD_PROGREGION_CTRLMODE_VALID(mtd)   (mtd)->oobsize
133 #define MTD_PROGREGION_CTRLMODE_INVALID(mtd)   (mtd)->ecctype
134
135    // Kernel-only stuff starts here      .
136    char *name;                                      // MTD 设备名称
137    int index;                                       // 索引
138
139    /* ecc layout structure pointer - read only ! */
140    struct nand_ecclayout *ecclayout;                // ECC 工作布局
141
142    /* Data for variable erase regions. If numeraseregions is zero,
143     * it means that the whole device has erasesize as given above.
144     */
145    int numeraseregions;
146    struct mtd_erase_region_info *eraseregions;   // 擦写块布局
147
148    /* This really shouldn't be here. It can go away in 2.5 */
149    u_int32_t bank_size;
```

程序第 103 行 type 成员表示底层物理设备的类型，取值范围包括 MTD_RAM、MTD_ROM、MTD_NORFlash、MTD_NANDFlash、MTD_PEROM。程序第 104 行 flags 成员包括 MTD_ERASEABLE（可擦除）、MTD_WRITEB_WRITEABLE（可编程）、MTD_XIP（可片内执行）、MTD_OOB（NAND 带外数据）、MTD_ECC（支持自动 ECC）几个选项。NAND 存储器厂商通常推荐使用 ECC 功能减小数据出错。

- 在 mtd_info 结构中还提供了操作函数，包括读写函数、同步函数、加锁解锁函数、坏块管理函数、电源管理函数。对于 NAND 需要提供坏块管理函数，设备加解锁函数主要用于驱动多个闪存设备，电源管理函数可以根据系统需要提供。操作函数定义如下：

```
151    int (*erase) (struct mtd_info *mtd, struct erase_info *instr);
                                                 // 擦写回调函数
152
153    /* This stuff for eXecute-In-Place */      /* 用于片内执行的回调函数 */
154    int (*point) (struct mtd_info *mtd, loff_t from, size_t len, size_t
*retlen, u_char **mtdbuf);
```

```
155
156  /* We probably shouldn't allow XIP if the unpoint isn't a NULL */
157  void (*unpoint) (struct mtd_info *mtd, u_char * addr, loff_t from,
    size_t len);
158
159
160  int (*read) (struct mtd_info *mtd, loff_t from, size_t len, size_t
     *retlen, u_char *buf);                         // 读数据
161  int (*write) (struct mtd_info *mtd, loff_t to, size_t len, size_t
    *retlen, const u_char *buf);                    // 写数据
162
163  int (*read_oob) (struct mtd_info *mtd, loff_t from,
164      struct mtd_oob_ops *ops);                  // 读带外数据
165  int (*write_oob) (struct mtd_info *mtd, loff_t to,
166      struct mtd_oob_ops *ops);                  // 写带外数据
167
168  /*
169   * Methods to access the protection register area, present in some
170   * flash devices. The user data is one time programmable but the
171   * factory data is read only.
172   */         /* 保护区域操作函数 */
173  int (*get_fact_prot_info) (struct mtd_info *mtd, struct otp_info *buf,
     size_t len);
174  int (*read_fact_prot_reg) (struct mtd_info *mtd, loff_t from, size_t
     len, size_t *retlen, u_char *buf);
175  int (*get_user_prot_info) (struct mtd_info *mtd, struct otp_info *buf,
    size_t len);
176  int (*read_user_prot_reg) (struct mtd_info *mtd, loff_t from, size_t
    len, size_t *retlen, u_char *buf);
177  int (*write_user_prot_reg) (struct mtd_info *mtd, loff_t from, size_t
    len, size_t *retlen, u_char *buf);
178  int (*lock_user_prot_reg) (struct mtd_info *mtd, loff_t from, size_t
    len);
179
180  /* kvec-based read/write methods.
181     NB: The 'count' parameter is the number of _vectors_, each of
182     which contains an (ofs, len) tuple.
183  */ /* IOvec 写入函数,NAND 需要初始化该函数 */
184  int (*writev) (struct mtd_info *mtd, const struct kvec *vecs, unsigned
    long count, loff_t to, size_t *retlen);
185
186  /* Sync */
187  void (*sync) (struct mtd_info *mtd);              // 同步函数
188
189  /* Chip-supported device locking */
190  int (*lock) (struct mtd_info *mtd, loff_t ofs, size_t len);
                                                    // 设备加锁
191  int (*unlock) (struct mtd_info *mtd, loff_t ofs, size_t len);
                                                    // 设备解锁
192
193  /* Power Management functions */
194  int (*suspend) (struct mtd_info *mtd);            // 挂起函数
195  void (*resume) (struct mtd_info *mtd);            // 恢复函数
196
197  /* Bad block management functions */
198  int (*block_isbad) (struct mtd_info *mtd, loff_t ofs);
                                                    // 检查坏块函数
```

```
199   int (*block_markbad) (struct mtd_info *mtd, loff_t ofs);
                                                    // 标记坏块函数
200
201   struct notifier_block reboot_notifier;  /* default mode before reboot
*/
202
203   /* ECC status information */
204   struct mtd_ecc_stats ecc_stats;               // ECC 状态
205
206   void *priv;                                   // 私有数据
207
208   struct module *owner;
209   int usecount;                                 // 使用次数
210 };
```

程序第 206 行 priv 成员指向一个私有变量，驱动程序可以提供私有的数据结构存放到这里，类似于 DM9000 网卡驱动的私有数据。

drivers/mtd/mtdcore.c 文件第 28 行定义了 mtd_table 全局变量：

```
struct mtd_info *mtd_table[MAX_MTD_DEVICES];
```

MAX_MTD_DEVICES 默认定义为 16，也就是说，系统内最多能有 16 个 MTD 设备，一个 MTD 分区也被当做 MTD 设备。

mtd_info 定义的回调函数在设备驱动中并不能看到其注册信息，因为 mtd_info 结构可以针对 NOR 和 NAND 设备，可以认为是一个抽象的结构。mtd_info 结构对上层屏蔽了闪存设备的类型，是一个大而全的结构，NOR 和 NAND 分别实现了 mtd_info 结构中对应的成员。

内核向闪存驱动提供了两个函数，用于注册和注销 MTD 设备：

```
int add_mtd_device(struct mtd_info *mtd);
int del_mtd_device (struct mtd_info *mtd);
```

这两个函数都有一个 mtd_info 结构的参数，用于指定注册和注销的设备。

24.3.2　mtd_part 结构

mtd_part 结构描述分区，该结构中的 mtd_info 结构成员用于描述本分区，加入 mtd_table 全局变量。结构定义在 drivers/mtd/mtdpart.c 中。

```
27 /* Our partition node structure */
28 struct mtd_part {
29   struct mtd_info mtd;               // 分区信息
30   struct mtd_info *master;           // 该分区所在的主分区
31   u_int32_t offset;                  // 该分区的偏移地址
32   int index;                         // 分区号
33   struct list_head list;
34   int registered;
35 };
```

一个 Flash 存储器可以分成多个分区，闪存分区的概念类似于硬盘的分区。mtd_part 结构中 mtd 成员描述当前分区，master 描述当前分区所在存储器的主分区。index 成员变量是当前分区在存储器中的分区编号，offset 是分区对于存储器起始位置开始的偏移。

24.3.3　mtd_partition 结构

内核代码 drivers/mtd/mtdpart.c 文件内定义了添加和删除闪存分区的函数，如下所示。

```
int add_mtd_partitions(struct mtd_info *master, const struct mtd_partition
*parts, int nbparts);
int del_mtd_partitions(struct mtd_info *master);
```

驱动程序可以使用这两个函数向内核添加或者删除闪存分区。其中，add_mtd_partitions()函数使用了一个 mtd_partition 结构类型的参数，定义在 include/linux/mtd/partitions.h 头文件中：

```
17 /*
18  * Partition definition structure:
19  *
20  * An array of struct partition is passed along with a MTD object to
21  * add mtd partitions() to create them.
22  *
23  * For each partition, these fields are available:
24  * name: string that will be used to label the partition's MTD device.
25  * size: the partition size; if defined as MTDPART SIZ FULL, the partition
26  *  will extend to the end of the master MTD device.
27  * offset: absolute starting position within the master MTD device; if
28  *  defined as MTDPART OFS APPEND, the partition will start where the
29  *  previous one ended; if MTDPART OFS NXTBLK, at the next erase block.
30  * mask flags: contains flags that have to be masked (removed) from the
31  *  master MTD flag set for the corresponding MTD partition.
32  *  For example, to force a read-only partition, simply adding
33  *  MTD WRITEABLE to the mask flags will do the trick.
34  *
35  * Note: writeable partitions require their size and offset be
36  * erasesize aligned (e.g. use MTDPART OFS NEXTBLK).
37  */
38
39 struct mtd partition {
40   char *name;                          // 分区名称
41   u int32 t size;                      // 分区大小
42   u int32 t offset;                    // 主 MTD 分区内的偏移
43   u int32 t mask flags;                // 掩码标志
44   struct nand ecclayout *ecclayout;    // 当前分区带外数据的布局(仅 NAND 有效)
45   struct mtd info **mtdp;              // 指向存放 MTD 设备的指针
46 };
```

24.3.4　map_info 结构

NOR Flash 驱动使用 map_info 结构作为核心数据结构。该结构定义了 NOR Flash 的基址、位宽、大小等信息，以及闪存的操作函数。map_info 结构定义在 include/linux/mtd/map.h 头文件中：

```
165 /* The map stuff is very simple. You fill in your struct map_info with
166    a handful of routines for accessing the device, making sure they handle
167    paging etc. correctly if your device needs it. Then you pass it off
168    to a chip probe routine -- either JEDEC or CFI probe or both -- via
169    do_map_probe(). If a chip is recognised, the probe code will invoke
   the
170    appropriate chip driver (if present) and return a struct mtd_info.
```

```
171    At which point, you fill in the mtd->module with your own module
172    address, and register it with the MTD core code. Or you could partition
173    it and register the partitions instead, or keep it for your own private
174    use; whatever.
175
176    The mtd->priv field will point to the struct map_info, and any further
177    private data required by the chip driver is linked from the
178    mtd->priv->fldrv_priv field. This allows the map driver to get at
179    the destructor function map->fldrv_destroy() when it's tired
180    of living.
181 */
182
183 struct map_info {
184   char *name;
185   unsigned long size;
186   unsigned long phys;
187 #define NO_XIP (-1UL)
188
189   void __iomem *virt;                                           // 虚拟地址
190   void *cached;
191
192   int bankwidth; /* in octets. This isn't necessarily the width
193          of actual bus cycles -- it's the repeat interval
194         in bytes, before you are talking to the first chip again.
195         */                                                      // 总线宽度
196
197 #ifdef CONFIG_MTD_COMPLEX_MAPPINGS
198   map_word (*read)(struct map_info *, unsigned long);   // 读函数
199   void (*copy_from)(struct map_info *, void *, unsigned long, ssize_t);
200
201   void (*write)(struct map_info *, const map_word, unsigned long)
                                                                // 写函数
202   void (*copy_to)(struct map_info *, unsigned long, const void *,
      ssize_t);
203
204   /* We can perhaps put in 'point' and 'unpoint' methods, if we really
205      want to enable XIP for non-linear mappings. Not yet though. */
206 #endif
207   /* It's possible for the map driver to use cached memory in its
208      copy_from implementation (and _only_ with copy_from). However,
209      when the chip driver knows some flash area has changed contents,
210      it will signal it to the map driver through this routine to let
211      the map driver invalidate the corresponding cache as needed.
212      If there is no cache to care about this can be set to NULL. */
213   void (*inval_cache)(struct map_info *, unsigned long, ssize_t);
                                                          // 缓存的虚拟地址
214
215   /* set_vpp() must handle being reentered -- enable, enable, disable
216      must leave it enabled. */
217   void (*set_vpp)(struct map_info *, int);
218
219   unsigned long map_priv_1;
220   unsigned long map_priv_2;
221   void *fldrv_priv;
222   struct mtd_chip_driver *fldrv;
223 };
```

24.3.5　nand_chip 结构

NAND 闪存使用 nand_chip 结构描述存储设备信息，该结构定义在 include/linux/mtd/nand.h 头文件中：

```
342 struct nand_chip {
343   void __iomem *IO_ADDR_R;                          // 读操作用到的 8 根线地址
344   void __iomem *IO_ADDR_W;                          // 写操作用到的 8 根线地址
345
346   uint8_t   (*read_byte)(struct mtd_info *mtd);        // 读一个字节
347   u16   (*read_word)(struct mtd_info *mtd);            // 读一个字
348   void    (*write_buf)(struct mtd_info*mtd, const uint8_t *buf, int len);
                                                        // 把缓冲内容写入芯片
349   void    (*read_buf)(struct mtd_info *mtd, uint8_t *buf, int len);
                                                        // 从芯片读内容到缓冲
350   int   (*verify_buf)(struct mtd_info *mtd, const uint8_t *buf, int len);
                                                        // 验证缓冲数据
351   void    (*select_chip)(struct mtd_info *mtd, int chip);
                                                        // 选择芯片
352   int   (*block_bad)(struct mtd_info *mtd, loff_t ofs, int getchip);
                                                        // 坏块检查
353   int   (*block_markbad)(struct mtd_info *mtd, loff_t ofs);
                                                        // 标记坏块
354   void    (*cmd_ctrl)(struct mtd_info *mtd, int dat,
355           unsigned int ctrl);                       // 芯片特定的控制命令
356   int   (*dev_ready)(struct mtd_info *mtd); // 检查特定的读/忙信息
357   void    (*cmdfunc)(struct mtd_info *mtd, unsigned command, int column,
      int page_addr);                                   // 命令处理
358   int   (*waitfunc)(struct mtd_info *mtd, struct nand_chip *this);
                                                        // 等待操作结束
359   void    (*erase_cmd)(struct mtd_info *mtd, int page); // 擦除块函数
360   int   (*scan_bbt)(struct mtd_info *mtd);  // 扫描坏块
361   int   (*errstat)(struct mtd_info *mtd, struct nand_chip *this, int
state, int status, int page);                           // 错误统计
362
363   int   chip_delay;                                 // 芯片特定的延迟
364   unsigned int  options;
365
366   int   page_shift;
367   int   phys_erase_shift;
368   int   bbt_erase_shift;
369   int   chip_shift;
370   int   numchips;
371   unsigned long chipsize;
372   int   pagemask;
373   int   pagebuf;
374   int   badblockpos;
375
376   nand_state_t  state;
377
378   uint8_t   *oob_poi;
379   struct nand_hw_control  *controller;
380   struct nand_ecclayout *ecclayout;
381
382   struct nand_ecc_ctrl ecc;
```

```
383   struct nand_buffers buffers;
384   struct nand_hw_control hwcontrol;
385
386   struct mtd_oob_ops ops;
387
388   uint8_t   *bbt;
389   struct nand_bbt_descr *bbt_td;
390   struct nand_bbt_descr *bbt_md;
391
392   struct nand_bbt_descr *badblock_pattern;
393
394   void    *priv;                        // 用户私有数据
395 };
```

Linux 内核在 MTD 层完成了 NAND 驱动，主要文件是 drivers/mtd/nand/nand_base.c 文件。芯片级的 NAND 驱动不需要实现 mtd_info 结构的 I/O 操作函数，而在 nand_chip 结构中实现。nand_chip 结构包含了一个 NAND 闪存芯片的地址信息、读写方法、硬件控制信息等。

24.4　Flash 设备框架

由于 NOR Flash 和 NAND Flash 设备的差异，内核对这两种类型的 Flash 设备设计了不同的驱动和管理方式。NOR Flash 的操作相对要简单一些，NAND Flash 不仅需要提供读写函数，还需要提供 ECC 校验函数和坏块管理函数。

24.4.1　NOR Flash 设备驱动框架

Linux 内核提供了 map_info 结构描述 NOR Flash 设备，驱动程序围绕该结构操作，通过内核提供的注册函数把芯片的信息提交给内核，并且提供必要的操作函数。一个 NOR Flash 设备的 Linux 驱动程序与 MTD 层的关系，如图 24-4 所示。

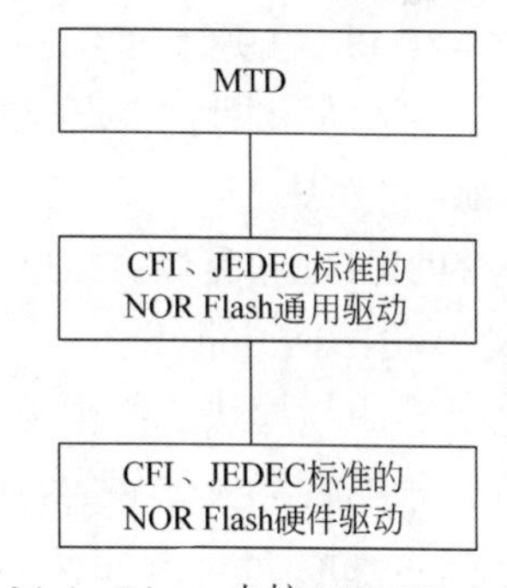

图 24-4　Linux 内核 NOR Flash 驱动程序与 MTD 层的关系

在一个 NOR Flash 设备驱动程序中，主要需要考虑到初始化和清除两个部分。NOR Flash 驱动初始化需要做几个工作，首先是初始化 map_info 结构，根据目标板的硬件情况设置 map_info 结构的 name、size、bankwidth 和 phys 成员。此外，如果目标板的闪存有分区，还需要根据分区情况定义与分区对应的 mtd_partition 数组，把实际的分区信息记录在数组里。使用 do_map_prob()函数探测 NOR Flash 芯片，函数定义如下：

```
struct mtd_info *do_map_probe(const char *name, struct map_info *map);
```

函数的 name 参数可以是 cfi_probe 和 jedec_probe，这两个名字代表两种不同的 NOR Flash 接口标准，该参数指定内核去探测两种不同接口标准的芯片驱动。

注册闪存分区可以通过 add_mtd_device()函数添加 mtd_info 结构中描述的分区信息，

也可以通过 parse_mtd_partitions()函数检查闪存上的分区，然后通过 add_mtd_partitions()函数添加。

在模块卸载的时候，需要调用 del_mtd_partitions()函数卸载已经注册的闪存分区，然后使用 map_destroy()函数释放闪存对应的 map_info 结构。一个典型的 NOR Flash 驱动程序模型如图 24-5 所示。

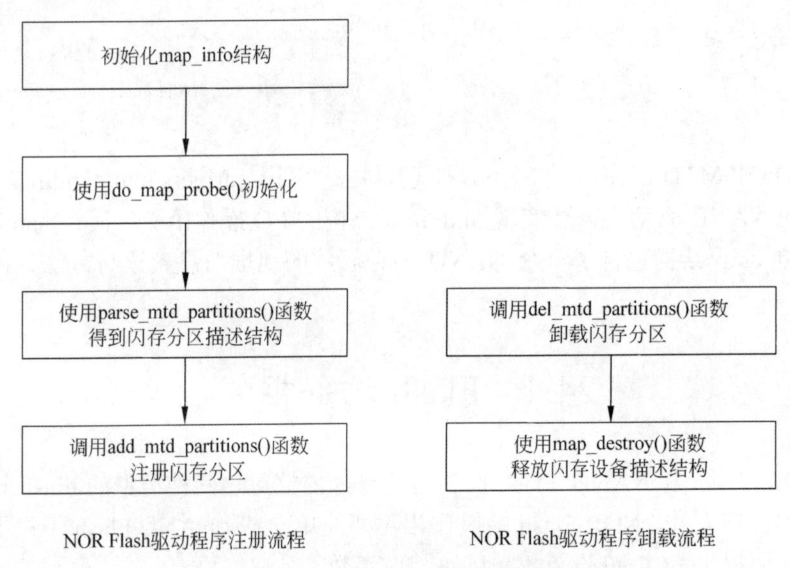

图 24-5　典型的 NOR Flash 驱动模型

24.4.2　NAND Flash 设备驱动框架

NAND Flash 设备使用 nand_chip 结构描述，该结构与 MTD 层的关系如图 24-6 所示。

在 MTD 层的映射下，编写 Linux 系统 NAND Flash 设备驱动工作量相对较小，主要集中在向内核提供必要的设备硬件信息。

与 NOR Flash 类似，如果 NAND 闪存有分区，需要定义 mtd_partition 结构数组记录目标板硬件的结构。在加载内核模块函数中需要分配 nand_chip 结构的内存，根据目标板硬件的特点设置 nand_chip 结构中的 hwcontrol()、dev_ready()、calculate_ecc()、correct_data()、read_byte()、write_byte()函数成员。需要注意的是，内核提供了 ECC 校验算法，如果硬件没有提供 ECC，则 nand_chip 结构中的 calculate_ecc 成员函数不需要设置。

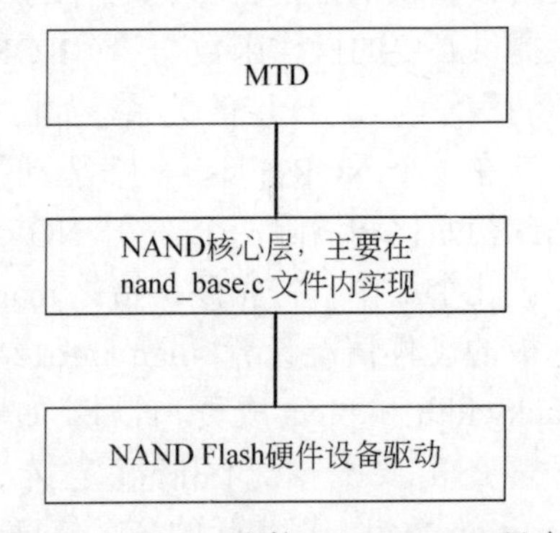

图 24-6　Linux 内核 NAND Flash 驱动程序与 MTD 层的关系

设置好 nand_chip 结构后，使用 nand_scan()函数检查 NAND Flash 设备。该函数会读取 NAND 芯片的 ID，并且设置相关结构。卸载 NAND Flash 设备比较简单，可调用 nand_release()函数卸载相关结构。一个 NAND Flash 设备的初始化和清除流程，如图 24-7 所示。

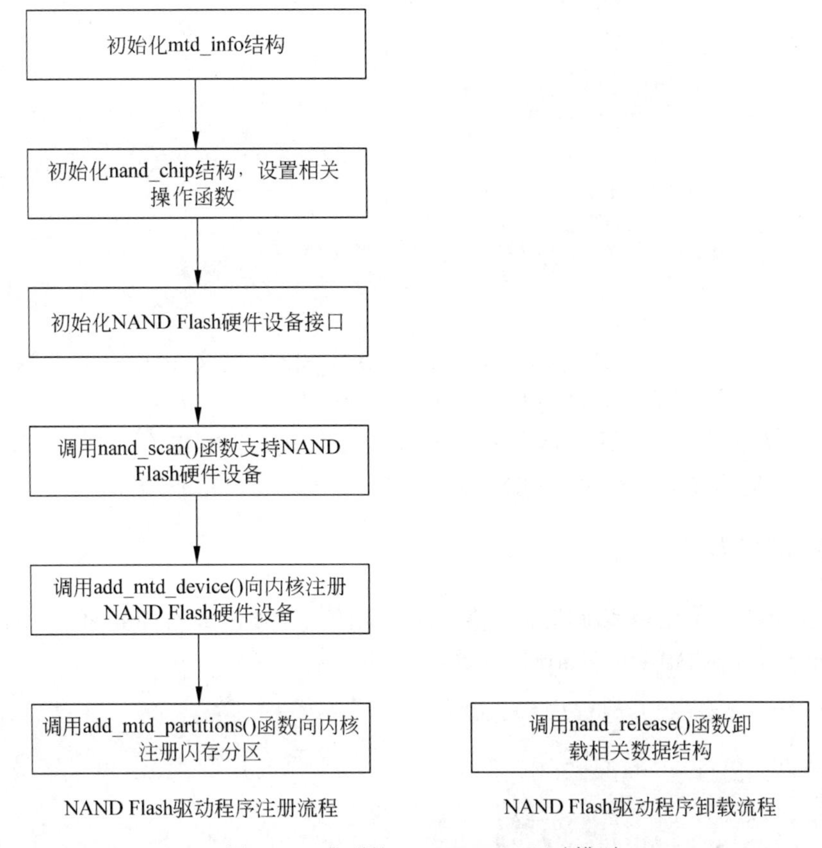

图 24-7　典型的 NAND Flash 驱动模型

24.5　Flash 设备驱动实例——NOR Flash 设备驱动剖析

在介绍了 Linux 内核对 MTD 的支持以后，本节将给出两个 Flash 设备驱动实例，并且分析驱动的工作原理。由于 Flash 设备具有硬件平台无关的特点，本节将介绍的两种 Flash 设备驱动适应于不同的硬件平台。

NOR Flash 设备驱动比较简单，主要因为 NOR Flash 硬件的操作比较简单，可以像操作内存一样，因此驱动程序无须提供太多功能。本节以内核 2.6.18 版本代码 drivers/mtd/maps/sharpsl-flash.c 文件为例，分析 NOR Flash 驱动程序。

24.5.1　数据结构

该驱动程序是 SHARP 某种设备驱动，程序比较简单。首先在第 39 行定义了一个 mtd_info 结构用于描述 NOR 设备：

```
33  #define WINDOW_ADDR 0x00000000
34  #define WINDOW_SIZE 0x00800000
35  #define BANK_WIDTH 2
36
37  static struct mtd_info *mymtd;
38
```

```
39  struct map_info sharpsl_map = {
40      .name = "sharpsl-flash",
41      .size = WINDOW_SIZE,
42      .bankwidth = BANK_WIDTH,
43      .phys = WINDOW_ADDR
44  };
45
46  static struct mtd_partition sharpsl_partitions[1] = {
47      {
48          name:       "Boot PROM Filesystem",
49      }
50  };
```

其中，size 成员是存储器的容量，由 WINDOW_SIZE 定义在代码的第 34 行，值为 0x00800000，表示 NOR 存储器的容量是 8MB。

在程序第 46 行定义了一个 mtd_partitions 结构变量，描述 NOR 的分区。这里只定义了分区的名称，其他的参数在程序中动态获取。

24.5.2　驱动初始化

通过查找模块初始化和清除宏，能得到该驱动的初始化函数为 init_sharpsl()，以及清除函数 cleanup_sharpsl()。init_sharpsl()函数定义如下：

```
52 int __init init_sharpsl(void)
53 {
54  struct mtd_partition *parts;
55  int nb_parts = 0;
56  char *part_type = "static";
57
58  printk(KERN_NOTICE "Sharp SL series flash device: %x at %x\n",
59    WINDOW_SIZE, WINDOW_ADDR);
60  sharpsl_map.virt = ioremap(WINDOW_ADDR, WINDOW_SIZE);
                                          // 做地址映射,得到设备节点的虚拟地址
61  if (!sharpsl_map.virt) {
62    printk("Failed to ioremap\n");
63    return -EIO;
64  }
65
66  simple_map_init(&sharpsl_map);      // 初始化 map_info 结构
67
68  mymtd = do_map_probe("map_rom", &sharpsl_map);
                                          // 检测系统内的 mtd 设备类型
69  if (!mymtd) {
70    iounmap(sharpsl_map.virt);
71    return -ENXIO;
72  }
73
74  mymtd->owner = THIS_MODULE;         // 设置 mtd 设备所有者
75      /* 根据不同设备类型设置闪存分区起始地址和大小 */
76  if (machine_is_corgi() || machine_is_shepherd() || machine_is_husky()
77    || machine_is_poodle()) {
78    sharpsl_partitions[0].size=0x006d0000;
79    sharpsl_partitions[0].offset=0x00120000;
80  } else if (machine_is_tosa()) {
81    sharpsl_partitions[0].size=0x006a0000;
82    sharpsl_partitions[0].offset=0x00160000;
83  } else if (machine_is_spitz() || machine_is_akita() || machine_
   is_borzoi()) {
```

```
84     sharpsl_partitions[0].size=0x006b0000;
85     sharpsl_partitions[0].offset=0x00140000;
86   } else {
87     map_destroy(mymtd);
88     iounmap(sharpsl_map.virt);
89     return -ENODEV;
90   }
91
92   parts = sharpsl_partitions;
93   nb_parts = ARRAY_SIZE(sharpsl_partitions);          // 计算分区个数
94
95   printk(KERN_NOTICE "Using %s partision definition\n", part_type);
96   add_mtd_partitions(mymtd, parts, nb_parts);         // 添加闪存分区到
                                                            mtd_info 结构
97
98   return 0;
99 }
```

程序首先在第 60 行做地址映射，把 NOR 设备的物理地址映射为虚拟地址供 MTD 使用。地址映射好后，初始化 map_info 结构变量，sharpsl_map 结构是 NOR 设备驱动的核心结构，在 24.3.4 节有详细介绍。此处使用 simple_map_init()函数初始化 sharpsl_map 变量，设置默认参数。程序第 68 行使用 do_map_probe()函数检测系统内 MTD 设备类型，如果检测失败，第 70 行释放地址映射，然后程序出错返回。

程序第 76～90 行根据不同的设备类型设置 MTD 分区的起始地址和大小，如果检测不到正确的设备类型，就释放 map_info 结构的地址映射，然后出错退出。

程序第 93 行计算分区个数，第 96 行调用 add_mtd_partitions()函数添加闪存分区到 mtd_info 结构，整个 NOR 设备驱动初始化完毕。

该驱动程序没有使用自定义的读写函数，在初始化的时候内核会设置默认的读写函数。

24.5.3 驱动卸载

驱动卸载调用了 cleanup_sharpsl()函数，主要是释放 NOR 驱动占用的资源，函数定义如下：

```
101 static void __exit cleanup_sharpsl(void)
102 {
103   if (mymtd) {
104     del_mtd_partitions(mymtd);        // 从设备 mtd_info 结构删除闪存分区结构
105     map_destroy(mymtd);               // 从系统释放 mtd_info 结构
106   }
107   if (sharpsl_map.virt) {
108     iounmap(sharpsl_map.virt);        // 取消地址映射
109     sharpsl_map.virt = 0;
110   }
111 }
```

程序第 104 行调用 del_mtd_partitions()函数卸载闪存分区，然后使用 map_destroy()函数使用驱动程序中 map_info 结构占用的内存。最后，在第 108 行取消了 map_info 结构中的地址映射关系。

24.6　Flash 设备驱动实例——NAND Flash 设备驱动分析

NAND Flash 由于需要控制器才能操作，驱动程序相对复杂。在 NAND Flash 驱动程序中，主要工作是配置 NAND 控制器。内核 2.6.18 版本代码 drivers/mtd/nand/s3c2410.c 文件中，包含了 S3C2410、S3C2412 和 S3C2440 平台上 NAND Flash 驱动。本节将重点分析 S3C2440 平台上 NAND Flash 驱动程序。

24.6.1　S3C2440 NAND 控制器介绍

S3C2440 芯片内部集成了 NAND Flash 控制器，在芯片手册 Figure 6-1 中给出了一个 NAND Flash 控制器的功能框图，如图 24-8 所示。

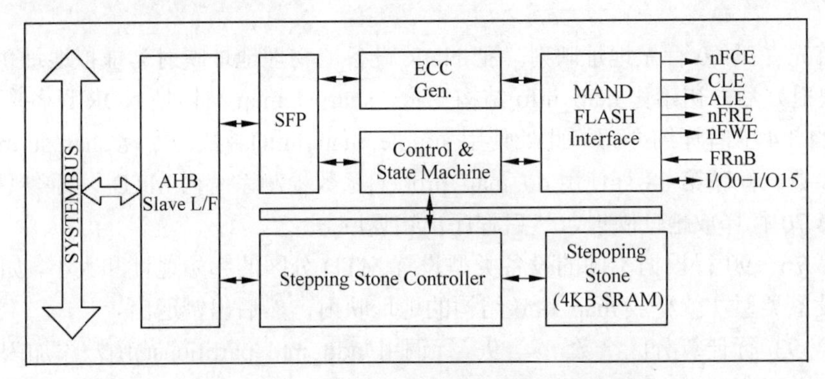

图 24-8　S3C2440 NAND Flash 控制器功能框图

从图 24-8 中可以看出，S3C2440 的 NAND 控制器由 SFR、ECC、存储器接口、控制状态机等组成。SFR 是特殊功能寄存器；ECC 硬件单元支持产生 ECC 校验码；用户可以通过控制和状态寄存器配置 NAND 控制器，并且得到控制器和闪存芯片的状态。

NAND 控制器与存储芯片之间的连接线主要包括控制线和数据线。其中，数据线既可以传输数据，也可以向存储器传输控制命令。操作计算机硬件设备需要考虑到设备的操作时序。计算机硬件设备是在一定的时钟频率下工作的，所谓时序就是操作设备的时候不同信号之间的同步关系。S3C2440 NAND 控制器需要写入命令/地址的时序和读写数据的时序，如图 24-9 和图 24-10 所示。

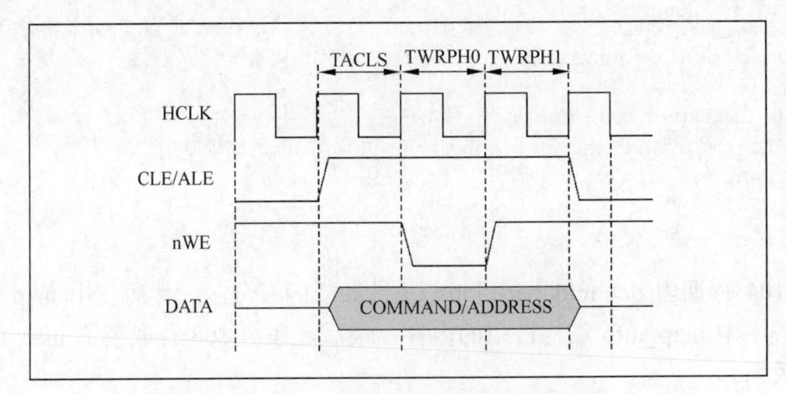

图 24-9　S3C2440 NAND 控制器发送命令/地址时序图

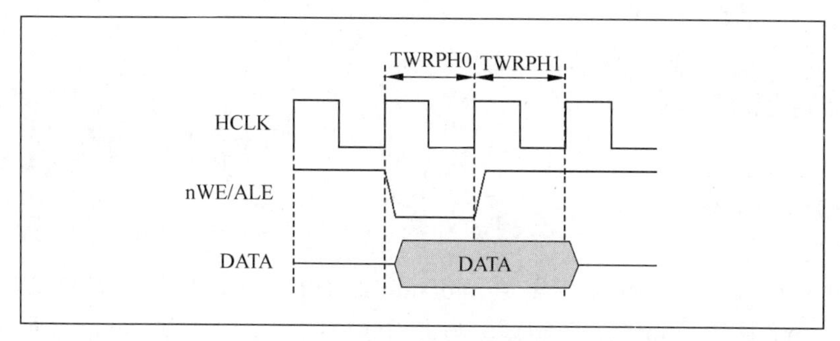

图 24-10　S3C2440 NAND 控制器数据读写时序图

图 24-9 是 S3C2440 NAND 控制器向闪存芯片发送一个命令或者地址的工作时序。其中，HCLK 是系统时钟信号；CLE 是命令锁存信号有效；ALE 是地址锁存信号有效；nWE 是写信号；DATA 是地址线上传输的数据，如向闪存写入一个命令的时候，NAND 控制器需要设置 CLE 信号为 1（高电平），表示使用命令锁存，设置 nWE 为 0（低电平）代表写入操作。锁存信号的作用是保持数据线上的数据不被其他操作破坏。CLE/ALE 信号可以通过 S3C2440 内部的 NFCONF 寄存器配置，在 24.6.6 节将会详细讲解。

图 24-10 是 S3C2440 NAND 控制器从闪存读写一个数据的工作时序。其中，HCLK 是系统时钟信号；nWE 是写信号；nRE 是读信号。从闪存读写一个数据的时候，首先是按照图 24-9 的时序写入一个读命令，然后设置 nRE 为 0（低电平），就可以从数据线读出数据。

NAND 控制器连接到 S3C2440 内部的系统总线上，并且向用户提供了一组寄存器用于操作 NAND Flash 芯片，常见的控制和状态寄存器请参考表 24-1。

表 24-1　S3C2440 NAND Flash 驱动器常用寄存器

寄存器名称	地　址	作　用
NFCONF	0x4e000000	配置寄存器，提供 NAND 控制器的配置接口，可以配置引脚时序、闪存块大小、位宽等
NFCONT	0x4e000004	设置控制器传输模式、加锁、是否使用 ECC 等
NFCMMD	0x4e000008	命令寄存器，发送读写或者其他命令
NFADDR	0x4e00000c	地址寄存器，设置读写数据的地址
NFDATA	0x4e000010	数据寄存器，读写闪存数据使用
NFSTAT	0x4e000020	状态寄存器，获取控制器操作状态

表 24-1 是 S3C2440 NAND 控制器主要的寄存器，剩余的寄存器主要与 ECC 校验有关，这里不做讨论。NAND 设备驱动程序需要配置表 24-1 中的寄存器。

24.6.2　数据结构

S3C2410、S3C2412 和 S3C2440 这 3 个处理器在 NAND 控制器部分存在一些差异。为了在三款处理器上都可以驱动同样的 NAND Flash 闪存，在 drivers/mtd/nand/s3c2410.c 文件中定义了 s3c2410_nand_mtd 结构和 s3c2410_nand_info 结构存放相关信息。s3c2410_nand_mtd 结构定义如下：

```
92 struct s3c2410_nand_mtd {
93  struct mtd_info    mtd;              // 内核 mtd_info 结构
94  struct nand_chip   chip;             // 内核 nand_chip 结构
95  struct s3c2410_nand_set  *set;       // 封装后的 mtd_partition 结构,加入了
                                            S3C2440 的一些属性
96  struct s3c2410_nand_info  *info;     // S3C2440 状态信息，私有数据
97  int       scan_res;
98 };
```

s3c2410_nand_mtd 结构可以当做是 mtd_info 结构的封装，加入了 NAND 控制器需要的一些属性。mtd 成员是 mtd_info 结构，与提供给内核的结构一致；chip 成员与提供给内核的 nand_chip 结构一致，是 NAND 闪存驱动的核心数据结构；set 成员封装了 mtd_partition 结构，包括了与分区有关的信息；info 成员是 s3c2410_nand_info 结构变量，包括了与 NAND 控制器配置有关的信息，定义如下：

```
108 struct s3c2410_nand_info {
109  /* mtd info */
110  struct nand_hw_control   controller;      // 硬件控制字结构
111  struct s3c2410_nand_mtd   *mtds;          // 指向总的 mtd_info 结构
112  struct s3c2410_platform_nand  *platform;  // 主要包含 NFCONF 寄存器的配置
113
114  /* device info */
115  struct device    *device;
116  struct resource    *area;
117  struct clk     *clk;                      // 时钟
118  void __iomem     *regs;                   // 寄存器
119  void __iomem     *sel_reg;
120  int       sel_bit;
121  int       mtd_count;
122
123  enum s3c_cpu_type   cpu_type;             // cpu 类型
124 };
```

在 s3c2410_nand_info 结构中，controller 成员主要是硬件控制器相关操作；mtds 成员指向全局 s3c2410_nand_mtd 结构；platform 是与平台相关的寄存器配置。

24.6.3 驱动初始化

驱动初始化调用 s3c2410_nand_init()函数，定义如下：

```
796 static int __init s3c2410_nand_init(void)
797 {
798  printk("S3C24XX NAND Driver, (c) 2004 Simtec Electronics\n");
799
800  platform_driver_register(&s3c2412_nand_driver);
801  platform_driver_register(&s3c2440_nand_driver);
                                           // 注册 S3C2440 平台驱动数据结构
802  return platform_driver_register(&s3c2410_nand_driver);
803 }
```

该函数使用 platform_driver_register()函数注册了 3 个结构，分别对应 S3C2410、S3C2410 和 S3C2440 平台。本书主要介绍 s3c2440_nand_driver 结构变量，该变量描述了 S3C2440 平台 NAND 驱动相关操作，定义如下：

```
774 static struct platform_driver s3c2440_nand_driver = {
775   .probe    = s3c2440_nand_probe,        // 驱动初始化函数
776   .remove   = s3c2410_nand_remove,       // 驱动卸载函数
777   .suspend  = s3c24xx_nand_suspend,      // 设备挂起(电源管理使用)
778   .resume   = s3c24xx_nand_resume,       // 设备恢复(电源管理使用)
779   .driver   = {
780     .name = "s3c2440-nand",              // 设备名称
781     .owner  = THIS_MODULE,
782   },
783 };
```

从 s3c2440_nand_driver 结构定义中看出，s3c2440_nand_probe()函数是驱动初始化时由内核调用的函数。s3c2440_nand_probe()函数通过指定处理器类型为 S3C2440，调用了 s3c24xx_nand_probe()函数，操作步骤如下所述。

（1）程序在第 602 行首先分配 info 结构变量占用的内存，如果分配失败，程序出错返回。代码如下：

```
587 static int s3c24xx_nand_probe(struct platform_device *pdev,
588             enum s3c_cpu_type cpu_type)
589 {
590   struct s3c2410_platform_nand *plat = to_nand_plat(pdev);
591   struct s3c2410_nand_info *info; // 主要结构,NAND Flash 信息都记录在该结构
592   struct s3c2410_nand_mtd *nmtd;     // 内核 mtd_info 结构指针
593   struct s3c2410_nand_set *sets;     // mtd_partition 结构指针
594   struct resource *res;
595   int err = 0;
596   int size;
597   int nr_sets;
598   int setno;
599
600   pr_debug("s3c2410_nand_probe(%p)\n", pdev);
601
602   info = kmalloc(sizeof(*info), GFP_KERNEL);    // 分配结构占用的内存
603   if (info == NULL) {
604     dev_err(&pdev->dev, "no memory for flash info\n");
605     err = -ENOMEM;
606     goto exit_error;
607   }
```

（2）分配设备结构占用的内存后，对时钟进行操作。程序第 610 行设置 NAND 描述结构的私有数据指针，该指针存放 S3C2440 NAND 控制器使用的数据结构。第 612 行对结构加锁，防止多个实例运行产生冲突。第 617 行使用 clk_get()函数获取 S3C2440 处理器的时钟频率，该函数定义在 arch/arm/mach-s3c2410/clock.c 文件中。获取时钟频率成功后，程序在第 624 行调用 clk_enable()函数打开 NAND 控制器时钟。代码如下：

```
609   memzero(info, sizeof(*info));
610   platform_set_drvdata(pdev, info);          // 把 NAND Flash 描述结构设置
                                                   到驱动私有数据指针
611
612   spin_lock_init(&info->controller.lock);  // 加锁
613   init_waitqueue_head(&info->controller.wq);
614
615   /* get the clock source and enable it */
616
```

```
617   info->clk = clk_get(&pdev->dev, "nand"); // 获取处理器时钟频率
618   if (IS_ERR(info->clk)) {
619     dev_err(&pdev->dev, "failed to get clock");
620     err = -ENOENT;
621     goto exit_error;
622   }
623
624   clk_enable(info->clk);                          // 打开时钟
```

（3）分配并且映射总线资源。程序第 632 行分配 NAND 控制器用到的总线资源，然后在第 640～643 行设置 info 结构中的平台相关结构、寄存器地址空间和 CPU 类型供后面初始化函数使用。代码如下：

```
626   /* allocate and map the resource */
627
628   /* currently we assume we have the one resource */
629   res  = pdev->resource;
630   size = res->end - res->start + 1;
631
632   info->area = request_mem_region(res->start, size, pdev->name);
                                                     // 请求分配总线资源
633
634   if (info->area == NULL) {
635     dev_err(&pdev->dev, "cannot reserve register region\n");
636     err = -ENOENT;
637     goto exit_error;
638   }
639
640   info->device    = &pdev->dev;
641   info->platform   = plat;                         // 设置平台相关结构
642   info->regs      = ioremap(res->start, size); // 设置寄存器地址空间
643   info->cpu_type   = cpu_type;                     // 设置 CPU 类型
644
645   if (info->regs == NULL) {
646     dev_err(&pdev->dev, "cannot reserve register region\n");
647     err = -EIO;
648     goto exit_error;
649   }
650
651   dev_dbg(&pdev->dev, "mapped registers at %p\n", info->regs);
```

（4）初始化 NAND 控制器。程序第 655 行使用 s3c2410_nand_inithw()函数初始化 NAND 控制器，该函数将在 24.6.5 节介绍。代码如下：

```
653   /* initialise the hardware */
654
655   err = s3c2410_nand_inithw(info, pdev);
                                  // 初始化 S3C2440 NAND Flash 控制器
656   if (err != 0)
657     goto exit_error;
658
659   sets = (plat != NULL) ? plat->sets : NULL;
660   nr_sets = (plat != NULL) ? plat->nr_sets : 1;
661
662   info->mtd_count = nr_sets;
```

（5）初始化 NAND 控制器成功后，根据闪存分区个数计算 mtd_info 结构大小，然后

在第 667 行分配 mtd_info 结构。代码如下：

```
664   /* allocate our information */
665
666   size = nr_sets * sizeof(*info->mtds);
667   info->mtds = kmalloc(size, GFP_KERNEL);// 分配mtd_info结构占用的空间
668   if (info->mtds == NULL) {
669     dev_err(&pdev->dev, "failed to allocate mtd storage\n");
670     err = -ENOMEM;
671     goto exit_error;
672   }
673
674   memzero(info->mtds, size);
```

（6）初始化所有的芯片。程序从第 680 行开始进入一个循环，对每个分区调用 s3c2410_nand_chip()函数初始化 nand_chip 结构，因为在 MTD 结构中每个分区都被当做一个设备处理。在初始化 nand_chip 结构后，使用 nand_scan()函数检测闪存分区，然后使用 s3c2410_nand_add_partition()函数添加分区到 mtd_info 结构。s3c2410_nand_init_chip()函数在 24.6.6 节介绍。代码如下：

```
676   /* initialise all possible chips */
677
678   nmtd = info->mtds;
679
680   for (setno = 0; setno < nr_sets; setno++, nmtd++) {
681     pr_debug("initialising set %d (%p, info %p)\n", setno, nmtd, info);
682
683     s3c2410_nand_init_chip(info, nmtd, sets);   // 设置 nand_chip 结构相
                                                      关数据和操作
684
685     nmtd->scan_res = nand_scan(&nmtd->mtd, (sets) ? sets->nr_chips : 1);
                                                    // 检测NAND Flash
686
687     if (nmtd->scan_res == 0) {
688       s3c2410_nand_add_partition(info, nmtd, sets); // 添加闪存分区
689     }
690
691     if (sets != NULL)
692       sets++;
693   }
```

（7）打开控制器的空闲时钟功能。程序在第 695 行使用 allow_clk_stop()函数检查是否支持空闲时钟功能，如果支持该功能，则关闭 NAND 控制器时钟。空闲时钟功能可以根据 NAND 控制器工作状态自动启动和关闭时钟。代码如下：

```
695   if (allow_clk_stop(info)) {         // 检查芯片是否支持空闲时钟功能
696     dev_info(&pdev->dev, "clock idle support enabled\n");
697     clk_disable(info->clk);
698   }
699
700   pr_debug("initialised ok\n");
701   return 0;
702
703  exit_error:
704   s3c2410_nand_remove(pdev);          // 出错处理,卸载驱动
705
```

```
706   if (err == 0)
707     err = -EINVAL;
708   return err;
709 }
```

24.6.4　驱动卸载

驱动卸载时调用 s3c2410_nand_remove()函数，主要是释放驱动占用的资源。函数定义如下：

```
423 static int s3c2410_nand_remove(struct platform_device *pdev)
424 {
425   struct s3c2410_nand_info *info = to_nand_info(pdev);
426 
427   platform_set_drvdata(pdev, NULL);
428 
429   if (info == NULL)
430     return 0;
431 
432   /* first thing we need to do is release all our mtds
433    * and their partitions, then go through freeing the
434    * resources used
435    */
436 
437   if (info->mtds != NULL) {          // 判断是否有 mtd 分区
438     struct s3c2410_nand_mtd *ptr = info->mtds;
439     int mtdno;
440 
441     for (mtdno = 0; mtdno < info->mtd_count; mtdno++, ptr++) {
442       pr_debug("releasing mtd %d (%p)\n", mtdno, ptr);
443       nand_release(&ptr->mtd);       // 释放分区结构
444     }
445 
446     kfree(info->mtds);
447   }
448 
449   /* free the common resources */
450 
451   if (info->clk != NULL && !IS_ERR(info->clk)) {
452     if (!allow_clk_stop(info))
453       clk_disable(info->clk);        // 如果不支持空闲时钟,则关闭控制器时钟
454     clk_put(info->clk);
455   }
456 
457   if (info->regs != NULL) {
458     iounmap(info->regs);             // 解除寄存器地址映射
459     info->regs = NULL;
460   }
461 
462   if (info->area != NULL) {
463     release_resource(info->area);    // 释放控制结构占用的资源
464     kfree(info->area);               // 释放控制结构本身
465     info->area = NULL;
466   }
467 
468   kfree(info);                       // 释放 mtd_info 结构
469 
470   return 0;
```

```
471 }
```

程序第 429 行首先判断 info 结构是否有效，如果 info 结构有效，则在第 437 行判断是否建立了 mtd 分区。如果配置了 mtd 分区，则使用 nand_release()函数释放 mtd 分区，然后在第 446 行使用 kfree()函数释放分区结构占用的内存。

接下来释放其他的结构资源，第 453 行对于不支持空闲时钟的控制，需要调用 clk_disable()函数关闭控制器时钟。在程序第 458 行对设置了寄存器地址映射的，还需要解除 NAND 控制器的寄存器地址映射。在程序第 463 行释放控制结构占用的资源，最后在第 468 行释放 mtd_info 结构占用的资源，整个 NAND 驱动占用的资源都被释放。

驱动程序卸载过程中，释放资源按照初始化过程中相反的顺序进行，即先分配的后释放，后分配的先释放，否则会导致内存垃圾。

24.6.5 初始化 NAND 控制器

s3c2410_nand_inithw()函数负责初始化 NAND 控制器，定义如下：

```
181 static int s3c2410_nand_inithw(struct s3c2410_nand_info *info,
182             struct platform_device *pdev)
183 {
184  struct s3c2410_platform_nand *plat = to_nand_plat(pdev);
185  unsigned long clkrate = clk_get_rate(info->clk);
186  int tacls_max = (info->cpu_type == TYPE_S3C2412) ? 8 : 4;
187  int tacls, twrph0, twrph1;
188  unsigned long cfg = 0;
189
190  /* calculate the timing information for the controller */
191
192  clkrate /= 1000;  /* turn clock into kHz for ease of use */
                                              // 设置擦除操作的时钟频率
193
194  if (plat != NULL) {
195    tacls = s3c_nand_calc_rate(plat->tacls, clkrate, tacls_max);
   // 命令锁存和地址锁存
196    twrph0 = s3c_nand_calc_rate(plat->twrph0, clkrate, 8);
197    twrph1 = s3c_nand_calc_rate(plat->twrph1, clkrate, 8);
198  } else {
199    /* default timings */
200    tacls = tacls_max;                     // 配置默认设置
201    twrph0 = 8;
202    twrph1 = 8;
203  }
204
205  if (tacls < 0 || twrph0 < 0 || twrph1 < 0) {
                                     // 检查 NAND 控制寄存器配置是否有效
206    dev_err(info->device, "cannot get suitable timings\n");
207    return -EINVAL;
208  }
209 /* 打印 NAND 控制器的配置信息 */
210  dev_info(info->device, "Tacls=%d, %dns Twrph0=%d %dns, Twrph1=%d
   %dns\n",
211        tacls, to_ns(tacls, clkrate), twrph0, to_ns(twrph0, clkrate),
twrph1, to_ns(twrph1, clkrate));
212
213  switch (info->cpu_type) {
214  case TYPE_S3C2410:
```

```
215     cfg = S3C2410_NFCONF_EN;
216     cfg |= S3C2410_NFCONF_TACLS(tacls - 1);
217     cfg |= S3C2410_NFCONF_TWRPH0(twrph0 - 1);
218     cfg |= S3C2410_NFCONF_TWRPH1(twrph1 - 1);
219     break;
220
221   case TYPE_S3C2440:
222   case TYPE_S3C2412:
223     cfg = S3C2440_NFCONF_TACLS(tacls - 1);  // 设置 NFCONF 寄存器
224     cfg |= S3C2440_NFCONF_TWRPH0(twrph0 - 1);
225     cfg |= S3C2440_NFCONF_TWRPH1(twrph1 - 1);
226
227     /* enable the controller and de-assert nFCE */
228
229     writel(S3C2440_NFCONT_ENABLE, info->regs + S3C2440_NFCONT);
                                                    // 打开 NAND 控制器
230   }
231
232   dev_dbg(info->device, "NF_CONF is 0x%lx\n", cfg);
233
234   writel(cfg, info->regs + S3C2410_NFCONF);// 写入 NAND 控制器配置
235   return 0;
236 }
```

程序第 192 行设置擦除操作的时钟频率，然后检查是否分配了平台相关结构的内存，即 plat 指针是否为空。如果 plat 指针不为空，则使用 s3c_nand_calc_rate()函数计算命令锁存和地址锁存的值；如果 plat 指针为空，则设置默认值。设置参数完毕后，第 205 行检查参数设置是否正确，如果错误，程序出错返回并写日志信息。

第 210 行打印一条配置参数的日志。第 213 行进入一个选择结构，对于 S3C2440 处理器在程序第 223～225 行设置 NFCONF 寄存器的值，然后第 229 行打开 S3C2440 NAND 控制器。在程序最后写入 NFCONF 控制寄存器的值，从现在开始，NAND 寄存器可以开始工作了。

24.6.6　设置芯片操作

s3c2410_nand_init_chip()函数初始化 nand_chip 结构，并且设置相关的操作，函数操作流程如下所述。

（1）程序第 508～514 行设置通用的读写缓冲函数、查找芯片函数等，代码如下：

```
501 static void s3c2410_nand_init_chip(struct s3c2410_nand_info *info,
502           struct s3c2410 nand mtd *nmtd,
503           struct s3c2410 nand set *set)
504 {
505   struct nand chip *chip = &nmtd->chip;
506   void   iomem *regs = info->regs;
507
508   chip->write buf    = s3c2410 nand write buf;  // 通用的写缓存函数
509   chip->read buf     = s3c2410 nand read buf;   // 通用的读缓存函数
510   chip->select chip  = s3c2410 nand select chip;
                                                    // 通用的查找芯片函数
511   chip->chip delay   = 50;
512   chip->priv     = nmtd;          // 设置私有数据结构指向全局 mtd info 结构
513   chip->options    = 0;
514   chip->controller   = &info->controller;
```

（2）然后在函数第 516 行使用 switch 语句，根据不同平台设置 NAND 控制器的配置。第 526～530 行是 S3C2440 NAND 控制器的配置，主要包括寄存器的 I/O 地址、NFCONF 寄存器、命令寄存器，以及设备状态检测函数。代码如下：

```
516   switch (info->cpu_type) {
517   case TYPE_S3C2410:
518     chip->IO_ADDR_W = regs + S3C2410_NFDATA;
519     info->sel_reg   = regs + S3C2410_NFCONF;
520     info->sel_bit = S3C2410_NFCONF_nFCE;
521     chip->cmd_ctrl  = s3c2410_nand_hwcontrol;
522     chip->dev_ready = s3c2410_nand_devready;
523     break;
524
525   case TYPE_S3C2440:
526     chip->IO_ADDR_W = regs + S3C2440_NFDATA;     // 设置 I/O 地址
527     info->sel_reg   = regs + S3C2440_NFCONT;     // 设置 NFCONF 寄存器
528     info->sel_bit = S3C2440_NFCONT_nFCE;
529     chip->cmd_ctrl  = s3c2440_nand_hwcontrol;    // 设置命令寄存器
530     chip->dev_ready = s3c2440_nand_devready;     // 设置设备状态检测函数
531     break;
532
533   case TYPE_S3C2412:
534     chip->IO_ADDR_W = regs + S3C2440_NFDATA;
535     info->sel_reg   = regs + S3C2440_NFCONT;
536     info->sel_bit = S3C2412_NFCONT_nFCE0;
537     chip->cmd_ctrl  = s3c2440_nand_hwcontrol;
538     chip->dev_ready = s3c2412_nand_devready;
539
540     if (readl(regs + S3C2410_NFCONF) & S3C2412_NFCONF_NANDBOOT)
541       dev_info(info->device, "System booted from NAND\n");
542
543     break;
544     }
```

（3）设置完毕后，在第 548～551 行设置 mtd_info 结构和 nand_chip 结构之间的相互指向关系。代码如下：

```
546   chip->IO_ADDR_R = chip->IO_ADDR_W;
547
548   nmtd->info     = info;                  // 指向全局 mtd_info 结构
549   nmtd->mtd.priv     = chip;              // 指向 nand_chip 结构
550   nmtd->mtd.owner    = THIS_MODULE;
551   nmtd->set    = set;
```

（4）最后，程序第 553～576 行设置 ECC 相关操作。代码如下：

```
553   if (hardware_ecc) {                                 // 判断是否需要 ECC
554     chip->ecc.calculate = s3c2410_nand_calculate_ecc;
                                                          // 设置 ECC 生成函数
555     chip->ecc.correct   = s3c2410_nand_correct_data;
                                                          // 设置 ECC 数据纠正函数
556     chip->ecc.mode      = NAND_ECC_HW;                // 设置使用硬件 ECC
557     chip->ecc.size      = 512;                        // 设置 ECC 大小
558     chip->ecc.bytes     = 3;                          // 设置 ECC 字节数
559     chip->ecc.layout    = &nand_hw_eccoob;   // 设置带外数据
560
561     switch (info->cpu_type) {          //根据 CPU 类型设置平台相关的 ECC 配置
562     case TYPE_S3C2410:
```

```
563     chip->ecc.hwctl    = s3c2410_nand_enable_hwecc;
564     chip->ecc.calculate = s3c2410_nand_calculate_ecc;
565     break;
566
567   case TYPE_S3C2412:
568   case TYPE_S3C2440:
569     chip->ecc.hwctl    = s3c2440_nand_enable_hwecc;
                                              // 设置操作 ECC 硬件的函数
570     chip->ecc.calculate = s3c2440_nand_calculate_ecc;
                                              // 设置 ECC 生成函数
571     break;
572
573   }
574  } else {
575   chip->ecc.mode      = NAND_ECC_SOFT;   // 如果没有硬件 ECC 使用软件 ECC
576  }
577 }
```

首先在第 553 行根据全局变量 hardware_ecc 判断是否支持硬件 ECC，该全局变量根据不同 CPU 用宏开关选择赋不同的值。对于 S3C2440 处理器，hardware_ecc 值为 1，表示支持硬件 ECC 功能，从图 24-8 中可以看出 S3C2440 的 NAND 控制器内部有一个 ECC 硬件单元。

进入配置硬件 ECC 语句块后，首先在第 554～559 行设置了通用的 ECC 处理函数包括 ECC 生成函数、纠正函数；设置使用硬件 ECC；设置 ECC 的数据大小，以及带外数据等。

程序第 561 行是一个 switch 语句，根据不同的 CPU 类型设置 ECC 处理函数。第 569 行设置 S3C2440 平台上操作 ECC 硬件的函数，第 570 行设置 S3C2440 平台上生成 ECC 的函数。

对于不支持硬件 ECC 的平台，在程序第 575 行设置 ECC 模式为软件模式，Linux 内核会自动为 nand_chip 结构添加 ECC 操作函数。

24.6.7　电源管理

S3C2440 平台上 NAND 闪存的电源管理，包括 s3c24xx_nand_suspend()函数和 s3c24xx_nand_resume()函数。s3c24xx_nand_suspend()函数的作用是在设备进入休眠状态后供内核调用，该函数定义如下：

```
714 static int s3c24xx_nand_suspend(struct platform_device *dev, pm_
    message_t pm)
715 {
716  struct s3c2410_nand_info *info = platform_get_drvdata(dev);
717
718  if (info) {                      // 判断 mtd_info 结构是否有效
719   if (!allow_clk_stop(info))
720     clk_disable(info->clk);    // 如果不支持空闲时钟则关闭时钟
721  }
722
723  return 0;
724 }
```

休眠状态主要是让 NAND 控制器暂停工作，程序第 718 行首先判断 mtd_info 结构是否有效。如果 mtd_info 结构有效，判断当前 NAND 控制器是否支持空闲时钟功能，如果不支持，则使用 clk_disalbe()函数强制关闭 NAND 控制器的时钟，让 NAND 控制器进入暂停工作状态。

s3c24xx_nand_resume()函数在系统恢复的时候被调用，该函数定义如下：

```
726 static int s3c24xx_nand_resume(struct platform_device *dev)
727 {
728   struct s3c2410_nand_info *info = platform_get_drvdata(dev);
729
730   if (info) {                      // 判断 mtd_info 结构是否有效
731     clk_enable(info->clk);         // 打开 NAND 控制器时钟
732     s3c2410_nand_inithw(info, dev); // 初始化 NAND 控制器
733
734     if (allow_clk_stop(info))
735       clk_disable(info->clk);      // 如果 NAND 控制器支持空闲时钟,关闭时钟
736   }
737
738   return 0;
739 }
```

程序第 730 行首先判断 mtd_info 结构是否有效。如果 mtd_info 有效，第 731 行打开 NAND 控制器的时钟，此时 NAND 控制器被激活。然后使用 s3c2410_nand_inithw()函数重新初始化 NAND 控制器。最后判断 NAND 控制器是否支持空闲时钟，如果支持，则关闭 NAND 控制器时钟。

NAND 控制器恢复工作的函数与初始化函数不同的是，不需要再为 MTD 相关的结构分配存储空间。对于 ARM 处理器来说，进入休眠状态主要是为了降低功耗，Linux 内核仍然在运行，已经分配过的结构和变量仍然有效。

24.7　小　　结

本章讲解了 Flash 存储器相关的硬件知识和 Linux 对 Flash 设备的支持，包括 Flash 的硬件结构、工作原理，以及 MTD 的系统结构。本章给出了两种类型 Flash 设备的驱动程序框架，并且给出了实际驱动实例。理解硬件驱动开发的关键是了解硬件工作原理，读者在理解 Flash 硬件工作原理后理解 Flash 设备驱动会更容易。第 25 章将讲解 USB 设备驱动。

第 25 章　USB 驱动开发

USB 是目前最流行的系统总线之一。随着计算机周围硬件的不断扩展，各种设备使用不同的总线接口，导致计算机外部总线种类繁多，管理困难，USB 总线正是由此而诞生的。USB 总线提供了所有外部设备的统一连接方式，并且支持热插拔，方便了厂商开发设备和用户使用设备。本章将详细介绍 USB 的相关知识，主要内容如下：

- ❑ USB 总线体系结构介绍；
- ❑ USB 体系工作流程；
- ❑ Linux 内核如何实现 USB 体系；
- ❑ USB 设备驱动开发实例。

25.1　USB 体系介绍

USB（Universal Serial Bus，USB）是一个总线协议标准，最初是由 Intel、NEC、Compaq、DEC、IBM、Microsoft 等公司联合制定的。到目前为止，USB 共有 1.0、1.1、2.0 和 3.0 这 4 个标准，主要区别是传输速率不同，体系结构也有一些差别。

25.1.1　USB 设计目标

USB 的设计目标是对现有的 PC 体系进行扩充，但是目前不仅是 PC，许多的嵌入式系统都支持 USB 总线和接口标准。USB 设计主要遵循下面几个原则。

- ❑ 易于扩充外部设备：USB 支持一个接口最多 127 个设备。
- ❑ 灵活的传输协议：支持同步和异步数据传输。
- ❑ 设备兼容性好：可以兼容不同类型的设备。
- ❑ 接口标准统一：不同的设备之间使用相同的设备接口。

USB 标准在发展过程中出现了 4 个版本 1.0、1.1、2.0 和 3.0 标准。其中已经在应用的有 1.1、2.0 和 3.0 标准。USB 1.1 标准的最大数据传输率是 12Mbps，而 USB 2.0 的最大数据传输率是 480Mbps，并且 USB 2.0 接口标准向下兼容 USB 1.1 接口标准。USB3.0 标准的设计传输速率为 5Gbps，但是现在还不是非常的普及。从 USB 接口标准的传输率可看出，USB 接口可以支持多种数据传输率。实际上，USB 接口标准把 USB 设备分成了低速、中速和高速设备。请参考表 25-1。

表 25-1　USB 设备按照速率划分

分　类	传 输 率	应　用	特　点
低速设备	10～20kbps	键盘、鼠标等输入设备	易用，支持热插拔，价格低
中速设备	500kbps～10Mbps	宽带网络接入设备	易用，支持热插拔
高速设备	25～更高	音视频设备、磁盘	易用，带宽高，支持热插拔

从表 25-1 中可以看出，USB 1.1 接口标准可以覆盖低速设备和中速设备，而高速设备需要支持 USB 2.0 接口标准。USB 接口标准具有下面几个方面的特色。

1．易用性

USB 虽然有不同的接口标准，但是对用户来说，使用相同的连接电缆和接口连接头，便于不同设备之间的互联。此外，USB 总线屏蔽了接口的电器特性，并且支持自动检测外部设备、设置驱动等，方便了用户操作。

2．应用广泛

USB 接口标准适用于不同设备，传输率从几百比特到几百兆比特，覆盖了绝大多数的计算机外部设备。USB 支持在同一条线路上同时使用同步和异步两种数据传输模式，多个设备可以同时操作。在主机和设备之间可以传输多个数据流和信息流。

3．健壮性

USB 接口标准在传输协议中支持出错处理和差错恢复机制，对于热插拔操作，用户的感觉完全是实时操作。另外，USB 接口标准支持对缺陷设备的认定。

25.1.2　USB 体系概述

USB 接口标准支持主机和外部设备之间进行数据传输。在 USB 体系结构中，主机预定了各种类型外部设备使用的总线带宽。当外部设备和主机在运行时，USB 总线允许添加、设置、使用和拆除外设。

在 USB 体系结构中，一个 USB 系统可以分成 USB 互联、USB 设备和 USB 主机 3 个部分。USB 互联是 USB 设备和 USB 主机之间进行连接通信的操作，主要包括以下几个。

- 总线拓扑结构：USB 主机和 USB 设备之间的连接方式。
- 数据流模式：描述 USB 通信系统中数据如何从产生方传递到使用方。
- USB 调度：USB 总线是一个共享连接，对可以使用的连接进行了调度以支持同步数据传输，并且避免优先级判定的开销。

USB 的物理连接是一个有层次的星形结构，如图 25-1 所示。

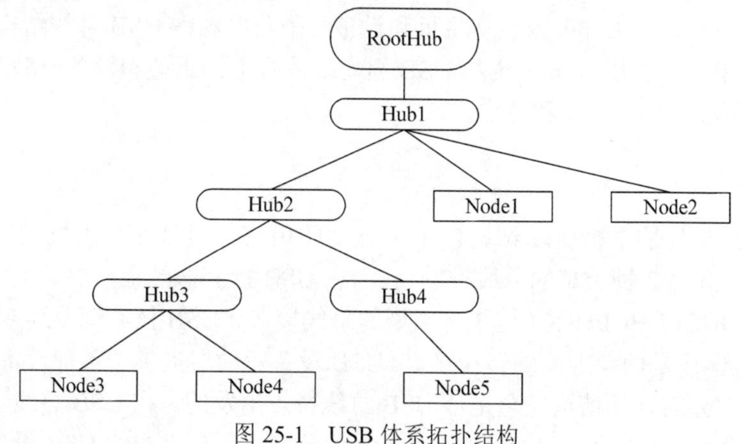

图 25-1　USB 体系拓扑结构

从图 25-1 中可以看出，在一个节点上连接多个设备需要使用 USB 集线器（USB HUB），每个 USB 集线器在星形的中心，每条线段都是点点连接。从主机到 USB 集线器或者设备，以及 USB 集线器到设备都是点点连接。

USB 体系结构规定，在一个 USB 系统中，只有唯一的一个主机。USB 和主机系统的接口称做主机控制器，主机控制器由主机控制器芯片、固件程序和软件共同实现的。USB 设备包括 USB 集线器和功能器件。其中 USB 集线器的作用是扩展总线端点，向总线提供更多的连接点；功能器件是用户使用的外部设备，如键盘，鼠标等。USB 设备需要支持 USB 总线协议，对主机的操作提供反馈并且提供设备性能的描述信息。

25.1.3　USB 体系工作流程

USB 总线采用轮询方式控制，主机控制设置初始化所有的数据传输。USB 总线每次执行传输动作最多可以传输 3 个数据包。每次开始传输时，主机控制器发送一个描述符描述传输动作的种类和方向，这个数据包称做标志数据包（Token Packet）。USB 设备收到主机发送的标志数据包后，解析出数据包的数据。

USB 数据传输的方向只有两种：主机到设备或者设备到主机。在一个数据传输开始时，由标志包标示数据的传输方向，然后发送端开始发送包含信息的数据。接收端发送一个握手的数据包表明数据是否传送成功。在主机和设备之间的 USB 数据传输可以看做一个通道。USB 数据传输有流和消息两种通道。消息是有格式的数据，而流是没有数据格式的。USB 有一个默认的控制消息通道，在设备启动的时候被创建，因此设备的设置查询和输入控制信息都可以使用默认消息控制通道完成。

25.2　USB 驱动程序框架

Linux 内核提供了完整的 USB 驱动程序框架。USB 总线采用树形结构，在一条总线上只能有唯一的主机设备。Linux 内核从主机和设备两个角度观察 USB 总线结构。本节将介绍 Linux 内核 USB 驱动程序框架。

25.2.1　Linux 内核 USB 驱动框架

如图 25-2 所示，是 Linux 内核从主机和设备两个角度观察 USB 总线结构的示意图。

从图 25-2 中可以看出，Linux 内核 USB 驱动是按照主机驱动和设备驱动两套体系实现的，下面介绍两套体系的结构和特点。

1．基本结构

图 25-2 的左侧是主机驱动结构。主机驱动的最底层是 USB 主机控制器，提供了 OHCI/EHCI/UHCI 这 3 种类型的总线控制功能。在 USB 控制器的上一层是主机控制器的驱动，分别对应 OHCI/EHCI/UHCI 这 3 种类型的总线接口。USB 核心部分连接了 USB 控制器驱动和设备驱动，是两者之间的转换接口。USB 设备驱动层提供了各种设备的驱动程序。

USB 主机部分的设计结构完全是从 USB 总线特点出发的。在 USB 总线上可以连接各种不同类型的设备，包括字符设备、块设备和网络设备。所有类型的 USB 设备都是用相同

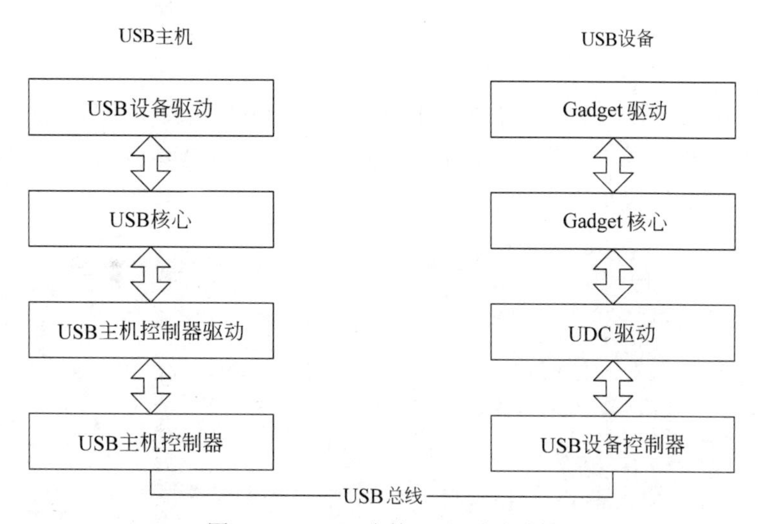

图 25-2　Linux 内核 USB 总线结构

的电气接口，使用的传输协议也基本相同。向用户提供某种特定类型的 USB 设备时，需要处理 USB 总线协议。内核完成所有的 USB 总线协议处理，并且向用户提供编程接口。

图 25-2 右侧是设备驱动结构。与 USB 主机类似，USB 设备提供了相同的层次结构与之对应。但是在 USB 设备一侧使用名为 Gadget API 的结构作为核心。Gadget API 是 Linux 内核实现的对应 USB 设备的核心结构。Gadget API 屏蔽了 USB 设备控制器的细节，控制具体的 USB 设备实现。

2．设备

每个 USB 设备提供了不同级别的配置信息。一个 USB 设备可以包含一个或多个配置，不同的配置使设备表现出不同的特点。其中，设备的配置是通过接口组成的。Linux 内核定义了 USB 设备描述结构如下：

```
struct usb_device_descriptor {
    __u8  bLength;                          // 设备描述符长度
    __u8  bDescriptorType;                  // 设备类型

    __le16 bcdUSB;                          // USB 版本号(使用 BCD 编码)
    __u8  bDeviceClass;                     // USB 设备类型
    __u8  bDeviceSubClass;                  // USB 设备子类型
    __u8  bDeviceProtocol;                  // USB 设备协议号
    __u8  bMaxPacketSize0;                  // 传输数据的最大包长
    __le16 idVendor;                        // 厂商编号
    __le16 idProduct;                       // 产品编号
    __le16 bcdDevice;                       // 设备出厂号
    __u8  iManufacturer;                    // 厂商字符串索引
    __u8  iProduct;                         // 产品字符串索引
    __u8  iSerialNumber;                    // 产品序列号索引
    __u8  bNumConfigurations;               // 最大的配置数量
} __attribute__ ((packed));
```

从 usb_device_descriptor 结构定义看出，一个设备描述符定义了与 USB 设备有关的所有信息。

3．接口

在 USB 体系中，接口是由多个端点组成的。一个接口代表一个基本的功能，是 USB 设备驱动程序控制的对象。一个 USB 设备至少有一个接口，功能复杂的 USB 设备可以有多个接口。接口描述定义如下：

```
struct usb_interface_descriptor {
    __u8  bLength;                          // 描述符长度
    __u8  bDescriptorType;                  // 描述符类型

    __u8  bInterfaceNumber;                 // 接口编号
    __u8  bAlternateSetting;                // 备用接口编号
    __u8  bNumEndpoints;                    // 端点数量
    __u8  bInterfaceClass;                  // 接口类型
    __u8  bInterfaceSubClass;               // 接口子类型
    __u8  bInterfaceProtocol;               // 接口使用的协议
    __u8  iInterface;                       // 接口索引字符串数值
} __attribute__ ((packed));
```

4．端点

端点是 USB 总线通信的基本形式，每个 USB 设备接口可以认为是端点的集合。主机只能通过端点与设备通信。USB 体系结构规定每个端点都有一个唯一的地址，由设备地址和端点号决定端点的地址。端点还包括了与主机通信用到的属性，如传输方式、总线访问频率、带宽和端点号等。端点的通信是单向的，通过端点传输的数据只能是从主机到设备或者从设备到主机。端点定义描述如下：

```
struct usb_endpoint_descriptor {
    __u8  bLength;                          // 描述符长度
    __u8  bDescriptorType;                  // 描述符类型

    __u8  bEndpointAddress;                 // 端点地址
    __u8  bmAttributes;                     // 端点属性
    __le16 wMaxPacketSize;                  // 端点接收的最大数据包长度
    __u8  bInterval;                        // 轮询端点的时间间隔

    /* NOTE:  these two are _only_ in audio endpoints. */
    /* use USB_DT_ENDPOINT*_SIZE in bLength, not sizeof. */
    __u8  bRefresh;
    __u8  bSynchAddress;
} __attribute__ ((packed));
```

5．配置

配置是一个接口的集合。Linux 内核配置的定义如下：

```
struct usb_config_descriptor {
    __u8  bLength;                          // 描述符长度
    __u8  bDescriptorType;                  // 描述符类型

    __le16 wTotalLength;                    // 配置返回数据长度
```

```
    __u8  bNumInterfaces;                   // 最大接口数
    __u8  bConfigurationValue;              // 配置参数值
    __u8  iConfiguration;                   // 配置描述字符串索引
    __u8  bmAttributes;                     // 供电模式
    __u8  bMaxPower;                        // 接口的最大电流
} __attribute__ ((packed));
```

配置描述符结构定义了配置的基本属性和接口数量等信息。

25.2.2　主机驱动结构

USB 主机控制器有以下 3 种类型。

- OHCI：英文全称是 Open Host Controller Interface，是用于 SiS 和 Ali 芯片组的 USB 控制器。
- UHCI：英文全称是 Universal Host Controller Interface，用于 Intel 和 AMD 芯片组的 USB 控制器。UHCI 类型的控制器比 OHCI 控制器硬件结构要简单，但是需要额外的驱动支持，因此从理论上说速度要慢。
- EHCI：是 USB 2.0 规范提出的一种控制器标准，可以兼容 UHCI 和 OHCI。

1．USB 主机控制器驱动

Linux 内核使用 usb_hcd 结构描述 USB 主机控制器驱动。usb_hcd 结构描述了 USB 主机控制器的硬件信息、状态和操作函数，定义如下：

```
struct usb_hcd {    /* usb_bus.hcpriv points to this */

    /*
     * housekeeping                         // 控制器基本信息
     */
    struct usb_bus      self;       /* hcd is-a bus */

    const char      *product_desc;  /* product/vendor string */
                                    // 厂商名称字符串
    char            irq_descr[24];  /* driver + bus # */
                                    // 驱动和总线类型

    struct timer_list   rh_timer;   /* drives root-hub polling */
                                    // 根 hub 轮询时间间隔
    struct urb      *status_urb;    /* the current status urb */
                                    // 当前 urb 状态

    /*
     * hardware info/state                  // 硬件信息和状态
     */
    const struct hc_driver *driver;     /* hw-specific hooks */
                                        // 控制器驱动使用的回调函数

    /* Flags that need to be manipulated atomically */
    unsigned long       flags;
#define HCD_FLAG_HW_ACCESSIBLE 0x00000001
#define HCD_FLAG_SAW_IRQ    0x00000002

    unsigned        rh_registered:1;/* is root hub registered? */
```

```
                                                          // 是否注册根 hub

    /* The next flag is a stopgap, to be removed when all the HCDs
     * support the new root-hub polling mechanism. */
    unsigned        uses_new_polling:1;               // 是否允许轮询根 hub 状态
    unsigned        poll_rh:1;  /* poll for rh status? */
    unsigned        poll_pending:1; /* status has changed? */
                                                          // 状态是否改变

    int         irq;        /* irq allocated */      // 控制器的中断请求号
    void __iomem        *regs;      /* device memory/io */
                                                          // 控制器使用的内存和 I/O
    u64         rsrc_start; /* memory/io resource start */
                                                // 控制器使用的内存和 I/O 起始地址
    u64         rsrc_len;   /* memory/io resource length */
                                                // 控制器使用的内存和 I/O 资源长度
    unsigned        power_budget;   /* in mA, 0 = no limit */

#define HCD_BUFFER_POOLS    4
    struct dma_pool     *pool [HCD_BUFFER_POOLS];

    int         state;
#   define    ACTIVE        0x01
#   define    SUSPEND       0x04
#   define    TRANSIENT     0x80

#   define  HC STATE HALT       0
#   define  HC STATE RUNNING    (  ACTIVE)
#   define  HC STATE QUIESCING  (  SUSPEND|  TRANSIENT|  ACTIVE)
#   define  HC STATE RESUMING   (  SUSPEND|  TRANSIENT)
#   define  HC STATE SUSPENDED  (  SUSPEND)

#define HC IS RUNNING(state) ((state) &   ACTIVE)
#define HC IS SUSPENDED(state) ((state) &   SUSPEND)

    /* more shared queuing code would be good; it should support
     * smarter scheduling, handle transaction translators, etc;
     * input size of periodic table to an interrupt scheduler.
     * (ohci 32, uhci 1024, ehci 256/512/1024).
     */

    /* The HC driver's private data is stored at the end of
     * this structure.
     */
    unsigned long hcd priv[0]
            attribute   ((aligned (sizeof(unsigned long))));
};
```

2. OHCI 控制器驱动

usb_hcd 结构可以理解为一个通用的 USB 控制器描述结构。OHCI 主机控制器是 usb_hcd 结构的具体实现，内核使用 ohci_hcd 结构描述 OHCI 主机控制器，定义如下：

```
struct ohci_hcd {
    spinlock_t      lock;

    /*
     * I/O memory used to communicate with the HC (dma-consistent)
```

```
                                                       // 用于 HC 通信的 I/O 内存地址
     */
    struct ohci_regs __iomem *regs;

    /*
     * main memory used to communicate with the HC (dma-consistent).
                                                       // 用于 HC 通行的主内存地址
     * hcd adds to schedule for a live hc any time, but removals finish
     * only at the start of the next frame.
     */
    struct ohci_hcca    *hcca;
    dma_addr_t      hcca_dma;

    struct ed       *ed_rm_list;        /* to be removed */
                                                       // 将被移除列表

    struct ed       *ed_bulktail;       /* last in bulk list */
                                                       // 列表最后一项
    struct ed       *ed_controltail;    /* last in ctrl list */
                                                       // 控制列表最后一项
    struct ed       *periodic [NUM_INTS];   /* shadow int_table */

    /*
     * OTG controllers and transceivers need software interaction;
     * other external transceivers should be software-transparent
     */
    struct otg_transceiver *transceiver;

    /*
     * memory management for queue data structures
                                                       // 内存管理队列使用的数据结构
     */
    struct dma_pool     *td_cache;
    struct dma_pool     *ed_cache;
    struct td       *td_hash [TD_HASH_SIZE];
    struct list_head    pending;

    /*
     * driver state
     */
    int         num_ports;
    int         load [NUM_INTS];
    u32         hc_control; /* copy of hc control reg *//// HC 控制寄存器复制
    unsigned long       next_statechange;   /* suspend/resume */
                                                              // 挂起/恢复
    u32         fminterval;     /* saved register */    // 保存的寄存器

    struct notifier_block   reboot_notifier;

    unsigned long       flags;      /* for HC bugs */
/* 以下是各厂家芯片 ID 定义 */
#define OHCI_QUIRK_AMD756   0x01            /* erratum #4 */
#define OHCI_QUIRK_SUPERIO  0x02            /* natsemi */
#define OHCI_QUIRK_INITRESET    0x04            /* SiS, OPTi, ... */
#define OHCI_BIG_ENDIAN     0x08            /* big endian HC */
#define OHCI_QUIRK_ZFMICRO  0x10            /* Compaq ZFMicro chipset*/
    // 芯片的初始化逻辑里也同样会有怪异的 Bug
```

```
};
```

OHCI 主机控制器是嵌入式系统最常用的一种 USB 主机控制器。

25.2.3　设备驱动结构

USB 协议规定了许多种 USB 设备类型。Linux 内核实现了音频设备、通信设备、人机接口、存储设备、电源设备、打印设备等几种 USB 设备类。

1．基本概念

Linux 内核实现的 USB 设备类驱动都是针对通用的设备类型设计的，如存储设备类，只要 USB 存储设备是按照标准的 USB 存储设备规范实现的，就可以直接被内核 USB 存储设备驱动程序驱动。如果一个 USB 设备是非标准的，则需要编写对应设备的驱动程序。

Linux 内核为不同的 USB 设备分配了设备号。在内核中还提供了一个 usbfs 文件系统，通过 usbfs 文件系统，用户可以方便地使用 USB 设备。为了使用 usbfs，使用 root 权限在控制台输入“mount –t usbfs none /proc/bus/usb”，可以加载 USB 文件系统到内核。在插入一个 USB 设备的时候，内核会试图加载对应的驱动程序。

2．设备驱动结构

内核使用 usb_driver 结构体描述 USB 设备驱动，定义如下：

```
struct usb_driver {
    const char *name;

    int (*probe) (struct usb_interface *intf,
                  const struct usb_device_id *id);            // 探测函数

    void (*disconnect) (struct usb_interface *intf);          // 断开连接函数

    int (*ioctl) (struct usb_interface *intf, unsigned int code,
                  void *buf);                                 // I/O 控制函数

    int (*suspend) (struct usb_interface *intf, pm_message_t message);
                                                              // 挂起函数
    int (*resume) (struct usb_interface *intf);               // 恢复函数

    void (*pre_reset) (struct usb_interface *intf);
    void (*post_reset) (struct usb_interface *intf);

    const struct usb_device_id *id_table;

    struct usb_dynids dynids;
    struct device_driver driver;
    unsigned int no_dynamic_id:1;
};
```

实现一个 USB 设备的驱动主要是实现 probe()和 disconnect()函数接口。probe()函数在插入 USB 设备的时候被调用，disconnect()函数在拔出 USB 设备的时候被调用。在 25.2.4 节中将详细讲解 USB 设备驱动程序框架。

3．USB 请求块

USB 请求块（USB request block，urb）的功能类似于网络设备中的 sk_buff，用于描述 USB 设备与主机通信的基本数据结构。urb 结构在内核中定义如下：

```
struct urb
{
    /* private: usb core and host controller only fields in the urb */ //
私有数据，仅供 USB 核心和主机控制器使用
    struct kref kref;       /* reference count of the URB */
                                                    // urb 引用计数
    spinlock_t lock;        /* lock for the URB */  // urb 锁
    void *hcpriv;           /* private data for host controller */
                                                    // 主机控制器私有数据
    int bandwidth;          /* bandwidth for INT/ISO request */
                                                    // 请求带宽
    atomic_t use_count;     /* concurrent submissions counter */
                                                    // 并发传输计数
    u8 reject;          /* submissions will fail */ // 传输即将失败标志

    /* public: documented fields in the urb that can be used by drivers */
    // 公有数据,可以被驱动使用
    struct list_head urb_list; /* list head for use by the urb's
                                                    // 链表头
                * current owner */
    struct usb_device *dev;     /* (in) pointer to associated device */
                                                    // 关联的 USB 设备
    unsigned int pipe;      /* (in) pipe information */      // 管道信息
    int status;         /* (return) non-ISO status */        // 当前状态
    unsigned int transfer_flags;    /* (in) URB_SHORT_NOT_OK | ...*/
    void *transfer_buffer;      /* (in) associated data buffer */
                                                    // 数据缓冲区
    dma_addr_t transfer_dma;    /* (in) dma addr for transfer_buffer */
                                                    // DMA 使用的缓冲区
    int transfer_buffer_length;/* (in) data buffer length */
                                                    // 缓冲区大小
    int actual_length;      /* (return) actual transfer length */
                                                // 实际接收或发送数据的长度
    unsigned char *setup_packet;    /* (in) setup packet (control only) */
    dma_addr_t setup_dma;       /* (in) dma addr for setup_packet */
                                                    // 设置数据包缓冲区
    int start_frame;        /* (modify) start frame (ISO) */
                                                    // 等时传输中返回初始帧
    int number_of_packets;      /* (in) number of ISO packets */
                                                    // 等时传输中缓冲区数据
    int interval;           /* (modify) transfer interval
                                                    // 轮询的时间间隔
                * (INT/ISO) */
    int error_count;        /* (return) number of ISO errors */
                                                // 出错次数
    void *context;          /* (in) context for completion */
    usb_complete_t complete;    /* (in) completion routine */
    struct usb_iso_packet_descriptor iso_frame_desc[0];
                /* (in) ISO ONLY */
```

```
};
```

内核提供了一组函数操作 urb 类型的结构变量。urb 的使用流程如下所述。

（1）创建 urb。在使用之前，USB 设备驱动需要调用 usb_alloc_urb()函数创建一个 urb，函数定义如下：

```
struct urb *usb_alloc_urb(int iso_packets, gfp_t mem_flags);
```

iso_packets 参数是 urb 包含的等时数据包数目，为 0 表示不创建等时数据包。mem_flags 参数是分配内存标志。如果分配 urb 成功，函数返回一个 urb 结构类型的指针，否则返回 0。

内核还提供了释放 urb 的函数，定义如下：

```
void usb_free_urb(struct urb *urb)
```

在不使用 urb 的时候（退出驱动程序或者挂起驱动），需要使用 usb_free_urb()函数释放 urb。

（2）初始化 urb，设置 USB 设备的端点。使用内核提供的 usb_int_urb()函数设置 urb 初始结构，定义如下：

```
void usb_init_urb(struct urb *urb);
```

（3）提交 urb 到 USB 核心。在分配并设置 urb 完毕后，使用 usb_submit_urb()函数把新的 urb 提交到 USB 核心，函数定义如下：

```
int usb_submit_urb(struct urb *urb, gfp_t mem_flags);
```

参数 urb 指向被提交的 urb 结构，mem_flags 是传递给 USB 核心的内存选项，用于告知 USB 核心如何分配内存缓冲区。如果函数执行成功，urb 的控制权被 USB 核心接管，否则函数返回错误。

25.2.4　USB 驱动程序框架

Linux 内核代码 driver/usb/usb-skeleton.c 文件是一个标准的 USB 设备驱动程序。编写一个 USB 设备的驱动可以参考 usb-skeleton.c 文件，实际上，可以直接修改该文件驱动新的 USB 设备。下面以 usb-skeleton.c 文件为例分析 usb-skel 设备驱动框架。

1．基本数据结构

usb-skel 设备使用自定义结构 usb_skel 记录设备驱动用到的所有描述符，该结构定义如下：

```
struct usb_skel {
    struct usb_device * udev;          /* the usb device for this device */
                                                  // USB 设备描述符
    struct usb_interface *  interface;       /* the interface for this device
    */                                            // USB 接口描述符
    struct semaphore    limit_sem;       /* limiting the number of writes in
    progress */                                   // 互斥信号量
    unsigned char *     bulk_in_buffer;      /* the buffer to receive data */
                                                  // 数据接收缓冲区
    size_t          bulk_in_size;        /* the size of the receive buffer */
```

```
                                                    // 数据接收缓冲区大小
    __u8            bulk_in_endpointAddr;   /* the address of the bulk in
    endpoint */                                     // 入端点地址
    __u8            bulk_out_endpointAddr;  /* the address of the bulk out
    endpoint */                                     // 出端点地址
    struct kref     kref;
};
```

usb-skel 设备驱动把 usb_skel 结构存放在了 urb 结构的 context 指针里。通过 urb，设备的所有操作函数都可以访问到 usb_skel 结构。其中，limit_sem 成员是一个信号量，当多个 usb-skel 类型的设备存在于系统中的时候，需要控制设备之间的数据同步。

2．驱动程序初始化和注销

与其他所有的 Linux 设备驱动程序一样，usb-skel 驱动使用 module_init()宏设置初始化函数，使用 module_exit()宏设置注销函数。usb-skel 驱动的初始化函数是 usb_skel_init()函数，定义如下：

```
static int __init usb_skel_init(void)
{
        int result;

        /* register this driver with the USB subsystem */
        result = usb_register(&skel_driver);       // 注册 USB 设备驱动
        if (result)
             err("usb_register failed. Error number %d", result);

        return result;
}
```

usb_skel_init()函数调用内核提供的 usb_register()函数，注册了一个 usb_driver 类型的结构变量，该变量定义如下：

```
static struct usb_driver skel_driver = {
        .name =        "skeleton",                    // USB 设备名称
        .probe = skel_probe,                          // USB 设备初始化函数
        .disconnect =     skel_disconnect,            // USB 设备注销函数
        .id_table =   skel_table,                     // USB 设备 ID 映射表
};
```

skel_driver 结构变量中，定义了 usb-skel 设备的名、设备初始化函数、设备注销函数和 USB ID 映射表。其中 usb-skel 设备的 USB ID 映射表定义如下：

```
static struct usb_device_id skel_table [] = {
        { USB_DEVICE(USB_SKEL_VENDOR_ID, USB_SKEL_PRODUCT_ID) },
        { }                       /* Terminating entry */
};
```

skel_table 中只有一项，定义了一个默认的 usb-skel 设备的 ID。其中，USB_SKEL_VENDOR_ID 是 USB 设备的厂商 ID，USB_SKEL_PRODUCT_ID 是 USB 设备 ID。

注销函数的操作比较简单，调用 usb_deregister()函数注销 usb-skel 设备驱动，函数定义如下：

```
static void __exit usb_skel_exit(void)
```

```
{
        /* deregister this driver with the USB subsystem */
        usb_deregister(&skel_driver);    // 注销 USB 设备
}
```

3．设备初始化

从 skel_driver 结构可以知道，usb-skel 设备的初始化函数是 skel_probe()函数。设备初始化主要是探测设备类型，分配 USB 设备用到的 urb 资源，注册 USB 设备操作函数等。skel_class 结构变量记录了 usb-skel 设备信息，定义如下：

```
static struct usb_class_driver skel_class = {
        .name =         "skel%d",              // 设备名称
        .fops =         &skel_fops,            // 设备操作函数
        .minor_base =    USB_SKEL_MINOR_BASE,
};
```

name 变量使用%d 通配符表示一个整型变量，当一个 usb-skel 类型的设备连接到 USB 总线后，会按照子设备编号自动设置设备名称。fops 是设备操作函数结构变量，定义如下：

```
static struct file_operations skel_fops = {
        .owner = THIS_MODULE,
        .read =         skel_read,             // 读操作
        .write = skel_write,                   // 写操作
        .open =         skel_open,             // 打开操作
        .release =    skel_release,            // 关闭操作
};
```

skel_ops 定义了 usb-skel 设备的操作函数。当在 usb-skel 设备上发生相关事件时，USB 文件系统会调用对应的函数处理。

4．设备注销

skel_disconnect()函数在注销设备的时候被调用，定义如下：

```
static void skel_disconnect(struct usb_interface *interface)
{
        struct usb_skel *dev;
        int minor = interface->minor;

        /* prevent skel_open() from racing skel_disconnect() */
        lock_kernel();                          // 在操作之前加锁

        dev = usb_get_intfdata(interface);   // 获得 USB 设备接口描述
        usb_set_intfdata(interface, NULL);   // 设置 USB 设备接口描述无效

        /* give back our minor */
        usb_deregister_dev(interface, &skel_class); // 注销 USB 设备操作描述

        unlock_kernel();                        // 操作完毕解锁

        /* decrement our usage count */
        kref_put(&dev->kref, skel_delete);   // 减小引用计数

        info("USB Skeleton #%d now disconnected", minor);
```

```
}
```

skel_disconnect()函数释放 usb-skel 设备用到的资源。首先获取 USB 设备接口描述，之后设置为无效；然后调用 usb_deregister_dev()函数注销 USB 设备的操作描述符，注销操作本身需要加锁；注销设备描述符后，更新内核对 usb-skel 设备的引用计数。

25.3　USB 驱动实例剖析

USB 体系支持多种类型的设备。在 Linux 内核，所有的 USB 设备都使用 usb_driver 结构描述。对于不同类型的 USB 设备，内核使用传统的设备驱动模型建立设备驱动描述，然后映射到 USB 设备驱动，最终完成特定类型的 USB 设备驱动。

25.3.1　USB 串口驱动

USB 串口驱动关键是向内核注册串口设备结构，并且设置串口的操作。下面是一个典型的 USB 设备驱动分析。

1. 驱动初始化函数

usb_serial_init()函数是一个典型的 USB 设备驱动初始化函数，定义如下：

```
static int __init usb_serial_init(void)
{
  int i;
  int result;

  usb_tty_driver = alloc_tty_driver(SERIAL_TTY_MINORS);
                                                  // 申请 tty 设备驱动描述
  if (!usb_tty_driver)
      return  - ENOMEM;

  result = bus_register(&usb_serial_bus_type);      // 注册总线
  if (result)
  {
      err("Regist bus driver failed");
      goto exit_bus;
  }

  /* 初始化串口驱动描述 */
  usb_tty_driver->owner = THIS_MODULE;
  usb_tty_driver->driver_name = "usbserial";        // 串口驱动名称
  usb_tty_driver->devfs_name = "usb/tts/";          // 设备文件系统存放路径
  usb_tty_driver->name = "ttyUSB";                  // 串口设备名称
  usb_tty_driver->major = SERIAL_TTY_MAJOR;         // 串口设备主设备号
  usb_tty_driver->minor_start = 0;                  // 串口设备从设备号起始 ID
  usb_tty_driver->type = TTY_DRIVER_TYPE_SERIAL;    // 设备类型
  usb_tty_driver->subtype = SERIAL_TYPE_NORMAL;     // 设备子类型
  usb_tty_driver->flags = TTY_DRIVER_REAL_RAW | TTY_DRIVER_NO_DEVFS;
                                                  // 设备初始化标志
  usb_tty_driver->init_termios = tty_std_termios;  // 串口设备描述
  usb_tty_driver->init_termios.c_cflag = B9600 | CS8 | CREAD | HUPCL | CLOCAL;
                                                  // 串口设备初始化参数
```

```
  tty_set_operations(usb_tty_driver, &serial_ops); // 串口设备操作函数

  result = tty_register_driver(usb_tty_driver);     // 注册串口驱动
  if (result)
  {
    err("Regist tty driver failed");
    goto exit_reg_driver;
  }

  result = usb_register(&usb_serial_driver);        // 注册 USB 驱动
  if (result < 0)
  {
    err("Register driver failed");
    goto exit_tty;
  }

  return result;
    /* 失败处理 */
  exit_generic:
    usb_deregister(&usb_serial_driver);             // 注销串口设备
  exit_tty:
    tty_unregister_driver(usb_tty_driver);          // 注销 USB 串口设备
  exit_reg_driver:
    bus_unregister(&usb_serial_bus_type);           // 注销总线
  exit_bus:
    err("Error Code: %d", result);
  put_tty_driver(usb_tty_driver);

  return result;
}
```

函数首先调用 alloc_tty_driver()函数分配一个串口驱动描述符；然后设置串口驱动的属性，包括驱动的主从设备号、设备类型、串口初始化参数等；串口驱动描述符设置完毕后，调用 usb_register()函数注册 USB 串口设备。

2．驱动释放函数

驱动释放函数用来释放 USB 串口设备驱动申请的内核资源，函数定义如下：

```
static void _ _exit usb_serial_exit(void)
{
      usb_serial_console_exit();
      usb_serial_generic_deregister();
      usb_deregister(&usb_serial_driver);       //注销 USB 设备驱动
      tty_unregister_driver(usb_tty_driver);   //注销串口设备
      put_tty_driver(usb_tty_driver);          //减少引用计数
      bus_unregister(&usb_serial_bus_type);    //注销总线
}
```

3．串口操作函数

USB 串口设备驱动使用了一个 tty_operations 类型的结构，该结构包含了串口的所有操作，定义如下：

```
static struct tty_operations serial_ops =
{
```

```
        .open  =  serial_open,                      // 打开串口
        .close  =  serial_close,                    // 关闭串口
        .write  =  serial_write,                    // 串口写操作
        .write_room  =  serial_write_room,
        .ioctl  =  serial_ioctl,                    // I/O 控制操作
        .set_termios  =  serial_set_termios,        // 设置串口参数
        .throttle  =  serial_throttle,
        .unthrottle  =  serial_unthrottle,
        .break_ctl  =  serial_break,                // break 信号处理
        .chars_in_buffer  =  serial_chars_in_buffer, // 缓冲处理
        .read_proc  =  serial_read_proc,            // 串口读操作
        .tiocmget  =  serial_tiocmget,              // 获取 I/O 控制参数
        .tiocmset  =  serial_tiocmset,              // 设置 I/O 控制参数
};
```

serial_ops 结构变量设置的所有串口操作函数，均使用内核 USB 核心提供的标准函数，定义在 drivers/usb/serial/generic.c 文件中。

25.3.2　USB 键盘驱动

USB 键盘驱动与串口驱动结构类似，不同的是，使用 USB 设备核心提供的 usb_keyboard_driver 结构作为设备核心结构。下面将讲解 USB 键盘驱动的重点部分。

1．驱动初始和注销

USB 键盘驱动初始化和注销函数定义如下：

```
static int _ _init usb_kbd_init(void)
{
  int result = usb_register(&usb_keyboard);          //注册 USB 设备驱动
  if (result == 0)
     info(DRIVER_VERSION ":" DRIVER_DESC);
  return result;
}

static void _ _exit usb_kbd_exit(void)
{
  usb_deregister(&usb_keyboard);                      //注销 USB 设备驱动
}
```

usb_kbd_init()函数在驱动加载的时候调用，该函数使用 usb_register()函数向内核注册一个 USB 设备驱动；usb_kbd_exit()函数在卸载驱动程序的时候调用，该函数使用 usb_deregister()函数注销 USB 设备。初始化和注销函数使用了 usb_keyboard 结构变量，用于描述 USB 键盘驱动程序，定义如下：

```
//usb_driver 结构体
static struct usb_driver usb_keyboard =
{
  .name = "usbkbd",                          // 驱动名称
  .probe = usb_kbd_probe,                    // 检测设备函数
  .disconnect = usb_kbd_disconnect,          // 断开连接函数
  .id_table = usb_kbd_id_table,              // 设备 ID
};
```

从 usb_keyboard 结构定义看出，usb_kbd_probe()函数是设备检测函数；usb_kbd_disconnect()函数是断开设备连接函数。在 usb_keyboard 结构中还用了一个 usb_kbd_id_table 结构变量描述设备 ID，定义如下：

```
static struct usb_device_id usb_kbd_id_table [] = {
{ USB_INTERFACE_INFO(3, 1, 1) },
{ }
};
MODULE_DEVICE_TABLE (usb, usb_kbd_id_table);
```

2．设备检测函数

设备检测函数在插入 USB 设备的时候被 USB 文件系统调用，负责检测设备类型是否与驱动相符。如果设备类型与驱动匹配，则向 USB 核心注册设备。函数定义如下：

```
static  int  usb_kbd_probe(struct  usb_interface  *iface,  const  struct
usb_device_id *id)
{
  struct usb_device *dev = interface_to_usbdev(iface);
  struct usb_host_interface *interface;
  struct usb_endpoint_descriptor *endpoint;
  struct usb_kbd *kbd;
  struct input_dev *input_dev;
  int i, pipe, maxp;

  interface = iface->cur_altsetting;
  if (interface->desc.bNumEndpoints != 1)             // 检查设备是否符合
      return  - ENODEV;

  endpoint = &interface->endpoint[0].desc;
  if (!(endpoint->bEndpointAddress &USB_DIR_IN))
      return  - ENODEV;
  if ((endpoint->bmAttributes &USB_ENDPOINT_XFERTYPE_MASK) !=
      USB_ENDPOINT_XFER_INT)
      return  - ENODEV;

  pipe = usb_rcvintpipe(dev, endpoint->bEndpointAddress);  //创建端点的管道
  maxp = usb_maxpacket(dev, pipe, usb_pipeout(pipe));

  kbd = kzalloc(sizeof(struct usb_kbd), GFP_KERNEL);
  input_dev = input_allocate_device();
                                                     //分配 input_dev 结构体
  if (!kbd || !input_dev)
      goto fail1;

  if (usb_kbd_alloc_mem(dev, kbd))                   // 分配设备结构占用的内存
      goto fail2;

  kbd->usbdev = dev;
  kbd->dev = input_dev;

  if (dev->manufacturer)                             // 检查制造商名称
    strlcpy(kbd->name, dev->manufacturer, sizeof(kbd->name));

  if (dev->product)                                  // 检查产品名称
  {
    if (dev->manufacturer)
```

```
    strlcat(kbd->name, " ", sizeof(kbd->name));
  strlcat(kbd->name, dev->product, sizeof(kbd->name));
}

if (!strlen(kbd->name))
  snprintf(kbd->name, sizeof(kbd->name), "USB HIDBP Keyboard
    %04x:%04x",le16_to_cpu(dev->descriptor.idVendor), le16_to_cpu(dev
    ->descriptor.idProduct));

usb_make_path(dev, kbd->phys, sizeof(kbd->phys));
strlcpy(kbd->phys, "/input0", sizeof(kbd->phys));

/* 初始化输入设备 */
input_dev->name = kbd->name;                        // 输入设备名称
input_dev->phys = kbd->phys;                        // 输入设备物理地址
usb_to_input_id(dev, &input_dev->id);               // 输入设备 ID
input_dev->cdev.dev = &iface->dev;
input_dev->private = kbd;

input_dev->evbit[0] = BIT(EV_KEY) | BIT(EV_LED) | BIT(EV_REP);
input_dev->ledbit[0] = BIT(LED_NUML) | BIT(LED_CAPSL) |
  BIT(LED_SCROLLL) |BIT(LED_COMPOSE) | BIT(LED_KANA);

for (i = 0; i < 255; i++)
  set_bit(usb_kbd_keycode[i], input_dev->keybit);
clear_bit(0, input_dev->keybit);

input_dev->event = usb_kbd_event;
input_dev->open = usb_kbd_open;
input_dev->close = usb_kbd_close;

/* 初始化中断 urb */
usb_fill_int_urb(kbd->irq, dev, pipe, kbd->new, (maxp > 8 ? 8 : maxp),
  usb_kbd_irq, kbd, endpoint->bInterval);
kbd->irq->transfer_dma = kbd->new_dma;
kbd->irq->transfer_flags |= URB_NO_TRANSFER_DMA_MAP;

kbd->cr->bRequestType = USB_TYPE_CLASS | USB_RECIP_INTERFACE;
kbd->cr->bRequest = 0x09;
kbd->cr->wValue = cpu_to_le16(0x200);
kbd->cr->wIndex = cpu_to_le16(interface->desc.bInterfaceNumber);
kbd->cr->wLength = cpu_to_le16(1);

/* 初始化控制 urb */
usb_fill_control_urb(kbd->led, dev, usb_sndctrlpipe(dev, 0), (void*)
kbd->cr,
  kbd->leds, 1, usb_kbd_led, kbd);
kbd->led->setup_dma = kbd->cr_dma;
kbd->led->transfer_dma = kbd->leds_dma;
kbd->led->transfer_flags |= (URB_NO_TRANSFER_DMA_MAP |
 URB_NO_SETUP_DMA_MAP);
input_register_device(kbd->dev);                //注册输入设备

usb_set_intfdata(iface, kbd);                   //设置接口私有数据
return 0;

fail2: usb_kbd_free_mem(dev, kbd);
fail1: input_free_device(input_dev);
kfree(kbd);
return - ENOMEM;
```

```
}
```

函数一开始检测设备类型，如果与驱动程序匹配，则创建 USB 设备端点，分配设备驱动结构占用的内存。分配好设备驱动使用的结构后，申请一个键盘设备驱动节点，然后设置键盘驱动，最后设置 USB 设备的中断 URB 和控制 URB，供 USB 设备核心使用。

3．设备断开连接函数

在设备断开连接的时候，USB 文件系统会调用 usb_kbd_disconnect()函数，释放设备占用的资源。函数定义如下：

```
static void usb_kbd_disconnect(struct usb_interface *intf)
{
  struct usb_kbd *kbd = usb_get_intfdata(intf);

  usb_set_intfdata(intf, NULL);          //设置接口私有数据为 NULL
  if (kbd)
  {
    usb_kill_urb(kbd->irq);              //终止 URB
    input_unregister_device(kbd->dev);  //注销输入设备
    usb_kbd_free_mem(interface_to_usbdev(intf), kbd);
                                         // 释放设备驱动占用的内存
    kfree(kbd);
  }
}
```

usb_kbd_disconnect()函数释放 USB 键盘设备占用的 URB 资源，然后注销设备，最后调用 usb_kbd_free_mem()函数，释放设备驱动结构变量占用的内存。

25.4　小　　结

本章讲解了 Linux 内核 USB 驱动体系结构、USB 设备驱动结构等知识，并在最后给出了两个 USB 设备驱动开发实例。USB 是目前流行的总线接口之一，物理接口简单，但是协议和操作非常复杂。读者在学习 USB 设备驱动开发的过程中，掌握好 USB 的体系结构，会得到事半功倍的效果。